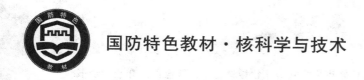

国防特色教材·核科学与技术

核能与核技术概论

主编 魏义祥 贾宝山

U0285505

哈尔滨工程大学出版社

北京航空航天大学出版社 北京理工大学出版社
西北工业大学出版社 哈尔滨工业大学出版社

内容简介

本书对核工程与核技术专业的主要知识内容和应用领域进行了系统全面的介绍。全书除了将核物理基础及辐射防护内容作为公共基础外，重点对核能与核技术的基本原理和应用进行了全面分析，其中核能利用部分主要包括核裂变、核聚变、核燃料、核电厂、核动力、核武器；核技术应用部分主要包括加速器、核探测与核测量、放射医学与核医学、核地学、辐射成像、辐射加工、工业及农业应用等。丰富的内容便于读者对核科学技术的基本原理和应用有一个全面了解和较深入的认识。

本书内容力求系统全面，且深入浅出，有利于初学者对专业建立全面、准确、概括的认识，是大学本科低年级核工程与核技术类专业的专业概论课教材，同时也尽力为专业内外其他工程科技人员系统了解、学习核专业知识创造条件，可以作为专业培训教材或自学核专业的参考书。

图书在版编目(CIP)数据

核能与核技术概论/魏义祥,贾宝山主编. —哈尔滨:哈尔滨
工程大学出版社,2011.5(2023.9 重印)
ISBN 978 - 7 - 5661 - 0124 - 2

Ⅰ.①核… Ⅱ.①魏…②贾… Ⅲ.①核能②核技术
Ⅳ.①TL

中国版本图书馆 CIP 数据核字(2011)第 091198 号

核能与核技术概论

主编　魏义祥　贾宝山
责任编辑　石岭

*
哈尔滨工程大学出版社出版发行
哈尔滨市南岗区南通大街 145 号　发行部电话:0451 - 82519328　传真:0451 - 82519699
http://www.hrbeupress.com　E-mail:heupress@ hrbeu.edu.cn
哈尔滨市石桥印务有限公司印装　各地新华书店经销
*
开本:787 ×960　1/16　印张:34.5　字数:749 千字
2011 年 7 月第 1 版　2023 年 9 月第 6 次印刷
ISBN 978 - 7 - 5661 - 0124 - 2　定价:70.00 元

《核能与核技术概论》编写组

主编　魏义祥　贾宝山

编者　(以姓氏笔画序)

王德忠　包成玉　邢宇翔　李　政　吴宏春

陈伯显　周四春　张大发　张化一　张志康

张建民　金永杰　林郁正　高　喆　贾宝山

桂立明　阎昌琪　曾　实　魏义祥

前　言

　　20 世纪 50 年代党中央发出"向科学进军"的号召之后,核科学技术(原子能科学技术)就被人们视为一个"尖端而神秘"的新领域,人们常常把它与"两弹一艇"相联系。伴随着半个多世纪的发展和风雨,虽然人们对核科学与技术有了较多的了解,也对核能与核技术的应用有了切身的感受,但是不少人仍然感到了解不多,认识不深,即使是考入本专业的新生也常常存在不少误解。新世纪以来随着我国能源战略的调整和国民经济的发展,核能与核技术获得空前的重视和应用,不少人迫切希望了解这一学科,高等学校中也出现了兴办核工程与核技术专业的热潮,人们欢呼核科学技术的又一个春天到了。

　　目前我国还没有一部全面系统介绍核能与核技术应用的著作,这不利于学生准确、全面地认识本专业,也不方便有关科技人员了解、学习有关核知识。因此,教育部高等学校核工程与核技术专业教学指导委员会决定集中高校力量,编写一部《核能与核技术概论》,目的是使本专业低年级学生入学后对专业内容有一初步、概括的了解,建立正确的基本概念,破除核专业学习上的神秘感和恐惧感,培养专业学习的兴趣和信心,也为非本专业学生和关心本专业的人们提供一个了解核科学技术的途径。由于本书主要面对本科低年级学生,写作上希望强调概念,重视逻辑,争取做到循序渐进和深入浅出;在内容上希望突出重点,有所取舍,避免罗列公式和堆积数据。

　　核工程与核技术专业既具有理工结合的专业特点,又具有较多的专业应用方向。考虑到我国高校本专业的具体情况,为了满足不同专业方向的需要,本书简要介绍了核物理与辐射防护的基本概念和内容,重点按照核能与核技术的分类介绍了基本原理和主要应用。其中核能部分主要包括核电厂、核聚变、核燃料、核动力、核武器等;核技术部分主要包括辐射测量、粒子加速器、核地学、放射医学与核医学以及工、农业中的应用核技术等。希望读者对核科学技术的基本原理和应用领域有一个全面了解和深入的认识。

　　建议各高校核专业在本科低年级安排本课程,根据各自专业特点,在全面介绍主要内容基础上选择重点章节进行教学。教材在每章后列出了思考题供教学时参考。

　　本书较早列入编写计划,曾入选教育部普通高等教育"十五"国家级规划教材,本次又入选国家国防科技工业局"十一五"国防特色规划教材,依据核科学与技术评审组审定的编写提纲编写。本书编者以清华大学工程物理系教授为主,联合了成都理工大学、哈尔滨工程大学、上海交通大学、西安交通大学、海军工程大学等高校十多位教授参加,每章节后分别列出了编者名单和所属学校。

　　本书编写后经中国原子能科学研究院陈叔平研究员和清华大学屈建石教授审阅,他们认真阅读了全书,提出了不少中肯的意见和建议,对全书的文字进行了仔细修改。本书成书过程中得到了教育部、国家国防科技工业局、清华大学等有关领导的大力支持,也得到了各有关高等学校的积极参与,限于篇幅还删节了已成文的部分章节内容,在此我们一并表示深深的感谢。限于编者的水平和经验,书中必定有不少错误和遗漏,敬请读者和同行指正。

编　者

2010 年 7 月

目　　录

第三部分　核能利用

第四部分　辐射防护

第一部分
核物理基础

第1章 原子核物理的基本概念

19世纪末,在1895,1896和1897年相继发现了X射线、放射性和电子,这三大发现揭开了近代物理的序幕,物质结构的研究开始进入微观领域。其中,1896年法国科学家贝可勒尔(Becquerel A H)发现天然放射性现象,这是人类第一次观察到核变化,通常人们把这一重大发现看成是核科学的开端。到20世纪50年代逐步形成了研究物质结构的三个分支学科,即原子物理、原子核物理和粒子物理。三者有独立的研究领域和对象,但又有紧密的关联。对我们的研究对象而言,我们将重点论述原子核物理这一领域。

1.1 原子核的基本性质

世界万物是由原子、分子构成的,每一种原子对应一种化学元素。例如,氢原子对应氢元素,氧原子对应氧元素。到目前为止,包括人工制造的不稳定元素,人们已经知道了一百多种元素了。

1911年卢瑟福(Retherford R C)根据α粒子的散射实验提出了原子的核式模型假设,即原子是由原子核和核外电子所组成。从此以后,原子就被分成两部分来处理:核外电子的运动构成了原子物理学的主要内容,而原子核则成了另一门学科——原子核物理学的主要研究对象。原子和原子核是物质结构的两个层次,但也是互相关联又完全不同的两个层次。

电子是由英国科学家汤姆逊(Thomson J J)于1897年发现的,也是人类发现的第一个微观粒子。电子带负电荷,电子电荷的值为

$$e = 1.602\ 176\ 46 \times 10^{-19}\ C$$

并且电子的电荷是量子化的,即任何电荷只能是e的整数倍。电子的质量为

$$m_e = 9.109\ 381\ 88 \times 10^{-31}\ kg$$

原子在一般情况下呈电中性,原子核带正电荷,原子的正电荷全部集中于原子核上。

原子的大小是由核外运动的电子所占的空间范围来表征的,可以设想为电子在以原子核为中心、距核非常远的若干轨道上运行。原子的大小即半径约为10^{-8} cm的量级,以铝原子为例,其半径约为1.6×10^{-8} cm,其密度$\rho = 2.7$ g/cm^3。

原子核的质量远远超过核外电子的总质量,因此原子的质量中心和原子核的质量中心非常接近。原子核的线度只有几十飞米(1 fm $= 10^{-15}$ m $= 10^{-13}$ cm),而密度高达10^8 t·cm^{-3}。原子核的性质必然对原子的性质产生一定的影响,例如原子光谱的精细结构。原子核的许多特性正是通过对原子或分子现象的观察来确定的。但也有许多性质仅仅取决于原子或原子核,例如物质的许多化学及物理性质,光谱特性基本上只与核外电子有关,而放射现象则主要归因于原子核。

　　下面将讨论原子核的一般性质,即原子核作为整体所具有的静态性质。本章着重讨论原子核的组成、电荷、质量、半径、稳定性等性质,对原子核自旋、磁矩、宇称和统计性质等较深入的问题不在这里展开讨论。如在今后的工作中遇到这些问题,可参考其他的核物理书籍。

1.1.1　原子核的组成及其稳定性

　　1896 年贝可勒尔发现了铀的放射现象,这是人类第一次在实验室里观察到原子核现象。他发现用黑纸包得很好的铀盐仍可以使照相底片感光,实验结果说明铀盐可以放射出能透过黑纸的射线。随后,1897 年居里夫妇(Curie P & M)发现放射性元素钋和镭。1903 年,卢瑟福证实了铀盐放出的 α 射线就是氦核,β 射线就是较早发现的电子。1911 年根据 α 粒子在金箔上发生大角度散射的实验事实,卢瑟福提出了原子的核式模型。

1. 原子核的组成及其表示

　　在发现中子之前,当时人们知道的“基本”粒子只有两种:电子和质子。因此,把原子核假定为由质子和电子组成的想法就非常自然,但从其一开始就遇到了不可克服的困难。

　　1932 年查德威克(Chadwick J)发现中子,海森堡(Heisenberg W)立刻提出原子核由质子和中子组成的假设,而且被一系列的实验事实所证实。

　　中子和质子的质量相差甚微,它们的质量分别为

$$m_n = 1.008\ 664\ 92\ u$$

$$m_p = 1.007\ 276\ 46\ u$$

这里,u 为原子质量单位,1960 年国际上规定把 ^{12}C 原子质量的 1/12 定义为原子质量单位,即

$$1\ u = 1.660\ 538\ 73 \times 10^{-27}\ kg = 1.660\ 538\ 73 \times 10^{-24}\ g = 931.494\ 013\ MeV \cdot c^{-2}$$

$$(1.1.1)$$

式中,c 为真空中的光速。

　　中子为中性粒子,质子为带有单位正电荷的粒子。在提出原子核由中子和质子组成之后,任何一个原子核都可用符号 $^A_Z X_N$ 来表示。右下标 N 表示核内中子数,左下标 Z 表示质子数或称电荷数,左上标 $A(A = N + Z)$ 为核内的核子数,又称质量数。元素符号 X 与质子数 Z 具有唯一确定的关系,例如,$^4_2He,\ ^{16}_8O,\ ^{238}_{92}U$,等等。实际上,简写 $^A X$,已足以代表一个特定的核素,左下标 Z 往往省略。Z 在原子核中为质子数,在原子中则为原子序数。只要元素符号 X 相同,不同质量数的元素在周期表中的位置上相同,就具有基本相同的化学性质。例如,^{235}U 和 ^{238}U 都是铀元素,两者只相差三个中子,它们的化学性质及一般物理性质几乎完全相同;但是,它们是两个完全不同的核素,它们的核性质完全不同。

　　我们先介绍表示原子核的一些常用术语。

　　(1)核素(nuclide)

　　核素是指在其核内具有一定数目的中子和质子以及特定能态的一种原子核或原子。例

如，$^{208}_{86}\text{Tl}$，$^{208}_{82}\text{Pb}$ 是独立的两种核素，它们有相同的质量数，而原子核内含有不同的质子数；$^{90}_{38}\text{Sr}_{52}$，$^{91}_{39}\text{Y}_{52}$ 是原子核内含有不同的质子数和相同的中子数的独立的两种核素；$^{60\text{m}}\text{Co}$ 和 ^{60}Co 也应该看成独立的两种核素，它们的原子核内含有相同的质子数和中子数，但所处的能态是不同的。

（2）同位素（isotopes）和同位素丰度

我们把具有相同质子数，但质量数（即核子数）不同的核所对应的原子称为某元素的同位素。同位是指该同位素的各种原子在元素周期表中处于同一个位置，它们具有基本相同的化学性质。例如，氢同位素有三种核素：^{1}H，^{2}H，^{3}H，分别取名为氕、氘、氚。某些元素，例如锰、铍、氟、铝等在天然条件下，只存在一种核素，称为单一核素而不能说它们只有一种同位素。某元素中各同位素天然含量的原子数百分比称为同位素丰度。例如天然存在的氧的同位素有三种核素：^{16}O，^{17}O，^{18}O，它们的同位素丰度分别为 99.756%，0.039% 和 0.205%。

（3）同质异能素（isomers）

半衰期较长的激发态原子核称为基态原子核的同质异能素或同核异能素，它们的 A 和 Z 均相同，只是能量状态不同，一般在元素符号的左上角质量数 A 后加上字母 m 表示。这种核素的原子核一般处于较高能态，例如 $^{87\text{m}}_{38}\text{Sr}$ 称为 $^{87}_{38}\text{Sr}$ 的同质异能素，其半衰期为 2.81 小时。同质异能素所处的能态，又称同质异能态，它与一般的激发态在本质上并无区别，只是半衰期即寿命较长而已，上面所说的 $^{60\text{m}}\text{Co}$ 就是 ^{60}Co 的同质异能素。

2. 原子核的稳定性及核素图

根据原子核的稳定性，可以把核素分为稳定的核素和不稳定的放射性核素。原子核的稳定性与核内质子数和中子数之间的比例存在着密切的关系。

正如在化学和原子物理学中把元素按原子序数 Z 排成元素周期表一样，我们可以把核素排在一张核素图上。核素图与元素周期表的不同之处在于，除了电荷数（即核内质子数）Z 外，还必须考虑中子数 N。

这样，核素图就必须是 N 和 Z 的两维图。图 1.1.1 是核素图（部分），以 N 为横坐标、Z 为纵坐标（也可以反过来表示），然后让每一核素对号入座。图 1.1.1 中，每一格代表一个特定的核素。带有斜线条和加黑的核素为稳定核素，格中百分数为该核素的丰度。白底的核素为不稳定的放射性核素，格中 α，β^-，β^+ 表示该核素的衰变方式，箭头指向为衰变后的子核，时间表示半衰期的长短。

在现代的核素图上，既包括了天然存在的 332 个核素（其中 280 多个是稳定核素），也包括了自 1934 年以来人工制造的 1 600 多个放射性核素，一共约 2 000 个核素。

为了从核素图中得到更多的有关核稳定性的认识，有人绘制了 β 稳定核素分布图，如图 1.1.2 所示，图中横坐标为质子数 Z，纵坐标为中子数 N。在图 1.1.2 中，在同一垂直线上（即 Z 相同）的所有核素是同位素；在同一水平线上（即 N 相同）的所有核素是同中子异荷素；在 N 和 Z 轴上截距相等的直线上（即 A 相等）的所有核素称为同量异位素。

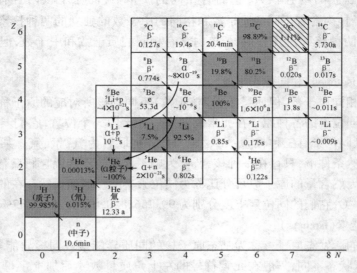

图 1.1.1 核素图（部分）

由图 1.1.2 可以发现，稳定核素几乎全落在一条光滑曲线上或紧靠曲线的两侧，我们把这条曲线称为 β 稳定曲线。由图 1.1.2 可见，对于轻核，稳定曲线与直线 $N = Z$ 相重合；当 N, Z 增大到一定数值之后，稳定线逐渐向 $N > Z$ 的方向偏离。在 Z 小于 20 时核素的 N 与 Z 之比约为 1，Z 为中等数值时 N 与 Z 之比约为 1.4，Z 等于 90 左右时 N 与 Z 之比约为 1.6。相对于稳定曲线而言，中子数偏多或偏少的核素都是不稳定的。位于稳定曲线上方的核素为丰中子核素，易发生 β^- 衰变；位于稳定曲线下方的核素为缺中子核素，易发生 β^+ 衰变。

由于库仑力是长程相互作用力，它能作用于核内的所有质子，正比于 $A(A-1)$；而核力是短程力，只作用于相邻的核子，正比于 A。随着 Z 的增加，A 也增加，库仑相互作用的影响增长得比核力快，要使原子核保持稳定，必须靠中子数的较大增长来减弱库仑力的排斥作用，因此随着 $Z(A)$ 的增长，稳定核素的中子

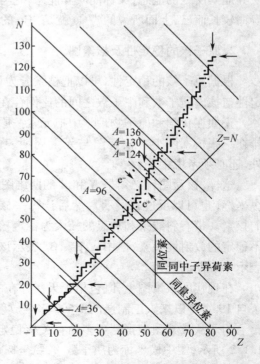

图 1.1.2 β 稳定核素分布图

数比质子数越来越多,越来越大地偏离 $Z = A$ 直线,稳定核素不复存在,当 Z 大到一定程度时,连长寿命放射性核素也不复存在,这样核素在目前的已知核素区慢慢就终止了。

在 1966 年左右,理论预测在远离 β 稳定曲线的 $Z = 114$ 附近,存在一个超重稳定元素"岛"。近十年来,由于重离子加速器的大量建造,重离子核反应得以广泛实现,为实现和验证这一理论提供了有效的工具。

原子核的稳定性还与核内质子和中子数的奇偶性有关,自然界存在的稳定核素共 270 多种,若包括半衰期 10^9 年以上的核素则为 284 种,其中偶偶(e－e)核 166 种;偶奇(e－o)核 56 种;奇偶(o－e)核 53 种;奇奇(o－o)核 9 种。

根据核内质子数和中子数的奇偶性可以看出:偶偶核是最稳定的,稳定核最多;其次是奇偶核和偶奇核;而奇奇核最不稳定,稳定核素最少。

事实表明,当原子核的中子数或质子数为 2,8,20,28,50,82 和中子数为 126 时,原子核特别稳定,我们把上述数目称为"幻数"。

1.1.2　原子核的大小

一个原子的线度约为 10^{-8} m,根据卢瑟福用 α 粒子轰击原子的实验得知原子核的线度远小于原子的线度。若想象原子核近似于球形,则就有原子核半径的概念。由于原子核的半径很小,需要通过各种间接的方法进行测量。由于所用方法的不同,测出的原子核半径的意义也不相同,产生了核力半径和电荷分布半径之分。但无论如何,用各种方法得出的结果是相近的。

在历史上,最早研究原子核大小的是卢瑟福和查德威克。他们用质子或 α 粒子去轰击各种原子核,根据这一方法,发现原子核半径遵从如下规律:

$$R = r_0 A^{1/3},\ r_0 = 1.20\ \text{fm} \tag{1.1.2}$$

其后出现了许多其他更精确的测量方法,如用中子衍射截面测量原子核的大小(核力半径),用高能电子散射测量原子核的大小及电荷形状因子(电荷分布半径),等等。并依据所采用的方法,分别给出电荷半径或核力半径。

总结以上的实验结果,原子核半径 R 与 $A^{1/3}$ 成正比,而其比例常数 r_0 的最新数据为

$$R = (1.20 \pm 0.30) A^{1/3}\ \text{fm}\ (\text{电荷半径}) \tag{1.1.3}$$

$$R = (1.40 \pm 0.10) A^{1/3}\ \text{fm}\ (\text{核力半径}) \tag{1.1.4}$$

这时原子核的密度——单位体积内的核子数为

$$\rho_N = \frac{A}{V} = \frac{A}{\frac{4}{3}\pi R^3} = \frac{3}{4\pi r_0^3} \tag{1.1.5}$$

从(1.1.5)式可见,ρ_N 为一常数。表明只要核子结合成原子核,其密度都是相同的,这就形成核物质的概念。将 $r_0 = 1.20$ fm 代入,可得

$$\rho_N = 2.84 \times 10^8\ \text{t/cm}^3$$

这就意味着在每立方厘米体积中竟有近 3 亿吨质量的物质。

1.1.3 原子核的结合能

1. 质能联系定律

质量和能量都是物质同时具有的两个属性,任何具有一定质量的物体必定与一定的能量相联系。如果物体(粒子)的能量 E 以 J(焦耳)表示,物体(粒子)的质量 m 以 kg(千克)表示,则质量和能量的相互关系为

$$E = mc^2 \quad 或 \quad m = E/c^2 \tag{1.1.6}$$

式中,c 为在真空中的光速,$c = 2.997\,924\,58 \times 10^8$ m/s $\approx 3 \times 10^8$ m/s。(1.1.6)式称为质能联系定律。由(1.1.6)式可得到与一个原子质量单位 u 相联系的能量为

$$E = \frac{1.660\,538\,73 \times 10^{-27} \text{ kg} \times (2.997\,924\,58 \times 10^8 \text{ m} \cdot \text{s}^{-1})^2}{1.602\,176\,462 \times 10^{-13} \text{ J}} = 931.494\,013 \text{ MeV}$$

根据相对论的观点,物体质量的大小随着物体运动状态的变化而变化。若物体静止时的质量为 m_0,称为物体的静止质量,则运动速度为 v 时该物体所具有的质量 m 为

$$m = m_0 / \sqrt{1 - (v/c)^2} \tag{1.1.7}$$

由(1.1.7)式可见,当 $v \ll c$ 时,$m \approx m_0$,而真空中的光速 c 则是物体或粒子运动的极限。

对 (1.1.6) 式的两边取差分,得到

$$\Delta E = \Delta m c^2 \tag{1.1.8}$$

表示体系的质量变化必定与其能量的变化相联系,体系有质量的变化就一定伴随能量的变化。对于孤立体系而言,总能量守恒,也必然有总质量的守恒。

$E = mc^2$ 中的能量包括两部分,一部分为物体的静止能量 $E_0 = m_0 c^2$,另一部分为物体的动能 T,即

$$T = E - E_0 = mc^2 - m_0 c^2 = m_0 c^2 [1/\sqrt{1 - (v/c)^2} - 1] \tag{1.1.9}$$

在通常情况下(即非相对论情况),$v \ll c$,则 $\dfrac{1}{\sqrt{1 - (v/c)^2}}$ 可以按泰勒级数展开,即

$$T \approx m_0 c^2 \left\{ \left[1 + \frac{1}{2} \left(\frac{v}{c} \right)^2 + \frac{3}{8} \left(\frac{v}{c} \right)^4 + \cdots \right] - 1 \right\} \approx \frac{1}{2} m_0 v^2$$

这与经典力学所推出的结果是一致的。

2. 原子核的质量亏损

原子核既然是由中子和质子所组成,那么,原子核的质量应该等于核内中子和质子的质量之和,实际情况并非如此。举一个最简单的例子——氘核,氘是氢的同位素,氘(^{2}H)由一个中子和一个质子组成。中子的质量 $m_n = 1.008\,665$ u,质子的质量 $m_p = 1.007\,276$ u,则

$$m_n + m_p = 2.015\,941 \text{ u}$$

而氘核的质量 $m(Z=1, A=2) = 2.014\ 102$ u。可见,氘核的质量小于组成它的质子和中子质量之和,两者之差为

$$\Delta m(1,2) = m_p + m_n - m(1,2) = 0.001\ 839\ \text{u}$$

推而广之,定义原子核的质量亏损为组成原子核的 Z 个质子和 $A-Z$ 个中子的质量与该原子核的质量之差,记作 $\Delta m(Z,A)$,即

$$\Delta m(Z,A) = Z \cdot m_p + (A-Z) \cdot m_n - m(Z,A) \tag{1.1.10}$$

式中,$m(Z,A)$ 为电荷数为 Z、质量数为 A 的原子核的核质量。但是,由实验测定的结果是原子质量,(1.1.10) 式中的质子质量 m_p 和核质量 $m(Z,A)$ 必须用相应的氢原子质量 $M(^1\text{H})$ 和原子质量 $M(Z,A)$ 来表示。当用原子质量代替核质量时,由于 Z 个 ^1H 原子中的电子质量正好被 $^A_Z X$ 原子中 Z 个电子质量所抵消,(1.1.10)式表示为

$$\Delta m(Z,A) = Z \cdot M(^1\text{H}) + (A-Z) \cdot m_n - M(Z,A) \tag{1.1.11}$$

这样做是一种近似,忽略了电子在原子中的结合能的差别,这种近似是可以接受的。从原子核质量亏损的定义可以明确看出,所有的核都存在质量亏损,即 $\Delta m(Z,A) > 0$。

3. 原子核的结合能

既然原子核的质量亏损 $\Delta m > 0$,由质能关系式,相应能量的减少就是 $\Delta E = \Delta m c^2$。这表明核子结合成原子核时,会释放出能量,这个能量称为结合能。由此,Z 个质子和 $(A-Z)$ 个中子结合成原子核时的结合能 $B(Z,A)$ 为

$$B(Z,A) \equiv \Delta m(Z,A) c^2 \tag{1.1.12}$$

将式(1.1.11)代入(1.1.12)式,得到

$$B(Z,A) = [Z \cdot M(^1\text{H}) + (A-Z) \cdot m_n - M(Z,A)] c^2 \tag{1.1.13}$$

一个中子和一个质子组成氘核时,会释放 2.225 MeV 的能量,这就是氘的结合能,它已为精确的实验测量所证明。实验还证实了它的逆过程:当有能量为 2.225 MeV 的光子照射氘核时,氘核将一分为二,飞出质子和中子。

其实,一个体系的质量小于组成体的个别质量之和这一现象,在化学和原子物理学中同样也存在。分子的质量并不等于原子质量之和,原子的质量也不等于原子核的质量与电子质量之和。任何两个物体结合在一起,都会释放一部分能量。不过,结合能的概念在原子核物理中要比原子、分子物理中重要得多,而在高能物体中更有其特别的意义。

4. 比结合能曲线

原子核的结合能 $B(Z,A)$ 除以质量数 A 所得的商,称为平均结合能或比结合能 ε,即

$$\varepsilon(Z,A) = B(Z,A)/A \tag{1.1.14}$$

比结合能 ε 的单位是 MeV。

比结合能的物理意义是原子核拆散成自由核子时,外界对每个核子所做的最小的平均功。或者说,它表示核子结合成原子核时,平均一个核子所释放的能量。因此,ε 表征了原子核结

合的松紧程度。ε 大,核结合紧,稳定性高;ε 小,核结合松,稳定性差。

图 1.1.3 是核素的比结合能对质量数作图得到的比结合能曲线。它与核素图一起,是原子核物理学中十分重要的两张图。由图 1.1.3 可见,比结合能曲线两头低、中间高,换句话说,中等质量的核素的 ε 比轻核、重核都大。比结合能曲线在开始时有些起伏,逐渐光滑地达到极大值,然后又缓慢地变小。

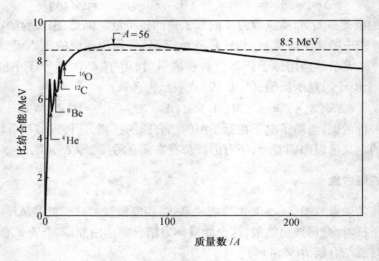

图 1.1.3　比结合能曲线

当结合能小的核变成结合能大的核,即当结合得比较松的核变到结合得紧的核,就会释放能量。从图 1.1.3 可以看出,有两个途径可以获得能量:一个是重核裂变,即一个重核分裂成两个中等质量的核;另一个是轻核聚变。人们依靠重核裂变的原理制造出原子反应堆与原子弹,依靠轻核聚变的原理制造出氢弹和人们正在探索的可控聚变反应。由此可见,所谓原子能,主要是指原子核结合能发生变化时释放的能量。

由图 1.1.3 还可见,当 $A < 30$ 时,曲线的趋势是上升的同时有明显的起伏。在 A 为 4 的整数倍时,曲线有周期性的峰值,如 ^{4}He,^{12}C,^{16}O,^{20}Ne 和 ^{24}Mg 等偶偶核,并且 $N = Z$。这表明对于轻核可能存在 α 粒子的集团结构。

原子核是由核子组成的微观体态。和原子相似,原子核也有能态结构,有核的基态和激发态。核激发态的寿命的典型值为 10^{12} s,同质异能态仅为一特殊的激发态,要求其平均寿命长于 0.1 s。

每个能级都有标志其特征的物理量,如激发能、自旋、宇称等物理量,在实验上测定这些物理量并研究其

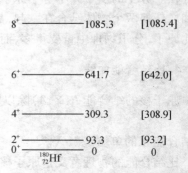

图 1.1.4　$^{180}_{72}$Hf 的能级图

变化规律是原子核物理学的重要课题之一。

图 1.1.4 是 ^{180}Hf 的能级图,图中每一能态的能量列出了测量值和计算值,其中在括号内的计算值就是玻尔(Born A)和穆特尔逊(Mottelson B)根据他们在 1972 年提出原子核新的模型计算得到的值,与实验值符合得相当好,他们在 1975 年获得诺贝尔物理学奖。由图 1.1.4 还可以看到,每个能态都有确定的自旋和宇称,例如基态的自旋和宇称为 0^+,而第一激发态的自旋和宇称则为 2^+,等等。每个激发态可以通过放出 γ 光子和其他方式而跃迁到较低的能态,至于哪些跃迁被容许及发生跃迁的概率的大小,我们在此不作进一步讨论。

1.2　放射性衰变和衰变规律

如前所述,已经发现的天然存在的和人工生产的核素约有 2 000 多种,其中天然存在的核素约有 332 种,其余皆为人工制造的。天然存在的核素可分为两大类:一类是稳定的核素,一类是不稳定的核素。$^{40}_{20}$Ca,$^{209}_{83}$Bi 等核素属于前者,如前所述,自然存在的稳定核素约有 270 多种。不稳定核素是指会自发地蜕变成另一种原子核的核素,在蜕变过程中往往会伴随一些粒子或碎片的发射,例如 $^{210}_{80}$Po(发射 α 粒子),$^{222}_{88}$Ra(发射 α,β 粒子),$^{198}_{79}$Au(发射 β 粒子)。在无外界影响下,原子核自发地发生蜕变的现象称为原子核的衰变,核衰变有多种形式,如 α 衰变、β 衰变、γ 衰变,还有自发裂变及发射中子、质子等过程。

重核($A > 140$)一般都具有 α 放射性,其衰变方式可以表示为

$$^A_Z X \rightarrow ^{A-4}_{Z-2} Y + \alpha$$

其中 X 为母核,Y 为子核。

放射性核素是否发生 β 衰变,如 1.1.1 小节中所述,主要由核内中子数与质子数之间的比例确定。β 衰变包含 β^- 衰变、β^+ 衰变和轨道电子俘获(EC)三种过程。对丰中子核而言,核内中子数过多而处于不稳定的状态,核内一个中子就会蜕变为质子,同时放出一个电子 e^- 和一个反中微子 $\tilde{\nu}_e$,其衰变方式表示为

$$^A_Z X \rightarrow ^A_{Z+1} Y + e^- + \tilde{\nu}_e$$

对欠中子核(或称丰质子核),则发生 β^+ 衰变和轨道电子俘获(EC),分别表示为

$$^A_Z X \rightarrow ^A_{Z-1} Y + e^+ + \nu_e$$

和

$$^A_Z X + e^- \rightarrow ^A_{Z-1} Y + \nu_e$$

式中 e^+,ν_e 分别为正电子和中微子。与 β^- 衰变相反,母核内质子数过多,核内一个质子蜕变为中子。

α 衰变、β 衰变过程中形成的子核往往处于激发态,原子核从激发态通过发射 γ 射线或内转换电子跃迁到较低能态的过程称为 γ 跃迁(或 γ 衰变)。

现今对大量的放射性原子核进行各种测量,已积累了大量的资料。为了便于使用和查阅,已汇编成衰变纲图和同位素表。图 1.2.1 是一些核素的衰变纲图,在实际工作中可以根据衰

变纲图和同位素表提供的资料,选取有用的数据。图1.2.1中粗实线的态代表原子核基态,箭头向左表示质子数 Z 减少,向右表示 Z 增加。箭头线上标示了放射粒子的类型及其动能或者动能最大值。如图1.2.1(a)中是核素 ^{210}Po 的衰变图, ^{210}Po 源发生 α 衰变,发射了动能各为4 524 keV 和 5 304.51 keV 的 α 粒子;图1.2.1(b)中代表了核素 ^{137}Cs 的 β 衰变,发射了最大动能值各为 511.6 keV 和 1 173.2 keV 的 β$^-$ 粒子,图中百分数代表该种衰变所占的比例(又叫分支比)。 $^{206}_{82}$Pb 和 $^{137}_{56}$Ba 的激发态通过 γ 跃迁到基态, $^{137}_{56}$Ba 的激发态为同质异能态。能级右侧所示的能量为该能级相对于基态的能量间距。

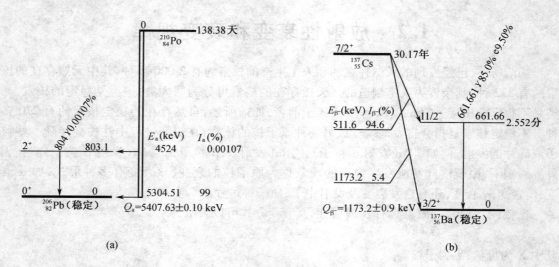

图1.2.1　一些核素的衰变纲图

1.2.1　放射性衰变的基本规律

不稳定原子核会自发地发生衰变,放射出 α 粒子、β 粒子和 γ 光子等。本节仅讨论原子核放射性衰变的基本规律。

一个放射源包含同一种核素的大量原子核,它们不会同时发生衰变。我们不能预测某个原子核在某个时刻将发生衰变,但是我们可以发现,随着时间的流逝,放射源中的原子核数目按一定的规律减少,这是由微观世界的粒子全同性和统计性决定的。下面我们先讨论单一放射性的衰变规律,然后再讨论多代连续放射性的衰变规律。

1. 单一放射性的指数衰减规律

以 $^{222}_{83}$Rn(常称氡射气)的 α 衰变为例,把一定量的氡射气单独存放,实验发现,在大约4天之后氡射气的数量减少一半,经过8天减少到原来的1/4,经过12天减到1/8,一个月后就不到原来的百分之一了,衰变情况如图 1.2.2(a)所示。如果以氡射气的数量的自然对数为纵坐标,以时间为横坐标作图,见图 1.2.2(b),则可得到线性方程

$$\ln N(t) = -\lambda t + \ln N(0) \tag{1.2.1}$$

式中,$N(0)$ 和 $N(t)$ 是时间 0 和 t 时刻 $^{222}_{86}\mathrm{Rn}$ 的核数;$-\lambda$ 为直线的斜率,是一个常数,称为衰变常数。将(1.2.1)式化为指数形式,得

$$N(t) = N(0)\mathrm{e}^{-\lambda t} \tag{1.2.2}$$

可见,$^{222}_{86}\mathrm{Rn}$ 的衰变服从指数规律式。实验表明,任何放射性物质在单独存在时都服从相同的规律,只是具有不同的衰变常数 λ 而已。指数衰减规律不仅适用于只有一种衰变方式的放射源,对具有多种衰变方式,例如同时具有 α,β 衰变的放射源,指数衰减规律仍是适用的。

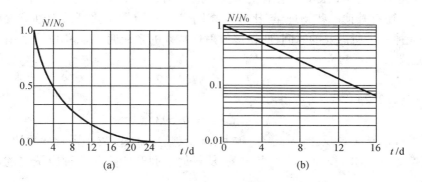

图 1.2.2　^{222}Rn 的衰变规律图

实验发现,用加压、加热、加电磁场、机械运动等物理或化学手段不能改变指数衰减规律,也不能改变其衰变常数 λ。这表明,放射性衰变是由原子核内部运动规律所决定的。对各种不同的核素来说,它们衰变的快慢又各不相同,这反映在它们的衰变常数 λ 各不相同,所以衰变常数又反映了它们的个性。下面将对 λ 进行详细讨论。

2. 衰变常数、半衰期和平均寿命

由(1.2.2)式微分可得到

$$-\mathrm{d}N(t) = \lambda N(t)\mathrm{d}t \tag{1.2.3}$$

式中 $-\mathrm{d}N(t)$ 为原子核在 t 到 $t+\mathrm{d}t$ 时间间隔内的衰变数。由此可见,此衰变数正比于时间间隔 $\mathrm{d}t$ 和 t 时刻的原子核数 $N(t)$,其比例系数正好是衰变常数 λ。因此,λ 可写为

$$\lambda = \frac{-\mathrm{d}N(t)/N(t)}{\mathrm{d}t} \tag{1.2.4}$$

式中的分子 $-\mathrm{d}N(t)/N(t)$ 表示一个原子核的衰变概率。可见,λ 为单位时间内一个原子核发生衰变的概率,其量纲为时间的倒数,如 s^{-1},min^{-1},h^{-1},d^{-1},a^{-1} 等。衰变常数表征该放射性核素衰变的快慢,λ 越大,衰变越快;λ 越小,衰变越慢。实验指出,每种放射性核素都有确定

的衰变常数,衰变常数 λ 的大小与这种核素如何形成的或何时形成的都无关。

如果一种核素同时有几种衰变模式,如图 1.2.1(b)中 ^{137}Cs 有两种 β^- 衰变,还有一些放射性同位素同时放射 α 和 β 粒子等,则这一核素的总衰变常数 λ 是各个分支衰变常数 λ_i 之和,即

$$\lambda = \sum_i \lambda_i \tag{1.2.5}$$

于是,可以定义分支比 R_i 为

$$R_i = \frac{\lambda_i}{\lambda} = \frac{\lambda_i}{\sum_i \lambda_i} \tag{1.2.6}$$

可以看出,R_i 是第 i 个分支衰变在总衰变中所占的比例。

除了 λ 外,还有其他一些物理量,比如半衰期 $T_{1/2}$,也可用于表征放射性衰变的快慢。放射性核素衰变掉一半所需要的时间,叫做该放射性核素的半衰期 $T_{1/2}$,单位可采用 s,min,h,d,a 等。根据定义

$$N(T_{1/2}) = N(0)/2 \tag{1.2.7}$$

将指数衰减律(1.2.2)式代入,可得

$$T_{1/2} = \ln2/\lambda \approx 0.693/\lambda \tag{1.2.8}$$

由此可见,$T_{1/2}$ 与 λ 成反比,因此 $T_{1/2}$ 越大,衰变越慢,而 $T_{1/2}$ 越小则衰变越快。(1.2.8)式也表示半衰期 $T_{1/2}$ 与何时作为时间起点无关,从任何时间开始算起这种原子核的数量减少一半的时间都一样。

还可以用平均寿命 τ 来量度衰变的快慢,τ 简称寿命。平均寿命可以计算如下:若在 $t=0$ 时放射性核素的数目为 $N(0)$,t 时刻就减为 $N(t) = N(0)e^{-\lambda t}$。因此,在 $t \sim t + dt$ 这段很短的时间内,发生衰变的核数为 $-dN(t) = \lambda N(t)dt$,这些核的寿命为 t,它们的总寿命为 $t \cdot \lambda N(t)dt$。由于有的原子核在 $t \approx 0$ 时就衰变,有的要到 $t \to \infty$ 时才发生衰变,因此所有核素的总寿命为

$$\int_0^\infty t\lambda N(t)dt \tag{1.2.9}$$

于是,任一核的平均寿命 τ 为

$$\tau = \frac{\int_0^\infty t\lambda N(t)dt}{N(0)} = \frac{1}{\lambda}\int_0^\infty (\lambda t) \cdot e^{-\lambda t}d(\lambda t) = \frac{1}{\lambda} \tag{1.2.10}$$

所以,原子核的平均寿命为衰变常数的倒数。由于 $T_{1/2} = 0.693/\lambda$,故

$$\tau = \frac{T_{1/2}}{0.693} = 1.44 T_{1/2} \tag{1.2.11}$$

因此,平均寿命比半衰期长一点,是 $T_{1/2}$ 的 1.44 倍。在 $t = \tau$ 时,有

$$N(t = \tau) = N_0 e^{-1} \approx 37\% N_0 \tag{1.2.12}$$

可见,放射性核素的平均寿命 τ 表示经过时间 τ 以后,剩下的核素数目约为原来的 37%。

3. 放射性活度及其单位

一个放射源的强弱不仅取决于放射性原子核的数量的多少,还与这种核素的衰变常数有关。因此,放射源的强弱用单位时间内发生衰变的原子核数来衡量。一个放射源在单位时间内发生衰变的原子核数称为它的放射性活度,通常用符号 A 表示。

如果一个放射源在 t 时刻含有 $N(t)$ 个放射性原子核,放射源核素的衰变常数为 λ,则这个放射源的放射性活度为

$$A(t) = -\frac{\mathrm{d}N(t)}{\mathrm{d}t} = \lambda N(t) \tag{1.2.13}$$

代入 $N(t)$ 的指数规律式,得到

$$A(t) = \lambda N(t) = \lambda N_0 \mathrm{e}^{-\lambda t}$$

即

$$A(t) = A_0 \mathrm{e}^{-\lambda t} \tag{1.2.14}$$

这里 $A_0 = \lambda N_0$ 是放射源的初始放射性活度。由(1.2.14)式可见,一个放射源的放射性活度也应随时间增加而呈指数衰减。

由于历史的原因,放射性活度最初采用居里(Ci)为单位。最初 1 Ci 定义为 1 g 镭每秒衰变的数目。为了统一起见,1950 年国际上统一规定:一个放射源每秒钟有 3.7×10^{10} 次核衰变定义为一居里,即

$$1 \text{ Ci} = 3.7 \times 10^{10} \text{ s}^{-1} \tag{1.2.15}$$

更小的单位有毫居里($1 \text{ mCi} = 10^{-3} \text{ Ci}$)和微居里($1 \text{ } \mu\text{Ci} = 10^{-6} \text{ Ci}$)。

在 1975 年的国际计量大会(General Conference on Weights and Measures)上,规定了放射性活度的 SI 单位 Bq(贝可[勒尔]),且有

$$1 \text{ Bq} = 1 \text{ s}^{-1} \tag{1.2.16}$$

显见

$$1 \text{ Ci} = 3.7 \times 10^{10} \text{ Bq} \tag{1.2.17}$$

应该指出,放射性活度仅仅是指单位时间内原子核衰变的数目,而不是指在衰变过程中放射出的粒子数目。有些原子核在发生一次衰变时可能放出多个粒子。例如放射源 $^{137}_{55}\text{Cs}$(见图 1.2.1(b)),在某一时间间隔内有 100 个原子核发生衰变,但放出的粒子数却不止 100 个。其中放出最大能量为 1.17 MeV 的电子有 6 个,放出最大能量为 0.512 MeV 的电子有 94 个,并伴随有 94 个能量为 0.662 MeV 的光子,因此总共放出 194 个粒子。

在实际工作中除放射性活度外,还经常用到"比放射性活度"或"比活度"的概念。比放射性活度就是单位质量放射源的放射性活度,即

$$a = \frac{A}{m} \tag{1.2.18}$$

式中 m 为放射源的质量,比放射性活度的单位为 Bq·g^{-1} 或 Ci·g^{-1}。

衡量一个放射源或放射性样品的放射性强弱的物理量,除放射性活度外,还常用"衰变率"这一概念。设 t 时刻放射性样品中,某一放射性核素的原子核数为 $N(t)$,该放射性核素的

衰变常数为 λ,我们把这个放射源在单位时间内发生衰变的核的数目称为衰变率 $J(t)$,则

$$J(t) = \lambda N(t) \tag{1.2.19}$$

可见,放射性活度和衰变率具有相同的物理意义和相同的单位,是同一物理量的两种表述。前者多用于给出放射源或放射性样品的放射性活度,而后者则常作为描述衰变过程的物理量。

4. 递次衰变规律

前面已讨论了单一放射性的衰变规律。所谓单一放射性,是指放射性源是由单一的一种原子核组成,它的数目的变化单纯地由它本身的衰变所引起,并且衰变后的核是一个稳定的核。当一种核素衰变后产生了第二种放射性核素,第二种放射性核素又衰变产生了第三种放射性核素……这样就产生了多代连续放射性衰变,称之为递次衰变,例如

$$^{214}_{84}\text{Po} \xrightarrow{\alpha,1.64\times10^{-4}\,\text{s}} {}^{210}_{82}\text{Pb} \xrightarrow{\beta^-,21\,\text{a}} {}^{210}_{83}\text{Bi} \xrightarrow{\beta^-,5.01\,\text{d}} {}^{210}_{84}\text{Po} \xrightarrow{\alpha,138.4\,\text{d}} {}^{206}_{82}\text{Pb}(\text{稳定})$$

表明了递次衰变中各级衰变的衰变方式、半衰期和衰变产物。

在递次衰变中,任何一种放射性物质被分离出来单独存放时,它的衰变都满足(1.2.2)式的指数衰变规律。但是,它们混在一起的情况却要复杂得多。

（1）两次连续衰变规律

现在,我们先讨论两代连续放射性衰变的过程,即母体衰变生成子体,子体衰变生成稳定核素,且母体、子体处于同一体系中,例如

$$^{90}_{38}\text{Sr} \xrightarrow{\beta^-,28.1\,\text{a}} {}^{90}_{39}\text{Y} \xrightarrow{\beta^-,64\,\text{h}} {}^{90}_{40}\text{Zr}(\text{稳定})$$

在这类情况中,原子核的数目和放射性活度将按什么规律变化呢？我们采用一般表达式

$$A \xrightarrow{\lambda_1} B \xrightarrow{\lambda_2} C \tag{1.2.19}$$

其中,A 为母体,它衰变成子体 B,B 又衰变成 C,C 是稳定的。

设在 $t=0$ 时刻,第一种放射性核素 A 的核数目为 N_{10},其衰变常数为 λ_1;第二种放射性核素 B 的数目为 0,其衰变常数为 λ_2,对于第一种核素 A 的衰变,它是单一放射性衰变,根据(1.2.2)式,A 的衰变规律为

$$N_1(t) = N_{10}\text{e}^{-\lambda_1 t} \tag{1.2.20}$$

对于第二种放射性核素（子体）B,其数目的变化有两个因素:一个是一个 A 核衰变成一个 B 核,这使 B 核的数目增加了 $\lambda_1 N_1(t)\text{d}t$;另一个因素是 B 核要衰变成 C 核,使 B 核的数目减少 $\lambda_2 N_2(t)\text{d}t$。这样,子核 B 的数目随时间的变化率应为

$$\frac{\text{d}N_2(t)}{\text{d}t} = \lambda_1 N_1(t) - \lambda_2 N_2(t) \tag{1.2.21}$$

由初始条件($t=0$ 时, $N_{20}=0$)可求解微分方程,得

$$\begin{cases} N_1(t) = N_{10}\text{e}^{-\lambda_1 t} \\ N_2(t) = N_{10}\dfrac{\lambda_1}{\lambda_2-\lambda_1}(\text{e}^{-\lambda_1 t} - \text{e}^{-\lambda_2 t}) \end{cases} \tag{1.2.22}$$

关于子体 C，我们已假定 C 为稳定的核素，它的变化仅由 B 的衰变而定，则

$$\frac{\mathrm{d}N_3(t)}{\mathrm{d}t} = \lambda_2 N_2(t) \tag{1.2.23}$$

利用初始条件($t = 0, N_{30} = 0$)，可得到

$$N_3(t) = \frac{\lambda_1 \lambda_2}{\lambda_2 - \lambda_1} N_{10} \left[\frac{1}{\lambda_1} (1 - \mathrm{e}^{-\lambda_1 t}) - \frac{1}{\lambda_2} (1 - \mathrm{e}^{-\lambda_2 t}) \right] \tag{1.2.24}$$

（2）多次连续衰变规律

对于 n 代连续放射性衰变过程（共联系有 $n + 1$ 个核素，其中最后一个核素是稳定的），若有初始条件 $N_1(0) = N_{10}, N_m(0) = N_{m0} = 0, m = 2, 3, \cdots, n$，且相应的各衰变常数为 $\lambda_1, \lambda_2, \cdots, \lambda_n$，用同样的方法可求出第 n 个核素随时间的变化规律为

$$N_n(t) = N_{10}(c_1 \mathrm{e}^{-\lambda_1 t} + c_2 \mathrm{e}^{-\lambda_2 t} + \cdots + c_n \mathrm{e}^{-\lambda_n t}) \tag{1.2.25}$$

式中

$$c_1 = \frac{\lambda_1 \lambda_2 \cdots \lambda_{n-1}}{(\lambda_2 - \lambda_1)(\lambda_3 - \lambda_1) \cdots (\lambda_n - \lambda_1)};$$

$$c_2 = \frac{\lambda_1 \lambda_2 \cdots \lambda_{n-1}}{(\lambda_1 - \lambda_2)(\lambda_3 - \lambda_2) \cdots (\lambda_n - \lambda_2)};$$

$$\vdots \qquad \qquad \vdots$$

$$c_n = \frac{\lambda_1 \lambda_2 \cdots \lambda_{n-1}}{(\lambda_1 - \lambda_n)(\lambda_2 - \lambda_n) \cdots (\lambda_{n-1} - \lambda_n)}$$

由上述所得的结果可以看出，在多代连续衰变过程中，任一代核素的衰变不仅与本身的衰变常数有关，而且与前面所有各代的核素的衰变常数有关。只有第一代的衰变是单一放射性衰变。

1.2.2　放射系

地球年龄约为 10 亿年（即 10^9 年）。经过了如此长的地质年代之后，半衰期比较短的核素都已衰变完了。目前还能存在于地球上的放射性核素只能维系在三个处于长期平衡状态的放射系中。这些放射系的第一个核素的半衰期都很长，和地球的年龄相近或更长。如钍系的 $^{232}_{90}\mathrm{Th}$，半衰期为 1.41×10^{10} a；铀系的 $^{238}_{92}\mathrm{U}$，半衰期为 4.47×10^9 a；锕－铀系的 $^{235}_{92}\mathrm{U}$，其半衰期为 7.04×10^8 a。虽然在三个放射系中的其他核素，在单独存在时，衰变都较快，但它们维系在长期平衡体系内时，都按第一个核素的半衰期衰变，因此可保存至今。

这三个放射系中的核素，主要是通过 α 衰变、β⁻ 衰变和 γ 衰变而衰变的。经过一系列这些衰变后，最后得到稳定核素。对于 α 衰变，将质量数减少 4 和电荷数增加 2，在元素周期表中将向前移动两个位置；对于 β⁻ 衰变，质量数不变，而电荷数增加 1，在元素周期表中向后移动一个位置；而对于 γ 衰变，质量数和电荷数都不变，因此在元素周期表中的位置不变。由此可见，通过 α，β⁻，γ 衰变而形成的放射系，其中各个核素之间，质量数只能差 4 的整数倍。现在具体讨论三个天然存在的放射系。

1. 钍系(4n 系)

钍系从 $^{232}_{90}$Th 开始,经过连续 10 次衰变,最后到达稳定核素 $^{208}_{82}$Pb。由于 $^{232}_{90}$Th 的质量数 $A = 232 = 4 \times 58$,是 4 的整倍数,故称 4n 系。

2. 铀系(4n + 2 系)

铀系由 $^{238}_{92}$U 开始,经过 14 次连续衰变而到达稳定核素 $^{205}_{82}$Pb。该系的核素,其质量数皆为 4n + 2,故称 4n + 2 系。

3. 锕 – 铀系(4n + 3)

锕 – 铀系是从 $^{235}_{92}$U 开始的,经过 11 次连续衰变,到达稳定核素 $^{207}_{82}$Pb。该系核素的质量数可表示为 4n + 3 系。

在天然存在的放射系中,缺少了 4n + 1 系。后来,由人工方法才发现了这一放射系,以其中半衰期最长的 $^{237}_{93}$Np(镎)命名,称为镎(4n + 1)系。$^{237}_{93}$Np 的半衰期为 2.14×10^6 a。

1.2.3 放射规律的一些应用

放射性核素的应用是相当广泛的,在农业、工业、医疗卫生等方面都有广泛的应用。这里我们仅举一些例子说明衰变规律的应用。

1. 确定放射源的活度

以单一放射源 $^{137}_{55}$Cs 为例。10 年前制备了质量为 $W = 2 \times 10^{-5}$ g 的 $^{137}_{55}$Cs 源,计算一下现在它的活度是多少?

$^{137}_{55}$Cs 的原子量 $A = 136.907$,所以 10 年前制备出来的 $W = 2 \times 10^{-5}$ g 的 $^{137}_{55}$Cs 相应的核数为

$$N(0) = \frac{N_A}{A}W = 8.797 \times 10^{16}(\text{个})$$

其中 $N_A \approx 6.022 \times 10^{23}$ mol^{-1} 为阿伏加德罗常数。^{137}Cs 的半衰期为 $T_{1/2} = 30.23$ a,则衰变常数应为

$$\lambda = \frac{0.693}{T_{1/2}} = 0.0229 \text{ a}^{-1}$$

可以得到起始源活度为

$$A(0) = \lambda N(0) = 6.39 \times 10^7 \text{ Bq}$$

根据(1.2.20)式,到 $t = 10$ a 时 ^{137}Cs 的数目为

$$N(t) = N_0 e^{-\lambda t} = 8.797 \times 10^{-16} \times e^{-0.0229 \times 10} \approx 7.00 \times 10^{16}(\text{个})$$

放射性活度为

$$A(t) = \lambda N(t) = 5.08 \times 10^7 \text{ Bq}$$

所以,经过 10 年后其放射性活度只减弱了约 1/5。

2. 确定放射性活度和制备时间

在人工制备放射源时,如果反应堆中的中子注量率或加速器中带电粒子束流强是恒定的,则制备的人工放射性核素的产生率 P 是恒定的,而放射性核素同时又在衰变,因此它的数目变化率为

$$\frac{\mathrm{d}N(t)}{\mathrm{d}t} = P - \lambda N(t) \tag{1.2.26}$$

对热中子场的情况,产生率可表达为

$$P = N_r \sigma_0 \phi \tag{1.2.27}$$

式中,N_r 为样品中被用于制备放射源的靶核的总数,而且在辐照过程变化很小而没有变化;σ_0 为靶核的热中子截面;ϕ 为热中子的注量率。

在这里,由(1.2.26)式及初始条件 $N(0)=0$ 可得到照射时间为 t_0 时,靶物质中生成的放射性核数为

$$N(t) = \frac{P}{\lambda}(1 - \mathrm{e}^{-\lambda t_0}) \tag{1.2.28}$$

此式表明生成的放射性核数呈指数增长,要达到饱和值,必须经过相当长的时间。例如要求放射性活度达到 $A_0 = N_r \sigma_0 \phi$ 的 99% 时,由(1.2.28)式得

$$\frac{P - \lambda N(t)}{P} = \mathrm{e}^{-\lambda t_0} = 0.01$$

则所需时间为

$$t_0 = \frac{2}{\lambda}\ln 10 = T_{1/2}\frac{2\ln 10}{\ln 2} \approx 6.65 T_{1/2}$$

可见,需要半衰期 $T_{1/2}$ 的六七倍时间,即可得到放射性活度为 J_0 的 99% 的放射源。如果再延长时间,也只不过是增加其中的 1% 而已,这是不合算的。

1.3　原子核反应

前面已描述了核的衰变过程,即不稳定核素在没有外界影响下自发地发生核蜕变的过程。本章将讨论核反应过程,即原子核与原子核,或者原子核与其他粒子(例如中子、γ 光子等)之间的相互作用所引起的各种变化。

一般情况下,核反应是由以一定能量的入射粒子轰击靶核的方式出现的。入射粒子可以是质子、中子、光子、电子、各种介子以及原子核等。当入射粒子与核距离接近 fm 量级时,两者之间的相互作用就会引起原子核的各种变化,因而核反应是产生不稳定核的重要手段。

核反应实际上研究两类问题:一是核反应运动学,它研究在能量、动量等守恒的前提下,核反应能否发生;二是核反应动力学,它研究参加反应的各粒子间的相互作用机制并进而研究核

反应发生的概率的大小。

1.3.1 核反应的概念及分类

1. 核反应与反应道

从上面的核反应可以看出,核反应可表示为

$$a + A \rightarrow b + B \tag{1.3.1}$$

也常表示为 $A(a,b)B$。这里,我们分别用 a,A,b 和 B 代表入射粒子、靶核、出射轻粒子和剩余核。当入射粒子能量比较高时,出射粒子的数目可能是两个或两个以上,所以核反应的一般表达式为

$$A(a,b_1 b_2 b_3 \cdots)B \tag{1.3.2}$$

例如能量为 30 MeV 和 40 MeV 的质子轰击靶核 ^{63}Cu 时,分别发生以下核反应:

$$p + {}^{63}\mathrm{Cu} \rightarrow {}^{62}\mathrm{Cu} + p + n \qquad (\text{质子能量为 } T_p = 30 \text{ MeV})$$

$$p + {}^{63}\mathrm{Cu} \rightarrow {}^{61}\mathrm{Cu} + p + 2n \qquad (\text{质子能量为 } T_p = 40 \text{ MeV})$$

这两个过程可以分别写成 $^{63}\mathrm{Cu}(p,pn)^{62}\mathrm{Cu}$,$^{63}\mathrm{Cu}(p,p2n)^{61}\mathrm{Cu}$。

一个粒子与一个原子核的反应或两个原子核的反应往往不止一种,而可能有多种。其中每一种可能的反应过程称为一个反应道。反应前的过程称为入射道,反应后的过程称为出射道。一个入射道可以对应几个出射道,对于同一出射道,也可以有几个入射道。例如,用 2.5 MeV 的氘核轰击 ^{6}Li 靶时,可产生下列反应:

$$d + {}^6\mathrm{Li} \rightarrow \begin{cases} {}^4\mathrm{He} + \alpha \\ {}^7\mathrm{Li} + p_1 \qquad\quad d + {}^6\mathrm{Li} \\ {}^7\mathrm{Li}^* + p_2 \qquad p + {}^7\mathrm{Li} \\ {}^6\mathrm{Li} + d \qquad\quad n + {}^7\mathrm{Be} \\ \vdots \end{cases} \Bigg\} \rightarrow {}^4\mathrm{He} + \alpha \tag{1.3.3}$$

2. 核反应分类

对核反应可以从各种不同的角度对其分类,如按入射粒子的能量、出射粒子和入射粒子的种类等进行分类。

(1)按出射粒子分类

①对出射粒子和入射粒子相同的核反应,即 $a = b$,称为散射。它又可以分为弹性散射和非弹性散射。弹性散射可以表示为

$$A(a,a)A \tag{1.3.4}$$

在此过程中反应物与生成物相同,散射前后体系的总动能不变,只是动能分配发生变化,原子核的内部能量不变,散射前后核往往都处于基态。

非弹性散射可以表示为

$$A(a,a')A^*$$

(1.3.5)

在此过程中反应物与生成物也相同,但散射前后体系的总动能不守恒,原子核的内部能量发生了变化,剩余核一般处于激发态。例如,质子被碳核散射,散射后的碳核仍处于基态时,这一反应就是弹性散射,表示为$^{12}C(p,p)^{12}C$;当散射后碳核处于激发态时,这一反应就是非弹性散射,表示为$^{12}C(p,p')^{12}C^*$。

②出射粒子与入射粒子不同,即 b 不同于 a,这时剩余核不同于靶核,也就是一般意义上的核反应,这是我们讨论的重点。在这一类核反应中,当出射粒子为 γ 射线时,我们把这类核反应称为辐射俘获,例如$^{59}Co(n,\gamma)^{60}Co$,$^{197}Au(p,\gamma)^{198}Hg$ 等。

（2）按入射粒子分类

①中子核反应:中子与核作用时,由于不存在库仑位垒,能量很低的慢中子就能引起核反应,其中最重要的是热中子辐射俘获(n,γ),很多重要的人工放射性核素使用(n,γ)反应制备,如实验室常用的^{60}Co源。再如,核反应堆中著名的裂变核素的增殖反应:

$$^{238}U(n,\gamma)^{239}U \xrightarrow{\beta^-} {}^{239}Np \xrightarrow{\beta^-} {}^{239}Pu$$

就属于热中子辐射俘获。此外,慢中子还能引起(n,p),(n,α)等反应,快中子引起的核反应主要有(n,p),(n,α),$(n,2n)$等。

②荷电粒子核反应:属于这类反应的有质子引起的核反应,如(p,n),(p,α),(p,d),(p,pn),$(p,2n)$,$(p,p2n)$以及(p,γ)反应等;氘核引起的核反应,如(d,n),(d,p),(d,α),$(d,2n)$,$(d,\alpha n)$反应等;α 粒子引起的核反应,如(α,n),(α,p),(α,d),(α,pn),$(\alpha,2n)$,$(\alpha,2pn)$和$(\alpha,p2n)$反应等。

重离子引起的核反应,比 α 粒子大的离子称为重离子,如$^{238}_{92}U({}^{22}_{10}Ne,p3n)^{256}_{101}Md$,$^{246}_{96}Cm({}^{12}_{6}C,4n)^{254}_{102}No$ 等。原子序数从 101 号至 107 号元素的合成都是通过重离子反应实现的。

③光核反应:由 γ 光子引起的反应,其中最常见的是(γ,n)反应。另外还有(γ,np),$(\gamma,2n)$,$(\gamma,2p)$等反应。

此外,电子也能引起核反应。

也可以按入射粒子的能量来分类,入射粒子的能量可以低到 1 eV 以下,也可以高到几百 GeV。在 100 MeV 以下的,称为低能核反应;100 MeV ~ 1 GeV 的称为中能核反应;1 GeV 以上的,称为高能核反应。一般的原子核物理只涉及低能核反应。

1.3.2　核反应能及其阈能

首先研究核反应运动学,它研究在能量、动量等守恒的前提下,核反应能否发生或发生核反应的条件,可得到核反应的一些重要结论。

1. 反应能 Q

对反应式 a + A→b + B,其反应物的静止质量分别为 m_a,m_A,m_b 和 m_B;相应动能 T_a,T_A,T_b

和 T_B。由能量守恒得

$$(m_a + m_A)c^2 + (T_a + T_A) = (m_b + m_B)c^2 + (T_b + T_B) \qquad (1.3.6)$$

定义反应能为反应前后系统动能的变化量,即

$$Q = (T_b + T_B) - (T_a + T_A) \qquad (1.3.7)$$

由(1.3.6)式得到

$$Q = (m_a + m_A)c^2 - (m_b + m_B)c^2 = \Delta mc^2 \qquad (1.3.8)$$

式中,Δm 为反应前后的质量亏损,同样可以用相应粒子的原子质量表示反应能:

$$Q = (M_a + M_A)c^2 - (M_b + M_B)c^2 \qquad (1.3.9)$$

可见,反应能 Q 应等于反应前后体系总质量之差(以能量为单位)。$Q > 0$ 的核反应称为放能反应;$Q < 0$ 的核反应称为吸能反应。仍以核反应 $^{14}_7\mathrm{N}(\alpha,\mathrm{p})^{17}_8\mathrm{O}$ 为例:

$$M(7,14) = 14.003\,074\ \mathrm{u} \qquad M(1,1) = 1.007\,825\ \mathrm{u}$$
$$M(2,4) = 4.002\,603\ \mathrm{u} \qquad M(8,17) = 16.999\,133\ \mathrm{u}$$

得到 $Q = -0.001\,28\ \mathrm{u} = -1.193\ \mathrm{MeV}$,因此此核反应为吸能反应。

(1.3.8)式还可以用反应前后有关粒子的结合能来表示。用 m_{aA} 表示粒子 a 与靶核 A 结合而成中间核的质量,用 m_{bB} 表示粒子 b 与靶核 B 结合而成中间核的质量,显然存在 $m_{aA} = m_{bB}$。由(1.3.8)式,有

$$Q = [(m_a + m_A - m_{aA}) - (m_b + m_B - m_{bB})] \cdot c^2 = B_{aA} - B_{bB} \qquad (1.3.10)$$

式中,B_{aA} 和 B_{bB} 分别代表入射粒子与靶核和生成核与出射粒子的结合能,并可以得到重要结论:当 $B_{aA} > B_{bB}$ 时为放能反应;反之为吸能反应。

2. 核反应阈能 T_{th}

如前所述,核反应 $^{14}_7\mathrm{N}(\alpha,\mathrm{p})^{17}_8\mathrm{O}$ 为吸能反应,是否入射粒子动能 $T_a = |Q| = 1.193\ \mathrm{MeV}$ 时就可发生核反应? 结论是否定的。

对吸能反应而言,能发生核反应的最小入射粒子动能 T_a 称为核反应阈能 T_{th},T_{th} 的大小及与反应能 Q 的关系,这一问题在质心坐标系中讨论最为方便。所得到的反应阈能 T_{th} 为

$$T_{th} = T_a = \frac{m_a + m_A}{m_A} \cdot |Q| = \frac{A_a + A_A}{A_A} \cdot |Q| \qquad (1.3.11)$$

在核反应 $^{14}_7\mathrm{N}(\alpha,\mathrm{p})^{17}_8\mathrm{O}$ 中 $T_{th} = \frac{4+14}{14} \times 1.193\ \mathrm{MeV} = 1.53\ \mathrm{MeV}$。

1.3.3　核反应截面和产额

当一定能量的入射粒子 a 轰击靶核 A 时,在满足守恒定则的条件下,都有可能按一定的概率发生各种核反应。对核反应发生概率的研究,是核反应的动力学问题。为了描述核反应发生的概率,需引入核反应截面的概念。

1. 核反应截面

假定一单能粒子束垂直地投射到厚度为 x 的薄靶(即靶厚 x 足够小)上,粒子透过薄靶时能量不变。设靶内单位体积中的靶核数为 n,那么单位面积内的靶核数 $N_s = nx$。若入射粒子的强度,即单位时间的入射粒子数为 I,则单位时间内入射粒子与靶核发生核反应数 N' 应与 I 和 N_s 成正比,引入比例常数 σ,则

$$N' = \sigma I N_s \tag{1.3.12}$$

由(1.3.12)式可见

$$\sigma = \frac{N'}{IN_s} = \frac{单位时间内发生的核反应数}{单位时间内的入射粒子数 \times 单位面积内的靶核数} \tag{1.3.13}$$

式中,σ 称为截面,其物理意义为一个入射粒子入射到单位面积内只含有一个靶核的靶子上所发生反应的概率。从截面的定义可见,其量纲为面积,常用单位为"靶恩",用 b 表示,且有

$$1\ b = 10^{-28}\ m^2 = 10^{-24}\ cm^2 \tag{1.3.14}$$

还可用毫靶恩(mb)和微靶恩(μb)来表示。

对于一定的入射粒子和靶核,往往存在若干反应道,各反应道的截面称为分截面 σ_i,如 $\sigma_1 = \sigma(n,p)$,$\sigma_2 = \sigma(n,\alpha)$……

各种分截面 σ_i 之和,称为总截面,记为 σ_t,它与分截面的关系为

$$\sigma_t = \sum_i \sigma_i \tag{1.3.15}$$

它表示产生各种反应的总概率。核反应中的各种截面均与入射粒子的能量有关,截面随入射粒子能量的变化关系称为激发函数,即 $\sigma(E) \sim E$ 的函数关系。与此函数相应的曲线称为激发曲线。反应 $^2H(d,n)^3He$ 和 $^3H(d,n)^4He$ 的激发曲线如图1.3.1所示,图中 E_d 为入射氘粒子流的能量。

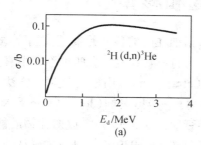
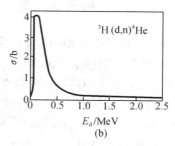

图 1.3.1　$^2H(d,n)^3He$ 和 $^3H(d,n)^4He$ 的激发曲线

2. 核反应产额

已知截面即可求核反应的产额,入射粒子在靶体引起的核反应数与入射粒子数之比,称为核反应的产额。定义

$$Y = \frac{N'}{I_0} = \frac{入射粒子在靶体上引起的核反应数}{入射粒子数} \tag{1.3.16}$$

核反应产额与反应截面、靶的厚度、组成等有关。

以单能中子束为例，对单能中子而言，反应截面 σ 为常数，此时反应产额为

$$Y = \frac{N'}{I_0} = \frac{I_0 - I_D}{I_0} = 1 - \mathrm{e}^{-\sigma ND} \tag{1.3.17}$$

对薄靶，即 $D \ll 1/N\sigma$，由 (1.3.17) 式，得到

$$Y \approx \sigma ND = N_\mathrm{S}\sigma \tag{1.3.18}$$

对厚靶，满足 $D \gg 1/N\sigma$，此时 $Y \to 1$。

对入射带电粒子，当它通过靶体时不仅会发生核反应，还要通过电离损失而损失能量，因此，入射带电粒子在靶体不同深度处能量不等，而反应截面是入射粒子能量的函数，所以不同深度处的核反应截面是不同的。对薄靶的情况，入射粒子在靶体中的能量损失可以忽略，即 $\sigma = \sigma(E_0)$，而且发生反应的粒子数远小于入射粒子的强度，即 $I \approx I_0$，则

$$Y = N\sigma(E_0) \int_0^D \mathrm{d}t = N\sigma(E_0)D = N_\mathrm{S}\sigma(E_0) \tag{1.3.19}$$

与 (1.3.18) 式有相同的表达式。

当靶厚大于粒子在靶中的射程 $R(E_0)$ 时，则产额

$$Y = N \int_0^{R(E_0)} \sigma(E)\,\mathrm{d}t = N \int_0^{E_0} \frac{\sigma(E)\,\mathrm{d}E}{\left(-\dfrac{\mathrm{d}E}{\mathrm{d}x}\right)_{\mathrm{ion}}} \tag{1.3.20}$$

式中，$\left(-\dfrac{\mathrm{d}E}{\mathrm{d}x}\right)_{\mathrm{ion}}$ 为带电粒子的电离损失率。从 (1.3.20) 式可知，如果知道激发函数，则产额就可求了。

1.4 核裂变和核聚变

发现中子后不久，费米等开始用中子照射包括铀在内的各种元素，发现了许多新的放射性产物。在中子轰击当时知道的最重元素 $^{238}_{92}\mathrm{U}$ 时，他们观察到至少有四种不同半衰期的 β^- 放射性物质。1938 年，哈恩 (Hahn O) 和斯特拉斯曼 (Strassman F) 用放射化学的方法发现，有三种 β^- 放射性物质能和钡一起沉淀。与此同时，约里奥·居里夫妇 (Joliot Curie F & I) 和萨维奇 (Savitch L) 发现，中子照射过的铀靶中有一种半衰期为 3.5 h 的 β^- 放射性物质能和镧一起沉淀。随后，哈恩和斯特拉斯曼对上述工作进行了复核，于 1939 年 1 月正式确认，在中子束辐照铀靶的产物中观察到了 Ba 和 Ra 的放射性同位素。迈特纳 (Meitner L) 和福里施 (Frisch O) 对上述实验事实进行了解释，指出铀核的稳定性很差，在俘获中子之后本身分裂为质量差别不是很大的两个核，裂变 (Fission) 一词就是由他们提出来的。

1947 年，我国物理学家钱三强和何泽慧夫妇等发现了用中子轰击铀时的三分裂现象，即形成三块裂片，其中一块就是 α 粒子。三分裂的概率很小，约为 3×10^{-3}。

裂变的发现使得蕴藏在核内的巨大能量在实际应用中可为人类提供一种新能源，自 1940

年起核能应用技术的研究迅速发展起来。由于核裂变的发现正处于二次世界大战期间,就可能具有特别重要的军事价值,美国和德国在裂变能用于原子武器的研制方面,展开了激烈的竞争。美国很快取得了成功,1942 年 12 月第一个铀堆在美国投入运行,并在 1945 年制成了原子弹。第二次世界大战后才转向裂变能和平利用的研究,1954 年前苏联建成了世界上第一个核电站。

质量较小的核合成质量较大的核的过程称为核聚变。人们对受控核聚变虽然进行了多年研究,取得了一定的成就,但离实际应用还有相当的距离。

本章重点讨论核裂变及其有关问题。在没有外来粒子轰击下,原子核自行发生裂变的现象叫做自发裂变;而在外来粒子轰击下,原子核才发生裂变的现象称为诱发裂变。

1.4.1　自发裂变与诱发裂变

1. 自发裂变

自发裂变的一般表达式为

$$^A_Z X \rightarrow ^{A_1}_{Z_1} Y_1 + ^{A_2}_{Z_2} Y_2 \tag{1.4.1}$$

在自发裂变发生的瞬间满足 $A = A_1 + A_2, Z = Z_1 + Z_2$,即粒子数守恒。其中,$A_1, A_2$ 和 Z_1, Z_2 分别为裂变产物的质量数和电荷数。

自发裂变能 $Q_{f,s}$ 定义为两个裂变产物 $Y_1(Z_1, A_1)$ 和 $Y_2(Z_2, A_2)$ 的动能之和,即

$$Q_{f,s} = T_{Y_1(Z_1, A_1)} + T_{Y_2(Z_2, A_2)} \tag{1.4.2}$$

由能量守恒可以导出

$$Q_{f,s} = M(Z, A)c^2 - [M(Z_1, A_1) + M(Z_2, A_2)] \cdot c^2 \tag{1.4.3}$$

和

$$Q_{f,s} = B(Z_1, A_1) + B(Z_2, A_2) - B(Z, A) \tag{1.4.4}$$

自发裂变发生的条件:$Q_{f,s} > 0$,即两裂片的结合能大于裂变核的结合能。仔细研究比结合能曲线可以发现,对于不是很重的核,例如 $A > 90$ 即可满足此条件。

裂变碎片是很不稳定的原子核,一方面碎片处于较高的激发态,另一方面裂变碎片是远离 β 稳定线的丰中子核,中子严重过剩而很容易发射中子,所以自发裂变核又是一种很强的中子源。超钚元素的某些核素,如 $^{244}Cm, ^{249}Bk, ^{252}Cf, ^{255}Fm$ 等具有自发裂变的性质,尤其以 ^{252}Cf 最为突出。1 g 的 ^{252}Cf 体积小于 1 cm³,而每秒可发射 2.31×10^{13} 个中子。

2. 诱发裂变

能发生自发裂变的核素不多,大量的裂变过程是诱发裂变,即当具有一定能量的某粒子 a 轰击靶核 A 时,形成的复合核发生裂变,其过程记为 A(a, f_1)f_2。其中 f_1, f_2 代表二裂变的裂变碎片。当形成复合核时,复合核一般处于激发态,当激发能 E^* 超过它的裂变势垒高度 E_b 时,

核裂变就会立即发生。

诱发裂变中,中子诱发裂变是最重要的,也是研究最多的诱发裂变。这是由于中子与靶核没有库仑势垒,能量很低的中子就可以进入核内使其激发而发生裂变。裂变过程又有中子发射,可能形成链式反应,这也是中子诱发裂变受到关注的原因。以 $^{235}U(n,f_1)f_2$ 反应为例,热中子(即入射中子能量为 0.025 3 eV)即可产生诱发裂变:

$$n + ^{235}U \rightarrow ^{236}U^* \rightarrow X + Y$$

这里,处于激发态的复合核 $^{236}U^*$ 是裂变核;X,Y 代表两个裂变碎片(如 $^{139}_{56}Br$ 和 $^{97}_{36}Kr$),按其碎片质量的大小,称为重碎片和轻碎片。

诱发裂变的一般表达式为

$$n + ^{A}_{Z}X \rightarrow ^{A+1}_{Z}X^* \rightarrow ^{A_1}_{Z_1}Y_1 + ^{A_2}_{Z_2}Y_2 \tag{1.4.5}$$

一般假定靶核是静止的,中子的动能为 T_n。当入射粒子射入靶核后,它与周围核子发生强烈的相互作用,经过多次碰撞,能量在核子之间传递,最后达到了动态平衡,从而完成复合核的形成。复合核一般处于激发态,由能量守恒可得到

$$T_n + [m_n + M(Z,A)]c^2 = E^* + M(Z,A+1)c^2 \tag{1.4.6}$$

式中 E^* 为复合核的激发能。

正如在 1.3 节中的讨论一样,在质心系中讨论更为方便。E^* 为入射粒子的相对运动动能 T'(即在质心系的动能)和入射粒子与靶核的结合能 $B_{n,x}$ 之和,即

$$E^* = T' + B_{n,x} = \frac{m_X}{m_n + m_X}T_n + B_{n,x} \tag{1.4.7}$$

式中,T_n 为在实验室系中的入射粒子的动能;$B_{n,x}$ 为中子与靶核的结合能。根据复合核激发能和裂变势垒的相对大小,可以分为热中子核裂变和阈能核裂变两种情况讨论。

(1)热中子核裂变

仍以 ^{235}U 为例,中子与 ^{235}U 核以相当大的截面发生热中子反应,即

$$n + ^{235}U \rightarrow ^{236}U^* \rightarrow X + Y$$

其中热中子动能 $T_n = 0.025\ 3\ eV \approx 0$,所以复合核的激发能为

$$E^* \approx B_{n,235U} = M(^{235}U) + m(n) - M(^{236}U) = 6.546\ MeV$$

它大于 ^{236}U 的位垒高度 $E_b = 5.9\ MeV$,所以热中子即可诱发 ^{235}U 裂变。此外,^{233}U,^{239}Pu 也能由热中子引起裂变,这些核称为易裂变核。

(2)阈能核裂变

以 ^{238}U 为例,有

$$n + ^{238}U \rightarrow ^{239}U^* \rightarrow X + Y$$

假如入射中子仍为热中子,则 $^{239}U^*$ 的激发能为

$$E^* = M(^{238}U) + m(n) - M(^{239}U) = 4.806\ MeV$$

但 ^{239}U 的 $E_b = 6.2\ MeV$,这说明裂变核的激发能比其裂变位垒高度低,不容易发生裂变。

但是如果入射的不是热中子,而是 $T_n \geqslant 1.4\ MeV$ 的快中子时,则 $^{239}U^*$ 的能量状态提高到

势垒顶部,就可以立即产生裂变。因此 $T_n = 1.4$ MeV 就是^{238}U 产生诱发裂变的阈能。除^{238}U 外,还有^{232}Th 等,这些称为不易裂变核。

1.4.2　裂变后现象

裂变后现象是指裂变碎片的各种性质及其随后的衰变过程及产物,如碎片的质量、能量、释放的中子、γ 射线等。

原子核裂变后产生两个质量不同的碎片,它们受到库仑排斥而飞离出去,使得裂变释放的能量大部分转化成碎片的动能,这两个碎片称为初级碎片,例如上述的^{236}U*分裂为质量数分别为 $A \sim 140$ 和 $A \sim 99$ 的两个初级碎片。初级碎片直接发射中子(通常发射 1 ~ 3 个中子),发射中子后的裂片的激发能小于核子的平均结合能(约 8 MeV)而不足以发射核子,主要以发射 γ 光子的形式退激。在上述过程中发射的中子和 γ 光子是在裂变后小于 10^{-16} s 的短时间内完成的,所以称为瞬发裂变中子和瞬发 γ 光子。发射中子后的裂片称为次级裂片或称裂变的初级产物。

发射 γ 光子后初级产物仍是丰中子核,经过多次 β 衰变,最后转变成为稳定的核素。对不同的裂变核就会有不同的 β 衰变链,例如著名的 $A = 140$ 重碎片的 β 衰变链为

$$^{140}\text{Xe} \xrightarrow{\beta^-,16\ s} {}^{140}\text{Cs} \xrightarrow{\beta^-,66\ s} {}^{140}\text{Ba} \xrightarrow{\beta^-,12.8\ d} {}^{140}\text{La} \xrightarrow{\beta^-,40.3\ h} {}^{140}\text{Ce}(稳定)$$

在发现 β 放射性的同时有钡、镧的沉淀物。正是对这个衰变链的研究,认识到中子轰击铀、钍等一些重原子数可以分裂成质量差不多大小的两个原子核,而发现了核裂变的现象。轻碎片中 $A = 99$ 的 β 衰变链为

$$^{99}\text{Nb} \xrightarrow{\beta^-,2.4\ min} {}^{99}\text{Mo} \xrightarrow{\beta^-,65.9\ h} {}^{99}\text{Tc} \xrightarrow{\beta^-,2.11\times10^5\ a} {}^{99}\text{Ru}(稳定)$$

β 衰变的半衰期一般大于 10^{-2} s,相对于瞬发裂变中子和 γ 射线是慢过程。在连续 β 衰变过程中,有些核素可能具有较高的激发能,其激发能超过中子结合能,就有可能发射中子,这时发射的中子称为缓发中子。缓发裂变中子的产额约占裂变中子数的 1%。当然,连续 β 衰变过程中各核素也仍会继续发射 γ 射线。裂变后的过程如图 1.4.1 所示。

1. 裂变碎片的质量分布

裂变碎片的质量分布,又称为裂变碎片按质量分布的产额,具有一定的规律性。发射中子前和发射中子后的碎片的质量分布有些差异,但基本特征是相同的。在二裂变情况下,碎片 X,Y 的质量 A_X,A_Y 的分布有两种情况:对 $Z \leqslant 84$ (如$_{84}$Po) 和 $Z \geqslant 100$ (如$_{100}$Fm,$_{101}$Md) 的核素,$A_X = A_Y$ 的对称分布的概率最大,被称为对称裂变;对于 $90 \leqslant Z \leqslant 98$ (即$_{90}$Th ~ $_{98}$Cf) 的核素,其自发裂变和低激发能诱发裂变的碎片质量分布是非对称的,称为非对称裂变。随激发能的提高,非对称裂变向对称裂变过渡。图 1.4.2 给出了热中子诱发的^{235}U 裂变产生的碎片质量分布,这是一个典型的非对称分布。重碎片的质量数的峰值 $A_H \approx 140$,而轻碎片峰值 $A_L \approx 96$,有

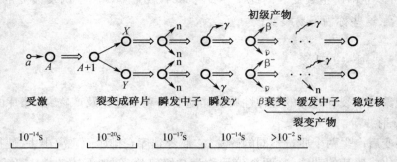

图 1.4.1 诱发裂变及裂变后过程的示意图

$A_H + A_L = 236$,即为裂变核 ^{236}U 的质量数。具有这种性质的 A_H,A_L,称它们是互补的。对质量数在 228 ~ 255 的锕系元素(如 ^{233}U, ^{239}Pu, ^{252}Cf)的非对称裂变后的碎片质量在图中作了系统的分析,均有 $A_H \approx 140$,而且 A_H,A_L 互补。这说明 $A_H = 140$ 的核特别容易形成,这是壳效应引起的。图 1.4.3 表示了轻重两群碎片平均质量数随裂变核质量数的变化,图中显示了重碎片的质量平均数在 $A_H \approx 140$ 几乎不变,而轻碎片则随裂变核而改变。

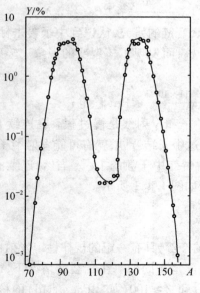

图 1.4.2 热中子诱发的 ^{235}U 的裂变产生的碎片的质量分布

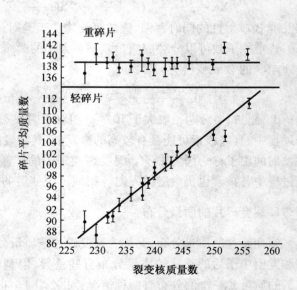

图 1.4.3 轻重两群碎片平均质量数随裂变核质量的变化

2. 裂变能及其分配

根据能量守恒定律,重核发生二裂变的裂变能可以表示为

$$Q_f = \Delta Mc^2 = [M^*(Z_0,A_0) - M(Z_1,A_1) - M(Z_2,A_2) - \nu m_n]c^2 \qquad (1.4.8)$$

式中,$M^*(Z_0,A_0)$代表激发态复合核的原子质量;$M(Z_1,A_1)$,$M(Z_2,A_2)$为发射中子后的裂片经 β 衰变而形成的两个稳定核的原子质量;ν 为裂变中发射的中子数。

以 ^{235}U 热中子诱发裂变的一种裂变道为例,其裂变产物为两碎片 ^{140}Xe,^{94}Sr 和两个裂变中子。^{235}U 的热中子诱发裂变为

$$n + {}^{235}U \rightarrow {}^{236}U^* \rightarrow {}^{140}Xe + {}^{94}Sr + 2n$$

由核素表查得各核素的原子质量代入上述过程,裂变能 $Q_f = 207.8$ MeV。

这些能量大部分由裂变碎片带走,在表 1.4.1 中给出了慢中子诱发的 ^{235}U 和 ^{239}Pu 的裂变能量分配表,表中的数值均为平均值。

表 1.4.1　慢中子诱发裂变每次裂变的能量分配(单位:MeV)

靶　核	^{235}U	^{239}Pu
轻碎片	99.8	101.8
重碎片	68.4	73.8
裂变中子	4.8	5.8
瞬发 γ	7.5	7
裂变产物 β	7.8	8
裂变产物 γ	6.8	6.2
中微子(测不到)	(12)	(12)
可探测总能量	195	202

3. 裂变中子

裂变中子包含瞬发中子和缓发中子两部分,如前所述,缓发中子占裂变中子总数的大约 1%。瞬发中子的能谱 $N(E)$ 和每次裂变放出的平均中子数 ν 是重要的物理量。对于瞬发中子能谱 $N(E)$,实验测量结果可用麦克斯韦分布来表示:

$$N(E) \propto \sqrt{E}\exp(-E/T_M) \qquad (1.4.9)$$

式中 T_M 被称为麦克斯韦温度。由此可计算出裂变中平均能量为

$$\bar{E} = \frac{\int_0^\infty EN(E)\,dE}{\int_0^\infty N(E)\,dE} = \frac{3}{2}T_M \qquad (1.4.10)$$

　　图 1.4.4 表示^{235}U 热中子诱发裂变中子能谱的实验值,曲线是用麦克斯韦分布拟合的。^{252}Cf 自发裂变(SF)的裂变中子能谱和^{235}U 热中子诱发裂变中子能谱常作为标准的裂变中子能谱,它们的麦克斯韦温度和裂变中子平均能量分别为

$$^{252}\text{Cf(SF)}: \quad T_M = 1.453 \pm 0.017 \text{ MeV}, \bar{E} = 2.179 \pm 0.025 \text{ MeV}$$

$$^{235}\text{U} + \text{n}: \quad T_M = 1.319 \pm 0.019 \text{ MeV}, \bar{E} = 1.979 \pm 0.029 \text{ MeV}$$

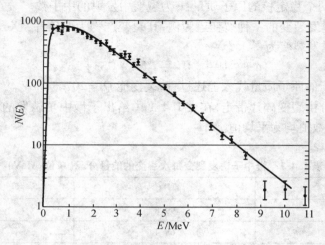

图 1.4.4　热中子诱发^{235}U 的裂变中子谱

　　裂变中子平均能量 $\bar{E}$ 和每次裂变放出的平均中子数 ν 有一定关系,可由蒸发模型得出如下半经验公式:

$$\bar{E} = A + B \sqrt{\nu + 1} \tag{1.4.11}$$

式中,A 和 B 由实验确定,其值为 $A = 0.75$,$B = 0.65$。每次裂变放出的平均中子数 $\bar{\nu}$ 应由瞬发中子数 $\bar{\nu}_p$ 和缓发中子数 $\bar{\nu}_d$ 两部分组成:

$$\bar{\nu} = \bar{\nu}_p + \bar{\nu}_d \tag{1.4.12}$$

$\bar{\nu}$ 值是用实验测量的值按^{252}Cf 自发裂变的 $\bar{\nu} = 2.764$ 归一,可得出下列几种核燃料形成的裂变核的 $\bar{\nu}$ 值:

$$^{234}\text{U}:2.478 \pm 0.007; \quad ^{236}\text{U}:2.405 \pm 0.005; \quad ^{240}\text{Pu}:2.884 \pm 0.007$$

　　缓发中子产生于裂变碎片的某些 β 衰变链中,缓发中子的半衰期就是中子发射体的 β 衰变母核的 β 衰变的半衰期。例如,在轻碎片 $A = 87$ 的 β 衰变链中,^{87}Br 经 β 衰变到^{87}Kr,^{87}Kr 的一个激发态可以发射中子,中子发射的半衰期就是^{87}Br 的 β 衰变半衰期 55 s。缓发中子的发射在反应堆的运行控制中具有十分重要的作用。

　　关于链式反应及核能的利用,在后面的章节将有讨论,这里不再展开。

1.4.3　原子核的聚变反应

我们已经了解到,所谓原子能,主要是指原子核结合能发生变化时释放的能量。以上介绍了获得原子能的一种途径——重核裂变。从结合能图我们容易发现,用轻核的聚变反应同样可以获得原子能。

依靠轻核聚合而引起结合能变化,以致获得能量的方法称为轻核的聚变,这是取得原子能的另一条途径。例如,以地球上海水中富有的氘进行聚变反应,可发生如下过程:

$$d + d \rightarrow {}^3He + n + 3.25\ MeV$$
$$d + d \rightarrow {}^3H + p + 4.0\ MeV$$
$$d + {}^3H \rightarrow {}^4He + n + 17.6\ MeV$$
$$d + {}^3He \rightarrow {}^4He + p + 18.3\ MeV$$

以上四个反应总的效果是

$$6d \rightarrow 2{}^4He + 2p + 2n + 43.15\ MeV$$

在释放的能量中,每个核子的贡献是 3.56 MeV,大约是 ${}^{235}U$ 由中子诱发裂变时每个核子贡献的 4 倍。

核心问题是如何利用这一巨大的能量呢? 对核裂变而言,${}^{235}U$ 可以由热中子引起裂变,继而发生链式自持反应;而氘核是带电的,由于库仑斥力,室温下的氘核绝不会聚合在一起。氘核为了聚合在一起(靠短程的核力),首先必须克服长程的库仑斥力。我们已经知道,在核子之间的距离小于 10 fm 时才会有核力的作用,那时的库仑势垒的高度为 144 keV,两个氘核要聚合,首先必须要克服这一势垒,每个氘核至少要有 72 keV 的动能。假如我们把它看成是平均动能 $\left(\frac{3}{2}kT\right)$,那么相应的温度为 5.6×10^8 K。进而考虑到粒子有一定的势垒贯穿概率和粒子的动能服从一定的分布,有不少粒子的平均动能比 $\left(\frac{3}{2}kT\right)$ 大,这样聚变的能量可降为 10 keV,即相当于 10^8 K。这仍然是一个非常高的温度,这时的物质处于等离子态,在这种情况下所有原子都完全电离。

不过,要实现自持的聚变反应并从中获得能量,仅靠高温还不够。除了把等离子体加热到所需温度外,还必须满足两个条件:等离子体的密度必须足够大;所要求的温度和密度必须维持足够长的时间。要使一定密度的等离子体在高温条件下维持一段时间是十分困难的,因为约束的“容器”不仅要承受 10^8 K 的高温,而且还必须热绝缘,不能因等离子体与容器碰撞而降温。

氢弹是一种人工实现的、不可控制的热核反应,也是迄今为止在地球上用人工方法大规模获取聚变能的唯一方法。它必须用裂变方式来点火,因此它实质上是裂变加聚变的混合体,总能量中裂变能和聚变能大体相等。

氢弹是利用惯性力将高温等离子体进行动力性约束,简称惯性约束。有没有一种用人工可控制的方法实现惯性约束？多年来人们对此作了各种探索。激光惯性约束是其中一个方案：在一个直径约为 400 μm 的小球内充以 30～100 大气压的氘 - 氚混合气体，让强功率激光束均匀地从四面八方照射，使球内氘 - 氚混合体密度达到液体密度的 10^3～10^4 倍，温度达到 10^8 K，而引起聚变反应。

除激光惯性约束方案外，还有电子束、重离子束的惯性约束方案。不过，惯性约束方案至今还没有一个获得成功，科学家们正在为此而不懈努力。

为达到人工实现可控制的聚变反应所进行的磁约束研究已有 30 余年历史，是研究可控聚变的最早的一种途径，是目前国际上投入力量最大，也可能是最有希望的途径。

在磁约束实验中，带电粒子（等离子体）在磁场中受洛伦兹力的作用而绕着磁力线运动，因而在与磁力线相垂直的方向上就被约束住了。同时，等离子体也被电磁场加热。

磁约束装置的种类很多，其中最有希望的可能是环流器（环形电流器），又称托卡马克（Tokamak）。环流器主机的环向场线圈会产生几万高斯的沿环形管轴线的环向磁场，由铁芯（或空芯）变压器在环形真空室内感生很强的等离子体电流。环形等离子体电流就是变压器的次级，只有一匝。由于感生的等离子体电流通过焦耳效应有欧姆加热作用，这个场又称为加热场。美国普林斯顿的托卡马克聚变试验堆（TFTR）于 1982 年 12 月 24 日开始运行，这是世界上四大新一代托卡马克装置之一。

1993 年美国在 TFTR 装置上使用氘、氚各 50% 的混合燃料，温度达到 3 亿至 4 亿摄氏度，两次实验释放的聚变能分为 0.3 万千瓦和 0.56 万千瓦，能量增益因子 Q 值达 0.28。1997 年联合欧洲环 JET 输出功率又提高到 1.61 万千瓦，持续时间 2 秒，Q 值达到 0.65。1997 年 12 月，日本宣布在 JT - 60 上成功进行了氘 - 氚反应实验，Q 值可以达到 1.00；在 JT - 60U 上，还达到了更高的等效能量增益因子，大于 1.3。

另外，超导技术成功地应用于产生托卡马克强磁场的线圈，建成了超导托卡马克，使得磁约束位形的连续稳态运行成为现实，这是受控核聚变研究的一个重大突破。超导托卡马克是公认的探索、解决未来具有超导堆芯的聚变反应堆工程及物理问题的最有效的途径。2002 年初，中国 HT - 7 超导托卡马克实现了放电脉冲长度大于 100 倍能量约束时间、电子温度 2 000 万摄氏度的高约束稳态运行，中心密度大于每立方米 1.2×10^{19}。目前，全世界仅有俄、日、法、中四国拥有超导托卡马克。这些实验表明，磁约束核聚变研究已进入真正的氘 - 氚燃烧试验阶段。

ITER 计划是 1985 年由美苏两国首脑倡议提出的，其目的是建造一个聚变实验堆，探索和平利用聚变能发电的科学和工程技术可行性，为实现聚变能商业应用奠定基础。ITER 从 1988 年开始概念设计到完成《工程设计最终报告》，历时 13 年之久。该计划谈判从最初的欧盟、日本、俄罗斯和加拿大四方增加到中国、欧盟、印度、日本、韩国、俄罗斯和美国七方，从而成为当今世界最大的多边国际科技合作项目之一。

ITER 场址设在法国南部埃克斯以北的卡达哈什，ITER 装置建设已经开始，并计划于 2019 年实现第一等离子体。ITER 计划将为聚变示范堆奠定基础，按乐观估计，21 世纪中叶或稍晚可望实现聚变能商业化。

（清华大学工程物理系　陈伯显）

思考练习题

1. 原子的核式模型的假设是卢瑟福根据什么实验提出的,其假设的结论是什么?

2. 原子核是由哪两种粒子组成的,核素用 $_Z^A X_N$ 来表示,符号中的 A,Z,N 各代表什么量?

3. 原子与原子核的尺度大小为什么量级? 原子核的半径 R 与原子核的质量数 A 有什么关系?

4. 什么是原子核的结合能 $B(Z,A)$,它是如何定义的?

5. 什么是原子核的比结合能 ε ? 为什么说图 1.1.3 中的比结合能曲线揭示了原子核裂变能和聚变能的基本原理?

6. 放射性衰变服从指数规律 $N(t)=N(0)e^{-\lambda t}$,试说明式中衰变常数的物理意义。还常用哪些参数来描述衰变过程的快慢,它们的关系是什么?

7. 什么是放射源的放射性活度,常用什么单位来度量? Bq(贝可)和 Ci(居里)有什么关系?

8. 什么是核反应的反应道? 一种入射粒子与某一种核的反应道仅仅只有一个吗?

9. 如何区分放能核反应和吸能核反应? 对吸能核反应如何求核反应阈能?

10. 发生自发裂变的条件是什么? 裂变能的定义是什么?

11. 由中子引起的诱发裂变中如何区分易裂变核素和非易裂变核素?

参 考 文 献

[1] LAPP R E, ANDREW H L. Nuclear Radiation Physics[M]. New Jersey : Prentice – Hall Inc., 1997.

[2] 卢希庭. 原子核物理[M]. 北京:原子能出版社, 2000 .

[3] Marmier P, Sheldon E. Physics of Nuclei and Particles[M]. New York and London: Academic Press Inc.,1969.

[4] Krane K S. Introductory Nuclear Physics[M]. New York: John Wiley & Sons Inc., 1987.

[5] 徐四大. 核物理学[M]. 北京:清华大学出版社, 1992.

[6] 杨福家. 原子物理学[M].3 版. 北京:高等教育出版社, 2000.

[7] 于孝忠. 核辐射物理学[M]. 北京:原子能出版社, 1986.

[8] Knoll G F. Radiation Detection and Measurement[M].3rd ed. New York :John Wiley & Sons Inc., 2000.

[9] Price W J. Nuclear Radiation Detection[M]. 2nd ed. New York :McGraw – Hill Inc.,1964.

第二部分
核技术应用

第2章 核辐射探测与核信号测量

辐射的定义是指以波或粒子的形式向周围空间或物质发射并在其中传播的能量(如声辐射、热辐射、电磁辐射、粒子辐射等)的统称,我们通常论及的"辐射"概念是狭义的,仅指高能电磁辐射和粒子辐射。例如,受激原子退激时发射的特征 X 射线和带电粒子慢化产生的轫致辐射,不稳定的原子核发生衰变时发射出微观粒子的核辐射,以及由加速器、反应堆产生的粒子流辐射等。

从辐射粒子的能量上,一般情况下我们只关注能量在 10 eV 量级以上的辐射。这个能量下限是辐射或辐射与物质相互作用的次级产物能使空气等典型材料发生电离所需的最低能量。能量大于这个最低能值的辐射称作电离辐射(Ionizing Radiation)。慢中子(尤其是热中子)本身的能量可能低于上述能量下限,但由于由慢中子引发的核反应及核裂变产物具有相当大的能量,因而也归入这一范畴。辐射(Radiation)又称射线(Ray),本书主要涉及的是原子或原子核蜕变过程产生的辐射。

2.1 射线及其与物质相互作用

原子核物理学起源于放射性的研究,放射性同位素不断放出各种核辐射,人们通过辐射认识微观世界。核辐射给人类带来好处,同时也给人们带来一定的威胁和危险。半个多世纪以来,人们对核辐射给予了特别的关注。本章将重点讲述常用的辐射特性、辐射与物质的相互作用及辐射的探测等内容。

2.1.1 常用的核辐射类型及其特征

核辐射粒子就其荷电性质可以分为带电粒子和非带电粒子。带电粒子可以分为快电子和重带电粒子。非带电粒子包括处于不同能区的电磁辐射(X 射线和 γ 射线)和中子。

(1)快电子   包括核衰变中发射的 β⁻ 和 β⁺ 粒子和由其他过程产生的具有相当能量的电子,例如由阴极射线管和加速器所产生的电子束。

(2)重带电粒子   包括质量为一个或多个原子质量单位并具有一定动能的各种粒子,一般它们都带正电荷。重带电粒子实质上是原子的外层电子完全或部分剥离的原子核,如 α 粒子——氦原子核,质子——氢核,氘——重氢的核。裂变产物和核反应产物则往往是较重的原子的核组成的重带电粒子。

(3)电磁辐射   包括两类,γ 射线辐射——由核发生的或在物质与反物质之间的湮灭过程中产生的电磁辐射,前者称为特征 γ 射线,后者称为湮灭辐射;X 射线辐射——处于激发态的原子退激时发出的电磁辐射或带电粒子在库仑场中慢化时发出的电磁辐射,前者称为特征 X 射线,后者称为轫致辐射。

（4）中子　中子由如核反应、核裂变等核过程产生,中子不带电。

一些核辐射的静态性质列于表 2.1.1 中。

表 2.1.1　核辐射静态性质

类型	粒子	符号	电荷(e)	静止质量		稳定性
				/u	/(MeV/c^2)	
重带电粒子	质子	p(^{1}H)	+1	1.007	938.26	稳定
	氘	d(^{2}H)	+1	2.014	1 876.52	稳定
	氚	t(^{3}H)	+1	3.015	2 809.19	不稳定
	α 粒子	α(^{4}He)	+2	4.002	3 728.81	稳定
电子	β⁻ 射线	β⁻(e^-)	−1	4.586×10^{-4}	0.511	稳定
	β⁺ 射线	β⁺(e^+)	+1	4.586×10^{-4}	0.511	稳定
中性粒子	X 射线和 γ 射线	X,γ	0	0	0	稳定
	中子	n	0	1.009	939.55	不稳定

1. α 射线

α 射线通常也称为 α 粒子,来源于重原子核的 α 衰变。α 粒子就是氦的原子核,由两个质子和两个中子组成,核电荷数为 +2,质量为 4,也可表示为 $^4_2$He。

α 衰变的过程如下:

$$^A_Z X \longrightarrow ^{A-4}_{Z-2} Y + ^4_2 He$$

式中,^A_ZX 为母核,$^{A-4}_{Z-2}$Y 为子核。以 α 放射源 ^{210}Po 为例:

$$^{210}_{84}Po \xrightarrow{T_{1/2} = 138.4 \ d} {}^{206}_{82}Po + \alpha$$

2. β 射线

β 射线来源于放射性核的 β 衰变,核衰变发出的 β 射线有两类:β⁻ 射线就是通常的电子,带有一个单位的负电荷;β⁺ 射线就是正电子,带有一个单位的正电荷。

以放射性核素 ^{32}P 为例,^{32}P 发生 β⁻ 衰变,衰变过程可以表达为

$$^{32}P \xrightarrow{T_{1/2} = 14.3 \ d} {}^{32}S + e^- + \tilde{\nu}$$

反应式中 ^{32}P 为母核,^{32}S 为子核,e^- 为电子;$\tilde{\nu}$ 为反中微子。

由于衰变过程中的衰变能可以在 β⁻ 粒子和反中微子 $\tilde{\nu}$ 之间分配,所以 β⁻ 粒子的能量是

连续的,从 0 到极大值 $T_{\beta,\max}$ 都有。图
2.1.1 表示了 β^- 衰变中发射 β 射线的能量
分布,对某核素的 β 射线的最大动能 $T_{\beta,\max}$
是确定的。以 ^{32}P 而言,其 $T_{\beta,\max}$ = 1. 17
MeV。

3. X 和 γ 射线

X 射线和 γ 射线都是一定能量范围的
电磁辐射,又称光子。光子的能量与其频
率 ν 的关系为

$$E = h\nu$$

式中,h 为普朗克常数。光子的光量子理论
是 1905 年爱因斯坦(Einstein A)提出的,并
于 1921 年获诺贝尔物理学奖。

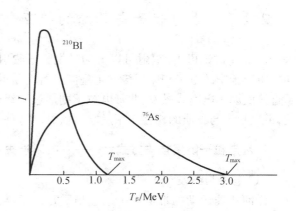

图 2.1.1 β粒子能谱

X 射线和 γ 射线的唯一区别是起源不同。对原子来说,X 射线来源于核外电子的跃迁,而
γ 射线来源于原子核本身高激发态向低激发态(或基态)的跃迁或粒子的湮灭辐射。例如常用
的 γ 放射源 ^{137}Cs 和 ^{60}Co 都是由于母核发生 β^- 衰变后,子核处于较高激发态能级,在向较低能
态或基态跃迁时便发出 γ 光子。^{137}Cs 的 γ 射线能量为 662 keV;^{60}Co 放出两个 γ 射线,其能量
分别为 1. 17 MeV 和 1. 33 MeV。

4. 中子

中子是原子核组成成分之一,它不带电荷,质量数为 1,比质子略重。自由中子是不稳定
的,它可以自发地发生 β^- 衰变,生成质子、电子和反中微子,其半衰期为 10. 6 min,即

$$n \xrightarrow{\quad T_{1/2} = 10.6 \text{ min} \quad} p + e^- + \bar{\nu}$$

中子在核科学的发展中起着极其重要的作用。由于中子的发现,提出了原子核是由质子
和中子组成的假说;中子不带电,当用它轰击原子核时容易进入原子核内部引起核反应,并通
过核反应生成各种人工放射性核素。随着反应堆、加速器和小型中子管技术的发展,中子活化
分析、中子测水分、中子测井探矿、中子照相、中子辐射育种和中子治癌等技术在无损检测、医
学和农业等领域得到越来越广泛的应用。

中子的产生主要是通过核反应或原子核自发裂变,主要的三种中子源有同位素中子源、加
速器中子源和反应堆中子源。

在用中子源产生中子时往往伴有 γ 射线或 X 射线产生,有的可能比较强。因此,在应用
和防护上不仅要考虑中子,而且也要考虑 γ 射线或 X 射线。

2.1.2 带电粒子与物质的相互作用

从上述讨论可见,辐射可以分为带电粒子辐射和非带电粒子辐射。带电粒子通过物质时,同物质原子中的电子和原子核发生碰撞进行能量的传递和交换,其中一种主要的作用是带电粒子直接使原子电离或激发;非带电粒子则通过次级效应产生次带电粒子使原子电离或激发。因此,带电粒子与物质的相互作用是电离辐射与物质作用的最基本过程,我们首先予以关注。

1. 带电粒子能量损失方式之一——电离损失

（1）电离与激发

任何快速运动的带电粒子通过物质时,入射粒子和靶原子核外电子之间的库仑力作用,使电子受到吸引或排斥,使入射粒子损失部分能量,而电子获得一部分能量。如果传递给电子的能量足以使电子克服原子的束缚,那么这个电子就脱离原子成为自由电子;而靶原子由于失去一个电子而变成带一个单位正电荷的离子——正离子,这一过程称为电离。电离过程可以表示为

$$A \rightarrow A^+ + e^-$$

反应式中的符号分别是原子、正离子和电子。

如果入射带电粒子传递给电子的能量较小,不足以使电子摆脱原子核的束缚成为自由电子,只是使电子从低能级状态跃迁到高能级状态（原子处于激发态）,这一过程叫做原子的激发。处于激发态的原子是不稳定的,常用 A^* 表示;原子从激发态跃迁回到基态,这一过程叫做原子退激,释放出来的能量以光子形式发射出来,这就是受激原子的发光现象,可表示为

$$A^* \rightarrow A + h\nu$$

这种光子波长一般处于紫外或可见光子的范围。

（2）电离能量损失率

带电粒子与物质原子核外电子的非弹性碰撞,导致原子的电离或激发,是带电粒子通过物质时动能损失的主要方式。我们把这种相互作用引起的能量损失称为电离损失。

某种吸收物质对带电粒子的线性阻止本领（简称阻止本领,Stopping Power）S 定义为,该粒子在材料中的微分能量损失除以相应的微分路径,即入射带电粒子在物质中穿过单位长度路程时由于电离、激发过程所损失的能量,即

$$S = \left(-\frac{dE}{dx} \right)_{ion}$$

式中,$\left(-\frac{dE}{dx} \right)_{ion}$ 也称为电离能量损失率（Rate of Energy Loss）,描写 $\left(-\frac{dE}{dx} \right)_{ion}$ 与带电粒子速度、电荷等关系的经典公式称 Bethe 公式。在非相对论条件下电离能量损失率有如下的变化关系:

$$\left(-\frac{dE}{dx} \right)_{ion} \propto \frac{z^2}{v^2} NZ \tag{2.1.1}$$

式中,z 和 v 分别是入射带电粒子的核电荷数和速度,N 和 Z 分别是介质原子密度和原子序数。

由(2.1.1)式可知,电离能量损失率随入射粒子速度增加而减小,呈平方反比关系;电离能量损失率与入射粒子电荷数平方成正比,入射粒子电荷数越多,能量损失率就越大;电离能量损失率与介质的原子序数和原子密度的乘积成正比,高原子序数和高密度物质具有较大的阻止本领。

(3)平均电离能

每产生一个离子对所需的平均能量叫做平均电离能,以 w 表示。不同物质中的平均电离能是不同的,但不同能量的 α 粒子同一物质中的平均电离能近似为一常数。例如,在空气中的 w 值等于 35 eV。由此,我们可以估算 α 粒子穿过空气层时所产生的离子对数目。

2. 带电粒子能量损失方式之二——辐射损失

由经典电磁理论可知,高速运动的带电粒子突然加速或突然减速会产生电磁辐射,称为轫致辐射。轫致辐射具有连续能量分布,能量最小值为 0,最大值为入射带电粒子的最大动能。图 2.1.2 表示快速电子受介质原子核的库仑作用产生轫致辐射的机制。

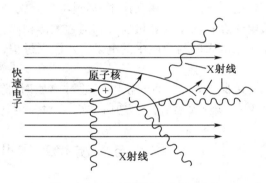

图 2.1.2　轫致辐射产生示意图

带电粒子由于轫致辐射而损失能量叫做辐射损失,轫致辐射的辐射损失率与入射粒子和介质的关系为

$$\left(-\frac{dE}{dx}\right)_{rad} \propto \frac{z^2 Z^2}{m^2} \cdot NE \quad (2.1.2)$$

式中,z,Z 分别为入射粒子电荷和吸收介质的原子序数,m 和 E 分别是入射带电粒子的质量和能量。

可见,带电粒子的总能量损失率应该包含电离损失 S_{ion} 及辐射损失 S_{rad} 两种因素,可得到

$$S = S_{ion} + S_{rad} = \left(-\frac{dE}{dx}\right)_{ion} + \left(-\frac{dE}{dx}\right)_{rad} \quad (2.1.3)$$

由(2.1.2)式可知,由于电子的质量远小于重带电粒子的质量,因此电子的辐射损失的重要性比质子、α 粒子等大得多。在重带电粒子能量不是很高的情况下,其辐射能量损失一般可忽略不计。另外,由于轫致辐射损失与 Z^2 成正比,因此原子序数大的物质(如铅,$Z=82$),其轫致辐射能量损失比原子序数小(如铝,$Z=13$)的物质大得多。

3. 带电粒子在穿透物质中的射程

一定能量的带电粒子在它入射方向所能穿透的最大距离叫做带电粒子在该物质中的射程(Range);入射粒子在物质中行经的实际轨迹的长度称作路程(Path)。

重带电粒子(如 α 粒子)由于质量大,与物质原子的核外电子作用时,运动方向几乎不变,

因此,其射程与路程相近。5.3 MeV 的 α 粒子在标准状态空气中的平均射程 $\bar{R} \approx 3.84$ cm,同样能量的 α 粒子在生物肌肉组织中的射程仅为 30 ~ 40 μm,人体皮肤的角质层就可把它挡住。因而绝大多数 α 辐射源不存在外照射危害问题。但是当它进入体内时,由于它的射程短和高的电离本领,会造成集中在辐射源附近的损伤,所以要特别注意防止 α 放射性物质进入体内。

对 β 粒子,其射程要大得多。当 β 粒子通过物质时,由于电离碰撞、轫致辐射和散射等因素的影响,其径迹十分曲折,经历的路程远远大于通过物质层的厚度,加上 β 粒子具有从零到某一最大值 $E_{\beta,max}$ 的连续能量,所以对 β 粒子仅给出与 β 粒子的最大能量 $E_{\beta,max}$ 在该物质中相应的射程 $R_{\beta,max}$。

4. 正电子湮灭

原子核 β^+ 衰变会有正电子产生,快速运动的正电子通过物质时与负电子一样,同介质的核外电子和原子核相互作用,通过电离损失、轫致辐射损失而损失能量。能量相同的正电子和负电子在物质中的能量损失和射程大体相同。但自由正电子是不稳定的,在正电子慢化而停止下来的瞬间与介质中的电子发生湮灭过程,可表示为

$$e^+ + e^- \rightarrow \gamma(0.511 \text{ MeV}) + \gamma(0.511 \text{ MeV})$$

因此,快速运动的正电子通过物质时,除了发生与电子相同的效应外,还会产生 0.511 MeV 的 γ 湮灭辐射,在防护上要注意对 γ 射线的防护。

2.1.3　γ 射线与物质相互作用

γ 射线(或其他辐射光子)与物质的相互作用和带电粒子有很大不同。辐射光子不带电,不存在与核外电子间的库仑作用力,不能像带电粒子那样通过不断地与核外电子作用,产生电离与激发而不断地损失能量。

辐射光子与物质的相互作用是一种单次性的随机事件。就各个辐射光子而言,它们穿过物质时只有两种可能:要么发生作用后消失,或转换成另一能量与运动方向的光子;要么不发生任何作用而穿过。一旦发生作用,入射光子的全部或部分能量就转换为所产生的次电子的能量。就单个入射光子而言,不存在像带电粒子那样的连续不断地损失能量的过程。

能量在几十 keV 和几十 MeV 的 γ 射线通过物质时主要有光电效应、康普顿效应和电子对生成效应等三种作用过程,称为次级效应,这三种次级效应的发生都具有一定的概率,通常以截面 σ_γ 表示作用概率的大小。

截面 σ_γ 的概念与核反应截面的概念相似,其物理意义为一个 γ 光子入射到单位面积内只含有一个原子时所发生次级效应的概率。同样,截面的量纲为面积,常用单位为靶恩(b)。

用 σ_{ph} 表示光电效应截面,σ_c 表示康普顿效应截面,σ_p 表示电子对生成效应截面,则 γ 射线与物质作用的总截面为

$$\sigma_\gamma = \sigma_{ph} + \sigma_c + \sigma_p$$

$$(2.1.4)$$

1. 光电效应

当 γ 光子通过物质时,与物质原子发生作用,光子把全部能量转移给某个束缚电子,使之发射出去,而光子本身消失了,这种过程叫做光电效应。光电效应中发射出来的电子叫光电子,这一过程如图 2.1.3 所示。在光电效应中,入射光子能量 $h\nu$,其中一部分用来克服电子的结合能,另一部分转化为光电子动能,原子核反冲能量很小,可以忽略不计。根据能量守恒,光电子动能 E_e 为

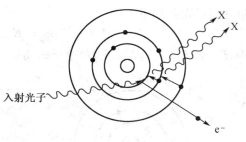

图 2.1.3 光电效应过程示意图

$$E_e = h\nu - B_i \qquad (i = \mathrm{K,L,M,\cdots}) \qquad (2.1.5)$$

式中,B_i 为物质原子中第 i 壳层电子的结合能。

原子中束缚得越紧的电子参与光电效应的概率越大,因此 K 壳层上打出光电子的概率最大,L 层次之,M,N 层更次之。如果入射光子能量超过 K 层电子结合能,大约 80% 的光电效应发生在 K 层电子上。

发生光电效应时,从原子内壳层上打出电子,在此壳层上就留下空位,原子处于激发态。这种激发态是不稳定的,有两种退激方式:一种是外壳层电子向内层跃迁填充空位,发射特征 X 射线,使原子恢复到较低能量状态;另一过程是原子的退激直接将能量传递给外壳层中某一电子,使它从原子中发射出来,这个电子叫做俄歇电子。因此,发射光电子的同时,还伴随有特征 X 射线或俄歇电子产生,这些粒子将继续与物质作用,转移它们的能量。

2. 康普顿效应

入射 γ 光子同原子外层电子发生碰撞,入射光子仅有一部分能量转移给电子,使它脱离原子成为反冲电子;而入射的 γ 射线光子相对于原来的方向被偏转了一个角度 θ,能量减小,叫做散射光子,这一过程如图 2.1.4 所示。$h\nu$ 和 $h\nu'$ 分别为入射光子和散射光子的能量;θ 为散射光子和入射光子间的夹角,称作散射角;φ 为反冲电子的反冲角。

反冲电子具有一定动能,等于入射 γ 光子和散射光子能量之差,即

$$E_e = h\nu - h\nu' \qquad (2.1.6)$$

反冲电子在物质中会继续产生电离和激发等过程,对物质产生作用和影响。散射光子一部分可能从物质中逃逸出去,一部分在物质中再发生光电效应或康普顿效应等,最终被物质吸收。

3. 电子对生成效应

当一定能量的 γ 光子进入物质时,γ 光子在原子核库仑场作用下会转化为一对正、负电子,这一现象称作电子对生成效应,如图 2.1.5 所示。电子对效应发生是有条件的,在原子核库仑场中,只有当入射 γ 光子的能量 $E_\gamma = h\nu \geqslant 1.02$ MeV 时才有可能。入射光子的能量首先

用于转化为正负电子对的静止能量（$2m_0c^2 = 1.02$ MeV），剩下部分赋予正、负电子动能。根据能量守恒可得到如下关系：

$$h\nu = E_{e^+} + E_{e^-} + 2m_0c^2 \qquad (2.1.7)$$

式中，E_{e^+} 和 E_{e^-} 分别表示正、负电子的动能；m_0c^2 是电子的静止能量。

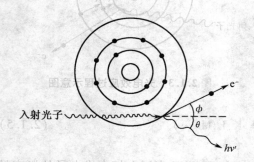

图 2.1.4　康普顿效应过程示意图

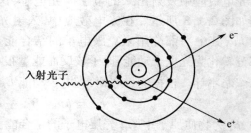

图 2.1.5　电子对生成效应示意图

4. γ 射线的衰减

由上面讨论可知，γ 射线进入物质主要通过光电效应、康普顿效应和电子对效应损失其能量。这些效应的发生使原来的 γ 光子或者不复存在，或者偏离了原来的入射方向，能量发生变化。因此我们可以说，入射的 γ 光子一旦同介质发生作用就从入射束中移去；只有没有同介质发生任何作用的 γ 光子才沿着原来的方向继续前进。即使发生极小角度的康普顿散射，也要把散射光子排除出原来的入射束，只有理想的准直束才能满足这种要求，称为"窄束"。

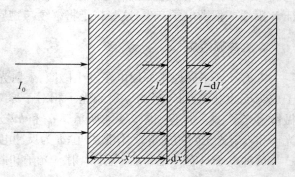

图 2.1.6　γ 射线通过物质衰减示意图

假设单能平行窄束 γ 射线注量率为 I_0，垂直进入介质穿过厚度 x 后的注量率为 I，当其继续穿过厚度为 $\mathrm{d}x$ 的物质层时，注量率将减少 $\mathrm{d}I$，这一过程如图 2.1.6 所示。

对于无限小区间，$\mathrm{d}I$ 与光子在 x 处的注量率 I 和物质层厚度 $\mathrm{d}x$ 成正比，即

$$-\mathrm{d}I = \sigma_\gamma N I \mathrm{d}x \qquad (2.1.8)$$

式中，N 为吸收介质单位体积的原子数，负号表示 γ 光子注量率随 x 增加而减少。令

$$\mu = \sigma_\gamma \cdot N = \sigma_\gamma \cdot \frac{N_A \cdot \rho}{A} \qquad (2.1.9)$$

式中，N_A 为阿伏加德罗常数；A, ρ 为吸收介质的原子量和密度。由初始条件 $x = 0, I = I_0$，对

(2.1.8)式积分得

$$I = I_0 e^{-\mu x} \tag{2.1.10}$$

由此可知,准直单能 γ 射线束通过吸收物质时其注量率随穿过的厚度 x 的增加而呈指数衰减。式中,μ 称作线性衰减系数,其单位为 cm^{-1},它表示 γ 射线穿过单位厚度物质时发生相互作用的概率(或被吸收的概率),它包含了光电效应、康普顿效应和电子对效应总的贡献。由于三种效应的作用概率都与入射光子的能量和作用物质的原子序数有关,所以 μ 值也随 γ 光子能量 $h\nu$ 和介质原子序数 Z 而变化。γ 光子能量增高,吸收系数 μ 值减小;介质原子序数高、密度大的物质,线性衰减系数也高。

式(2.1.10)也可表达为

$$I = I_0 e^{-\mu_m x_m} \tag{2.1.11}$$

式中,$\mu_m = \mu/\rho$,ρ 为吸收介质的密度,μ_m 称为介质的质量衰减系数,单位为 cm^2/g;$x_m = x \cdot \rho$,称为介质的质量厚度,单位为 g/cm^2。在实际应用中式(2.1.11)会用得更多、更方便。

2.1.4 中子与物质的相互作用

中子不带电,不能直接引起物质原子的电离或激发。但由于中子不受原子核库仑场的作用,即使很低能量的中子也可深入到原子核内部,同原子核发生弹性散射、非弹性散射或引起其他核反应。这些过程的发生导致中子在物质中被慢化和吸收,并产生一些次级粒子,例如反冲质子、γ 射线、α 粒子以及其他带电粒子等。这些粒子都具有一定的能量,它们继续同物质发生各自相应的作用,最终使物质原子发生电离和激发。因此,中子也是一种电离辐射。

中子与原子核的作用分为两类:中子的散射——中子与原子核发生弹性散射与非弹性散射并产生反冲核;中子的俘获——中子被原子核俘获而形成复合核,再蜕变而产生其他次级粒子。

1. 中子的散射

中子与靶核发生弹性散射,其中靶核没有发生状态变化,散射前、后中子与靶核的总动能守恒。设靶核为氢核且为对心碰撞时,氢核的动能 $T_M = T_n$,即中子把自己的动能全部转移给了氢核。

在非弹性散射中,中子部分能量被反冲核吸收,反冲核可能处于激发态,这时不仅有中子出射,而且还会有 γ 射线发射。例如,中子与 C 原子核的非弹性散射会产生 4.43 MeV 的 γ 射线。在中子引起的其他核反冲中还会有质子和 α 粒子等发射出来,这些次级粒子在物质中通过电离效应损失其能量。

2. 中子的俘获

中子进入原子核形成"复合核"后,可能发射一个或多个光子,也可能发射一个或多个粒子而回到基态。前者就称为"辐射俘获",用(n,γ)表示;而后者则相应于各种中子核反应,常用(n,α),(n,p)等表示。有几种重原子核(如^{235}U),俘获一个中子后会分裂为两个或三个较轻的原子核,同时发出$2\sim3$个中子,并释放出大约200 MeV的裂变能,这就是裂变反应。

2.2　辐射探测的原理和主要的辐射探测器

人们必须借助于辐射探测器探测各种辐射,给出辐射的类型、强度、能量及时间等特性。利用辐射在气体、液体或固体中引起的电离、激发效应或其他物理、化学变化进行核辐射探测的器件称为辐射探测器。

辐射探测的基本过程具体如下:

(1)辐射粒子射入探测器的灵敏体积;

(2)入射粒子通过电离、激发或核反应等过程而在探测器中沉积能量;

(3)探测器通过各种机制将沉积能量转换成某种形式的输出信号。

探测器按其探测介质类型及作用机制主要分为气体探测器、闪烁探测器和半导体探测器三种。

2.2.1　气体探测器

气体探测器是以气体作为工作介质,由入射粒子在其中产生的电离效应或核反应产生输出信号。入射带电粒子通过气体时,由于与气体分子中轨道电子的库仑作用而逐次损失能量,最后被阻止下来。同时使气体分子电离或激发,并在粒子通过的径迹上生成大量的由电子和正离子组成的离子对和激发原子。

入射粒子直接产生的离子对称为初电离,初电离产生的一些高速电子(称δ电子)足以使气体产生进一步的电离称为次电离,两者之和称为总电离。带电粒子在气体中产生一离子对所需的平均能量w称为电离能。对不同的气体,w大约为30 eV。若入射粒子的能量为E_0,当其能量全部损失在气体介质中时,产生的平均离子对数$\bar{N}$为

$$\bar{N} = E_0/w \tag{2.2.1}$$

如^{210}Po的α粒子的能量为5.3 MeV,其产生的总离子对数为$\bar{N} = E_0/w = 1.56 \times 10^5$个。

气体探测器的典型圆柱型结构如图2.2.1所示,在中央阳极和外壳阴极加上正电压,沿入射粒子径迹产生的电子-离子对在外电场的作用下产生定向漂移,引起电极上感应电荷变化,与此同时,外回路上就流过电流信号,或负载电阻产生输出电压信号。

当在两电极上所加电压不同时,就造

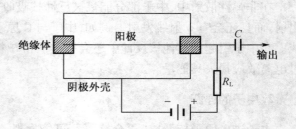

图2.2.1　气体探测器的典型圆柱型结构

成气体探测器的不同工作状态。当外加工作电压过低时,电离产生的电子 - 离子对由于互相碰撞而发生复合,称为复合区,复合的程度与外加电压和离子对数的密度有关,一般不作为气体探测器的工作区域。当外加工作电压较高时,电子与正离子的复合可以忽略而进入饱和区,这时产生的离子对数正比于入射粒子在灵敏体积损失的能量,工作于这种工作状态的探测器就是电离室。电离室是最早使用的探测器,1898 年居里夫妇在发现和提取钋和镭的过程中,就利用电离室鉴别过程的产物。

随着工作电压的升高,在中央阳极附近很小的区域内,电场强度足够强,以致电子在外电场的加速作用下,能生成新的碰撞电离,我们称之为气体放大或雪崩过程。由于此时阳极附近的场强还不是太强,雪崩过程仅发生在沿阳极很小的区域内,在一定的工作电压下,气体放大倍数是一定的。此时形成的总离子对数 $\bar{N}'$ 仍正比于入射粒子能量,有

$$\bar{N}' = A\bar{N} = AE_0/w \tag{2.2.2}$$

式中,A 称为气体放大倍数,相应的工作区域称为正比区。正比计数器就工作于这一区域。

工作电压进一步提高就进入有限正比区,在探测器的灵敏体积内,积累了相当的由正离子组成的"空间电荷"。在一定工作电压下 A 不再保持常数,初电离小的入射粒子的 A 可能会大一点,称之为有限正比区。一般没有探测器工作于这一区域。

随着工作电压的进一步提高,雪崩过程很快传播到整个阳极。而且,雪崩过程形成的正离子紧紧地包围了阳极丝,称为正离子鞘。由于正离子鞘的电荷极性与阳极电荷相同而起到电场减弱作用,当正离子鞘的总电荷量达到一定时,雪崩过程终止。因此,最后的总离子对数与初电离无关。这时,入射粒子仅仅起到一个触发作用,输出脉冲信号的大小与入射粒子的类型和能量均无关,这就是 G - M 区,仅作一个计数器用。

上述过程可以用图 2.2.2 形象地表示,图中纵坐标为产生离子对数 N,横坐标为外加电压 U。其中 Ⅰ 为复合区;Ⅱ 为饱和区;Ⅲ$_a$ 为正比区;Ⅲ$_b$ 为有限正比区;Ⅳ 为 G - M 区。这条曲线揭示了气体探测器中由量变到质变的规律。

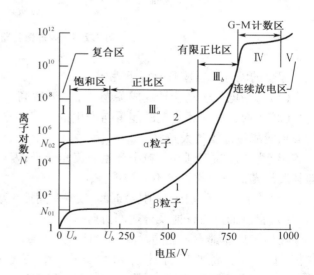

图 2.2.2　气体探测器的离子对数与外加电压的关系

2.2.2　闪烁探测器

闪烁探测器一般由闪烁体和光电倍增管组成。闪烁体是一种发光器件,当入射带电粒子

使探测介质的原子电离、激发而退激时可发出荧光光子。荧光光子的波长为红外光到紫外光的连续分布,并具有一定的峰值。以最常用的 NaI(Tl) 晶体为例,1 MeV 的 β 粒子,在其全部能量都损失在晶体中时,产生 4.3×10^4 个荧光光子,其峰值波长为 410 nm,属于可见光的范围。

这种光的强度用肉眼是难以辨别的,必须借助于高灵敏的光电倍增管(PMT)才能探测到这些光信号。PMT 的光阴极将收集到的荧光光子转变为光电子,光电子通过聚焦被光电倍增管的第一联极收集,并在其后的联极倍增形成一个相当大的脉动电子流,在输出回路上形成输出信号。闪烁探测器的示意图可用图 2.2.3 表示。

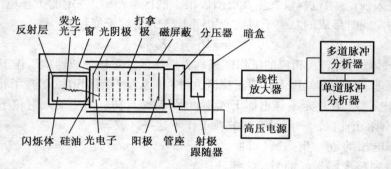

图 2.2.3　闪烁探测器示意图

理想的闪烁材料应具有以下性质:

(1)将带电粒子动能转变成荧光光子的效率高;

(2)入射带电粒子损耗的能量与产生的荧光光子数应当是很好的线性关系,并且保持线性关系的能量范围越大越好;

(3)为了能收集到入射粒子产生的荧光光子,闪烁体介质对自身发射的光应该是透明的,即其发射光谱与吸收光谱不应该重叠;

(4)入射粒子产生闪光的持续时间(发光时间常数)要尽量短,以便于能产生快的输出信号;

(5)良好的加工性能及合适的折射率等。

任何闪烁体都不可能同时满足所有的要求,使用中要根据需要来选择最佳的闪烁体。现在使用频率较高的闪烁体有两大类:一类是无机闪烁体,如 NaI(Tl),CsI(Tl),BGO($Bi_4Ge_3O_{12}$,锗酸铋),$CdWO_4$ 等,这些材料的密度大,原子序数高,适合于探测 γ 射线和较高能量的 X 射线;另一类为有机闪烁体,如塑料和有机液体闪烁体,主要用于 β 粒子和中子的探测。

无机闪烁体的光输出产额及线性比较好,但发光时间较长。有机闪烁体的发光时间短得多,但其光产额较低。由于无机闪烁探测器的应用更为广泛,而且近年来又取得长足的进步,一些既具有高的光输出又具有快的响应时间的无机探测器研制成功并得到应用,如 BaF_2,GSO 等探测器。

表 2.2.1 给出了几种最常用的闪烁体的主要性能。

表 2.2.1　几种最常用的闪烁体的主要性能

材料	最强发射波长 /nm	发光衰减时间 /ms	折射率	密度 /(g/cm³)	相对闪烁效率
NaI(Tl)	410	0.23	1.85	3.67	100%
CsI(Tl)	565	1.0	1.80	4.51	45%
BGO	480	0.30	2.15	7.13	8%

　　光电倍增管是一种光电器件,主要由光阴极、聚焦极、打拿极(联极)和阳极组成,封于玻璃壳内并带有各电极引出。光电倍增管的产品很多,但主要要注意它的光阴极的光谱响应与闪烁体的发射光谱相匹配,并应具有较高的阴极灵敏度和阳极灵敏度,较低的暗电流或噪声脉冲和良好的工艺和稳定性。

2.2.3　半导体探测器

　　半导体探测器是在 20 世纪 60 年代发展起来的一种新型探测器,与气体探测器不同的是它的探测介质不是气体,而是半导体材料,其结构示意图如图 2.2.4 所示。入射带电粒子在探测介质内在通过电离损失能量的同时,形成电子 - 空穴对,同样电子 - 空穴对在向电极的定向漂移过程中,在输出回路上形成输出信号。

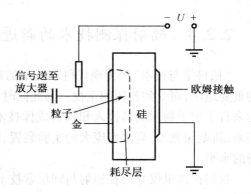

图 2.2.4　半导体探测器结构示意图

　　由于纯净、干燥的气体是绝缘的,其电阻率可被看成无穷大,因此当两电极加工作电压时,不会在两极板间形成定向的漏电流。而半导体作为介质材料,其电阻率是有限的,即使对本征半导体而言,其电阻率也仅为 $10^5\ \Omega/cm$,其漏电流远远大于信号的脉动电流。而由 N 型半导体和 P 型半导体的界面形成的 P - N 结,由于 P - N 结区域内的极性不同的杂质原子形成的空间电荷内电场的存在,形成了耗尽层。在 P - N 结上加反向电压将进一步扩展耗尽层的宽度,成为半导体探测器的灵敏体积。

　　为保证电离生成的电子 - 空穴对能被有效地收集,必须选用那些载流子(即电子或空穴)在半导体中寿命长的材料,以使载流子在探测介质中的漂移长度大于结区的宽度,因此性能优异的半导体硅和锗就成为理想的半导体探测器的介质材料。

由一般高纯材料(杂质浓度为 10^{15} cm^{-3} 的量级)做成的探测器,由于 P–N 结区的宽度受限制,仅 $0.1 \sim 1$ mm 的量级,只适合于 α 粒子或其他重带电粒子的探测,如金硅面垒半导体探测器。

随着材料和工艺的发展,出现了锂漂移探测器 Si(Li)和 Ge(Li)半导体探测器,进而得到杂质浓度仅为 10^{-10} cm^{-3} 的极高纯半导体材料,以锗为主,称为高纯锗半导体探测器(一般表示为 HPGe),这两种探测器均可以达到几厘米厚的灵敏体积,灵敏体积超过 100 cm^3,对 γ 射线的探测效率可以达到与无机闪烁体相比拟的程度,因而大大地开拓了高纯锗半导体探测器的应用空间。

此外,在半导体材料中形成一个电子–空穴对所需的能量仅为 3 eV,即电离能 $w = 3$ eV,而气体探测器中形成一个电子–离子对为 30 eV,对闪烁探测器而言,形成一个被光电倍增管第一打拿极收集的光电子则需 300 eV。这样,对同样能量的入射粒子在半导体探测器中形成的载流子数(电子–空穴对数)将大于前两种,从而获得更好的能量分辨率,比前两种探测器能区分能量差更小的不同的入射粒子。这种进展对 γ 射线探测更为重要,从而形成了现代 γ 谱学。

从材料的能带结构上看,硅和锗半导体具有比较小的禁带宽度,为减小由于温度效应引起的反向漏电流,要求探测器工作于低温的状态,为此必须将探测器和前置放大器放在液氮罐中,以维持液氮(77 K)的温度,给使用带来不便。目前可采用电制冷装置,但是由于温度不能太低,其能量分辨率指标将有所降低。

2.2.4　辐射探测技术的新进展

"核科学与技术"作为现代科学技术的重要组成部分,由于它在国民经济、科学和国防上的重要地位,而受到各国的重视。与此同时,辐射探测技术也得到迅速发展,其发展的主要动力来自于粒子物理的高投入和辐射成像技术在医学、工业、社会安全领域的广泛应用。近 20 年来,新型探测器、高水平庞大的实验装置、海量数据的采集和处理,把辐射探测技术提高到全新的水平。

我们在这里仅介绍在辐射与同位素技术领域内最新发展的新型材料的探测器和辐射成像技术。

1. 探测器的发展状况

探测器的研发工作集中在闪烁探测器和半导体探测器范围。

(1)无机闪烁探测器由于其对 γ 射线高的探测效率和较好的能量分辨率,一直是闪烁探测器的发展重点,图 2.2.5 给出了无机闪烁探测器的发展历史阶梯表。表 2.2.1 中所引用的常用的闪烁探测器有一个共同的缺陷,就是它们具有较慢的发光衰减时间,因而影响了它们在高计数率、快的时间响应上的应用。新的 BaF$_2$ 和以 Ce^{3+} 激活的多种新型探测材料,在具有高的探测效率的同时,弥补了之前的不足。

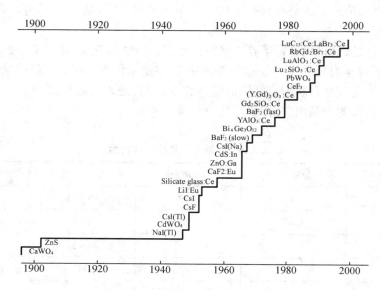

图 2.2.5 主要无机闪烁材料的发现历史

从表 2.2.2 中的指标可见,这些新型的无机闪烁探测器的密度较大,尤其是非常短的发光衰减时间具有明显的优势。不足之处是他们的发光效率比目前常用的闪烁探测器低,应该说这种互补性在某种程度上是与辐射探测的多样性相适应的。新材料、新工艺的出现还会促进探测器的进一步发展。

表 2.2.2 几种新型闪烁体的主要性能

材料	最强发射波长 /nm	发光衰减时间 /μs	折射率	密度 /(g/cm^3)	绝对光产额 (光子数/MeV)
BaF_2	315 220	0.6 0.0006	1.50 1.54	4.88	9 500 1 400
GSO:Ce	480	0.06	2.15	6.71	9 000
YaP:Ce	350	0.027	1.94	5.55	18 000

(2)常温工作的半导体探测器的发展。

如前所述,硅、锗半导体探测器由于半导体材料的禁带宽度较小,在常温下噪声电荷较大,灵敏体积厚度不能做大,如金硅面全半导体探测器,厚度小于 1 mm,仅适用于 α 粒子或能量不太高的 β 粒子探测;如果要加大灵敏体积,如大体积的 Ge(Li) 和 HPGe 探测器,则须使其工作于低温的状态。因此,寻找具有较大的禁带宽度的半导体材料成为近 20 年来的一个努力方向,并取得了积极的成果。这些材料属于化合物半导体材料,重要的有 HgI_2,CdTe,CdZnTe 等半导体探测器。

由表 2.2.3 可见,上述化合物半导体材料具有较大的禁带宽度,其原子序数和密度都比锗大,在同样条件下对 γ 射线的探测效率更高,并可在室温条件下工作。但获得足够大的完好的单晶材料和电子 – 空穴在材料中有足够的漂移长度,一直是人们研究的课题。目前国际市场已有尺度为厘米量级的产品出售,但价格比较昂贵。

表 2.2.3 半导体材料的一些特性

材料	禁带宽度/eV	平均电离能/eV	原子序数	密度/(g/cm^3)
HgI_2(300 K)	2.13	4.22	80 ~ 53	6.4
CdTe(300 K)	1.47	4.43	48 ~ 52	6.2
CdZnTe(300 K)	1.42	1.5 ~ 2.2	48 ~ 52	≈6
Si(300 K)	1.12	2.61	14	2.33
Ge(77 K)	0.74	2.98	32	5.33

2. 辐射成像技术及位置灵敏探测器

(1)数字辐射成像方法(Digital Radiography)——采用平移扫描与图像处理技术而获取客体的辐射投影图像,简称 DR。

DR 系统中,射线源所产生的射线被准直成水平张角极小(如 0.1°)的片状束。此片状束射线穿过客体后射入沿垂直方向排列的一维阵列探测器。探测装置由大量相互独立的探测器元按序排列组成。

每个探测器元的输出信号与所在位置受到的射线强度成正比,而此处的射线强度又与射线穿行路径上所经客体相应部位的质量吸收能力有关。把各路探测器元的信号采集并按序排列显示出来,就获得图像的一条沿垂直方向的扫描线。随着客体的行进,客体辐射投影的一条条扫描线顺序显示出来,就获得了反映客体内部质量分布的数字化的二维射线投影图像。

数字辐射成像装置广泛应用于车站、机场及其他公共场所入口的安全检查,图 2.2.6 给出了一种大型 DR 辐射成像系统的原理图。可以看出,DR 系统采用的是阵列探测器,在大型集装箱检测装置中,由 1 000 多个截面为 5 cm ×5 cm 的高压电离室组成,总高度达 6 m。

(2)计算机断层辐射成像技术(Computerized Tomography)——采用旋转扫描方式而获取客体的断层辐射图像,简称 CT。

1972 年英国工程师 Hounsfield Godfrey N 和美国物理学家 Cormack Alan M 发明了 X 射线计算机断层成像技术,并因此获得诺贝尔奖。

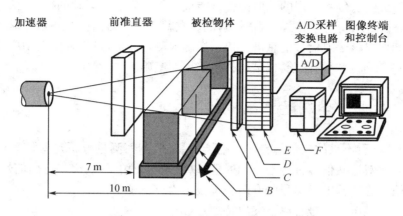

图 2.2.6　DR 辐射成像原理示意图
A—被检物运动方向；*B*—拖动系统；*C*—后准直器；
D—探测器阵列；*E*—前端电路；*F*—数据处理装置

以 X 射线 CT 装置的工作原理为例（图 2.2.7），射线源（球状 X 射线管）与扇形阵列探测器同步地围绕客体（如人脑）旋转，每转一个角度（例如 1°），由射线源发出的片状扇形射线束穿过客体并被阵列探测器记录一次，当旋转一周以后获像。当然，让客体旋转，源和阵列探测器保持不动，也可获得同样的效果，这种情况往往适用于工业 CT——工件的计算机断层辐射成像技术。

计算机断层辐射成像技术的核心是图像重建技术，近年来得到广泛的应用和飞速的发展，以 X–CT 为例，目前已发展到第四代多层螺旋 CT，在 5 秒内可扫过 40 cm，扫描层厚达 0.5 mm。

计算机断层辐射成像技术除 X–CT 外，由 γ 照相机发展而来的单光子发射计算机断层成像技术（SPECT）和正电子发射断层成像技术（PET），也由于各有其特点而广泛应用于放射医学领域。

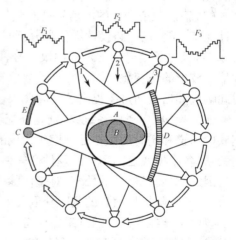

图 2.2.7　断层扫描 CT 原理示意图
A—扫描区域；*B*—病人；*C*—X 射线源；
D—闪烁探测器系统；*E*—旋转方向；
F_1,F_2,F_3—1,2,3 位置的吸收投影

2.3　核电子信号的处理与分析

通过探测器核辐射粒子被转换成了电信号，这些信号包含了辐射粒子丰富的信息，例如信号的幅度可能代表了粒子的能量，信号的形状可能反映了射线的种类，信号的时间关系可能反

映了粒子的飞行速度,信号出现的几何位置可能代表了辐射粒子运动的径迹,信号的计数率可能代表了辐射的强度,等等。这样,对核辐射的研究就变成了对信号的测量和对其包含信息的分析。因此,如何对核辐射信号信息进行快速精确地测量分析,进而在实践中应用这些信息就成为核技术中基本而重要的课题,也是核技术应用的基础。

2.3.1　核电子学测量系统概述

辐射探测器把看不见的核信息转换为电子信息,但如何测量分析这些信息还是件困难的事情。首先,需要对这些信号进行电子学处理,以便排除无用干扰,突出有用信号,准确提取信息等,我们称研究这些核电子信号的专门处理技术为核电子学。

从总体上看,核电子信号有以下突出特点:

(1)通常探测器输出的信号比较微弱,因此信号常常处于探测器和电子学系统产生的噪声及其他干扰之中。要准确进行信号测量就要深入进行噪声研究和分析,研究系统抗干扰的方法,以便放大和突出被测信号。

(2)辐射粒子产生的电信号具有随机性,信号出现时间和幅度的随机分布形成测量中的统计涨落,需要在电路设计和信号分析时重点考虑。

(3)核电子信号常常是一种快信号,既体现在随机的高频率、短间隔,也体现在某些测量中信号波形的快变化。因此在高计数信号通过或者进行准确快定时时,常常对系统电子学的时间响应和信号通过率提出了很高要求。

(4)一些核电子学系统,特别是高能物理实验的数据获取和处理系统是由成千上万个数据获取通道和实时的数据处理模块构成的大型复杂的计算机网络系统,需要对多个电路的时间关系,各个模块之间通信的硬件和软件标准,系统的结构和处理速度进行研究。

因此,对随机信号的处理,对毫伏脉冲幅度的甄别,对皮秒时间间隔的测量,对微米空间的分辨,对海量随机核信息的实时获取与处理等都是核电子学特有的研究课题。

核电子学经常面对的测量课题有以下几个方面:

(1)强度信息　通过测量射线粒子的数目或计数率,从而获得不同射线的放射性强度或者强度的分布。通常强度测量电路需要放大器、甄别器、计数器、计时器等,通过计数或计数率的转换计算可以得到具体的测量量,如剂量率等。

(2)能量信息　核辐射具有固定的能量分布规律,探测器输出信号的幅度可以反映辐射粒子的能量信息。因此测量核信号幅度概率密度的分布可以获得射线的能谱。测量能谱的核电子学系统称为多道谱仪。通过采集核素辐射粒子的准确能谱可以进行能谱解析并进行核素识别和定量分析,这在许多领域有着广泛和重要的应用。

(3)位置信息　通过位置灵敏探测器及相应电子学系统可以测量辐射粒子在空间的位置,从而获得粒子的运动径迹。最典型的是高能物理实验中多丝室和漂移室为探测器的数据获取分析系统,其中上万条的信号丝数通过微米级空间定位从读出电路位置信息得到粒子的径迹。在辐射成像应用领域,依靠探测器系统可对不同射线的位置信息和强度乃至能量信息进行图像重建,从而实现透射成像或断层成像,如 γ 照相机、工业或医用 CT 等。

（4）时间信息　核电子学中时间信息的获取和处理是进行很多物理测量的重要手段。通过精确定时、时幅变换、时间分析、符合反符合等检测事件的时间关系,进而完成物理量的测量。如使用飞行时间方法测量快中子能谱,利用时间间隔测量核的短激发态寿命等。现在直接测量核信息出现的时间间隔已达 ps(10^{-12} s)级。

（5）波形分析　利用不同粒子在某些探测器中产生的电流脉冲形状不同的特点,使用波形甄别和分析可以区分不同粒子的种类,或者分别测出同时存在的不同粒子的能谱,避免其相互重叠,也可以剔除某种粒子的响应。例如,在强 γ 光子的本底下测量中子时,利用波形甄别可以剔除 γ 光子对中子测量的影响。

图 2.3.1 是常见核电子学处理系统组成框图,一般根据计数统计、幅度分析或时间分析等不同测量目的研究相应的处理方法,设计相应的处理电路或算法,最后完成实验研究。

由此看出,要针对核电子信号这些特点准确测量和分析其代表的信息,是一个特别的领域,不仅需要电子技术,还要有核物理、辐射探测器基础和信号处理方法,因此这是一个交叉学科。从 19 世纪末开始研究辐射现象和 1926 年盖革发明计数管,核物理实验的要求大大促进了电子技术的进步,反过来这种特殊要求的电子技术又促进了核物理学的发展,直至 20 世纪40 年代末形成了一门新的学科——核电子学。在核物理学研究和核武器研制这些巨大动力推动下,核电子学得到快速发展并逐步成熟。

核电子学作为核科学中的基础电子技术,包括的内容也随着核科学技术的发展而扩大。微电子学和计算机数字技术的迅速发展,进一步提高了核电子学测量的速度、精度和可靠性,同时在系统数字化、小型化、标准化、系列化和智能化方面有了新的重大进展。在核电子学基本理论指导下,新的核测量系统已经不再是模拟电路的排列,而是从仪器走向核信息的采集和数据的处理。下面将针对核信号的特点,简要介绍核电子学测量系统的基本原理和方法。这里首先介绍核信号的典型的传统处理电路,然后介绍核信号的数字化处理与分析方法。对核信号采用数字化处理是近年数字信号处理技术在核电子学中的应用,也代表了核电子学的发展方向。

2.3.2　核电子信号的放大与处理电路

1. 放大与处理电路的一般要求

核辐射测量中探测器的输出信号往往很微弱,需要放大才能进行进一步的测量和分析。为了减小噪声与外界干扰对信号的影响,需要将放大器尽量靠近探测器,为此人们往往将放大器分为前置放大器和主放大器,而将小体积的前置放大器与探测器构成一个整体,称为探头。这样,探头通过电缆再和主放大器相连,既可以减少噪声,也减小了探测器信号经电缆传送时

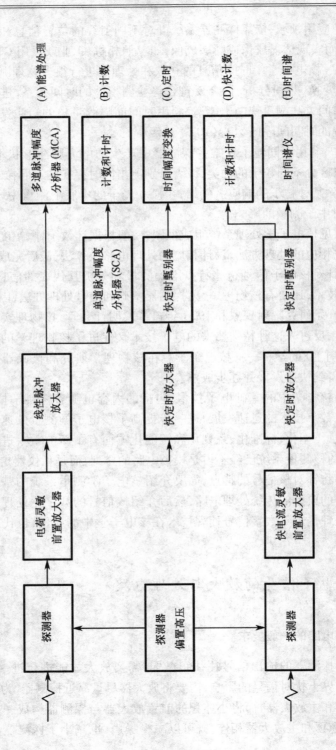

图 2.3.1　核电子学处理系统组成框图

外界的干扰,摆脱了现场条件的限制,改善了工作条件。

图 2.3.2 中给出了用于放大核电子信号的放大部分的基本结构。由于从探测器得到的电信号往往十分微弱,因此放大与处理电路的主要任务是先将每个入射粒子在探测器中产生的电荷或电流转换成电压脉冲,然后选择合适的放大倍数把电压脉冲的幅度放大,以满足后续测量或分析设备的要求。

在进行放大的同时,这一环节还要处理一些核电子信号特有的问题,为后续的测量分析创造条件。例如,需要缩小电压脉冲的宽度防止信号重叠以提高测量系统的信号通过率;需要对信号进行滤波成形以提高系统的信号

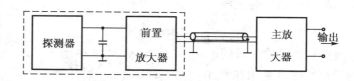

图 2.3.2　用于核电子信号放大的放大器

噪声比值。为准确测量创造条件,需要通过极零相消电路降低拖长的脉冲尾部以避免对后续脉冲影响而产生幅度误差;需要通过弹道亏损校正减小由于输入波形的变化而引起的幅度误差;需要通过基线恢复方法减小由于基线波动产生的幅度测量误差。当放大器用于时间测量时,放大器的高频响应还应该足够高,以免造成时间信号的延迟。

2. 前置放大器

如上所述,前置放大器常常和探测器安装在一起,以减小探测器输出端的分布电容,提高信噪比。根据测量中提取信息的特点和种类差异,前置放大器又可以分为两类:一类是积分型放大器,包括电压灵敏前置放大器和电荷灵敏前置放大器,它的输出信号幅度正比于输入电流对时间的积分(总电荷量);另一类是电流型放大器,即电流灵敏前置放大器,它的输出信号波形与探测输出电流信号的波形保持一致,从而保留了输入信号的全部信息。

有些测量(如强度测量)只需要测量计数率,这时也常常采用射极跟随器作为前置放大器。

下面简单介绍利用米勒积分器构成电荷灵敏放大器的基本原理,可以看出,其输出幅度反映了输入电荷量的大小而与输入电容无关,从而提高了信噪比,保证了系统确定性。如图 2.3.3 所示,设输出电压幅度 U_{oM} 有很好的稳定性且有较高的信噪比,图中 C_f 为反馈积分电容,C_i 是不考虑 C_f 时的输入端电容。当输入电流信号 $i_i(t)$ 时,输出电压 U_o 上升。当电压放大器的低频增益 A_0 足够大时,C_f 对输入电容的贡献 $(1+A_0)C_f$ 远大于 C_i,则输入电荷 Q 主要累积在

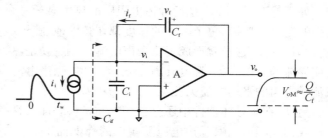

图 2.3.3　电荷灵敏前置放大器

C_f 上。因此,当 $A_0 \gg 1$ 时输出信号电压幅度近似等于 C_f 上的电压 U_f,则

$$U_{oM} = U_f \approx \frac{Q}{C_f}$$

实际上反馈电容 C_f 可以足够稳定,所以输出幅度 U_{oM} 反映了输入电荷 Q 的大小且与 C_i 无关,这种前置放大器称为电荷灵敏前置放大器。

3. 电子系统的噪声

在信号的产生、传输和测量过程中,系统中产生的对信号的不期望的扰动称为噪声。噪声叠加在有用信号上(见图 2.3.4)就会降低测量精确度,例如为了分析能谱而进行的脉冲幅度测量时,噪声会使系统的能量分辨率下降。系统的噪声性能常用信号和噪声的比值(信噪比,即有用信号与噪声的比值)来表示,信噪比愈高,由噪声引起的测量误差愈小。一些电噪声是由电子器件本身产生

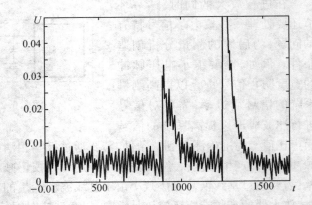

图 2.3.4　探测器输出脉冲叠加在噪声上的图形

的,另一些电噪声则来自外部因素,又称为干扰。常见的有交流电网的工频(我国为 50 Hz)干扰,电视和无线电广播干扰,大功率设备的电磁干扰,直流电源的纹波干扰,仪器(或插件)之间及仪器内部接地不良而产生的干扰,等等。此外,还有仪器的机械振动引起的低频干扰,如颤噪声。

对于一般的核信号测量系统,只要电路上和工艺上采取适当措施,外部干扰通常可以减小到次要程度。因此,影响测量精度的主要因素往往是仪器内部电子器件的固有噪声。

探测器、电子电路中的元器件,如集成电路、电阻、场效应晶体管等都会产生噪声。按照噪声的性质可以分为散粒噪声、热噪声和低频噪声($1/f$ 噪声)。

众所周知,电流是电子或其他载流子的流动形成的。在电子器件中,载流子产生和消失的随机性使得流动着的载流子数目多少发生波动,由此引起的电流瞬时涨落就称为散粒噪声。一般散粒噪声和电子(载流子)的热运动速度无关。当平均电流大时电子数涨落大,噪声电流也大。

处于绝对零度以上任何导体电阻中的自由电子总在不停地作热运动。由于电子不断地和周围的正离子碰撞,每个电子的速度都在频繁地、随机地变化着。由此在外电路上的感应电流也将起伏变化,这样就形成了热噪声电流。热运动是热噪声电流涨落的原因,因此热噪声和电阻或导体的温度有关,温度升高,热运动加剧,噪声电流或电压增加,而热噪声电流与外加电压或流过电阻的平均电流无关。

另外,在半导体器件中还存在一种和材料表面特性有关而普遍存在的低频噪声(称为 $1/f$ 噪声或闪变噪声),其噪声电压随频率的降低而增大。制造时改善表面处理可降低 $1/f$ 噪声,噪声性能优良的器件,其 $1/f$ 噪声常常可以忽略。

　　散粒噪声和热噪声都起因于许多彼此独立的随机事件。在时间域里,它们都可以表示为随机的脉冲序列,前者的脉冲宽度等于载流子的渡越时间(如为纳秒级),后者平均脉宽取决于载流子每秒碰撞次数的倒数(如为皮秒级)。在通常的条件下,它们都可以近似为随机的冲击序列,具有共同的统计特性:都是平稳随机过程,功率谱密度近似为常数(白噪声),通常脉冲宽度远大于脉冲的平均间隔。因此总噪声电压(或电流)是很多随机脉冲叠加的结果,在幅度域内服从高斯分布。

　　因此,要进行核信号的精确测量分析,必须研究噪声的理论分析和计算方法,研究和测量系统的信噪比。由于系统输出的信号幅度反映输入端的被测物理量,系统输出端的噪声通常也折算到输入端,并按照输入量的不同可表示为等效噪声电压、等效噪声电荷或等效噪声能量。信号通常具有确知的形状,而噪声却是随机变化的,所以信号噪声比的正式定义应该是被测物理量的峰值与系统的等效噪声(均方根值)之比。而在时间测量系统中,由噪声引起的定时误差的等效噪声用晃动表示。

　　在实际电路中,需要进行噪声综合分析和设计。例如前述的电荷灵敏放大器中第一个元件就常用噪声较小的结型场效应管。由于放大器的放大作用,结型场效应管就成为整个系统的主要噪声来源,其中多数载流子在导电沟道中作热运动产生的热噪声成为场效应管的主要噪声源。此外,还要考虑场效应管的栅流噪声,其原因有耗尽区电子和空穴的运动,栅极表面和栅极绝缘材料的漏电等。结型场效应管的噪声也和温度有关,温度越高噪声越大。为了减小结型场效应管的噪声,要选用噪声低的型号,还常常在同一型号的结型场效应管中挑选出噪声最低的作为前置放大器的第一个元件。在一些重要场合,还可以把结型场效应管和探测器一起放在由液态氮冷却的低温容器中。

　　下面我们讨论应用滤波的方法进一步改善系统的噪声性能。

4. 滤波与成形

　　由电荷灵敏放大器(前置放大器)输出的有用信号仍然混杂噪声和干扰,我们可以通过滤波进一步提高信噪比。

　　通过研究我们知道,信号不仅在时间域里随时间变化,还在频率域里与频率特性有关。如果我们分析信号随频率变化的特性,就给发现信号是由许许多多的正(余)弦波叠加起来的,而对于不同的信号,这些正(余)弦信号波的振幅和频率也不尽相同。这样我们就可以设法在频域里尽可能地滤去噪声的各频率成分,保留信号的各频率成分,这就是滤波器提高信噪比的原理。而且在信号频谱和噪声频谱重叠或部分重叠时,还存在一种最佳的滤波器频率响应,使滤波后的信噪比达到最佳。当然,经过频域滤波后信号在时域里的形状也会发生变化,这就是滤波器的成形作用。

　　前面谈到,某些探测器输出的电荷量和入射粒子的能量成正比,再经前置放大器输入回路积分成电压,这个电压波形常常尾部下降缓慢,高计数输入时信号就会重叠堆积,必须对波形进行改造才能满足测量的要求。例如在高计数率输入时,希望信号波形比较窄而减少信号的重叠;在幅度分析时,希望信号顶部较平而便于测准幅度;在时间分析时,希望信号的边沿较陡而使定时准确,这些就是信号的成形要求。因此,一个好的滤波器或成形电路还要兼顾如下一些要求:

(1)系统应该是线性的,尽管经过信号处理后输出波形和原始探测器电流波形不尽相同,但是输出幅度和射线能量(探测器电流脉冲所载电荷量 Q)应成正比。

(2)成形脉冲的宽度应尽量窄,以便减少信号堆积,改善高计数率时的能量分辨率。

(3)为了避免过大信号的尾部使放大器进入非线性区(称为过载),要求放大单极性信号时成形脉冲不要出现反向下冲。

(4)要求成形脉冲的峰顶部分比较平坦,以免电荷收集时间变化对能量分辨率产生影响(弹道亏损)。为了保证后接幅度分析器的测量精度,成形脉冲的顶部也不宜过尖或过窄。

(5)成形电路要尽量简单,时间常数或脉冲宽度容易调节,以便根据不同探测器系统和不同计数率条件改变时间常数,获得最佳的能量分辨率。

(6)时间分析和测量系统中的电路形式和幅度分析不同,要求信号成形电路能提供精确的时间信息。

上述因素对滤波成形电路的要求常常互相矛盾。例如高计数率时要求成形脉冲窄,但这样信噪比可能下降,弹道亏损也会增加。因此,对于给定的系统和工作条件,必须综合考虑各种因素,选择性能良好的滤波成形电路,并且调节时间常数,使系统总的能量分辨率最好。

5. 成形电路引起的信息畸变

在核能谱测量系统中,为了获得精确的能量信息,要求信号处理系统的输出脉冲幅度正比于探测器输出的电荷。为了获得好的能量分辨率,也要求信号幅度稳定。但实际测量中许多因素影响信号幅度的稳定,如噪声可以引起输出幅度的涨落,探测器电流脉冲的宽度和间隔随机变化也会引起输出脉冲幅度的变化,这些信号的畸变通常包括弹道亏损、堆积畸变以及基线偏移和涨落等。

(1)弹道亏损

由于入射粒子在探测器中的径迹位置可能不同,因而产生的电流脉冲的持续时间也存在差别,探测器中正负电荷的收集时间可能不同,电荷泄漏量可能不同,从而使相同电荷量的电流脉冲产生的输出幅度出现涨落,这种现象称为弹道亏损。可以想象,大体积探测器的电荷收集时间涨落比较大,弹道亏损现象比较严重。使用不同成形电路时,弹道亏损也不同。一般说来,输出波形峰值附近比较平坦时弹道亏损比较小。例如,在使用 $CR-(RC)^m$ 成形电路时,$CR-(RC)^4$ 成形电路的弹道亏损要小于 $CR-(RC)$ 成形电路。

我们可以分析估算不同信号的弹道亏损,而在后面讨论数字波形采样的系统中,使用梯形成形技术可以基本上消除弹道亏损的影响。

(2)堆积畸变

入射探测器的粒子在时间上是随机的,而核电子信号往往又有一个拖长的尾巴,这样,当计数率较高时探测器相邻输出脉冲的距离可能很近,有可能出现后一个脉冲落到前一个脉冲的尾巴或峰顶上的情况,从而在测量后一个脉冲的幅度时产生误差,这种现象称为堆积畸变,如图 2.3.5 所示。

为了减少堆积现象引起的幅度测量误差,可以利用成形电路减少脉冲宽度以减小堆积。在后面讨论的数字化系统中,采用上升沿和下降沿

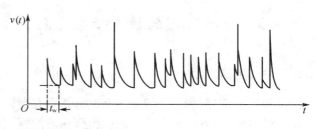

图 2.3.5 堆积畸变图

都比较小的梯形成形算法可以有效地减少堆积畸变。另一种方法是使用堆积判弃电路来减少堆积对系统测量产生的畸变,其基本思想是不断监测相邻两个脉冲的距离,当距离过近时,舍弃第二个脉冲以减少堆积现象的发生。

(3)基线偏移和涨落

探测器输出信号通过滤波放大等处理系统后常具有缓慢衰减的尾部,尤其在信号计数率比较高时尾堆积会引起明显的基线偏移。由于信号在时间上随机分布,还会引起基线涨落,这将使在幅度分析时峰位发生偏移和分辨率变坏。消除基线偏移和涨落的方法是应用基线恢复器。最基本的基线恢复器采用了采样保持原理,它在信号间隙时间内进行采样,在信号持续时间内将采样结果保持记忆在电容器上,这样就记住了每个信号输入前的基线电平,然后从输入中减去这个电平就达到了基线恢复的目的。

当然实际上基线恢复器还存在许多问题,加入后也会对电路产生影响,因此针对不同情况人们设计了不同的基线恢复器,如 CD 基线恢复器、CDD 基线恢复器(Robinson 电路)、有源 CDD 基线恢复器、反馈式基线恢复器等。设计中如果记忆电容记住信号输入前的干扰电平并且保持不变,那么在信号输入时将干扰电平减去,还可以抑制各种慢变化的干扰(例如来自交流供电电源的纹波)。而在后面讨论的数字处理系统中,可以使用基线估计的算法代替模拟的基线恢复电路,同时可以提高系统的灵活性和稳定性。

(4)极零相消

探测器输出脉冲经过某些成形电路之后,波形常常会出现负的下冲。如果后续相邻脉冲落入前一脉冲的负向尾巴里,也会使后一个脉冲的幅度降低而产生幅度畸变。采用极零相消电路并调节电路参数(时间常数)可以改善这种情况,有时还可以采用两级极零相消电路。具体极零相消的意义和调整将在核电子学中具体讨论。

除了以上电路中的信息畸变需要矫正外,我们还常常利用一些成形电路解决信号测量的一些问题,如利用线性门电路在时域里对信号进行筛选或采样,利用采样保持电路可以保持峰值信息等。总之,这些核电子学中的基本放大与处理方法是设计分析核电子学电路的基础。

2.3.3　几种常用的核电子学电路

1. 脉冲幅度甄别器

脉冲幅度甄别器(简称甄别器)的功能是只有当输入信号的幅度超过某一给定值时才产生输出信号(图2.3.6),这个给定值称为甄别器的甄别阈或阈值 V_T。甄别器输入或输出信号可以是电压脉冲也可以是电流脉冲,输出脉冲除幅度一定外波形也往往是一定的。由于信号脉冲与噪声存在幅度差别,甄别器常常用来在幅度上区分脉冲和噪声。

两个不同阈值的甄别器可组成单道脉冲幅度分析器,它可以从输入信号中筛选出幅度大于 V_L 而小于 V_U 的那些信号(图2.3.7),从而实现对信号幅度(射线能量)范围的选择。

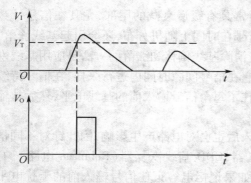

图 2.3.6　脉冲幅度甄别器

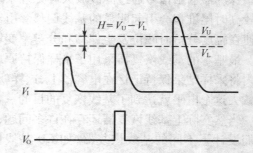

图 2.3.7　单道脉冲幅度分析器的输入和输出信息

通常单道分析器的上阈 V_U 和下阈 V_L 是可调的,V_U 与 V_L 之差称为道宽。实际往往设定下阈和道宽分别可调,调定道宽后,调节下阈时上阈即自动随之改变,这样可以测量信号的幅度谱。

快速甄别器能判别信号的输入时间,从而得到物理事件的时间信息,其广泛地用于核事件时间信息和位置信息的测量电路中。

幅度甄别器的电路一般由带有正反馈的比较器构成。

2. 时间检出电路

核事件的许多信息常以时间信息的方式存在于探测器的输出信号中,例如激发态寿命表现为相继两信号的时间间隔分布,中子的能量可以表现为中子飞越一定距离所需的飞行时间,粒子入射的空间位置常表现为位置灵敏探测器输出信号的时间信息,入射粒子的种类有时也可反映于信号电荷的时间分布。所以,为了探测核事件的发生时间,首先要获取时间的信息,能够准确确定粒子入射时间的技术称为"定时"或"时间检出"。

　　时间检出电路在接收来自探测器或放大器的随机模拟脉冲后,输出前沿很快的逻辑脉冲,并精确地与信号输入时间相对应。根据信号特点和应用要求,定时电路有多种电路形式:利用探测器输出或经过快放大器放大的脉冲前沿去触发具有固定阈值的快甄别器,并以其输出脉冲作为定时信号的称为前沿定时;利用信号过零时间作为定时点来触发过零甄别器产生输出信号以消除时间游动的定时方法称为过零定时;对每一个信号采用合适的恒定触发比以减小时间晃动、消除幅度游动的定时方法称为恒比定时。

　　可以看出,由于存在因输入信号幅度和波形变化引起的时间游动、探测器输出信号统计涨落、噪声引起的时间晃动和电路因温度变化引起的时间漂移等,时间检出电路的技术关键是研究解决定时误差。定时电路的主要技术指标是分辨时间,即系统所能分辨的最小时间差别,目前电子学系统的分辨时间可达到 ps(10^{-12} s)。

3. 时间信息变换电路

　　无论是相继发生的一对核事件的时差信息,还是一系列核事件的时间分布信息,或是单个信号波形所携带的时间信息(上升时间、过零时间等),在通过定时电路检出而得到代表某一时间量的起始信号和停止信号(或电平变化)后,还必须变换成与时间成比例的数字量,才能实现对大量时间信息进行统计和分析。

　　时间信息变换电路就是将信号间隔变换成对应数码的电路,或者先将时间量变换成幅度量或尺度放大了的时间量,然后再变换成数码的电路。

　　时间信息变换可通过多种电路实现,例如计数式时间 – 数码变换电路(TDC),游标尺计时器等。这里特别提出的一种重要变换电路是时间幅度变换电路(TAC),它把被测时间间隔变换成幅度与之成线性关系的脉冲,再通过模数变换器(ADC)得到相应的数码。实际上时间幅度变换后就可以用多道脉冲幅度分析器进行幅度分析记录,得到的幅度谱就是被测的时间谱。因为多道脉冲幅度分析器是一种高精度通用分析电路,其道宽可以做得很小,道宽和测量范围很容易调节,进行时间幅度变换所需的时间很短,因此应用多道分析器进行时间间隔测量在目前应用十分广泛,其时幅变换的时间道宽可以小到几个 ps。

4. 符合电路

　　符合测量是一项广泛应用的核电子学方法,也是一种最简单的时间信息变换电路。用于符合测量的电路称为符合电路。符合电路是只有各路输入信号时间上重合或部分重合时,才可能产生符合输出信号的电路,因此它可以用来选取时间上符合的事件,舍弃无关事件,以免无关事件淹没了符合事件的信息。

　　由图 2.3.8 可以看出,符合电路实际上就是一个逻辑门电路,但是实际的符合电路都需要有一个比较好的输入信号成形级,以便把各输入端信号成形为宽度相同而且稳定的脉冲后加到逻辑门电路上。信号成形得越窄,能产生符合输出的输入信号在到达时间上的差别就越小,也称之为分辨能力高或分辨时间小。所成形的信号宽度还应方便调节,以便获得不同的分辨时间。逻辑门电路的输出信号宽度和输入信号重叠部分的宽度有关,也需要成形为宽度一定的输出脉冲,以便后面的计数设备记录或用来进行符合控制。

5. 多道脉冲分析电路

如前所述,核辐射具有随机性、统计性,因此经常要测量核信息的概率分布,如信号幅度的概率分布(幅度谱)和信号产生时间的概率分布(时间谱)。这样就需要同时用几十道以至上万道来分类输入信号并分类存储各类信号的计数,这就是多道脉冲分析电路。在研究核信号随机分布谱的核谱学中,多道分析器是一种非常重要、非常典型的设备,而整个谱的测量分析系统称为谱仪系统。

以单参数脉冲幅度谱分析为例(图 2.3.9),我们需要测量信号幅度的概率密度分布,就要用专门的谱仪模数变换器(ADC)按一定幅度间隔将信号分成许多类,每类有一个和幅度成比例的数码。多道分析系统就可按此数码寻到此类信号应存入的地址,分类存储信号计数。

图 2.3.10 中画出了一个典型的多道脉冲幅度分析器在单参数脉冲幅度分析工作时的电路简化框图。

由放大器输出的脉冲同时进入幅度甄别器和线性门。幅度甄别器用来剔除噪声和干扰,在脉冲的峰顶过去之后,系统控制逻辑(如单片机 MCU)发出信号关闭线性门以防止叠加在第一个脉冲上的后一个脉冲进入线性门产生堆积畸变(这段时间叫做死时间)。在完成对一个脉冲的全

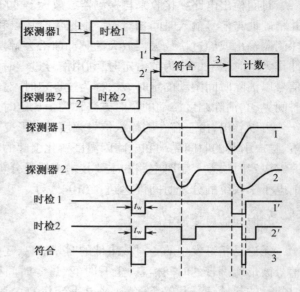

图 2.3.8　符合测量的工作原理

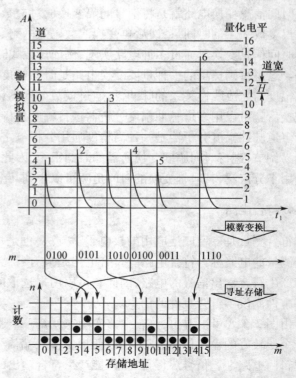

图 2.3.9　多道脉冲幅度谱的形成原理

部分析和记录后,由控制逻辑发出命令打开线性门,才能接收第二个脉冲。

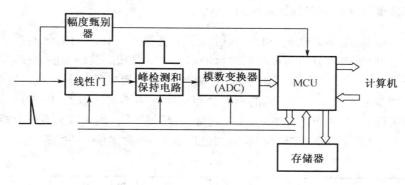

图 2.3.10　多道脉冲分析器电路简化框图

在谱放大器中经过滤波成形后的输出脉冲顶部是尖的。为了使 ADC 正好对脉冲的峰顶进行变换,需要进行峰值检测和保持,并在变换时间内维持其输出峰值电压,以便模数变换器对峰值电压进行采样和数字化。

ADC 可以将连续的模拟量 A 变换成离散的数字量 m,这是一个"量化"过程。幅度的分类由一系列等间隔的量化电平决定。量化电平的间距是道宽(H),道宽越小,分类分得越细。最低的量化电平通常称为零点,道数等于量化电平数 L,因此可分析的最大信号幅度 $A_{max} = HL$。例如一个模数变换器其最大分析幅度为 8 192 mV,最小道宽为 1 mV,则最大量化电平数(或道数)为 8 192。

模数变换完成之后,控制逻辑按照脉冲的量化电平数(道址)累积每个道址中的脉冲计数就得到了幅度谱。每个脉冲处理完成之后再次打开线性门准备接收下一个脉冲。在能谱获取的过程中,要不断和计算机通信将数据传送到计算机进行实时谱显示,同时计算机也对多道分析器的谱数据采集进行控制。

多道脉冲分析器是一个核电子信息获取系统。根据设定可以用不同的获取存储方式采集核信号数据,从而可以进行不同的数据分类分析和处理。例如在多道分析器中按时间顺序测量核事件实现道址逐道步进,就可以测量脉冲计数率随时间的变化,这称为多定标器(MCS)测量方式,在放射性核素衰变曲线、核反应堆的动态特性和穆斯堡尔效应以及飞行时间法测量中子能量等测量中广泛应用。

同样,多道分析器还可以改换多种方式完成不同的核测量任务。工作在多计时器(MCT)方式时,可以测量脉冲序列的各时间间隔的变化规律;在时间间隔分析(TIA)时,可以测量脉冲时间间隔的概率分布;在脉冲密度分析(PDA)时,可以测量固定时间间隔内输入脉冲数量的概率分布;在波形采样测量(WFS)时可以记录慢变化信号的波形信息等。此外根据数据采集与分类存储方法的区别还可以进行单参数脉冲幅度分析、多参数脉冲幅度分析、多路输入脉冲分析、多分析器分析以及波形记录式采样测量等。多道分析器用途广泛,包括了核电子学的主要技术,是最典型的核电子学电路。

6. 多道核能谱数据获取与分析系统

我们知道,探测器输出的电荷一般和入射粒子的能量成正比。当电荷通过前置放大器转化成脉冲幅度后,通过多道分析器可以获取脉冲幅度谱的分布。从核素的衰变纲图可以看出,不同核素在衰变时释放出不同能量的射线,经过探测器转换成的电子脉冲幅度分布也不同。因此我们可以用多道分析器测量不同的幅度分布从而区别不同的核素,即进行核素的识别和核素的定量分析等,这在中子活化分析、X 荧光分析、环境监测、地质探测等核分析中有广泛的应用。图 2.3.11 给出了多道能谱数据获取和处理系统(简称谱仪)的框图。

图 2.3.11　能谱数据获取和处理系统框图

探测器(HPGe,SiLi,NaI,CsI 等)的输出电荷经前置放大器转换成电脉冲后输入到能谱放大器,经过极零相消、滤波成形、堆积判弃、基线恢复等调整,并将脉冲幅度放大到多道分析器所需要的输入幅度范围后,在多道脉冲分析器中将脉冲幅度值数字化,然后以直方图方式对脉冲幅度进行分类统计和存储,得到横坐标是量化的脉冲幅度(道数、能量),纵坐标为脉冲计数的幅度谱。图 2.3.12 作为一个例子给出了核素 ^{60}Co 的 γ 射线幅度谱。

计算机可以对高压电源输出的高压数值、电压的上升和下降规律进行控制;计算机也可以对能谱放大器的参数,包括放大倍数、脉冲极性、成形电路、极零相消等进行调节;计算机还可以控制数据获取的启动或停止,确定数据获取的时间,实时地显示谱曲线,以观察能谱的获取过程。

计算机的另一个主要功能是对获取的幅度谱进行分析处理,以完成谱仪的自动测量分析。以 γ 能谱仪为例,这包括能量刻度曲线的计算(计算能量和道址的关系),峰形参数刻度曲线的计算,效率刻度曲线的计算,核数据库的建立,谱数据的平滑、寻峰、净峰面积的计算和重峰分解,核素识别和核素活度的定量计算等。研究编写谱处理程序需要数字信号处理的基础知识,需要研究相应的解析算法并设计编写相应程序,通过运行谱分析程序得到能谱数据的处理结果。

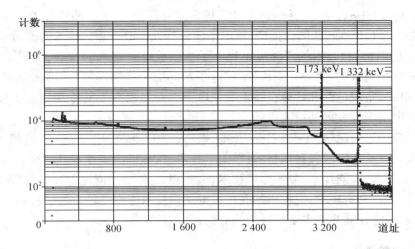

图 2.3.12　多道分析器测得的 ^{60}Co 幅度谱

2.3.4　核信号的数字化处理和数字化仪器设计

1. 核电子学的发展历程

从 20 世纪初发现放射性并开始研究辐射现象,到 20 年代发明计数管探测器,对核信号的电子学处理提出了迫切要求,人们开始研究核电子信号的处理方法,设计产生了放大器、甄别器、单道分析器等核电子学电路,40 年代末逐步形成了核电子学。在核物理学研究和核武器研制这一巨大动力推动下,核电子学得到系统应用,核电子学学科继续向前发展并逐步成熟。

20 世纪 50 年代到 60 年代是核电子学发展的新阶段。以闪烁探测器和晶体管电路的发展为标志,陆续开展了滤波成形、低噪声前放、快速电路、模数转换、编码、存储、时间测量、波形甄别等测量研究。其后高能加速器的出现推动了 γ 谱学和谱仪技术等方面工作的发展,促使物理学家开始寻找新的基本粒子,同时开始电路晶体管化和印刷线路新工艺的研究工作。

1959 年第一台晶体管计算机研制成功,1960 年诞生了半导体集成电路,从此开始进入半导体集成电路发展的新时期,探测器也逐步形成气体、闪烁体和半导体多类型系列。20 世纪 60 年代末期,卡尔帕克先后发明了多丝室和漂移室探测器,它们的信号丝数可达数万,对快、准、稳的电子读出电路提出了多种需求,同时对核电子学提出了更高要求。以低噪声电荷前置放大器、滤波成形电路、高速模数转换电路及多道脉冲幅度分析器等为标志,在高能量高分辨电路方面取得显著进步,同时在时间分析与高计数率电路方面也出现了定时电路、快甄别电路、时间变换电路等,从而使脉冲幅度和时间间隔的精密测量甄别、快电子学的纳秒脉冲技术取得了重大进展。1972 年出现的 8 位微处理器为计算机技术的广泛应用创造了条件,计算机技术开始与核电子学系统结合,并研制出计算机多道分析器。同时,NIM 标准、CAMAC 标准得到国际电工委员会(IEC)的认同并推广,核电子学保持处于电子测试技术的前沿地位。

20 世纪 70 年代后核技术的广泛应用和电子学集成电路技术的发展,形成了范围更广的核电子技术,产生了核仪器工业。应该说,核电子学起源于核物理研究,形成则得力于核武器研制,晶体管电路、集成电路和计算机技术为核电子学发展创造了条件,20 世纪 70 年代,核技术应用成为核电子学大发展的巨大推动力。

核技术的应用遍及医学、工业、农业、化工、探伤、加工、天文、电子、地质、环境、土建、水文、考古等各个领域。从而形成各种核技术:核医学技术、核分析检测技术、辐射加工技术、辐射成像技术、同位素技术、核能技术、辐照保鲜技术、离子束技术、加速器技术、核农学技术、核分子生物学技术、核考古测定技术、抗辐射加固技术等。核技术应用已进入各学科领域和国民经济的各个部门,本书将择其几个主要领域予以介绍。

2. 核信号的数字化

我们知道,核仪器是核技术应用的基本工具和基础技术。进入 20 世纪 80 年代后,以 PC 计算机为标志,计算机技术开始走进科研领域和千家万户,也改变着传统的测量工具和方法。随着计算机、微电子学、数字信号处理等学科的飞速发展,先后出现了智能仪器、计算机仪器、虚拟仪器的概念,核仪器也在迅速向小型化、标准化、数字化发展,测量方法由传统的积木式仪器模块逐步向以 CPU 为核心的数据获取与处理系统过渡。

数据获取与处理系统要完成"获取"与"处理"两大功能。"获取"就是将探测器测量的核信号经过相应的模拟电子学电路处理以突出要测量的有用信息,然后经过模数变换器(ADC)转化为数字量并经过接口传送到计算机,从而完成信息数据的获取(采集)功能。"处理"则是在计算机里由程序对采集的数据进行处理,既包括监控程序对数据采集过程的监测、控制,也包括对采集的数据进行的分析、测量,完成系统的测量应用要求。

这样,核数据的测量处理都可以看成一个以计算机 CPU 为核心的系统。我们可以通过计算机作为界面监控核数据采集电路的采集过程,进行数据的实时显示、存取和调整,同时计算机应用处理程序还可以完成对获取数据的测量分析,给出最后结果。人们往往坐在计算机的显示屏前,通过键盘控制系统的运行。探测器的输出信号通过 NIM 机箱中的核电子学模块和计算机接口进入计算机,再由应用处理程序完成测量要求。这样,核仪器的概念开始淡化而常称其为计算机测量系统。

时间到了 20 世纪 90 年代后期,数字技术获得了更快发展,单片机、数字处理器 DSP、嵌入式系统以及大规模可编程逻辑阵列(FPGA,CPLD)集成芯片的应用更加广泛,而高速高精度 ADC 技术和专用集成电路(ASIC)技术的发展使核信号的大规模快速采样成为可能。这样,不仅核信息的获取处理系统更加小型化、多样化,同时人们也开始考虑通过高速采样提前对核信号进行数字化,把传统的核电子学模拟处理改用数字处理的方法解决。使用数字处理算法调理核信号的优点显而易见,例如数字化使硬件软件化,可以提高系统稳定性、可靠性,减小体积质量,降低功耗成本;软件使用灵活性强,适用面广,便于维护升级。当然,更重要的是随着技术发展,系统的数字滤波性能、反堆积能力、线性和处理速度都得到很大提升。通常采用数字化算法完成核信号调理的仪器称为数字化仪器,数字化仪器都可以集成在一个小小的带有CPU 或固化软件的采集电路中,配合小型探测器和专用集成电路,使用液晶显示,过去实验室中由探测器、机箱、计算机组成的庞大系统可以压缩在人们的口袋里。可以预见,数字化系统必将成为核测量分析的发展方向。

目前,市场上已经涌现出不少数字化核仪器,人们也研究了大量的核信号数字化处理算法,例如数字滤波成形算法、数字基线估计算法、数字极零零极补偿算法、数字极零点识别算法、自动弹道亏损校正算法、数字脉冲波形甄别算法、堆积判弃算法等。由于实现了数字化,系统还可以采用数字方法进行系统的控制和调整,例如数字化多道分析器中的数字稳谱等。下面我们以数字化多道分析器为例简要介绍数字化核仪器的设计方法。

3. 核能谱数据的数字化处理和采集

数字化核能谱数据获取和处理系统由探测器、数字化多道脉冲幅度分析器和谱分析软件组成。数字化多道脉冲幅度分析的主要特点在于前置放大器输出的核脉冲信号直接或经简单调理后被高速 ADC 进行波形采样,对每个输入波形进行采样得到的一组数码由 FPGA 或 DSP读取后进行数字化处理(滤波成形、基线恢复、幅度提取与校正等),得到脉冲幅度分布谱。这种方法避免了模拟前端的非线性与不稳定性,同时又具有处理速度快、稳定性好和编程灵活的特点。由于数字滤波成形技术能够根据实际噪声特点提供理论最佳计权函数,使获得最佳能量分辨率的研究可能实现。

数字化多道脉冲幅度分析器的基本工作原理是:首先将输入脉冲波形用高速 ADC 进行波形采样得到一组数码,这组数码首先进入两级先进先出的缓存器(FIFO)暂存,它完整地描述了输入脉冲的波形,因而代表了输入脉冲包含的全部信息(包括幅度、波形等);然后经过FPGA(或 CPLD)、DSP(或 MCU)等共同完成对这组采样数据的处理,包括滤波成形、基线估计、极零相消、弹道亏损校正、脉冲幅度提取计算等各种工作,获得的能谱数据通过 USB 接口传输到 PC 机进行系统监控、数据存取和能谱解析,如图 2.3.13 所示。当然,如果将能谱数据直接用单片机通过液晶显示屏监控,就可构成便携式谱仪。

相对于模拟脉冲幅度分析中通过峰值检测和保持电路后经过谱仪 ADC 将峰值数字化的操作,数字化多道分析器就可以直接对采样数据经过梯形成形算法取得峰值,具体操作是对于高速 ADC 波形采样的数据进行数字滤波,将输入波形改造成梯形。图 2.3.14 中画出了输入脉冲和梯形成形后的脉冲形状。梯形脉冲的上升和下降沿很短,使系统能有较高的脉冲通过率,当脉冲的平顶部分足够宽时,能够有效地减小弹道亏损产生的能谱畸变,提高谱仪的能量分辨率。梯形成形还有很好的信噪比。梯形成形具有内在的"滑尺"作用,能够有效地减小系统的微分非线性(道宽的不均匀性)。梯形成形是通过波形采样数据进行数字滤波软件来实现的。

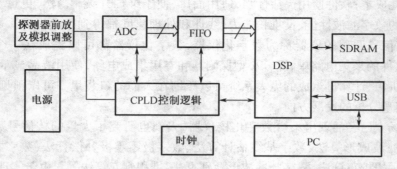

图 2.3.13　一种数字化多道脉冲幅度分析器

当然,数字算法需要考虑许多问题。例如梯形成形中当探测器不同输入脉冲的形状类型(极点数目)不同时需要选用不同的滤波函数。通过选择数字算法中的不同参数就可以改变梯形脉冲的上升时间、平顶宽度和梯形脉冲的持续时间。因此,我们可以按照要求来设置梯形滤波输出脉冲的形状。例如,滤波器的计算公式中包含了输入脉冲的下降沿衰减时间常数,特别是当输入波形不是单极点而是多极点的波形时,计算公式的变化更大。因此以梯形

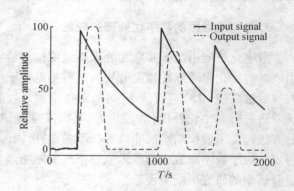

图 2.3.14　梯形成形的波形

成形技术为基础的脉冲处理方法需要了解输入脉冲的极点信息。基于子空间状态的空间系统辨识方法(4SID)是一种可以精确地识别输入脉冲极点信息的方法,可以自动识别输入脉冲波形的极点,但是 4SID 方法对噪声很敏感,计算也比较复杂。

以上我们仅仅以梯形成形为例介绍了数字化处理核信号的概念,而具体计算过程和适应不同信号的多种算法并未讨论,其他滤波、堆积、基线、校正等问题更未涉及。实际上设计算法时我们还要考虑算法的复杂性对系统处理速度、存储量的要求等多种因素,因此针对核信号的数字处理会引发出各种相应的数字处理算法,可见这是一个新生的、正在发展的领域,需要在数字化系统研究中不断完善。

4. 核数据的处理与分析

核数据获取系统根据测量目的选择探测器和信号数字处理算法后,将采集的数据传入相关存储器。如果采集开始后不断实时收集这些数据,则可以编写监控程序实时刷新采集数据,用户就可以实时监测采集过程并实现人机交互和实时控制,形成一套实用系统,如监测剂量率的变化或观察能谱的采集情况等。

　　监控程序一般包括对采集过程的控制,如采集参数和条件的设置,采集过程和数据曲线的实时显示,采集数据的文件存取和采集数据或结果的简单预处理。对于复杂的系统,则需要专门的数据分析软件包进行处理。可见,监控程序就是系统与人的交互界面,也是系统的窗口,用来控制采集和显示数据,图 2.3.15 即是能谱数据采集系统的监控程序界面。不同系统对监控程序有不同的要求,大系统通常需要计算机屏幕、键盘、鼠标实现监控,图像处理还需要专门的图像终端,而手持式便携仪器则可以手持或放在口袋里,利用液晶触摸屏实现人机交互。

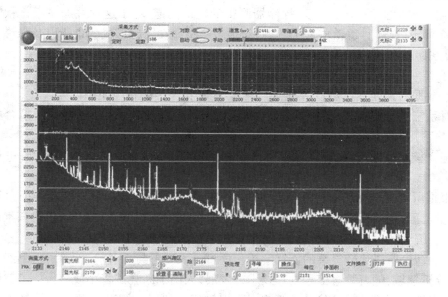

图 2.3.15　谱仪监控界面上显示的 HPGe 探测器测得的复杂能谱

　　而在很多情况下,现场采集的数据需要使用专门的算法程序对采集结果进行分析,获得结果。例如,在石油测井中需要对获取的数据进行解释,辐射成像中需要对获取的数据进行图像重建,测量仪器中需要将采集的数据转换成物理量,等等。这些就是系统的专用分析软件,这些软件与测量目标密切相联系,须要由不同的专业人员按照应用要求编写专门的应用软件包。

　　以核能谱分析软件包为例对能谱解析程序作一简单介绍。

　　从图 2.3.12 多道分析器获得的钴 $-60(^{60}\text{Co})$ 的幅度谱中可以看出,^{60}Co 能谱有对应于能量为 1.17 MeV 和 1.33 MeV 的两个峰,反过来说,如果我们找到这两个峰就证明了 ^{60}Co 核素的存在。同时,两个峰下的净面积(峰下去除基底后的计数和)则对应于核素的活度,因此核素识别和定量分析的基本思路就成了寻峰和净面积计算的问题。为了进行正确寻峰,我们先对数据进行平滑滤波以减少统计涨落对峰位的影响,也要找到最佳的寻峰算法从重峰或弱峰中正确确定峰位,还要从纷乱的数据中正确确定每个峰的净面积,等等。不同的能谱数据需要我们采用不同的处理方法以求获得更好的结果。

　　当然,这里的峰位和面积数据首先要转换成相应的能量和强度,这就要用已知的标准源进行能量刻度和效率刻度,以求得它们之间的对应关系。可以看出,计算的基本依据在于把各道计数看成各种能量射线在该道计数的线性叠加。这样找出全部有意义的峰位和峰面积,由峰位可以求出对应能量识别核素,由净面积可以算出核素活度。

实际的能谱解析并没有如此简单,这是因为获取能谱数据的复杂性:实际的能谱可能是多种未知放射性同位素的混合;每种核素包括几种能量射线,同时可产生几个峰;每个峰可能是几个峰的叠加,每个峰都叠加在很高本底上;谱数据计数具有的统计涨落性。如图 2.3.15 所示是谱仪监控界面上显示的 HPGe 探测器测得的复杂能谱,对于这种叠加在康普顿散射连续谱上的很多峰,在高统计涨落本底上的弱峰,很多峰重叠在一起形成的重峰以及强峰下的弱峰等,依靠算法解析和识别有很大困难。

下面介绍一种传统的能谱解析方法,从中可获得一个简单思路:

(1)谱数据的预处理,包括对数据的平滑、寻峰、扣除本底和净面积计算。

(2)对系统进行刻度,包括能量刻度(确定谱道址与能量关系)、峰形刻度(拟合峰形参数与道址的关系)和效率刻度(确定峰计数率与射线强度关系)。

(3)建立核素数据库,在寻峰结果中排除相干核素,与核素库进行核素匹配,进行核素识别。

(4)根据所测混合样品中待求核素的种类,在谱线上划分出若干与核素特征射线能量相对应的能量范围,利用标准源及待求核素在各能量范围中的积分计数之比,求得核素的含量。

实际上,解谱的每一步、每个算法、每个算法参数如能结合不同的探测器谱形进行选择,解谱效果就比较好,所以比较复杂的能谱解析程序可由人工参与。目前,能谱解析已经形成一个专门的核分析领域,随着数字信号处理技术的发展,人们不断尝试将小波分析、人工神经网络、模式识别、直接解调等新的信号处理算法引入能谱解析研究。同其他领域的核数据处理算法研究一样,随着数字技术的发展,核数据的处理方法将获得更深入的讨论和更广泛的应用。

(清华大学工程物理系　陈伯显　魏义祥)

思考练习题

1. 根据表 2.1.1 列出的常见辐射,分析哪些是带电粒子,哪些是不带电的粒子?

2. 带电粒子与物质相互作用过程中能量的损失主要有哪两种方式?

3. X 射线(或 γ 射线)等电磁辐射与物质相互作用和带电粒子与物质的作用机制有何不同?

4. γ 射线与物质相互作用有哪几种基本的次级效应?

5. 窄束 γ 射线(或 X 射线)的吸收服从什么规律?线性衰减系数 μ 和质量衰减系数 μ_m 的物理含义是什么,其量纲是什么?

6. 在探测辐射中广泛使用的有哪几类探测器?

7. 探测器输出的核电子信号有什么特点？通常需要分析核信号的哪些信息？

8. 核电子学测量系统一般由哪几部分组成，每部分的主要功能如何？

9. 学习本章中列举的常用核电子学电路原理，试分析它们的主要指标有哪些。

10. 分析多道脉冲分析器的基本工作原理。

11. 试具体分析核能谱多道获取处理系统各部分的主要功能和方法。

12. 核信号的模拟处理和数字化处理是什么意思，各有什么特点？

参 考 文 献

[1] Ralph E Lapp,Howard L,Andrew. Nuclear Radiation Physics[M]. New Jersey:Prentice-Hall, Inc. ,1997.

[2] Glenn F Knoll. Radiation Detection and Measurement[M]. 3rd ed. New York:John Wiley & Sons Inc. ,2000.

[3] Price W J. Nuclear Radiation Detection[M]. 2nd ed. New York:McGraw-Hill,1964.

[4] Crouthamel C E. Applied Gamma-Ray Spectrometry[M]. 2d ed. Oxford:Pergamon Press, 1970.

[5] 王汝赡，卓韵裳. 辐射测量与防护[M]. 北京:原子能出版社,1990.

[6] 复旦大学，清华大学，北京大学. 原子核物理实验方法[M]. 3 版. 北京:原子能出版社, 1997.

[7] 王经瑾. 核电子学[M]. 北京:原子能出版社,1983.

[8] 屈建石，王晶宇. 多道脉冲分析系统原理[M]. 北京:原子能出版社,1987.

[9] 楼滨乔. 核电子学近期发展——核电子学发展史记[J]. 核电子学与探测技术,1991, 11(4).

[10] 肖无云,魏义祥,艾宪云. 数字化多道脉冲幅度分析中的梯形成形算法研究[J]. 清华大学学报,2005,45(6):810 - 812.

[11] 敖奇,魏义祥. 基于 DSP 的数字化多道脉冲幅度分析器设计[J]. 核技术,2007,30(6): 532 - 536.

第3章 带电粒子加速器原理及应用

3.1 带电粒子加速器发展概况

3.1.1 粒子加速器简介

1. 什么是带电粒子加速器？

带电粒子加速器是用人工方法借助于不同形态的电场，将不同种类的带电粒子加速到更高能量的电磁装置，常称为粒子加速器(Particle Accelerator)，简称为加速器。

19世纪末出现并在医学上广泛应用的X光机可算是最早、最简单的加速器。然而，我们常说的粒子加速器的诞生是20世纪30年代的事情。受1919年英国科学家卢瑟福用天然放射的α粒子成功进行历史上第一个人工核反应的鼓舞，人们迫切希望研制出能加速带电粒子的机器，实现各种各样的人工核反应，探索原子核的秘密。

利用静电场加速是最简单的加速原理。如电荷量为q的带电粒子经过电位差为V_a的圆筒缝隙时可获得qeV_a的能量。科克劳佛特(Cockcroft J D)和瓦尔顿(Walton E T S)于1932年采用此原理，用倍压线路作高压电源加速质子，建成世界上第一台真正意义上的加速器，其能量为700 keV，用以轰击锂靶，第一次实现了用人工方法加速带电粒子并产生核反应[Li(p,α)He]。

自此之后，加速器获得了迅速发展，各种加速原理层出不穷。由于被加速粒子的种类不同，加速电场形态不同，加速原理不同，被加速粒子能量范围不同，出现了各种各样的带电粒子加速器。

2. 带电粒子加速器的基本组成

各种加速器尽管千差万别，但其组成基本上可分成四个部分或四个系统。

(1) 带电粒子源

它是产生带电粒子的装置，产生正或负离子的装置习惯上称为离子源(Ion Source)；产生电子的装置习惯上称为电子枪(Electron Gun)。

(2) 带电粒子加速装置

它是粒子加速器的核心部分，也是加速器的主体，它包括：①加速带电粒子的加速系统，常称为加速管或加速腔；②控制束流运动轨道的电磁场系统，常用的有偏转磁场系统；③束流聚焦系统，它控制带电粒子在加速过程中不致扩散；④真空系统，带电粒子的加速过程必须在真空条件下进行,以免与气体分子碰撞而损失。

（3）加速带电粒子的功率源系统及其他辅助系统

功率源系统为加速系统提供功率。如产生高压加速电场的高压直流电源系统;又如在加速腔中激励起时变加速电场的发射机等。其他辅助系统包括各种低压电源、控制系统以及冷却系统等。

（4）束流引出及应用系统

带电粒子束流在加速系统中,获得额定能量后被引出以作各种应用。如轰击各种类型的靶子以产生所需的核反应,此部称为靶室;又如医用加速器,带电粒子直接或间接作放射治疗时,此部称为照射头。

图 3.1.1 给出了带电粒子加速器基本组成的示意图。

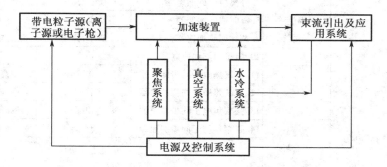

图 3.1.1　带电粒子加速器基本组成示意图

3. 加速器的分类

自 1932 年人类第一台加速器问世以来的 70 多年间,加速器一直迅速发展,数十年保持着旺盛的发展势头,在国际上一直是投资强度最大的科学工程,只有航天、航空工程能与其比拟。人们也一直对它抱有强烈的研究热情。人们了解到的各种电场,都试图用以加速带电粒子。迄今为止加速器种类已发展到近 30 种。

近 30 种的加速器有不同的分类方法。有以加速电场的形态来划分,如用直流高压电场来加速的高压型加速器（如倍压加速器、单级静电加速器、串列静电加速器）;有用感应电场来加速的加速器（如电子感应加速器和电子感应直线加速器）;有用射频电场来加速的加速器,它根据加速原理的不同,又可分为经典回旋加速器、等时性回旋加速器、稳相加速器、电子回旋加速器、同步加速器、同步稳相加速器、电子行波直线加速器、电子驻波直线加速器、离子（包括质子）射频直线加速器等;有用加速粒子的种类来区分的,如电子加速器、质子加速器、离子加速器,甚至在几年前人们曾讨论建造 μ 子加速器;也有用加速器应用能量范围来区分,如分为低能、中能与高能加速器。其他还有根据加速腔的电场特征或以带电粒子加速过程走的轨道（如直线,圆形,环形,螺旋形等）来区分的。另外还由于各种原因,特别是不同应用需要的驱动加速器,出现了各种变种。表 3.1.1 给出了十几种主要加速器的分类表。

表 3.1.1　加速器分类表

加速器类别	加速电场	加速轨道	加速器名称	加速粒子种类	能量范围	束流强度范围
高压型	直流高压电场	直线	1. 倍压加速器	质子,离子,电子	低能	较强
			2. 单级静电加速器	质子,离子,电子	低能	中等
			3. 串列静电加速器	离子	低能	弱
感应型	感应电场	圆环	4. 电子感应加速器	电子	低能	弱
		直线	5. 电子感应直线加速器	电子	低能	很强
射频共振型	射频电场	开螺旋线	6. 经典回旋加速器	质子,离子	低能	中等
			7. 分离扇回旋加速器	质子,离子	低中能	中等
			8. 等时回旋加速器	质子,离子	低能	中等
			9. 调频回旋加速器	质子,离子	低能	中下
			10. 电子回旋加速器	电子	低能	中等
		闭合环	11. 弱聚焦电子同步加速器	电子	中高能	弱
			12. 弱聚焦质子同步加速器	质子,离子	中高能	弱
			13. 强聚焦电子同步加速器	电子	高能	弱
			14. 强聚焦质子同步加速器	质子,离子	高能	弱
			15. 粒子对撞机	正电子-负电子 电子-质子 质子-反质子 质子-质子 离子-离子	高能	弱
		直线型	16. 行波电子直线加速器	电子	低,中,高能	中等
			17. 驻波直线加速器	电子,质子,离子	低,中,高能	中等
			18. 漂移管型直线加速器	质子,离子	低能	中等
			19. RFQ 加速器	质子,离子	低能	中等

3.1.2　带电粒子加速器发展的强大动力

1. 人类对科学探索的不断追求

　　带电粒子加速器的发展有着强大的推动力,这一推动力首先源于人类对科学探索的不断追求。我国已故著名科学家王淦昌先生曾用四个字概括物理学所研究的全部内容为"物质探源"。70 多年来,在孜孜不倦的"物质探源"科学征途里,粒子加速器起着重要的作用。如前所述,加速器正是人们希望研制出的能轰击原子核,以了解原子核秘密的"大炮"。就在科克劳佛特和瓦尔顿建成上述 700 keV 倍压加速器的同年(1932 年),美国劳伦斯和他的研究生发明了回旋加速器,把质子加速到 1.25 MeV,1936 年,他们又建成 37 英寸的回旋加速器,能量为 6 MeV,用它产生了第一个人造元素——锝(Tc)。为表彰科克劳佛特、瓦尔顿和劳伦斯对加速器发展的贡献,他们分别被授予诺贝尔物理学奖。同期范德格拉夫建成静电加速器。人们利用第一批粒子加速器完成了一系列的核反应,极大地丰富了人们对原子结构的认识。人们知道原子由原子核和核外电子组成,原子核是由质子和中子组成,并用当时的加速器做实验,了解了不少关于质子和中子的知识。如研究人员利用劳伦斯等建造的 6 MeV 回旋加速器测得了中子的磁距,1939 年又利用劳伦斯等人研制的 60 英寸回旋加速器发现了一系列的超铀元素($A > 92$),美国加州大学辐射实验室的麦克米伦(McMillan E M)和西博格(Seaborg G T)为此于 1951 年获得了诺贝尔化学奖。

由于加速原理的限制,在第二次世界大战结束前,最高能量的被加速粒子是用回旋加速器加速的 α 粒子,其能量为 44 MeV。

回旋加速器的极限能量受到的是被加速粒子质量的相对论性增加所带来的限制。我们知道,在回旋加速器的均匀磁场(B_z)中作回旋运动的粒子,其回旋频率(f)为

$$f = \frac{qeB_z}{2\pi m} \tag{3.1.1}$$

随着加速进程,粒子能量增加,由于相对论效应,粒子质量(m)也增加,以致回旋频率减小,从而不再维持与加速电场的频率谐振加速。简而言之,粒子随着能量增加,转得越来越慢,最后它落入减速场区,不能再加速。

此时人类对物质微观结构"探源"的追求,发展到要研究原子核结构的阶段。原子核中的中子和质子是靠什么力(短程力)联系在一起的? 1935 年汤川秀树(Yukawa)提出粒子之间的相互作用是通过交换一种叫介子的媒介子来实现的,并估计其质量介于质子质量 $m_p = 938$ MeV/c^2 和电子质量 $m_e \approx 0.51$ MeV/c^2 之间,约 200 MeV/c^2(故称介子)。要证实这个问题,就要寻找介子,即要求粒子加速器能量达到 200~300 MeV 以上。

粒子加速器能量的提高,要从原理上取得突破,这一突破发生于 1944 至 1945 年。前苏联维克斯列尔和美国麦克米伦彼此独立地于 1944 年和 1945 年提出了自动稳相原理。自动稳相原理告诉我们,在谐振加速类型的加速器如圆形加速器中,离子回旋频率随能量增加而降低时可以改变加速电场的频率,使之适应粒子回旋频率的降低,从而使同步加速得以维持。而且粒子通过加速缝的相位不必严格保持某一定值,存在一个平衡相位 ϕ_s,粒子通过加速缝时,相位处于 ϕ_s 附近,能量也处于理想值附近的粒子能自动地围绕 ϕ_s 作稳定的相振荡。这一平衡相位实际上是一个粒子通过加速缝时相位的平均值,恰好在此值过加速缝的粒子称为理想粒子。理想粒子每一圈获得的能量增量所导致的回旋频率下降,正好靠调整加速电场的频率(降低加速电场的频率)来适应。非理想粒子在围绕此平均值(平衡相位)作稳定相振荡过程中得以加速,此过程是自动完成的,故称自动稳相原理。这个原理告诉我们不必担心谐振型加速器只能加速"理想粒子",以致实际被加速粒子的数目为零的问题。

　　自动稳相原理的提出,首先导致三种类型加速器如雨后春笋般地出现:一类是加速电子的同步加速器,另一类是加速质子与轻离子的稳相加速器,还有一类是射频直线加速器。

　　电子同步加速器的粒子轨道是一个圆环形,轨道半径是固定的,高频加速电场的频率也是不变的,而粒子回旋频率 f 由(3.1.1)式决定。为满足谐振加速条件,在加速过程中,当电子能量(即质量 m)增加时,控制电子作圆周运动的偏转磁场 B_z 也必须同步增加。电子每周增加的能量(平均值)ΔE 为

$$\Delta E = eU_a \cdot \cos\phi_s \tag{3.1.2}$$

其中,U_a 为谐振加速腔端电压,ϕ_s 为平衡相位。

　　麦克米伦为验证自动稳相原理于1947年建成了一台300 MeV 电子同步加速器,在随后的几年中国际上建造了十多台类似的电子同步加速器。正如国际著名加速器专家里文斯顿在1954年撰写的《高能加速器》一书中写道,"在这样短的时间内,一种加速器发展到如此程度还是不常见的"。可见原理突破的威力。

　　稳相加速器也是在回旋加速器基础上,应用自动稳相原理发展起来的。为了克服回旋加速器质量增加的相对论效应,在稳相加速器中采用了调频技术,在每一个加速周期中,随着离子能量的增加,将加速电场的频率也同步下调,使其等于不断降低的粒子回旋频率,以使谐振加速条件得以满足。1946年11月在美国柏克莱实验室建成了直径为184英寸的稳相加速器,它将氘核加速到190 MeV。它的成功鼓舞着世界各地的研究人员,美国、英国、瑞士、瑞典、荷兰纷纷建造同类型的加速器,最高加速能量达到500 MeV。

　　300～500 MeV 的电子同步加速器和稳相加速器(或称调频回旋加速器)的出现极大地推动着 π 介子实验研究(当时把在核相互作用中产生和吸收的介子称为 π 介子),用这些加速器研究 π 介子的性质(质量、平均寿命),测量其次级反应的截面。当时人们认为质子、中子、介子($\pi^{\pm}$,π^0)和轻子($e^{\pm}$,$\mu^{\pm}$,ν_e,ν_μ)是构成物质世界的基本粒子。

　　其后在高空观察到原初高能宇宙射线存在一批明显重于 π 介子的介子,分别称为 V 介子、K 介子、(k) 介子、(τ) 介子。要人工产生它们,估计需要 GeV 能级的加速器。

　　GeV 能级的加速器在哪里? 如果仍然应用稳相加速器原理来提高能量,机器的规模和造价是难以想象的。当时世界上最大的稳相加速器是美国加州大学柏克莱实验室的184英寸(4.66 m)、质子能量为350 MeV 的机器,其磁铁质量为4 300 t。我们知道,稳相加速器采用的实芯磁铁,磁铁质量随加速粒子的能量呈三次方增加,如果能量增加10倍(达3.5 GeV),磁铁质量需增加1 000倍。这在工程上是不能接受的,必须在加速器原理上有所突破。

　　问题解决的出路只能是把原来实芯磁铁中间部分掏空,形成环型磁铁,即要求粒子轨道不是开螺旋线,而是圆环型,只在轨道附近有磁铁,轨道半径固定。随着质子(包括离子)动能(T)的提高,约束粒子运动的偏转磁场(B)必须增加(从相对论性关系,已知粒子动能 T,磁场 B 和轨道半径 R 之间满足 $T^2 + 2E_0 T = (ecBR)^2$,即 $B = [T(T + eE_0)]^{1/2}/(0.3R)$,式中 E_0 为粒子静止质量对应的能量,如质子 $E_0 = 938$ MeV。而粒子回旋频率(f_c)也是变化的(成倍地变化,即 $f_c = 14\ 320\ \dfrac{qB}{T + E_0} = 14\ 320\ \dfrac{q[T(T + 2E_0)]^{1/2}}{0.3R(T + E_0)}$)。

这类圆环形加速轨道平均半径固定,在加速过程中,磁场增加时加速电场频率也同步增加,它被称为同步稳相加速器(或称为质子同步加速器)。同时根据当时的认识,为了保证粒子在作圆周运动时径向和垂直方向运动的稳定性,偏转磁铁磁场采用桶形场,即磁场强度沿半径是降低的,其磁场降低的对数梯度 n 取值为 0.6 左右 $\left(n = -\dfrac{\partial B/B}{\partial r/r} \right)$,简称为弱聚焦磁场。

根据上述原理,美国布鲁海汶国家实验室于 1952 年 6 月建成最高能量为 2.3 GeV 的质子同步稳相加速器。这是人类第一次把粒子加速到宇宙线能级,故称它为宇宙线能级加速器(Cosmotron)。其后不久,1954 年 3 月美国加州大学辐射研究所建成质子能量为 6.4 GeV 的同步稳相加速器,称为千兆电子伏加速器(Bevatron)。它们的相继建成极大地推动了对介子物理的研究,以前只能从宇宙线的实验中观察到的反应,现在可以利用 Cosmotron 和 Bevatron 进行。例如 1953 年在 Cosmotron 上第一次人工产生奇异粒子 Λ 和 K^0 超子(一种重于核子的粒子),就是很典型的例子。

对物质基本结构组成的探索,继续推动着粒子加速器的发展,然而加速器造价的压力是一个重要的限制。正在这个时候,1952 年夏柯朗特、里文斯顿和斯内得在美国布鲁海汶国家实验室发现了交变梯度聚焦原理。按这一新原理,加速器磁铁的质量可以成倍下降,加速器造价也成倍下降,从而把加速器的发展推向了新的高潮。一大批高能、交变梯度聚焦的电子同步加速器及质子同步加速器相继问世,随后又出现分离作用强聚焦高能加速器,加速器发展进入了黄金时代。里文斯顿于 1954 年在其《高能加速器》一书中写道:"加速器能量随时间呈指数式增长,增加率为每六年增大十倍。""每当一类加速器接近它实际的能量限度,似乎停滞不前时,新加速器就被发明出来,突破了能量限度,并开始了新的发展途径。"里文斯顿还以年代为横坐标,各种不同加速器最大加速能量随年代的增长为纵坐标画出一张很形象表示加速器发展的图(见图 3.1.2)。这张图的横坐标最后年限是 1960 年,后来人们将这张图继续画下来,一直延续到现在,人们习惯上把这张图称为里文斯顿图。的确,加速器的最高能量仍然在按每六年增加十倍的速度在发展,并且已经持续了 70 多年。1954 年这位国际著名的加速器专家就曾问:"什么时候才停止发展这些能量高而又高的加速器呢?"。50 多年过去了,由于人类对物质基本组成探索的不断追求,不断提高加速器能量的活动一直没有停止过。

人类在科学探索的征途中,除了想了解物质世界的最基本组成("基本粒子")以及它们通过什么力相互作用之外,还有大量的基本问题仍在追求中,如宇宙起源、生命起源、人体科学等,在这些方面,粒子加速器都发挥着重要作用。加速器的应用还渗透到科学研究的各个方面,诸如生命科学、蛋白质结构、凝聚态物理、表面物理、光化学,等等。电子同步辐射光源(加速器)的发展及应用就是一个突出的例子。

2. 人类生产活动(包括经济、医疗卫生、环保、军事等)的强烈需求

如上所述,很多加速器开始的研制动机是为了科学研究,特别是核物理、基本粒子物理的研究,它们被研制成功后不久,马上就设法满足各种生产活动的需要。医用行波电子直线加速器是一个很典型的例子。如英国在第二次世界大战之后,依靠雷达技术的成就,于 1946 年发

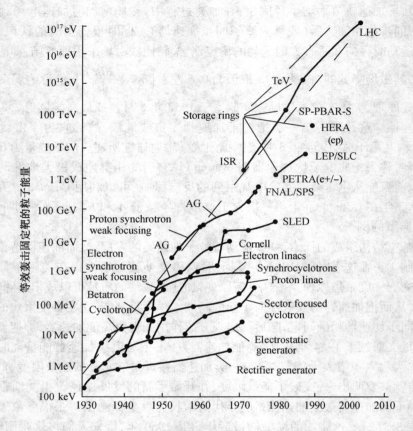

图 3.1.2　各种加速器能量随年代增长的示意图

明了第一台行波直线加速器。人们马上意识到这种人工产生的电子线,作为一种辐射源,可以治疗恶性肿瘤,希望立即研制医用行波电子直线加速器。两年之后,英国科学家就在英国卫生部主持下研究如何将电子直线加速器用于恶性肿瘤的放射治疗。四年后,机器建成,1953 年 8 月正式将其应用于临床。医用加速器还有一个很突出的例子,就是采用边耦合加速结构的医用电子驻波直线加速器。1964 年美国洛斯阿拉莫斯国家实验室(LASL)为了研制 800 MeV 质子直线加速器以建造"介子工厂",发明了边耦合加速结构,它具有高的分流阻抗、好的工作稳定性、对频率相对不敏感等一系列优点。美国瓦里安公司(Varian)马上意识到这种边耦合加速结构用到加速电子,必将极大地满足恶性肿瘤放射治疗的进一步要求,于是将上述适合加速质子的工作频率为 805 MHz 的结构按比例缩小,改造为工作频率为 2 998 MHz 适合加速电子的结构,并于 1968 年研制出采用边耦合结构的医用驻波电子直线加速器及无损检测用驻波电子直线加速器。没有恶性肿瘤对放射治疗的强烈需求的推动,就不可能有边耦合医用电子驻波加速器的出现。边耦合医用驻波电子直线加速器的出现对低能电子加速器的发展有里程碑性的意义。它的出现推动了各种驻波加速结构的研究,以及大量医用驻波加速器推向市场。目前国际上已有医用驻波电子直线加速器约 10 000 台,占医用电子加速器的大多数,也是世界上数量最多的一种加速器。

也有许多加速器的研发目的,一开始就是为了应用,例如总台数占第二位的各种辐照加速器。各种辐照加速器已超过 1 500 台,国际上每年辐照处理产业的产值超过 200 亿美元。又例如近年来国际上为环保,减少燃煤烟气中 CO_2 和 NO_x 的排放,发展起以加速器为辐射源的电子束辐照除硫脱硝技术,这种技术需要发展 1 MeV 左右,数百 kW 的低能大功率辐照加速器。以此为推动,国际上已发展起 1 MeV,百 kW 级高压型电子加速器。为同样目的,我国也在研制大束流功率的谐振变压器型高压电子加速器。

还有一类加速器是为适应无损检查大型锅炉的焊缝、核反应堆顶盖、大型发电机主轴、大型化学反应高压容器焊缝、大型铸件的砂眼而发展起来的。20 世纪四五十年代电子感应加速器问世之后,马上将其应用到无损检测技术,但其剂量率低。后来 20 世纪 60 年代末期发明出驻波电子直线加速器,马上就研制成功无损检测用驻波电子直线加速器,估计全世界已有 500 台以上。中国也已批量生产此类型 4,6,9,15 MeV 的机器。

表 3.1.2 给出至 1998 年全世界不同用途的加速器台数的不完全统计表。

表 3.1.2　全世界不同用途加速器不完全统计表[①]

加速器分类	在用的加速器台数
(1)高能加速器(能量高于 1 GeV)	112[②]
(2)各种中低能研究型加速器	1 000
(3)放射治疗的加速器	>7 000
(4)辐照处理与加工	>1 500
(5)无损检测用加速器	>500
(6)医用同位素生产用加速器	约 200
(7)离子注入机(包括半导体注入,表面改性)	约 6 000[③]
(8)同步辐射光源(加速器)	约 80
	合计约 16 400

注:①Waldmar Scharf. Wioletta Wieszczycka "Electron Accelerator for Industrial Processing—A Review";
　　②1992 年国际高能加速器会议数据(HE ACC'92);
　　③一般加速器总台数统计时,不计入离子注入机。

至 21 世纪的头十年,全世界加速器(不计入离子注入机)总台数估计已达 1.5 万多台。

3.1.3　粒子加速器在科学技术发展、国民经济建设、环保及国防建设等中发挥着重要作用

粒子加速器的发展极大地推动了科学技术的发展,在国民经济建设中,在医疗卫生环保与国家安全、生产安全、国防建设中都发挥着重要的作用,作出了重要的贡献。

首先,人类对基本科学问题(诸如宇宙起源、宇宙演变、物质世界的最基本组成、基本力的组成与作用、生命起源、蛋白质结构等)研究的巨大进展都离不开加速器。一开始粒子加速器是以"轰击原子核的大炮"或"原子击碎机"角色而登上科学舞台的。随着科学发展的不断追求,以及加速器技术的不断发展,加速器能量越来越高,以它为工具了解到的物质世界知识也越来越丰富,目前已知道的物质的基本单元是由轻子、夸克及传递相互作用的粒子组成。任何关于物质结构的基本理论,包括标准模型理论,都得接受各种大型加速器实验的考验,美国建成的 RHIC 和在西欧核子研究中心 CERN 建成的 LHC 就是分别研究宇宙大爆炸之后 10^{-6} s 和 10^{-15} s 的物理过程。

其次,目前世界上数十台运行着的同步辐射光源(电子同步加速器)对生命科学、材料科学、表面科学、光化学等诸多领域的研究发挥着重要作用,如大分子结构、蛋白质结构等的了解就是突出的例子。

加速器在核分析技术领域的贡献更是比比皆是,用加速器质谱计技术(AMS)甄别出耶稣的裹尸布是赝品就是一个典型的例子。

加速器在国民经济建设中作出的贡献更是多方面的。首先是直接应用被加速的电子束或由电子束轰击金属靶而产生的 X 射线进行辐照加工,可用于生产耐热电线电缆、有记忆效应的热收缩套管和薄膜,可用于橡胶硫化、医疗用品的消毒和杀菌、食物的保鲜、燃煤烟气的除硫脱硝等。在此领域,国际上已形成重要产业。其次是无损探伤方面的应用,特别是重型工业的大型高压容器、锅炉焊缝检查、大型主轴、大型铸件砂眼的检查都离不开加速器。例如,美国应用加速器像胸透一样对旧金山的金门大桥关键部位进行 X 线检查,还有我国应用 X 射线对中成药进行射线杀菌、杀虫也很有成效。

提到核能,大家很容易联想到原子弹、氢弹,而研制原子弹和氢弹的大量核反应的数据是由加速器的核物理实验测定的。加速器在军事领域的应用还有一个重要方面,自 20 世纪 80 年代,军事强国为了保证大型战略导弹的发射、储存的安全,专门发展了一种用 9～15 MeV 电子直线加速器为辐射源的大型工业 CT 技术,以定期检查导弹的固体发动机的裂缝、脱粘等缺陷。此外,近年来美国、法国在原子弹禁试之后,更发展几十纳秒、数千安培级的强流电子加速器作为 X 射线源,利用闪光照相技术继续研究核武器。

总之加速器的贡献是多方面的,人类社会的进步越来越离不开粒子加速器。

3.1.4　我国粒子加速器发展概况

我国粒子加速器事业的发展始于 20 世纪 50 年代中期。首先,赵忠尧先生从美国回国后,迅速带领一个小组在近代物理研究所研制成功我国第一台加速器——质子静电加速器。1956 年,谢家麟先生从美国回国后,也在北京近代物理研究所带领另外一个小组开始研制电子直线加速器。由于当时中国电真空工业没有基础,研究工作要从最简单的波导元件开始。该加速器于 1964 年建成,束流能量为 30 MeV,是当时国内能量最高的加速器。在 20 世纪 50 年代末,我国还从前苏联引进了一台极面为 1.2 m 的回旋加速器,安装于北京原子能所(现中国原子能科学研究院);从前苏联引进了两台 25 MeV 电子感应加速器,分别安装于清华大学和北京大学。在 20 世纪 50 年代后期和 60 年代初期,国内一批高校(如清华大学、北京大学、复旦大学、兰州大学、河北大学)以及一批工业单位(如原第一机械工业部机电研究院、上海先锋电机厂、保定变压器厂等)也纷纷研制各种类型的低能加速器(诸如倍压加速器、静电加速器、电子感应加速器、电子回旋加速器等);另外,中科院兰州近代物理研究所在前苏联专家撤退后,恢复建造从前苏联引进的 1.7 m 直径回旋加速器并在 20 世纪 60 年代中期建成。这一切努力使我国加速器到 20 世纪 60 年代中期,总台数达 50~60 台,加速器事业有了一个良好的基础。

20 世纪 70 年代初,以中科院高能物理研究所、清华大学、南京大学、四川东风电机厂为核心分别在上海、北京、南京、四川地区成立四个会战组,先后开始研制医用电子直线加速器。1977 年北京地区、上海地区分别研制成功我国首批医用电子直线加速器(能量 8~10 MeV)。从那时起,医用电子直线加速器生产逐渐发展成产业。

20 世纪 80 年代是我国粒子加速器事业获得重要发展的时期。综合国力的不断增强,工业基础的发展,使我国有能力发展中高能粒子加速器。有代表性的成果是,在中科院高能物理研究所建成 2.2/2.8 GeV 正负电子对撞机(BEPC);在兰州中科院近代物理研究所建成重离子等时性分离扇型回旋加速器;在合肥中国科技大学建成 800 MeV 电子同步辐射光源。同时还建成一大批以科学研究为目的的各种类型加速器,包括中科院高能所建成的 35 MeV 质子直线加速器;机械部北京工业自动化研究所和清华大学等单位合作建成的 25 MeV 电子回旋加速器;中科院上海原子核所建成的 2×6 MV 质子串列静电加速器;北京大学建成的 4.5 MV 质子单级静电加速器。与此同时,由于国民经济发展的有力推动,改革开放提供了良好的政策环境,我国各种实用低能加速器,到了 20 世纪 90 年代初,更是以前所未有的速度在发展。应该讲,到 20 世纪末,经过 40 多年的努力,我国加速器在国际上有了一席之地,不少加速器性能更是达到了世界先进水平。

经过 20 世纪 90 年代后期的酝酿和筹备,近年我国有关加速器的大科学工程又有了新的发展,又建成一批具有世界先进水平的大加速器装置。如中科院兰州近代物理研究所的重离子冷却储存环加速装置;800 MeV 合肥同步辐射光源二期工程;中科院高能物理研究所的北京正负电子对撞机升级工程(BEPCⅡ),它的对撞亮度已提高 30 倍,继续保持在所处能级对撞机在国际上最高亮度的地位;中科院上海应用物理研究所的 3.5 GeV 的第三代同步辐射光源。

20 多年来,上海先锋电机厂、中科院上海原子核研究所、中科院高能物理研究所、中科院兰州近代物理研究所、机械工业部北京工业自动化研究所等单位还批量生产了高频高压加速器,以绝缘芯变压器型高压加速器为代表的一批辐照处理与加工用途为目的的加速器,数量达40 多台,为我国辐照处理与加工产业的形成作出了重要贡献。

二十多年来,中国原子能科学研究院、机械工业部北京工业自动化研究所、清华大学、清华同方威视技术股份有限公司、原北京医疗器械研究所还生产了一批能量分别为 4 MeV,6 MeV,9 MeV 和 15 MeV 的无损检测用驻波电子直线加速器,性能都达到国际先进水平,为我国重工业的发展发挥了重要的作用。

约 20 年前,中国原子能科学研究院还和比利时 IBA 公司合作,研制成能量为 30 MeV,生产医用短寿命放射性同位素的回旋加速器。

近年来,为适应开展燃煤烟气除硫脱硝应用的需要,中科院上海原子核研究所(现上海应用物理研究所)和中科院兰州近代物理研究所还正在研制 0.8 ~ 1.5 MeV,300 ~ 450 kW 级的大功率辐照电子加速器。

我国低能加速器发展进程中,一个突出的例子是医用电子直线加速器。清华大学和信息产业部第十二研究所,以及原北京医疗器械研究所合作或独立研制成功及批量生产了 4 MeV,6 MeV,14 MeV 和 20 MeV 医用驻波加速管。以这些驻波加速管为核心部件,原北京医疗器械研究所、广东威达医疗集团公司和山东新华医疗股份公司批量生产了 4 MeV,6 MeV,14 MeV 医用驻波加速器,总数已达 500 多台,和进口机平分了全国医用电子直线加速器的市场,满足了国内对低能档(6 MeV)及部分满足了对中能档(14 MeV)医用电子直线加速器的需求。医用电子直线加速器是我国数量最多的加速器。

近年加速器应用还找到了新领域,利用电子直线加速器作为辐射源可不开箱地检查海关大型集装箱、公路货车及铁路货车、空港集装箱等,在反走私和反恐斗争中发挥着突出的作用。近年来清华大学和同方威视技术有限股份公司合作分别以 2.5 MeV,4 MeV,6 MeV,9 MeV 电子直线加速器为辐射源开发成功系列集装箱检查系统,已经装备我国天津、大连、上海、青岛等几十个港口,并已批量出口近三百套,分别安装在美国、英国、日本、俄罗斯、韩国、澳大利亚、土耳其、阿联酋、比利时、挪威等一百多个国家与地区的港口,开创了我国以加速器为核心设备的高新技术系统批量出口的先河。

3.2　带电粒子加速器原理

3.2.1　高压型加速器

1. 利用直流高压电场可加速带不同电荷的粒子

用直流高压电场来加速带电粒子是最简单的加速粒子的方法,是人们首先想到、最容易实现的加速方法。人类第一台粒子加速器就是用直流高压电场加速原理来实现的。直流高压对地可以是正高电压,也可以是负高电压,因此可以加速带不同符号电荷的带电粒子。

2. 形成直流高压电场的方法

形成直流高压电场的方法主要有两种。最简单的方法是整流,如倍压整流,其中变压器是升压变压器。到 20 世纪 70 年代,为了减少整流电压的波纹,提高加速电压,还发展用高频(如 100 kHz)高压整流(数十级整流)产生高压,俗称地那米加速器(Dynamitron);以及用绝缘磁芯整流倍压产生高压,常称为绝缘芯变压器。

另一类产生直流高压电场的办法是用静电起电机的办法,即用输电带将电荷带到高压电极,对高压电极充电。若高压电极对地电容为 C,所充电荷量为 Q,则高压电极对地的电位差 V_a 为

$$\pm V_a = \frac{\pm Q}{C} \tag{3.2.1}$$

所充的电荷符号可正可负(即可为离子也可为电子),因此高压电极可处于正高压,以加速正离子(或质子),也可以处于负高位,以加速负离子(或电子)。

3. 高压加速器电压提高的绝缘限制

高压型加速器提高端电压从而提高加速能量的努力,受到了高压电气绝缘的限制。在 20 世纪 30 年代初,高压型加速器刚出现时,人们以为加大高压电极的直径就能按比例地提高端电压,但结果令人失望。端电压到达 2.5 MeV 之后,难以有所突破,人们不得不寻找其他途径提高端电压。当时,人们知道气体的绝缘强度随气体气压的增强而提高,于是将加速器核心部分置于高压容器之中并充以各种高压气体,并先后用高压空气、高压二氧化碳、高压氮气、高压氟利昂、高压六氟化硫或它们的混合高压气体进行试验。到 1940 年,充气型静电加速器的能量提高到 4.5 MeV。

静电加速器最高能量的进一步提高,还受加速管耐压性能的限制。多台加速器未能达到预期的设计目标表明加速器还存在一种所谓的"加速管全电压效应",即加速器未装加速管时端电压可以很高,但一装上加速管,端电压成倍下降;或者加速管分段试验时,每段可耐相当高

的电压,但多段连接在一起时,所耐高压马上成倍下降。静电加速器最高加速电压为 16 MeV。

　　为了提高静电加速器的加速能量,人们想出了将两台静电加速器在高压钢筒中对接起来的办法,带电粒子在两台静电加速器之间改变电荷的极性,从而获得两倍端电压的相应能量,称此类加速器为串列静电加速器。由于工作原理的原因,串列静电加速器的离子源可以置于高压钢筒之外,与单级静电加速器不同,离子源的体积不受限制。在高压钢筒中部,高压电极内部安装有电子剥离器,用于剥离负离子附着的那个电子,并进一步剥离分子外层电子而成正离子(电荷极性为正,电荷数为 q),因此串列静电加速器的加速能量为

$$W = (1 + q)eV_a \qquad\qquad (3.2.2)$$

　　为了进一步提高串列静电加速器的能量,原则上可以将多台串列静电加速器串列起来,反复改变被加速粒子的电荷符号来持续加速。而实际上,国际上加速级数最多只有三级。尽管曾有人提出过四级串列加速的方案,但未能付诸实现。

3.2.2　回旋型加速器

　　下面讨论的回旋型加速器包括经典回旋加速器、等时性回旋加速器、分离扇型回旋加速器、稳相加速器,它们适合于加速质子、离子。还有一种适合加速电子,称为电子回旋加速器(包括跑道型电子回旋加速器)。

1. 利用时变电场对带电粒子谐振加速方法的提出

　　人们并不是等到高压型加速器发展受到限制时,才寻找其他加速方法的。实际上,甚至早在科克劳佛特和瓦尔顿(1932 年)建成人类第一台有实际意义的高压型加速器之前,于 1924年,瑞典 Ising G 教授就提出了用一个正弦电压多次加速离子的想法。对利用时变电场谐振地加速粒子作出重要贡献的是美国科学家劳伦斯,他于 1932 年建成将质子加速到 1.25 MeV 的回旋加速器。劳伦斯于 1951 年领取诺贝尔物理学奖时讲到,"1929 年初的一个晚上,当我在大学图书馆浏览现刊时,无意中发现一本德文电气工程杂志上有一篇维德罗(Wideroe R)的论文,讨论正离子多级加速问题。从文章所列的各项数据,我明确了他处理这个问题的一般方法,即在连成一条线的圆柱形电极上加一适当的无线电频率的振荡电压,以使正离子得到多次加速。这一新思想,立即使我感到找到了真正的答案,解答了我一直在寻找的加速正离子的技术问题。我没有更进一步阅读这篇文章,就停下来估算把质子加速到 1 MeV 的直线加速器的一般特性如何。简单的计算表明,加速器的管道要几米长,这样的长度在当时作为实验室之用已是过于庞大了。于是我就问自己这样的问题:不在直线上安装那许多圆柱形电极,可不可以靠适当的磁场装置,只用两个电极,让正离子一次一次地来往于电极之间。再稍加分析,证明均匀磁场恰好有合适的特性,在磁场中转圈的离子,其角速度与能量无关,这样它们就可以以某一频率与一振荡电场谐振,在适当的空心电极之间来回转圈,这个频率后来就叫做'回旋频率'。"根据这一思路,1930 年春劳伦斯让他一名研究生做了个结构简陋的回旋加速器模型。

同年 9 月,他又让他的另一名研究生,即后来国际上著名的加速器专家里文斯顿(Livingston M S)用黄铜和封腊作真空盒,做了一台微型的回旋加速器。该台加速器于 1931 年 1 月 2 日加速电压不到 1 kV 的条件下,将质子加速到 80 keV,这标志着回旋加速器原理验证成功。据此,劳伦斯于 1932 年建造了极面直径为 28 厘米(11 英寸),能量为 1.25 MeV 有实际意义的(质子)回旋加速器。

　　上面劳伦斯提到的维德罗,于 1928 年曾成功地建成一个用高频电压将钠和钾离子获得二次加速的装置,并指出重复利用这种方法,原则上可加速离子至任意高的能量。图 3.2.1 给出斯劳恩(Sloan)于 1934 年根据维德罗的思路而建成的能将汞离子加速到 2.85 MeV 的直线加速器工作原理示意图。为维持谐振加速,加速缝之间的距离 L 是粒子在外加电场半个周期内所走过的距离,即

$$L = \frac{1}{2} \cdot \frac{v}{f} \tag{3.2.3}$$

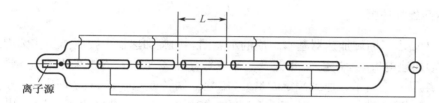

图 3.2.1　早期直线谐振加速器工作原理示意图

式中,v 为粒子速度,f 为外加电场频率。由于当时无线电技术还相当不发达,工作波长较长,加速高压又比较低,从原理上对加速当时对核物理研究有意义的轻离子(质子或氘核)是很不现实的。然而,维德罗的想法和实践倒启发了劳伦斯。

　　图 3.2.2 很形象地解释了劳伦斯发明的回旋加速器原理。随着离子能量的提高,在均匀磁场的引导下,离子作圆周运动的半径越来越大,即作圆周运动的路径越来越长。只要离子转半圈的时间等于高频电压变化半周期,谐振加速就能得到维持。而拉摩定律告诉我们,任何带电粒子在恒

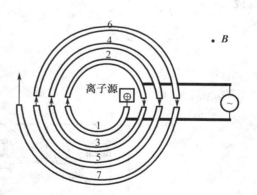

图 3.2.2　体现劳伦斯想法的示意图

定磁场中作圆周运动,其回旋角频率(ω_c)为一常数,与粒子本身的速度和轨道半径无关。ω_c 可表示为

$$\omega_c = \frac{q_e B}{m} \tag{3.2.4}$$

式中,q_e 为离子的电荷量,B 为磁感应强度,m 为离子质量。从(3.2.4)式可知若 B/m 为常数,则

ω_c 为常数;若回旋角频率 ω_c 等于高频电压的角频率 ω_{rf},则谐振加速条件就能满足。离子的轨道由一段段不断增加半径的半圆相接而成,酷似一条渐开的螺旋线,每个半圆的半径 r_c 为

$$r_c = \frac{mv}{q_e B} \tag{3.2.5}$$

每通过一次加速缝(缝间电压为 V_a),离子能量增量为

$$\Delta W = q_e V_a \cdot \cos\phi \tag{3.2.6}$$

式中,ϕ 为粒子经过加速缝时的高频相位。当粒子在高频电场最大值通过加速缝时,$\phi = 0$。电场在改变极性的过程中,离子在漂移管中作半圆运动。当离子完成转半圆时,电场方向正好换极性(差180°),离子到达加速缝处,又得到一次加速,离子运行半径再一次扩大,从而加速得以持续。在实际操作中可以把左右两半圆的漂移管分别接在一起,而成一对"D"形的半圆形空金属盒,称为"D 电极"。根据这一原理就可实现利用时变电场,按圆形轨道谐振地加速离子了,所建成的加速器称为回旋加速器,或经典回旋加速器。

2. 经典回旋加速器

图 3.2.3 给出了回旋加速器基本组成的示意图。回旋加速器由控制离子作圆周运动的磁铁、一对 D 形加速电极、真空室、离子源及高频电源系统等组成。磁铁采用 H 形结构,由通以直流电的绕组励磁。离子加速到额定能量处,用静电偏转或磁孔道将离子引出。在回旋加速器中,粒子每转半圈,被加速一次。粒子转半圈的时间($1/2T_c$)刚好等于高频变化的半周期($1/2T_{rf}$),其相位关系如图 3.2.4 所示。A,B 相位为加速相位。谐振加速器的普遍条件可写成

$$T_c = kT_{rf} \tag{3.2.7}$$

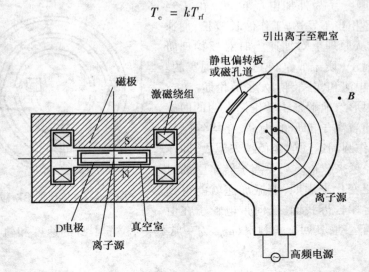

图 3.2.3 回旋加速器基本组成示意图

式中，k 为等于或大于 1 的奇整数（$k = 1, 3, 5, \cdots$）。若 $k = 3$，则离子转一圈高频电场经过了 3 个 1/2 周期，如图 3.2.4 中，A, D, G 为加速相位，(3.2.7) 式也称为同步加速条件。

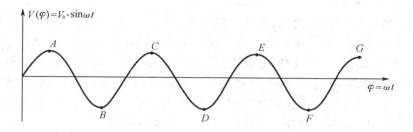

图 3.2.4　回旋加速器相位示意图

在第一节提到，由于粒子质量相对论性增加的效应，回旋加速器中粒子越转越慢$\left(f_c = \dfrac{q_e B}{2\pi m} \right)$。

离子过加速缝时的相位逐渐往后移，如图 3.2.5 所示，加速相位顺序为 $a \to b \to c \to d \to e$。若 e 点到达负相位时，离子不但没有加速，反而被减速，此时离子达到极限能量。可见回旋加速器不是严格满足谐振加速条件的加速器。为突破回旋加速器极限能量的限制，前面已经提供一种调频回旋加速器的思路。在这种调频回旋加速器中，粒子能量不断提高，回旋频率不断降低时，同步降低加速电场的频率，使 $kf_c = f_{rf}$ 得以满足，从而使加速得以持续。这种概念是否能成为现实，马上为一种忧虑所困扰。是否只有严格满足同步条件的粒子才能得以持续加速？在稍微偏离同步条件的粒子，其相位是否也像经典回旋加速器那样，向一个方向不断滑动，而最终落入减速相位，而不能加速，从而使实际能持续受到加速的粒子数目寥寥无几，对加速没有什么实际意义？

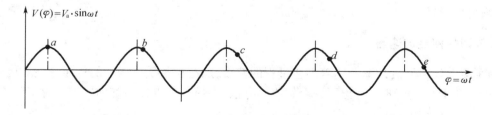

图 3.2.5　由于质量相对论性效应致使加速相位移动示意图

前面已经提过，前苏联的维克斯列尔于 1944 年和美国的麦克米伦于 1945 先后独立地发现在各种谐振加速器中都会存在自动稳相现象。对上述情况不必过于担心，相当一部分不满足严格同步的粒子在过加速缝时的相位会自动围绕严格同步的粒子作稳定的相位振荡，只要同步相位的值选取合适，那些不严格满足同步条件但能作稳定相位振荡的粒子都能得到持续加速。这就是在加速器发展进程中有重要意义的自动稳相原理。

3. 稳相加速器(调频回旋加速器)

基于自动稳相原理,在二战之末,美国的麦克米伦倡议应用上述的调频技术来建造准确谐振加速的调频回旋加速器,后来大家称之为稳相加速器。他首先在美国加州柏克莱实验室,改造一台旧的94厘米(37英寸)回旋加速器,以验证调频原理,也是为验证自动稳相原理。实验非常成功,验证了原理的正确性。他和伙伴们马上将原拟用来建造回旋加速器的直径为467厘米(184英寸)的磁铁改用于调频回旋加速器,该加速器于1946年11月建成。由于这种加速器是基于自动稳相原理建成的,因此习惯上又称为稳相加速器。

稳相加速器和经典回旋加速器的最大差别是D电极的馈电系统,前者的频率是改变的,后者的频率是不变的。因此,稳相加速器只能周期性地脉动工作。

继柏克莱实验室的成功之后,在美、英、法、加、瑞典、荷兰、瑞士、日本、前苏联等国一批研究所和大学纷纷建造同样的加速器。在其后的十多年里,全世界有十多台稳相加速器投入运行,加速器进入中能阶段,这有力地推动了介子物理的研究。最高能量的稳相加速器是前苏联于1967年在列宁格勒(现彼得堡)建成的,其能量为1 000 MeV。

限制建造能量更高的稳相加速器的主要原因是它的体积和质量,加速器磁铁造价大体上随能量的三次方增加,经济技术指标变得不合理,难以接受。稳相加速器的粒子轨道是渐开螺旋线,控制粒子运动的磁铁只能是实心的。以美国芝加哥大学432厘米(170英寸)稳相加速器为例,它加速质子的能量为450 MeV。在各稳相加速器中,它是用铁比较省的一台,但用铁量也已达2 400 t。我们知道粒子加速的动能 T 和轨道曲线半径(ρ)有如下近似关系:

$$\rho = \frac{(T^2 + 2TE_0)^{1/2}}{300qB} \tag{3.2.8}$$

显然,ρ 随 T 增加而迅速增加。若将芝加哥大学这台稳相加速器为蓝本,对它放大,把能量(动能)提高十倍,到4.5 GeV时磁铁质量约增加42倍,达101 000 t,显然这是不可能接受的,必须另辟蹊径。

4. 等时性回旋加速器

为了克服经典回旋加速器随着加速过程的持续,加速粒子质量增加的相对论性效应,托马斯(Thomas L H)于1938年想出了一个解决的办法,他提出可以让回旋加速器的磁场强度沿半径增加,增加的数值和粒子质量增加的数值($m = m_0 / \sqrt{1 - \beta^2}$)相适应,即

$$B(r) = B_0 / \sqrt{1 - \beta(r)^2} \tag{3.2.9}$$

从而维持粒子回旋频率 $f = \dfrac{q_e B}{2\pi m}$ 为一常数,使粒子始终处于加速相位上。

由式(3.2.9)可知磁场沿半径增长的规律满足:

$$B(r) = B_0 / \sqrt{1 - (q_e r B_0 / m_0 c)^2} \tag{3.2.10}$$

式中,r 为粒子所处的轨道半径。

显然,粒子在沿半径增长的磁场中运动时,轴向运动是不稳定的(下面将要讨论)。为提供一个轴向运动的聚焦力,托马斯提出一种设想,将磁场沿方位角调变,以产生一个磁场的方位角分量 B_{θ},然后让粒子径向运动分量 v_r 和 B_{θ} 叉乘产生的洛伦兹力 $F_z = ev_rB_{\theta}$,对粒子进行轴向聚焦。这时的磁场可表示为

$$B(r,\theta) = B(r)[1 - \varepsilon\cos N\theta] \quad (N \geqslant 3) \tag{3.2.11}$$

这种加速器保证了粒子回旋的时间是相等的,所以常称为等时性回旋加速器。式(3.2.10)所描写的磁场称为等时性磁场。

由于种种原因,等时性回旋加速器到 20 世纪 60 年代才得以迅速发展。构成等时性磁场有多种办法,最简单的是在经典回旋加速器的极面上贴直边的扇形垫片(图 3.2.6(a))或贴螺旋线形扇形垫片(图 3.2.6(b)),从而在磁中心面上沿方位角构成强弱交替的磁场(见式(3.2.11))。

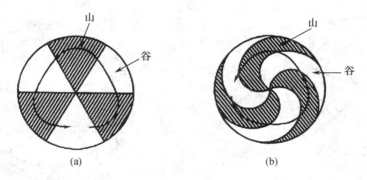

(a)　　　　　　　　　　　　　　　(b)

图 3.2.6　等时性回旋加速器两种极面扇形垫片示意图

到 20 世纪 80 年代,世界上已建造了上百台等时性回旋加速器,其时,我国原子能研究院,上海原子核研究所,兰州近代物理研究所也将原来的经典回旋加速器改造为等时性回旋加速器。

近年来商用等时性回旋加速器得到迅速发展,特别突出的是比利时 IBA 公司推出的 Cyclone 系列紧结构等时性回旋加速器。它将方位角磁场进行深度调制,譬如峰场区域的磁感应强度可达 1.17 T,而在谷场区域磁场降到 0.12 T,从而大大提高轴向聚焦力。

5. 分离扇型回旋加速器

将方位角磁场的深度调制推到极限,就是沿方位角有些地方有很高的磁场,而在有些地方没有磁场,从而发展成分离扇型回旋加速器,图 3.2.7 给出了它的工作原理图。其束流由另外一台小型等时性回旋加速器注入。在无磁场的区域可插入射频加速腔。

分离扇型回旋加速器可大大提高加速粒子的能量。中科院兰州近代物理研究所于 1988 年建成我国最大的、在国际上有相当影响的分离扇型回旋加速器。它能加速重离子,并在加速

轻离子时,每个粒子的能量可达 100 MeV。其主加速器系统由四个张角为 52°的直边扇形磁铁组成,重 2 000 t。近期它被改建为重离子冷却储存环的注入器。

6. 固定磁场交变梯度(Fixed – Field Alternating – Gradient,简称为 FFAG)加速器

沿着上述思路,在 20 世纪五六十年代还提出过一种新的加速器,它的主导磁场(偏转磁场)是固定不变的,因而随着粒子能量的提高,粒子的平衡轨道半径越来越大。粒子的横向聚焦问题依靠对数梯度交变的磁场来实现。显然在这种情况下,粒子的回旋频率是改变的。为了不失加速的等时性,高频加速腔的电压频率也要改变,就像稳相加速器那样。FFAG 加速器的磁场结构可有两种模式:一种是螺旋线型分离扇型(图 3.2.8),一种是直边型分离扇型。在每一个聚焦单元中磁场对数梯度 n 是交叉的(如 DFD)。由于各种原因,这种加速器一直没有得到发展。然而它有一系列潜在的优点,如大的孔径、高的工作重复频率、可以获得高的平均束流,因而近年来又受到关注。

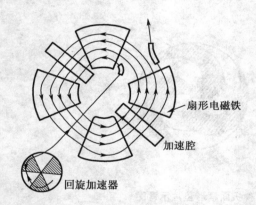

图 3.2.7　分离扇型回旋
加速器工作原理图

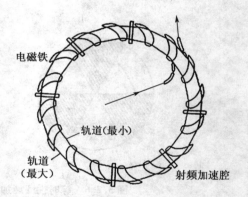

图 3.2.8　固定磁场交变梯度(FFAG)
加速器工作原理图

3.2.3　射频直线加速器

用高频电场按直线轨道加速粒子想法的提出一点不比圆形加速器晚。如上所述,应该说直线加速器是最早发明的谐振加速器。图 3.2.1 给出过早期维德罗型直线谐振加速器工作原理图。由于 20 世纪三四十年代高频技术不发达,不能用射频直线加速方式将粒子加速到有意义的能量范围,早期的直线加速器没有得到发展。

在二次大战中,高功率微波源及雷达技术得到迅速发展。战后,各大研究所和大学纷纷利用已经发展起来的技术及现成的战后物资研制各种类型的直线加速器。当时有两条思路:一条是利用谐振腔激励起的驻波射频电场来加速粒子;另一条是利用波导中的行波电场来加速

电子。它们都得到迅速发展。

1. 行波型电子直线加速器

在二战后,大约 10 个小组独立地开始研发射频电子直线加速器,其中有两个小组工作是领先的,一个是英国 TRE(Telecommunications Research Establishment)研究所 Fry D D 领导的小组;一个是美国 Hansen W W 领导的斯坦福大学的一个小组。Fry 小组在 1946 年 11 月建成第一台电子直线加速器,束流能量为 0.5 MeV。Hansen 小组于 1947 年初建成 1.7 MeV 电子直线加速器。自此之后各种电子直线加速器得到迅速发展。

我们知道在圆波导中可以激励起图 3.2.9 所示的一种电磁场传播的模式(TM$_{01}$ 模),它在圆波导轴线附近能激励起电场的纵向分量,可惜的是沿轴的传播速度大于光速,不能对电子同步加速。若要加速电子,则要把这种模式的电磁场传播速度慢到光速甚至光速以下,以和被加速的电子速度同步,实现有效加速。发明电子直线加速器的研究人员当中,有人提出在圆波导中周期性地插入带圆孔的膜片可达到此目的(见图 3.2.10)。膜片中心孔之间的区域所传播的 TM$_{01}$ 模的电磁波速度可慢于或等于光速。这种带周期性膜片的

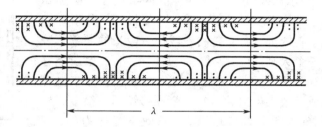

图 3.2.9　圆波导的 TM$_{01}$ 模场分布

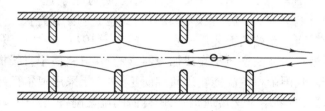

图 3.2.10　盘荷波导加速管

波导管称为盘荷波导(Disk-Loaded Waveguide)。在其中,波的相位传播速度慢于或等于光速,它能"慢"波,所以也被称为慢波结构。若电子处在波峰之前,按照自动稳相原理,可以在该电磁波推动下,围绕一个平衡相位振荡,并在此过程得到稳定的加速。

维持电子被同步加速的条件为

$$v_{\mathrm{p}}(z) = v_{\mathrm{e}}(z) \tag{3.2.12}$$

即盘荷波导中加速模式电磁场的沿 z 轴相位传播速度 $v_{\mathrm{p}}(z)$ 要和被加速的电子同步。被加速的电子速度越来越快时,波的速度也要同步地增加。

行波电子直线加速器多数工作于低能能段,应用于恶性肿瘤的放射治疗、无损检测等。国际上能量达到 GeV 能级以上的行波高能电子直线加速器约 5~6 台。我国中科院高能物理研究所的正负电子对撞机的行波电子直线加速器能量为 2.5 GeV,作为对撞机的注入器用。世界上能量最高的行波电子直线加速器建在美国斯坦福加速器中心(SLAC),它长 3 000 m,能量可达 50 GeV。

由于原理上的原因,行波直线加速器不适合于加速质子和离子。

2. 驻波型直线加速器

射频电场按直线轨道加速粒子也可以工作于驻波加速方式。在一个谐振加速腔中用射频功率可以激励起驻波电磁场,若该电磁场具有轴向分量(如圆柱形谐振腔激励起的 TM_{010} 模电磁场),并满足同步条件就可以用于加速带电粒子。

从(3.2.3)式可见,当粒子速度提高时,为了维持同步加速漂移管的长度要越来越长。二战后,阿尔瓦兹(Alvarez)和他的同事们在美国加州大学柏克莱实验室于 1946 年发明了一种新型的质子直线加速器。他将一段比一段长的漂移管装在一个大圆筒内,形成一个共振电路,一段段漂移管和圆筒腔一起,以它们的分布电感和分布电容组成一个大谐振腔。每一个漂移管用一根金属杆吊着(见图 3.2.11),漂移管等效长度 L_i 为

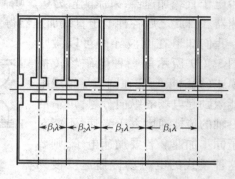

$$L_i = \beta_i \lambda \qquad (3.2.13)$$

图 3.2.11 阿尔瓦兹型质子直线加速器原理示意图

式中,$\beta = v/c$,称为质子归一化速度,v 为粒子速度,c 为光速,λ 为波长。(3.2.13)式也是阿尔瓦兹型质子直线加速器的同步加速条件。

阿尔瓦兹的上述质子直线加速器于 1948 年建成,质子能量达 32 MeV,我们常称这种加速器为阿尔瓦兹型质子直线加速器,或漂移管式质子直线加速器(DTL),它也是一种谐振式加速器。我国中科院高能物理研究所于 1987 年采用阿尔瓦兹结构建成了一台 35 MeV 质子直线加速器,主要用于核物理研究、短寿命同位素制备以及中子治癌的研究。

我们常把漂移管式质子直线加速器称为低 β 结构,因为它适合加速 β 值较低的粒子。随着 β 值增加,漂移管越来越长,加速效率很低。为了加速高 β 值的粒子,需要发明新的加速结构。美国洛斯 – 阿拉莫斯实验室于 1964 年为建造"介子工厂",发明了边耦合加速结构(见图 3.2.12)。边耦合驻波加速结构发明的思路可以用图3.2.13 加以说明。我们假设有一段两端短路的盘荷波导加速管,由于两端短路,在管中形成驻波电磁场,从图 3.2.13(a)中可以看到,有一半的腔是驻波场的波节点,该腔电磁场始终为零,它只起功率耦合作用。为了提高加速效率,我们可以把这只起耦合作用的腔压缩到很扁(见图 3.2.13(b))。美国洛斯 – 阿拉

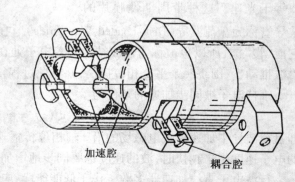

加速腔　　　耦合腔

图 3.2.12 边耦合驻波加速结构示意图

莫斯实验室提出可以将此腔移到轴线之外,形成边耦合腔(见图 3.2.13(c)),并将腔型优化,增加鼻锥,采用球形腔体,提高腔型的 Q 值及分流阻抗(分流阻抗定义为在单位腔长上,消耗功率所能激起的加速场强的平方),最终形成如图 3.2.12 所示的结构,称为边耦合加速结构,相邻两个腔的相移为 π。因此,其同步加速条件可以表示成

$$D_i = \frac{1}{2}\beta_i\lambda \qquad (3.2.14)$$

式中,D_i 为加速腔的腔长,λ 为加速腔的谐振波长,β_i 为粒子通过该腔时对应的平均

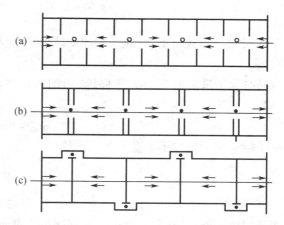

图 3.2.13　边耦合驻波加速结构发明思路示意图

速度。该同步加速器条件可理解为粒子通过该腔(即两个加速缝之间距离)的时间刚好等于射频电磁场谐振周期的一半。

美国洛斯－阿拉莫斯实验室采用边耦合加速结构建成迄今为止世界上能量最高的质子直线加速器,工作频率为 805 MHz,质子能量达 800 MeV,1972 年建成,常称为介子工厂,主要用于中能核物理实验室研究等。

边耦合加速结构是一种高 β 结构,适合加速 β 大于 0.4 的粒子,因此也可以用于加速电子。美国瓦里安(Varian)公司于 1968 年把边耦合结构用于加速电子,先后研制成功无损检测和放射治疗用驻波电子直线加速器。自此以后各种用于加速电子的驻波加速结构如雨后春笋般涌现,主要用于恶性肿瘤的放射治疗和工业的无损检测。自 20 世纪 70 年代中期开始,它逐步代替行波型医用电子直线加速器,成为世界上台数最多的一种加速器,估计目前全世界医用驻波电子直线加速器约有 10 000 台,我国也已生产了 500 多台。

3.2.4　电子同步加速器

要将带电粒子的能量加速到 1 GeV 以上,有一种最直观的办法,就是将射频直线加速器的加速管长度延长,线性地提高粒子能量。如前述的美国斯坦福加速器中心(SLAC)将电子直线加速器的长度增加到 3 km,获得 50 GeV 的电子束流。另一种办法就是继续克服实心磁铁的圆形加速器在提高束流能量上的困难。

解决实心磁铁圆形加速器提高束流能量方面遇到的困难,一个最直接的办法就是让粒子在加速过程走固定的圆环形轨道,而不走渐开螺旋线的轨道,并只在轨道附近放置磁铁。这样,当建造能量更高的加速器时,轨道加长,磁铁的质量与价格有望大体上随轨道长度线性增加,从而大大降低加速器造价,使建造高能加速器成为现实。我们知道加速器粒子轨道半径 R 固定时,轨道上的主导磁场 $B(t)$ 应满足(3.2.15)式,即

$$B(t) = \frac{m(t)v(t)}{300qR} = \frac{\{T(t)[T(t) + 2E_0]\}^{1/2}}{300qR} \tag{3.2.15}$$

从(3.2.15)式可见,随粒子加速动能 $T(t)$ 的增加,轨道上的主导磁场也应增加,且为时间的函数。

同时为了满足谐振加速条件,高频加速电场的频率(ω_{rf})应是粒子回旋频率 ω_c 的整数倍,即

$$\omega_{rf} = k\omega_c \tag{3.2.16}$$

而粒子旋转频率与粒子速度 v 有关,即

$$\omega_c = 2\pi \frac{v}{L} \tag{3.2.17}$$

式中,L 为圆环形轨道的周长。对离子而言,随着速度越来越快,旋转频率 ω_c 也越来越高,为了保持同步加速,高频发射机的振荡频率越来越高。因此在环形轨道的离子加速器,要维持谐振加速,则必须调频和调磁场。这类加速器常称为质子同步加速器。

而对加速电子,(3.2.17)式的情况有点不同,这时电子速度基本不变,可视为等于光速,因此,电子旋转频率基本不变,要实现谐振加速,无须调节发射机的频率,而只升高主导磁铁的工作磁场即可,见(3.2.15)式。这类加速器常称为电子同步加速器。

在加速器发展的历史上,先出现的是电子同步加速器。它不需要调频,技术上比较简单。麦克米伦应用他提出的自动稳相原理,设计了一台电子同步加速器,工作能量为 300 MeV,于 1947 年完成。在其后的几年中,建成了近十台能量在 300 ~ 500 MeV 的电子同步加速器,它们在核物理研究中起过重要作用。特别在这些加速器上观察到了同步辐射光,同步辐射光的应用在十多年来有着神奇的发展历史。

下面具体讲述电子同步加速器的工作原理。

电子围绕着一条固定的环形轨道作回旋运动,这条固定的轨道称为中心轨道。让电子作圆周运动的主导磁场分布在环形轨道上,电子在真空室内运动。主导磁场一般采用 C 形结构。真空室装在有效磁场区内,如图 3.2.14 所示。在环形轨道上装有一个或多个高频加速腔,加速器的工作频率等于粒子沿中心轨道作回旋运动频率的整数倍(这一倍数称为倍频因子),以满足谐振条件。有一定初始能量的电子从注入器注入到真空室。主导磁场随时间周期性地变化,当电子注入时,主导磁场值比较低,随着电子不断加速,主导磁场的值同步增加,

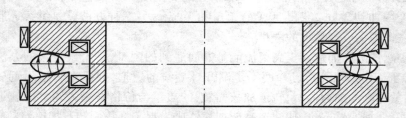

图 3.2.14　电子同步加速器磁铁及真空室位置示意图

两者关系满足(3.2.15)式。我们假设存在一些"理想粒子",它们沿中心轨道运动,每次通过加速缝时的高频电场相位合适且相同(同步相位,或称平衡相位),而主导磁场的增长速率正好和粒子能量增长速率相适应,满足谐振加速条件,则带电粒子可获得谐振加速。但严格满足上述条件的"理想粒子"是极少数,甚至没有,"理想粒子"是名义上的。绝大多数粒子越过加速缝的相位不严格等于同步相位,能量增长速率也不一定与理想粒子相同,而且不一定能严格跟上主导磁场的增长率。然而,自动稳相原理告诉我们,会有相当多"非理想粒子"能围绕"理想粒子"作稳定的相位振荡(相振荡),粒子在不断相振荡中,实现准谐振加速。

在讨论加速器原理时,存在两个基本的物理问题。

第一个就是上面提到的相位振荡的稳定性问题。作稳定的相振荡是有条件的,第一个要讨论的物理问题是相振荡稳定性条件,这主要涉及同步相位的选取问题。满足相振荡稳定性条件的粒子,在每次通过加速缝时,所遇到的高频电场相位会不同,但它会自动围绕正确的同步相位作振荡,而不致单向移动,落入减速相位,破坏持续加速条件。我们有时也把相振荡稳定性说为纵向运动稳定性,因为它讨论的是加速方向坐标上的问题。关于自动稳相原理问题下面将要较详细地介绍。

第二个基本的物理问题是横向运动的稳定性问题。它讨论的是如果粒子在径向(r 方向)和轴向(z 方向)偏离中心理想轨道,即与纵向运动垂直的两个方向偏离中心轨道时,加速器装置本身是否能提供一种恢复力,使粒子运动轨道存在一种回复到中心轨道的倾向,进而围绕中心轨道作稳定的振荡(我们称其为自由振荡)。如果能满足这一点,则称其为横向运动是稳定的。如果粒子的横向运动不满足稳定性条件,即偏离中心轨道后,加速器系统本身不能提供一种恢复力,不能使粒子围绕中心轨道作稳定的振荡,则粒子最终会损失,会沿 r 方向或 z 方向打到加速器的真空壁上,加速不能持续。

我们前面讨论过的回旋加速器、稳相加速器(以及电子感应加速器)是靠主导磁场本身形成一个桶形场来实现的,即主导磁场不是均匀场,而是沿半径稍微存在一定梯度的下降场,其磁力线分布像桶状,俗称桶形场。以电子同步加速器为例,图 3.2.15 为其主导磁铁及其磁力

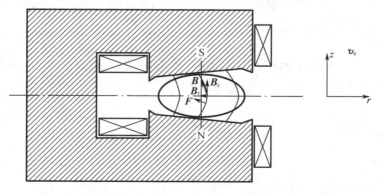

图 3.2.15　电子同步加速器主导磁场磁铁及其磁力线分布示意图

线分布示意图。主导磁铁的磁极面略有倾斜,就会形成桶形场。其实实心的磁极(如回旋加速器、稳相加速器的磁极),两磁极面是平行的,没有倾斜,靠磁极本身的漏磁,在磁极外侧也会形成桶形场,如图3.2.16 所示。

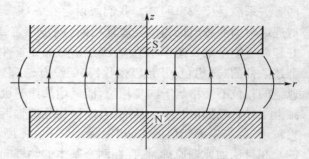

图 3.2.16　回旋加速器,稳相加速器磁极头及其磁力线分布示意图

桶形场有一个特点,当离开磁对称平面($z = 0$ 的平面)时,磁场存在径向分量,即 $B_r \neq 0$;当粒子偏离开 $z = 0$ 的平面,粒子就感受到 B_r,这个 B_r 和粒子角向运动速度 v_θ 相互作用(洛伦兹力,$\boldsymbol{F} = e\boldsymbol{v} \times \boldsymbol{B}$),产生一个轴向恢复力 F_z,且有

$$F_z = ev_\theta B_r \tag{3.2.18}$$

F_z 指向 $z = 0$ 的平面,使粒子不致继续偏离 $z = 0$ 的平面。可以证明,这个轴向恢复力 F_z 能使粒子围绕 $z = 0$ 的平面稳定振荡,我们称此振荡为轴向自由振荡。轴向恢复力的大小和桶形场的结构有关,桶形场的结构常用磁场对数梯度 n 来表示。桶形场的磁场沿径向分布(在 $z = 0$ 的平面上)常用下式表示:

$$B_z = B_s \left(\frac{r_s}{r} \right)^n \tag{3.2.19}$$

式中,r_s 为中心轨道的曲率半径,B_s 为 r_s 处的磁场。桶形场的场值 B_z 沿半径是下降的,下降的情况由指数 n 来决定。

可以导出 $n > 0$,并偏离 $z = 0$ 的平面的磁场径向分量 B_r 的值为

$$B_r = -knz \tag{3.2.20}$$

(3.2.20)式中的负号表示 n 值为正时,B_r 是指向坐标原点的。结合(3.2.20)式和(3.2.18)式可知,当 n 值越大,粒子偏离 $z = 0$ 的平面越远(即 z 越大),则轴向恢复力 F_z 越大,我们把这个轴向恢复力称为轴向聚焦力。只要 $n > 0$ 的场,轴向就是聚焦的。换言之,桶形场是轴向聚焦的。轴向运动稳定的条件为

$$n > 0 \tag{3.2.21}$$

下面讨论粒子在桶形场中的径向运动情况。在桶形场中,径向恢复力是由磁场的轴向分量 B_z 和粒子运动的角向速度 v_θ 决定的,即

$$F_r = ev_\theta B_z \tag{3.2.22}$$

将(3.2.19)式代入(3.2.22)式可得

$$F_r = ev_\theta B_s r_s^n \frac{1}{r^n} \tag{3.2.23}$$

当粒子处于 $r = r_s$ 的中心轨道上时,磁场轴向分量所提供的径向电磁力(洛伦兹力)正好和粒子在此轨道上的旋转所需的向心力相等,即

$$\frac{mv_\theta^2}{r_s} = ev_\theta B_s = F_{rs} \qquad\qquad (3.2.24)$$

粒子可在 r_s 处作圆周运动。

从 (3.2.23) 式可知,当 $n<1$ 时,径向运动是稳定的。因为当 $n<1$ 时,若粒子径向位置 r 大于 r_s,磁场的电磁力(洛伦兹力)大于粒子的离心力,则粒子有靠拢中心轨道的恢复力。反之,粒子径向位置 r 小于 r_s,粒子离心力大于洛伦兹力,粒子轨道有膨胀的趋势,轨道存在一个从内向外的恢复力。可见,径向运动的稳定条件为

$$n < 1 \qquad\qquad (3.2.25)$$

这表明磁场沿径向不能下降太快,若过快,则径向运动不稳定。

综合 (3.2.21) 式和 (3.2.25),粒子在桶形磁场中同时满足轴向和径向运动稳定的条件,可表示为

$$0 < n < 1 \qquad\qquad (3.2.26)$$

满足 $0<n<1$ 的磁场,称为弱聚焦磁场。目前运行的电子同步加速器多半都已发展为强聚焦的或是组合作用强聚焦的。

为了满足谐振加速条件,电子同步加速器的主导磁场需要调变,从低到高,因此它也是脉冲式工作的。电子同步加速器的注入束流一般用电子直线加速器或电子回旋加速器提供,注入束流能量大于 $10 \sim 15$ MeV。由于注入束流已经达到相对论性能量,电子在同步加速器中的回旋频率是不变的,因此加速腔的频率不用调变。

近年来获得迅速发展的电子同步辐射光源(加速器)的束流是不引出来的,而让电子在加速器的环形轨道中长时间运转(如 10 小时甚至更长),这时主导磁场的工作方式稍有不同,当主导磁场的幅值增加到相应束流最高能量时,其保持不变,维持在额定的幅值上,直至人为地将储存的束流"偏掉"为止。图 3.2.17 为运行中的中国科技大学同步辐射光源。

图 3.2.17　中国科技大学同步辐射光源

3.2.5　质子同步加速器

1. 弱聚焦质子同步加速器

在 1944 年维克斯列尔和 1945 年麦克米伦独立发表的《自动稳相原理》的两篇论文中,就

已经提到利用同时调变频率和磁场的方法在恒轨道上加速质子的可能性,即建造后来称之为质子同步加速器的可能性。但由于其技术复杂,实际上开始考虑建造质子同步加速器略晚于电子同步加速器(它只采用调磁场技术)和稳相加速器(它只采用调频率的技术)。

1947 年由美国原子能委员会支持的加州柏克莱实验室和布鲁海汶国家实验室分别开始设计质子同步加速器,1948 年工程建造开始启动。布鲁海汶的加速器先于 1952 年 6 月建成,出束能量达 2.3 GeV。由于它的能量达到宇宙射线的能级,因此称为宇宙射线能级加速器(Cosmotron)。加州柏克莱的加速器于 1954 年建成,最高能量达 6.4 GeV,称为千兆电子伏能级加速器(Bevatron)。Cosmotron 是人类第一台能量达到宇宙线能级的加速器,因此许多原来只能靠宇宙线来进行的高能核物理实验,现在可以在人为控制的条件下进行了。在 Cosmotron和 Bevatron 建造后的十年间,一批能量达到 GeV 以上(弱聚焦)的质子同步加速器纷纷在美、英、法建成,这批加速器的建成把介子物理的研究又推向一个新的高潮。

下面以 Cosmotron 为例,重点介绍质子同步加速器。图 3.2.18 给出了 Cosmotron 的平面示意图。主导磁铁分为四个象限,每个象限中用 250 厘米(10英尺)长的直线段相连,它们分别用于放置偏转系统(作注入用)、高频加速腔、靶室和束测探头。主导磁铁的中心轨道半径为 760 厘米(30 英尺),主导磁场最小值为 300 Gs,调变到最大时为14 000 Gs。磁场上升时间需 1 s,下降时间需 1 s,再停顿 3 s,因此每个加速周期为 5 s。主导磁铁采用 C 形结构,它由热轧软铁片叠焊而成,其磁场对数梯度 n=0.6,因此是弱聚焦型加速器。其高频加速系统频率的调节范围为 0.35 MHz

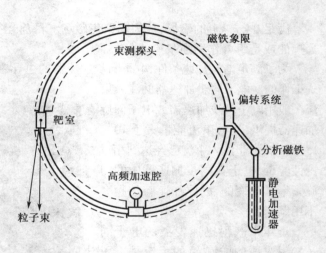

图 3.2.18　美宇宙射线能级加速器(Cosmotron)
平面示意图

到 4.2 MHz,分别对应束流注入时和引出时的谐振加速频率。

2. 强聚焦原理的提出及强聚焦同步加速器

20 世纪 40 年代末和 50 年代初是加速器获得迅速发展的时期,1952 年夏天,美国布鲁海汶国家实验室建成 2.3 GeV(弱聚焦)质子同步稳相加速器(Cosmotron)时,大家都很关心,因为它是世界上第一台 GeV 能级的加速器,西欧核子研究中心 CERN 也正准备以 Cosmotron 为原型,放大 4~5 倍,设计一台 10 GeV 的质子同步加速器。他们打算派代表到布鲁海汶去参观。负责 Cosmotron 设计、特别是磁铁设计的列文斯顿为了准备欧洲人的来访,觉得有必要重温一下 Cosmotron 设计的特点。他们当时已经知道 Cosmotron 在升能到高磁场时(即加速周期的后期),磁铁存在饱和效应(桶形场分布变得更"鼓"),n 值上升,限制加速器真空室内束流有效利用孔径,甚至 $H=12\,000$ Gs 时,n 上升到 0.8。这使里文斯顿思考出路在哪里? CERN 按此为蓝本去设计,好不好?

我们将当时正在建造的三台质子同步加速器的能量及磁铁质量关系说明如下:英国伯明翰 1 GeV,铁 180 t;美国布鲁海汶 3 GeV,1 650 t;美国柏克莱 6.4 GeV,10 000 t;此外,西欧 CERN 拟建造的 10 GeV,估计用铁 35 000 t。磁铁质量大体随加速器能量呈平方关系增长。

里文斯顿当时为了补偿在高磁场时的饱和效应,提出能否把 C 形磁轭交替地从轨道内侧移到轨道外侧。两者相间排列,以使相邻磁铁的后足饱和效应能得以部分补偿并有利于消除磁场形状的边缘效应,从而扩大加速器有用孔径,增加工作磁场。然而,这会导致重要问题。我们知道,C 形铁面向外,n 为正,而铁面向内,n 为负,这出现一个 n 值正负交替排列的新问题。上面已经讲过,为了同时满足径向和轴向运动稳定性,n 值必须满足 $0<n<1$ 的条件。而要 n 值正负交替,横向运动稳定性能否满足? 里文斯顿连夜让他的研究生柯朗特(Conrant E D)进行分析计算,当时取值 $n_1=-0.2,n_2=+1.0$,平均值仍为 $n=0.6$(Cosmotron 的工作点)。柯朗特意外地发现,轨道稳定性不但没有破坏反而改善了。其后进一步把 n 值提高到 $n_{1,2}=\pm10$,计算表明,得到更强的聚焦效果,粒子自由振荡的振幅更小。之后,斯内得(Snyder H S)也参加了理论工作,结果表明,n 值正负交变,即使插入直线段(以安装注入、引出、高频、真空元件等),也有可能找到横向运动稳定的条件。

美国人把这个新概念介绍给欧洲同行,欧洲科学家很感兴趣,为这个概念所打动。当时估计,若采用这一新概念,拟用于建造一台 10 GeV 加速器的钱,就可以用来建造一台 30 GeV 的加速器,这刺激起他们对交变聚焦轨道稳定性研究的热情。因为如果这种 $|n|\gg1$,而且 n 正负交变的概念得以成功,自由振荡的振幅大为减小,有可能应用截面小得多的真空室,以及更小、更便宜的磁铁,还可以大大节省励磁功率。欧洲人的进一步研究发现,问题并没有如此乐观,他们发现存在共振线问题。如果粒子的自由振荡频率等于粒子回旋频率整数倍时,就会发生共振,粒子很快会掉失。其后的进一步研究终于拨开了云雾,指出只要仔细设计磁铁聚焦系统排列方式和严格控制 n 值的公差,讨厌的共振线问题是可以避免的。

图 3.2.19 给出了 n 值交变的同步加速器磁极截面布置示意图,图中可见正负 n 的磁极面的形状。由于这种 n 正负交变的磁场结构对粒子横向运动具有强得多的聚焦力,它的自由振荡频率大大加快,而振幅大为减小,人们称之为交变聚焦的强聚焦

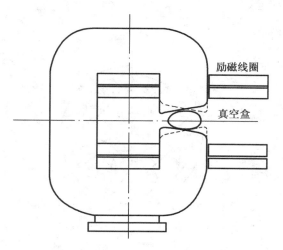

励磁线圈

真空盒

图 3.2.19　交变梯度聚焦磁铁结构示意图

结构,称这类加速器为强聚焦加速器。

在上述工作的基础上,CERN 首先于 1959 年建造第一个强聚焦质子同步加速器(习惯上称为 PS),铁量 3 000 t,为原计划的1/10,能量达 28 GeV。其后,1960 年美国布鲁海汶自身也建成一台 33 GeV 类似的加速器(习惯上称为 AGS),用铁 3 400 t。由于强聚焦原理的发现,加速器能量在短短六年间,又提高了一个数量级(由 3.0 GeV 至 33 GeV)。

3. 分离作用强聚焦同步加速器

上述介绍的强聚焦加速器是一种组合作用强聚焦加速器,所谓组合作用是指环形加速器的主导磁铁同时承担偏转和聚焦两种功能。这种结构在进一步提高加速器能量时,仍有一定的限制。采用强聚焦原理时,在一定程度上缓和了比较突出的矛盾,但仍然存在两方面的限制:

(1)当磁场强度升到最大值附近时,磁极面之间距离较近的一侧,磁场容易饱和,限制了中心轨道磁场强度的提高;

(2)保证 n 值满足要求的好场区具有一定尺寸时,磁极偏大,从而增加了磁重及成本。

解决问题的一种办法,就是把偏转和聚焦的功能分别由不同部件来承担。例如用极面平行、均匀的磁铁承担偏转粒子的功能,而聚焦功能由磁四极透镜组合来实现。

这种分离作用强聚焦原理,于 1957 年我国加速器工作者在前苏联联合核子研究所工作时就提出过,但一直没有被采纳。国际上第一台分离作用强聚焦加速器是美国费米国家实验室的 500 GeV 质子同步加速器,于 1972 年建成。另一台是欧洲核子研究中心(CERN)400 GeV 的机器,称为 SPS,于 1976 年建成。下面扼要介绍分离作用强聚焦加速器中起聚焦作用的磁四极透镜聚焦系统。

磁四极透镜聚焦系统至少由一对 N,S 极反置的四极磁铁组成,图 3.2.20 给出一对 N,S 四极磁铁结构剖面示意图。

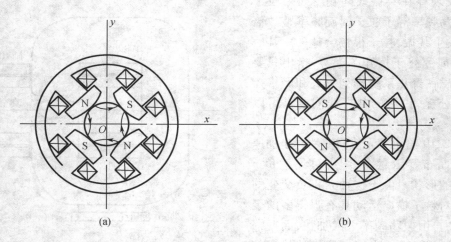

图 3.2.20　磁四极透镜组成结构剖面示意图

在磁四极透镜中,磁场没有轴向(z)分量,即 $B_z = 0$,束流在 z 轴附近通过四极透镜。真空管道插入四个磁极之间,磁力线分布如图 3.2.20 所示,磁场分量 B_x,B_y 可表示成

$$B_x = k \cdot y \tag{3.2.27a}$$
$$B_y = k \cdot x \tag{3.2.27b}$$

可见,在轴上 $B_x = B_y = 0$,在图 3.2.20(a)透镜中,$k > 0$,在图 3.2.20(b)透镜中,$k < 0$。如果粒子严格沿 z 轴通入透镜,没有遇到磁场,也没有受力的作用,继续向 z 轴前进,偏离 z 轴的粒子就会受到(3.2.27)式表示的磁场的作用,作用力的大小由洛伦兹力决定。以图 3.2.20(a)为例,粒子(电荷为 q,符号为正,速度为 v_z)在 $x = 0$,$y > 0$ 某处进入四极透镜。粒子在 B_x 的作用下,将受到一个向下即向 z 轴的作用力(聚焦力)。粒子出第一个透镜之后,经一段漂移进入第二个四极透镜,该透镜磁极极性 N,S 反置(图 3.2.20(b)),所以在 B_x 的作用下将受到一个向上,即离开 z 轴的作用力(散焦力)。粒子受聚焦 – 散焦透镜组的联合作用(图 3.2.21),在满足一定的条件下,会得到强聚焦的效果。这种强聚焦作用和光学透镜是类似的,我们用光学薄透镜的焦距公式来说明。第一透镜为聚焦透镜,$f_1 > 0$,第二透镜为散焦透镜,$f_2 < 0$,组合透镜的焦距 F 为

$$\frac{1}{F} = \frac{1}{f_1} + \frac{1}{f_2} - \frac{s}{f_1 f_2} \tag{3.2.28}$$

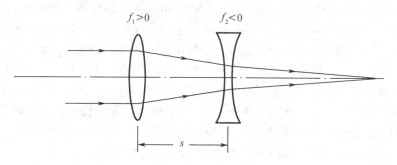

图 3.2.21　交变聚焦透镜组的聚焦作用

从(3.2.28)式可知,只要 $(s - f_1 - f_2) > 0$,组合透镜就是聚焦的。如取 $|f_2| = |f_1|$,则得聚焦透镜的焦距为

$$F = \frac{|f_1|^2}{s} \tag{3.2.29}$$

粒子若从 $y = 0$,$x > 0$ 某处进入四极透镜组合,则情况相反,是先散,后聚,总的效果还是聚焦的(这时,$f_2 > 0$,$f_1 < 0$)。即使从 $x \neq 0$,$y \neq 0$ 的地方进入时,最后的情况也是聚焦的。

分离作用强聚焦原理取得良好的效果。美国费米国家实验室大体只用了美国布鲁海汶实验室建 AGS(33 GeV)一半的钱,建成了能量高达 500 GeV 的高能质子分离作用强聚焦加速器(Tevatron)。自此以后,高能环形加速器大都采用分离作用强聚焦结构。

3.2.6　带电粒子对撞机

应用分离作用强聚焦原理，美国费米国家实验室（FNAL）于 1972 年建成强聚焦质子同步加速器，Tevatron。它最初加速的质子能量为 400 GeV，后来能量提高到 1 000 GeV，耗资达 2.5 亿美元；西欧核子研究中心（CERN）于 1976 年建成另一台能量最高的强聚焦质子同步加速器 SPS，该加速器主环周长约为 6.9 km，耗资达 3.5 亿美元。它们的建成为高能物理的研究提供了强有力的工具。然而，高能物理的实验并不满足于它们所能提供的束流能量，那么出路在哪里？

无论是 Tevatron，还是 SPS，被加速的质子束流最后都是轰击静止的固定靶。设质子束的能量为 E_1，而固定靶中的质子是"不动的"，其总能量就是它的静止能量 E_0（0.938 GeV），则 E_1 的质子轰击 E_0 的质子时的相互作用能为 $\sqrt{2E_1 E_0}$。如 400 GeV 质子和"静止"的质子碰撞时，相互作用能只有 27.4 GeV。为满足高能物理在能量方面的进一步要求，若要把相互作用提高一百倍，则要将加速器能量提高 10^4 倍。这样加速器直径也要提高约 10^4，达到 10^4 km 数量级，比地球的直径还要大。

根据物理知识，我们知道如果两个动能为 E_1 束流头对头对撞，则它们对撞的相互作用能为 $2E_1$。若同样设 $E_1 = 400$ GeV，则相互作用能为 800 GeV，和打静止靶相比，相互作用能提高了 29 倍，与 340 000 GeV 的加速器相当，即相当于把加速器能量提高了约 850 倍，这是很大的突破。利用束流对撞来提高相互作用能的想法不是到 20 世纪 70 年代才提出来的，而是在 20 世纪 50 年代就想过。但是由于当时加速器束流太弱，发射度又比较大，对撞的概率远低于和固定靶相互作用，因此当时实际上不可能建造有意义的对撞机。到了 20 世纪 70 年代，加速器技术有了很大的发展，使建造对撞机成为可能，但必须解决如何提高在储存环加速器束流强度以及同时降低束流的发射度。我们知道对撞机的亮度 L 正比束流强度 I 的平方，反比于束流两个横向（水平和垂直）方向 RMS 束团尺寸的（σ_x, σ_y）乘积，即

$$L = \frac{KI^2}{\sigma_x \cdot \sigma_y} \tag{3.2.30}$$

要把储存环中的束流强度提高，就要将注入的储存环的束流积累起来。而要能积累，就要有效地降低束流的横向和纵向的发射度，压缩束团横向尺寸。应用热力学的语言，就是将束流纵向和横向方向"热运动"（即分散性）"冷却"下来，为此前苏联、美国和西欧都在研究束流冷却技术。20 世纪 70 年代和 80 年代末，西欧核子研究中心（CERN）着手将 400 GeV 分离作用的强聚焦加速器改为 2×270 GeV 的质子－反质子对撞机，并于 1981 年改成；美国费米国家实验室（FNAL）也于 1983 年开始将其 500 GeV 的分离作用质子同步加速器 Tevatron 改为对撞机，目标为 1 TeV 的质子和 1 TeV 的反质子对撞（2×1 TeV），称为 Tevatron－Ⅰ。这两个加速器组合都采用了"电子冷却"和"随机冷却"技术。

两个小组同时利用 CERN 的 2×270 GeV 的质子－反质子对撞机于 1983 年发现了弱电统

一理论所预言的传递带电弱相互作用的中间玻色子 $W^{\pm}$，以及传递中性流弱相互作用的中间玻色子 Z^{0}，从而用实验证明电磁相互作用和弱相互作用可用一个统一理论框架来描述。

自 20 世纪 80 年代之后，不同类型的对撞机已构成高能加速器的主流。早期比较著名的有美国 SLAC 的 SPER，德国汉堡 DESY 的电子 – 质子对撞机 HERA，CERN 的 SPPS，美国费米实验室的 Tevatron – I。SPER 是正负电子对撞机，正负电子束对撞不需要"冷却"技术。目前世界上能量最高的对撞机是在建的 CERN 的 LHC，其质子 – 质子对撞的能量为 2×7 TeV。

我国于 1988 年建成国际上 J/Ψ 能区亮度最高的正负电子对撞机 BEPC，对撞能量可在 2.2 ~ 2.8 GeV 范围内变化，图 3.2.22 给出 BEPC 的示意图。为提高亮度，它改为双环对撞方案，于 2009 年 7 月升级为 BEPC II，其亮度于 2010 年底达 0.52×10^{33} cm^{-2}·s^{-1}，仍为国际上该能区亮度最高的正负电子对撞机。它的对撞亮度还要提高到 1×10^{33} cm^{-2}·s^{-1}。

上面介绍了现有加速器的主要发展脉络及其简要的工作原理。其实，正如在本章第一节所提到的，加速器种类还很多，如用感应涡旋电场加速电子的电子感应加速器，用感应电场按直线轨道加速电子的感应直线加速器，在直线型加速器中有射频四极场（RFQ）加速器等。比较著名的就有近 30 种，近 20 年来，还出现各种变种，以适应不同应用的需要，在此不一一赘述。

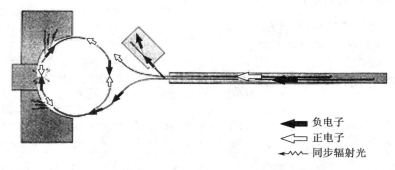

图 3.2.22　北京正负电子对撞机组成的示意图

图 3.2.23 给出了 30 多年来，对撞机的发展情况。

自加速器问世至今的 70 多年间，人们从未放松过对新加速方法和新加速技术的追求，只要可能对加速有意义的电场，都试图用以加速粒子。在 20 世纪 50 年代中期之后，又陆续研究用各种集体效应形成的电场进行加速的可能性，如 50 年代的"相干加速原理"，60 年代的电子环加速器，80 年代的"尾场加速器"，"等离子体拍波加速器"等。在 60 年代，当高功率激光出现时，人们马上就想能否用激光电场来加速粒子呢？如何提供一个激光的轴向电场，又如何提供一个横向有聚焦作用的激光电磁场，这些问题长时间困扰着人们。但近年来随着超强（数十 TW）超短（亚 ps 甚至数十 fs）脉冲激光的出现，情况有了戏剧性的变化。研究表明，一个超强超短的驱动束（激光束或电子束）通过一个等离子通道，会在其中激起很强等离子体尾场（Plasma Wakefield），它的加速梯度比常规加速结构的要高 3 ~ 4 个数量级，可达 10 ~ 100 GeV/

m,此机制有望把粒子加速到高能,这在国际上成为研究的新热点。研究热潮首先在 2004 年出现,国际上著名的杂志《自然(Nature)》在该年同一期上同时发表了美、英和法国三个研究小组分别用激光通过等离子体通道得到 100 MeV 级的准单能电子束的实验结果。随后标志性的成果还有美国 LBNL 国家实验室在 2006 年利用 40 TW 的超强超短激光脉冲通过 3.3 cm 长的等离子体通道,获得了 1 GeV 的准单能电子束;同年,美国 SLAC 国家实验室利用 42 GeV 超相对论性 50 fm 长的电子束通过 85 cm 长的锂蒸气等离子体通道,受等离子体尾场的加速作用,束团尾部有少量电子获得 42 GeV 能量增益,加速梯度达 52 GeV/m。至于激光等离子体尾场加速质子的实验在 2006 年也有重要突破,获得了数 MeV 的准单能质子。现在已经在讨论如何应用这些等离子体尾场加速的电子、质子甚至可能的离子了。

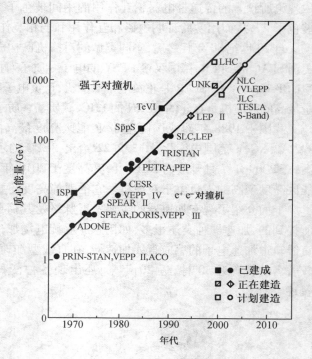

图 3.2.23　国际上近 30 年来对撞机的发展情况

毫无疑问,各种新加速原理的研究工作还会持续,追求永远也不会停止。

几十年来最成功的加速器新技术的应用,应该是超导加速腔和超导磁体。目前德国 DESY 实验室的铌超导腔的加速梯度可达 25 MeV/m,目前超导单腔加速梯度已达 50 MeV/m;西欧核子研究中心已经建成的 LHC 超级对撞机,其超导磁铁的超导磁场达 8.5 T。

3.2.7　加速器发展历史上三个里程碑

在粒子加速器发展历史上有三个重要的里程碑,它们分别是自动稳相原理和强聚焦原理的发现以及粒子对撞机的出现。

加速器种类繁多,但如前所述,在原理上其必须解决两个问题:一个是粒子在加速方向上(纵向)的运动稳定性问题;另一个是粒子的横向运动稳定性问题。

(1)用时变电场加速粒子时,无论粒子运动轨道是圆形还是直线形,都必须满足谐振加速条件,或同步加速条件。对非理想粒子,要存在一个平衡相位(ϕ_s),在 ϕ_s 前后一个相位范围内穿越加速缝的粒子都能围绕平衡相位作稳定的振荡(称为相振荡)。粒子在准同步条件下不断加速。这是纵向运动稳定性问题。

（2）粒子在垂直于理想轨道（中心轨道）的方向（横向）运动有偏离时（横向偏离开理想轨道），加速装置本身能提供一种恢复力（电磁力），使偏离理想轨道的粒子有回到理想轨道的趋势，不致发散、丢失，能围绕理想轨道作稳定的横向振荡（称为自由振荡）。这是横向运动稳定性问题。

第一个要回答的问题是粒子能得到持续加速的条件是什么；第二个要回答的问题是粒子横向不丢失的条件是什么，常称聚焦问题。对这两个基本问题，在加速器发展史上人们发现了两个有里程碑意义的原理——自动稳相原理和强聚焦原理。

前面已经提到自动稳相原理是维克斯列尔和麦克伦分别独立地于 1944 年和 1945 年发表的。在他们的论文中阐述了用调频方法加速重粒子（在圆形轨道），用增加磁场的方法加速电子（在环形轨道），以及同时改变频率和磁场的方法在恒定轨道上加速质子的可能性，并指出上述这几种谐振加速器中都存在自动稳相现象。一部分不满足严格谐振加速条件的粒子，其加速相位会自动地围绕理想粒子的相位（平衡相位 ϕ_s）作稳定的相振荡，使加速得以持续。

下面以稳相加速器为例说明自动稳相原理。假设加速器粒子的理想轨道为圆形，理想粒子的总能量（总能量等于动能加静止能量，$\varepsilon_s = T + m_0 c^2$）为 ε_s，理想粒子的回旋周期为 T_s。设非理想粒子的能量比理想粒子大 $d\varepsilon$（$\varepsilon = \varepsilon_s + d\varepsilon$）时，非理想粒子回旋周期比理想粒子长，为 $T_s + dT_c$，dT_c 和 $d\varepsilon$ 之间满足

$$\frac{dT_c}{T_s} = \Gamma \frac{d\varepsilon}{\varepsilon_s} \tag{3.2.31}$$

设 $\Gamma > 0$，这表示非理想粒子能量与理想粒子能量相比，有一增量 $d\varepsilon$ 时，非理想粒子回旋周期要增加，即有一增量 dT_c，回旋频率要减慢。

设理想粒子的平衡相位为 ϕ_s（$\phi_s > 0$），若一非理想粒子某次通过加速缝时的相位为 ϕ_i，$\phi_i < \phi_s$（但当时它的能量却恰好等于理想粒子的能量）。经过这一次加速后，这非理想粒子的能量增量为 $eV_a \cos\phi_i$（V_a 为加速缝电压），而理想粒子的为 $eV_a \cos\phi_s$，因为 $\phi_i < \phi_s$，所以 $d\varepsilon_1 > 0$。从（3.2.31）式可知，$dT_c > 0$，即非理想粒子要转得慢。下一次过加速缝时的相位 ϕ_1 要大于 ϕ_i，向 ϕ_s 靠（如图 3.2.24 所示）。粒子的能量本来有一个增量 $d\varepsilon_1$，第二次过加速缝时，又多了一个 $d\varepsilon_2$（$d\varepsilon_2 = eV_a \cos\phi_1 - eV_a \cos\phi_s$），因此粒子转得更慢；第三次过加速缝时的相位为 ϕ_2，$\phi_2 > \phi_1$，继续向 ϕ_s 靠拢。其后到某一时刻，会满足 $\phi_n = \phi_s$。在那一瞬间，非理想粒子从加速腔获得的能量等于理想粒子。但由于以前各次加速过程的能量积累，非理想粒子的能量 $\varepsilon > \varepsilon_s$，继续慢转，所以过加速缝的相位（$\phi_m$）继续向更大的方向移，而出现 $\phi_m > \phi_s$ 的情况。此时过加速缝，能量增量会小于理想粒子，而使粒子相位的移动速度得到扼制，最后出现非理想粒子的能量等于理想粒子能量的情况，记这时相位为 ϕ_f，但这时非理想粒子不可能停留在 ϕ_f 上，因为过加速缝时，能量增量比理想粒子小。非理想粒子能量小，转得快，下次过加速缝时，其相位反过来向 ϕ_s 靠拢。加速相位进一步向 ϕ_s 移，移到相位等于 ϕ_s 时也停不下来。总之，这个过程不断持续下去，不断围绕平衡相位 ϕ_s 作振荡（可以证明这种振荡是逐渐阻尼的）。非理

想粒子就是在这种相振荡过程中得到加速。平衡相位的选取与(3.2.31)式的 Γ 值有关。Γ >0 的加速器,平衡相位应选在加速场波峰之后;Γ<0 的加速器,平衡相位应选在加速场波峰之前。这就是自动稳相原理的形象说明。

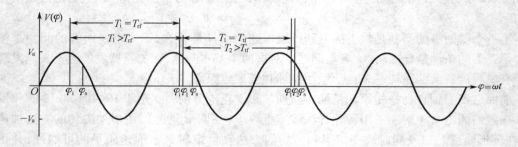

图 3.2.24　自动稳相过程的示意图

　　如上所述,自动稳相原理的发现及二战中各种技术的发展,为加速器发展准备了条件。在随后的两三年间,最重要的几种谐振加速器相继出现,这包括稳相加速器、电子同步加速器、质子同步加速器、行波电子直线加速器、质子直线加速器,这迎来了加速器发展的新高潮。从1944 年到 1952 年的短短 8 年间,加速质子能量提高 100 多倍。自动稳相原理的发现为加速器的发展作了重要贡献。

　　第二个对加速发展有里程碑性贡献的是强聚焦原理的提出,它用很巧妙的方法解决粒子横向运动的聚焦问题。在 3.2.5 小节中已叙述了柯朗特、里文斯顿和斯内得发现强聚焦原理的过程。这一原理的发现使加速器质子最高加速能量从 1954 年初的 3.0 GeV(Cosmotron)提高到 1960 年的 33 GeV(BNL),短短六年提高了 11 倍。

　　强聚焦原理的提出也很好地说明了加速器理论在加速器发展中的意义。从柯朗特的初步工作揭示磁场梯度正负交替排列可以有助于增加横向运动稳定性开始,整个工作都是在理论工作牵头指导下进行的,从不同角度阐明了这种原理的合理性。而且斯内得的工作更指出,这是一个更普遍的原理的特例,这个原理是:在许多力学、光学和电学的系统中,在迅速交变的力的作用下,会产生动力学的稳定性。当然这种稳定性是有条件的。美国和欧洲的很多加速器物理学家还对强聚焦原理进行了大量的理论研究,诸如共振线问题、公差要求、非线性效应,还有建造高能质子加速器会遇到的平衡相位跃迁的问题。以前许多新加速原理出现时,都先用一些小模型来验证,而强聚焦原理则不然。作为交变梯度强聚焦原理奠基地的布鲁海汶实验室一开始就将应用此原理建造的加速器能量定在 25 ~ 35 GeV 的范围(即把能量提高 10 倍为目标);集中欧洲力量组建的欧洲核子中心(CERN)也是将应用此原理建造一台强聚焦质子加速器,称为 PS,其能量目标定在 25 ~ 35 GeV。这不能不讲是理论工作的功劳,它使科学家有胆识,有信心把加速器能量推向一个新的阶段。上述这两台加速器的顺利建成更是证明了强聚焦原理的正确。在这种交变梯度组合作用磁铁系统的基础上,到 20 世纪 60 年代末和 70 年代初,又发展起分离作用强聚焦原理,前面已讲述过,在此不再赘述。

自 20 世纪 50 年代末至今,几乎全部高能环形加速器、储存环、同步辐射光源、(加速器)粒子对撞机等都采用强聚焦原理。强聚焦原理的提出在加速器发展史上是里程碑性的。

第三个对加速器发展有里程碑性贡献的是粒子对撞机的出现。加速器技术的进步,使对撞机的思想能付之实现,从而使束流对撞亮度能数十倍的提高。没有对撞机的出现,就不可能有近 30 年来高能物理实验所取得的成就。这些典型的成就包括 1974 年里克特教授等人利用美国斯坦福加速器中心(SLAC)的 4 GeV 正负电子对撞机(SPEAR)发现了 J/Ψ 粒子,证实了第四类夸克的存在。因此,他和丁肇中分享了 1976 年诺贝尔物理学奖;其后马丁·皮埃尔又在其上发现了 τ 重轻子,为此获 1988 年诺贝尔物理学奖;1979 年丁肇中先生还利用德国汉堡 DESY 实验室 PETRA 正负电子对撞机证实了胶子的存在;上面提到过,1983 年西欧粒子中心(CERN)在 SPS 上利用 2×270 GeV 质子 – 反质子对撞机发现了中间玻色子 $W^{\pm}$,Z^0,为此,鲁比亚和范德梅尔获 1984 年诺贝尔物理学奖;1995 年在美国费米国家实验室 2×1 TeV 超导质子对撞机 Tevatron – Ⅰ 上发现了标准模型所预言、而长期未被发现的 τ 夸克;2003 年在北京正负电子对撞机上还发现了一种新的粒子态。

这些成果都是粒子对撞机的功劳,相信在可以预见的未来,粒子对撞机还将在高能物理领域起到重要作用。

3.3　粒子加速器几个主要应用领域

3.3.1　粒子加速器对人类认识微观世界的重要贡献

人类进入文明以来,从没放弃过对物质世界认识的追求,从古希腊的朴素唯物主义者认为世界是由土、气、火、水组成,到中国古代的所谓金、木、水、火、土五行,都是在思索世界究竟是由什么基本要素组成的。至于组成世界的最小单位,我国战国时期的哲学家惠施(约公元前 350 年)提出:"至小无内,谓之小一",即讲"有一种不能再小的东西,叫做小一"。古希腊的哲学家德谟克里特(约公元前 460 ~ 370 年)把最小的物质叫做原子。无论是"小一"或是"原子",他们讲的都是一个意思。至于"小一"或"原子"实质是什么,由于科学手段不够,长期以来只能停留在哲学概念上。到了 19 世纪末期,X 射线和电子的相继发现,又促使人们从科学意义上去探索组成物质世界的最小单元是什么,它们之间靠什么力相互联系在一起。下面主要介绍粒子加速器在这两个基本问题上的重要贡献。关于在 20 世纪 50 年代中期以前粒子加速器在其中的贡献前面已经叙述过了,这里不再重述。

自 1952 年利用美国布鲁海汶实验室 2.3 GeV 弱聚焦质子同步加速(Cosmotron),美国加州辐射实验室 6.4 GeV 弱聚焦质子同步加速器(Bevatron)以及前期建成的一批稳相加速器相继发现了一大批认为是基本粒子的介子。到 20 世纪 50 年代,用加速器却"打"出了近 50 种此类"基本粒子",诸如 $\pi^\pm$,π^0,$\overline{\Lambda}^0$,Σ^-,Ξ^-,Σ^+,Ξ^0,K^0……其中有我国著名核物理专家王淦昌参与下,1959 年在前苏联 10 GeV 的质子同步加速器发现的反 Σ 负超子($\overline{\Sigma}^-$)。难道几十种"基本粒子"都是基本的吗？1960 年美国的阿尔瓦雷发现这些"基本粒子"存在共振态(他为此获 1968 年诺贝尔物理学奖),这更促使人们在化学周期表的启发下,思考能否将它们按照一定的对称性规律予以排列。1961 年美国的盖尔曼发现"基本粒子"排列的确存在某种周期性,从而建立 SU(3)对称性理论,将"基本粒子"进行分类。1964 年他在 SU(3)模型基础上,正式提出夸克假设,认为中子、质子、介子都是由夸克组成的,夸克靠一种强相互作用力结合在一起。按照这种想法,应当还存在一种未发现的"基本粒子"——Ω^- 超子(介子的一种)(因为按"周期表"空了一个位置)。果然,1964 年在美国布鲁海汶实验室 33 GeV 强聚焦质子同步加速器 AGS(当时世界上能量最高的加速器)上发现 Ω^-,证明周期性的存在,SU(3)模型得以确认。

另一方面,1955 年美国物理学家霍夫斯塔特教授利用斯坦福直线加速器中心(SLAC)新建成的 1 GeV 电子直线加速器 MARK Ⅲ 加速的高能电子对核子(质子和中子)进行散射实验,探测到质子和中子内部电荷、磁矩分布,揭示了核子有内部结构,不是一个质点,且具有一定的大小(0.7×10^{-13} cm)(他据此获 1961 年诺贝尔物理学奖)。

1962 年人们又发现了中微子有两种,即 μ 子型中微子(ν_μ)和电子型中微子(ν_e)。人们把电子及电子型中微子看成一对伴侣,把 μ 和 μ 子型中微子看作另一对伴侣,并把它们称作轻子(由于 e,μ,ν_e,ν_μ 的质量远小于核子,人们把他们称为轻子),记成以下的对称形式：

$$\begin{pmatrix} \nu_e \\ e \end{pmatrix} \qquad \begin{pmatrix} \nu_\mu \\ \mu \end{pmatrix}$$

1964 年提出"夸克"模型时,人们认识到"夸克"有三种：u(up),d(down),s(strange)。对比轻子的排列,按照与当时有关实验结果的比较和宇宙是对称的设想,可以把原有的上述三种夸克扩展为可能存在第四夸克的设想,称其为 c(charm),并排列成：

$$\begin{pmatrix} u \\ d \end{pmatrix} \qquad \begin{pmatrix} c \\ s \end{pmatrix}$$

是否存在 c 夸克,成为当时大家很关心,也是一个很重要的问题。

1974 年丁肇中在美国布鲁海汶实验室(BNL)33 GeV 的弱聚焦质子同步加速器(AGS)上发现新的超重介子,被称为 J 粒子。同年里克特(Richter)在美国斯坦福加速器中心建成的 e^+,e^- 电子对撞机(质心能量为 4 GeV)上也发现了一种新的超重介子,被称为 Ψ 粒子。后来知道,它们是同一粒子,记为 J/Ψ 粒子。分析它的特性,表明 J/Ψ 是 $c\bar{c}$ 束缚态,的确存在第四种夸克(c)。为此丁肇中和里克特于 1976 年获诺贝尔物理学奖。

还有没有新的夸克？其时(1976 年)正好美国费米国家加速器实验室(FNAL)500 GeV 分离作用强聚焦质子同步加速器建成(它是当时国际上能量最高的加速器)。它并没有辜负人们的期望。1977 年夏天,莱德曼教授领导的小组在其上发现了一种比 J/Ψ 粒子更重的介子,称为 Y(Upsilon)粒子。分析它的特性表明存在第五种夸克,可能是另一代的代表,称其为 b （bottom）夸克。这时人们预言对应还应存在第六种夸克，暂称其为 t（top）夸克，并把夸克的组成分成三代，周期性地排成：

第一代　　　　　第二代　　　　　第三代

$$\begin{pmatrix} u \\ d \end{pmatrix} \qquad \begin{pmatrix} c \\ s \end{pmatrix} \qquad \begin{pmatrix} t \\ b \end{pmatrix}$$

这种对基本粒子认识的模型一直延续至今。如果这种模型成立，则还应能找到 t 夸克。然而要证实 t 夸克，必须要能量高得多的加速器。美国费米国家加速器实验室 500 GeV 加速器隧道中装上超导磁铁，以提高加速器能量，建立 $2 \times 1\ 000$ GeV 超导 p$\bar{\text{p}}$（正反质子）对撞机。其后经过长时间实验，终于在 1995 年证实了 t 夸克的存在。对第三代夸克的认识，暂时划上了一个句号。

夸克之间的相互作用遵从强相互作用理论，描写强相互作用的理论是量子色动力学，常称为 QCD 理论。按照 QCD 理论的描述，夸克之间靠交换胶子而成为强子（如中子、质子、介子等各种核子）。是否真有胶子存在也是人们关注的问题之一。1979 年丁肇中领导的小组在德国 2×19 GeV e^+，e^- 电子对撞机 PETRA 上，发现正负电子湮灭产生了三喷注，其中两个是夸克和反夸克，第三个喷注是胶子，从而间接证实了胶子的存在（然而到目前为止，尚没有找到自由的"胶子"和自由的"夸克"）。

上面已经讲到，构成物质世界的最基本单位除了参与强相互作用的夸克之外，还有一类称为轻子，它只参与弱相互作用。

随着高能加速器出现而发展起来的高能物理实验和高能物理理论的发展，人们逐渐认识到弱相互作用和电磁相互作用有很多相似之处。格拉肖（Glashow）、温伯格（Weinberg）和萨拉姆（Salam）分别于 1961，1967，1968 年提出和发展了弱作用和电磁作用的统一理论，称为电弱统一理论，有时也称为 W – S 模型。该模型认为弱作用和电磁作用可以用一个统一理论来描述，弱相互作用力和电磁作用力是相互联系着的。电弱统一理论认为这两种作用都是通过自旋为 1 的规范粒子传递相互作用的：电磁作用的传递者是光子（γ）；弱作用的传递者是中间波色子（$\text{W}^\pm$，Z^0）。

电弱统一理论对不对，也要利用高能加速器的高能物理实验来检验。首先在 1973 年，在西欧核子研究中心（CERN）的 28 GeV 强聚焦质子同步加速器（PS）上发现了参与弱作用的"中性流"，这正是弱电统一理论所预言的。这个发现对弱作用理论的发展起到了推动作用。然而要证明弱电统一理论的正确性，最好是直接找到 W^+，W^- 和 Z^0。

当时理论上指出，$\text{W}^\pm$，Z^0 的静止质量大体上是居于 $83 \sim 93$ GeV/c^2 之间，因此要产生 $\text{W}^\pm$，Z^0 的核子，核子作用能要达 100 GeV 以上。而当时世界上最大的两台质子加速器是美国费米国家实验室（FNAL）的 500 GeV 质子同步加速器和西欧核子研究中心（CERN）的 400 GeV 分离作用强聚焦加速器（SPS，1976 年投入使用）。如果用它们加速的高能质子束打静止靶的话，有效作用能只有 $25 \sim 30$ GeV，达不到 $83 \sim 93$ GeV 的范围。于是人们想到对撞机，直接让核子和核子对撞，如质子和反质子对撞。对撞思想能否实现的关键是束流的对撞亮度要高，对撞亮度(L)也可近似地视为和相对撞的束流强度(I^+, I)乘积成正比,和束流的发射度的乘积 σ^+, σ^- 成反比。

当时 CERN 提出将 400 GeV 的 SPS 加速器改为 2×270 GeV 正反质子($p, \bar{p}$)对撞机,这样有效作用能为 270 GeV $\times 2 = 540$ GeV(远高于打静止靶),产生 $W^{\pm}, Z^0$ 的能量是够了,问题是如何提高亮度。特别是用反质子($\bar{p}$)束,困难更大。因为 $\bar{p}$ 是通过质子束(p)打几厘米厚的钨靶来获得的。在这一过程中所产生的 $\bar{p}$ 束,发散得很严重(发射度很大),无法有效加速,更无法实现对撞。这时(1976 年初),CERN 采用前苏联科学家提出的"电子冷却技术"来降低 $\bar{p}$ 的发射度。果然,"电子冷却"对能量较低的 $\bar{p}$ 束冷却有效,但对高能 $\bar{p}$ 束仍不起作用。为此,CERN 的范·德·梅尔(Meer S V D)提出"随机冷却"的新方法。以此两种技术为支柱,1981 年 CERN 实现了 2×270 GeV $p\bar{p}$ 束成功对撞。经过两个小组两年的努力,终于在 1983 年鲁比亚(Rnbbia Carlo)领导的小组,发现了 $W^{\pm}, Z^0$。为表彰 $p\bar{p}$ 成功对撞并获得重要发现,于 1984 年授予致力于此工作的 Rubbia C 和 Meer S V D 诺贝尔物理学奖。这一成功使电弱统一理论获得决定性的支持。

我们还记得 17 世纪牛顿提出万有引力理论,统一了天体之间相互吸引力和自由落体的地心吸力,树立了有关物质之间相互作用力认识的第一个里程碑。

19 世纪麦克斯韦提出了电磁场理论,统一了电力和磁力,认为电磁作用是统一的,也就统一了电磁波和光波,树立了第二个里程碑。

19 世纪末 20 世纪初,以爱因斯坦为首的一批卓越的物理学家创立相对论与量子力学,打开了认识微观世界的大门,揭示微观物质运动的规律,为更深层次认识物质世界指明了方向,也为力的本质的认识树立了第三个里程碑。

近代 20 世纪 70 年代格拉肖、温伯格、萨拉姆提出电弱统一理论,统一了弱相互作用和电磁相互作用,他们获得 1979 年诺贝尔物理学奖。电弱统一理论的确认,为物理学史关于力的认识树立了第四个里程碑。

人们把电弱统一理论与量子色动力学一起称为标准模型理论。该理论认为,物质的基本单元是轻子、夸克及传递相互作用的粒子。轻子有三代,共 $\begin{pmatrix} \nu_e \\ e^- \end{pmatrix}, \begin{pmatrix} \nu_{\mu} \\ \mu^- \end{pmatrix}, \begin{pmatrix} \nu_{\tau} \\ \tau^- \end{pmatrix}$ 六种轻子及相应的反粒子(即全部轻子 12 种);夸克也有三代,$\begin{pmatrix} u \\ d \end{pmatrix}, \begin{pmatrix} c \\ s \end{pmatrix}, \begin{pmatrix} \tau \\ b \end{pmatrix}$ 六种("味")夸克,而每种又包含三种色(红,黄,蓝)以及相应的全部反粒子(即夸克有 36 种);传递相互作用的粒子有光子、中间波色子、胶子,其中中间波色子有三种 W^+, W^- 和 Z^0,胶子有八种,光子只有一种。

关于标准模型的理论工作和实验工作还没有结束。按照电弱统一理论的预言,应该存在一种希格斯(Higgs)粒子,它是使 $W^{\pm}, Z^0$ 获得静止质量的一种自旋为零的 ϕ 场量子。然而这种 Higgs 粒子一直没有找到。近年来西欧核子研究中心(CERN)建成一台大型高能对撞机(LHC),它的 pp 对撞能量设计为 2×7.0 TeV,加速器周长 26.7 km。它其中的一个目标就是寻找 Higgs 粒子。

即使 Higgs 粒子找到了,人们对物质世界认识的追求也没有终结。能否建立把强相互作用,甚至引力场也统一进去的理论呢? 轻子和夸克是否只有三代? 轻子和夸克是否有结构,是否最基本? 质量的本质是什么? 人们仍在继续探索着这些问题。

除了高能物理之外,在原子核物理领域的探索也推动着加速器的发展,特别是推动重离子加速器的发展。在 20 世纪 30 年代到 50 年代用加速器产生的次级中子束(也包括利用反应堆产生的中子束)轰击^{238}U 和^{239}Pu,合成了一系列的元素:锝、砹、钷、钜。其后又合成出超铀元素:镎(原子序数为 93$^#$)、钚(94$^#$)、镅(95$^#$)、锔(96$^#$)、锫(97$^#$)、锎(98$^#$)、锿(99$^#$)、镄(100$^#$)。要合成原子序数大于 100 的元素,中子束已无能为力。于是人们加速 α 粒子及其他重离子,轰击重核,如用 α 粒子轰击^{253}Es,合成得 101$^#$元素。20 世纪 60 年代中期之后又合成出锘 No(102$^#$),铹 Lr(103$^#$),Ky(苏),Rf(美 104$^#$),Ha(苏),Ns(107$^#$)。

我国核物理学家,近年来合成的新核素有^{125}Nd,^{128}Pm,^{129}Sm,^{137}Gd 等二十多种。

1962 年前苏联杜布纳研究所用重离子^{22}Ne 作炮弹轰击^{242}Pu 试图合成 104$^#$元素时发现了^{242m}Am 的裂变同质异能态,它的半衰期长达 14 ms。过去建立在液滴模型基础上的裂变理论无法解释,后来有人提出了壳修正方法,对此给出了合理的说明。1969 年,理论核物理学家利用壳修正方法,经过复杂的计算预言在电荷数 Z 为 110 ~ 116、中子数 N 为 184 附近存在半衰期较长的幻核,通常称为超重核稳定岛。在这一理论预言的推动下,法国、前苏联、美国先后在 1970 年前后组装了三台新的重离子加速器,并利用这些加速器对各种最佳的“炮弹—靶”组合进行试验,但没有成功,甚至连一个超重核都没有合成出来。1976 年,在德国达姆施塔得重离子研究中心(GSI)建成“全离子”加速器,可把^{238}U 加速到每个核子 10 MeV(即 10 MeV/核子),第一次实现人类从质子到铀的全离子加速愿望。然而用这台加速器加速的^{238}U 轰击^{238}U 亦未能“登上”所谓“超重核稳定岛”。20 世纪末和 21 世纪初,研究取得进展。俄罗斯杜布纳联合研究所、德国的 GSI 和日本理化所(RIKEN)先后有合成出电荷数 Z 为 112 ~ 116 超重核的报道,但得到正式承认的只有 Z 为 112 的元素,它也远未能登上“超重核稳定岛”。看来要真正登上“稳定岛”还有一段很长的路要走。

3.3.2　同步辐射光

粒子加速器还和两种新型的神奇的光密切相关:一种是同步辐射光;一种是自由电子激光。这两种光有许多独特的优点,下面首先介绍同步辐射光。

高速运动的电子在作曲线运动时,沿轨道的切线方向会产生一种电磁辐射。辐射的频率、角分布与电子的能量、轨道半径有关。1947 年在美国通用电气公司的 70 MeV 电子同步加速器上首次观察到这种辐射,故称同步加速器辐射(Synchrotron Radiation),简称同步辐射。图 3.3.1 给出同步辐射光发射的示意图。

起初,同步辐射是作为一种限制电子加速器能量提高的“灾难”而被研究的。然而进一步研究表明同步辐射具有许多独特的优点,是其他光源所不具备的,可以将其很好地利用。1965

年唐波列安(Tombonian)和汉特曼(Hartman)首先提
出了利用同步辐射进行光谱学研究的可能性。

同步辐射光源的独特优点主要表现在以下几
方面。

(1)光谱连续可调

同步辐射光的特征波长(λ_c)和电子能量(E)的
三次方成反比,和曲率半径(R)成正比,表示为

$$\lambda_c(\text{Å}) = 5.59\frac{R(\text{m})}{E^3(\text{GeV})} \qquad (3.3.1)$$

(2)方向性强

同步辐射光沿着电子圆形轨道的切线方向发
射,光线集中在轨道平面附近一个很小的张角(ψ)
内,ψ 和 $1/\gamma$ 成正比。

(3)亮度高

同步辐射的亮度比 X 光机高上万倍,甚至上亿倍。

(4)具有特定的时间结构

站在加速器周围的观察者看到的同步辐射光是脉冲式的,有时间结构,可研究各种样品的
动态过程。

(5)特定的偏振光

同步辐射光还具有难得的偏振特性,在轨道平面辐射是 100% 线偏振的。

同步辐射光源实际上就是一台几百 MeV 至几 GeV 的电子储存环加上各种各样引导光路
前进的光束线以及与其相连的实验站。

由于同步辐射光具有上述独特的优点,因此在固体物理、原子物理、分子物理、生物物理、
医学、光化学、材料科学有着广泛的应用。同步辐射光源的建设已成为重要的科学工程。

同步辐射的建设经过了"三代"。第一代同步辐射光源是用于高能物理实验的电子环形
加速器的兼用模式,如北京正负电子对撞机;第二代同步辐射光源是专门用同步辐射光做实验
的机器,如建在中国科技大学的合肥国家同步辐射光源;第三代同步辐射光源是指加速器束流
发射度很小、同步辐射光主要靠安装在加速器直线段处的扭摆器和波荡器产生。2009 年建成
的"上海光源"就是第三代同步辐射光源,束流能量为 3.5 GeV。我国台湾新竹在 20 世纪 90
年代也建成一台 1.3 GeV 第三代同步辐射光源。

世界上已建成的第三代同步辐射光源有 14 台,正在建造和设计的有 12 台。

3.3.3 自由电子激光

与同步辐射不同,自由电子激光(Free Electron Laser,简称 FEL)是以自由电子为工作媒质

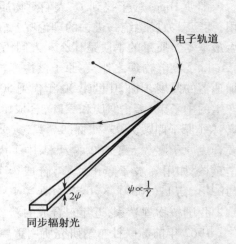

图 3.3.1 同步辐射光发射的示意图

的光受激辐射,在特定含义上是指相对论性自由电子束通过一横向周期变化的磁场(波荡器)时,产生的光波受激振荡或受激放大。FEL 是一种新型的强相干辐射。

普通激光是以一些媒质(红宝石,二氧化碳等)为工作物质,光发射机理是基于工作物质中的原子或分子束缚态的能级跃迁。而 FEL 中的电子是真空中的"自由"电子,不受原子或分子束缚,故称其辐射为自由电子激光。

自由电子激光器一般由电子束注入器(电子加速器)、横向磁场分量沿轴向周期变化的磁场系统(波荡器)和光学谐振器腔(也可以不用)等三部分组成。图 3.3.2 给出康普顿型 FEL 振荡器的原理示意图,被加速的电子束经偏转注入到扭摆磁场(B_w)工作区。在洛伦兹力的作用下,电子在 $x-z$ 平面作摇摆运动,λ_w 为扭摆磁场的周期长度。作摇摆运动的电子会产生电磁辐射,这种辐射称为自发辐射。其波长 λ_s 与入射电子能量(γ)、扭摆磁场的幅值 B_w 和 λ_w 有关,可表示成

$$\lambda_s = \lambda_w \left(\frac{1 + a_w^2}{2\gamma^2} \right) \tag{3.3.2}$$

其中,$a_w = \dfrac{|e| \lambda_w \cdot B_w}{2\pi m_0 c^2} = 0.093 B_w(kGs) \cdot \lambda_w(cm)$。

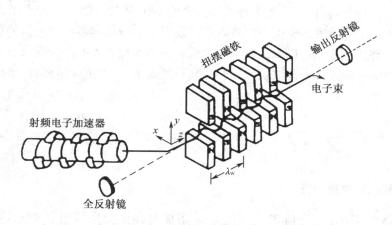

图 3.3.2　康普顿型 FFL 振荡器的原理示意图

电子在扭摆磁场及自发辐射(或外加辐射)联合作用下,发生在自发辐射(或外加辐射)的波长范围内的群聚,密度发生调制,从而导致电子在扭摆磁场作用下产生的电磁辐射产生相干叠加,形成很强的辐射,被加强的辐射又促使群聚进一步加强。群聚发生后,原来沿轴向均匀分布的电子被分成一个个越来越密集的微束团,各微束团的间距就是辐射场的波长(λ_s),各自由电子所辐射的场的相位几乎都等于 2π 的整数倍,辐射相干叠加,这种相干的辐射就是自由电子激光。正如上面讲的,建立起的辐射场又作用于群聚的电子,"诱导"它们发出辐射,因此辐射也是受激的。(3.3.2)式也是自由电子激光受激辐射波长 λ_s 的表达式。自由电子激光

可以有很高的光强,1985 年美国 FEL 最高峰值功率已达 1 GW 的量级。

自由电子激光具有以下无可代替的特点:

(1)工作频率连续可调(见 3.3.2 式);

(2)峰值功率及平均功率高,可比同步辐射光高得多;

(3)高度相干;

(4)偏振;

(5)具有 ps(皮秒)级的脉冲时间结构

20 世纪 80 年代初,FEL 获得迅速的发展。到 90 年代初,除美国之外,法国、日本、俄罗斯、德国、英国、中国、意大利、韩国等十多个国家纷纷开展 FEL 的理论及实验研究,现存的和建设中的 FEL 用户装置约达 30 台。在固体物理、材料科学、医学、分子生物学等方面也已取得一批有意义的成果。

近年来国际上正在发展自放大自发辐射(SASE)工作模式和高增益谐波放大(HGHG)工作模式的自由电子激光,以使工作波长向 X 射线波段方向发展。

我国自 20 世纪 80 年代初也开展了有关自由电子激光的研究,特别是由谢家麟院士领导的中科院高能物理研究所的一个小组,建成北京自由电子激光装置(BFEL),并于 1993 年底实现饱和出光,成为亚洲地区研制的近十台红外谱区的 FEL 装置中第一个产生激光并实现饱和振荡的装置。我国工程物理研究院正建造以 L 波段电子直线加速器为注入器的自由电子激光器。上海应用物理所正在建造以 S 波段电子直线加速器为注入器的深紫外自由电子激光器。

国际上自由电子激光正向短波长、高功率、高转换效率、电子束能量回收、小型化用户装置方向发展。

3.3.4 放射医疗

1. 对恶性肿瘤的放射治疗

谈到加速器的应用,首先应该提到的是医用加速器。全世界各种类型医用加速器有 10 000 多台,它们主要用于恶性肿瘤的放射治疗,也有一小部分用于放射性药物生产。恶性肿瘤严重威胁人类健康,而恶性肿瘤患者约有 60% ~ 70% 需要用加速器产生的射线杀死癌细胞,进行放射治疗。通常将电子加速器加速的电子轰击重金属靶(如钨、金等)产生的 X 射线经过准直、均整后照射到病人的病灶上,或直接将电子束经散射开后照射到病灶上。

1969 年以来驻波型医用电子直线加速器逐渐成为放疗设备的主力机型,全世界约有 10 000 台。我国第一台驻波型医用电子直线加速器于 1985 年建成,目前已生产 500 多台,基本上满足了国内对低能档及部分中能档医用加速器的需求。

人们发现质子束、重离子束以及 π 介子束在射程的末端有明显的布拉格(Bragg)峰,因此几十年来人们不断研究利用质子束和重离子束等进行恶性肿瘤的放射治疗。研究还表明重离子束和中子有更高的线性能量传递值(Linear Energy Transfer,简称 LET),即在射线径迹上单位距离(dl)有更多的能量损失(dE) $\left(\text{LET} = \dfrac{dE}{dl} \right)$,从而有利于杀死癌细胞。全世界约有 20～30 台质子加速器用于质子束治疗,能量约为 70～250 MeV,已治疗病人超过 4 万人。我国已安装一台能量为 235 MeV 质子回旋加速器用于商业性的临床治疗。中科院兰州近代物理研究所近年也利用所产生的重离子开始重离子治疗。

　　人们把质子、中子、重离子、π 介子放射治疗称为非常规放射治疗。有人估计质子放射治疗逐渐可与 X 线,电子线一样发展成为常规放疗手段。

2. 放射性药物生产

　　放射性药物是用于诊断或治疗的标记药物或放射性核素制剂。它不但是探索人体生命过程的唯一的活体代谢试验材料,而且在现代医学诊断和治疗危害人类健康最为严重的疾病(冠心病、癌症、脑血管病)方面发挥着重要的作用。除用反应堆生产部分放射性药物外,加速器生产的贫中子核素^{67}Ga,^{111}In 等有良好的射线性质和亲肿瘤特性,^{11}C,^{13}N,^{15}O 和^{18}F 等发射正电子的生命元素,可应用于活体代谢研究,使得加速器生产的放射性药物得到迅速发展。目前放射药物发展前沿是单光子断层显像和正电子断层显像药物。

　　我国原子能研究院、上海应用物理研究所等单位已能应用加速器批量生产放射性药物,用于临床。

3.3.5　射线辐照处理与加工

　　利用加速器提供的初级粒子束或次级粒子束和物质相互作用而引发辐射物理效应、化学效应、生物效应,以改善被辐照物的性能与品质,甚至诱发新物种产生,是加速器的另一个重要应用领域。

　　基于加速器的辐照处理与加工应用始于 20 世纪 50 年代,随着加速器技术的发展,单位束功率造价以及单位束能量造价的迅速下降和辐照工艺学的发展,到 20 世纪 80 年代初期,辐照处理与加工已逐渐形成一定的规模,并已形成产业。

　　射线辐照处理与加工中广泛采用的是电子束和电子束轰击重金属靶产生的 X 线,还有利用^{60}Co 放射源的。

　　载能电子束和物质相互作用中,主要通过非弹性散射及电磁辐射等效应使物质的原子电离和激发损失自己的能量;高能光子则通过光电效应、康普顿(散射)效应、电子对生成效应损失自己的能量。射线和物质相互作用形成了辐射化学和辐射生物学过程。由于原子的激发和电离,分子化学键断裂,形成带电的和不带电的分子碎片具有很高的化学活性,并很快在彼此之间以及与其他分子之间发生反应,形成颇具活性的自由基和次级离子,继续参加反应,从而使材料的分子结构改变,形成具有新特性的材料。

　　具有典型意义的应用主要有以下几个方面:

（1）聚合物的辐射交联

聚合物经辐射,会产生一系列的辐射化学过程。一种可能的效应是在聚合物的线性分子之间形成横向键,生成具有更高分子量的三维网状聚合物(交联过程),使聚合物改性。譬如聚乙烯经电子束辐照交联后,可大大提高热稳定性和绝缘性能。

我国线缆的辐照交联已形成行业。

（2）热收缩材料

聚乙烯等结晶型高分子材料经辐射交联后,还具有一种很有意思的记忆效应。这种热收缩材料的记忆效应非常有用,广泛应用到电缆接头的封装以及各种密封包装上。

我国目前热收缩材料和线缆的辐照处理产值在辐照处理加工行业居前两位。

（3）食品辐照

射线辐照的生物效应,可以应用于食品消毒、灭菌、保鲜、延长食品储藏期、抑制发芽、谷物杀虫等。

我国已批准供人消费的辐照食品有苹果、香肠、果酒、大蒜、土豆、调味品等。2005 年经辐照的食品已超过 14.5 万吨,辐照食品量居世界第一,辐照年产值超过 10 亿元(包括使用 ^{60}Co 同位素辐照)。

（4）辐射育种

电离辐射还可以诱发物种的遗传变异。

目前全世界不同地区有 2 200 多个辐射变异的品种。我国的辐射育种技术在国际上处于先进地位,所培育的品种达 600 多种,占全世界突变品种的 1/4。

（5）消毒,杀菌

射线消毒杀菌与水煮、高温高压蒸煮、环氧乙烷熏蒸等工艺不同,具有不改变被辐照物的外形及物理状态,不存在二次污染问题的特点。还可以处理医院的有毒或有害的废水、废物。

我国近年来建成了三台能杀死炭疽等病菌的处理邮件的辐照加速器,用于邮件处理。

（6）电子束辐照燃煤烟气除硫脱硝

燃煤烟气含有大量的二氧化硫及氮氧化合物,严重影响环境质量,甚至会造成酸雨。近年一种处理工艺得到发展,这就是利用 0.75 ~ 1.0 MeV 的大功率电子束(20 ~ 30 kW),在反应器中辐照烟气,在氨水喷淋下,生成的硝酸铵和硫酸铵是可用的肥料,90% 的 SO_2 和 80% 的 NO_x 能被除去。我国已在四川省成都和绵阳建成射线除硫脱硝的示范中试基地。

到 2006 年,我国辐照处理加工(连同钴源辐照)年产值达 340 亿元,年产值平均增长 15% 以上。到 2008 年,国内功率 5 kW 以上的辐照电子加速器共 129 台(国产 78 台),总束功率 8 322 kW,束功率年增长率也超过 15%。

3.3.6　无损检测

1. 常规射线照相无损检测技术

加速器在无损检测方面最早、最广泛的应用是所谓高能 X 线照相(探伤)。它利用电子加速器输出的电子束轰击重金属靶,所产生的高能 X 线照射到被检测的工件上,透射过工件的 X 线在 X 光底片上感光。通过 X 光底片上的感光映像来检查工件的缺陷。这种技术源于医学临床的 X 线照相(如胸透检查)。

目前全世界无损检测用电子直线加速器约有 700 多台,驻波电子直线加速器为主力机型,广泛应用于大型高压化工容器、高压锅炉、大型主轴、铸件、焊接、核电厂压力壳、导弹等的无损检测。全国无损检测用电子直线加速器约有 60 多台,其中约有 40 台是国产的机器,能量分别为 2,3,4,9,15 MeV。它们为我国重工业的建设发挥着重要的作用。

2. 射线实时成像检测技术

为了避免冲洗 X 光底片的烦琐的操作,还发展起射线实时成像检测技术。其中一个突出的例子是近年来发展起来的基于高能 X 线阵列检测器实时成像检测技术,图 3.3.3 给出此类系统的原理示意图,广泛用于货运集装箱、卡车甚至轿车不开箱检查。检测时,被查客体和加速器相对移动,以实现扫描。被查客体内的货物实时地显示于工作站(或微型计算机)屏幕上。清华大学和同方威视技术股份公司合作,为此技术的发展和应用作出了重要贡献。

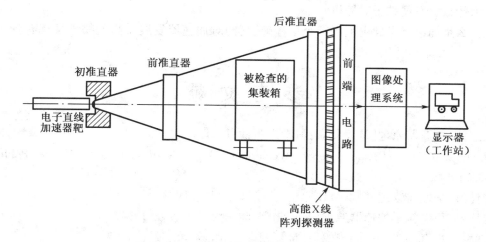

图 3.3.3　大型集装箱检测系统原理示意图

3. 基于加速器为辐射源的工业 CT 技术

该技术是医用 CT 技术在工业上的推广。不过它有许多新的特点:①由于工业上被检测件密度大或厚度厚,故采用电子加速器作辐射源;②由于射线能量高,探测器之间为防止窜扰,必须加上屏蔽,不能一个一个相互靠着,因此只能采用第二代技术;③在加速器靶子之后和探测器之前都要加上准直器,以减少散射 X 线的干扰。

加速器在各领域应用的例子很多,上面仅就一些主要领域作简略的介绍,下面在各章节还有详细描述。

(清华大学工程物理系　林郁正)

思考练习题

1. 回旋加速器为什么存在加速能量的限制?

2. 为什么弱聚焦加速器中磁场对数梯度 n 要满足 $0 < n < 1$ 的要求?

3. 磁场对数梯度 n 值的物理意义是什么,定义是什么,有哪些不同的表达形式?

4. 什么是强聚焦原理,试简述之。

5. 什么是自动稳相原理,试简述之。

6. 为什么质子同步加速器加速过程要同时调变主导磁场及加速腔频率,而电子同步加速器只要调变磁场,而不同时调变加速腔频率?

7. 为什么要发展粒子对撞机?

8. 什么是加速器发展史上的三个里程碑,它们对加速器发展及高能物理发展有什么重要贡献?

参 考 文 献

[1] 徐建铭. 加速器原理[M]. 北京:科学出版社,1981.

[2] Livingston M S. High Energy Accelerator[M]. New York:Interscience Publishers, Inc. ,1954.

[3] 陈佳洱. 加速器物理基础[M]. 北京:原子能出版社. 1993.

[4] 桂伟燮. 荷电粒子加速器原理[M]. 北京:清华大学出版社,1994.

[5] 冼鼎昌. 神奇的光——同步辐射[M]. 湖南:湖南教育出版社,1994.

[6] 李士,查连芳,赵文彦. 核能与核技术[M]. 上海:上海科学技术出版社,1994.

[7] Karzmark C J, Nunan C S, Tanabe E. Medical Electron Accelerators[M]. New York:McGraw-Hill,Inc,1993.

[8] Scharf W. Particle Accelerators and Their Uses [M]. [S. l.]: Harwood Academic Publishers,1986.

[9] Metcalfe P. The Physics of Radiotherapy X-Rays from Linear Accelerators [M]. Madison: Medical Physics Publishing ,1977.

[10] [日]龟进享,木原元央. 加速器科学[M]. 东京:丸善株式会社,1993.

[11] 谢家麟. 加速器与科技创新[M]. 北京:清华大学出版社,暨南大学出版社,2000.

[12] 方守贤,梁岫如. 神通广大的射线装置——带电粒子加速器[M]. 北京:清华大学出版社,2001.

[13] Robert Jungk. 加速器故事[M]. 翁武忠,译. 台北:徐氏基金会,1970.

[14] 陈殿华. 同位素与辐射技术产业化发展[J]. 北京:国防科技工业,2007,9:41–42.

第4章 地质工作中的核勘查方法

4.1 核勘查方法概述

经过近70年的发展,核技术与地质勘查学的结合已经形成一门交叉的分支学科——核地球物理勘查。所谓核地球物理勘查,是指应用核辐射与核反应原理,测定地质演化过程中元素的分布规律及含量变化特征,以解决地质理论研究及找矿勘查有关问题的科学。目前,人们习惯上将核地球物理勘探简称为"核物探",或者称为"核法勘查"。

按探测射线的来源不同,核物探方法可以分为两大类:一类是探测天然核辐射的方法,主要有γ测量法、α测量法等,常称为天然核方法;另一类是探测人工核辐射的方法,主要有X射线荧光法、中子法、$\gamma-\gamma$法、光核反应法等,称为人工核方法。

与其他物探方法相比,核物探测量的成果直观,容易解释,还有使用仪器轻便、成本低、效率高、方法简便、不受环境干扰、可现场即刻确定矿石品位等突出的优点。核物探除用于寻找铀、钍矿床外,还广泛应用于寻找与放射性元素伴生的稀有、稀土矿床,钾盐矿床,以及金属与非金属矿床,探测地下水等。目前,核物探在地质填图、环境监测、工程地质,以及岩体和矿体成因研究等方面也发挥着重要的作用。

4.1.1 矿产资源的若干基本概念

核物探工作的目的是寻找并查明矿产资源的赋存位置、大小、多少、品位高低、可利用价值等基本情况,为矿产资源最终的利用提供科学依据。为此,有必要了解矿产资源的一些基本知识,现简述如下。

矿产——从地球中开采出来并可为国民经济利用的固体、液体和气体矿物物质。

品位——指地质体中有用组分的百分含量。

矿体——那些有用的目标元素的含量(品位)达到或超过由国家制定的工业标准的地质体。例如,目前我们把铜含量高于或等于0.3%的地质体称为"铜矿体"。这里,0.3%是铜矿的所谓"边界品位",是用于确定铜矿体的工业标准。

矿石——含有有用组分的岩石或矿石集合体,其含量在现代经济和技术状况下回收是有利的。

矿床——在现代经济状况下有利于开采的地壳中的矿产天然堆积。由多个在成因、成矿条件上相同,且分布在同一地区的矿体构成。

矿田——由于成因上的共同性和地质构造上的一致性而结合在一起的一组矿床。矿田的面积一般为几平方千米到几十平方千米。

固体矿产的储量——地壳中一定面积上拥有的矿产的数量，其单位为吨，一般以"t"表示。矿产的质量取决于其中有利于工业利用的金属或非金属组分和其他有用或有害组分的含量及其他因素。

矿产和矿石随着国民经济的需求、矿物物质开采和加工技术的发展而经常发生变化。例如，我国在 20 世纪 80 年代前，将含有高于 3×10^{-6} g/g 金的岩石称为金矿石，现在已经将高于 1×10^{-6} g/g 金的岩石规定为金矿石了。

矿产一般划分为金属矿、非金属矿和可燃性矿产三大类。

4.1.2　矿产勘查基本知识

1. 矿产勘查的基本方法

矿产勘查，就是人们通常所说的地质找矿。矿产勘查的目的是寻找具有开发价值的工业矿床(体)，确定矿床(体)的空间位置、品位、储量，并对其开采利用价值作出初步评价。

用于矿产勘查的方法主要分为三大类：地质找矿法、地球物理找矿法和地球化学找矿法。

地质找矿法是最早应用的一种找矿方法，它利用地质学原理，以岩石学、构造地质学、矿床学等理论为基础，通过野外地质调查，对岩、矿石露头或岩芯标本直接进行观察与鉴定，追索矿床(体)线索，并通过采样化学分析等手段最终对矿(床)体加以确认。

地球物理找矿法的专业名称为"地球物理勘探"(或称为"勘查地球物理"、"应用地球物理")，简称"物探"。物探是通过对地球物理场和岩石物理性质的研究来解决地质问题的。所谓地球物理场，是指存在于地球内部及其周围的、具有物理作用的空间。例如，地球内部及其周围具有重力作用的空间，称为重力场；具有磁力作用的空间，称为地磁场；具有放射性作用的空间，称为辐射场；具有电(磁)力作用的空间，称为地电(电磁)场；质点振动传播的空间，称为弹性波场，等等。组成地球的各种岩(矿)石之间，总是在磁性、密度、放射性、温度、电(介电)性、弹性等物理性质方面存在差异。例如，一般来说，岩层埋藏越深，密度就越大，弹性波在其中传播的速度就越快，与周围的岩石相比磁铁矿的磁性较强、铜矿的密度较大、石墨的导电性能好、金属硫化矿体的电化学活动性强等。这些差异会引起相应的地球物理场在空间(或时间)上的局部变化，与地下岩、矿体(层)相联系的地球物理场的这些变化称为地球物理异常。用专门的仪器观测这些异常，取得与它们的分布情况及形态特征有关的地球物理资料，利用一些已知的规律，并综合地质及其他物、化探资料，进行分析研究，就可以推断地下地质构造或岩、矿体的赋存状况，达到地质调查的目的。

利用电、磁、地震波寻找矿产的地球物理方法分别称为电法勘探、磁法勘探、地震勘探，此外还有地热勘探，统称为普通物探，而本教材中将要详细讨论的利用岩石核特性的各种地球物理方法统称为核地球物理勘探，简称核物探。

地球化学找矿法的专业名称叫"勘查地球化学",它依据不同元素的地球化学行为具有明显差异,通过按一定测网采集岩石、土壤、水系沉积物、水等介质的样品,分析其中的目标元素含量和相关元素含量,圈定目标元素与相关元素的含量增高地带(称为地球化学异常),并最终达到找寻目标矿床的目的。对岩石、土壤、水系沉积物、水所开展的测量,分别叫岩石地球化学测量或原生晕测量、土壤地球化学测量或次生晕测量、分散流测量、水文地球化学测量。

随着地质找矿工作程度的不断深入,地球上未被人们发现的矿床已经越来越少,找矿难度也越来越大,因此目前的地质勘查工作更强调地、物、化多种方法综合找矿。

2. 不同阶段矿产勘查的基本任务

找矿一般分为初步普查(简称普查)、详细普查(简称详查)与勘探三个阶段。

普查一般是在开展地质工作程度比较低的地区进行,其任务主要是寻找有进一步工作价值的成矿远景区,为详查提供依据。

详查则是在普查确定的成矿远景区、矿区外围或其他地质工作提供的具有找矿价值的地区进行。详查的主要任务是基本查明工作区内地质体的分布状况,基本控制矿体分布的范围与品位变化,为勘探工作提供依据。

勘探阶段主要是利用山地工程(挖探槽、打坑道)、钻井,对地质体进行揭露,并系统采集样品加以分析,以最终确定各个矿体的空间位置、分布形态、品位、矿物类型、元素组合,为矿床开采与利用提供科学资料。

4.2 天然核方法在地质勘查中的应用

4.2.1 天然 γ 放射性测量

γ 测量法是利用携带式 γ 辐射仪测量地表岩石或覆盖层中放射性核素发出的 γ 射线,根据射线照射量率总量(或特征能量射线照射量率)的变化,发现 γ 异常或 γ 射线照射量率增高地段,以寻找放射性矿床或解决其他地质问题。

γ 测量法分为地面、航空和井下 γ 总量测量和 γ 能谱测量。通常,γ 总量测量简称为 γ 测量,它探测的是地质体中铀、钍、钾辐射的 γ 射线的总照射量率,但无法区分它们。γ 能谱测量记录的是特征谱段的 γ 射线,可区分铀、钍、钾,故能解决较多的地质问题。

1. γ 测量的地质基础

(1)岩石中天然放射性的来源

γ 测量中测量的是地表岩石或土壤中天然 γ 放射性的总照射量率。

岩石的天然放射性是由岩石中的放射性核素及其含量所决定的。目前已知自然界中存在着铀系、钍系、锕铀系(简称锕系)三个天然放射性系列,以及180多种不成系列的天然放射性核素。与^{238}U,^{232}Th的衰变产物和^{40}K的放射性相比较,其他核素的放射性仅为它们的$10^{-3} \sim 10^{-7}$,所以地壳中岩石的放射性可以看作是^{238}U,^{232}Th的衰变产物和^{40}K造成的。当铀、钍系处于平衡时,γ测量获得的天然γ放射性的总照射量率可以看作是由铀、钍、钾三种元素产生的。

①铀系的α,β,γ辐射体与γ放射性

铀系由15个放射性核素组成(见表4.2.1),根据衰变待征、元素的地球化学性质以及核素的半衰期,可以将铀系分成两个组:铀组(由原子序数Z从89至92的四个核素组成)及镭组(由Z≤88的核素组成)。

铀系产生的α粒子的能量分布在4.1～7.7 MeV范围内,且α粒子能量越大,其相应的α辐射体寿命越短。铀系的主要β辐射体为^{234}Pa,^{214}Bi及^{210}Bi。铀系放出的β粒子能量变化很大,从^{210}Pb产生的63.5 keV到^{214}Bi放出的3.2 MeV。铀系主要的γ辐射体是^{214}Pb,^{214}Bi,主要的γ射线能量有0.609 MeV,1.120 MeV,1.764 MeV及2.204 MeV。铀组产生的γ射线虽然能量范围分布很宽,但其强度很弱,相对强度只占整个铀系的2%。野外测量到的γ射线主要是铀系中第八、第九个子体^{214}Pb与^{214}Bi的贡献,并非直接来自^{238}U。

②钍系的α,β,γ辐射体与γ放射性

钍系见表4.2.2,除元素^{232}Th外,所有子体的半衰期都相对很短。钍系α粒子能量分布在4.0～8.8 MeV,放出最大能量α射线的核素是^{216}Po;主要的β辐射体是^{212}Bi和^{208}Tl;^{208}Tl也是主要的γ辐射体,它放出三个天然放射性系列中最大能量的γ射线——2.62 MeV。

表4.2.1　铀系

核素	辐射类型	半衰期
^{238}U	α	4.47×10^9 a
^{234}Th	β	24.1 d
^{234}Pa	β	1.18 min
^{234}U	α	2.48×10^5 a
^{230}Th	α	7.52×10^4 a
^{226}Ra	α	1 600 a
^{222}Rn	α	3.825 d
^{218}Po	α	3.05 min
^{214}Pb	β	26.8 min
^{214}Bi	β	19.7 s
^{214}Po	α	1.58×10^{-4} s
^{210}Pb	β	22.3 a
^{210}Bi	β	5.02 d
^{210}Po	α	138.4 d
^{206}Pb	稳定	

表4.2.2　钍系

核素	辐射类型	半衰期
^{232}Th	α	1.39×10^{10} a
^{228}Ra	β	6.7 a
^{228}Ac	β	6.13 h
^{228}Th	α	1.91 a
^{224}Ra	α	3.64 d
^{220}Rn	α	55.3 s
^{216}Po	α	0.158 s
^{212}Pb	β	10.64 h
^{212}Bi	β(64%)	60.5 min
^{212}Po	α(36%)	3.04×10^{-6} s
^{208}Tl	β	3.1 min
^{208}Pb	稳定	

（^{212}Bi分支：36% α，64% β）

锕系常常与铀系共生在一起,而锕(铀)的量很少,一般在地质工作中可以不考虑其影响。

三个系列中各有一个气态核素,其原子序数为86,是氡的放射性同位素,通常称之为射气。铀系的射气是 ^{222}Rn,半衰期 $T_{1/2}$ 为 3.825 d;钍系的射气(也称为钍射气)是 ^{220}Rn,半衰期 $T_{1/2}$ 为 55.6 s;锕系的射气(称为锕射气)是 ^{219}Rn,半衰期 $T_{1/2}$ 为 3.96 s。由于射气都能逸出,它们的衰变子体就可能附着于物体表面。对于铀系,氡的衰变子体分为短寿(^{218}Po, ^{214}Pb, ^{214}Bi, ^{214}Po)及长寿(^{210}Pb, ^{210}Bi, ^{210}Po)两类。铀系的主要 γ 辐射体都是 Rn 的短寿衰变子体。钍系中射气的衰变子体都是短寿核素。

③钾的放射性

自然界钾有三种同位素: ^{39}K, ^{40}K, ^{41}K,其丰度分别为 93.258 1%,0.011 67%,6.730 2%。三种同位素中,只有 ^{40}K 具有放射性。 ^{40}K 具有分支衰变性质(见图 4.2.1),以电子捕获(Electron Capture)或 β$^-$ 衰变方式,衰变为 ^{40}Ar 与 ^{40}Ca。其中,88.4%的 ^{40}K 经过 β$^-$ 衰变成为稳定的 ^{40}Ca,其衰变能为 1.35 MeV;11.6%的 ^{40}K 则以电子捕获方式衰变成 ^{40}Ar 的激发态,再经 γ 跃迁回到 ^{40}Ar 的基态,同时放出 1.46 MeV 的 γ 射线。

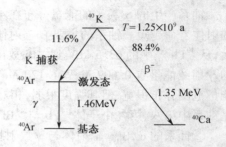

图 4.2.1　^{40}K 衰变图

(2)各类岩石中铀、钍和钾(^{40}K)的正常含量

放射性元素铀、钍和它们的衰变产物以及钾广泛地分布在自然界中。在各种类型的岩石中、水中和大气中都可以发现它们的踪迹。但是由于铀、钍、钾等元素的存在状态比较复杂,又很分散,不可能用某一个值来表示一般的含量,所以对它们的分布只能作大致的了解。现将它们在几种主要岩石中的平均含量列于表 4.2.3 中。

表 4.2.3　不同类型岩石中放射性元素的含量

岩石类型	U(10^{-6})		Th(10^{-6})		K(10^{-2})	
	平均值	范围	平均值	范围	平均值	范围
酸性喷出岩	4.1	0.8 ~ 16.4	11.3	1.1 ~ 41.0	3.1	1.6 ~ 6.2
酸性侵入岩	4.5	0.1 ~ 30.0	25.7	0.1 ~ 253.1	3.4	0.1 ~ 7.6
中性喷出岩	1.1	0.2 ~ 2.6	2.1	0.4 ~ 6.4	1.1	0.01 ~ 2.5
中性侵入岩	3.2	0.1 ~ 23.4	12.2	0.4 ~ 106.0	2.1	0.1 ~ 6.2
基性喷出岩	0.8	0.03 ~ 3.3	2.2	0.05 ~ 8.3	0.7	0.06 ~ 2.4
基性侵入岩	0.8	0.01 ~ 5.7	2.3	0.03 ~ 15.0	0.8	0.01 ~ 2.6
超基性岩	0.3	0 ~ 1.6	1.1	0 ~ 7.5	0.3	0 ~ 0.8
碱性长石中性喷出岩	29.7	1.9 ~ 62.0	133.9	9.5 ~ 265.0	6.5	2.0 ~ 9.0
碱性长石中性侵入岩	55.8	0.3 ~ 720.0	132.6	0.4 ~ 880.0	4.2	1.0 ~ 9.9
碱性长石基性喷出岩	2.1	0.3 ~ 12.0	8.2	2.1 ~ 50.0	1.9	0.2 ~ 6.9

表 4.2.3(续)

岩石类型	U(10^{-6})		Th(10^{-6})		K(10^{-2})	
	平均值	范围	平均值	范围	平均值	范围
碱性长石基性侵入岩	2.3	0.4~5.4	8.1	2.8~19.6	1.8	0.3~4.8
化学沉积岩	3.6	0.03~26.7	14.9	0.03~132.0	0.6	0.02~8.4
碳酸盐	2.0	0.03~18.0	1.3	0.03~10.8	0.3	0.01~3.5
碎屑沉积岩	4.8	0.1~80.0	12.4	0.2~362.0	1.5	0.01~9.7
变质火成岩	4.0	0.1~148.5	14.8	0.1~104.2	2.5	0.1~6.1
变质沉积岩	3.0	0.1~53.4	12.6	0.1~91.4	2.1	0.01~5.3

从表 4.2.3 中数据可以看出,岩浆岩的放射性较高,其中又以酸性岩的放射性元素含量最高。在花岗岩类岩石的矿物中,放射性按下列顺序不断增高:石英长石→镁铁矿物(闪石、辉石)→副矿物。铀和钍以不同的程度加入到造岩矿物和副矿物的结晶格子中。在喷发的火山岩的造岩矿物中,铀和钍的分散较均匀。在基性和超基性岩石中,铀和钍处于分散状态,它们对造岩矿物的选择性不如在酸性岩石中那样明显。花岗岩中 ^{40}K 含量显著增高,由于它放出的 γ 射线的干扰,使铀、钍矿的放射性背景难于确定。在伟晶岩发育地区,钾长石产生的放射性往往会被误认为是铀、钍的富集所造成。

不同类型的沉积岩具有不同的放射性元素含量。但大多数沉积岩的放射性远远低于中性和酸性岩浆岩。在沉积岩中,含沥青残余物的黏土的放射性较高,石膏、硬石膏和岩盐实际上完全没有放射性。变质岩的放射性介于沉积岩和岩浆岩之间。

(3)水中铀、镭和氡的含量

天然水中所含放射性物质非常少,通常含有铀、镭和氡,很少含钍和钾,见表 4.2.4。

表 4.2.4 天然水及岩石中的铀、镭、氡的含量

含量 核素 水类型	氡(Rn) (3.7 Bq/L)	镭(Ra) /(kg/cm^3)	铀(U) /(kg/cm^3)
地表水 海洋、河湖	0 0	$(1\sim2)\times10^{-13}$ 10^{-12}	$(6\sim20)\times10^{-7}$ 8×10^{-6}
沉积岩 酸性岩浆岩 铀矿床	6~15 100 500~1 000	$(2\sim300)\times10^{-12}$ $(2\sim4)\times10^{-12}$ $(6\sim8)\times10^{-11}$	$(2\sim50)\times10^{-7}$ $(4\sim7)\times10^{-6}$ $(8\sim600)\times10^{-6}$

水中的镭含量一般只有岩石中的 1/1 000,但在自然界中也有含铀、镭和氡较高的氡水,这主要是与铀的矿化有关,这些水可作为铀矿的找矿标志。

岩石中所含的气态放射性元素(又称为射气)氡易溶解于水。若岩石破碎,则射气释放作用增强,于是流经岩石破碎带的水可以溶解大量氡气,造成水中镭含量正常而氡浓度富集,这将有助于圈定破碎带。

2. 常用携带式 γ 辐射仪简介

地面 γ 测量使用的仪器称为 γ 辐射仪,简称为辐射仪。辐射仪的种类较多,它是根据射线对物质的电离作用和荧光作用而制成的。我国目前使用较广的是以闪烁计数器为探测元件的 γ 辐射仪,这些仪器虽然外形差别很大,但基本工作原理却大同小异。下面以某国产数字闪烁辐射仪为例,简述其工作原理。

该仪器是一种小型、轻便的 γ 总量测量仪器,主要由闪烁计数器、放大器、甄别器、计数器、锁存器、译码器、显示器以及定时电路、控制电路、报警电路和电源电路等组成,其工作原理如图 4.2.2 所示。

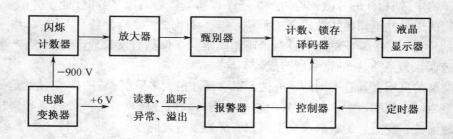

图 4.2.2　数字闪烁辐射仪原理框图

γ 射线射入 NaI(Tl)闪烁体,使其产生光信号,经光电倍增管通过光电效应将光信号变换成电信号;放大器将探测器输出的微弱电脉冲信号放大;甄别器的作用是剔除掉仪器电噪声等影响,并对通过的电脉冲信号进行整形,最后由计数器记录下来。在"预置时间"内可进行累计计数,当一个"预置时间"末了,计数值存储到锁存器中,并通过液晶显示器显示出相应计数。这个计数值代表了在测量时间内进入辐射仪的 γ 射线数。

由于每台辐射仪的探测效率难以保证一致,所以辐射仪在用于测量工作前都要用标准辐射源将计数率刻度成照射量率值。

3. γ 测量方法在地质工作中的应用

(1)野外工作方法

普查阶段,γ 测量以路线测量为主,路线的布置应该以控制工作区主要的岩性和构造为目的。为此,路线一般布置在垂直于工作区主要构造的走向方向上。发现成矿有利层位或构造时,可沿走向适当追踪。普查时除采用穿越法外,还可根据具体情况,沿有利的地层、构造或岩体接触带布置测线,以便追踪异常。

详查时主要采用面积测量,即按一定比例尺布置测网,然后在测网的每一测点上测量。

野外记录的 γ 射线照射量率由岩石和土壤中的放射性物质、宇宙射线,以及仪器探测器中的微量放射性物质引起。后两种原因引起的 γ 射线照射量率值之和称为自然底数,一般在宽阔的湖面上预先测定,并在资料整理时予以扣除。

岩石中正常含量的放射性核素所产生的 γ 照射量率值,称为正常底数。各种岩石有不同的正常底数,为此应该按统计方法求取其平均值,作为正常场值。

γ 测量中异常的概念是相对的,通常将高于围岩正常底数加三倍均方误差的照射量率值定为异常。寻找地下水时,异常标准还可降低。

利用地面 γ 测量成果除可绘制 γ 剖面图、γ 平面剖面图和 γ 等值线平面图等一般图件外,还可绘制一种称为相对 γ 等值线平面图的图件。这种图是在很难找到 γ 异常,需要用原生晕及地表矿体经后生贫化产生的偏高场揭示深部矿体的情况下使用。根据 γ 测量获得的大量数据,用统计方法分别求出测区内各类岩石正常底数的期望值 $\bar{X}$ 和均方差 S,并在各自岩性范围内按 $\bar{X} \pm 1S$、$\bar{X} \pm 2S$、$\bar{X} \pm 3S$ 将 γ 场划分为偏高场、高场和异常场三级,然后将所有 γ 照射量率值等级相同的点连接起来(不论它们的岩性是否相同),就构成了这种图件(见图 4.2.3)。由于该图件以数理统计为基础,避免了由于岩性不同而引起的背景差异对成图的干扰,因而可以较全面地反映不同岩性的 γ 场特征。

地面 γ 测量的资料解释是定性的,因为 γ 测量的直接探测深度小于 1 m,一般只能圈出地表放射性核素含量增高的地段,难以发现埋藏较深的矿体。此外,γ 射线照射量率值的大小并非在任何情况下都反映铀的富集程度。因为铀系中的主要 γ 辐射体都是属于镭组的核素,它们放出的 γ 辐射约占整个铀系总强度的98%,所以产生 γ 异常的来源主要是镭而非铀。

评价 γ 异常时要特别注意测区内铀、镭是否处于平衡状态。当矿床出露地表或处于氧化带中,而附近又有断裂迹象时,铀容易受风化淋滤作用而被酸溶解带走,结果造成镭的数量增大,平衡偏向镭,从而出现 γ 放射性强而铀并不富集的现象。若被运走的铀在适当的环境下被还原而沉积下来,或在还原环境中镭被带走而铀又被溶解得很少就会发生平衡偏向铀的情况,这时尽管 γ 照射量率值不高,但铀却很富集。

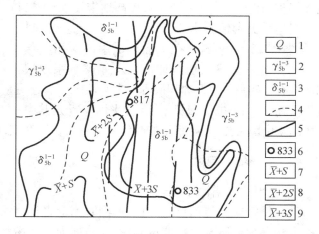

图 4.2.3　某地区相对 γ 等值线平面图
1—冲击坡积物;2—中粗粒斑状花岗岩;3—石英闪长岩;4—地质界线;
5—断裂蚀变带;6—γ 异常及编号;7—偏高场;8—高场;9—异常场

测区内铀、镭平衡情况可由平衡系数 C 来确定，C 定义为

$$C = \frac{\mathrm{Ra}}{\mathrm{U}} \cdot \frac{1}{3.4 \times 10^{-7}} = 2.9 \times 10^{6} \frac{\mathrm{Ra}}{\mathrm{U}}$$

式中，$\mathrm{Ra/U}$ 是分析采集的矿石样品获得的镭、铀含量比；3.4×10^{-7} 是铀系达到放射平衡时镭、铀质量的比值。当 $C = 1$ 时，测区镭与铀平衡；$C > 1$ 时，测区偏镭；$C < 1$ 时，测区偏铀。

　　由于放射性核素在自然界中分布广泛，野外工作中发现 γ 异常并不困难，但评价异常就不容易了。应综合异常点（带）的地质、地球物理和地球化学条件进行分析，而不能仅仅依靠异常值高低来估计 γ 异常的价值。在浮土覆盖区还应辅以射气测量或其他物化探手段，才能对异常性质作出正确的判断。

　　（2）地面 γ 测量的应用及实例

　　地面 γ 测量除用于直接寻找铀、钍矿床和确定成矿远景区外，还用于地质填图，寻找与放射性核素共生的其他矿产、探测地下水，以及解决其他地质问题。

　　图 4.2.4 是地面 γ 测量寻找铀矿床的实例。该地面曾发现燕山运动早期的花岗岩体，其主要岩性为中细粒花岗岩。区内浮土覆盖面积较大，岩浆活动频繁，构造复杂，呈东西向分布。γ 测量圈定了两个异常场和两个偏高场，它们都有一定的规模，经地表揭露依然存在。对偏高地带又做了射气测量、铀量测量和伴生元素找矿等工作，结果均有显示。经勘探揭露，在 1，2 号异常及 3 号偏高地带发现铀矿，4 号偏高地带见到铀矿化。

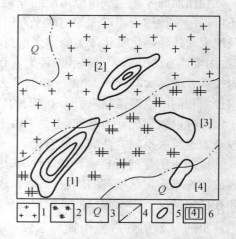

图 4.2.4　某地区地质、相对 γ 照射量率
综合平面图
1—中粒花岗岩；2—中细粒花岗岩；
3—第四系；4—地质界线；
5—相对 γ 照射量率等值线；6—γ 异常编号

　　图 4.2.5 是 γ 测量在工程地质中的应用实例。云南某变电所新建工程选址地区出露震旦系地层，测区内有第四系黏土及冰积层砾石夹黏性土。为查明地质情况，采用了电测深及 γ 测量。图 4.2.5 是其中一条剖面上的 γ 照射量率曲线和电阻率 ρ_s 断面图。由图可见，低阻带正好与低值 γ 异常位置对应，反映一条北东向断裂从该处通过。

4. γ 射线能谱测量

（1）γ 射线能谱测量原理

　　采用携带式 γ 能谱仪，通过现场同时测量岩石中铀、钍、钾含量来勘查矿产和解决地质问题的方法称为地质 γ 射线能谱测量法，简称为 γ 能谱测量。

　　通过 4.2.1 节内容的学习我们知道，铀系、钍系和钾所释放的 γ 射线的能量具有显著差别。图 4.2.6 是在铀、钍、钾矿石模型上实测的铀系、钍系和钾的 γ 能谱，由图可见，铀系释放

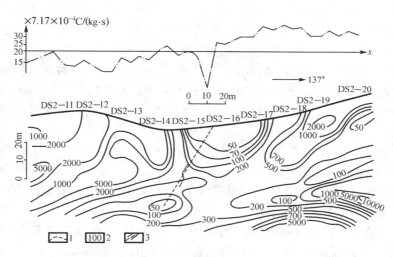

图 4.2.5　云南某地 γ 照射量率剖面与电阻率 ρ_s 断面图

1—γ 照射量率曲线；2—ρ_s 断面等值线；3—推测断层

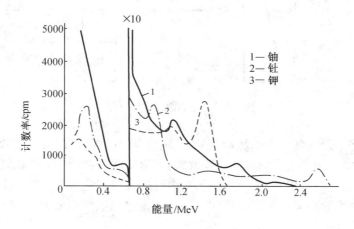

图 4.2.6　岩石上实测铀系、钍系和钾的 γ 射线能谱

的 1.76 MeV 的 γ 射线、钍系释放的 2.62 MeV 的 γ 射线、钾释放的 1.46 MeV 的 γ 射线对铀、钍、钾来说是特征的，即这三种特征能量的 γ 射线可以作为识别和测定铀、钍、钾的标志。对于同时含有铀、钍、钾的岩石，采用能谱仪设置 1.76 MeV，2.62 MeV，1.46 MeV 的三个能窗进行测量，各能窗测量的计数可以表征为

$$
\left.\begin{array}{l}
I_{\mathrm{U}} = a_1 w_{\mathrm{U}} + b_1 w_{\mathrm{Th}} + c_1 w_{\mathrm{K}} \\
I_{\mathrm{Th}} = a_2 w_{\mathrm{U}} + b_2 w_{\mathrm{Th}} + c_2 w_{\mathrm{K}} \\
I_{\mathrm{K}} = a_3 w_{\mathrm{U}} + b_3 w_{\mathrm{Th}} + c_3 w_{\mathrm{K}}
\end{array}\right\}
\tag{4.2.1}
$$

式中，I_{U}，I_{Th}，I_{K} 分别表示 U，Th，K 能窗的计数率；a_i，b_i，c_i（$i=1,2,3$）称为灵敏度系数，分别表示单位含量的平衡铀、平衡钍、钾在不同测量窗内产生的计数率（其中，U，Th 能窗单位为 cpm/10^{-6}；K 能窗为 cpm/%），可以通过在铀、钍、钾三种标准模型上刻度时获得的 9 个方程来确定。

实际工作中，只要测量出 I_{U}，I_{Th}，I_{K}，解（4.2.1）方程组，即可求得铀、钍、钾的含量。

（2）携带式 γ 能谱仪简介

目前国内在地质工作中的 γ 能谱测量常常采用微机多道 γ 能谱仪或四道能谱仪，下面以四道 γ 能谱为例简单介绍其工作原理。

微机四道 γ 能谱仪主要由 NaI(Tl) 闪烁计数器、放大器、六道脉冲幅度分析器、计数器、单片机系统、液晶显示器以及稳谱电路和电源电路等部分组成（见图 4.2.7）。

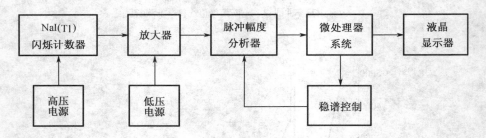

图 4.2.7　γ 能谱仪原理框图

闪烁计数器将 γ 射线转换为电脉冲信号，其幅度与射线能量成正比，而脉冲计数率与射线强弱有关；放大器将探测器给出的脉冲线性放大，成形展宽后送至六个脉冲幅度分析器进行幅度分析；然后信号按幅度分成六路，分别进入六个计数器进行定时计数；计数器将记录的脉冲数送入单片机。六个脉冲幅度分析器中四个用于测量铀、钍、钾以及总放射性，两个用于采集稳谱数据。

单片机系统主要包括单片机芯片、程序存储器、数据存储器、接口和总线等，在固化于程序存储器中的应用软件支持下，起着定时、控制、给出稳谱信号、系数保存、含量运算及显示结果等作用。它对四个测量道的计数进行运算，利用液晶显示器给出铀、钍、钾含量及总道的铀当量含量，以便操作者记录。同时还对两个稳谱道的计数进行比较，比较的结果通过数模变换器输出一直流电压，作为脉冲幅度分析器的阈压，通过调整阈压来实现稳谱。仪器所用的 γ 参考源是 ^{137}Cs 源。

（3）应用实例

γ 能谱测量的野外工作方法与 γ 测量基本相同。

地面 γ 能谱测量除可以直接用于铀钍混合地区寻找铀、钍矿床外,还可寻找与放射性核素共生的金属及非金属矿床,以及利用铀、钍、钾含量及其比值的分布资料,推测岩浆岩和沉积岩的生成条件及演化过程,探测成矿特点和矿床成因,开展地质填图等。

①γ 能谱测量勘查接触变质型铜矿床

该铜矿床位于澳大利亚新南威尔士州。这里发育的奥陶系(沉积岩和凝灰岩互层)火山沉积岩中有闪长岩岩株侵入。在闪长岩株的顶部和边缘发育着蚀变带,接触变质型铜矿床即赋存在此部位。由于在成矿作用过程中发生了铀与钍的再分配,在矿体及周围热液蚀变带内造成了铀的富集和钍的贫化,因而 U 与 Th 的比值成了该区指示热液蚀变晕的标志。这里的两个铜矿床都位于 U/Th > 100 的晕圈范围内,并且都在铀含量增高带的边缘(见图 4.2.8)。

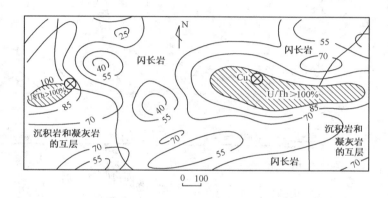

图 4.2.8　γ 能谱测量勘查新南威尔士州两个铜矿

②勘查金矿

图 4.2.9 是应用 γ 能谱测量在山东某地寻找含金矿脉的实例。在含金矿脉附近,γ 总量曲线和 K 含量曲线出现低值,U,Th 含量曲线出现高值,而 U/Th、U/K、Th/K 值形成明显的异常。综合这几条曲线,可确定含金矿脉的位置。根据 K 含量在矿脉两侧出现高值的位置,可大致估计钾化带的宽度。

4.2.2　α 射线测量

α 测量方法是指通过测量氡及其子体产生的 α 射线来寻找铀矿、地下水及解决其他地质问题的一类核方法。这类方法包括射气测量、α 径迹测量、α 卡(杯)测量、活性碳测量等。

本节中我们仅对射气测量、α 径迹测量、α 卡(杯)测量作一概略介绍。

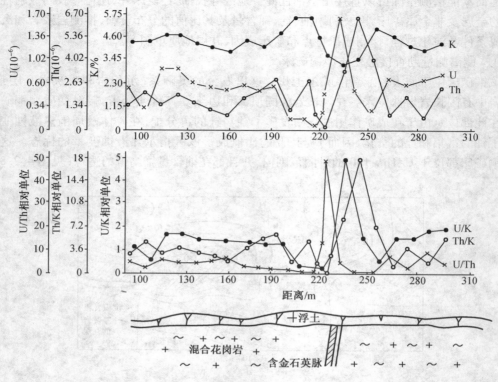

图 4.2.9　山东某地 γ 测量找金矿成果图

1. 射气测量简介

　　铀矿体能不断地放出射气氡(^{222}Rn),其中一部分射气可进入岩石孔隙或土壤及大气中。随着铀等核素的不断衰变,矿体内的射气浓度不断增大,驱使射气向四周浓度较小的地方逸散。由于地壳内部压力差(深部压力大,地表压力小)以及地壳排气等作用,使部分氡可以从地下到达地表。同时在运移过程中氡仍然继续衰变,所以氡射气在远离矿体后浓度将逐渐降低,形成以矿体为中心的向四周降低的射气场(见图4.2.10),氡射气的浓度在矿体上方若干米范围内都有显著的增高,所以可以根据氡射气浓度的增高来发现铀矿床。

　　钍系和锕系中的钍射气和锕射气也能形成射气场,但它们衰变较快,可以观测到的射气场范围不大,没有实际意义。

　　目前国外生产的轻便测氡仪多为多用型,既可进行土壤层

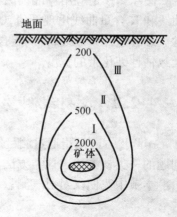

图 4.2.10　铀矿体形成的射气场分布示意图

氡气测量,也可取水样测氡,还可测土壤和水样中的镭。美国能源部在 20 世纪 80 年代中期就开始研制带微处理器的轻便多用途测氡仪,该仪器能对多种影响因素进行修正,并能给出经过修正的用 μg/L(微克/升)表示的测量结果。国内采用的多为闪烁室式射气仪,这种仪器由射气取样器和仪器主机两部分组成(见图 4.2.11),主机的工作原理基本与 γ 辐射仪相似。图 4.2.12 是国产某射气测量仪原理框图。

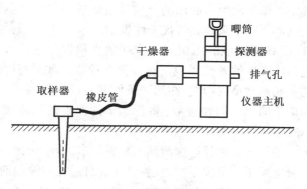

图 4.2.11　射气测量仪器结构图

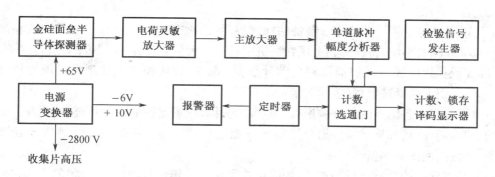

图 4.2.12　测氡仪原理框图

2. α 径迹测量

(1)基本原理

为探测覆盖层下铀矿放出的 α 射线,20 世纪 70 年代发展了 α 径迹(蚀刻)测量技术。我们知道,具有一定动能的质子、α 粒子、重离子、宇宙射线等重带电粒子以及裂变碎片射入绝缘固体物质中时,在它们经过的路径上会造成物质的辐射损伤,留下微弱的痕迹(仅几十 Å),称为潜迹。潜迹只有在电子显微镜下才能观察到。如果把这种受到辐射损伤的材料浸泡在某些特定的化学溶液中,由于受损伤的部位比未受损伤的部位化学活动性强,则受伤的部分能较快地发生化学反应而溶解到溶液中去,使潜迹扩大成一个小坑(称为蚀坑),这种化学处理过程称为蚀刻。随着蚀刻时间的增加,蚀坑不断扩大。当蚀坑直径达到 μm 量级时,便可在光学显微镜下观察到这些经过化学腐蚀的潜迹,它们就是粒子射入物质中形成的径迹。能产生径迹的绝缘固体材料称为固体径迹探测器。α 径迹测量就是利用固体径迹探测器对 α 粒子的径迹进行探测的一种核方法。

测量 α 径迹时,要将探测器置于探杯内,并埋入地表土壤层中(见图 4.2.13)。铀矿体或其原生晕和次生晕放出的氡向地表运移,并进入探杯,就会在探测器上留下氡及其各代子体发射的 α 粒子形成的潜迹。此外,探杯所接触的土壤层的本底铀含量以及镧系和钍系的 α 辐射体产生的 α 粒子也可被探测器接收。如果忽略地表土壤的本底铀含量的影响,在相同条件下测量的 α 径迹密度(探测器单位面积上的径迹数)将正比于探测点的氡浓度。由此可以发现氡浓度的异常地带。

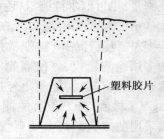

塑料胶片

图 4.2.13 径迹蚀刻取样杯的埋设与射气产生潜迹示意图

可用作固体径迹探测器的材料较多,但不同材料能记录的重带电粒子的范围不同,且要选用各自适应的蚀刻剂。地质工作中要记录的是 α 粒子的潜迹,常用的探测器材料是醋酸纤维和硝酸纤维薄膜等塑料胶片。与之适应的蚀刻剂主要是氢氧化钠和氢氧化钾溶液。

(2)工作方法

α 径迹测量的工作程序是将已制备的探测器悬挂在塑料杯里,再按一定的网格在测点上挖 30～40 cm 深的小坑,将杯底朝上埋在测坑中;约 20 天后取出杯中的探测器进行蚀刻;用光学显微镜(或径迹电视自动扫描器和自动计数器)观察,辨认和计算蚀刻后显现的径迹的密度,即单位面积上的径迹数目(表示为 j/mm^2)。

当取得测区内各测点的径迹数据后,可利用统计方法确定该地区的径迹底数,并据此划分正常场、偏高场、高场和异常场。划分原则与 γ 测量相同。测量结果主要绘制成 α 径迹密度剖面图、平面剖面图和等值线平面图。

确定径迹异常的性质比较困难,因为除矿体和含矿破碎带外,地表铀含量的增高,接触带、构造带及岩性差异等也能形成异常。一般来说,若径迹密度随时间增长快,或与埋深成正比,则异常由矿或矿化引起,否则是由其他因素引起。地表附近钍的干扰可用能谱测量或射气测量加以识别。

(3)应用实例

α 径迹测量记录的是氡放出的 α 粒子,实质上它是一种长时间的射气测量。因此,凡是射气测量能解决的地质问题,α 径迹测量也能解决,且后者的勘探深度要大得多。这是因为虽然氡可以扩散到百米以上,但射气仪是瞬时取样测量,灵敏度有限,不可能把不够一定浓度的氡探测出来。α 径迹测量采用长期积累测量方式,故灵敏度大大提高。

图 4.2.14 所示是在长沙铁道学院内找水的实例。该院内大部分为第四系所覆盖,第四系地层厚约 10～30 m。覆盖层以下为第三系黏土、粉砂岩。该院水文物探工作的目的在于研究院区的水文地质条件和水文地质关系,解决生活用水问题。在未做 α 径迹测量以前,曾做过电测深工作,发现该院南部有一北北西向的低阻带,电阻率小于 100 Ω·m,推测它是断裂通过部位,并布设了钻孔(ZK1)。在 46.25～56.40 m 见断裂带,但它被砂砾石充填,抽水试验日出水量仅为 60 t。由于砂岩电阻率小,故很难判断其富水性,所以在原电测深的基础上,又布设了 α 径迹测量剖面,结果如图 4.2.14 所示,最大 α 径迹密度值为 470 径迹/mm^2,异常峰背比为 4.5。且 α 径迹

异常带与电阻率高低阻界线相吻合。据此推断, α 径迹异常是由北西向构造断裂所引起,因此在 4 线 89 号点布置了钻孔。经钻探验证,在孔深 23.47 ~ 49.50 m 见到断层破碎带,在 150 ~ 170 m 地段高倾角裂隙依然发育,成井后其日出水量大于 650 t。

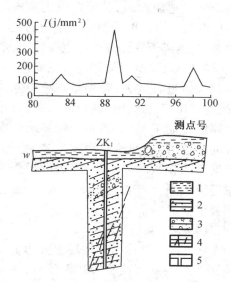

图 4.2.14　长沙铁道学院 α 径迹测量剖面
1—第四系;2—砂岩;3—断层充填物;
4—裂隙;5—钻孔

3. α 卡(杯)法简介

（1）方法原理

α 卡法是一种短期积累测氡的方法。α 卡是用对氡的子体(^{218}Po 和 ^{214}Po 等)具有强吸附力的材料(聚酯镀铝薄膜或自身带静电的材料)制成的卡片。将 α 卡悬挂在倒置的杯子里,与 α 径迹杯一样,埋在地下 30 ~ 40 cm 深的坑内,聚集土壤中氡子体的沉淀物,数小时后取出卡片,在现场用 α 辐射仪测量卡片上沉淀物放出的 α 射线的强度,便能发现微弱的放射性异常,达到寻找铀矿或解决其他地质问题的目的。

某些材料能聚集氡短寿子体的原理早已经被实验所证实。Rutherford 曾将镭的溶液封闭在容器中,当其上空间置有聚集片或聚集丝,就可观察到所聚集的氡射气衰变的短寿命产物。国内外学者曾试验研究了各种材料对氡衰变产物的 α 聚集效果,所得结论认为大多数材料都能聚集 α 放射性,银片、钢片、铝片、塑料片都能聚集相同量的 α 放射性。同时,面积较大的聚集片,所聚集的 α 放射性强度较高,为此在此基础上,又产生了利用整个探杯作为聚集 α 放射性的 α 杯测量法。

α 卡(杯)法比射气测量灵敏度高,探测深度大,又比 α 径迹测量生产周期短,故在实际应用中受到用户欢迎。

（2）α 卡(杯)仪器工作原理

图 4.2.15 是某国产 α 杯探测仪的原理框图。其探测器是常压空气脉冲电离室,它由中心电极、电离室壁、优质绝缘体、保护环和电离室盖等组成。电离室壁加有 - 900 V 的高压,中心

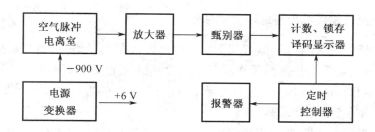

图 4.2.15　α 杯仪原理框图

电极通过电阻接地,从而在电离室内形成高压电场。当 α 射线使电离室内的空气电离时,电离离子就会被中心电极收集,形成电脉冲信号;该微弱信号通过低噪声、高增益放大器进行放大;甄别器将噪声脉冲剔除,将有用信号送往计数电路;在定时控制电路的控制下,显示器每分钟显示一次累计的计数值,直到给它清零信号为止。报警器每次读数时发出声响,提醒操作者注意记录数据。当电池电压过低时,报警器亦会报警。

（3）应用实例

浙江湖州某地出露地层主要为上泥盆系和下石炭系石英砂岩和粉砂岩,主要构造有北东向 F_1 和 F_2 两条断裂。区内铀矿化不均匀,大多为裂隙控制,矿体较薄,品位较低。在两条测线上开展了 α 卡测量（埋卡 6 h,探坑深约 30 cm）,图 4.2.16 所示为 11 号测线的测量结果。矿体理深达

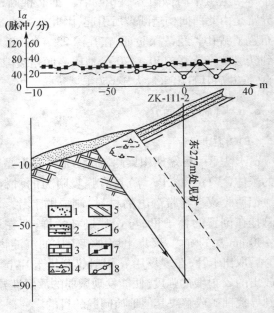

图 4.2.16　浙江某地 11 号测线综合剖面图
1—浮土;2—砂岩;3—大理岩;4—构造角砾岩;5—断层;
6—地面 γ 测量曲线;7—孔中 γ 测量曲线;8—α 卡测量曲线

227 m,地表 γ 测量无反应,但 α 卡测量曲线对应于 F_2 构造带却有明显的异常高峰。

4.3　人工核方法在地质工作中的应用

在地质工作中应用的人工核方法主要有 X 荧光法、中子方法和 γ - γ 法。

4.3.1　X 荧光测量

1. X 荧光测量的物理基础与地球化学基础

地质勘查中所指的 X 荧光测量有别于传统的室内 X 荧光光谱分析,它是指利用携带式 X 荧光仪器,通过在勘查现场快速测量找矿目标元素或指示元素在激发源辐照下产生的 X 荧光光子的计数,圈定目标矿床（体）的 X 荧光异常,进而找寻矿产的一种核勘查方法。

（1）X 荧光测量方法的物理基础

X 荧光是 X 射线的一种,也是电磁辐射。当用一定能量的粒子（如电子、质子、软 γ 射线、X 射线）去轰击样品时,粒子将与原子发生作用并从中驱逐出内层电子,使原子处于不稳定的激发

状态。原子会通过外层电子跃迁,填补内层电子空位,返回稳定状态,与此同时,释放出等于跃迁前后两个能级能量差的电磁辐射,这就是 X 射线荧光。由于原子不同,能级差不同,每种原子释放的 X 射线荧光能量具有唯一性,即这种 X 荧光是特征的,为此我们也将其称为特征 X 射线。

当原子的电子空位发生在 K 层,由外层电子填充 K 层空位时所释放的 X 荧光称为 K 系 X 射线谱。电子壳层存在亚层结构,使特征 X 射线复杂化。K 系 X 荧光谱线包括 $K_{\alpha 1}$,$K_{\alpha 2}$,$K_{\beta 1}$,$K_{\beta 2}$,$K_{\beta 3}$。同理,也有 L 系、M 系 X 荧光谱线等。图 4.3.1 是原子能级及 K,L 系 X 荧光谱线产生示意图。各谱线系的 X 荧光产生率差别大,K∶L∶M ≈ 100∶10∶1,实际工作中一般常用的谱线是 K 系谱,L 系次之。

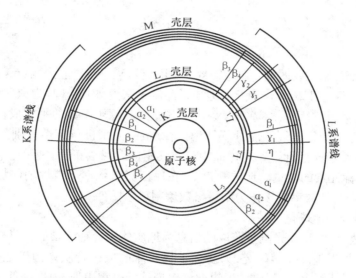

图 4.3.1 原子能级及 K, L 系 X 荧光谱线产生示意图

早在 1913 年,莫塞莱 Moseley H G J 就发现了元素发出的 X 荧光的光谱频率的平方根与原子序数间的关系,即

$$\nu^{1/2} = a(Z - b) \tag{4.3.1}$$

式中,a,b 对同一谱系中同类谱线来说是常数。这就是莫塞莱定律。根据射线能量与频率的关系,可以得到以射线能量形式表达的莫塞莱定律。如对 K_α 射线,有

$$E_K = \left(\frac{3}{4}\right)Rhc(Z - 1)^2 \tag{4.3.2}$$

下面我们来讨论 X 荧光仪所测量的目标元素 X 荧光的计数率与目标元素含量的关系。不失一般性,设样品为无穷大的平整平面,样品密度为 ρ,厚度为 X;目标元素分布均匀且含量为 W;激发源为单一能量的光子源,其光子产额为 Q,初始能量为 E_0;初级射线和激发后的特征 X 射线均为平行射线束,与样品表面的夹角分别为 α 和 β。激发源、样品、探测器之间的几何布置如图 4.3.2 所示。通过对薄层 dx 产生并到达探测器的特征 X 射线的积分,可以导出所

记录的样品的特征 X 射线计数为

$$I_{\mathrm{K}} = \frac{K \cdot Q \cdot W}{\dfrac{\mu_0}{\sin\alpha} + \dfrac{\mu_x}{\sin\beta}} \left[1 - \mathrm{e}^{-\left(\frac{\mu_0}{\sin\alpha} + \frac{\mu_x}{\sin\beta}\right)\rho \cdot X} \right]$$

式中,K 为包括激发与仪器探测效率、仪器几何条件在内的仪器常数;μ_0,μ_x 分别是样品对激发源初始射线和目标元素特征 X 射线的吸收系数。

当样品厚度 X 足够厚时,上式中指数项趋于 0,我们称此种样品达到饱和厚度,此时有

$$I_{\mathrm{K}} = \frac{K \cdot Q \cdot W}{\dfrac{\mu_0}{\sin\alpha} + \dfrac{\mu_x}{\sin\beta}} \qquad (4.3.3)$$

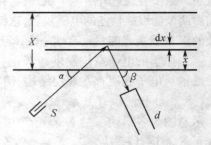

图 4.3.2 激发源、样品、探测器间
几何位置图

由于元素的特征 X 射线的能量低(几 keV ~ 几十 keV),穿透能力弱(60 keV 能量射线在岩石中的饱和厚度不超过 2 cm),因此对地质样品测量来说,均可视其为饱和厚样品。

(4.3.2)式表明,元素释放的特征 X 射线的能量与其原子序数的平方成正比,故利用能谱仪器识别所获得的 X 荧光谱线的能量,可以对所测量的元素进行定性识别。而(4.3.3)式表明,仪器所测量的 X 荧光的计数率与样品中目标元素的含量成正比,利用标准样品,采用相对测量,可以确定目标元素的含量。地质勘查中,在保证测量数据一致性的前提下,也可以将仪器所测量的 X 荧光的计数率直接作为测量参数编制成果图件。

(2)X 荧光测量的地球化学基础

与其他核方法一样,X 荧光测量获取的信息为地质体中各种元素的含量(或与元素含量成正比的计数值)。根据地球化学研究,大多数金属矿床的成矿物质来源于地壳深部的含矿热液,这些热液沿地壳断裂、构造提供的通道向地表迁移的过程中,随温度降低,不断有相应的矿物析出(不同矿物析出温度不同),同时热液也会与通道两侧的岩石发生交代等作用从而使各种组分向断裂、构造两侧迁移,结果在水平与垂向上形成不同元素的含量增高地带。当成矿元素在断裂或构造的某个合适位置聚集形成矿体后,以矿体为中心,向外逐渐降低的成矿元素和相伴生(共生)元素的含量增高地带,我们称之为地球化学异常。采用一定测网,通过 X 荧光仪器测量成矿元素,或者与成矿元素伴生(共生)的其他元素,可以捕获地球化学异常。结合地质、物探资料,对地球化学异常的分布规律进行分析研究,可以最终确定矿体的大致位置。

目前,我国已将 X 荧光测量方法应用于 Au,Cu,Ag,Fe,Sr,Ba 等资源的勘查、开采中,取得了良好的地质效果。

(3)常用携带式 X 荧光仪器

地质勘查中所用的携带式 X 荧光仪器一般是以能量色散方式构建的适合于野外工作的 X 荧光分析仪器,这种仪器的基本结构如图 4.3.3 所示。

仪器的工作原理与 γ 能谱仪基本相同,不同之处主要在探头部分。X 荧光仪器探头中安装有辐射源,用于激发样品产生特征 X 射线。国内商品化仪器一般采用 ^{238}Pu(用于测量 $Z = 24$

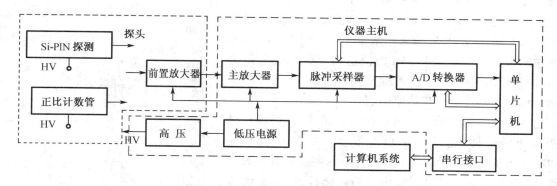

图 4.3.3　国内常用携带式 X 荧光仪器结构框图

~35 元素的 K 系 X 射线与 $Z = 56 \sim 92$ 元素的 L 系 X 射线）与 ^{241}Am（用于测量 $Z = 35 \sim 69$ 元素的 K 系 X 射线）放射性核素作为激发源。

国内早期的携带式 X 荧光仪器都采用 NaI(Tl) 闪烁探测器，由于这种探测器对低能射线的能量分辨率很差，必须配射线能量分选器件——平衡滤光片对才可以分选出目标元素的 X 荧光，所以仪器在野外工作时只能测量选定的某一种元素。找矿工作的深入对 X 荧光仪器提出了新的要求，从 20 世纪 90 年代中期起，我国国内市场上的商品化携带式 X 荧光仪器逐渐采用低气压正比计数管代替了 NaI(Tl) 闪烁探测器，配合多道分析器工作，在野外条件下可以实现同时测量 $4 \sim 6$ 种元素，可以测量 Z 为 24(Ca) 及以上的元素。目前，我国科学工作者已经研制出以电制冷 Si – PIN 半导体为探测器的第三代携带式 X 荧光仪器，这种仪器在野外现场可同时测量 $8 \sim 15$ 种元素。

2. X 荧光测量在资源勘查中的应用

（1）现场工作方法

对各元素的特征 X 射线荧光谱线采用"1/2 极大值"法确定探测窗予以测量，测量时间以分钟为基本单位。为了保证测量的可靠性，土壤测量是在挖好的 40 cm 深的坑的底面上进行的（保证测量 B 层土壤）。将坑底面土壤弄平整，在 $3 \sim 5$ 个不同位置作测量，以平均值作该物理点的测量结果，以便减少几何效应和矿化不均匀效应。同理，岩石测量时，亦以多点测量的平均值代表一个物理点的测量结果。一般情况下，每种元素的测量结果直接以每分钟的脉冲计数(cpm) 来表示。

（2）金矿勘查中的应用

由于金矿工业品位低，X 荧光仪探测限不能满足直接测量金含量的要求，故一般情况下，勘查金矿时往往测量在成因与空间分布上与金矿密切相关的其他一些元素，作为找金矿的指示元素。在四川某金矿区外围的找矿工作中，找矿人员采用土壤 As，Cu，Fe 为主的多元素 X 荧光测量扫面，对捕获的综合异常辅以痕金分析验证的工作程序，快速确定找矿靶位，取得突破。图4.3.4展示的是矿区外围 HLZ 普查点的 X 荧光测量成果图。在该普查区域上捕获总体上呈南北向分布的 X 荧光异常,异常有4个浓集中心。对2号异常浓集中心取样作痕金分析,Au 极值达到 100×10^{-9},高出 Au 的背景值30倍左右。经探槽揭露,证实异常为一呈南北向展布的工业金矿体所引起。

在探矿工程中同步开展多参数 X 荧光测量,可及时指导地质采样,避免漏矿情况发生。如在某金矿区 PD - 5 坑道施工过程中,揭露的为与原生金矿有关的岩性,这些岩性没有肉眼可以识别的矿化标志,无法确认矿(化)体。按地质资料推测,预计矿体应在距坑口约45 m 处,故在前30 m 没有地质采样计划。为防止漏矿,在该坑道的掘进过程中开展了岩石多元素 X 荧光测量,图4.3.5为坑道一壁的 X 荧光剖面。

根据 As/Fe 曲线异常分析,在距坑口 12.5 ~ 18.5 m 可能赋存一金矿体。经采样化学分析确定,在 12.8 ~ 18.5 m 处划分出一新的金矿体,矿体金品位达到 3.5 ~ 4.1 g/t。

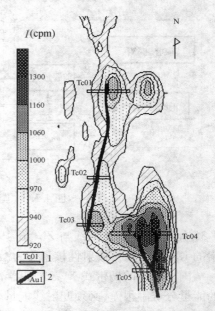

图 4.3.4　HLZ 地区 As X 荧光成果图
1—探槽位置与编号;2—新发现金矿体

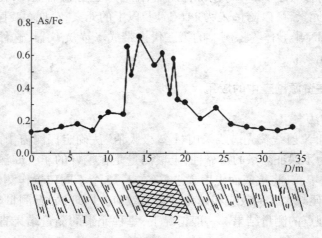

图 4.3.5　PD - 5 坑道 X 荧光测量综合剖面图
1—砂岩;2—金矿体

(3)锶矿勘查应用与效果

在重庆某地采用了土壤 X 荧光测量来勘查锶矿,取得良好效果。在 6 500 m × 500 m 的测区内,以 100 m × 10 m 网格开展了锶的土壤 X 荧光测量,获得近 3 000 个物理点的测量数据。

根据统计结果,以平均值加 1.5 倍均方误差为异常下限,圈出了 22 个异常。

经异常评价模式认定,有 6 个异常群(每个异常群由 2~3 个有关联的异常组成)为锶矿引起的矿异常。

率先对 Ⅰ 号异常群进行了布孔验证。

Ⅰ 号异常群由两个异常组成,分布在测区南端的 131 至 191 线之间(见图 4.3.6)。结合矿区锶矿的保存深度条件(即锶在近地表易被淋滤后带走,在潜水面以下多被溶蚀,矿体仅在合适的深度才能保存)和异常位置处的地貌等因素,先后布孔 5 个。其中,除 ZK1753 孔因太靠近含矿层(致使穿过含矿层时深度不够)仅见锶矿化外,其余 4 孔均见到天青石工业矿体。

继后,对其余 5 个异常群陆续布孔验证,除 Ⅱ 号异常群仅见矿化外,其余异常群均见到工业锶矿体(见表 4.3.1),布孔见矿率达到 80% 以上,比依据传统方法布孔见矿率(50% 左右)提高了 30%。

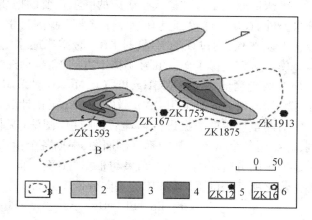

图 4.3.6　Ⅰ 号异常群及钻孔分布图

1—Ba X 荧光异常;
2—Sr X 荧光强度加一倍标准差;
3—Sr X 荧光强度加二倍标准差;
4—Sr X 荧光强度加三倍标准差;
5—未见矿孔位置及编号;
6—见矿孔位置及编号

表 4.3.1　异常区域见矿情况统计表

异常群编号	包含异常数/个	布孔数/个	见矿钻孔数/个	各孔见矿深度/m	见矿率/%
M1	3	5	4	88~110	80
M2	4	2	0		0
M3	5	7	6	71~133	85.7
M4	5	8	6	81~114	75
M5	3	3	3	124~160	100
M6	2	5	5	75~112	100

在部分钻探先于 X 荧光测量而未见矿地段,后根据 X 荧光资料重新布孔,找到地质找矿遗漏矿段三处,由此使该矿区天青石工业储量增加十多万吨。

（4）金矿床地球化学分散模式研究中的应用

矿床地球化学分散模式是矿床的一项重要的地质理论研究工作,其成果对所研究矿床的开采,外围找矿工作等都具有指导性意义。我国科学工作者采用 FD－256 与 HAD－512 型携带式 X 荧光仪,通过现场测量,对 KNM 金矿床地球化学模式进行了研究。

模式研究选择了矿区 II 号矿体上方的 12 号勘探线,于地表土壤、坑道壁、钻孔岩芯进行了系统 X 荧光测量。测量 As,Hg,Pb,Cu,Mn,Ni 时采用^{238}Pu 源激发,充 Xe 正比计数管探测器配合,测量 Sr,Sb,Ba 时采用^{241}Am 激发,充 Kr 正比计数管探测器配合。

对测量获得的数据进行整理后,通过作图法(见图 4.3.7),确定指示元素的垂向分带序列,即绘制各个指示元素的垂直剖面图,根据各个指示元素原生异常中心在空间上的相对位置确定元素的分带序列。这一结果与根据"格里戈良"计算法求出的元素垂向分带序列是一致的。最终所获得的 KNM 矿床的垂向分带序列为

$$Sr—Ba—Sb—Hg—As—Au—Pb—Ag—Cu—Mn—Ni$$

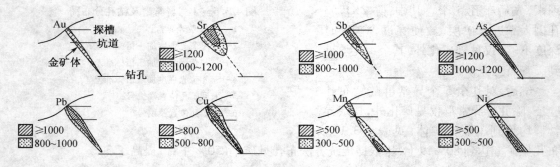

图 4.3.7　II 号矿体上不同元素(X 荧光异常)的垂直剖面(图中单位为每分钟的脉冲数 cpm)

在这个分带序列中,Sr,Ba,Sb 为矿体的前缘晕组合元素;As 为矿体上部的特征元素;Pb,Cu 为矿体晕元素;Mn,Ni 为矿体尾晕元素。

在各指示元素中,经分析对比,提炼出两类不同的元素:找矿指示元素与矿体研究指示元素。

找矿指示元素为 Sr 与 As。Sr 作为矿区内金矿的前缘晕元素具有异常宽大、幅度高的特点,其异常易于为 X 荧光测量所发现。而 As 作为金矿体上部的特征指示元素,具有异常与金矿体基本吻合的特点。

矿体研究指示元素为 Sr,As,Cu,Pb,Mn,Ni。可以利用这些元素的不同组合情况来判断矿体类型以及矿体的剥蚀深度等。

研究建立的矿区地球化学分散模式在以后指导该矿区的钻探及与外围找矿中,发挥了良好的作用。

如 11 号勘探线在探槽揭露过程中圈出了 IV,V,VI,VII 四个矿体。这些矿体间具有何种联系? 其深部是否向下延伸? 深部矿体情况如何?

为了搞清楚上述找矿过程中亟待了解的问题,对 11 号勘探线开展了系统的剖面 X 荧光

测量,并将结果与建立的矿床地球化学模式相对比,发现矿体前缘晕元素 Sr 呈偏高场,矿体晕元素 As,Pb,Cu 元素呈高异常值,矿体尾晕元素也呈偏高场,是地下存在延伸较大富矿体的典型的元素异常组合。为此通过工程予以揭露,在 25 m 左右发现四个矿体合并成一个较大的工业矿体,该矿体向深部有变大和变富的趋势。

根据矿区金矿床的地球化学模式,在矿区外围的找矿工作中,开展了 1:10 000 的 Sr,As 土壤 X 荧光测量来找金矿的工作。捕获异常后,对产于 Sr 异常中的 As 异常进行重点解剖。在土壤 X 荧光扫面工作中,先后圈出 LHK,QSL 两片异常区。经分析研究后,对 LHK 异常区进行优先解剖(见图 4.3.8),发现工业金矿产地一处。当年在该处建立堆场,提取黄金 48 kg。通过进一步的地勘工作,目前,该处控制的金矿储量已经超过中型。

此后,对 QSL 异常区进行的解剖也取得突破,发现了新的工业金矿体。

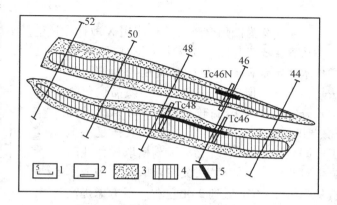

图 4.3.8　LHK 地区 X 荧光异常与工程布置图

1—测线位置与编号;2—探槽位置与编号;

3—AsX 荧光值界于 0.84～0.9(XR)区域;

4—AsX 荧光值大于 0.9(XR)区域;5—新发现金矿体

3. 资源开采中的应用

(1)在矿山开采工作中的应用

在矿山采矿过程中,利用携带式 X 荧光仪器在矿体上直接测定矿石品位的技术称为 X 荧光取样,简称 X 取样。我国从 20 世纪 80 年代中期起,开始在有色、黑色金属矿山推广应用这一技术。

X 取样的基本工作方法是:在岩矿石表面按 100 cm×15 cm 划分每一个地质样品的位置,此区间内,以所用仪器探头探测窗的有效探测直径为点距,逐点测量,最后取一个地质样内的全部测点的测量结果的平均值作为该地质样的品位。由于采用多点测量的平均值作为测量结果,大大减少了地质品位的测量误差,使 X 取样可以达到不低于传统地质品位确定方法(刻槽取样化学分析法)的准确度。

表4.3.2 列出了中条山铜矿峪铜矿开展 X 取样原位确定铜矿石品位初期的部分测量结果。为了检验 X 取样结果的准确性,对这部分样品亦进行了对比刻槽取样确定品位工作,结果一并在表 4.3.2 中列出。

表 4.3.2　部分 X 取样确定铜矿品位与刻槽取样品位对比表

取样方法	样品数	超差数	合格率	平均品位	对比误差
X 取样	71	13	81.69	0.546	0.02
刻槽取样	71	21	70.42	0.551	

图 4.3.9 为四川会理大铜矿应用 X 取样在坑道壁上确定铜矿石品位成果图。

从表 4.3.2 与图 4.3.9 中可见,应用 X 取样技术确定铜矿石品位的准确度与刻槽取样法是相当的。但 X 取样确定一地质品位仅需十几分钟到半个小时,较刻槽取样获取品位的(数天)工效高了几十倍,加之 X 取样是一道工序即刻获取品位,既避免了刻槽取样作业时岩尘对刻槽工人的危害,又将获取品位的成本费从 20 元左右降低到 2 元左右。不考虑提高工效带来的效益,仅统计减少的成本费一项,一个中型矿山每年就可节约约 10 万元,其效益是显著的。

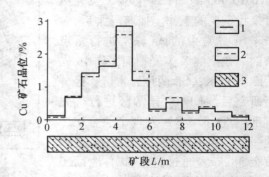

**图 4.3.9　会理大铜矿某矿段 X 取样确定
铜矿石品位成果图**

1—X 取样;2—刻槽取样;3—砾岩

除按照地质取样要求,以 100 cm × 15 cm 区域作一个地质样区域确定地质品位外,X 取样在矿山的另一应用是配合地质编录进行 X 荧光编录,即在地质编录时,应用原位 X 取样技术测定被编录的坑道壁或采掘面上各点的矿石品位,据此编制等含量线图。图 4.3.10 展示的是四川会理大铜矿七下二.三 1~5 采场的采掘面的铜 X 荧光编录图。

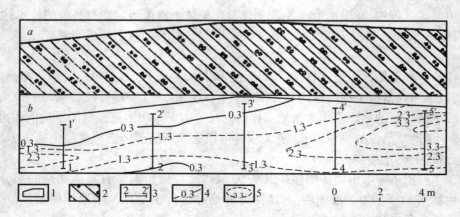

图 4.3.10　会理大铜矿七下二.三 1~5 采场采掘面 X 荧光编录图

1—采掘面边界线;2—砾岩;3—X 取样测线;4—铜等含量线

在采掘面上获取的这种编录图,不仅完整准确地划分了矿体边界,还圈出了富矿区域,对采矿工作起到了及时指导作业的作用,避免了采用刻槽取样确定品位时因提供的化学分析结果滞后于采掘速度,无法正确识别矿体边界造成的贫化损失问题。

而在矿山的地质工作中应用 X 取样开展编录工作,则大大提高了地质工作的质量。除用于铜矿外,我国一些锡矿、锑矿、铁矿等矿山也采用了 X 取样技术。

（2）在选矿流程监测中的应用

在矿石的选矿过程中,为了保证达到设计的金属回收率,对选矿过程进行监测是必不可少的。在我国,传统的监测工作是通过取样、化学分析的流程来进行的。由于化学分析获取成果的速度严重滞后于选矿进程,一般在当前选矿班次完成后才能获得分析结果,因此起不到及时调整选矿工艺以获得最佳金属回收率的目的。对于那些规模较小、不便安装在流分析系统的矿山,采用携带式 X 荧光分析仪作为监控设备,同样可以起到良好的效果。适合于采用这一方法的矿山包括 Cu,Pb,Zn,Sr,Ba,Hg,W,Fe,以及部分金矿山。

例如,我国东北某金铜矿山,采用如图 4.3.11 所示的工作流程作选矿监控。

图 4.3.11　选矿过程监控流程图

实际工作中,每半小时在原矿、精矿、尾矿的控制点上分别采集样品;将样品置于烘烤样品的大铁板上,加热进行样品干燥处理;随后,将烘干的样品装入专用样品杯中进行测量;最后,根据测量结果求得入选矿石品位、金属回收率,并据此指导入选矿石的配矿、调整选矿药剂的用量等,以获得稳定的高金属回收率。

样品采用大铁板和功率较大的电炉作烘干设备,一个样品的烘干时间一般为十几分钟,从采集样品到获取分析结果仅约 20 分钟,分析资料可以及时反馈到选矿控制室。

①铜品位监测方法

该金铜矿是一产于花岗岩中的火山岩型金铜矿床,主要金属矿物为黄铜矿、磁黄铁矿、黄铁矿,闪锌矿、方铅矿、自然金含量较少。由此可知,测量铜品位时的主要基体效应将是铁对铜的吸收效应,为此,采用特散比法来校正这种影响。试验表明,铜特散比值与铜品位间的相关系数从特征强度的 0.59 提高到 0.96。为此,在选矿监测中对铜的测量采用了特散比法。

②金品位监测方法

由于矿山原矿、精矿、尾矿样品中金的品位均低于所用携带式 X 荧光仪器对金的探测限（70 g/t）,对金的测量只能借助其他与其相关元素的测量来实现。根据金主要赋存在各种金属硫化矿物中的特点（见表 4.3.3）,研究了采用不同元素或元素组估计金品位的方法。

表 4.3.3 原生金在不同矿物中的相对含量

矿物名称	黄铜矿	石英	磁黄铁矿	方铅矿	黄铁矿	辉铜矿	自然金	毒砂	Σ
相对含量/%	34.2	21.2	17.1	8.85	8.21	6.04	3.29	1.11	100

根据对 100 个原矿样品测试的实验结果(表 4.3.4),最终确定的测量金品位的方法为:设置 6.5~12.5 keV 的仪器探测能窗,测量 Cu,Zn,Pb,As 特征 X 射线谱,及部分 Fe 特征 X 射线谱的总量 X 荧光强度来估计金品位。

表 4.3.4 测试金品位方法实验情况统计表

样品数	测试能窗及所包含元素	与金相关系数
100	7.04~9.04 keV Cu	0.63
100	5.90~9.04 keV Cu + Fe	0.77
100	5.90~9.84 keV Cu + Zn + Fe	0.79
100	6.50~12.5 keV Cu + Zn + Pb + As + Fe(part)	0.84

投入生产前,曾对 16 个班次选矿过程中的原矿、精矿、尾矿品位进行了监测试验。每个班次取原、精、尾矿样各 14~16 个,总计取样 720 个。经与化学分析对比,对原矿、精矿、尾矿中铜的分析合格率分别达到 92%,83% 和 87%;对金的分析合格率为 70%,81%,91%。表 4.3.5 列出了部分样品的铜、金品位分析结果,表 4.3.6 统计了分析铜品位的有关指标参数,表 4.3.7 统计了金品位测试的有关质量参数。

表 4.3.5 部分原、精、尾矿样品品位测试结果

样号	类型	Cu/%（化学）	Cu/%（荧光）	绝对误差	允许误差	Au/(g/t)（化学）	Au/(g/t)（荧光）	绝对误差	允许误差
Y331	A	0.997	0.971	0.03	0.09	2.24	3.46	1.22	0.50
Y332	A	1.262	1.276	0.01	0.10	4.12	4.13	0.01	0.70
Y333	A	0.354	0.305	0.05	0.04	2.91	3.09	0.18	0.50
Y334	A	1.571	1.608	0.04	0.10	4.73	4.99	0.26	0.70
Y335	A	1.398	1.406	0.01	0.10	6.30	5.37	0.93	1.00
J358	B	14.58	14.52	0.06	0.90	38.9	39.1	0.20	1.50
J357	B	14.96	15.01	0.05	0.90	36.5	34.1	0.70	1.50
J312	B	14.66	14.37	0.29	0.90	34.3	36.5	0.80	1.50
J337	B	16.85	16.90	0.05	0.90	37.7	36.7	1.00	1.50

表 4.3.5（续）

样号	类型	Cu/%（化学）	Cu/%（荧光）	绝对误差	允许误差	Au/(g/t)（化学）	Au/(g/t)（荧光）	绝对误差	允许误差
J269	B	15.44	15.86	0.42	0.90	40.6	40.3	0.30	1.50
W151	C	0.045	0.054	0.009	0.01	0.37	0.37	0.00	0.30
W148	C	0.038	0.040	0.002	0.01	0.37	0.57	0.20	0.30
W176	C	0.049	0.051	0.002	0.01	0.44	0.43	0.01	0.30
W186	C	0.052	0.047	0.005	0.01	0.31	0.35	0.04	0.30
W256	C	0.088	0.080	0.008	0.01	0.44	0.39	0.05	0.30

A—原矿;B—精矿;C—尾矿。

表 4.3.6　原、精、尾矿中铜品位分析质量参数统计表

分析元素	样品类别	样品数	合格率/%	平均误差
Cu	原矿 mine run ore	240	92	0.06
Cu	精矿 finished ore	240	83	0.15
Cu	尾矿 mine tailings	240	87	0.006

表 4.3.7　原、精、尾矿中金品位测试质量参数统计表

分析元素	样品类别	样品数	合格率/%	平均品位/(g/t)		平均品位对比误差/(g/t)	95%置信概率下误差限/(g/t)
				化学1	荧光		
Au	A	240	70	4.08	4.06	−0.02	≤0.14
Au	B	240	81	32.56	32.61	0.05	≤0.95
Au	C	240	97	0.39	0.40	0.01	≤0.12

　　实验结果表明（见表 4.3.5），在对金的测量中，个别样品的结果与化学分析间存在较大误差，究其原因，主要是由于 X 荧光法不能直接测量金本身，只能依靠金与其他元素间的相关关系来间接测量金，而地质样品是不均匀的，因此当个别样品中金与其他元素的组合差异较大时，将会导致较大误差。由于这种误差来自不同样品中元素组合的随机性，因此出现正、负误差的概率是相等的。采用多次采样的测量结果的均值将使这种误差减小到很小的程度（如表 4.3.7 所示）。实际上从矿山的生产角度看，作为选矿产品，更有意义的是一批样品的平均品位，而在该指标参数上，X 荧光法与化学分析法提供的结果间的误差是很小的（见表 4.3.7），因此，可以认为 X 荧光监测资料的准确度是可以满足矿山选矿要求的。

在进行试验的 16 个选矿班次中,由于采用 X 荧光监测,每半小时提供一次原矿、精矿、尾矿品位,根据监测结果及时调整入选品位、用药量等,使金属回收率平均提高了 6%。

按矿山的选矿能力(平均每班回收 0.4 t 铜、0.11 kg 金,每天 3 班次,每年按 300 个工作日计),每年由此可多回收铜 21.6 t,金 5.94 kg,获得数十万元的直接经济效益。

4.3.2　中子方法及其应用

1. 中子活化分析原理

中子活化分析就是把待分析的岩矿样品放在反应堆、加速器或其他中子源所提供的中子束的照射下,使之通过核反应生成放射性核素,然后根据其衰变过程中放出的 γ 射线的能量及强度来鉴定待测的元素及其含量。岩矿石样品的中子活化分析中,主要的核反应是中子俘获,即(n,γ)反应。为了测定某些元素,还利用(n,p),(n,α)(n,2n)反应。归纳起来,中子活化分析的优点有如下几方面:

(1)检出限好　对 80 多种元素的热中子活化分析检出限可达到 $10^{-11} \sim 10^{-6}$ g,少数元素可高达 $10^{-14} \sim 10^{-13}$ g,这是其他分析方法所不及的。

(2)分析速度快、精度高　采用微机控制多道脉冲幅度分析器的自动化分析装置,使样品的转移、照射、分析及数据处理等全部自动化,每天可分析数百个样品。

(3)能作多元素同时分析　一次可以提供多达 20 多个元素的分析结果。

(4)能作非破坏性分析　这点对需要保持样品完好状态的分析工作具有重要意义。

在样品中,稳定核素由于俘获中子而被活化,转变成放射性核素,这些放射性核素又衰变成新的稳定核素。中子辐照过程中,生成的放射性核素数 N_2 的变化率满足如下方程:

$$\frac{\mathrm{d}N_2}{\mathrm{d}t} = \phi\sigma N_1 - \lambda N_2 \tag{4.3.4}$$

式中,λ 为生成核的衰变常数;φ 为样品所在位置处的中子束通量;σ 为靶核活化截面;N_1 为靶核的原子数目。$N_1 = 6.02 \times 10^{23} \xi \cdot W \cdot m/M$(ξ 为靶核在自然界的同位素丰度,W 为待测元素含量,m 为分析样品的质量,M 为靶核的原子量)。

解方程(4.3.4)得

$$N_2 = \frac{\phi \cdot \sigma \cdot N_1}{\lambda}(1 - e^{-\lambda t}) \tag{4.3.5}$$

根据活度定义,生成核的放射性活度 A 等于 λN_2,即

$$A = \lambda N_2 = \phi \cdot \sigma \cdot N_1 \left[(1 - \exp(-t \cdot \ln 2/T) \right] \tag{4.3.6}$$

当时间 t 足够长时,A 不再随 t 增加,称为达到饱和活度(见图 4.3.12),此时 $A = A_{max} = \phi\sigma N_1$,表明单位时间内衰变掉的核素数与生成的核素数目相等,反应核与生成核处于动态平衡中。

停止辐照后,活化核将遵循放射性核素衰变规律按指数规律减少。将样品辐照时间记为 t_i,冷却时间记为 t_c,则当我们测量样品时样品活化核的活度为

$$A = A_{max}\left[1 - \exp(-t_i \cdot \ln2/T)\right]\left[\exp(-t_c \cdot \ln2/T)\right] \qquad (4.3.7)$$

如果活化核每次衰变产生的 γ 光子的概率为 B_γ,仪器探测效率为 ε,则所测量的活化核的 γ 光子计数率为

$$I_\gamma = AB_\gamma\varepsilon R \qquad (4.3.8)$$

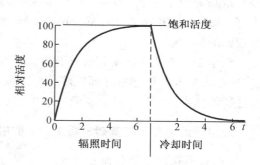

图 4.3.12　活化核积累曲线

式中,R 是由仪器几何条件等决定的参数。由 (4.3.7) 与 (4.3.8) 式可知,测量的活化核的 γ 光子计数率是正比于目标元素含量的。采用同类成分的标准样品,可以依据 (4.3.9) 式确定目标元素含量:

$$W_{待} = \frac{W_{标}}{I_{标}}I_{待} \qquad (4.3.9)$$

式中,下标“待”、“标”分别表示待测样品与标准样品。

地质工作中需要测量的岩石或矿物样品的成分都由多种元素构成,经活化后生成多种放射性核,故其活化 γ 谱都十分复杂。因此,必须采用高能量分辨率的半导体多道 γ 谱仪进行测量。

由于中子活化分析检出限好,在地质勘查、基础地质工作研究等方面都可发挥作用。

2. 中子活化分析在地气测量中的应用

(1)地气测量原理

所谓“地气测量”是 20 世纪 80 年代发展起来的一种找深部(隐伏)金矿和其他金属矿的新方法,它的找矿机理在于地壳中存在着垂直上升的气流,这种气流在经过矿体时,可以将那些以纳米颗粒形式存在的成矿元素、伴生元素携带至地表,采用专用采样器捕获这些到达地表的成矿元素与伴生元素的纳米颗粒,以高灵敏度分析方法分析这些元素的含量,即可发现矿体上方的地气异常,进而达到寻找隐伏矿的目的。由于到达地表的地气元素浓度一般在 $10^{-9} \sim 10^{-11}$ g/g,比土壤中相应元素的含量低 3～4 个数量级,必须采用分析灵敏度高、探测限满足要求的分析手段才能获得地气异常。我国科学工作者以仪器中子活化分析(也有采用质子荧光分析)作为地气测量的分析手段,获得了良好的结果,形成了具有我国自主知识产权的由“地气理论 + 专用地气取样器 + 中子活化分析”构成的地气测量方法。

地气测量的工作程序是,布置好测网后,在各测点上将安装有地气取样器的探杯埋入 30～40 cm 的坑中,埋 30 天左右,然后取回作 INAA 分析(仪器中子活化分析)。

(2)应用实例

在山东东季金矿 16 号勘探线上开展了地气测量研究。该地金矿赋存在地下 300 m 深,中子活化分析的元素包括 Au,Ag,As,Sb,Zn,Fe,Cr,Co,Sc,Na,La,Br。图 4.3.13 仅展示了该勘

探线上 Au 的地气异常成果。测量结果表明,在沿破碎带的矿体倾向的上方 Au,As,Sb,Zn,Fe,Cr,Sc,Na,La,Br 元素出现异常(图 4.3.13 中 2 号异常);对应于地下 300 m 深处的矿体在地表的垂直投影区,则出现了 Au,As,Sb,Zn,Ag 元素相对较弱的异常。

东季金矿的地气异常特征具有典型性与代表性,揭示出地气测量在对深部矿体进行定位上,具有独特的优点。

3. 中子活化分析在基础地质工作中的应用

（1）地质标准物质研制与检验

20 世纪 80 年代末期,成都理工大学中子活化分析实验室应邀参加日本地质调查局（GSJ）组织的日本沉积岩系列标样微量元素的定值工作,采用 INAA 分析提供了 As,La,Sm,U,Ba,Ce,Co,Cr,Cs,Eu,Hf,Lu,Nd,Rb,Sc,Ta,Tb,Th,Yb,Zn 元素,结果受到日本地质调查局的高度评价。

2000 年至 2002 年,成都理工大学中子活化

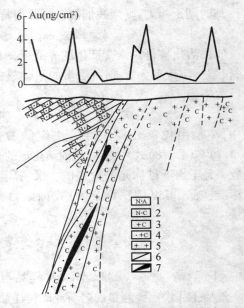

图 4.3.13　东季金矿 16 号勘探线 Au 的地气剖面
1—角闪片岩;2—基性岩脉;3—蚀变碎裂花岗岩;
5—花岗岩;6—地质界线;7—金矿体

分析实验室承担了为我国研制玄武岩地质标准物质的任务。在该项工作中,中子活化分析技术除作为参加该项研制工作的国内外 64 个分析实验室提供定值数据的主要方法外,承担项目的成都理工大学中子活化分析实验室尚采用对标准样品分存的三个不同级别——桶、瓶、样,分别抽取平行样品作中子活化分析,然后采用三层套合方差分析检验了桶与桶之间、桶与瓶之间、桶与样之间、瓶与瓶之间、瓶与样之间、样与样之间元素的均匀性,保证了对常规化学分析方法无法可靠分析的稀土等痕量元素在标准物质中是否分布均匀的科学评价。2004 年 5 月,所研制的玄武岩地质标样已经被国家标准物质委员会批准为国家一级标准物质。

（2）岩石学研究中的应用

利用岩浆岩成岩过程中相容元素与不相容元素的特征,采用中子活化方法分析稀土和其他微量元素,可以研究岩浆演化、多次岩浆侵入韵律层划分等问题。

例如,我国 510 矿田中铀的矿化赋存于硅岩、灰岩及一系列过渡岩石所组成的含矿层中。原认为该区存在三类不同成因的硅岩:第一类硅岩来源于沉积岩,以薄板状或条带状夹层产于砂板岩系中;第二类含矿层中的硅岩、钙质硅岩和硅质灰岩,由于发现大量层孔虫等化石,因而认为是由次生硅化作用产生;第三类与变质之后的硅化作用有关。为了验证这些认识,采集了三类硅岩样品,研究稀土含量与成因分类的关系。原来划分认为,199,200 号样为第一类,203,204 为第二类,201 号为第三类。

几类样品的热中子活化分析结果列入表 4.3.8 中。从表中可清楚地看出:199,201 号为一类,轻稀土稍有富集,有铈的负异常;200 号为另一类,轻稀土含量高于其他硅岩;203,204 号为又一类,轻稀土亏损而重稀土富集,有明显的铈负异。这些说明稀土、微量元素在成因不同的硅岩中有明显差异,这为正确划分成因不同的硅岩提供了科学依据。

表 4.3.8 根据微量元素对三种硅岩分类

元素		样号				
		199	200	201	203	204
La		2.5	12.4	2.3	1.2	2
Ce		6.0	27.0	6	2.7	4.5
Nd		4.0	13.0	8	4	5
Sm		1.03	2.02	1.03	1.63	1.85
Eu		0.25	0.61		0.58	0.53
Tb		0.20	0.42	0.2	0.61	0.57
Yb		0.65	1.8	1.2	5.8	2.8
Lu		0.11	0.29	0.19	1.0	0.46
U		4.00	5.4	3.8	34.0	12
Th		0.28	1.9	0.31	0.25	0.49
Rb		3.00	10.0	1.2	3.1	2
Cs		0.11	0.34	0.17	0.1	0.1
Sc		0.40	3.10	1.2	8.9	3.8
分类	A	1	1	3	2	2
	B	1	3	1	2	2

注:表中 A 为原地质分类,B 为依据中子活化作的分类,表中含量单位为 10^{-6} g/g。

除上面介绍的应用外,中子活化分析在环境地质调查、陨石学、宇宙地质学等研究工作中也得到了广泛应用,限于课程要求,这些内容就不一一介绍了。

4. 中子–中子与中子–γ 测量的应用

除中子活化分析外,地质工作中尚广泛采用中子–中子与中子–γ 测量,这些方法的应用可以解决一些前述核物探方法不能解决的矿种的勘查问题,硼就是可以应用中子–中子与中子–γ 测量来勘查的矿种之一。

硼的天然同位素 ^{10}B(19%)在热中子作用下,经过核反应 ^{10}B(n,α)^{7m}Li→^{7}Li 而释放出 α 和 γ 射线,γ 射线的能量为 479 keV。此核反应就是 ^{10}BF$_3$ 正比计数管记录慢中子的反应,它也是普查硼矿的中子－中子和中子－γ测量的主要根据。在硼矿上,热中子强度降低,而次级γ射线强度增高。普查硼矿用的安装在汽车上的中子－中子(中子－γ)仪器示于图4.3.14,其中包括中子探测器(正比计数管组)和γ探测器(卤素计数管组),借此可同时进行中子－中子和中子－γ测量。两组探测器分别安装在中子源的两侧。为了防止中子从表面泄走,在探头中设有石蜡反射器,否则必须采用高强度的中子源。利用滑轨装置使中子源和探测器尽量直接靠近所测量的地面。采用1×10^7中子/s的中子源,就可保证适当的测量灵敏度。中子源与探测器之间的源距约为38 cm,此时岩石温度变化的影响最小。对于硼含量大约为0.03%的岩石来说,地面中子－中子和中子－γ测量的探测深度不超过15～20 cm。

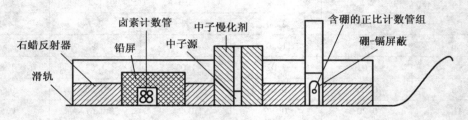

图4.3.14 安装在汽车上的中子－中子(中子－γ)测量装置

氟是可以采用中子－γ方法勘查的另一种矿产。氟的天然同位素^{19}F在快中子或热中子作用下,经过不同核反应可产生放射性核素^{19}O,^{16}N,^{18}F,^{20}F等,这些核素在β(或$β^+$)蜕变时伴随释放出具有特征能量的γ射线。测量次级γ射线强度就可发现氟矿,并进而确定岩石中的氟含量。装在汽车上的中子源一般采用Po－Be源,其强度为6×10^7中子/s。测量次级γ射线用的闪烁计数管(两块150 mm×200 mm的NaI(Tl)晶体),分别安装于汽车的前后车轮的后面(源距约3 m)。为了防止中子源所释放的γ射线直接到达探测器,以及降低宇宙线的影响,中子源被置于10 cm厚的铅匣中(向地面开口),探测器上方和对向中子源的一侧,分别设有厚度为5 cm和10 cm的铅屏蔽层。当汽车行动速度为3～4 km/h,则在10 m测量间距内,氟含量的测量灵敏度大致为0.08%。

除前面介绍的X荧光方法、中子方法外,地质勘查中的人工核方法还有称之为γ－γ的一类方法,包括测量密度的γ－γ法,测量介质有效原子序数的选择γ－γ法,以及以前两种γ－γ法为基础建立的岩性密度法。这些方法采用γ源,测量与岩石作用后返回探测器的散射γ射线,依据不同能量范围内γ射线与岩石作用不同的特点,解决密度、有效原子序数等参数测定问题。目前,这类方法主要用于测井中,本节就不加以讨论了。

4.4　核测井及其应用

4.4.1　核测井概述

核测井,又称放射性测井,是以岩石及其孔隙流体的核物理性质为基础,利用辐射与物质相互作用的各种效应,或岩石本身的放射性,研究井地质剖面、地层物理性质以及井下技术参数,勘探石油、天然气、煤、铀、金属与非金属矿藏的一类地球物理方法。核测井是地球物理测井的一个重要分支。经过几十年的发展,核测井方法已有几十种,在石油勘探和生产中,在铀矿、煤以及其他矿产勘探中,核测井都有着广泛应用。

核测井不仅可用于确定矿体品位,而且还是确定岩性及其孔隙流体的特性的有效方法。它的测量不受井内介质条件的限制,在裸眼井或套管井中、在充满淡水或高矿化度泥浆、石油或油基泥浆、天然气或空气的井中均能进行测量。因此,核测井在油、气、煤及其他矿藏的勘探与开发中起着重要作用,这也是它被广泛应用的重要原因。

根据所使用的放射性源的类型以及研究地层的核物理性质,可将核测井方法分为 γ 测井、中子测井、X 荧光测井和核磁测井四大类型:

(1)γ 测井是以地层 γ 辐射为基础的核测井方法,主要包括自然 γ 测井、自然 γ 能谱测井、散射 γ 能谱($\gamma-\gamma$)测井,以及各种放射性同位素示踪测井等。

(2)中子测井是以中子与地层物质相互作用为基础的核测井方法,主要包括超热中子测井、热中子测井、碳氧比 γ 能谱测井、热中子寿命测井,以及各种活化测井等。

(3)X 荧光测井是利用 γ(或 X 射线)源放出的光子激发地层中目标元素的特征 X 射线荧光,进而确认矿石元素组成与品位的测井方法。

(4)核磁测井则是利用核磁现象研究地层自由流体含量的测井方法。

每种核测井方法都有其各自的探测特点与适用范围,因此应用时要根据具体的地质条件、勘探与开发任务的特点选用适当的核测井方法,以达到预期的测井目的。

在油、气勘探与开发中,核测井主要应用以下几个方面:

(1)勘探核测井　在石油勘探中,将核测井结果与电法、声波等其他方法的测井结果比对进行综合解释并对地层作出评价,其中包括研究和确定地层的岩性和孔隙度,进而确定地层的泥质或黏土含量、岩石的主要矿物成分及其含量,并对地层的产液性质、可动油气量、含油气率进行估计,综合评价地层的产能。

(2)生产核测井　在生产井中测分层产液量、分层含水率、液体平均密度;研究油层的水淹状况和注入水的推进情况,确定剩余油饱和度及其分布,评价储集层的产液性质及产能等。

在金属与非金属矿勘探与开发中,核测井主要用于寻找并确定矿体的位置与品位,以及提供井地质剖面的重要物性参数(密度、有效原子序数等)。

核测井技术的发展始于 20 世纪 30 年代末,美国和前苏联首先采用自然 γ 测井法测量地层的自然放射性。到了 40 年代,中子测井方法的出现标志着核测井技术的新发展。40 年代末,出现了核磁测井技术,但直到 90 年代中期,核磁测井才真正得到商业性应用。50 年代出现了 γ – γ 测井。60 年代,国际上先后开展了天然伽马能谱测井、碳 – 氧比能谱测井、X 射线荧光测井等核测井方法的研究,并逐步将其投入商业应用。70 年代以来,核测井技术的发展更为迅速,应用范围也进一步扩大,各种高性能核测井仪器不断涌现,双(多)探头中子寿命测井、岩性密度测井、中子活化测井、缓发与瞬发裂变中子测井等先后在不同国家投入商业性应用。

我国的核测井技术是在研究和借鉴国外的技术和经验基础上发展起来的。核测井技术于 1956 年在玉门油田首先采用,继而在其他地质勘探部门陆续得到推广。到 20 世纪 60 年代,我国的核测井技术得到迅速发展。

核测井技术虽然已得到广泛应用,但它还是一门需要进一步发展和完善的应用技术。在理论、仪器、方法及实验研究等方面都有很大的发展空间和亟待解决的问题。例如,在套管井内实现实时监测地层油、气、水界面的移动和剩余油、气饱和度的变化;为生产测井提供新方法;井间监测;工程测井和特殊钻采工艺条件下的测井技术等。

在今后若干年内,核磁测井、碳氧比 γ 能谱测井、井间示踪、多元素定量测井、高分辨率测井等将是核测井研究的主要课题。同时,核测井的数值模拟研究、数据处理和图像处理技术在测井中的应用研究也是研究的方向之一。随着核物理学、核电子学和计算机技术的发展,核测井技术必将有更大的发展,并将在石油、煤、放射性矿物以及其他矿藏的勘探与开发中发挥越来越重要的作用。

4.4.2　γ 测井

在本章 4.2 节讨论中我们知道,岩石的自然 γ 放射性主要是由岩石中铀、钍和钾元素的含量决定的,其次是受到岩石自散射和自吸收的影响。根据从地层采集的铀系、钍系和钾的 γ 射线谱,可以得到三种元素在岩石中的含量。岩性不同,其所含放射性核素的含量亦不同。

γ 射线与物质相互作用过程中,主要通过光电效应、康普顿效应和电子对效应产生次级电子,这些电子能引起组成探测器灵敏元件的原子的电离和激发,绝大多数仪器都是利用这两种物理现象探测 γ 射线的。目前 γ 测井仪器中应用最广的探测器是 Na(Tl) 闪烁探测器。半导体探测器在实验室已得到广泛使用,例如高纯锗探测器,但在下井仪器中还很少使用。

1. 自然 γ 测井

自然 γ 测井主要用于划分地质剖面,确定地层的泥质含量,解决与泥质含量有关的石油地质问题以及寻找放射性矿床等。实际工作中,可以利用测井获取的 γ 射线的照射量率沿井轴的分布确定放射性地层的厚度。

如图 4.4.1 所示,对于有限厚度的地层,γ 射线的照射量率沿井轴的分布是对称于地层中心的。对同一地层分布曲线极大值的高度取决于地层厚度 h 与井眼半径 r_0 之间的关系,即随地层厚度增大而增大。当 $h \geqslant 6r_0$ 时,极大值达到一个饱和值,不再随 h 的变化而变化。当 $h \geqslant 6r_0$ 时,曲线的半幅点确定的厚度为地层的厚度。

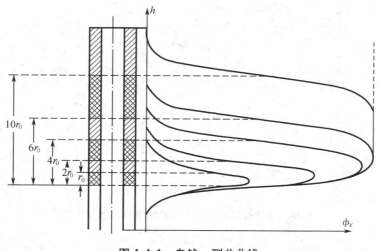

图 4.4.1　自然 γ 测井曲线

自然 γ 测井对识别岩性特别有用。它是根据不同地层具有不同的放射性强度而区分地层的。在自然 γ 测井曲线上,泥岩显示明显的高放射性,而且可以连成一条相当稳定的泥岩线。放射性高于这条泥岩线的地层是酸性岩浆岩,富含放射性矿物的砂岩或碳酸盐岩及富含有机质的泥岩等。

2. 自然 γ 能谱测井

在 4.2 节讨论中我们知道,铀系核素辐射的主要谱线大约有 80 多条,钍系核素辐射的谱线约有 60 余条。在测井中,用闪烁谱仪能观察到的并不是这些谱线,而是通过光子与地层及闪烁晶体相互作用所复杂化了的连续谱,称为工作谱或仪器谱。对于无限厚地层,即 γ 能谱的谱形不再随地层厚度变化,将仪器置于地层中进行 γ 能谱测量,获得的谱就是无限厚地层铀、钍和钾混合的自然 γ 仪器谱,如图 4.4.2 所示。

自然 γ 仪器谱包含着铀、钍和钾的贡献,是由多种核素的 γ 谱混合而成的混合谱,同时地层的自散射和自吸收对射线能谱的影响很大。只有对测量得到的混合谱进行解析才能得到不同能量的 γ 射线的净计数率,进而分析地层中铀、钍和钾的含量,最后获得被测地层的地质解释。对混合谱的解析就称为解谱。

解谱方法有剥谱法、逆矩阵法、最小二乘逆矩阵法和加权最小二乘逆矩阵法等。无论哪种解谱方法都需要利用各组成核素的标准谱,并假定混合核素的能谱就是各组成核素的标准谱

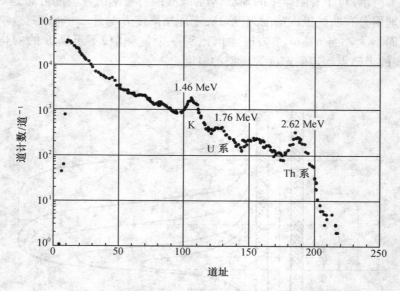

图 4.4.2　含铀、钍和钾的无限厚地层的自然 γ 仪器谱

按各自的强度关系的线性叠加。所谓标准谱是指在刻度井中测得的仪器谱。铀和钍的标准谱都是指放射性达到平衡后系统内所有核素 γ 谱的线性叠加。刻度井是人工建造的模拟地层成分及结构特征的井,分为铀、钍、钾单核素井和同时具有铀、钍、钾三种核素的混合核素井,而且核素的含量是已知的。用自然 γ 能谱测井仪器测得的仪器谱就是对应地层核素的标准谱。标准谱和核素的含量存在一定的关系,在实际测井解析中就能由核素的仪器谱解析出核素的含量。

自然 γ 能谱测井有着广泛的应用。除用于勘探铀矿等放射性矿床外,在油气藏勘探中可以用于寻找与放射性有关的储集层、划分岩性、研究沉积环境、鉴别黏土矿物等。

3. 散射 γ 能谱测井

散射 γ 能谱测井是以 γ 射线与地层的相互作用为基础的测井方法。通过对经过散射后的 γ 能谱进行测量进而获得地层的岩性和密度,也称为 γ 能谱岩性密度测井。在散射 γ 能谱测井中采用的 γ 源光子能量比较低,例如 ^{137}Cs γ 源,光子能量为 0.662 MeV,电子对效应可以忽略不计,只考虑光电效应和康普顿效应。

物理学理论告诉我们,γ 射线经地层散射后形成的散射谱线有两个作用能区:散射谱峰右侧的高能区主要受作用介质密度的影响;散射谱峰左侧的低能区则主要受作用介质原子序数的影响。据此,我们在散射谱的不同能区设置探测窗,就可以解决与地层密度、原子序数有关的参数测定问题。

散射 γ 能谱测井提供的物理参数是地层密度 ρ_b 和有效光电吸收截面指数 P_e(定义为

$(Z/10)^3$)或体积光电吸收截面指数 U(定义为 $P_e \times \rho_b$),主要用途是鉴别地层的岩性和求孔隙度等。

一般的散射 γ 能谱测井方法是将装有 γ 放射源、远探测器和近探测器的下井仪器放入井内,通过这两个探测器记录在远、近源距上测得的经过地层散射和吸收后的能谱数据,经数字遥测系统将全谱数据传送到地面,进而求出前述参数。为了消除井液的影响,下井仪器一般设置贴井壁装置(也称井壁 γ 测井),而且背向地层一面被屏蔽起来。

4.4.3 中子测井

以中子与地层的相互作用为基础的测井方法称为中子测井。中子测井包括超热中子测井、热中子测井、热中子寿命测井、碳氧比 γ 能谱测井、中子活化测井以及裂变中子测井,等等。

1. 超热中子测井

超热中子测井与热中子测井都是基于快中子在地层中减速主要受地层中含氢量影响,而地层所含氢一般以水形式赋存于地层孔隙中的机理,确定地层孔隙度的方法。

超热中子测井的优点在于可以避开热中子的扩散和俘获的影响,超热中子在被记录前只经历了在地层中的慢化过程,即主要与地层的含氢量有关。但测量超热中子比测量热中子和俘获辐射 γ 射线要困难得多。实际测井中,为了记录超热中子通常采用屏蔽的方法过滤掉热中子,然后将进入到探测器中的超热中子慢化为热中子,记录的热中子就是到达探测器的超热中子。

超热中子测井的主要用途是测定地层的孔隙度,确定油气接触面以及与其他测井方法结合判定地层的孔隙度和岩性。阵列中子测井是超热中子测井的典型例子。

2. 热中子测井

热中子测井是在井中测量由中子源引起的热中子通量密度沿井轴方向的变化,最成功的方法是补偿中子测井(CNL)。图 4.4.3 所示为补偿中子测井原理结构示意图。同位素中子源和探测器都被安装在测井仪器上,作为一个仪器整体被贴井壁放入井眼中进行测量,也被称为补偿中子井壁测量。离中子源近的探测器为近探测器,它距源的距离为短源距;离中子源远的探测器为远探测器,它距源的距离为长源距。同位素中子源在井眼中发射快中子,利用近探测器和远探测器分别测量井地层慢化并散射回到短源距位置和长源

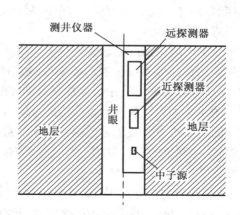

图 4.4.3 补偿中子测井原理结构

距位置的热中子通量密度。用两个探测器计数率的比值确定地层的孔隙度。

与超热中子测井相比,热中子测井的主要优点在于:在地层中热中子比超热中子的分布范围大,所以探测范围就大;探测器计数管的热中子的反应截面大,计数效率高。但热中子通量密度受中子减速和吸收两个过程的影响,与孔隙度的关系比较复杂。为了通过测量热中子计数率来确定地层的孔隙度,必须减少地层的吸收性质对测量值的影响和克服井眼的影响。采用足够大的源距,并取远、近探测器计数率的比值,在很大程度上补偿了地层吸收性质和井环境对孔隙度测量的影响,因此称之为补偿中子测井。

用补偿中子测井方法测井,要获得准确的地层孔隙度除了上述的井环境的补偿外还要进行必要的校正。实际测井中,通常是将实际地层测量结果与刻度井标准条件下的测量结果进行比对,作出地层性质的解释。实际测井的条件与刻度井标准条件不同就需要进行校正。校正包括岩性校正、井径校正、井液校正和泥饼校正等。实际应用中,各种测井仪器都有各自的校正图版曲线供校正使用。

3. 热中子寿命测井

热中子寿命测井是一种脉冲中子测井方法。测井时安装在测井仪上的脉冲中子源向地层发射能量为 14 MeV 的中子,用探测器测量经地层慢化后返回到测量点的热中子或俘获 γ 射线,测量到的通量密度随时间作衰减变化,根据计数率随时间的衰减规律可以计算出地层的热中子宏观辐射俘获截面 Σ 或寿命 τ。在地层中,如果岩石骨架中不包含热中子辐射俘获截面大的物质,地层水矿化度高且稳定时,地层的热中子宏观辐射俘获截面主要取决于地层的含水饱和度。

中子从慢化到热中子的时刻起,到被吸收的时刻止,所经过的平均时间称为热中子寿命。热中子寿命 τ 与热中子宏观辐射俘获截面 Σ 有如下关系:

$$\tau = \frac{1}{v\Sigma} \tag{4.4.1}$$

式(4.4.1)中,v 为热中子速度,单位为 cm/s。热中子在地层的时间和空间分布规律是热中子寿命测井的基础。

热中子通量密度的衰减不仅与热中子寿命有关,而且还受热中子扩散系数、测量时间、源距和慢化长度等参数影响。如果通过选择适当的时间窗和源距使扩散影响减少到可以忽略时,俘获 γ 计数率与热中子计数率有同样的分布规律,因此测量热中子与 γ 计数率效果是相同的。图4.4.4 为计数率衰减曲线的分解示意图。

图4.4.4 中曲线①是地层计数率的贡献;②是井中介质计数率的贡献;③是本底计数率的贡献;④是测量的总计数率。若从左到右按时间顺序可将总计数率衰减曲线划分为以下五个区域:

1 区——计数率很高,主要是井中介质的贡献,因此也被称作井区;

2 区——地层的贡献逐步增加,而井的影响迅速减少,可被称作过渡区1;

3 区——地层的贡献占绝对优势,总计数率曲线衰减规律与地层计数率曲线衰减规律一

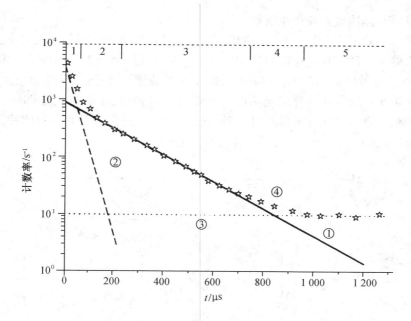

图 4.4.4　计数率衰减曲线的分解示意图

致,变化较平坦,可被称作地层区;

4 区——总计数率曲线衰减减缓,逐步进入本底区,可被称作过渡区 2;

5 区——总计数率曲线平坦,接近基值,被称作本底区。

在地层区开两个时间窗 t_1 和 t_2,用地层区开两个时间窗的净计数(总计数 – 本底计数)N_1 和 N_2 可计算出衰减曲线的斜率,以求得中子寿命 τ:

$$\tau = \frac{t_2 - t_1}{\ln N_1 - \ln N_2} \tag{4.4.2}$$

再利用式(4.4.2)可确定地层的热中子宏观辐射俘获截面 Σ,进而可求出地层含水饱和度。如果在地层区开出多于两个的时间窗进行计数和分析,得到的结果会更精确。

4. 碳氧比 γ 能谱测井

碳氧比 γ 能谱测井,就是测量脉冲中子与地层核素的原子核发生非弹性散射产生的非弹性散射 γ 射线和发生弹性散射产生的热中子俘获辐射 γ 射线的能谱,然后进行解谱,求出地层的碳氧比值,进而确定地层含油饱和度的测井方法。

碳氧比 γ 能谱测井的主要用途是在孔隙水的矿化度低、不稳定或未知的情况下,在套管井中测定地层的含油饱和度。在其他条件相同的情况下,地层含油饱和度高,单位体积地层中碳原子数较多而氧原子数较少,或者说碳氧原子数比值较高。

测井时,脉冲中子源周期地向地层发射一定宽度能量为 14 MeV 的脉冲中子束。中子在地层内先后发生非弹性散射和弹性散射。

在中子发射后的 $10^{-8} \sim 10^{-6}$ s 时间间隔内,非弹性散射是中子能量损失的主要方式,同时产生非弹性散射 γ 射线。地层中能与快中子发生非弹性散射而产生 γ 射线的核素主要是 ^{12}C,^{16}O,^{28}Si 和 ^{40}Ca。每种核素都有各自的非弹性散射 γ 射线能谱,但通过仪器测量到的是它们的混合谱。图 4.4.5 所示为在三种地层情况下测量到的仪器谱,主要是上述四种元素的贡献。在水平方向用纵线划分出 Si,Ca,C 和 O 的计数能窗。每一种核素都有各自的特征峰,不同地层其特征峰是不同的。

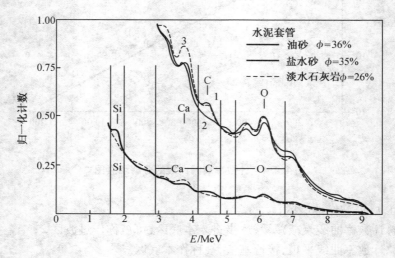

图 4.4.5　非弹性散射 γ 能谱

在中子发射后的 $10^{-6} \sim 10^{-3}$ s 时间间隔内,主要作用过程是弹性散射,中子热化并产生俘获辐射 γ 射线。地层中热中子俘获截面大,能产生俘获辐射 γ 射线的核素主要是 ^{1}H,^{28}Si,^{35}Cl,^{40}Ca 和 ^{56}Fe。每种核素都有各自的俘获辐射 γ 射线能谱,同样测量到的是它们的混合谱。图 4.4.6 所示为在三种地层情况下测量到的仪器谱,主要是上述五种元素的贡献。在水平方向用纵线划分出 H,Si,Cl,Ca 和 Fe 的计数能窗。每一种核素都有各自的特征峰,不同地层其特征峰是不同的。图 4.4.5 和图 4.4.6 中,上面一组曲线

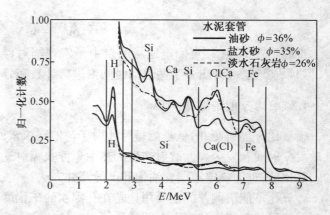

图 4.4.6　地层热中子俘获辐射 γ 能谱

是下面一组曲线的放大。

测井得到的中子非弹性散射 γ 能谱和俘获辐射 γ 能谱都是由中子与多种核素的核发生作用产生 γ 能谱叠加而成的混合谱。为了得到每种核素的成分，首先从混合谱中解析出每种核素的 γ 能谱，然后根据谱线的特征峰确定核素的含量。在此只要求出单位体积地层中的碳和氧的原子数，就能利用碳氧比得到地层的含油饱和度。

4.4.4　X 荧光测井

X 射线荧光测井是 20 世纪 60 年代末、70 年代初发展起来的一种核测井技术，是核测井中能直接定性定量测定岩石中元素的种类和含量的方法之一。对那些取芯率不高的钻孔，X 荧光测井技术具有特别重要的作用。使用基于 Si – PIN 半导体探测器的第三代 X 荧光测井仪，一次下井可以实现同时测量 8 ~ 15 种元素的含量。

X 荧光测井的目的，一是根据莫塞莱定律，通过对所获取的矿石谱线各特征 X 射线荧光峰能量的确认，识别矿石主元素的成分；第二则是依据在激发源激发下，某一元素在单位时间内产生的特征 X 射线荧光峰的面积计数与其含量成正比的关系，进而确定井孔中相应地点该元素的含量。

目前，俄罗斯、澳大利亚、德国、美国和我国都已经将 X 荧光测井投入生产应用，主要的应用矿种包括天青石矿、重晶石矿、锡矿、锑矿、铅锌矿、钨矿、金矿等。图 4.4.7 是我国在天青石矿区开展 X 荧光测井直接确定矿体位置与品位的成果图。

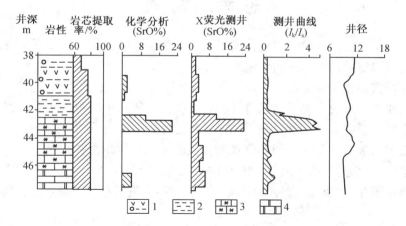

图 4.4.7　重庆某锶矿区 ZK2895 孔锶的 X 荧光测井成果图

1—岩溶角砾岩；2—泥岩；3—菱锶矿化白云岩；4—白云岩

4.4.5　核测井数值模拟

核测井数值模拟是在计算机上通过求解玻尔兹曼粒子输运方程,统计探测器的计数率,最后获得测井过程理论解的分析方法。它是核测井技术的一个重要方向,可以减少刻度井的建造费用,为测井仪器的研制和设计提供理论依据。在数学方法上主要采用了确定论方法和概率统计方法。

确定论方法直接数值求解玻尔兹曼输运方程,最著名的方法是离散纵标(Sn)方法,另一种常用的近似方法是球谐函数(P_N)方法。20 世纪 80 年代中期,西安交通大学利用上述方法进行了煤炭和石油测井的数值模拟,研制了二维和三维的石油测井数值模拟计算软件包。

概率统计方法也就是蒙特卡罗(Monte Carlo)方法,它是在计算机上进行的随机试验和统计的方法。随着计算机技术的发展,该方法已成为核测井数值模拟的主流方法,也被称为精确方法。蒙特卡罗方法求解粒子输运的计算程序很多,最著名的是美国洛斯阿拉莫斯国家实验室开发的 MCNP 大型多功能粒子输运程序,该程序被广泛用于核测井数值模拟。同时,为了解决石油测井中的特殊问题,提高计算效率,也研制了不少的核测井专用蒙特卡罗方法程序。

(成都理工大学核技术与自动化工程学院　周四春
西安交通大学核科学与技术系　张建民)

思考练习题

1. 天然 γ 测量中所测量的 γ 辐射主要来自于哪些核素? 在什么条件下,可以依据所测量的总量 γ 放射性确定被测介质的铀含量?

2. 天然 γ 能谱测量法确定铀、钍、钾元素含量的基本原理是什么?

3. 地质工作中常见的 α 测量法有哪几种? 这些方法所测量的射线主要由哪些核素贡献? 为什么可以根据土壤中 α 辐射测量结果确定氡浓度?

4. 为什么利用 X 荧光测量可以确定被测介质的原子序数和含量?

5. 何为中子活化分析,中子活化分析的基本原理是什么?

6. 什么叫核测井,主要的核测井方法有哪些? 核测井有哪些主要特点?

参 考 文 献

[1] 章晔,华荣洲.放射性方法勘查[M].北京:原子能出版社,1989.

[2] 吴慧山.核技术勘查[M].北京:原子能出版社,1994.

[3] 顾功叙.地球物理勘探基础[M].北京:地质出版社,1990.

[4] 周四春,赵琦,陈慈德. 现场多元素 X 荧光测量技术勘查金矿研究[J]. 核技术,2000,9: 348 – 352.

[5] 周四春,张志全. 锶矿 X 荧光勘查方法研究与应用[J]. 地质与勘探, 1999,4:62 – 66.

[6] 周四春. X 荧光技术研究 MNK 金矿地球化学模式,全国矿业新技术研讨会论文集[C]. 西安:陕西科学技术出版社,2001.

[7] 周四春,王德明. X 荧光取样技术在铜矿开发中的应用研究[J]. 有色矿山,2000, 4:36 – 40.

[8] 周四春. 携带式 X 荧光仪监测金铜矿石选矿流程[J]. 核技术,2001,6:515 – 520.

[9] Kristiansson K, Malmqvist L, Persson W. Geogas Prospecting: a New Tool in the Search for Concealed Mineralizations. Endeavor[J]. New series, 1990, 1:28 – 33.

[10] 童纯菡,李巨初. 地气物质的纳米微粒的实验观测及其意义[J]. 中国科学(D 辑),1998, 2:153 – 156.

[11] 童纯菡,李晓林. 日本沉积岩系列新标样微量元素仪器中子活化分析[J]. 成都地质学院学报,1990,4:10 – 13.

[12] 黄隆基. 核测井原理[M]. 北京:石油大学出版社,2000.

[13] 张建民,谢仲生,尹邦华. 蒙特卡罗方法在石油中子测井数值模拟中的应用[J]. 西安交通大学学报,1992,26.

[14] 谢仲生,尹邦华. 数值模拟在测井中的应用[J]. 石油学报,1995,2:256 – 259.

[15] 周四春、葛良全. 我国 X 射线荧光测井技术的研究与进展. 中国核学会 2009 年年会论文集[C]. 北京:原子能出版社,2009.

第 5 章　放射医学与核医学

核科学技术为人类的进步、社会的发展和人民的健康作出了巨大的贡献,放射医学和核医学就是核科学技术造福人类的最好例证。正如国际原子能机构指出的:"从对技术影响的广度而论,可能只有现代化的电子学和数据处理才能与同位素相比。"

放射医学是辐射技术与医学之间的交叉学科,它包含放射诊断学和放射治疗学两个领域。伦琴发现 X 射线以后,X 光透视迅速普及,成为必不可少的疾病诊断手段。随着计算机技术的发展,X 射线断层成像技术(X Ray Computed Tomography, XRCT)、核磁共振成像技术(Magnetic Resonance Imaging, MRI)以前所未有的速度和规模进入医院,开启了数字化医学成像的新纪元。经过几十年的发展,放射治疗已经相当成熟,现已成为人类战胜癌症和脑部疾病的重要治疗方法,为改善人类的生存质量发挥了重要作用。

核医学是同位素技术与医学相结合的产物。同位素示踪技术可以帮助人们了解其他方法难于或不可能了解到的,有关生物体中活性物质的代谢情况以至生命活动的信息。放射免疫分析和活化分析为疾病诊断和研究提供了灵敏有效的微量分析方法。核素显像是人类的三大杀手——心血管疾病、神经系统疾病和肿瘤的重要诊断手段,也是基础医学研究的重要工具。同位素治疗以其简单易行,没有痛苦,疗效显著,而受到病人和医生的欢迎。

总之,放射医学和核医学是临床诊断、治疗和病理、药理研究必不可少的手段。作为现代医学重要标志的影像医学,其四大成像方法中(X 光、核磁共振、放射性核素、超声)有三项与核技术有关,医学现代化离不开核技术的支持。据统计,2001 年全国有 2.1 亿人次进行过 X 射线检查;国内的 715 个放射治疗单位每天治疗 32 989 人,每年收治 282 937 个新病人。2008 年我国医学影像诊断设备的销售额约为 8.61 亿美元,2010 年中国医疗影像设备市场销售规模达 36 亿美元,预计 2013 年将上升到 86 亿美元,年增长率将达 21%。目前全世界生产的放射性同位素中 90% 以上用于核医学,而且使用量以平均每年 20% 左右的速度递增。

由于对人类文明作出了伟大的贡献,1901 年的第一个诺贝尔物理学奖授予了发现 X 射线的伦琴;英国的工程师 Godfrey N Hounsfield 和美国的物理学家 Alan M Cormack 因为发明 X 射线断层成像技术,共同获得了 1979 年诺贝尔生理学或医学奖;2003 年的诺贝尔生理学或医学奖则授予了发明核磁共振成像技术的两位物理学家——美国的 Paul C Lauterbur 和英国的 Peter Mansfield,这是核物理、核技术的研究成果又一次获得医学大奖。放射医学和核医学内容丰富,学术研究活跃,是具有辉煌前景的交叉性学科。

下面将分三节简单介绍放射诊断学、放射治疗学和核医学方面的基本知识,它们所使用的技术、设备和临床应用情况,以及放射医学和核医学的发展方向和最新研究动态。

5.1　放射诊断学

1895 年,德国科学家伦琴(Roentgen M H,1845—1923)发现 X 射线,引起了近代物理学的一场革命。当时,伦琴就是用他为妻子拍摄的手部透视片,向社会展示了他的伟大发现,揭示了核科学技术的神奇和造福人类的潜力。X 射线很快便广泛用于医学,人们通过它获得身体内部的图像,了解生理和病理解剖结构,为医生提供重要的诊断依据。

顾名思义,放射诊断学是利用 X 射线诊断疾病的学科。

早期的 X 射线透视和照相技术让 X 射线穿过人体,直接投射到荧光屏上或者使乳胶片感光。该方法简单可靠,可获得很好的图像和照片,已使用了几十年,至今仍在使用。但该方法需用较大剂量 X 射线,对人体有损害;所得到的是二维平面像,在脏器深度上的信息叠加在一起,给医生诊断带来困难。

X 射线增强器的出现使人们可以用较低剂量的 X 射线,在影像增强器的输出屏上看到明亮的图像和拍摄照片。X 射线电视摄像系统能让医生在远处的荧光屏上观察影像,免受 X 射线的伤害。

数字 X 射线机的诞生使 X 射线成像从模拟阶段进入数字阶段,获得了很高对比度的图像。X 射线数字减影技术能拍摄非常清晰的血管造影图。

计算机断层成像术(Computed Tomography,CT)引起了影像医学的革命,它能得到没有重叠干扰的人体断层图像。此后,各种类型的 CT,如核磁共振断层成像技术(MRI)、单光子断层成像术(SPECT)、正电子断层成像术(PET)等相继出现,形成了今天医学影像诊断百花齐放的局面。

X 射线成像设备数字化和网络化,建立放射学信息系统和医院信息系统,已成为当今的发展潮流,这将为医院的现代化,实现多种影像手段的综合、无胶片化和远程诊断奠定基础。

5.1.1　X 射线成像物理学

1. X 射线成像的原理

如果将一束 X 射线投向人体,由于人体内各组织对 X 射线的吸收程度不一,从而使穿出的 X 射线束横截面上各处强度的值也不同,这种吸收差别就能在接收器上形成影像。如图 5.1.1 所示,该影像反映了各个组织质量衰减系数 μ_m 和密度 ρ 的差别,差别越大,影像的对比度也越大,这种吸收对比度图像反映了人体的解剖结构。

物质的质量衰减系数还与 X 射线的波长有关,波长

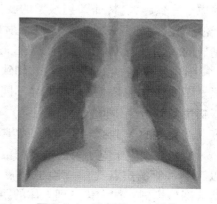

图 5.1.1　胸部的 X 光影像

越长,质量衰减系数越大。不同组织对不同波长的 X 射线的衰减系数如表 5.1.1 所示。人的胸腔和四肢中有密度很大的骨,使用波长较短的硬 X 射线才能看到骨的结构;而乳房之类的软组织中的脂肪、腺体、血管、结缔组织等的密度近似,使用波长较长的软 X 射线更能加大衰减系数的差别,从而有更好的图像对比度。这就是软组织摄影采用低压(40 kV 左右)钼靶 X 球管的原因。

反映图像质量的三个指标是空间分辨率、密度分辨率和时间分辨率,放射医学一直在努力得到更高质量的影像。

表 5.1.1　人体组织对不同波长的 X 射线的质量衰减系数

波长/nm	组织名称			
	脂肪	肌肉	血液	骨
0.008	0.160	0.180	0.180	0.180
0.015	0.180	0.188	0.190	0.260
0.020	0.190	0.193	0.200	0.270
0.030	0.220	0.240	0.260	0.480
0.040	0.280	0.320	0.340	0.880
0.050	0.380	0.450	0.490	1.650
0.060	0.520	0.630	0.710	2.600

2. X 射线的产生

放射成像大多采用 X 射线管(X-ray Tube)产生 X 射线。X 射线管中,热阴极发射的电子被高压电场加速,轰击阳极靶,通过韧致辐射产生 X 射线。韧致辐射的能谱是连续的,靶材料的原子序数越大,特征 X 射线谱的波长越短。钨靶的标志 X 射线波长为 0.031 ~ 0.068 nm,由于波长短,穿透力强,故称为"硬 X 射线",可用于一般 X 射线摄影。相对而言,钼、铑等靶材料制成的 X 射线管发射的 X 射线波长较长、穿透力较弱,称为"软 X 射线",适合作软组织摄影。

管电压增高,电子能量加大,韧致辐射产生的 X 射线能谱变宽,幅度也加大,穿透能力增强。不同管电压下摄影效果明显不同,在 100 kV 以下称为低压摄影,100 kV ~ 150 kV 称为高压摄影。管电流(即电子束的流强)一般从 5 mA 到 1 000 mA,它决定了管功率,即 X 射线的亮度。高亮度的 X 光有利于得到更清晰的影像,加快拍照速度。

X 射线产生于电子束撞击靶的位置——焦点,由于电子束有一定的直径(0.1 ~ 2 mm),所以 X 射线管的焦点具有一定的面积。在照相时病灶不可能紧贴于胶片上,因此会产生半影,造成图像模糊。加大焦点到人体的距离,使人体尽量靠近胶片,可减小半影;缩小 X 射线管的焦点,也能提高图像质量。多数 X 射线管有大小两个阴极灯丝,因而有大小两种焦点供选择,直径 0.5～1.2 mm 的用于透视,1.5 mm 以上的能够提供高亮度,可用于活动器官摄影。

3. X 射线能谱的调整和散射抑制

为了消除对成像无重要影响,但会被患者吸收的低能 X 射线成分,X 光管前通常装有过滤片——一种特殊的金属箔片。软组织摄影还希望在满足胶片应有照射量的前提下,X 射线有效波段的平均能量尽可能低,因此使用吸收限滤片。例如乳腺摄影一般采用钼滤片,它能使波长为 0.062～0.075 nm 波段以外的 X 射线有较大的减弱,使 X 射线更软。临床上也有应用 0.025 mm 厚的镨作为滤片的。

X 射线可被物质散射,这将降低影像的对比度,并增加噪声。在 X 射线胸片上,纵隔区域的检出射线 90% 以上来自散射光,肺中 50% 检出射线是散射成分;对体积大而密实的乳房,散射的影响更大。放在影像接收器前面的防散射滤线栅能够阻挡散射的 X 线,以改善影像的质量。滤线栅是一组密排的细铅栅或铅格,有平行滤线栅、会聚滤线栅、锥形滤线栅和交叉滤线栅等不同的形式和规格,以适应不同部位摄影的需要。当然,使用滤线栅必须增加 X 射线的剂量,以满足胶片的曝光量要求。

4. X 射线的探测

X 射线与普通光线一样,能使胶片感光,冲洗出来的胶片的灰度与曝光量有关。X 射线打到某些化合物(如钨酸钙、硫化锌镉等)时能发出可见光,称为荧光,荧光的亮度也与 X 射线的强度有关。感光胶片和荧光物质制成的屏都可以用作 X 射线的探测器。感光胶片上的银盐颗粒很细,所以图像分辨率很好;荧光屏分辨率决定于荧光晶体颗粒的大小,一般不如感光胶片。此外,X 射线也能激发半导体材料,产生电子－空穴对,其电荷量与 X 射线的强度成正比。由于能够直接产生电信号,半导体探测器近些年发展迅速。

5.1.2　X 射线模拟成像技术

1. X 射线荧光透视技术

利用 X 射线的穿透和荧光作用,将被检组织脏器投影到荧光屏(Phosphor Screen)上,医生从荧光屏上直接进行观察诊断,这就是常规的 X 射线透视(Fluoroscopy)。由于荧光是一种很微弱的光线,故透视必须在暗室中进行。

透视的优点是经济、简便、灵活,医生能随意移动病人,从不同的位置和方向观察脏器的形态。其缺点是荧光像不够清晰,分辨率较差,细微病变难以看清楚;影像不能长期保留为永久记录;此外,医生在荧光屏后观察影像,并不断调整病人的体位,病人长时间曝露在 X 射线下,接受的剂量较大。X 射线透视至今仍然是普通体检和临床诊断的常规手段,非常广泛地用于内科、外科、口腔科、骨科等的常规检查。

2. 增感屏和 X 射线摄影技术

利用 X 射线的穿透性和胶片感光性,将被检部位显像于胶片上,这就是 X 射线摄影或照相术(Radiography)。X 光胶片是把感光乳剂涂在透明片基的两面上制成的。由于胶片较薄,很大一部分 X 射线会穿过胶片。为了提高 X 射线的利用率,增加胶片的曝光量,改善图像质量,通常使用增感屏。增感屏是由荧光物质(常用的有钨酸钙、硫化钡和稀土氧硫化物)做成的荧光屏,可以把 X 射线转换成可见光。胶片夹在前后两个匹配的增感屏之间,一起放在底片盒中,曝光时增感屏被 X 射线激发发光,增加了对应的乳剂层和对侧乳剂层的感光量。增感屏 – 胶片系统可以减少 X 射线的剂量,有利于病人和医生的安全。

X 射线摄影可以补充透视的不足,能显示出病变细微的结构,可作长期保留以便比较和以后的诊断,而且拍片给予病人的放射性剂量比透视低 1～2 个量级。然而它不具备透视简便易行、短时可获结果的优点,而且摄影费用比透视要贵。

3. 影像增强器和 X 射线电视技术

X 射线影像增强器(Image Intensifier)是一个电真空器件,里面装有输入荧光屏、光电阴极、电子加速及聚焦系统、输出荧光屏。X 射线透过人体后在输入屏上形成荧光图像,其光子在紧贴其后的光电阴极上激发出低能光电子,高压电场使光电子加速,聚焦在较小的输出屏上,形成比输入屏亮度高 50～100 倍而清晰的电子荧光像,可在亮室观察,因此减少了照射量。然而,影像增强器有"枕形"失真,量子噪声、空间分辨率不均匀,易受磁场干扰等缺点。

X 射线电视(XTV)是由 X 光机、X 射线影像增强器与闭路电视系统构成的医用电视设备,它的组成如图 5.1.2 所示。

X 射线电视系统的优点是:图像亮度高,可在亮室操作与观察;可实现遥控、遥测、隔室观察,使观察者避免了 X 射线照射;可大大降低 X 射线照射量,降低病人所受 X 射线的辐射剂量;由于改善了观察条件和效果,不但可作静态观察,还可作动态

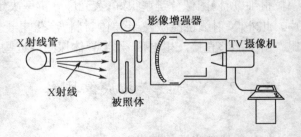

图 5.1.2　X 射线电视系统的构成

和功能观察;可供多人同时观察;可进行电视录像和电影摄影,结果可长期保存,反复观察。因此,X 射线电视系统在我国的医院中得到广泛地应用。

4. 造影术

在普通 X 射线摄影技术中,如果各解剖结构间(如胸腔、骨骼等)具有较大的密度差,图像将具有良好的自然对比。对于自然对比差的器官和组织,则可通过注入密度大的物质如硫酸钡、碘化钠等(称为阳性造影剂),或密度较低的物质如空气、氧气等(称为阴性造影剂),人为

地扩大被检器官与周围组织的密度差,从而增加 X 射线照片的反差,提高影像分辨力,这种方法称为"X 射线造影技术",引入人体内的物质称为造影剂。

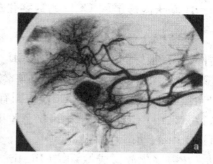

造影技术扩大了检查范围,使受检脏器或组织能更清楚地显像,常用的有钡餐胃肠造影、胆囊造影、有机碘心血管造影、脑血管造影,以及支气管、关节腔、脑室、肾上腺气体造影等。图 5.1.3 就是注入血管造影剂后拍摄的左肝总动脉图像,血管和肿瘤清晰显像,对比没有造影剂的周围软组织可以看到,由于其衰减系数差别不大,故看不清其中的结构。

图 5.1.3 肝总动脉血管造影图像

5.1.3 数字化 X 射线影像技术

荧光屏、胶片、影像增强器等传统的 X 射线影像接收器使用的都是模拟技术,所能显示的 X 射线动态范围有限。不同人体组织的密度和厚度有很大差异,导致 X 射线到达影像接收器时具有较宽的动态范围,超过了大多数的屏、胶片系统的感受度。虽然传统胶片的空间分辨率很高,在穿透性好的肺部可清晰显示结构特征,但在胸部低穿透区域(如纵隔)则噪声增高,影像密度分辨率差。

随着微电子技术、计算机技术的发展,高速度、高精度的大规模数字集成电路的出现,数字技术进入了医学诊断影像领域。数字影像探测器的动态范围非常宽,一般跨跃 4 个数量级(100 00∶1,而胶片仅为 100∶1),而且它对 X 射线的响应是线性的。因此采用数字探测器能够提高密度分辨率,使得影像对比度与曝光水平无关,避免了因曝光失当而导致的重拍,并可减少病人的照射剂量。

影像的探测与显示完全分离,还为 X 射线影像的改善、储存和传输创造了条件。数字影像是用二维矩阵表示的,可用计算机加工处理成具有最佳对比度、亮度和分辨率的影像;还能够根据特殊诊断需要,通过改变显示特性分别观察高密度区和低密度区,从而减少了重复检查次数;并能进行计算机辅助诊断,帮助医生识别可疑的征象。数字影像在图形终端上显示,可以实现无胶片化,降低成本。数字影像可以用数据库管理,使医生能很方便地进行图像及相关信息的存储、检索、读出、比较。数字影像还可以经过网络快速传输,实现远程放射学诊断。

数字化 X 射线影像技术可以分为间接数字化和直接数字化两类。胶片扫描机、视频信号模 – 数变换器、影像板都是将模拟图像转换成数字图像的设备;各种线型和平面型探测器则能直接将 X 射线转换为数字图像。以数字化影像技术为基础,数字减影血管造影技术及 X 射线计算机断层术,使 X 射线诊断技术进入全新的发展阶段。下面介绍目前的数字化平面影像技术。

1. 基于闪烁屏和 CCD 的数字化放射成像系统

电荷耦合器件（Charge Coupled Device，CCD）是一种工作于可见光和红外波段的光电转换器件，具有很好的空间分辨率。CCD 一般加工成 $2\sim5~cm^2$ 的芯片，上面有 256×256 到 $2~048\times2~048$ 个探测单元，构成二维的像素矩阵；在外电路的控制下，可以顺序输出与各个像素接收的光强成正比的电信号。CCD 的固有噪声极低，对光输入的响应线性好，有接近 100% 的填充系数。采用 CCD 技术开发的数字 X 射线机，像素尺寸在 $100~\mu m$ 左右，在模 - 数转换后的灰阶可达 16 bit，动态范围很宽。

在数字化放射成像系统（Digitized Radiography，DR）中，X 射线先在闪烁屏上转换成可见光，再由 CCD 转换成电信号。由于 CCD 器件的面积一般比闪烁屏的面积小，所以需要将多块 CCD 拼接起来，以扩展探测器视野，或者让单个 CCD 或较小的 CCD 阵列进行扫描，然后将获取的局部图像组合成完整的图像。还可以经光学透镜或锥形光纤束构成的缩减器，实现大面积的闪烁屏与小面积的 CCD 互相耦合。

荧光屏被 X 射线轰击时产生的可见光子并不都沿 X 射线同方向行进，因此造成图像模糊。减小荧光屏的厚度可以缩小闪烁光的发散范围，但是 X 射线与荧光体作用的概率会下降，转换效率降低，所以必须在获得最大可见光强度与尽量减小它的发散度之间折中选择。有一种结构性的闪烁屏，其 CsI(Tl) 晶体成针状排列，可以像光纤一样把闪烁光汇集到光电转换器上，防止光扩展进邻近像素，从而提高了空间分辨率，晶体厚度可以根据 X 射线的能量选择。

2. 荧光激发储存影像板和计算机放射成像

1980 年出现了荧光激发存储系统，它的核心是涂了一层荧光激发物质的影像板（Imaging Plate，IP）。当 X 射线曝光时，一部分入射 X 光能量被磷吸收，并以潜影存储。曝光后，此板被激光扫描，逐点激发所存储的能量，以可见光释放出来，各点的光辐射强度被测量及数字化。数字影像经过对比度及空间频率增强，再发送到一个图像处理系统，最终显示在影像工作站上或打印在胶片上，如图 5.1.4 所示。由于成像过程有计算机参与，所以又称为计算机放射成像技术

图 5.1.4　柯达 CR400$^+$ 计算机放射成像系统

（Computed Radiography，CR）。影像板被可见光线曝光后清除影像，可重复使用 1 万次左右。

荧光影像板用 $2~000\times2~000$ 像素的矩阵产生 12 bit 的数字影像，像素大小约为 $0.1\sim0.2$ mm，影像可激光打印在 $14'\times10'$ 的胶片上。CR 技术的优点是可以利用现有的 X 射线机，用 CR 暗盒代替传统的 X 胶片，一套 CR 暗盒可供多台 X 射线机使用。它能够提供稳定的、最佳密度的高质量影像，不管 X 射线曝光是否有变化，即使 X 射线曝光技术错误也可避免重复检

查,并可降低射线辐射。它的缺点是需要许多设备和复杂的处理过程,拍片速度过慢(平均需要 7 min 左右),没有实时透视能力,高千伏摄影时检出效率相对较低,对散射线比较敏感。

3. 数字化平板探测器与直接数字化成像

在 1997 年的北美放射学会年会上,一种崭新的技术引起了放射学界的广泛关注,这就是直接数字化放射成像技术(Direct Digitized Radiography, DDR)。与间接数字化的影像板不同,它通过平板式探测器将 X 射线影像直接转换为数字化信号,输入计算机。

DDR 技术的核心是外形像胶片盒的探测器,能把入射的 X 射线能量直接转化为数字信号。探测器品种繁多,原理各不相同。美国 Dpix 公司开发的闪烁硅平板探测器 FPD 由探测器矩阵组成,见图 5.1.5。矩阵中的最小单元(即像素)是由薄膜非晶态氢化硅制成的光电二极管,在可见光的照射下能产生电流。在光电二极管矩阵上覆盖着一层成针状或柱状排列的 CsI(Tl) 或 $Gd_2O_2S(Tb)$ 闪烁晶体,当有 X 射线入射时,每个 X 光子都转化成大量可见光量子。可见光激发光电二极管产生电流,在光电二极管自身的电容上积分形成储存电荷,每个像素的储存电荷量和入射其上的 X 光子能量与数量成正比。FPD 中像素尺寸是 143 μm × 143 μm,在 17′ × 17′ 范围内像素数为 3 120 × 3 120。光电二极管矩阵通过薄膜场效应三极管按照行、列编址,与外电路相联,在专门的控制电路操纵下将各个像素的储存电荷串行读出,形成 14 bit 的数字信号,传送给计算机建立图像。

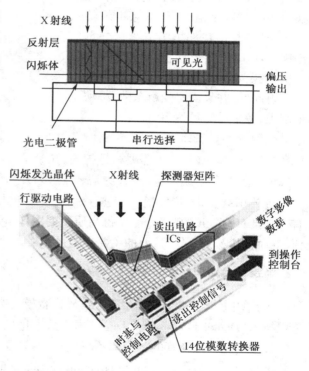

图 5.1.5 Dpix 公司的硅平板探测器 FPD

美国 Sterling 公司的 DRD 探测器则是用非晶态硒涂覆在薄膜晶体管(Thin Film Transister, TFT)阵列上,每个 TFT 单元的尺寸是 139 μm × 139 μm,在 14′ × 17′ 的范围内含有 2 560 × 3 072 个单元。入射 X 射线在硒层中产生电子 – 空穴对,在 1 ~ 5 kV 外加偏压的电场作用下,电子和空穴向相反的方向移动,在薄膜晶体管中形成储存电荷。每一个晶体管的储存电荷量对应于入射 X 射线的光子能量与数量,所以每一个薄膜晶体管就成了一个采集影像的最小单元,即像素,见图 5.1.6。

因为高压电场使电荷垂直于 TFT 阵列面运动,向相邻像素的扩散很小,所以不会造成图像模糊。在 DRD 的每一个像素范围内还制造出一个场效应管(FET),它起"开关"作用,在控制电路的触发下把像素储存电荷按行顺序传送到外电路中去,这就是像素信号的读出。像素信号经读出放大器放大后被同步地转换成 14 bit 数字信号,经一条电缆传送到操作控制台,在那里组成影像并重现出来。DRD 的量子检测效率虽不如有 X 光转换晶体的 FPD,但其没有可见光的散射问题,并且固有噪声系数低,动态范围大,像素尺寸可达 70 μm。

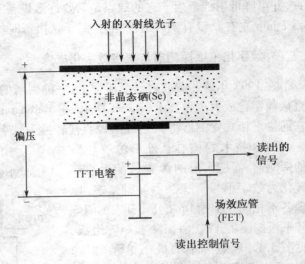

图 5.1.6　DRD 探测器单元的工作原理

平板探测器是二维的,它的覆盖野大,不需要光学缩减器,也不需要机械扫描,光量子传输效率高,图像的信噪比好,成像速度快(5～10 s),所需 X 射线剂量低(大约是传统屏–片系统的 1/3)。与传统的屏–片 X 射线摄影和计算机 X 射线摄影(CR)相比,直接数字化摄影的出片时间仅需 2 min,检查速度可提高 3 倍左右。它具有 14 bit 的灰阶,能获得高质量的图像,可避免因曝光量不准确而重拍,综合性能极佳,寿命长达 5～10 年,目前的主要问题是价格高(大约是 CR 的三倍)。

4. 数字化透视与数字减影血管造影技术

将 X 射线电视中摄像管产生视频信号进行模–数转换,然后进行处理、显示,这就是数字化透视技术(Digital Fluoroscopy,DF)。由于数字化是在影像增强器和摄像管之后进行的,所以属于间接数字化。摄像管的分辨率不高,它产生的数字图像质量不甚理想。

数字减影血管造影(Digital Subtraction Angiography,DSA)是数字化 X 射线成像技术、数字图像处理技术和造影术结合的产物,主要用于心、脑及肢体的动脉血管显像,也可以用于观察两次拍片之间的变化区域。数字减影机一般以影像增强器和 XTV 为基础,将视频信号数字化,空间分辨率为 1 024×1 024,影像深度 12 bit,采样速度可达 64 帧/s。

在图 5.1.3 所示的血管造影图像中,虽然血管和肿瘤很清晰,但还是能看见周围的软组织。为了得到消去血管以外组织的纯净血管图像,可以利用计算机把两帧在同一部位、不同曝光条件获取的 X 射线数字图像相减,消除两帧图像中的相同内容。减影方法主要有以下三种:

(1)时间减影。取一帧不含造影剂时刻与一帧造影剂到达高峰时刻的、同一部位的影像作减影。因为这两张相关影像是在不同时间获得的,故称时间减影。

（2）能量减影。在不同 X 射线能量（即不同管电压）下拍摄两帧或多帧影像，进而相减。实现能量减影的基本依据是不同物质对不同能量的 X 射线的衰减系数是不同的。

（3）混合减影。在注入造影剂前后，以短的时间间隔作低能量和高能量摄影，用能量减影去除容易造成减影伪像的软组织，再对这两幅图像作时间减影。

上述减影方法各有长短，由于时间减影法较易实现，因此常规临床应用最多。它的工作过程是：给病人静脉注射造影剂，将造影剂到达病灶的前一瞬间的图像数据存入一个帧存储器中；在造影剂到达病灶后再进行 X 射线摄影，并将图像数据送入另一个帧存储器；两帧数字图像对应的像素值相减，将结果显示到屏幕上或拍照。当然，两帧图像相减前还要进行影像的密度校正和调整、非线性几何变换、局部兴趣区重合等操作。

5. 灰度编码和窗口技术

数字化 X 射线影像在计算机中用二维矩阵表示，一般具有 $2k \times 2k$ 以上的空间分辨率和 12 bit 以上的数据精度。在监视器上显示数字图像的时候，要以像素为基本单位，把不同的 X 射线强度 I 映射成从黑到白的不同灰度，称为进行灰度编码。把不同灰度的像素按行、列排列起来，就构成可观察的图像。X 光胶片的感光特性是非线性的，人们需要仔细选择曝光条件，尽量使胶片的灰度与射线强度 I 成比例，而数字图像很容易实现线性编码关系。

12 bit 表示的 I 可以有 4 096 个不同值，而人眼对黑、灰、白的鉴别能力不强，一般只能区分十几级灰度，所以不能辨别图像上密度差别不大的结构。采用"窗口"等技术可以充分利用数字化 X 射线影像的高密度分辨率，让医生根据需要任意调节显示特性。"窗口"技术实质上是改变 I（或线衰减系数 μ）到灰度的映射关系，让某一 I 值范围得到最大的显示对比度，突出诊断所需的信息。

图 5.1.7 左边是 12 bit 的数字图像在线性编码下的显示情况，虽然骨骼和软组织都能看到，然而高亮度的骨骼缺少层次，显示得并不清楚。我们改变编码关系，让 $I < 3\,000$ 的像素显示全黑，$I > 4\,000$ 的像素显示全白，而将 $3\,000 \sim 4\,000$ 区间的 I 映射成从黑到白整个灰度范围，就得到了右边的显示结果，由于窗口中的灰阶数是原来的 4 倍，所以骨骼的结构十分清晰。

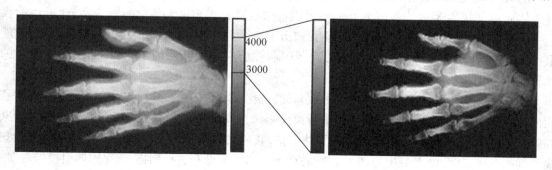

图 5.1.7　"窗口"技术实例

（左边是原始图像。为了看清较亮的骨骼结构，在高 I 值区间开窗，得到右边的显示结果）

数字图像还易于用计算机进行各种加工和处理,改善图像质量。除窗宽窗位调整外,黑白反转、灰阶变换、对比度增强能使图像具有最佳的亮度和对比度,平滑与滤波可以降低噪声,锐化和边缘增强能够加强图像的细节。此外,还可按照医生的需要任意进行图像的缩放、反转等,给诊断创造良好的条件。

5.1.4　计算机断层成像技术

前面介绍的 X 射线平片是三维物体的二维投影图像,它失去了纵深方向的分辨能力,前后组织互相重叠,造成图像混淆,容易导致误诊和漏诊。如果能把人体切成一系列薄片,将每一切片单独隔离出来进行观察,就能消除各层之间的相互干扰,容易辨别细微的组织结构。1972 年英国工程师 Godfrey N Hounsfield 和美国物理学家 Alan M Cormack 发明了 X 射线计算机断层成 像 术(X-Ray Computed Tomography,

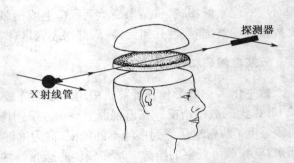

图 5.1.8　为获取某一横断层的图像必须对该断层扫描

XRCT),对垂直于人体长轴的横切薄层进行扫描,如图 5.1.8 所示,通过计算得到该断层的数字图像。XRCT 完全消除了邻近各层的影响,图像比度很高,很容易辨别细微的异常结构。将各个二维断层图像组合起来,就可得到三维的体积图像。这种方法引起了医学诊断技术的一次革命,Hounsfield 和 Cormack 因此获得了 1979 年诺贝尔生理学或医学奖。

1. 投影测量与断层重建

断层成像的困难在于,当测量人体内某一给定点的线衰减系数 μ 时,X 射线也必须穿过一连串的其他点,若不把人体剖开,就不可能对内部的每一点进行单独测量。然而如果能测量穿过人体而被衰减的 X 射线强度 I,我们就可以根据衰减公式知道人体的衰减系数 $\mu(x,y)$ 沿投影线的积分,即投影值。数学上可以证明,知道了各个方向的、覆盖整个断层的投影数据,就能重建 $\mu(x,y)$,即断层图像。如果将投影路径限制在感兴趣的断层内,对与该断层内 μ 分布的计算就不会受其他层面的影响。

第一代 XRCT 只有一个探测单元,一次只能测量一个投影值,它必须与 X 射线管一起作平移扫描,以获取能够覆盖整个断层的一组平行束投影,如图 5.1.8 所示。然后 X 射线管 – 探测器共同旋转一个角度,进行下一个观测角的平移扫描,获取第二组平行束投影……直到完成 360° 扫描。例如在 0°,60°,120°,180° 对图 5.1.9(a)所示的圆形 μ 分布进行扫描,能得到四组投影数据。

既然投影值是 μ 沿投影线的积分,我们可以把每一个投影值均匀分配给投影线上的各个像素,将不同观测角下的分配结果叠加起来,估算出该断层上 μ 的分布图,这就是“反投影”算法,得到的结果如图 5.1.9(b)所示。它与图(a)相像,但圆形区域之外 μ 值不是 0,图像比较模糊。可以证明,如果先对每个观测角下的投影数据进行如图 5.1.9(c)所示的卷积滤波运算,然后再作反投影,就能得到完美的断层图像图 5.1.9(d)。这就是滤波反投影(Filtered Back – Projection,FBP)重建算法。

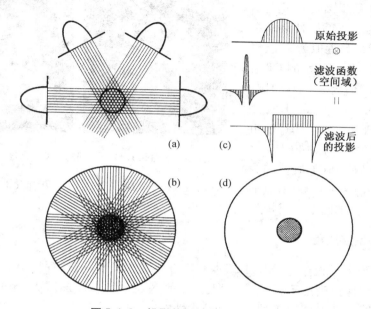

图 5.1.9　投影数据与断层图像重建

(a)平行束投影;(b)反投影法重建的断层;(c)投影数据(上)与一滤波函数(中)卷积
得到滤波后的投影;(d)将滤波后的投影进行反投影,得到完美的断层图像

　　目前人们热衷于研究各种迭代算法(Interative Algorithm),其计算过程见图 5.1.10。首先给待求的断层图像赋予一个初始估计值(例如各像素的值均为 1),按照线积分计算出理论投影值,将它和实测投影值进行比较,并计算出每个像素的修正量,对初始图像进行修正。然后再根据新的断层图像估计值计算理论投影值,与实

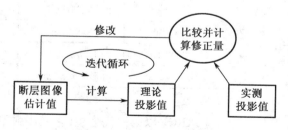

图 5.1.10　从投影重建断层图像的迭代过程

测投影值比较,再次修正断层图像估计值。接着是第三次、第四次迭代循环……只要修正方法合理,每次迭代都能更逼近正确的断层图像。修正的目标和准则有各种各样,所以迭代方法种类繁多,如代数重建技术(Algebraic Reconstruction Technique,ART)、加权的最小平方法(Weighted – Least Squares,WLS)、共轭梯度法(Conjugate Gradient Method),等等。有的算法比较简单,有的收敛速度快,有的抗干扰性能好。迭代算法一般重建精度好,但运算量大,随着计

算机速度的提高,迭代算法越来越广泛地被采用。

医用 XRCT 给出的图像不是 μ 的分布,而是按 $CT = 1\,000\left(\dfrac{\mu - \mu_{H_2O}}{\mu_{H_2O}}\right)$ 式计算的 CT 值,其中,

μ_{H_2O} 表示水对 X 射线的衰减系数。CT 值的单位是 HU,以纪念 CT 发明人 Hounsfield。由于水的线性衰减系数为 1,骨的衰减系数近似为 2,空气的衰减系为 0.001 3,因此水的 CT 值为 0 HU,骨的 CT 值为 + 1 000 HU,空气的 CT 值近似为 − 1 000 HU;此外,脂肪的 CT 值为 − 100 HU,软组织的 CT 值在 + 20 HU 至 + 40 HU 之间。所以,人体组织的 CT 值范围为

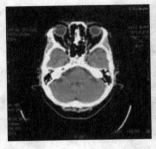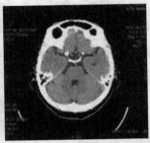

图 5.1.11　头部的 CT 断面图像

− 1 000 HU(空气) ~ + 1 000 HU(骨),共有 2 000 个分度,CT 图像实际是 CT 值的数字矩阵。图 5.1.11 是病人头部两个不同断面的 CT 图像。

2. XRCT 的发展历程

从 20 世纪 70 年代诞生起,XRCT 基本每三五年改型换代一次,探测单元不断增多,扫描时间不断缩短,图像清晰度不断提高,病人接受的 X 射线剂量不断减少,至今已发展到第四代。表 5.1.2 列出了四代 XRCT 的特点和技术性能。

表 5.1.2　四代 XRCT 技术特点和性能的比较

XRCT	探测单元数	投影束	扫描方式	旋转步距	扫描时间
第一代	1	笔形束	平移—旋转	1°	3 ~ 5 min
第二代	8 ~ 30	窄扇形束	平移—旋转	5° ~ 11°	20 ~ 90 s
第三代	300 ~ 600	广角扇形束	旋转	连续	2 ~ 9 s
第四代	300 ~ 4 800	环形探头、扇形束	X 射线源旋转	连续	0.01 ~ 5 s

目前市场上 XRCT 以第三代为主,它采用弧形的探测器阵列,有上千个探测单元,形成的广角扇形投影束能够覆盖整个人体,因此不需作平移运动,扫描时间大大缩短,如图 5.1.12 所示。探测器也从气体电离室发展到钨酸镉($CdWO_4$)和高灵敏度的稀土陶瓷固体器件,与气体电离室比,仅需 1/2 ~ 1/3 的 X 射线量即可获得清晰、高质量的图像。一些 XRCT 在旋转扫描 180°后,让探测器偏移 1/2 个单元,再采集 180°的数据,使有效检测通道数为探测器数的 2 倍,提高了图像的分辨率。

X 射线管和探测器的前边各有一个窄缝准直器,把 X 射线限制在成像层面内,以减小散

射的影响。准直器的缝宽规定了断层的厚度,有些
XRCT 的缝宽是可调的。

人体的横断面基本是个椭圆形,X 射线穿过人体
的路径在中间厚、两边薄,所以探测器接收到的射线
强度 I 是中间小、两边大,这就要求探测器有更大的
动态工作范围。通常在 X 射线球管与病人之间加一
个如图 5.1.12 所示的楔形补偿器,使 I 更加均匀。

由于 X 光管和探测器有大量引线,为了防止引
线缠绕,机架旋转一周后,必须倒转回来,一步步地
推进病人,一层层地进行扫描,很浪费时间。为了实
现连续扫描,出现了采用滑环技术的 XRCT,机架连
续旋转,同时匀速向前推进病床,所形成的扫描轨迹
为螺旋线。有的全身 XRCT 系统还在扫描机架内设
UPS 电源,向安装在 X 射线管旁边的高压发生器供
电,信号则通过非接触的电容耦合式天线进行无线传

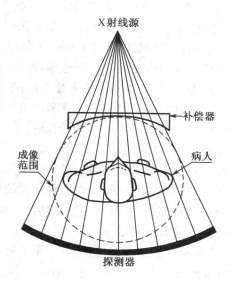

图 5.1.12　第三代 XRCT

输,因此不需要接触式滑环就能实现连续旋转扫描。
目前的螺旋 XRCT 扫描速度达到 0.5 ~ 1 s,层厚 0.2 ~ 1.5 mm,能连续扫描 40 ~ 80 s,可纵向覆盖
60 ~ 100 mm,而非螺旋 CT 已开始退出市场。

3. 新的发展方向

1 ~ 3 代 XRCT 以增加横断面上投影束的覆盖角为标志,近年 XRCT 的发展趋势则是增加
Z 轴方向的锥角,即增加同时扫描的层数,见图 5.1.13。自 1992 年出现双排探测器之后,各大
制造商竞相开发多层 CT(Multi Slice CT,MSCT)。目前,具有 34 排、40 排、64 排探测器的
MSCT 已经广泛进入医院。

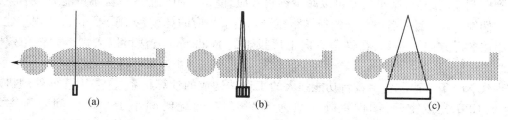

图 5.1.13　XRCT 的发展趋势

(a)使用单列探测器、扇形束的单层 CT;(b)采用多列探测器、窄锥形束的多层 CT;
(c)采用二维探测器、宽锥形束的体积 CT

由于能同时采集一个体段的数据,MSCT 不仅能产生横断面图像,还能产生轴向的图像,
所以说 MSCT 提供的是体积数据(Volume Data),其扫描层厚已达到 0.4 ~ 0.2 mm,与横向分辨

率接近,为任意平面三维图像重建提供了条件。除了能够提供高分辨率的体积图像外,由于增宽了投影束的覆盖角,MSCT 可在一次屏气中完成大范围扫描,明显地减少了运动伪影,提高了鉴别和诊断病变的能力。西门子公司研发的 SOMATOM Sensation 64 系统采用 X 线球管"Z 轴双倍采样"技术,通过精确地偏转电子束,使电子束以近 5000 Hz 的频率轮流打在阳极的两个焦点上,对扫描范围进行重叠采样;配合探测器双倍读取技术,实现以探测器厚度的一半进行 64 层采样,从而使空间分辨率达到了 0.4 mm。东芝的 320 排 CT AQUILION ONE 可在一圈扫描中完成整个器官成像,不但降低了病人的剂量,还可提供动态容积图像(Dynamic Volume Image)。下一代 CT 将是采用大面积二维探测器的,宽锥形束的"体积 CT",它可提供断层面和体轴各向同性的高空间分辨率图像。

加快扫描速度可改善心血管影像的运动模糊,是 XRCT 技术追求的另一目标。但是这必须克服一系列技术问题:快速旋转的强大离心力要求 X 光管、探测器和机架具有很大的强度;探测器的余辉时间必须缩短,电子学电路和数据传送速度必须加快;皮带传动的振动、噪声、效率、寿命都不能满足要求,等等。东芝公司的 AQUILION 多层螺旋 CT 采用直接传动,把机架作为电机转子的技术结构,使扫描时间小于 0.5 s。西门子的极速 CT(BRILLIANCE iCT)使用新型宽体球面探测器,旋转速度达到每秒钟 4 圈,在病人两次心跳内就能完成心脏检查,仅 10 秒钟就能检出颅脑神经系统、胸腹部和血管四肢等各种疾病。为了实现对心脏的动态成像,还出现了采用双层环形晶体探测器(2×1 728)和 4 排环形靶的第四代 CT 扫描机,它的 X 射线由电子束打环形钨靶来产生,类似于示波器里电子束偏转原理,靶点在磁场的驱动下可迅速旋转,扫描 270° 只需 33 或 50 ms,一次扫描可产生 8 个断层的图像(约 78 mm 范围),一秒钟可拍摄 30 张图像,故称为电子束 CT(EBCT)或超快 CT,它能提供实时三维成像,空间分辨率高达 0.35 mm。

传统的滤波反投影算法重建速度快,目前被 XRCT 广泛地使用。但是此算法以所有的投影线都在重建平面内为前提,而锥形束在 Z 方向上是倾斜的。理论上可以证明,虽然加大 X 光源到探测器的距离,减小层厚可以减少锥角效应,但是采用插值的方法不可能完全消除斜视造成的伪像。人们针对各种特殊的扫描路径研究出了相应的算法,实现了无伪像体积重建。例如采用在平行方向上卷积,在锥角方向上反投影的 Feldkamp 方法可以大大减少锥角效应的伪像。

现代 XRCT 普遍配备由数台功能强大的工作站构成的计算机系统,采用阵列处理机或多个 64 位 CPU 完成重建,图像矩阵一般为 512×512,重建时间小于 5 s,空间分辨率好于 0.5 mm,CT 值相差 0.3% 时可分辨直径小于 3 mm 的小孔。CT 技术的每一步进展,如多层探测器、螺旋扫描都对计算机性能(运算速度,数据容量)提出更高的要求。

除了图像重建算法的改进之外,各种 CT 三维数据的显示技术也层出不穷。例如图 5.1.14 所示的体绘(Volume Rendering)能给出人体的立体图像,3D 电影显示(3D movie)使医生可以从不同方向观察人体的内部结构,虚拟内窥镜(Virtual Endoscopy)技术和穿越管腔的电影显示(Fly Through Airway)能够模拟内窥镜进入食道、气管、血管等管腔时的情景。这些技术营造了一种形象、立体、直观的场景,使医生更容易发现病灶,判定它的位置,做出准确的诊断。这些技术可以代替侵入性检查(如导管、内窥镜),因而减轻了病人的痛苦和感染危险。它还促进新的医学教学模式的诞生,学生可以在计算机上学习解剖学、病理学、诊断学,研究各种手术方案,与尸体解剖相比不但节约了成本,而且能针对实际的病人无限制地反复进行研究。

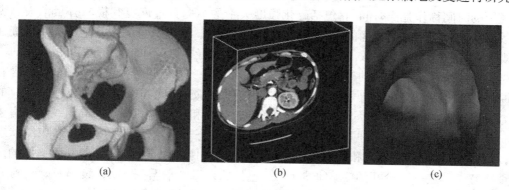

图 5.1.14   各种三维体积数据显示技术
(a)体绘技术;(b)3D 电影显示;(c)虚拟内窥镜技术

5.1.5   磁共振成像简介

1924 年,核物理学家发现原子核存在自旋,具有角动量和磁矩。1946 年,美国的 Felix Bloch 和 Edward Purcell 又发现核磁共振现象,并开始将此原理用于物理学、化学和生物学研究,因此获 1952 年诺贝尔物理学奖。1971 年,美国的 Raymond Damadian 发现了良性和恶性细胞的核磁共振信号有所不同,提出了利用弛豫时间的不同实现无创诊断癌症的观点。1972 年,美国的 Paul C Lauterbur 根据核磁共振频率与磁场强度的关系,发明了加入梯度磁场进行二维成像的方法,并于 1974 年得到了第一幅动物肝脏的核磁共振图像。此后,英国的 Peter Mansfield 证明了可以用数学方法分析所获得的数据,为计算机快速绘制图像奠定了基础,并于 1976 年提出了回波平面脉冲序列核磁共振成像方法。20 世纪 80 年代初,第一台磁共振成像装置(Magnetic Resonance Imaging,MRI)问世。很快,MRI 成为继 XRCT 之后另一种在临床上广泛使用的三维成像设备。到 2002 年,全世界已大约有 2.2 万台 MRI 在使用,每年进行 6 000 多万例检查,我国现有 MRI 系统装机总量也超过 1 000 台。对 MRI 技术作出贡献的两位物理学家,Paul C Lauterbur 和 Peter Mansfield,为此获得了 2003 年的诺贝尔生理学或医学奖。此外,瑞士的 Richard Ernst 因在磁共振波谱方法学上的贡献获 1991 年诺贝尔化学奖,瑞士的 Kurt Wüthrich 因用磁共振波谱技术研究生物大分子的三维结构的成果而获 2002 年诺贝尔化学奖。

原子核就像一个具有磁性的陀螺,在外磁场中会发生自旋进动,进动的方向和角频率决定于磁场的方向和强度。它在与进动角频率相同的横向交变磁场中会发生能态跃迁(进动角改变),当撤销交变磁场,原子核返回原来的能态时,会把所吸收的能量以电磁波的形式释放出来,这种现象被称为核磁共振。共振频率由拉莫方程 $\omega = \gamma B$ 给出,B 为外磁场的强度。

原子核从被射频磁场激发到返回初态,并释放电磁波的过程称作弛豫(Relaxation),此过程所经历的时间称作弛豫时间,它包括磁化强度矢量的纵向分量恢复和横向分量消失。纵向分量的恢复是自旋–晶格弛豫的反映,以 T_1 为时间常数。横向分量的恢复是自旋–自旋弛豫的宏观表现,以 T_2 为时间常数。T_1,T_2 是人体组织的固有参数,不同组织有不同的值。

含有奇数个质子和中子的核才有磁矩,氢核(即质子)具有显著的核磁共振现象,含有大量氢原子的水、脂肪、软组织等是最佳的核磁共振成像物质,因此 MRI 几乎可以检查所有的器官,尤其擅长检查富含氢原子的大脑、脊髓、血管、软组织和肿瘤病灶等。不同组织和器官中水和脂肪等有机物的含量不同,同一组织中正常和病变状态下氢原子的密度分布和束缚状态也不同,对人体中氢原子的分布和状态进行分析,以三维图像加以显示,对观察发病部位的改变具有重要意义。它可以诊断的疾病非常广泛,包括头颈部血管异常显示、腹部及外周血管展示、动态关节观察及小病变检测、中风判断及其进展跟踪、心脏成像及其功能评估、肿瘤诊断和评价、外科及介入治疗等。与 XRCT 相比,MRI 的突出优点是对病人没有辐射伤害。

MRI 利用核磁共振原理探测人体内的氢核,靠计算机对氢的密度及组织特性参数(T_1,T_2)进行三维成像。将射频脉冲和梯度脉冲加以适当组合,便能实现对特定空间区域的激励,因此能够取得任意断面的信号。调整扫描参数可改变信号中质子密度和 T_1,T_2 对图像亮度的贡献,以及组织间的信号对比度。例如采用长重复时间($T_R = 1\,500 \sim 3\,500$ ms)和短回波时间($T_E = 15 \sim 25$ ms)的脉冲序列扫描,便可获得质子密度像;短 T_R 和短 T_E 可获得 T_1 加权图像;长 T_R 和长 T_E,可获得 T_2 加权图像。常用的成像方法和扫描脉冲序列有自旋回波(SE)、梯度回波(GRE)、快速成像(FLASH,TSE,GSE,EPI)等,可选择的脉冲序列还有 IR,FISP,3D MP - RAGE,PSIF,HASTE,EPI 等上百种。

MRI 设备的外形如图 5.1.15 所示,它由产生恒定强磁场的主磁体、产生梯度磁场的梯度线圈、产生横向交变磁场的微波源和射频激励线圈(兼作信号检测线圈)、谱仪、计算机平台、控制和辅助附件构成。按主磁体分,MRI 有永磁型、常规电磁型和超导电磁型;按磁场的强度分,有低场强系统(0.02 T ~ 0.3 T)、高场强系统($\geqslant 1.5$ T)和介于二者之间的中等场强系统。高场强系统具有更好的图像信噪比和更快的成像速度,在动态成像、功能成像和磁共振波谱等领域更具开拓潜力。目前,研究型的装置有高达 20 T 的磁场强度,9.4 T 的商用系统正在试验中。与之相比,地球磁场强

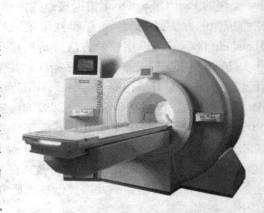

图 5.1.15　西门子公司生产的超导(3T) MRI

度仅在 50 μT 的水平。

　　一般 MRI 的主磁体长达 2 m 以上,病人在其中常有窒息的感觉,为防止患者发生幽闭恐惧症和满足介入性诊断和治疗的需要(在扫描成像中对病人进行插入导管等操作),近些年来短磁体(1.4 m)大孔径(70 cm),乃至开放式 MRI 系统受到了重视。

　　MRI 在经历了改进磁体和梯度系统之后,目前的研究转向开发新的射频线圈和接收系统,相控阵线圈和并行采集技术日益成熟,使 MRI 向更大的成像范围和更高的采集速度发展。常规磁共振系统最多可同时从 8 个射频接收通道获取信号,全身扫描需要使用大量不同的线圈,这导致在扫描过程中需要对患者进行多次移位。西门子公司在 2004 年推出了全景成像矩阵(Tim)技术,它将 76 个线圈元件同 32 个射频系统接收通道进行集成,可以一次性完成从头至脚的全身扫描。此外还实现了并行采集技术,可在全身三个方向上同时采集信号,进一步提高了图像采集速度,并将信噪比提高了 100%,从而大幅度提高了成像质量。医生无须反复调整线圈和定位病人,可以根据临床需要自由地选择扫描区域。

　　随着超快速成像技术的发展,人们正在研究与之相关的图像劣化及运动伪影的消除,以及针对各种脏器、疾病的成像方法与脉冲序列等。

　　近些年又提出了功能性磁共振成像(Functional Magnetic Resonance Imaging,FMRI)的概念,这是利用血红蛋白氧合水平对 T_2 的影响,建立在血流动力学响应基础上的技术,它可以通过检查神经活动对局域血流、流量、氧饱和的影响,产生被激活脑区的图像。功能性神经解剖学定位对精确诊断和手术评估,对进一步了解脑的结构、功能和病理学之间的关系,对心理学和认知异常方面的理解和治疗都有重要的意义。FMRI 主要采用平面回波成像(EPI)方法,需要较强的主磁场(1.5 ~ 4 T),对梯度子系统要求很高。

　　能进行活体组织化合物定量分析的磁共振波谱技术(MR Spectroscopy,MRS)也已出现。实际上核外电子对原子核有磁屏蔽作用,使得作用于原子核的磁场强度小于外加磁场强度 B。我们可用屏蔽系数 σ 来描述被消弱的磁场强度比例,故磁共振角频率 $\omega = \gamma B(1-\sigma)$。屏蔽系数 σ 与核的特性及其化学环境有关,同一种核处在不同的分子中,甚至在同一种分子的不同位置或不同的原子集团中,它周边的电子数和电子分布都有所不同,因而受到电子屏蔽作用的程度不同,它们将具有不同的磁共振频率。例如水、N - 乙酰天门冬氨酸(NAA)、肌酸(Cr)、胆碱(Cho)、脂肪的共振峰的位置不同,这种现象就称作化学位移(Chemical Shift)。共振峰的面积反映了原子集团中参与磁共振的核的数量,故可推算出样品分子或化学集团的含量,临床上可以获得一个器官特定部位的正常或是异常组织的波谱信息,对代谢产物进行定量分析。MRS 与 MRI 技术相结合,可以实现磁共振波谱成像(Magnetic Resonance Spectroscopy Imaging,MRSI),以图像和波谱的形式在一幅图中同时表现人体的解剖结构和化学成分,从而观察活体器官组织代谢、生化变化。

5.1.6　21 世纪的放射影像技术展望

　　20 世纪放射影像技术经历了孕育、成长、发展的过程,同时在防治疾病及延长平均寿命方面立下了汗马功劳。我们有充分的信心预计影像技术将在 21 世纪继续为延长人类寿命及提高生活质量方面发挥重要作用。展望 21 世纪,放射影像技术可能有以下几方面的发展:

(1)X 射线成像的数字化进程可能很快,据资深专家估计,全世界 50% 的放射科将在 5 年内实现无胶片化,在 10 年内 70% 的放射科将实现全数字化。

(2)目前影像诊断不仅关注病人的解剖结构,更希望了解病人生理、代谢、功能方面的信息。XRCT 技术的优势在于可获得高空间分辨率、高密度分辨率的解剖结构图像,目前正在向功能成像发展;MRI 技术也提出了分子成像新概念。

(3)手术或治疗的仿真与计划,通常要求对图像信息加以综合,然后根据某种准则寻求最优实施方案。目前的成像技术都只能获取人体某一方面的信息,而且各种成像设备获取的图像并非同一时间进行,各次成像的空间位置不可能一致,且病人状态也可能在发生变化。于是通过配准(Registration)、融合(Fusion)等图像处理技术,将各种成像装置获取的信息正确地集成在一起,成为计算机手术仿真或治疗计划中的一个重要方法。

可以预见,全数字化放射学、影像导引,以及基于互联网的远程放射学作为三种相互关联的技术将成为新世纪影像技术的主流,使医学影像学的面貌焕然一新。

5.2 放射治疗学

放射治疗(Radiotherapy),简称放疗,目前主要用于治疗肿瘤。从 1901 年 Becquerel 提出设想,Dandos 把 Curie 发现的镭用于治疗肿瘤至今已有 100 多年了。据统计,我国每年新增肿瘤病人 200 万,同年死亡肿瘤患者 130 万人,70% 的病人需要进行放疗。

5.2.1 放射治疗的原理及辐射源

放射治疗利用电离辐射对生物组织的破坏效应进行疾病治疗,电离辐射是具有波或粒子形式的能量流,它能导致物质电离,损伤细胞分子,破坏细胞的功能。射线可通过直接效应和间接效应杀伤细胞。直接效应是指射线直接作用于细胞的遗传物质 DNA 分子上,使它们发生电离,分子断裂,使得细胞不能再增殖、浸润和转移,并最终导致死亡。射线照射的间接效应是引起水分子电离和分解,产生大量活泼的离子和自由基,它们再与细胞的 DNA 分子发生作用,导致细胞无法再分裂或增生,并最终死亡。在放疗中更多的是间接效应。

放射治疗使用的电离辐射有 X,γ 射线,以及电子(e)、质子(p)、中子(n)、π^- 介子、重离子束流,其中最常用的是 X,γ 及 e。

放射性核素^{60}Co 是 γ 射线的重要辐射源,它经 β^- 衰变产生能量为 1.173 MeV 和 1.333 MeV 的 γ 射线,半衰期为 5.272 年。目前使用的医用电子加速器几乎都属于直线加速器(Linear Accelerator,LINAC),按照电磁场形态可分为行波与驻波两类,它们都能为放射治疗提供两种 MV 级电离辐射——供表浅组织治疗用的电子束流和供深部肿瘤治疗用的 X 射线。

　　医学上一般根据使用的放射源形式,把放射治疗分为两大类:将开放性放射性同位素通过口服或静脉注射引入人体,对病患处进行内照射,归于治疗核医学范畴;利用封闭型放射源(同位素或加速器)进行外部照射,称为放射治疗。本节介绍的内容属于后者。

5.2.2　放射治疗的目标和方法

　　电离辐射既可以杀伤肿瘤细胞,也会伤害正常组织。要提高病人的生存率,放射治疗应该给肿瘤大剂量的照射,最彻底地破坏肿瘤组织,同时使正常组织受到的伤害尽可能地小。提高肿瘤的局部控制概率,减少正常组织特别是邻近肿瘤的重要敏感器官所受剂量,以降低发生放射并发症的概率,一直是放射治疗追求的目标。

　　随着医学成像技术、计算机技术和精密控制技术的进步,人们能够越来越准确地确定肿瘤的位置和性质,设计出最佳的照射方案,精密地控制射线束的形状和强度分布,从早期的常规放射治疗发展出了包括适形放射治疗、调强放射治疗、立体定向放射治疗等精确放射治疗技术,以及复杂的模拟定位系统、治疗计划系统和图像引导的放射治疗系统。

　　从临床角度可以将放疗分为:对人体表浅组织(通常深度小于 1 cm)进行的表浅放射治疗;靶区位于人体深部(通常深度超过 1 cm)的深部放射治疗;将辐射束或放射源通过自然的或人造的开口引入人体腔内的腔内放射治疗;对人体全身进行的全身放射治疗;以及在手术中,直视下进行大剂量照射,以杀灭残留肿瘤细胞的术中放射治疗。表浅放射治疗和腔内放射治疗经常采用将一个或多个辐射源贴近病灶放置的方法,所以又称近距离放射治疗。大多数放射治疗使用的辐射源距离皮肤较远(通常不小于 50 cm),故称远距离放射治疗。

1. 敷贴、腔内近距离照射和放射性粒子植入

　　对于眼部和皮肤等的各种浅表疾病,如皮肤癌、血管瘤等,可以利用敷贴器将膏状的^{32}P - 胶体磷酸铬、^{198}Au - 胶体金等发射 β^- 粒子的放射性核素贴在病变位置上进行表浅放射治疗。但是如果病灶位于人体内部,就必须采用腔内照射法,将放射源送入靶区,进行近距离放射治疗。由于放射源贴近病灶,在有限靶区内集聚了高的剂量,使原发病灶区得到足够的辐射,而靶区外剂量迅速下降,使肿瘤周围的组织得以保护,这样不仅提高了疗效,而且还减少了对医务人员的照射剂量。

　　后装机(Afterloading Brachytheray System)是一种腔内近距离放射治疗设备,由放射源、储源罐、施源器、驱动系统、控制系统与治疗计划系统组成。所谓后装,即先安装治疗头(或称施用器),将它放入欲治体腔内,固定位置后,再将放射源(制成小球状)装入治疗头内,让射线在很短距离内杀伤癌细胞。后装机所用的放射性核素有^{60}Co, ^{137}Cs, ^{192}Ir,现在常用的是^{192}Ir 和^{137}Cs。根据所装源的放射性活度可分为低剂量率(小于 4 Gy/h)、中剂量率(4 ~ 12 Gy/h)和高剂量率(大于 12 Gy/h)后装机。

　　后装机可用于子宫颈癌、阴道癌、咽喉癌、结肠癌、膀胱癌及皮肤癌等的治疗,见图 5.2.1。

后装机对宫颈癌、子宫体癌等有良好疗效,一期病人的治愈率约为90%,二期病人的治愈率达50～80%。近年来,后装机开始用于脑瘤间质内治疗。治疗前把立体定向仪框架固定在颅骨上,进行 CT 或 MRI 扫描;取得三维定位图像后,测量肿瘤的大小、形态和体积,并进行置管靶点 X,Y,Z 坐标测算;接着按需要进行 1～3 个 3 mm 颅骨小钻孔,插入同轴型源外套管,在导向器引导下直达靶点;然后施源器准确地把放射性粒子管置入瘤内。一次治疗时

图 5.2.1　后装机用于子宫颈癌治疗

间为几分钟到十几分钟,一般 7～10 天完成全部治疗。这种治疗方法安全可靠,并发症少,副作用轻,费用低。冠心病支架介入疗法以后,也可以采用后装机将柱状放射源送达支架两端进行照射,预防由于支架端口对血管内壁的刺激造成的血栓。

在现代后装机中,微型化放射源(单源体)、步进电机驱动器和机械控制系统全部由计算机操作,放射源的运动与驻留时间全都自动控制;机内还配有内锁、自检、报警和紧急退源等装置,从而保证了治疗、防护的安全与可靠。在立体定向仪和三维检查与治疗计划系统的支持下,现代后装机可以精确地判定肿瘤的大小、形态、质地、体积及在体内的位置,准确地计算与优化向瘤内插置源管的部位、数目、剂量与照射时间。

除了使用后装机插植放射源进行短时照射外,还可采用永久植入放射性粒子,进行持续低剂量率近距离治疗。永久植入的放射性核素为 ^{198}Au, ^{103}Pd, ^{125}I,它们的半衰期较短(分别为 2.7 d,16.8 d,60.2 d),剂量率一般为 0.05～0.1 Gy/h。永久性放射性粒子可以通过手术或在 B 超、CT 引导下植入。当然,永久植入放射性粒子治疗和后装机短时插植一样,也需要治疗计划系统的支持。

2. 常规放射治疗

常规放射治疗(Conventional Radiotherapy)亦称常规照射,已有约一个世纪的发展历史。常规放射治疗属于远距离放射治疗,使用的装置主要是直线加速器和钴 -60 治疗机。常规照射以强度均匀、形状规则的辐射野为基础,每次从 2～3 个不同角度照射,使肿瘤靶区得到比周围组织高的照射剂量。在临床实践中,人们已认识到单次照射对恶性肿瘤治疗的不足,遂采用分次照射,每周一个疗程。

医用直线加速器的构造如图 5.2.2 所示。它用高能电子束打靶(通常使用钨靶)来产生韧致辐射 X 光,由第一准直器限定 X 光的出射角度。它的下方安装钨或铅制的匀整器(Flattening Filter),以获得均匀分布的射线通量。有时还用特制的补偿器(Compensator)来补偿由于病人体表起伏和体内密度不同而引起的辐射强度分布不均匀,或用楔形板(Wedge)产生倾斜的辐射强度分布。上下两对间距可调的第二准直器(Secondary Collimator)产生矩形的

辐射野轮廓。其下方的附加挡块(External Block)遮挡邻近的要害器官,形成与肿瘤轮廓相同的辐射野。在均整器和第二准直器之间是监测电离室(Monitor Chamber),用来测量 X 射线的通量。

直线加速器在进行电子照射时,则使用散射器(Scattering Filter)获得均匀分布的电子辐射野,用不同形状和尺寸的矩形或圆形限束器(Beam Applicator)来获得矩形或圆形辐射野轮廓,附加低熔点合金挡块以保护正常组织。

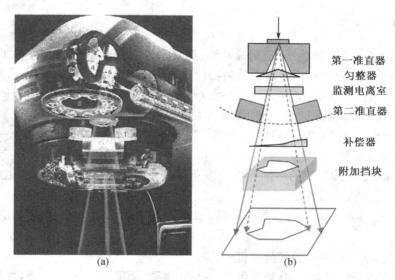

第一准直器
匀整器
监测电离室
第二准直器
补偿器
附加挡块

(a)   (b)

图 5.2.2 医用直线加速器(a)及治疗头内部结构图(b)

钴 – 60 治疗机又称钴炮,如图 5.2.3 所示。它以^{60}Co 为辐射源,活度约为 3 000 ~ 7 000 Ci。钴源用钨合金包裹,外面还有铅屏蔽,构成钴头,γ射线从钴头前方的准直孔射出。钴头装在机架上,可绕其轴线旋转,源 – 轴距一般为 80 cm 或 75 cm,治疗时机头最前端与病人皮肤较近。

钴 – 60 治疗机输出剂量率非常稳定,不像加速器那样易受诸多因素影响而使输出剂量率产生波动,因此可以简单地通过控制在每个照射位置的驻留时间而调整累积的剂量。钴 – 60 治疗机可采用固定束治疗、旋转治疗、摆动治疗和跳跃治疗等方法,每个辐射野只需照射 1 分钟左右。

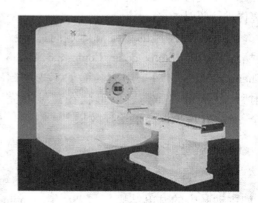

图 5.2.3 钴 – 60 治疗机

与加速器比,钴 – 60 治疗机机结构简单、经济实惠、安全可靠、维修方便,因此它在我国及一些发展中国家得到更广泛的使用。我国从 1958 年就开始应用钴 – 60 治疗机进行恶性肿瘤的体外照射治疗,以后更成为一种常用的肿瘤治疗手段。但是钴 – 60 治疗机的精度较差,功能不完善,不能替代加速器。

常规放射治疗每次只采用 2～3 个不同照射角度的固定束,或者采用常规弧形治疗,它的高剂量区是由 2～3 个锥形束相交而成。然而大多数肿瘤的形状并不是多面体,不可能与靶区形状、大小一致,特别是当肿瘤附近有要害器官时不易躲开,限制了靶区剂量的提高,影响治疗效果。

3. 适形放射治疗

目前,放射治疗正朝"精确定位、精确计划、精确治疗"方向发展。1961 年,Takahashi 针对常规放射治疗的缺点,首先提出了适形放射治疗(Conformal Radio Therapy,CRT)的概念。这种技术努力把高剂量按照肿瘤的实际形状送达,并寻求对相邻敏感器官的最小剂量,例如在治疗头颈部肿瘤时需要很好地保护脊索、眼睛的晶体、腮腺,避免对其超剂量照射。

CRT 使不同照射角度的辐射野截面形状与病灶在射束方向的投影轮廓相一致,辐射野的剂量分布仍以均匀分布为基础,见图 5.2.4(a)。实现 CRT 的方法主要有以下三种:

(1)同步挡块法 按机架的不同照射角度更换附加挡块,每个挡块所形成的辐射野与靶区在相应照射角度的轮廓相同;

(2)多叶准直器法 通过手动或自动调节多叶准直器的叶片位置来实现(参见 5.2.3 节);

(3)循迹扫描法 将肿瘤轴线放在机架旋转轴线上,准直器开成宽度一定、长度可调的窄条野,机架绕肿瘤旋转照射一周后,令治疗床沿轴线移动一段相当于窄条野宽度的距离再进行照射。

当前正在发展的三维立体定向适形放射治疗(3D Stereotactic Conformal Radio Therapy,3D SCRT)采用非共面的不规则照射野,使剂量分布与肿瘤形状在三维上完全一致,进一步提高了治疗效果。

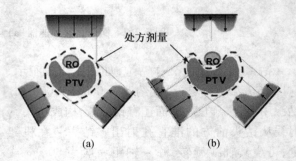

图 5.2.4　在肿瘤靶区 PTV 和敏感器官
RO 形成的剂量分布
(a)3 野适形;(b)3 野调强

4. 调强放射治疗

适形放疗适用于那些具有凸形轮廓的靶区,不适用于具有凹形轮廓或包嵌形截面的靶区(如主动脉旁的淋巴结瘤)。1988 年,Brahme 在对复杂形状靶区进行剂量分布优化计算时发现,为使组织不均匀、轮廓不规则的靶区获得预期的剂量分布,除了要求辐射野截面形状与靶区外围轮廓形状一致外,还要求辐射野内的剂量强度具有某种分布。与此同时,Cormack 也独立地提出了采用非均匀的调强辐射准确地实现靶区剂量分布的方法,见图 5.2.4(b)。

调强放射治疗(Intensity Modulation Radiation Therapy,IMRT)采用多个不同照射角度的辐射野,不但每个辐射野的截面轮廓均与靶区轮廓相一致,而且每个辐射野内剂量强度分布与组织不均匀的肿瘤相符合,以提高肿瘤靶区治疗剂量,降低正常组织吸收剂量。显然,IMRT 适合于治疗那些形状复杂、附近有要害器官的肿瘤,但是它比常规放射治疗技术复杂得多,治疗所需时间也长得多。IMRT 使放射治疗技术更加精确及个性化,是目前的研究热点和发展方向。5.2.4 节将具体介绍调强放射治疗的实现方法。

5. 立体定向放射手术和伽马刀、X 刀

1968 年,由两名瑞典籍教授 Lars Leksell 及 Borge Larsson 开发的伽马刀(Gamma Knife)是一种专门用于脑放射外科治疗的装置(见图 5.2.5)。它利用立体定向的方法,预先测定病灶点的位置,然后将 201 束 γ 射线精确地聚焦在病灶点上,其准确度非常高,偏差≤0.3 mm。

伽马刀中的 201 个 ^{60}Co 源作半球面状排列,从不同方向射出的 γ 光束在靶点聚

图 5.2.5　Leksell C 型伽马刀

焦。每一光束的剂量不高,但当所有光束汇聚在同一点时,剂量率可达 4 Gy/min 左右,而靶点以外的剂量徒然下降 5~10 倍,形成锐利如刀锋的高剂量区,用来"切割"肿瘤。

在进行 γ 射线放射手术时,病人头部戴上钻有 201 个小孔的准直器头盔,按照预定的坐标躺卧于系统的治疗床上,头部避免作任何移动。头上的定位框架则使病灶定位至焦点位置,治疗床把病人送至系统核心部分做一次性大剂量聚焦照射。

1996 年,深圳的奥沃公司(OUR)生产出拥有自主知识产权的旋转伽马刀。在半球形的源体上呈螺旋状分布着 30 个 ^{60}Co 源;源体内部是半球形钨合金准直体(头盔),其上有 6 组、每组 5 孔准直器,准直孔的排列与放射源的排列一致;准直器的孔径有 Φ4,8,14,18 mm 四种,通过准直孔的射线束精确地汇聚于球心焦点上。治疗时,立体定位系统将病灶对准焦点,自动根据病灶的大小选择相应的准直孔,然后一起同步旋转,射线束聚焦形成球形辐射,使病灶受到规定剂量的照射。由于采用动态的射线束,头皮及健康组织受到的辐照分布更加均匀,增大了焦皮比(焦点吸收剂量与头皮吸收剂量之间的比值),减小了放射损伤。旋转扫描运动使 ^{60}Co 源数量从静态伽马刀的 201 个减为 30 个,降低了成本,减少了源的换装时间。

1998 年奥沃公司在此基础上,又推出了立体定向全身伽马射线治疗系统。它同样使用多弧非共面旋转聚焦技术,进行三维分次大剂量照射,能够治疗各部位形状不规则的较大肿瘤。

X 刀(X Knife)的工作原理同旋转伽马刀类似:在医用加速器出口端安装筒状准直器(见图 5.2.6)使之产生窄束 X 射线,将病灶点定位在加速器的旋转中心上,然后作弧形运动,从不同角度照射病灶,使之得到高剂量辐射,而周围组织的放射剂量呈锐减性分布。

以伽马刀和 X 刀为代表的立体定向放射手术（Stereotactic Radio Surgery，SRS）又称放射外科，它的特点是能在准确限定的靶容积内，使用小野三维集束进行单次大剂量照射，达到手术切除的目的。立体定向放射手术的适合病种是体积小于 3 cm×3 cm×3 cm、边界清晰、实体性的脑深部病灶，开颅手术难度大或常造成残疾及严重并发症者，如听神经瘤、颅咽管瘤、垂体腺瘤、松果体腺瘤、三叉神经节瘤、颅底脑膜瘤、颅内转移癌（单或多发）等肿瘤，帕金森氏病、三叉神经痛、中枢神经痛、顽固性癫痫、精神病等脑功能性疾病，以及脑血管畸形。

放射手术自 20 世纪 50 年代开始临床应用，近十年的迅速发展归因于医学影像学和计算机科学等高科技的融入。1992 年，由美国斯坦福大学医疗中心脑外科副教授 John R Adler 研发的立体定向放射治疗系统 CyberKnife（见图 5.2.7），将轻型直线电子加速器装在可作三维运动的 6 自由度机械臂上，使 6 MV 硬 X 射线从不同的方向聚焦至病灶点，实施多弧交叉照射。CyberKnife 可以治疗动静脉畸形瘤，以及脑部、颅底、颈胸、脊柱、头及颈部的病变，特别在脑外科及脊髓手术方面的成效显著。手术进行时，X 射线追踪系统会不断地把两个 X 射线摄像机拍摄的低剂量骨骼图像与先前储存的三维图像相互比较，确定病灶点的正确位置，并把控制数据输送至机械臂，使加速器始终对准肿瘤，以正确剂量的 X 射线切除肿瘤。此影像引导技术的追踪准确度非常高，误差可小于 1 mm。由于不使用具创伤性的框架和头盔，避免了对病人造成的痛苦和忧虑，使治疗手术更有效地进行。为使剂量分布精确并与病灶适形，须采用多个同心中技术，并用多叶准直器调控射线和束形。

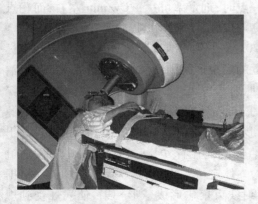

图 5.2.6 安装筒状准直器的医用加速器

图 5.2.7 斯坦福大学的 CyberKnife 系统

5.2.3 放射治疗的支持设备

随着放射治疗日益精细化，实施照射之前必须固定病人，精确地定位病灶，设计出高精度的治疗方案，照射时要准确地实施预定的计划，从多个角度进行照射，每个照射角度的辐射野都有各自的截面形状和强度分布要求，这些都要借助复杂的技术手段来实现。

1. X 射线模拟定位系统

为了确保治疗质量和病人安全,进行放射治疗前,必须模拟照射的几何条件,固定和标记病人,确定靶区,并设计照射野的大小、方向和挡块形状,复核治疗计划等。早期的模拟定位是直接在治疗机上行的,通过 X 光胶片来确定照射野。这种方法图像质量很差,定位不准确,模拟定位通常需要较长的时间,效率很低。

X 射线模拟系统是一台与放疗设备的几何结构及在治疗时所要求的条件完全一致的 X 射线机。根据它产生的二维图像(视频透视图像或 X 光胶片),可以进行病人体位确定和体表标记,肿瘤和重要器官定位,照射野角度及形状设计,对常规放射治疗进行模拟,检查治疗方案是否准确无误等一系列工作。

由于模拟和治疗分开进行,病人处理效率大大提高。用诊断 X 射线取代高能 X 射线,使图像质量大为改进,靶区定位更准确。低能 X 射线在模拟过程中对病人的伤害很小,并可实时透视病人内部器官的运动,及时调整照射野边界。

2. 治疗计划系统

实施适形、调强和立体定向等精确放射治疗之前,要做出精确、详细的治疗计划。治疗计划系统(Treatment Planning System,TPS)是一台通过网络与影像系统、治疗机连接的图像工作站。医生首先从影像系统取得 X 光平片、血管造影图、XRCT 或 MRI 断层图像,将病灶靶区和周围要害器官的形状、位置准确勾画出来,根据肿瘤和周围组织的构造、承受辐射的能力预设靶区的空间剂量分布。然后,治疗计划系统根据预设的空间剂量分布求出所需辐射野数目、各个辐射野的照射角度及强度分布,通常用强度调制函数(Intensity Modulation Function,IMF)来表示。治疗计划系统还要根据照射方案计算靶区和相邻组织的剂量,绘出等剂量曲线图,覆盖在定位影像上,供医生检验与评估是否满足治疗要求,经反复修改照射方案,最终完成治疗计划,并将得到的各种治疗参数传送到加速器控制计算机中。整个过程在医生与图像工作站的交互下,利用虚拟现实技术来完成,病人不必长时间躺在扫描床上。一个好的治疗方案应该满足下列条件:

(1)施加在靶区的剂量分布非常接近预设的范围;

(2)剂量在靶区内均匀分布;

(3)要害器官上所受剂量低于最大允许值;

(4)靶区周围所受剂量尽量低。

治疗方案的计算方法正在发展之中,它的核心包括剂量计算和计划优化设计两部分,这里仅介绍逆向计划(Inverse Planning)的原理。

设靶区 T 内有 I 个体素,每个体素的剂量是由 J 个不同方向、不同强度调制函数(IMF)的辐射在靶区产生的剂量线性组合而成,每个 IMF 又是由 K 个笔形束构成,则靶区内剂量 D 可以表示为 $D = SW$。其中,D 是包含 I 个体素的矢量;$W = (W_1, W_2, \cdots, W_j, \cdots, W_J)$,$W_j$ 是第 j 个方向上的 IMF；S 是剂量贡献矩阵，共有 $I \times J \times K$ 个元素，非常庞大。

我们希望由靶区内剂量 D 求出强度调制函数 W，这可由该方程的求逆得出：$W = S^{-1}D$，其中 S^{-1} 是逆向剂量运算矩阵。常规治疗计划是根据入射剂量分布计算出靶区剂量分布，而这里是根据靶区剂量分布反过来求出入射剂量分布，如图 5.2.8 所示，故称之为逆向治疗计划系统（Inverse Treatment Planning System，Inverse TPS）。

实际上我们很难根据此方程直接计算出所需的 W，但是可以用各种方法使计算出的 W 所产生的 D 与选定的最佳剂量分布相接近。不同计算方法可能得出不同的辐射野数。在临床应用中希望辐射野数 J 尽可能少。

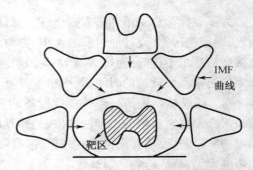

图 5.2.8　逆向治疗计划系统对于凹型靶区生成的各个照射角度上的 IMF 曲线

逆向计划完成后应给出辐射野数及照射角度，各个辐射野的 IMF，冠状、矢状、横断及任意斜切面的形状及剂量分布，各个辐射野的束流观视图（Beam's Eye View），医生观视图（Observer's Eye View），剂量体积直方图（Dose – Volume Histogram，DVH），以便医生参与剂量分布分析和制订治疗计划。

对那些边界模糊的肿瘤，照射设计不仅考虑要适形靶区，更要适形那些须要避免照射的结构，保护那些影响病人生活质量的功能，这种反向思维称作适形避免放疗技术。随着放射生物学和分子生物学的发展，肿瘤与正常组织的放射性敏感性及基因特性将引入治疗计划。

立体定向调强放射治疗需要准确地确定靶区的三维形状和位置，伽马刀、X 刀和 CyberKnife 也都离不开高精度定位和准确的剂量计划，二维模拟定位系统已不能满足立体定向放射治疗的要求。将放疗专用螺旋 CT、激光定位系统和三维治疗计划系统通过网络相连接，安装上图像重建、处理、分割、融合和三维治疗计划设计软件，就形成了集影像诊断、肿瘤定位和治疗计划为一体的三维 CT 模拟定位计划系统。它可提供 CT 扫描、剂量计算、模拟定位和治疗计划等功能。

3. 多叶准直器

准直器一般用铅、钨等合金制造，有足够的厚度，用来阻挡和吸收 X 射线，以形成一定形状的辐射野。多叶准直器（MultiLeaf Collimator，MLC）是实现适形、调强放疗的重要设备，它由一组钨合金叶片组合而成，各对叶片能够开合，形成各种预定的辐射野形状。

早期的 MLC 叶片较厚，片数较少（8～12 对），是手动的，只能用于适形治疗和静态调强。目前 MLC 的叶片已发展到 60 对，每片在等中心平面上的对应宽度为 1 cm，它们可在计算机的控制下，由压缩空气驱动快速运动，所形成的辐射野的大小、形状和位置可随着时间而改变，动态、适形地满足放疗的要求（见图 5.2.9）。MLC 的叶片越薄，片数越多，越能获得与肿瘤轮廓接近的辐射野,但是叶片越多,驱动与控制系统也越复杂。为了防止射线泄漏,叶片之间设计了凸凹槽迷宫结构;为了减小半影,MLC 叶片端部的形状设计成接近半圆形。

4. 电子射野影像装置

为了保证照射的准确性,病人在加速器上的位置验证十分重要。传统的方法是在治疗床下放置胶片盒,以获取辐射野和病人治疗部位的影像,但胶片需要冲洗,无法当场校正摆位误差。电子射野影像装置(Electronic Portal Imaging Device,EPID)具有实时成像的能力,最初的设计目的是替代胶片,近些年也开始用于照射野质量控制和剂量验证上。EPID 系统包括平面型探测器和图像信号处理计算机两部分,其特殊性在于 EPID 需要对加速器发出的 MV 级高能 X 射线成像。EPID 有如下三种类型:

(1)荧光系统。由覆盖金属板的荧光屏、45°角倾斜的反射镜、透镜和摄像机组成,它比较笨重,不便移动。

(2)扫描液体电离室。它是一个覆盖着 1 mm 厚钢板的 256×256 的液体电离室矩阵,高压电极之间填充着 1 mm 厚异辛烷作为电离介质,它对高能 X 射线的探测效率低。

(3)非晶硅阵列 EPID 系统。它的探测效率高,可形成大视野、高分辨率的影像,是目前主流的 EPID 产品。

图 5.2.10 所示的 Varian 公司的 PV aS500 a – Si EPID,有效测量面积为 40 cm×30 cm,分辨率为 512×384,每个矩阵单元的大小是 0.784 mm×0.784 mm。这些 EPID 探测器都包裹着金属板,目的是使入射的 X 射线先与金属发生作用,产生的电子再被探测器转换成电信号,以提高对高能 X 射线的探测效率。

图 5.2.9　计算机控制的多叶准直器

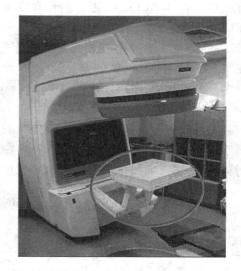

图 5.2.10　电子射野影像装置

5.2.4 调强放射治疗的实现方法

TPS 求得需要的辐射野数以及各个照射角度上的 IMF 以后,在加速器上实现 IMRT 的方法很多。按照射中机架或准直器等部件是否运动可分为静态照射或动态照射;按各次照射束流的位置可分为共面照射或非共面照射;按照射范围不同可分为对靶区整体照射或对靶区切片照射。以下简要介绍几种有代表性的方法。

1. 补偿器法

为获得均匀分布的剂量,常规放射治疗采用补偿器来补偿人体形状及组织的不均匀,IMRT 所用补偿器(Compensator/Modulator)则可获得所需的不均匀分布剂量。由于每个照射角度要求有不同的剂量强度分布,因而要有不同形状的补偿器。TPS 至少会给出 5~7 个辐射野,因而对每个病人至少要设置 5~7 个专用补偿器,补偿器的加工及摆位都较费时、费事。

2. 静态准直治疗

Bortfeld 在 1994 年提出静态准直治疗(State Collimation RadioTherapy,SCRT),按次序逐步调节多叶准直器 MLC 叶片位置来实现剂量强度的调节。MLC 的每对叶片将辐射野分为一个条形区域。对于每个条形区域,强度调制函数将是一维函数 $M(x)$,可以根据 TPS 计算决定。将 $M(x)$ 按照相等阶跃值 ΔM 量化,如图 5.2.11 所示,在 X 方向上可以到 $x_n, \cdots, x_2, x_1, x_0, x_1', x_2', \cdots, x_n'$ 一系列点。治疗中控制每对叶片实行分层治疗,对于第 i 层,要按照 x_i 和 x_i' 设置 MLC 叶片位置。由于

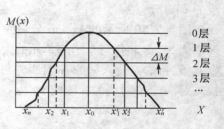

图 5.2.11 静态准直法计算 MLC 叶片位置的原理

层间剂量差别相同,所以叶片在各层停留的时间一样,一个角度照射完成后进行下一个角度的照射。

静态准直方法剂量强度分布是 MLC 叶片位置的函数,而不是 MLC 叶片速度的函数,因而容易实现控制。这种方法实际上就是用一个阶梯分布函数去替代连续函数 $M(x)$,显然阶梯分得越细,阶梯函数越接近 $M(x)$,其均方根误差与 ΔM 之间的关系为

$$\text{RMS} \approx \frac{\sqrt{3}}{2}\Delta M$$

3. 调强弧形治疗

1995 年提出的调强弧形治疗(Intensity Modulation Arc Therapy,IMAT)像常规弧形治疗一样使机架连续匀速旋转进行照射,不过在常规弧形治疗中,辐射野是固定不变的,而在 IMAT

中辐射野在机架旋转时由 MLC 进行调节使与靶区轮廓相适应,IMAT 对剂量强度的调制通过多次重叠的弧形扫描实现。

和静态准直治疗一样,IMAT 把由 TPS 确定的每个照射角度 θ 的二维强度调制函数 $M_\theta(x,y)$ 按 MLC 叶片分为若干个一维函数 $M_\theta(x)$,再将 $M_\theta(x)$ 视为 n 层不同大小但强度均匀的子辐射野的叠加。一次弧形照射实现对所有角度的一层子辐射野的照射,一般经过 5 次弧形照射,达到所需的剂量分布。

由于照射是连续进行的,MLC 叶片随着机架转动而不断改变位置,因此相邻两个角度之间的过渡很重要。另外,在安排 $M_\theta(x,y)$ 各层的顺序时可以进行优化选择,因为对于 n 层可以有 $(n!)^2$ 种组合方案。

4. 动态准直治疗

Kijewski 1978 年提出了动态楔形过滤方法,即在照射过程中让 MLC 的单个叶片作开启或闭合运动。如果从某一点开启,则在这点形成一个最大剂量点,然后随叶片向外运动而单调下降。动态准直治疗(Dynamic Collimation RadioTherapy,DCRT)与动态楔形过滤在原理上有一定联系,不同之处在于相对的两个叶片按一定要求共同运动,在每对叶片所对应的条形区域产生需要的强度分布,综合各条就能在整个辐射野实现调强治疗。由于叶片的运动是变速运动,在叶片控制上需要有较高的精度。DCRT 在每个辐射野可以连续完成照射,其间加速器无须停止出束,治疗一个前列腺癌患者只需 10 分钟。

实现动态准直治疗的方法有扫描法(Convery,1992)和逐级闭合法(Bjarngard,1976)。扫描法要求两个叶片同时沿同一方向作独立的扫描运动,如图 5.2.12 所示。逐级闭合法与动态楔形法一样,只是将若干次楔形剂量分布接合起来以获得需要的剂量强度分布,此法在有些地方要求停止出束,不便于计算机控制。

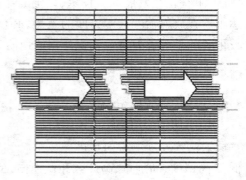

图 5.2.12　扫描法动态准直治疗

在治疗中,出束控制、扫描支架控制、多叶准直器控制和病人床运动控制都要同步动作,每个部分都有"确认"检查,并把信息送到安全系统,安全系统监督超剂量过程,必要时关闭装置。每一步的信息都记录下来,与探测器获取的图像数据一起用于后处理。

5. 断层治疗

1993 年 Mackie 提出断层治疗(Tomotherapy),同年 Carol 也提出了切片治疗(Sliced Treatment)。与一次照射一个完整视野的补偿器法不同,他们将每个视野分解成若干条形小窗,每个条形窗又被气动的钨块划分成若干个方形小野。在治疗床的每个位置上,机架围绕病人旋转,每隔5°～10°进行一次照射,控制系统按照剂量要求堵塞或开放各个方形小野,进行形状和强度调制。当一个位置的治疗完成后,治疗床向前移动条形野的宽度,进行下一个条形野的治疗。

美国威斯康星大学医学物理系正在开发一种新型断层放疗装置,将把原来 XRCT 机放置 X 射线管的地方改为 6 MV 驻波加速管,用 MV 级的 X 射线探测器代替 kV 级的 X 射线探测器,在实现适形调强放疗的同时进行 CT 成像,把治疗计划、照射和验证结合在一起,并可以实现立体螺旋放疗。该装置使用钨－钛合金的多叶准直器,叶片驱动采用气动,与条形野方案相比能够覆盖更大的范围,从而大大节省治疗时间。

IMRT 需要在治疗中对剂量率(即辐射强度)进行精确控制。在调强弧形治疗中,要求加速器的束流输出剂量率与机架运动的速度相联系;在动态准直治疗中,要求束流剂量率与准直器叶片的运动速度相联系。调强弧形治疗时机架运动的速度是均匀的,而动态准直治疗时叶片的运动速度是变化的,当机架或叶片的运动速度与预期速度发生偏差时应能由剂量率来随时补偿。

在 IMRT 的实现方法中,静态治疗方法(如断层治疗、静态准直治疗)比动态治疗方法(如动态准直治疗、调强弧形治疗)对加速器的性能要求低,虽然静态 IMRT 方法治疗比较费时费事,但在治疗过程中不要求部件运动,实现起来也比较容易。IMRT 需要用多个不同的角度进行共面或非共面照射,因此要求有较高的等中心精度。特别是动态 IMRT,对机架、MLC 叶片等不仅要求具有较高的位置精度,而且具有较高的速度精度,需要有高精度的控制系统。

IMRT 是正在发展的新技术,以上介绍的各种方法都需要进一步完善。为了缩短我国与发达国家在放射治疗技术方面的差距,必须加紧研制 IMRT 所需装置、部件和实现方法,其中比较重要的是开发有自主知识产权的逆向 TPS、高精度的 MLC 及提高国产电子直线加速器的控制水平。

5.2.5　发展中的放射治疗技术

放射治疗发展的方向是进一步综合利用放射成像和治疗的先进技术和设备,实现"三高一低"(高精度、高剂量、高疗效和低损伤)的现代放疗模式。

1. 影像引导的放射性治疗和剂量引导的放射性治疗

放射治疗是以分次照射的方式进行的,肿瘤的大小及相对解剖位置在整个治疗过程中并非不变,每次治疗时病人的摆位会有误差,治疗中病人的呼吸和器官运动也会引起肿瘤和危及器官的移动。适形、调强技术将辐射剂量更精确地集中在预定的靶区上,反而会因靶区的运动造成不准确的照射。因此,能在照射中准确跟踪和控制靶区运动的影像引导放射性治疗(Image Guided Radiation Therapy,IGRT)技术应运而生。

传统的射野验证胶片和电子射野影像装置 EPID 都只能实现二维影像引导放疗过程,无法反映摆位的三维误差,更无法实时跟踪肿瘤及危及器官的移动。图 5.2.13(a)所示的等中心位移系统 PRIMATOM™,将影像获取、治疗计划、CT 模拟定位及加速器整合在一套系统之中,CT 扫描机和加速器共用同一治疗床,避免了因影像床与治疗床的不同带来的病人体位的改变。每次治疗前,都将摆位时的 CT 图像与治疗计划系统中的图像比较,确定肿瘤位置的三维误差,重新修正肿瘤中心位移及治疗计划,保证每次辐射剂量分布都准确地包住肿瘤。CT 影像引导放疗大大提高了病人的摆位精度,有益于加大处方剂量,病人甚至不需要佩戴定位框架。

　　图 5.2.13(b)所示的放疗系统,不仅在治疗机架上配备了电子射野影像装置 EPID,还与直线加速器垂直安装了 X 光球管和平板探测器,构成 kV 级锥形束 XRCT,可在治疗过程中实时成像。锥形束 XRCT 系统和治疗加速器同机,治疗前先通过 XRCT 重建出呼吸段内肿瘤及危及器官随时间变化的 3D 图像序列(称作 4DCT),治疗时再将 XRCT 获得的实时图像与 4DCT 图像序列比较,控制加速器的出束时间,从而实现三维影像引导的放疗。

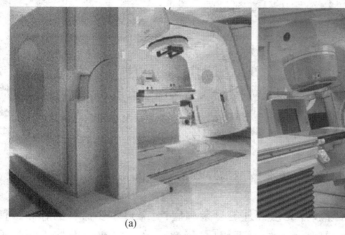 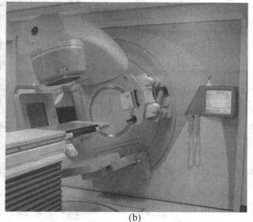

(a)　　　　　　　　　　　　　　　　　(b)

图 5.2.13　影像引导的放射性治疗系统

(a)SIEMENS 的 PRIMATOM™系统;(b)ELEKTA 配备平板影像系统的加速器

　　为了使加速器出束与病人呼吸同步,人们还研制了呼吸门控系统。通过测量肺部气压变化或用激光跟踪胸部的起伏运动,来实时检测病人的呼吸运动,触发和引导加速器出束照射,或者控制治疗床跟随靶区移动。

　　图 5.2.7 所示的 CyberKnife 也是一种影像引导的放射性治疗系统,它在病床两侧交叉安装了两台 X 射线摄像机,用以观察预先植入病人体内的金属标记物。治疗中,加速器根据标记物随呼吸运动的位置变化来追踪肿瘤,调整辐射束的方向,实施跟踪照射。

　　近年来,随着功能成像、代谢成像、分子成像技术的发展,以及人们对辐射生物学研究的深入,生物靶区定位和剂量引导的放射性治疗(Dosage Guided Radiation Therapy,DGRT)正在发展中。通过实时监测靶区和危及器官接受的辐射剂量,控制加速器和多叶准直器的运行,达到最佳的治疗效果。

放射治疗的更新理念是,将包括诊断、处方、计划、摆位、照射、验证的整个治疗过程形成闭环,每一步都向前面的步骤反馈,并进行修正,实现自适应放疗。当然,这需要用网络连接各种设备,有支持工作流程优化的软件,并要求整个放疗室的工作人员彼此沟通,互相协调。

2. 质子和重离子治疗

γ 射线和 X 射线属于电磁辐射,没有电荷,进入人体后产生的剂量会随入射深度增加而呈指数衰减,其大部分能量都释放到靠近表皮的正常组织中,使医生不能施以足够的照射剂量以杀伤肿瘤。而质子和带电重离子进入人体后会慢慢减速,但与原子核外电子间的相互作用却在增加,在到达终点附近时,与电子间的相互作用最大,将大部分能量释放出来,这个发生最高剂量的区域称作"Bragg 峰",如图 5.2.14 所示。

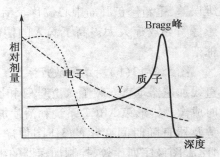

图 5.2.14　电子、质子和 γ 射线的相对剂量与进入人体深度的关系

这种吸收特性源自质子和带电重离子的电荷以及比电子大得多的质量,它们的能量及其在人体内经过的组织密度决定了 Bragg 峰的深度。改变粒子能量可以展宽 Bragg 峰,以符合特定肿瘤的厚度;Bragg 峰的大小、形状用调节器调整,使医生能够将最大剂量区放在肿瘤上,达到更精确的适形治疗。如果进行多方向、多照射野的照射,可以大大增加束流重叠处的剂量,而施加到正常组织的剂量更低。此外,质子和重离子较重的质量可保证边缘散射极少,也是减少副作用、提高治疗效果的一个重要因素。碳重离子的相对生物有效性高于 X 射线和质子,具有切断肿瘤细胞 DNA 双键的功能,能有效地治疗难治的阻抗型、乏氧型肿瘤,所需治疗次数少,因此近年来发展迅速。

质子和重离子治疗对许多常规放疗无法处理的复杂病症,对靠近重要器官的肿瘤,对较大病灶有特别的优势。以眼部黑色素瘤为例,如果不用质子治疗,绝大多数病人都要摘除眼球,而用质子治疗可以保留视力,96% 的病人有显著疗效,十年生存率达 80%。从 1954 年起,美国 Lawrence Berkeley Laboratory 等单位就开始将高能加速器所产生的质子和带电重离子束流进行人体治疗,至今全球已有超过 24 900 个病人接受了治疗。目前应用较多的领域是眼部黑色素瘤、颅内肿瘤、动静脉畸形、垂体肿瘤、前列腺肿瘤、脊索瘤、软骨肉瘤、头颈部肿瘤和子宫肿瘤。

3. 快中子治疗

中子是不带电的粒子,能量在 14 MeV 以上的为快中子。中子的穿透性比质子和重离子好,容易实现深部癌症治疗。中子治疗设备的发展标志着一个国家高能物理的研究水平和肿瘤治疗水平。

目前有四种中子源可供临床使用:反应堆、大型回旋加速器、致密式回旋加速器、D-T(氘

－氚)中子发生器。前三种均为大型设备,技术复杂,造价昂贵,D – T 中子发生器则宜于推广,可作常规放疗之用。D – T 中子发生器一般由两部分组成,即离子源和靶。以相当低的电压将离子源中的氘离子加速后轰击氚靶,发生聚合反应,产生大约 14 MeV 的单能中子。反应公式为 $^2D + ^3T \rightarrow {}^4He + n$(14 MeV 中子)。快中子治癌机头内装中子管的钢筒一半插入防护套内,防护套中心开一方孔,将中子管的靶安装在方孔中的中心位置。在方孔中用一套不同尺寸的准直器来改变照射区的大小。

临床上,中子射线已用于治疗腮腺癌、胰腺癌、膀胱癌、前列腺癌、骨癌和软组织肿瘤等。

4. 硼中子俘获治疗

硼中子俘获治疗(Borton Neutron Capture Therapy,BNCT),是目前最先进的癌症治疗方法之一,它的基本思想是 1936 年由 Locher 提出的。

治疗前,将含 ^{10}B 元素的 BNCT 药物注射到人体中,药物对肿瘤的选择性越高越好。1 eV ~ 1 keV 的超热中子照射到病变组织上,与 ^{10}B 发生俘获反应,反应方程如下:

$$^{10}B + {}^1n \rightarrow {}^4\alpha(1.78 \text{ MeV}) + {}^7Li(1.01 \text{ MeV})(4\%)$$
$$\rightarrow {}^4\alpha(1.47 \text{ MeV}) + {}^7Li(0.84 \text{ MeV}) + \gamma(0.48 \text{ MeV})(96\%)$$

产生的 α 粒子和 ^7Li 核的射程都很短,分别为 5 μm 和 8 μm,它们能有效地杀死癌细胞,而对周围正常细胞损伤很小。BNCT 使用的是低能中子,比快中子治疗对人体正常细胞的伤害要小得多。发挥治疗作用的 α 粒子和 ^7Li 重离子具有局域性好的特点。药物的选择性提高了 BNCT 治疗癌症方面的优势,对无原发肿块的癌症有潜在的治疗能力。

一个理想的 BNCT 中子源应具备下列性质:①源的主要成分是 1 eV 到 10 keV 的中子;②源在病人辐照区的通量大于或等于 $10^9/s$ 量级;③源的快中子成分足够低;④源的 γ 射线成分足够低;⑤源的方向性足够好。目前能够最大程度接近这些要求的中子源只有反应堆中子源,用反应堆中子源的(rBNCT)治疗机已经达到二期临床水平,但基于加速器的 BNCT 还在研制中,从 20 世纪 90 年代初开始,已吸引了几十个研究组在开展研究工作。

5. π⁻ 介子治疗

π⁻ 介子是一种重粒子,质量介于电子和质子之间。π⁻ 介子通过生物组织时具有类似图 5.2.14 中质子的 Bragg 效应,即它的最高剂量区域在射程的末端,而在到达末端之前对生物组织所造成的伤害非常小。π⁻ 介子的这一特性对远距离放射治疗非常有利,是一种很有希望的治疗癌症的新的射线。

现在世界上有三个工厂专门生产供医疗用的 π⁻ 介子发生器。据报道,美国一名晚期直肠癌病人生命垂危,但在经过 25 天的 π⁻ 介子照射治疗后,奇迹般地康复出院了。

5.3　核　医　学

核医学(Nuclear Medicine,NM)是同位素技术与医学相结合的产物,它采用放射性同位素来进行疾病的诊断、治疗及研究,因此医院里的核医学科曾被称为同位素室。目前,全世界生产的放射性同位素中90%以上用于核医学,而且使用量以平均每年20%左右的速度递增。

5.3.1　核医学及其技术基础

1. 核医学的内容及其在现代医学中的地位

核医学可划分为基础核医学和临床核医学两部分,临床核医学又包括疾病的诊断与治疗两个方面,图5.3.1说明了核医学的工作领域。

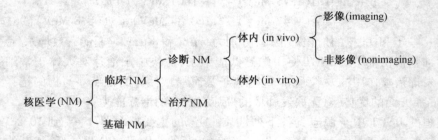

图 5.3.1　核医学的工作领域

诊断核医学还可分为两类:(1)体外诊断,将放射性核素放在试管中(in vitro),进行放射性免疫测量、活化分析或质谱分析;(2)体内诊断,把放射性核素引入活体内(in vivo),进行脏器功能测量或显像。体内诊断是临床核医学最主要的工作内容,其中又以影像诊断为重点。

治疗核医学是将放射性核素引入人体,利用核辐射的生物效应杀死或抑制致病细胞。

基础核医学为临床核医学提供理论依据和技术支持(新的原理、方法、药物和仪器),也是医学研究的重要组成部分,以研究正常的和病态的生命现象为主要内容,在免疫学、分子生物学、遗传工程等新兴学科的发展中发挥着重要的作用。

此外,研究核爆中放射性辐射对人体损伤的机理及治疗方法,研究放射线的生物效应及其在辐射灭菌和卫生等方面的应用也属于核医学范畴。

核医学的发展已经成为医学现代化的重要标志之一。在美国,立法规定每年举行一次核医学周;病床在250张以上的医院,如果没有核医学人员和设备不准开业;据统计,到医院就诊的病人中1/3以上接受了核医学检查。日本每年接受同位素技术诊治的人次是人口的25%。我国卫生部规定:三级甲类医院必须有单光子发射断层仪(SPECT)。

　　我国核医学始于 1956 年,次年便首次合成了标记化合物,并进行了人体示踪实验和放射性自显影。1959 年,中国医学科学院成立了放射医学研究所,全国各主要省、市级医院及一些部队医院也先后建立了同位素室或核医学室。1967 年后,国产放射性药物的生产供应有了较大改善,核医学也较快地发展起来。文革后,我国的核医学发展迅猛,1980 年中华核医学会成立,次年又创办了《中华核医学杂志》。目前,全国 870 多家医院和科研单位拥有核医学科或核医学实验室,上千家医疗机构使用同位素技术,有核医学工作者 6 800 多人,还有一支从事核医药研究和应用的队伍。据 2010 年统计,我国有 555 台 SPECT、133 台正电子发射断层仪(PET)和 PET/CT、72 台医用回旋加速器。我国的大型核医学设备拥有量在亚太地区仅次于日本,远远超过居第三、四位的澳大利亚和韩国。

2. 核医学的基本原理及特点

　　(1)同位素示踪原理

　　放射性核素及其标记化合物(即分子中某一原子或某些原子被放射性同位素取代的化合物)构成了放射性药物,它们保持着对应稳定核素或被标记药物的生物学特性,能够正常参与机体的物质代谢。将放射性药物引入人体以后,它所产生的 γ 光子能穿出机体,被置于体外的探测器测量到,使医生能够观察药物分子在活体中被摄取、聚集和排出的情况,获得病人的生理学和脏器功能方面的信息,揭示细胞新陈代谢变化的内幕,洞悉生命现象的本质、疾病的发病原因和药物的作用机制。核医学体内检查是无创伤的,核素显像更以药物分子的(Molecular)、生化代谢的(Metabolic)、生理功能的(Functional)成像为特点,成为影像医学不可缺少的组成部分。

　　疾病的发生,相关组织与器官的功能性变化往往要先于器质性病变和其他临床症状,在经过一定的功能代偿期或潜伏期后,才发展成器质性病变,出现组织与器官结构性变化或其他临床症状。如能在疾病的潜伏期或功能代偿期,及时检测和确认该组织与器官的功能性变化,对于相关疾病的普查、预防和早期诊断与治疗将是非常有利的。与疾病发生时的情况相对应,当疾病治愈、康复时,相关组织与器官的功能恢复也往往滞后于疾病的治愈。在疾病的康复期,监测和确认病愈组织与器官的功能恢复情况,对于疾病的康复指导和愈后评价是十分有效和重要的。由于疾病一般先表现在血流、代谢、功能方面异常,所以核医学方法有助于在疾病尚不严重或患者尚无感觉时,就观察到病人生理和脏器功能的变化,从而及早治疗。例如,核素骨显像对骨转移的诊断比 X 射线提前 2～4 个月;PET 发现恶性肿瘤的能力比 CT 和 MRI 早半年左右,对乳腺癌检查准确率高达 85%～100%。核医学在心血管疾病、神经精神疾病和肿瘤的诊断、治疗决策、疗效判断和预后估价中起着十分重要的作用。

　　(2)放射性配体结合分析

　　这是以标记配体和结合物之间的结合反应为基础的微量物质检测技术,最经典的是放射免疫分析。免疫反应,即抗原(配体)和抗体(结合物)的结合反应,具有很强的特异性,一种抗原只与一种特定的抗体结合。核测量具有很高的灵敏度,甚至可以测到单个原子。综合了这两种技术的放射免疫测量,能够检测人体中 $10^{-12} \sim 10^{-9}$ 克的微量生物活性物质,这是其他方法无法达到的。

放免分析仅需取病人少量血样或尿样,即可测量其中某种物质的含量。它可测定血液成分、激素、病原体、肿瘤相关抗原等多种重要的生物活性物质。

(3)电离辐射的生物效应

核素辐射的 α,β^- 粒子能导致物质电离,损伤细胞分子(特别是 DNA 和遗传物质),破坏特定细胞的功能,达到抑制或破坏病变组织的目的。由于合适的放射性核素或其标记物能有选择性地浓聚于病变组织,所以病变部位的局部受到大剂量的照射,而周围正常组织所受辐射量很低,损失较小。作为非手术治疗方法,同位素内照射治疗可以减少病人的痛苦。

例如,甲状腺具有摄取碘的功能,给病人服用的适量 ^{131}I 会在甲状腺聚集。^{131}I 发射的 β^- 粒子能够杀死癌细胞或"割除"部分亢进的甲状腺组织,达到治疗功能自主性甲状腺腺瘤、功能性甲状腺癌转移灶和甲亢等疾病的目的。^{131}I 发射的 β^- 粒子射程只有 $2 \sim 3$ mm,对周围组织影响很小。放射免疫治疗则利用特异性抗体作载体,利用具有特异性的免疫反应,将发射 β^- 粒子或 α 粒子的放射性核素引向肿瘤抗原部位,实现对瘤体的内照射治疗。

此外放射性胶体腔内治疗、核素种子治疗由于使用同位素,也属于核医学范畴。

3. 核医学的技术基础

核医学在技术上以放射性药物和核医学仪器为基础,核医学的各个发展阶段以新药物和新仪器的出现作为里程碑,它们的发展是推动核医学进步的动力。现代核医学综合了核物理、核技术、放射化学、药学、计算机等学科,放射性药物的寻找、研制和生产离不开化学家与药理学家,各种仪器设备的设计制造和使用维护,也需要物理学家和工程技术人员的参与。

美国的核医学会中非医生科学家大约占 1/4,每四年选出一位化学、物理学科的学者担任会长,这个传统一直保持到现在。我国核医学会也活跃着大批科学家和工程技术人员。美国能源部和下属的著名国家实验室都有核医学研究课题,许多大学在放射学系(Radiology)、卫生科学和技术系(Health Sciences and Technology)、分子和医药学系(Molecular & Medical Pharmacology)、生物医学工程系(Biomedical Engineering)、核工系(Nuclear Engineering)等有核医学教研计划,每年为医院培养大量临床医生、工程师和研究人员。

由于现代核医学仪器日益大型化、复杂化、智能化,核医学医生已离不开工程技术人员的支持。除了保证这些设备的正常运行之外,不断出现的新放射性药物、新诊断原理和方法需要开发新的仪器和软件。

5.3.2　放射性核素和放射性药物

核医学除了使用放射性同位素(Isotopes)之外,还常使用同质异能素(Isomer),即核内质子数和中子数都相同,但处在不同能量状态的核素。处于亚稳态的原子核在回到基态时会放

出 γ 光子,这种原子核能态的改变称为同质异能跃迁(Isomeric Transition, IT)。

许多缺中子核素会发生质子转变成中子,并放出一个正电子的 β$^+$ 蜕变,结果变成原子序数少 1 的核素。正电子从原子核放出来以后与周围物质的原子发生碰撞,迅速损失能量。正电子在减速的过程中与一个负电子结合成正电子偶素,并在 10^{-10} 秒内发生湮灭反应,其质量转变为能量,以两个向相反方向运动的 511 keV 的 γ 光子的形式释放出来。

1. 临床使用的放射性核素及其制备方法

几种常用的诊断用放射性核素具体如下:

(1) ^{99m}Tc(锝)　经 IT 衰变产生 140 keV 能量的 γ 光子,适合用闪烁探测器探测,半衰期为 6.02 小时。^{99m}Tc 标记的化合物、络合物几乎可以用于所有器官的显像和血流动力学研究,如脑血流灌注显像剂 ^{99m}Tc – HMPAO,心肌灌注显像剂 ^{99m}Tc – MIBI。最近还出现了 ^{99m}Tc 标记的抗体和其他导向药物,如浓集于心内膜炎的病损部位的 ^{99m}Tc – 抗葡萄球菌抗体,检测血栓的 ^{99m}Tc – 抗血小板的单克隆抗体等。^{99m}Tc 是理想的显影用核素,它的用量占放射性核素总用量的 90% 左右。

(2) ^{131}I(碘)　在 β$^-$ 衰变中主要产生 605 keV 的 β$^-$ 和 364 keV 的 γ,半衰期为 8.04 小时,适于作甲状腺、肾、肝、脑、肺、胆的显像,以及功能测量和治疗。

(3) ^{133}Xe(氙)　经 β$^-$ 衰变产生 346 keV 的 β$^-$ 和 81 keV 的 γ,半衰期为 5.29 天。^{133}Xe 气和 ^{133}Xe 生理盐水用于肺通气 – 灌注显像。

(4) 正电子衰变类放射性核素　^{11}C 的半衰期为 20.3 分钟,^{13}N 的半衰期为 10 分钟,^{15}O 的半衰期为 123 秒,^{18}F 的半衰期为 110 分钟,它们以及 ^{68}Ga,^{62}Cu 等可用于正电子显像。

一些常用的治疗用放射性核素具体如下:

(1) ^{32}P(磷)　为纯 β$^-$ 粒子发射体,半衰期为 14.28 天,β$^-$ 粒子能量为 171 keV,在组织中的平均射程为 3 mm。

(2) ^{131}I(碘)　发射 336 keV 和 605 keV 的 β$^-$ 粒子,半衰期为 8.04 天,但同时发射 364 keV 的 γ 光子,增加了防护上的困难,所以 ^{131}I 并不是理想的内照射核素,但它目前还是唯一能够有效治疗甲状腺有关疾病的放射性核素。

这些放射性核素的制备方法具体如下:

(1) 将稳定核素作为靶物质,置于反应堆的孔道中受中子流照射,经中子活化反应产生放射性核素,如 ^A_ZX(n,γ)$^{A+1}_Z$X,^A_ZX(n,p)$^{\ A}_{Z-1}$Y。

(2) 从使用过的核燃料中分离提取裂变产物,如 ^{99}Mo,^{131}I,^{133}Xe 等。

(3) 用回旋加速器产生的正离子与稳定核素作用来生成,如 $^{10}_5$B(d,n)$^{11}_6$C,$^{12}_6$C(d,n)$^{13}_7$N,$^{14}_7$N(d,n)$^{15}_8$O,$^{20}_{10}$Ne(d,α)$^{18}_9$F,$^{124}_{52}$Te(p,2n)$^{123}_{53}$I,$^{202}_{81}$Tl(p,3n)$^{201}_{82}$Pb$\xrightarrow{EC}$$^{201}_{81}$Tl。

(4) 利用半衰期长的放射性核素为母体,经过衰变产生适合临床诊断用的、半衰期短的子体,例如

$$^{99}\text{Mo} \xrightarrow[66.2\ h]{\beta^-,\gamma} {}^{99m}\text{Tc} \xrightarrow[6.02\ h]{\gamma} {}^{99}\text{Tc}, \quad {}^{113}\text{Sn} \xrightarrow[115\ d]{EC} {}^{113m}\text{In} \xrightarrow[99.8\ min]{\gamma} {}^{113}\text{In}$$

2. 放射性药物

放射性药物是指分子中含有放射性核素的生物化学制剂,它可分为如下两类:

(1)放射性核素就是药物的主要组分,利用该核素本身的生理、生化作用或理化特性实现诊断和治疗。例如^{137}Xe 和^{85}Kr 本身就是气体,可以用于呼吸系统检查;Na ^{131}I 中的^{131}I 可参与甲状腺的碘代谢;胶体^{198}Au 中的^{198}Au 可被肝阻留,常用于肝病的检查。

(2)放射性核素标记的化合物、络合物或生物分子。它们的示踪作用通过被标记物的代谢或免疫性质来体现,核素仅表现其放射性,而不影响被标记物的主要生化特性。例如^{18}F - 脱氧葡萄糖(FDG)能够进入心、脑细胞,可以用来测量它们的葡萄糖代谢率;^{125}I - 抗肿瘤的单克隆抗体(McAb)能定向地与肿瘤细胞相应的抗原结合,可进行肿瘤定位和手术导向。

用于医学临床的放射性药物应符合以下要求:

(1)半衰期合适。为了减少病人的辐照剂量,便于在短时间内重复施用,半衰期要尽可能短。但是半衰期太短则使用和探测困难,故常选用半衰期为几小时到几天的核素。现在半衰期为几分钟的放射性核素也开始在临床上使用。

(2)射线的种类和能量恰当。用于诊断的核素所产生的射线应该能穿出机体被探测到,所以常用 γ 射线。其能量如果过低射线在体内吸收过多,到达探测器的部分太少;能量过高,则屏蔽、准直困难,探测效率也下降。临床使用的 γ 射线能量大多在 50 ~ 511 keV 之间。

(3)产生的射线种类及能量单一,以便采用技术手段来减少散射和其他效应形成的测量本底。核素的衰变产物应该是稳定核素,不再产生次级射线。

(4)放射性药物的比放射性(即单位质量药物所具有的放射性强度)要高,这样化学用量就小,不致引起药理或毒性反应,而且容易满足某些检测方法的要求。

(5)放射性药物应具有尽可能高的核纯度、放化纯度和化学纯度。放射性核素及其衰变产物的生理、生化作用应该对机体无害,毒理效应小,还应符合药典或国家的有关标准。

(6)放射性药物的生化特性应适合被测器官或组织显像。放射性药物在聚集在靶器官以前,在体内不发生代谢;药物引入体内后,应给出较高的靶对非靶的活度比值。

5.3.3 放射性配体结合分析

20 世纪 50 年代,美国的 Yallow 和 Berson 首先用放射性碘标记胰岛素,与被测胰岛素一起和兔抗血清进行竞争性抑制反应,测出血浆中胰岛素的含量。由于胰岛素与兔抗血清的结合属于免疫反应,故这种技术称为放射免疫分析(Radioimmuno Assay,RIA)。

放射配体结合分析综合了放射性测量的高灵敏度和配体结合分析的强特异性的特点,可以在 10^{-12} ~ 10^{-9} g/mL 水平上检测 300 种以上的生物活性物质。它方法简便,成本低,取样少,准确度高,是核医学最容易开展和普及的检查项目,广泛应用于内分泌学、药理学、肿瘤学以及心血管疾病的医学研究和临床诊断中。

1. 放射性配体结合分析的原理

抗原(Antigen)是一种配体,抗体(Antibody)是一种结合剂,它们之间的免疫反应(即结合反应)是可逆的,可表示为 Ag + Ab⇔Ag·Ab。经放射性标记的抗原 *Ag 与未标记的抗原 Ag 有相同的生化特性,把它们和特异抗体 Ab 放在一起,会发生如下的竞争性结合:

$$Ab + \begin{cases} Ag⇔Ag·Ab(非标记的抗原 – 抗体符合物) \\ *Ag⇔*Ah·Ab(标记的抗原 – 抗体符合物) \end{cases}$$

我们通常使 *Ag 和 Ag 的总量大于 Ab 的有效结合点。如果保持 *Ag + Ag 总量恒定,结合反应生成的 *Ag·Ab 的量与 Ag 的量成反比,而剩下的未结合的 *Ag 的量与 Ag 的量成正比,这就是竞争性抑制现象。只要我们能把未结合的 *Ag(即 F)与结合物 *Ag·Ab(即 B)分离开来,测定它们的含量或者含量比,就可以推算出被测 Ag 的量。

2. 测量和分析方法

进行放射性配体结合分析前,需要准备好①标记抗原,将抗原(或其他配体)纯化以后用 ^{125}I、^{131}I、^{14}C、^{3}H 等核素标记;②特异抗体(或其他结合物),来自免疫动物,多克隆或单克隆抗体;③分离剂,用以分离结合抗原(B)和游离抗原(F),如活性炭、聚乙二醇、第二抗体等,或塑料球、磁性颗粒等固相分离物。测量和分析步骤具体如下:

(1)建立标准曲线。用已知的不同浓度的标准抗原、一定量的标记抗原及一定量的特异抗体进行反应。分离出 *Ag 和 *Ag·Ab 以后,分别测出它们的放射性活度(单位时间的衰变次数),其比值 B/F 就等于 *Ag·Ab 和 *Ag 的含量比。以标准抗原浓度为横坐标,结合率 B/F 为纵坐标,画出如图 5.3.2 所示的标准曲线。

(2)测定样品。在相同条件下,以样品取代标准抗原,测出 B/F。

(3)求样品抗原含量。根据样品的结合率,从标准曲线上查出样品抗原浓度。

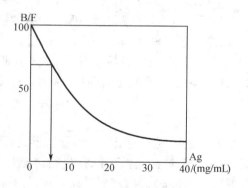

图 5.3.2 标准曲线的建立和查找

3. 放免分析仪

放免分析仪的核心是闪烁计数器,其构成包括闪烁探头、主放大器、宽窗单道脉冲幅度分析器和定标器。为了同时对多个样品测量,还有多探头的系统。闪烁计数器能显示每次测量的计数值,由人工完成换样、结合率计算、标准曲线回归、被测样品浓度求解。

自动化程度更高的系统配备了微计算机,除了能自动进行计数、数据处理和质量控制以外,还能控制样品的输送和换样,实现无人管理。

5.3.4　脏器功能测量仪

利用放射性药物作示踪剂,进行脏器功能的动态检查是核医学普遍开展的诊断项目之一,它属于体内核医学范畴。其原理是让标记了放射性核素的药物参加被测脏器的代谢,在体外探测该脏器中放射性药物发射的 γ 光子,从而对药物的浓度变化过程进行监测,获得反映脏器功能的信息,通过分析和计算得到功能曲线和功能参数。

1. γ 射线探测器和电子学

功能仪仅需探测某一脏器或某一组织中药物的活度随时间变化的情况,它用带准直器的闪烁探测器为探头。测量甲状腺吸碘率的甲状腺功能仪、测量心输出曲线和放射性心动图的“核听诊器”是单探头的系统,用于双肾功能测量的肾图仪和作两肺清除检查的肺功能仪为双探头系统,可同时测量大脑各部位洗出曲线的脑功能仪则为多探头系统。

功能检查采用的放射性药物一般辐射能量为 50 ~ 500 keV 的 γ 光子,NaI(Tl) 闪烁探测器对它们有很好的探测效率和优越的性/价比。闪烁探头主要由闪烁晶体和光电倍增管组成。γ 光子射入晶体后产生蓝绿色闪烁光,光的强度与入射光子的能量成正比。与晶体紧密耦合的光电倍增管(Photo Multiplier Tube,PMT)把微弱的光信号转换成电脉冲,其幅度与闪光的强度成正比,因而也与入射晶体的 γ 光子的能量成正比,因此闪烁探测器是能量灵敏探测器。

其后的电子学电路放大 PMT 输出的脉冲信号,根据脉冲幅度选出特定能量的 γ 入射事件,以排除散射事件和环境本底,然后对脉冲计数。其计数率(即单位时间内探测到的事件数)正比于被探测区域的放射性活度,亦即放射性药物的浓度。连续测量计数率,就得到了反映脏器中药物浓度变化的曲线,从而了解脏器的功能。

2. 准直器

为了把探测范围限制在目标脏器,排除邻近组织的放射性干扰,除了对闪烁探测器的晶体进行屏蔽以外,它的前面要套装准直器(Collimator)。准直器是用对 γ 光子有很强阻止能力的铅或钨合金做成的圆筒,用以阻挡来自靶器官以外的 γ 光子,如图 5.3.3 所示。如果把一个点状放射源置于准直器前不同位置上,在某些区域内,点源发出的射线能够直接入射整个晶体,探测器对它有最高的探测效率,此区称作全灵敏区;在另一些区域内,点源发出的光子只能够入射部分晶体,这个区域称作半影区;光子完全不能进入晶体的区域称作荫蔽区。全灵敏区和半影区构成准直器的视野,它应该覆盖整个被测脏器。

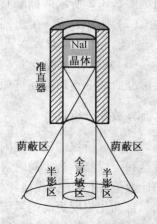

图 5.3.3　准直器和它的视野

3. 脏器功能仪的工作原理

下面以肾图仪为例介绍功能仪的工作原理。人体中很多无用物质,如马尿酸,是经过泌尿系统排出体外的。检查肾功能要将两个探头分别对准左、右肾,给病人静脉注射[131]I 标记的邻碘马尿酸([131]I - OIH),启动仪器,记录两肾的放射性 - 时间曲线 15 ~ 30 分钟,这就是肾图。

正常人的肾图如图 5.3.4 所示的 A,它可以分为三段:当血液输送[131]I - OIH 进入肾脏时,曲线陡然上升,这就是放射性出现段 a。接着[131]I - OIH 由肾小管上皮细胞吸收并分泌到管腔内,随尿液汇集到肾盂,肾图进入聚集段 b,在 2 ~ 3 分钟达到峰值。然后肾盂中的尿液经输尿管流入膀胱,肾脏中[131]I - OIH 减少,肾图呈指数下降,形成排出段 c。所以,这三段分别反映了肾脏的有效血流量、肾小管的功能和尿路的畅通程度。根据 a,b,c 段的形状就能够计算出肾脏指数、分浓缩率、

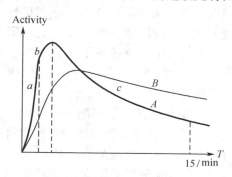

图 5.3.4　正常和异常的肾图

15 分钟残存率等反映泌尿系统功能的重要参数。肾图 B 上升段缓慢,说明该肾的分泌功能差,这是肾血管性高血压和肾实质性病变的典型表现;c 段下降变缓,表明排泄功能不正常,可能是尿路梗阻;双侧肾图不对称,则表示一侧肾功能受损。

其他脏器功能仪的工作过程与肾图仪相似,测量的也都是计数率随时间变化的曲线,只是不同脏器有不同的代谢动力学特性,放射性 - 时间曲线的表现不一样,分析方法有差别。

5.3.5　核医学的基本成像设备——γ照相机

功能仪能观察靶器官中放射性药物浓度的变化过程,却看不到放射性药物的空间分布情况。现代核医学已经进入影像阶段,它与 X 光、核磁共振和超声构成了互补的医学影像诊断手段。核医学通过探测病人体内放射性药物的 γ 辐射来获得它的空间分布信息,所成图像不仅能显示脏器及病变的位置、大小和形态,还能提供活体代谢的、生物的、功能的信息。

扫描机是最简单的核医学成像设备,由作"弓"形扫描的小视野闪烁探头和同步纪录装置构成,它构造简单、价格低廉,但是成像速度慢,已被淘汰。20 世纪 50 年代,Hal Anger 研制的 γ 照相机(Gamma Camera)可对人体中的放射性药物分布"一次成像",能够快速拍摄动态的二维平片(Planar)。

1. γ 照相机的结构及工作原理

Anger 照相机的结构见图 5.3.5(a)。准直器把放射性药物辐射的 γ 光子投影到大块的 NaI(Tl)薄晶体(直径 300 ~ 600 mm、厚 6 ~ 12.5 mm)上,将 γ 光子转换成可见光。晶体的背面

排满光电倍增管(PMT),将晶体中的闪烁光转变成电信号。电子学系统根据各个PMT的输出,产生反映γ光子入射位置的X,Y电压,和反映γ光子能量的Z脉冲。

γ光子经康普顿散射会改变运动方向,同时损失能量。脉冲幅度分析器对Z信号进行能量筛选,只让脉冲幅度在规定范围里的事件通过,这样就排除了来自投影线以外但经过散射进入准直器的γ光子,保证了图像的质量。

把X,Y信号连到示波器的水平和垂直偏转板上,把脉冲幅度分析器的输出作为启辉信号,对于每一个直接来自人体的γ光子,在示波器相应位置上都会出现一个亮点。它比NaI(Tl)薄晶体中的闪烁光亮得多,很容易记录在胶片上,积累一段时间,就形成了一帧图像。图5.3.5(b)就是全身骨扫描图像,可以看到亲骨癌药物在转移病灶(肘、腿关节和颅内)聚集的情况。

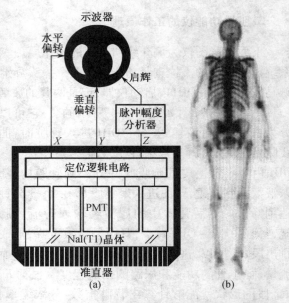

图 5.3.5　γ照相机的构造及骨癌病人全身骨图像

2. 成像准直器

γ射线不能被折射,不能像光学照相机那样用透镜聚焦,γ照相机只能使用吸收准直器成像。准直器只让沿准直孔前进的γ光子到达NaI(Tl)晶体,把三维的放射源分布投影成平面图像,向其他方向发射的γ光子则在到达NaI(Tl)晶体之前被准直器吸收掉。

成像准直器用铅、钨等重金属吸收物质制成,按照准直孔的取向可分为四种类型。临床使用最多的是图5.3.6所示的平行孔准直器,数千个互相平行的细长准直孔可以形成1∶1的投影图像。此外,还有对大脏器(甚至大于探头视野)成像的扩散型准直器;可形成放大图像的汇聚型准直器;用于浅层小脏器(如甲状腺)成像的针孔型准直器,它与针孔照相机一样,利用光的直线传播原理成像。γ照相机拍摄的图像是三维物体的二维投影,即平片。

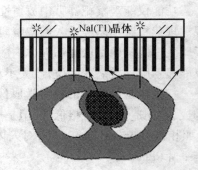

图 5.3.6　平行孔准直器只让沿准直孔发射的γ光子到达 NaI(Tl)晶体

3. 探测器和电子学系统

γ照相机的核心部分仍属闪烁探测器,但与功能仪不同,它除了要给出γ光子的能量信号外,还要给出γ光子的入射位置信号,故称其为位置灵敏探测器(Position Sensitive Detector)。

在 Anger 照相机中,NaI(Tl)晶体的背面完全被光电倍增管(PMT)所覆盖。γ 光子入射 NaI(Tl)薄晶体的位置不同,所产生的闪烁光在各个 PMT 之间的分配比例就不同(离入射点越近的 PMT 收集到的可见光越多),各个 PMT 输出脉冲的幅度也随之改变。电子学系统通过类似求重心的计算,给出反映 γ 光子入射位置的 X,Y 电平;把各个 PMT 的输出相加,得到反映 γ 光子能量的 Z 信号。

虽然还有采用其他类型二维位置灵敏探测器(如半导体探测器阵列和充气多丝室等)的 γ 照相机,但是在探测效率、价格和易于临床使用等综合性能方面,Anger 照相机有很大优势。目前,γ 照相机不仅用来摄取脏器的平片,使它沿人体长轴作直线扫描,还能得到全身图像,让它围绕人体旋转可以得到断层图像,构成旋转照相机式的单光子发射计算机断层仪。

4. γ 照相机的数字化

上述 γ 照相机输出的 X,Y 位置电平是模拟量,示波器显示的也是模拟图像——入射 γ 光子多的地方光点密集,表明在人体中相应位置处放射性药物浓度大,医生仅能凭借光点密度来判断药物分布,进行疾病诊断,难以进行定量分析。

当前,数字化是医学影像的发展方向。所谓图像数字化就是将连续变化的 X 和 Y 坐标离散化,也就是说把图像分割成若干像素,按行、列排列成方阵,每个像素的值是落入该像素的 γ 光子数,它反映了病人相应部位放射性药物的总量。核医学一般采用 $32 \times 32,64 \times 64,128 \times 128$ 和 256×256 的图像矩阵。

在计算机里,数字化图像通常以二维数组的形式存放,一个像素对应一个存储单元。每当 γ 光子射入探头,γ 照相机就输出一对表示其入射位置的 X,Y 模拟电压信号,经过模-数变换器将其转换成数字量,送入计算机。计算机根据此 X,Y 数值对存储器寻址,将对应存储单元的内容加1,表明该像素又增加了一个 γ 光子。如此不断积累计数,就形成了一帧数字式图像。如果按照预定的时间间隔连续获取多帧图像,这些图像反映了放射性药物在人体中运动的动态过程。

与模拟图像相比,数字图像有很多优点,它有灵活多样的图像采集和显示方式,便于进行图像处理、分析、存储和传送,现代的 γ 照相机几乎全与计算机相连接。

人眼对灰度的鉴别分辨能力不强,从黑到白只能区分十几级,然而却能分辨上千种不同的颜色。数字图像的一个优点是可以给不同的像素值赋予不同的色彩,形成彩色图像,由于这种色彩不是真实的,所以称为"伪彩色编码"。伪彩色编码图像能更好地表现放射性药物含量的差别,所以广泛地被核医学影像设备采用。

X,Y 信号数字化以后,就有可能利用计算机实现特殊的数据采集方法,校正系统的误差,改善图像质量,从图像中提取有用信息,进行定量分析。例如,经过平滑或滤波,可以减少图像的统计噪声,改善图像质量;利用图像分割技术可以自动找出靶器官的边界,统计其中包含的放射性药物总量;分析软件能够统计静态图像中的药物浓聚度,从动态图像得到放射性-时间曲线,计算出各种医学参数,还能绘出反映脏器各部分功能的功能图。总之,计算机图像处理使得核医学能进行动态的、功能性的检查之特长得到充分发挥。

新型γ照相机探头已经实现了"全数字化",即每一只 PMT 输出的脉冲都转换成数字量,由微处理机根据各个 PMT 的输出值和位置响应特性确定γ事件的位置和能量,使得重心法计算和各种物理因素引起的空间定位误差和能量响应非线性都得到校正,探头性能大幅提高。计算机能自动纠正 PMT 的增益差别和漂移,进行故障诊断和质量控制,提高了系统的精度和稳定性。全数字化探头联网后还能实现远程服务,实时地遥测每只 PMT 的工作状态,监测成像质量,进行远程维护,升级软件。

5.3.6　单光子发射断层成像

像 X 光透视一样,γ照相机拍摄的图像是没有纵深分辨能力的二维投影平片,前后组织互相重叠,常常难以辨别病灶。正如 5.1 节介绍的 CT 技术能给出没有重叠干扰的的断层图像,单光子发射计算机断层成像(Single – Photon Emission Computed Tomography,SPECT)和正电子发射断层成像(Positron Emission Tomography,PET)就是核医学的两种 CT 技术,由于它们都是对从病人体内发射的γ光子成像,故统称发射型计算机断层成像术(Emission Computed Tomography,ECT),以区别于 XRCT 所采用的透射型计算机断层成像术(Transmission Computed Tomography,TCT)。XRCT 对透过病人身体的 X 射线成像,得到人体组织衰减系数的三维图像,即病人的解剖结构;ECT 所提供的放射性药物分布的三维图像,则反映了病人代谢和生理学状况。

1. SPECT 如何获取投影数据

图 5.3.7 表明γ照相机安装了准直器后,它的每个灵敏点探测沿一条投影线(ray)进来的γ光子,其测量值代表人体在该投影线上的放射性之和。处于同一条直线上的灵敏点可探测人体一个断层上的放射性药物,它们的输出构成该断层的一维投影。γ照相机是二维探测器,可以同时获取多个断层的投影,这就是平片。

将γ照相机探头装在可以围绕病人旋转的机架上,从各个观测角θ获取投影,数字化以后送入计算机,就可以求解出各个断层的图像。这就是旋转γ照相机式的 SPECT,现代 SPECT 几乎都采用这种结构。

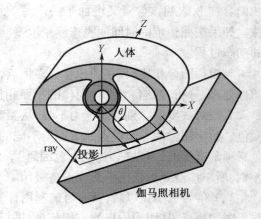

图 5.3.7　平行束投影的形成

在采集数据时,探头一般沿圆形轨迹围绕病人运动。离平行孔准直器的表面越近,它的空间分辨率越好,有些 SPECT 的探头能够沿椭圆轨迹运行或跟踪人体的轮廓线转动,使准直器尽量紧贴病人的体表,以达到最佳的投影采样质量。

在临床应用中,SPECT 大多使用 64×64 或 128×128 的投影采样矩阵,它的每一行是一个层面的投影,所以 64×64 的矩阵可同时采集 64 个层面,典型的断层厚度为 12~24 mm。观测角采样间隔一般定为 6° 或 3°,即旋转 180° 采样 30 个或 60 个视角。

2. 断层图像重建算法

与 XRCT 相同,ECT 采用的重建算法也有解析法和迭代法两大类。投影是断层图像沿投影线的积分,重建则是其逆运算。可以推出用投影表示断层图像的解析式,该公式可分解为滤波和反投影两个步骤,就形成称为滤波反投影(Filtered Back - Projection, FBP)的解析算法。FBP 的运算速度快,可以根据需要加入不同的滤波器,图像质量能够满足各种临床要求。

迭代法的本质是通过一次又一次的修正,使估计值一步步逼近真正的断层图像。由于从图像计算投影值时,容易把各种因素和系统误差的影响都考虑进去,所以迭代法重建的图像质量高。但是迭代法的运算量很大,对计算机的要求更高。目前 SPECT 广泛采用以最大似然 - 期望值最大化(Maximum Likelihood Expectation - Maximization, ML - EM)为代表的算法,它们考虑了投影数据的统计特性,能很好地抗统计干扰。

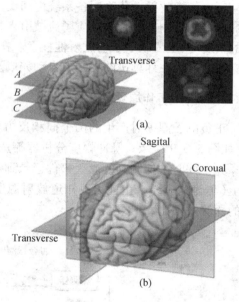

3. 断层图像的显示

重建程序计算出的图像是一系列垂直于人体长轴的横断层(Transverse),图 5.3.8 右上方就是脑的三个不同高度上的横断层。SPECT 常用的图像矩阵是 64×64 和 128×128。

一组 64 帧 64×64 的横断面构成了一个含有

图 5.3.8　三组基本断面

64^3 个体素图像立体。将各体素沿着另外两个垂直方向重新组织,就能产生冠状断层(Coronal)和矢状断层(Sagittal)图像。除了上述三组基本断层以外,SPECT 还能显示斜切的断层图像,例如与心脏轴线平行或垂直的断层图像,不过斜断面上的一些数据点在重建结果中并不存在,是用插值的方法计算出来的。

5.3.7　正电子发射断层成像

^{11}C,^{13}N,^{15}O,^{18}F 都是有机体的基本构成元素的同位素,用这些正电子衰变核素几乎可以

观察人体的一切生理、生化过程,例如^{18}F 标记的脱氧葡萄糖(^{18}F – FDG)可用来测定大脑皮层的代谢,^{15}O 标记的水用来跟踪血流变化,^{11}C 标记的 D_2 多巴胺受体与具有特异亲和力的化合物用来检查精神分裂病人的多巴胺功能变化和戒毒后 D_2 受体的变化。其中^{18}F 的半衰期适当(110 分钟),^{18}F – FDG 能用于心脏、肿瘤、神经等疾病的检查,目前使用最多。

正电子发射断层仪(PET),专门用于正电子类放射性药物显像,它根据湮灭反应的特点,采用符合探测技术判断放射源的位置。由于不使用吸收准直器,PET 对湮灭光子的利用率比 SPECT 高 20 ~ 100 倍,故图像质量比 SPECT 好。

1. 正电子类放射性药物制备系统

由于正电子衰变核素的半衰期都非常短(^{18}F 为 110 分钟,^{15}O 只有 123 秒),这类放射性药物必须就近生产,迅速给病人施用。

正电子类放射性药物制备系统由回旋加速器、生化合成器和控制计算机三部分组成。回旋加速器输出的高能氘核或质子流被引入靶室,流经靶室的稳定核素被轰击,通过 5.3.2 节介绍的核反应,变成缺中子的放射性核素。在生化合成器里,将这些核素标记在相应的生物分子上。整个过程在计算机的控制下自动完成。

2. PET 的工作原理

正负电子湮灭时产生的两个向相反方向运动的 γ 光子可用相对放置的两个探测器来测量,如图 5.3.9 所示。脉冲幅度分析器筛选出能量为 511 keV 的 γ 光子事件,符合电路只将两个 γ 光子同时被探测到的湮灭事件记录到存储器中。该事件一定发生在两个探测器之间的连线上(称为响应线),由此可以知道放射源所在的位置。由于不使用吸收准直器,这种定位技术的探测效率比 SPECT 高。

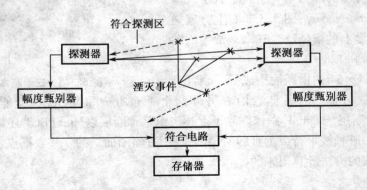

图 5.3.9   符合探测系统只记录两个 511 keV 的
γ 光子同时被接收到的湮灭事件

3. PET 的探测系统

为了提高探测系统的几何效率，典型的 PET 采用多层的环形探测器。处在环平面内的 γ 光子朝任何方向飞行都能被探测器截获，在每两个探测单元之间都建立起符合关系，能同时记录各个方向上的湮灭光子，如图 5.3.10 所示，因此具有最佳的几何效率。

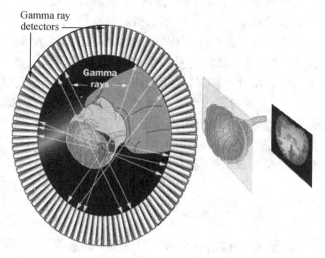

PET 探测器是用锗酸铋（BGO）晶体、正硅酸镥（LSO）晶体、铈掺杂的硅酸钆（GSO）等晶体和光电倍增管构成。这些晶体的有效原子序数和密度都比 NaI(Tl) 大，所以对高能 γ 光子有更好的探测效率。PET 系统的空间分辨率大约是探测单元尺

图 5.3.10　环形探测器系统

寸的一半左右，所以晶体被切割成尺寸为 4 ~ 6 mm 的小块，形成成千上万个探测单元。将多个探测器环沿轴线排列在一起，可以增加 PET 的轴向视野，进一步提高探测器的几何效率。

因为不使用吸收准直器，所以 PET 探测器的计数率达到每秒钟百万以上。PET 系统必须采用快电子学、窄脉冲成形、反堆积、局域触发、全数字化等尖端电子技术，并具有纳秒级的定时精度。

符合电路认为时间差小于 6 ~ 12 ns 的两个脉冲来自一次湮灭事件，湮灭点就在发生闪光的两个 BGO 晶体块之间的响应线上，符合电路的输出脉冲命令计算机将这次事件按照响应线记录在存储器中。PET 在数据采集时不断累积发生在各条响应线上的湮灭事件，一条响应线就是一条投影线，响应线上的湮灭事件计数就是投影值。将各条响应线按平行束或扇形束组织起来，就可以重建放射性药物分布的断层图像。商品 PET 普遍采用迭代算法计算断层图像，所以需采用高性能的工作站。

如果把每一环形探测器内各个探测单元之间的响应关系扩展到各探测器环之间，使系统可以探测轴向倾斜任意角度的符合事件，探测效率将进一步提升，这就是 3D PET。与 2D PET 相比，它的探测效率可以提高 5 ~ 7 倍，有利于减少成像时间或注射剂量，提高图像的信噪比。当然，3D PET 需要特殊的图像重建方法。

4. 假符合事件及引起图像定量误差的其他因素

在理想情况下，PET 只记录由一对湮灭光子产生的真符合事件。但是由于探测系统的能

量分辨率和时间分辨率有限,并且光子可能在人体内发生康普顿散射等物理作用,PET 实际探测到的符合事件中还包含其他类型的干扰事件,如两个不相关的 γ 光子同时被探测到而产生的随机符合事件、γ 光子被散射后探测到的散射符合事件、两个以上 γ 光子同时被探测到而产生的多重符合事件,以及核素的级联 γ 光子与一个湮灭光子产生的级联光子符合事件等。这些假符合事件不是产生了虚假计数,就是给出了错误的响应线,如果它们同样作为真符合事件来处理,将破坏图像的定量关系,对 PET 成像质量产生不利的影响。对真符合事件以外的其他类型符合事件,PET 都有相应的判别、排除的方法与技术。

此外,人体对湮灭光子的衰减会造成图像中心区域计数丢失,众多探测单元的探测效率、几何收集效率和探测器电路的差别等会造成的不同响应线探测灵敏度的不一致,由于符合关系的几何特点造成的同样的源活度在不同的位置时的计数率不同等,都会导致图像的计数值不能正确反映放射性药物的浓度,必须加以校正。

5.3.8　发展中的 PET 技术

响应线的定位精度是影响图像质量的重要因素,我们一般根据有符合输出的两块晶体中心的连线计算响应线的坐标。然而,γ 光子并不总是在晶体块中心产生闪烁光子,一般的闪烁探测器给不出作用深度信息,所以无法准确定位偏离视野中心的响应线。人们正在开发具有检测作用深度能力的探测器,构成三维探测器系统,改善视野边缘的空间分辨率。

符合测量只能知道湮灭所发生的响应线,要靠图像重建得到药物分布的图像。无论解析算法的反投影过程,或者迭代算法的修正过程,都假设投影线经过的各个像素对投影值都有贡献,这导致投影线上的像素之间统计误差传播,使断层图像的信噪比下降。随着电子学的进步,飞行时间法(Time Of Flight,TOF)开始应用在 PET 上,它测量两个 γ 光子到达探测器环的时间差,根据光速估计出湮灭事件在响应线上的可能位置范围。由于 TOF 提供了更多信息,所以能获得质量更高的图像。假如探测系统的时间分辨率能达到 0.6 ns,在响应线上的定位范围大约为 $30 \text{ cm/ns} \times 0.6 \text{ ns} \div 2 = 9 \text{ cm}$。重建图像时加入这项约束,反投影长度可以缩短,参与运算的像素数目减少,统计误差的传播效应减轻,图像的信噪比提高。

5.3.9　多模式复合成像

XRCT,MRI 图像表现的是人体的解剖结构,而 SPECT,PET 独特的生物学显像能力是 XRCT,MRI 所不具备的。然而,在空间分辨率方面,SPECT,PET 图像比 XRCT 图像差,解剖定位困难。将两类图像进行融合显示在一起,使它们互相取长补短,提供更全面的诊断信息,一直是医学界的期望。

被融合的两帧图像中,同一器官和组织的坐标位置必须一致,即互相配准。然而,病人先后躺在两台扫描机上很难保证体位完全相同,最理想的办法是在一次扫描中同时获得两种图像,因此需要研制兼备 PET 和 XRCT 的符合系统,对成像时内部脏器可能发生相对运动的体段(如胸腔中的心肺、腹腔中的胃肠)进行图像融合,这种系统尤其有价值。

1. SPECT/PET/CT 复合系统

有些双探头 SPECT 通过在两个探头之间添加符合电路,成为 SPECT/PET 两用系统。双探头只能截获部分 γ 光子,所以它的图像分辨率和信噪比都比环形探头 PET 差。由于必须作 180°的旋转扫描,数据获取时间也比标准 PET 长。

G E 公司还在其 SPECT/PET 两用系统 VG Hawkeye 上增加了 XRCT 部件,如图 5.3.11 上与 SPECT 探头垂直放置的 X 光管和探测器。该系统可以同机进行透射扫描和发射扫描,XRCT 测量的衰减系数分布图不但方便了 SPECT 的衰减校正,也可以实现两种图像的融合,为 ECT 图像补充解剖学信息,准确地反映核素在体内,尤其是在小的感兴趣区的定量分布,大大提高了其诊断价值。

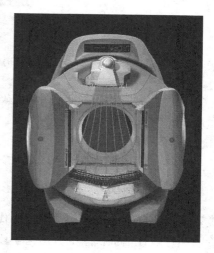

图 5.3.11　VG Hawkeye 上的 XRCT 部件

2. PET/CT 复合系统

图 5.3.12 所示是 G E 公司生产的 Discovery LS、SIEMENS 公司生产的 ECAT BIOGRAPH 和 PHILIPS 公司生产的 GEMINI,它们都是将螺旋 CT 和 PET 一前一后组合在一起,构成 PET/CT 复合系统,两套扫描器既可各自独立使用又可联合使用。CT 不但为 PET 提供了衰减校正所需的衰减系数分布图,还在 CT 引导的活检中提供了功能图像,在放疗计划中可描绘出肿瘤的代谢旺盛度,为核素图像增加了精确定位信息,对乳房、子宫颈、卵巢、结肠、肺、食管、头颈部的肿瘤和黑素瘤、淋巴瘤的精确诊断有非常显著的效果。

3. PET/MRI 和 PET/NMR 复合系统

磁共振成像(MRI)是另一种高分辨率的显像设备,擅长于神经、血管、软组织等的成像,有人试图把 PET 安放在 MRI 扫描孔洞中构成 PET/MRI 和 PET/NMR 复合系统。此方案最大的挑战在于 PET 探测器应能工作在几个特斯拉(T)的强磁场中而性能没有明显地下降,并且不会在 MRI 图像上造成明显的变形或伪像。

Simon Cherry 领导的 UCLA 研究小组研制了一套能与临床核磁共振成像(MRI)扫描仪及核磁共振(NMR)谱仪相兼容的 PET 扫描仪。直径 54 mm 的单层环形探头由 72 个 2 mm × 2 mm × 5 mm 的 LSO 晶体组成,每块晶体的尾端耦合着一根长 4 m、直径 2 mm 的光纤,光纤另一端耦合到多通道光电倍增管的一个单元上。多通道光电倍增管和相关的电子学线路被放入

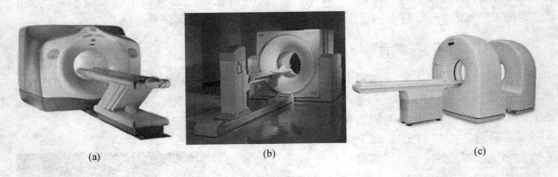

(a)　　　　　　　　　　(b)　　　　　　　　　　(c)

图 5.3.12

(a)G E 的 Discovery LS；(b)SIEMENS 的 ECAT BIOGRAPH；(c)PHILIPS 的 GEMINI

一个铝盒子以屏蔽环境的光线和电磁辐射，同时获取的 PET 和 MRI 的图像并无明显的伪像和失真。

5.3.10　新世纪的发展方向——分子核医学

当前，生命科学研究已经从机体、器官、组织进入细胞、染色体、DNA 的微观水平。随着人类基因组测序的完成和后基因组时代的到来，分析疾病的发病机理，为疾病发生的早期预警、诊断和疗效评估提供新的方法与手段，已经成为健康监测和生命科学研究的当务之急。发达国家都十分重视分子生物学（Molecular Biology）和分子医学（Molecular Nuclear Medicine）的研究，我国也力争在此领域有所突破，以推动对生命本质的探索、新诊疗技术的研究和新医药的开发。最近，分子核医学（Molecular Nuclear Medicine）被提上日程，狭义地说，分子核医学是研究用核素标记的代谢物、营养成分、药物、毒物等生物活性分子在疾病中的表型生化改变与其相关的基因型的联系，精细探测代谢及基因的异常。广义来说，各种药物、细胞、受体、抗体、多肽、神经递质、基因片断等的放射性标记物都是分子核医学的重要研究对象，将在基因学、遗传工程、干细胞治疗技术、免疫学、脑科学等新兴学科的发展中发挥重要的作用。

分子核医学研究的重要仪器设备是小动物专用的成像系统，它们对仪器的空间分辨率和灵敏度提出了很高的要求，世界一流大学和厂商纷纷启动了分子成像系统的研发工作。美国 UCLA 的学者研制出了用于小鼠成像的 MicroPET，空间分辨率为 2 mm，已由 Concorde Microsystems 公司生产，如图 5.3.13（a）所示。北卡罗来纳大学（UNC）与 Gamma Medica 公司合作研制的 X - SPECT™，对 ^{99m}Tc 的空间分辨率小于 1 mm，如图 5.3.13（b）所示。SIEMENS 公司推出了 MicroPET & μSPECT/μCT 复合成像系统，如图 5.3.13（c）所示。目前，人们正在研制 MicroPET/MR 复合成像系统，商业化产品已经问世。可以预期，这是一个具有发展潜力的研究领域，必将促进分子核医学和分子生物学的发展。

图 5.3.13

（a）MicroPET P4；（b）X – SPECT™；（c）MicroPET & μSPECT/μCT

（清华大学工程物理系　　金永杰）

思考练习题

1. 为什么 X 射线影像能反映人体的解剖结构？

2. 有哪些方法可以实现数字化 X 射线摄影？

3. CT 是什么？CT 技术主要包括哪两个方面？

4. 从投影重建断层图像的算法可以分成哪两大类？简要说明它们的计算过程。

5. 什么是 CT 值，它的取值范围如何？

6. 请简单说明 MRI 的成像原理。

7. 电离辐射为什么能治疗肿瘤？

8. 放射治疗追求的目标是什么？

9. 常规放射治疗经常使用的两种设备产生 X/γ 辐射的物理机制各是什么？

10. 什么是适形技术？什么是调强技术？

11. 质子和重离子治疗有什么优点，为什么？

12. 请解释硼中子俘获治疗的原理。

13. 为什么说核医学体内检查是分子的、代谢的、功能的？

14. 功能仪给出的是什么信息，其探头主要由哪两部分组成？

15. 在功能仪中准直器的作用是什么？γ 照相机的准直器的作用是什么？

16. 试从成像原理、图像重建方法、所反映的临床信息等比较 XCT 和 SPECT 的同、异之处。

17. 什么是正负电子湮灭反应？PET 的探测原理是怎样的？

参 考 文 献

[1] 张泽宝. 医学影像物理学[M]. 北京:人民卫生出版社,2003.

[2] 胡逸民. 肿瘤放射物理学[M]. 北京:原子能出版社,2003.

[3] Cherry Simon R, James A, Sorenson, Michael E Phelps、Physics in Nuclear Medicine[M]. [S.l.]:Saunders Company,2003.

[4] 王世真. 分子核医学[M]. 北京:中国协和医科大学出版社,2004.

[5] 金永杰. 核医学仪器与方法[M]. 哈尔滨:哈尔滨工程大学出版社,2010.

第6章 核技术的工农业应用

6.1 辐射成像

人类获得信息的五大感觉器官眼、耳、鼻、舌、皮肤中,眼居其首,人类首先依靠视觉接收外部世界的信息作为行动的基础。"百闻不如一见","眼见为实"这些话,都说明人眼的重要地位。然而,对于不透光物体的内部或者某些尺度很小、距离很远的物体等,人眼不能正确地识别或获取相关的信息,另外在夜间或者对非可见光,人眼视觉的能力是有限的。因此,必须借助和依靠相应的成像技术来提高人们认识世界的能力,于是图像成为人类认识和了解自然的重要载体。光学显影、红外检测、全息照相、X 射线成像等技术和手段广泛应用于成像系统中,这些新技术和新发明极大地拓展了人们认识世界的能力。简单地说,成像系统的任务就是使人眼看不见或难以看清楚的物体形成图像,让人眼通过产生的图像去观察原先不能直接观察到的物体。

1895 年,德国科学家伦琴发现了 X 射线,这是一种具有很强穿透能力的特殊粒子,通过它可以使不透光物体的内部在感光胶片上成像。随后,贝可勒尔、居里夫妇相继发现了 α 放射性元素铀和镭,法国科学家维拉尔发现了 γ 射线,新西兰人卢瑟福发现了 α 粒子,这些粒子都具有不同程度的穿透能力,这些发现使得原子的放射性衰变理论最终被确立,人们认识到使用放射性可以使一些特殊的物体成像,这促使了新的辐射成像技术的诞生。

6.1.1 辐射成像的物理基础

1. 基本概念

(1)辐射

辐射是以波或粒子的形式向周围空间或物质发射并在其中传播的能量(如声辐射、热辐射、电磁辐射、粒子辐射等)的统称。通常"辐射"的概念是狭义的,仅指高能电磁辐射和粒子辐射,又称射线。

(2)图像

图像是反映客观事物或过程某些与空间、时间有相互关联的特征量的信息阵列,图像可以是多维的,反映关于空间、时间、光子能量(或波长)、温度等维度下的变化,可表示为

$$客观事物或其过程(特征量) \underset{反映}{\overset{映射}{\rightleftharpoons}} 图像$$

（3）成像

成像是指用各种物理方法和工程技术形成图像,包括光学成像,非常规光学的各种射线、粒子束、能量波等成像。最古老的成像方法是"立竿见影",后来人类发展了许多成像原理、方法和技术,如光学系统成像、全息成像、电子透镜成像、X射线照相、γ射线和中子照相、各种射线CT(计算机层析)成像、核磁共振成像、各种探针扫描成像、晶体衍射间接成像、核磁共振波谱间接成像、相控阵雷达成像、激光雷达成像、超声波成像等。

成像的一个共同特点是需要有传递物的特征量的信息载子。成像的信息载子有光子、各种频带的电磁波、能量波和粒子束等,如射频波、红外、可见光、紫外光、X射线、γ射线、中子、电子、离子、质子、声子等。信息载子携带需要成像景物的特征量信息,通过成像系统成像。

（4）辐射成像的基本原理

辐射成像是指利用与辐射有关的物理量在被测对象中的衰减规律或分布情况,获得物体内部的详尽信息,通过电子计算机对这些信息作快速处理,最终重建被测物的内部图像。辐射成像技术是辐射物理科学与现代图像理论相结合的产物。

（5）典型辐射成像系统组成（见图6.1.1）

一个典型的辐射成像系统由几个模块组成:①射线源;②接收信号的探测器;③把探测器接收的信号采集到计算机的数据采集模块;④图像处理模块,处理采集到的数据形成适合人眼观察的图像;⑤扫描控制模块,控制扫描过程中的物体机械运动,射线源和探测器的运动,射线的出束控制以及信号采集的开始与结束等,以保证整个扫描过程的正常进行。在接下去的章节中我们将以辐射成像系统常用的X射线成像为例对光源——X射线源、探测器等模块作详细介绍。

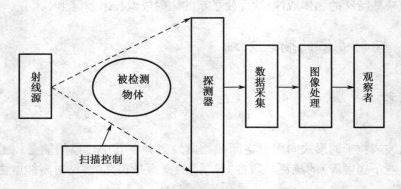

图6.1.1 典型辐射成像系统组成框图

2. X 射线的产生及特性

（1）X 射线（X 光）的产生和 X 射线管

如图6.1.2所示,电子被加速后,当它轰击到物体上时就能产生 X 射线。产生 X 射线必须具备三个基本条件：①能根据需要随时提供足够数量电子的电子源；②在强电场作用下，电子作高速、定向运动，形成高速电子流；③能经受高速电子轰击而产生 X 射线的障碍物——靶。

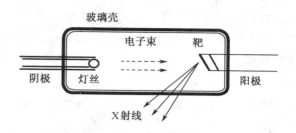

图 6.1.2　X 射线管的工作原理

辐射成像中常用的光源——X 射线管实际上是一只真空二极管，它有两个电极：作为阴极用于发射电子的灯丝（钨丝）和作为阳极用于接受电子轰击的靶。X 射线管供电部分至少包含一个使灯丝加热的低压电源和一个给两极施加高电压的高压发生器。由于总是受到高能量电子的轰击，阳极的温度会急剧升高，所以需要强制冷却。当灯丝被通电加热至高温时（达 2 000 ℃），大量的热电子产生，在极间的高压作用下被加速，高速轰击到靶面上。高速电子到达靶面，运动突然受阻，其动能部分转变为辐射能，以 X 射线的形式放出，这就是 X 光管产生 X 射线的基本原理，其基本作用就是将电能转化为 X 射线。

X 射线管在结构上可以分为固定阳极 X 射线管和旋转阳极 X 射线管两种。

固定阳极 X 射线管由美国人 Coolidge W D 于 1913 年发明，其特点是真空度高，电子是由热阴极发射的，X 射线量和质可任意调节。它主要由阴极、阳极和玻璃壁（壳）三部分组成，如图 6.1.3 所示。阴极的作用是发射电子并使电子束聚焦，使打在靶面上的电子束具有一定的形状和大小，形成 X 射线管的焦点，它由灯丝、阴极头等组成。阳极的作用是吸引电子和加速

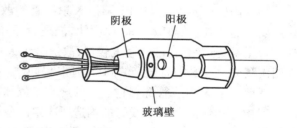

图 6.1.3　固定阳极 X 射线管

电子，并阻止高速电子运动，使高速电子轰击阳极靶面而产生 X 射线，同时把产生的热量传导或辐射出去。它由阳极头、阳极罩和阳极柄三部分组成。玻璃壁又称管壳，用来支撑阴、阳两极和保持管内的真空度，通常采用熔点高、绝缘强度大、膨胀系数小的钼组硬质玻璃制成。

固定阳极 X 射线管由于其阳极静止不动，电子束总是轰击在靶面的固定位置上，使电子轰击的单位面积上所承受的最大功率很小。因此，固定阳极 X 射线管的主要缺点是焦点尺寸大，瞬时负载功率小，在医用诊断领域已多为旋转阳极 X 射线管所取代。然而，固定阳极 X 射线管的阳极由于采用热传导方式散热，其散热性能好，故适合于连续负载。同时，它的结构简单、价格低，因此目前在 X 射线放射治疗、小容量 X 射线机、脑 CT 等装置中仍被采用。

旋转阳极 X 射线管出现于 1927 年，它较好地解决了固定阳极 X 射线管难以解决的矛盾。由于阳极旋转，电子轰击所产生的热量被均匀地分布在转动的圆环面积上，使实际焦点迅速地增加，单位面积上的热量也就大为减少，从而较大地提高了 X 射线管的功率，这样也可以减小

旋转阳极 X 射线管的阳极倾角,使有效焦点减小,提高图像的清晰度,其示意图如图 6.1.4 所示。旋转阳极最大的优点就是瞬时负载功率大,焦点小。目前旋转阳极 X 射线管的功率多为 20 ~ 50 kW,高者可达 150 kW,而有效焦点多为 1 ~ 2 mm,微焦点可达 0.05 ~ 0.3 mm,摄影清晰度极高。

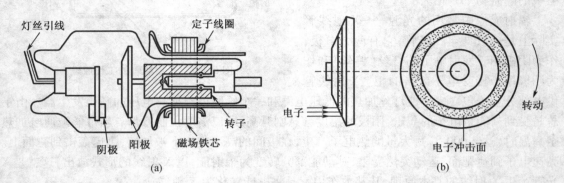

图 6.1.4 旋转阳极 X 射线管结构及电子轰击面示意图

旋转阳极 X 射线管与固定阳极 X 射线管的散热方式不同。固定阳极 X 射线管的散热方式主要是热传导,散热效率高、速度快,故适合于小功率连续负载;而旋转阳极 X 射线管的散热方式主要是热辐射,散热速度较慢,故适合于大功率瞬时负载。使用旋转阳极 X 射线管时,在两次曝光之间必须有充分的间歇时间,以防热容量过载而损坏管子。

任何一个 X 射线管都有它一定的规格参数和特性,具体包括构造参数和电参数两种:

①构造参数指由 X 射线管的构造所决定的各种规格或数据,如阳极靶面倾角、有效焦点、外形尺寸、质量、管壁的滤过当量、工作温度、阳极转速、冷却和绝缘形式等;

②电参数指的是 X 射线管电性能的规格或数据,如灯丝加热电压和电流、最高管电压和管电流、最大允许功率、容量等。

在调整和使用 X 射线管时,要严格遵守 X 射线管的电参数设置规则,特别是如下三个参数:

①最高管电压 指加于 X 射线管阳极和阴极之间的最高电压峰值,用千伏(kV)表示(或用 kVp 表示)。如果使用中管电压超过了最大允许值,就会使管壁放电甚至被击穿。

②最大管电流 指在某一管电压和曝光时间内所允许的最大管电流的电流平均值,用毫安(mA)表示。在调整管电流时,不能超过这个值,否则将导致 X 射线管焦点面过热而损坏或缩短灯丝寿命。

③最长曝光时间 指在某一管电压和管电流条件下所允许的最长曝光时间,用秒表示。使用中若超过这个值,由于热量的积累,将使 X 射线管焦点面过热而损坏。

(2)X 射线的性质

X 射线的性质可以从其物理效应、化学效应和生物效应三个方面来描述。

①物理效应

（a）穿透作用 X射线波长短，能量大，照在物质上时，仅一部分被物质所吸收，大部分经由原子间隙透过，表现出很强的穿透能力。X射线穿透物质的能力与X射线光子的能量有关，波长越短，光子的能量越大，穿透力越强。X射线的穿透力也与物质密度有关，密度大的物质对X射线的吸收多，透过少；密度小者，吸收少，透过多。利用差别吸收这种性质可以把密度不同的骨骼、肌肉、脂肪等软组织区分开来。这正是X射线透视和摄影的物理基础。

（b）电离作用 物质受X射线照射时，核外电子脱离原子轨道，这种作用叫做电离作用。在固体和液体中，电离后的正、负离子将很快复合，不易收集。但在气体中的电离电荷却很容易收集起来，利用电离电荷的多少可测定X射线的照射量，X射线测量仪器正是根据这个原理制成的。由于电离作用，气体能够导电，某些物质可以发生化学反应，在有机体内可以诱发各种生物效应。电离作用是X射线损伤和治疗的基础。

（c）荧光作用 由于X射线波长很短，因此是不可见的。但它照射到某些化合物如磷、铂氰化钡、硫化锌镉、钨酸钙等时，由于电离或激发使原子处于激发状态，原子回到基态过程中由于价电子的能级跃迁而辐射出可见光或紫外线，这就是荧光。X射线使物质发生荧光的作用叫做荧光作用。荧光强弱与X射线量成正比，这种作用是X射线应用于透视的基础。在X射线诊断工作中利用这种荧光作用可制成荧光屏、增感屏、影像增强器中的输入屏等。荧光屏用作透视时观察X射线通过人体组织的影像，增感屏用作摄影时增强胶片的感光量。

（d）热作用 物质所吸收的X射线能，大部分被转变成热能，使物体温度升高，这就是热作用。

（e）干涉、衍射、反射、折射作用 这些作用与可见光一样，在X射线显微镜、波长测定和物质结构分析中都得到应用。

②化学效应

（a）感光作用 同可见光一样，X射线能使胶片感光。X射线照射到胶片上的溴化银，能使银粒子沉淀而使胶片产生"感光作用"，胶片感光的强弱与X射线量成正比。当X射线通过人体时，因人体各组织的密度不同，对X射线量的吸收不同，致使胶片上所获得的感光度不同，从而获得X射线的影像，这是应用X射线作摄片检查的基础。

（b）着色作用 某些物质如铂氰化钡、铅玻璃、水晶等，经X射线长期照射后，其结晶体脱水而改变颜色，这就叫做着色作用。

③生物效应

当X射线照射到生物机体时，生物细胞受到抑制、破坏甚至坏死，致使机体发生不同程度的生理、病理和生化等方面的改变，称为X射线的生物效应。不同的生物细胞对X射线有不同的敏感度，利用X射线可以治疗人体的某些疾病，如肿瘤等。另一方面，它对正常机体也有伤害，因此要注意对人体的防护。X射线的生物效应归根结底是由X射线的电离作用造成的。

由于X射线具有如上种种特性，因而在工业、农业、科学研究等各个领域，获得了广泛的应用，如工业探伤、晶体分析等。

3. 射线的防护

射线对人体组织能造成伤害。人体受射线辐射损伤的程度与受辐射的量(强度和面积)和部位有关,眼睛和头部较易受伤害。

每个实验人员都必须牢记:对 X 射线要"注意防护"。人体受超剂量的 X 射线照射,轻则烧伤,重则造成放射病乃至死亡。因此,一定要避免受到直射 X 射线束的直接照射,并对散射线也加以防护,也就是说,在仪器工作时对其初级 X 射线(直射线束)和次级 X 射线(散射 X 射线)都要警惕。前者是从射线源焦点发出的直射 X 射线,强度高,通常只存在于 X 射线分析装置限定的方向中。散射 X 射线的强度虽然比直射 X 射线的强度小几个数量级,但在直射 X 射线行程附近的空间都会有散射 X 射线,所以直射 X 射线束的光路必须用重金属板完全屏蔽起来,即使小于 1 mm 的缝隙,也会有 X 射线漏出。

防护 X 射线可以用各种铅或含铅制品(如铅板、铅玻璃、铅橡胶板等)或含重金属元素的制品,如含高量锡的防辐射有机玻璃等。

按照 X 射线防护的规定,必须遵守以下的要求:

(1)每一个使用 X 射线的单位须向卫生防疫主管部申请办理"放射性工作许可证"和"放射性工作人员证";负责人须经过资格审查。

(2)X 射线装置防护罩的泄漏必须符合防护标准的限制:在距机壳表面外 5 cm 处的任何位置,射线的空气吸收剂量率须小于 2.5 μGy/h(Gy 是吸收剂量单位)。在使用 X 射线装置的地方,要有明确的警示标记,禁止无关人员进入。

(3)X 射线操作者要使用防护用具。

(4)X 射线操作者要具备射线防护知识,要定期接受射线职业健康检查,特别注意眼、皮肤、指甲和血象的检查,检查记录要建档保存。

(5)X 射线操作者可允许的被辐照剂量当量定为一年不超过 5 Rem 或三个月不超过 3 Rem(考虑到全身被辐照的最坏情况而作的估算)。

4. X 射线与物质相互作用与吸收

X 射线在穿透物质时可产生物理、化学和生物的各种效应,这些效应在诊断和治疗上均有其重要性。例如,在诊断中胶片的感光、治疗中 X 射线的生物效应、X 射线的电离作用等等。各种效应的发生都是物质吸收辐射能量的结果。

X 射线的吸收是一个复杂的过程。X 射线是能量很大的电磁波,具有波粒二重性。X 射线在穿透物质时可与原子中的电子、原子核、带电粒子的电场以及原子核的介子场发生相互作用。X 射线基本上是与大小近似于其波长的结构发生相互作用。低能量的 X 射线是与整个原子相互作用的,因原子直径仅为 $10^{-10} \sim 10^{-9}$ m,与低能量 X 射线光子波长相差不多;中等能量的 X 射线是与电子云相互作用的;高能 X 射线一般是与原子核相互作用的。

单个 X 射线光子与物质的相互作用是一种"单次性"的随机事件,光子穿过物质不会像带电粒子那样连续不断损失能量。它要么发生作用消失，要么转换为另一能量的光子，甚至不发生任何作用而穿过。X 射线与物质的相互作用有五种基本形式：不变散射、康普顿效应、光电效应、电子对效应和光蜕变。因为 X 射线和 γ 射线都是光子，唯一区别是它们的起源不同，所以对康普顿效应、光电效应、电子对效应发生过程的描述参见第 2 章的 2.1.3，在此不再重复。

　　光子与物质作用时发生光电效应的概率——"光电效应截面"用 σ_{ph} 表示，由量子力学给出的公式为

$$h\nu \ll m_0 c^2 \text{ 时}, \sigma_{ph} \propto Z^5 (h\nu)^{-7/2}$$
$$h\nu \gg m_0 c^2 \text{ 时}, \sigma_{ph} \propto Z^5 (h\nu)^{-1}$$

其中，$h\nu$ 为光子能量，Z 为原子序数。由此可知，选择高原子序数材料制作探测器，对光电效应可以获得较高的探测效率。由于人体的一些组织比另一些组织能吸收更多的射线，这样才产生了 X 射线影像的对比度。显然，邻近组织吸收 X 射线的差别越大，其对比度就越高。由于光电效应的概率与原子序数的五次方成正比，所以光电效应能扩大由不同元素所构成的组织间吸收 X 射线的差别。从成像衬度看，这是有利的，而且光电效应不产生散射线，有利于图像的分辨率。另一方面，从医学诊断中被检者接受 X 射线剂量来看，光电效应是有害的，因为被检者从光电效应中接受的 X 射线剂量比其他任何作用都多。一个入射光子的能量通过光电效应全部被人体吸收了，而在康普顿效应中，被检者只吸收了入射光子能量的一小部分。为了减少或避免辐射对人体的伤害，必须设法减少不必要的光电效应的发生。因为光电效应的发生概率与光子能量的三次方成反比，利用这个特性，我们在实际工作中可采用高千伏（高能量）照像技术，以减少光电效应的发生概率，从而保护受检者。

　　康普顿散射截面用 σ_e 表示，也分为两种情况：当入射光子能量低时（$h\nu \ll m_0 c^2$），$\sigma_e = \dfrac{8}{3} \pi r_0^2 \cdot Z$，其中 $r_0 = e^2 / m_0 c^2 = 2.8 \times 10^{-13}$ cm，为经典电子半径。此时，σ_e 与入射光子能量无关，仅与 Z 成正比。当入射光子能量高时（$h\nu \gg m_0 c^2$），$\sigma_e = Z\pi r_0^2 \dfrac{m_0 c^2}{h\nu}\left(\ln \dfrac{2h\nu}{m_0 c^2} + \dfrac{1}{2}\right)$。此时，$\sigma_e$ 与 Z 成正比，且近似与入射光子能量成反比。

　　在康普顿散射中，散射光子仍保留了大部分能量，传递给反冲电子的能量很少。小角度偏转的光子，几乎仍保留其全部能量。这就会产生一个问题，小角度的散射线不可避免地要到达胶片后产生灰雾而降低照片的质量。其原因是散射线的能量大，滤过板不能将它滤除。同时，由于它的偏转角度小，所以也不能用滤线栅把它从有用线束中去掉。所以，康普顿散射会引起图像的分辨率下降。在康普顿效应中产生的散射线，也是辐射防护中必须引起注意的。在 X 射线诊断过程中（透视和摄影），从病人身上产生的散射线其能量与原射线相差很少，且较对称地分布在整个空间，这个事实必须引起医生和技术人员的重视。

　　只有当入射光子能量大于 1.02 MeV 时，才可能发生电子对效应。电子对效应截面用 σ_p 表示，当 $h\nu$ 稍大于 $2m_0 c^2$ 时，$\sigma_p \propto Z^2 E_\gamma$；当 $h\nu \gg 2m_0 c^2$ 时，$\sigma_p \propto Z^2 \ln E_\gamma$。可以看出，在以上两种情况下，反应截面均与吸收物质原子序数的平方成正比。

综合上述,当入射光子能量高于 1.02 MeV 时,这三种效应都可能发生。入射光子与物质原子发生作用的总截面为 $\sigma_r = \sigma_{ph} + \sigma_e + \sigma_p$,且三种效应的截面均与物质的原子序数有关,存在下述关系:$\sigma_{ph} \propto Z^5$,$\sigma_e \propto Z$,$\sigma_p \propto Z^2$,其中 σ_{ph} 和 σ_e 均随入射光子能量增大而降低,而 σ_p 在 $E_x \geqslant 1.02$ MeV 以后,随 E_x 的增大而增大,当 $E_x < 1.02$ MeV 时,$\sigma_p = 0$,即当入射光子能量低于 1.02 MeV 时,只有光电效应与康普顿效应发生。图 6.1.5 给出了这三种主要效应的截面随原子序数和入射光子能量变化的关系。

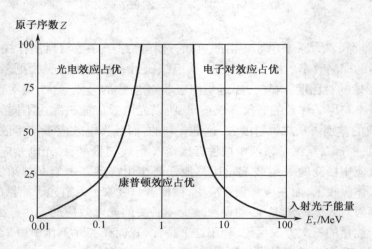

图 6.1.5 三种主要效应的截面

5. X 射线穿透物质时的衰减

概括上一节的讨论,一部分 X 射线与物质作用后会从入射束中移去(被吸收),强度被衰减。令 I_0 和 I 分别表示入射和出射强度,存在关系式:

$$I = I_0 e^{-\mu \Delta x}$$

式中,线衰减系数 μ 的单位为 cm^{-1},它取决于 X 光的波长、吸收物质的原子序数和密度,这就是著名的 Beer 定律。将非均匀介质分成很多厚度为 dx 的小段,每小段视为均匀介质,则有 $I = I_0 e^{-(\mu_1 + \mu_2 + \cdots + \mu_n) dx}$。当 dx 趋于无穷小,我们得到 $I = I_0 e^{-\int \mu(x) dx}$,即非均匀介质下的射线衰减公式。

6. X 射线探测的原理与手段

在辐射成像过程中,射线的测量至关重要,探测手段的优劣对整个成像系统起着决定性的作用。

利用 X 射线与物质相互作用产生的物理、化学变化乃至生物学效应,我们可以测量射线的各种性质。在辐射成像领域中,我们更关心的是空间中射线的强度分布,有时我们也需要获得射线的能谱。为此人们使用各种方法来达到上述目的,底片(或称胶片)是常用的记录 X 射线图像的方法,此外人们还使用荧光屏、数字平板探测器等使射线直接转变为图像。随着技术的进步和生产实践的要求,出现了各式各样的辐射探测器,多数探测器是根据射线与物质相互作用所产生的电离或激发效应制成的,且多数情况下输出的都是电信号。由于电信号可以方便地传输和处理,随着现代电子与计算机技术的飞速发展,数字探测器的优越性愈发地体现出来。

从本质上讲,探测器的作用就是将入射粒子的全部或部分能量转化为可观测的信号(如电流、电压信号)。探测器产生信号的过程一般可归纳为以下几步:①辐射粒子射入探测器的"灵敏体积";②全部或部分入射粒子与探测器灵敏体积内的工作介质发生相互作用,在其中损失能量并产生电离或激发(在固体中则是产生"电子 - 空穴对"或"激子"等);③探测器通过自身特有的工作机制将入射粒子的电离或激发效果变换成某种形式的输出信号。当然输出信号在形成的过程中要受到探测器外接回路的影响。

我们在第 2 章中讲到探测器按其探测介质类型及作用机制主要分为气体探测器、闪烁探测器和半导体探测器三种。其中,气体电离探测器是历史最悠久的探测器。早在 1898 年居里夫妇发现并提取放射性同位素钋和镭时,就用到"电离室"来监测化学分离过程中的各项产物。电离室在早期核物理发展中起了很大的作用,例如宇宙射线和中子就是在电离室中发现的。近一百年来,由于具有某些独特的性能,气体电离探测器不仅没有被淘汰,反而得到了蓬勃的发展。1992 年,法国物理学家 Charpak G 就以其在发明与发展多丝气体正比室方面的卓越贡献而荣获诺贝尔物理学奖。半导体探测器是从 20 世纪 60 年代以后才开始迅速发展起来的新型射线探测器,当然它的发展也经历了相当长的一段时间。1949 年,美国贝尔实验室的麦凯首先提出了用半导体来探测射线的构想,1951 年他用锗晶体的 PN 结二极管成功地记录了 α 粒子,从此开始对半导体探测器的研究;1956 年,出现了使用金刚石的纯净半导体探测器;1960 年,锂漂移技术出现,接着制成了锂漂移探测器;到 70 年代,高纯锗探测器研制成功,现在的主要发展方向是寻找新型的材料,以得到宽的耗尽区和高的本征电阻率,目前已经取得了较大的进展。半导体探测器具有很多优点,如能量分辨率好,线性响应好,脉冲上升时间比较短等。因此半导体探测器在各种射线的能谱测量中得到了越来越多的应用,在某些方面已取代了传统的探测器。总的说来,这三种探测器的应用都很广泛,只是由于性能不同而在不同的应用中发挥作用。下面我们介绍辐射成像中应用的具体探测器设备。

(1)X 线胶片与硒板

X 线与太阳光一样,具有光化作用,可使摄影用的胶片感光,使胶片乳剂中的溴化银变成感光的溴化银,经过显影剂和定影剂作用成为黑色颗粒。一般 X 线照片就利用这种性能,再加上后面介绍的增感屏的荧光作用,来拍摄体内组织和器官的 X 线影像。比较薄的部位(如手、足、牙齿)可以单纯用 X 线摄影作用来拍摄。介质主要有两种:X 线胶片和硒板。

X 线胶片主要由透明的片基和均匀涂布于其两面的照相乳剂所组成。片基通常用醋酸纤维或聚酯类合成纤维制成。照相乳剂主要成分为溴化银和明胶。它不同于普通照相感光胶片,为了增加感光效应,它两面均涂有照相乳剂。为了适应增感纸所发荧光的光谱,它仅对该增感纸所发的某种色调的荧光较敏感,不是全色片。

硒板是镀有一层均匀的半导体硒膜的铝板(或铜板)。利用半导体硒的光电导性,即在暗处它具有绝缘性,而在光线或 X 线照射下则具有导电性这一特性,将它置于特制暗盒中,进行充电、照射、显相、强化、印相、固相,成像于纸上这个过程,称为半导体静电 X 线摄影。由于需要的 X 线剂量较大,图像层次差等不足,硒板目前已趋于淘汰。

(2)荧光屏与增感屏

当 X 线作用于某些荧光物质,如磷、氰化铂钡、钨酸钙、硫化锌镉等时,这些物质就可以吸收 X 线而发出一种波长较长,介于可见光与紫外线之间的荧光。常用的荧光感光设备有荧光屏和增感屏。

①荧光屏　在纸板上涂以一层荧光物质,即成为荧光纸。荧光纸有两种,一种为黄绿色,多为硫化锌镉或其他荧光物质加极少量的镍制成,人的肉眼对这一种较敏感,适合透视用。另一种为蓝紫色,多采用硫化锌镉或其他荧光物质加极少量的银制成,所产生的荧光亮度大,适用于 X 线荧光摄影用。为防止 X 线对观察者的损害,在荧光纸上加一层铅玻璃,以吸收部分 X 线。荧光屏易出现疲劳现象,由于使用年久或经常曝露在可见光下,可能会出现荧光作用减退,或残光过大。

②增感屏　当胶片用可见光照射时,可见光大部分被胶片所吸收;如用 X 线曝光时,则被胶片全层平均吸收。由于 X 线的穿透作用,有98%以上的射线穿过胶片而不起感光作用。为提高 X 线的摄影效果,需利用 X 线的荧光作用。在纸板上涂以钨酸钙或钨酸镉等荧光物质,呈白色,在 X 线作用下,产生紫蓝色荧光或紫外光,与 X 线一起对胶片起感光作用。这种光线很强,超过单一 X 线感光的95%~98%,可大大减少 X 线的照射量。稀土增感屏感光作用更强,可进一步减少 X 线照射量,目前正广为应用。增感屏一般可分为高速、中速、低速三种。高速增感作用强,影像清晰度差,低速增感作用差,但影像清晰度高,中速者介于两者之间。

(3)X 线影像增强器

影像增强器(Image Intensifier)是在屏接收 X 光发出荧光的基础上增加了一个信号放大(增强)机制。它是一个大型真空管,里面装有输入屏、光电阴极、电子加速、聚焦系统和输出屏,X 射线透过物体后在输入屏上形成荧光图像,其光子在光电阴极上激发出光电子,高压电场使光电子加速,聚焦在较小的输出屏上,形成高亮图像。由此可以降低成像过程中的剂量,或在小焦点 X 光管成像中提高图像的清晰度。同时,由于图像亮度显著增强,还可通过光学系统(透镜组、光学纤维)直接把图像耦合至快速摄像系统拍成影片,便于动态观察和记录。

(4)影像板

影像板(Imaging Plate)技术是1990年前后开始应用于 X 射线分析的新技术。一些荧光材料(掺 Eu 的 BaFBr)有光刺激发光性质:当受 X 射线照射时,荧光体中的一些"色"中心受激发跃迁至亚稳态的能级上,从而储存了一部分被吸收的 X 射线的能量。而后,当受到可见光或红外辐射刺激的时候,将产生光刺激发光(PSL),PSL 的强度正比于吸收 X 射线光子的数目。当把这些荧光粉涂在胶片上制成荧光屏时就可以把 X 射线产生的图像暂时储存起来。

这种荧光屏称为影像板,是一种新型的 X 射线面积型积分探测器。利用聚焦的 He – Ne 激光束逐点扫描屏的表面,测量每点的 PSL 的强度,通过检出系统便能读出影像板储存的 X 射线图像。

影像板比照像底片的性能优越得多:影像板的荧光粉对 X 射线的吸收效率很高(对 CuK 射线接近 100%);灵敏度高于 X 射线胶片 60 倍而背景约为其 1/300;影像板整个面积的响应十分均匀;影像板的线性动态范围为 $1:10^5$,实际上没有计数速率的限制。如此高的动态范围使得可以在很短的时间内在一块影像板上记录一张完整的 X 射线衍射图。目前的影像板的像素分辨率可高达 $4\,020 \times 4\,892$,图像分辨率可达到 11.42 像素/毫米。

影像板可以使用上万次而其感光性能不会有明显变化,它的出现使 X 射线分析的各种照相方法焕发新的生机。

(5)数字化平板探测器

数字化平板探测器(Flat Panel Detector, FPD),简称平板探测器,顾名思义是在一个平面范围内接受 X 光并直接产生数字信号。这类探测器的输出灰阶为 12 ~ 16 比特的数字信号,可以直接输入到计算机进行处理。平板的像元数目从 512^2 到 4096^2 不等,构成二维的像素矩阵,且在两个维度可以不一致。根据平板探测器的工作机理,可以把它们分为两种类型:间接能量转换型和直接能量转换型,如图 6.1.6 所示。

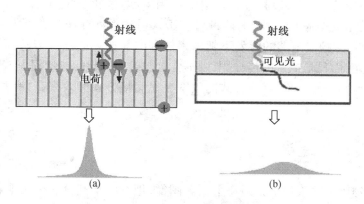

图 6.1.6　直接与间接能量转换
(a)直接转换;(b)间接转换

间接能量转换型是指射线首先经过闪烁体(如硫氧化钆(Gd_2O_2S),碘化铯(CsI))产生可见光,然后再通过光电转换形成电信号。如闪烁体与非晶硅层(Amorphous Silicon, a – Si)加 TFT 阵列,或 CCD(电荷耦合器件),或 CMOS(互补金属氧化物半导体)一起构成的探测器都属于这个工作机理。

非晶硅探测器矩阵是由薄膜非晶态氢化硅制成的光电二极管,它在可见光的照射下能产生电流。在光电二极管矩阵上覆盖着一层针状 CsI 闪烁晶体,当有射线入射到闪烁晶体层时,射线光子能量转化为可见光,激发光电二极管产生电流。此电流就在光电二极管自身的电容上积分形成储存电荷。电荷量和入射其上的光子能量与数量成正比。

    CCD 是一种工作于可见光和红外波段的光电转换器件。闪烁屏接收 X 光产生荧光,被CCD 接收。在外电路的控制下,CCD 输出与各个像素接受的光强成正比的电信号。CCD 的固有噪声极低,对光输入的响应线性好,在模－数转换后的灰阶可达 16 bit,动态范围比较宽。CCD 器件的面积一般比闪烁屏的面积小,所以需要将多块 CCD 拼接起来,或让单个CCD 进行扫描,然后将获取的局部图像组合成完整的图像。还可以采用缩减法,经光学透镜或光纤锥构成的缩减器,实现大面积闪烁屏与小面积 CCD 的耦合,如图 6.1.7 所示。类似地,CMOS 接收闪烁屏产生的荧光,转换成电信号输出,但其噪声相对较大,有效动态范围略低于 CCD 器件。

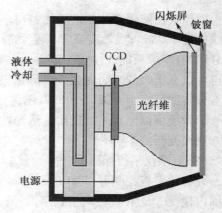

图 6.1.7　CCD 型平板探测器

    直接能量转换平板探测器的结构主要由非晶硒层加薄膜半导体阵列 TFT 构成。入射的射线在硒层中产生电子－空穴对,在外加电场作用下,电子和空穴向相反的方向移动形成电流,导致在薄膜晶体管中储存电荷,电荷量对应于入射的射线光子的能量与数量。场效应管(FET)起开关作用,在控制电路的触发下把像素储存电荷按顺序逐一传送到外电路中去。非晶硒不产生可见光,而只是电子的传导,所以不会有散射等引起的能量损失。图 6.1.6 示意了两种转换方式的差别,通常直接转换方式的效率要比间接方式的效率高,有时甚至可达 10 倍之多。

6.1.2　X 射线透视成像

    X 射线通过物体在接收器上投射一个阴影图像,把三维空间分布的被照物体信息以二维光学影像的形式表现出来。

1. 基本概念

    在评价一个成像系统及其所生成的图像时,往往需要借助一些相对客观的指标。本节将介绍在成像系统及图像的评价中常用的一些指标,包括对比度(contrast)、不锐度(unsharpness)、分辨率(resolution)。

    (1)对比度

    为了检测出异常病灶,不仅要求病灶组织结构在 X 射线照片中有较高的亮度,更重要的是要求它与周围组织间存在较大的反差,这就是对比度的概念。如图 6.1.8 所示,厚度为 L_1,

线衰减系数为 μ_1 的均匀物体中,有一块厚度为 L_2,线衰减系数为 μ_2 的异性物体作为观察对象。假定入射射线的强度为 I_0,经过均匀物体后的射线强度为 I_1,经过均匀物体与观察对象后的射线强度为 I_2。那么,对观察目标而言,其对比度 C 的定义为

$$C = \frac{I_1 - I_2}{I_1} = 1 - e^{-(\mu_2 - \mu_1)L_2}$$

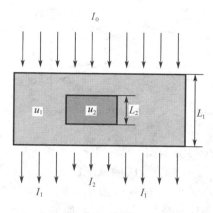

图 6.1.8　对比度分析示意图

在投影 X 射线成像系统中,图像的形成大致分为以下两个阶段:

①X 射线穿过物体,形成肉眼不可见的 X 射线图像;

②透射过来的 X 射线作用于探测器,形成可见图像。

在第一阶段中,图像对比度主要取决于被探查物本身对射线衰减的差异;在第二阶段中,探测器的性能以及在处理过程中各种参数的选择将直接影响图像的对比度。

（2）不锐度

在投影射线成像系统中,由于射线源有一定的尺寸,射线探测器的分辨率有限,加之在探查过程中不可避免的人体运动,都会造成图像的模糊。图像不锐度是衡量图像模糊程度的一项指标。

图像模糊是由各种不同的原因造成的。因此,在分析图像的不锐度时也往往要具体地指明是哪一种原因造成的图像模糊。

①几何不锐度　一个投影射线成像系统的射线源具有一定的焦点尺寸,而不是理想的点源或平行射线源,因此会造成系统获得图像边缘的模糊。图 6.1.9 中模糊边缘的范围(图中的 U_n)称为该系统的几何不锐度,与被成像物体关于射线源和探测器的几何距离关系有关,显然被成像物体愈靠近探测器,模糊边缘的范围就愈小,其几何不锐度也就愈小。由于焦点通常为一个二维分布,因此几何不锐度呈二维形态。

②移动不锐度　描述了物体运动(例如病人心脏的跳动等)造成的图像模糊。图 6.1.10 中的射线源是一个理想的点射线源,被探查物在空间平移了 U_m,结果在记录器上造成了宽度为 U_m 的模糊区域,U_m 就被定义为该系统的移动不锐度。移动不锐度由物体的运动情况决定,可能是一维函数,也可能是二维的,它所引起的影像模糊通常通过缩短照射时间来解决。为保证在探测器上获得同样强度的信号,需要采用较大的管电流。

③屏不锐度　除了放射源尺寸和物体运动引起的不锐度外,由于探测器的分辨率有限,以及探测过程中散射等因素引起的图像模糊称为屏不锐度。屏不锐度通常被近似地认为是各向同性的。

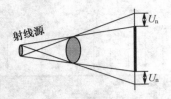

图 6.1.9　几何不锐度

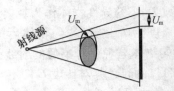

图 6.1.10　移动不锐度

（3）分辨率

分辨率是指成像系统区分（即分辨）互相靠近的物体的能力，它实际上是指系统所能分辨的两个相邻物体间的最小距离。当成像系统所生成的图像发生模糊时，系统的分辨率就下降了。因此，分辨率取决于图像的不锐度。

通常可选用一组组平行的铅条作为探查物来测试投影射线成像系统的分辨率。每组探查物由若干彼此相间的铅条构成，铅条之间的距离与铅条的宽度相等。习惯上用单位距离（例如 mm）里的线对数（line Pairs，LP）来描述线宽与线距。当每毫米中的线对数较大（即线宽与线间距离较小）时，系统就有可能难以分辨它们。因此，可以用每毫米线对数来描述系统的分辨率。

2. 胶片和相纸的射线照相法

X 射线照相是最古老和广泛应用的无损检测方法之一，由于新材料和技术的不断发展，该方法也得到了改进和发展。X 射线摄影分辨率高，能显示人体细微结构，影像可以长期保存，但成本比透视高，需要冲片过程。

（1）基本方法

如图 6.1.11 所示，对被检工件进行射线照相时，一般是将被检物体置于射线源 500 ～ 1 000 mm 的位置，使射线尽量垂直穿透被检部位。将装有胶片和增感屏的暗袋紧贴于试件背后放置，使射线照射适当时间进行曝光，在胶片乳胶层产生潜像，把曝光后的胶片进行暗室处理，经显影、停显、定影、水洗和干燥，得到的底片置于观片灯上观察，依底片的黑度和缺陷图像判断缺陷的种类、大小、数量和位置分布，并按标准要求对缺陷进行等级分类。为了获得对比度和清晰度均良好的底片，即达到标准所要求的透照灵敏度，应注意选择最佳的几何因素、射线硬度、曝光条件，并配

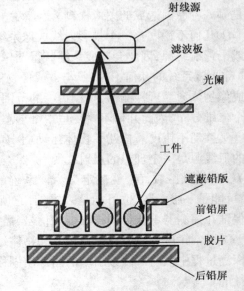

图 6.1.11　射线照相

合以相应的射线照相工艺措施。

射线的穿透量取决于材料的性质和厚度,底片上较黑区域表示穿透射线多,较亮的区域表示穿透射线少。射线照相遵循光学的一般规律,主要有以下几个方面影响我们是否能得到清晰、高质量的底片:

①应选择焦点小的射线源,点光源是最理想情况;

②使物体远离射线源,记录胶片尽可能靠近物体;

③应尽量保证射线以垂直方向投影到胶片,并使物体平面和胶片平面平行。

(2)射线照相灵敏度

描述射线照相形成影像的质量,也就是综合评定影像质量的指标用某种特定形状的细节在使用射线照相技术下可被发现的程度来衡量;通常采用一些标准的工件来进行测试。常用的有丝型像质计、阶梯孔像质计和平板孔像质计,如图 6.1.12 所示。

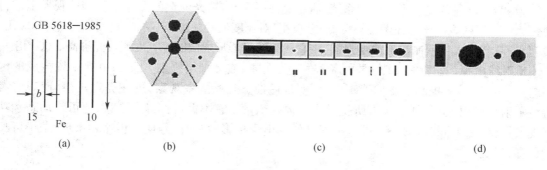

图 6.1.12　像质计

(a)丝型像质计;(b)正六边形阶梯孔像质计;(c)矩形阶梯孔像质计;(d)平板孔像质计

丝型像质计是一组直径按一定规律变化的直金属丝以一定间距平行排列,封装在低射线吸收系数的材料中,并附加必要的识别标志和符号,金属丝的材质应与透照物体相同或基本相同。常用的金属丝直径采用等比级数系列分布,长度一般为 $30 \sim 50$ mm,间距多为 5 mm,一般封装在薄塑料膜中。丝型像质计由于设计制作简单,被我国和许多国家或国际组织在制定标准时采用,其中美国材料与试验协会 ASTM 标准制订了丝型像质计标准 ASTM E 747 – 80。

阶梯孔像质计是在阶梯块上钻上直径等于阶梯厚度的通孔,阶梯的形状可以变化,常用的是矩形或正六边形,对于厚度很小的阶梯常钻上两个通孔,以克服小孔识别的不确定性。同样,阶梯的材质应与透照物体相同或基本相同。阶梯的典型面积是边长为 12 mm 的正方形,阶梯的典型厚度等同于丝型像质计的直径系列。

平板孔像质计在美国广泛使用,一般称为透度计。在厚度均匀的矩形板上钻三个通孔,孔应垂直于板的表面,若记板厚为 t,则三个孔的直径分别为 $1t,2t,4t,1t$ 孔位于其余两孔中间,板厚 t 只取透照厚度 T 的 1%,2% 及 4% 那些值。与前相同,板的材质应与成像物体相同或基本相同(ASTM 各标准中有具体规定)。

3. X 射线模拟成像技术

X 射线穿过被检测物体,在探测器上形成模拟图像,供人们直接观察,或通过摄像机形成模拟视频信号,通过监视器进行观察,在透照的同时就可观察到所产生的图像。

(1)荧光屏 X 射线成像

利用 X 射线的穿透和荧光作用,将被检组织脏器投影到荧光屏上,将 X 射线照相的强度分布转换为可见光图像,在荧光屏上直接进行观察,这就是常规的 X 射线透视。由于荧光很微弱,透视只能在暗室中进行。其优点是经济、简便、灵活,可在各个不同位置和方向观察被检测物体的形态;缺点是荧光像不够清晰,分辨率较差,影像不能保留为永久记录,此外医生在荧光屏后观察影像接受的剂量较大。

(2)荧光屏/影像增强器、电视 X 射线成像(XTV)

20 世纪 50 年代左右引入电视系统,通过电视摄像,将荧光屏上的图像传输到监视器上进行观察。荧光屏图像由于存在图像亮度低、颗粒粗、对比度低等缺点,限制了这种技术的实际应用。20 世纪 50 年代人们研制出影像增强器,用它代替荧光屏形成的图像亮度比荧光屏高 5 000 倍。

X 射线电视(见图 6.1.13)是由 X 光机、荧光屏(或影像增强器)、闭路电视系统构成的医用电视设备。XTV 提高了影像清晰度,可实现遥控、遥测、隔室观察,可在亮室观察,使观察者避免了射线照射,也降低了病人所受射线的辐射剂量。它不但可作静态观察,还可作动态和功能观察;可供多人同时观察;可进行电视录像和电影摄影,视频信号便于传输和重现,结果可长期保存,反复观察。

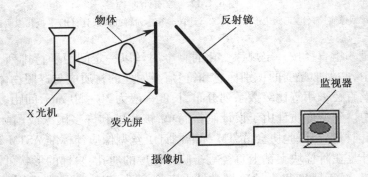

图 6.1.13　荧光屏、电视 X 射线成像系统

4. X 射线数字成像技术

随着微电子技术、计算机技术的发展,大规模数字集成电路的出现,数字技术在 20 世纪 70 年代进入医学影像领域。数字影像探测器灵敏度范围一般跨跃 4 个数量级(10 000:1,而胶片仅为 100∶1），而且对射线的反应是线性的，因此采用数字探测器能够提高密度分辨率，所得影像对比度与曝光水平无关。而且，影像的探测与影像显示完全分离，为射线影像的获取、处理、显示、储存和传输创造了条件。

　　数字化 X 射线影像技术可以分为间接数字化和直接数字化两类。胶片扫描机、视频信号 A/D 变换器、影像板都是将模拟图像转换为数字图像的设备；各种线型和平面型探测器则能直接将 X 射线转换为数字图像。我们在后面介绍的以数字化影像技术为基础的数字减影技术及计算机断层术，使射线诊断技术进入全新的发展阶段。

　　X 射线数字成像技术采用大动态范围的数据采集系统，形成数字图像，通过计算机进行处理，便于处理、存储、归档与通信。这里的数字化包含两层含义：图像的空间采样和图像灰度的量化。通过数字成像技术得到的衰减系数分布 $\mu(x,y)$，更准确地说是有限个像素的有限灰度阶次的函数 $\mu(m,n)$。

　　（1）计算机 X 射线摄影

　　20 世纪 80 年代，日本富士胶片公司高野正雄研制成功计算机 X 射线摄影（Computed Radiography，CR）并推向市场。它的核心是涂了一层荧光激发物质的影像板。如图 6.1.14 所示，当 X 射线曝光时，一部分入射 X 光能量被影像板吸收，并以潜影存储。曝光后此板被激光扫描，逐点激发所存储的能量，释放出可见光，各个点的光辐射强度被测量及数字化。因为是数字信号，我们可以方便地对信号进行处理，改善图像效果。由于此成像过程有计算机参与，所以又称为计算机放射成像技术（CR）。CR 系统获得的数字图像可以打印成胶片，也可输出给图像存档与传输系统（PACS），实现远程医学。

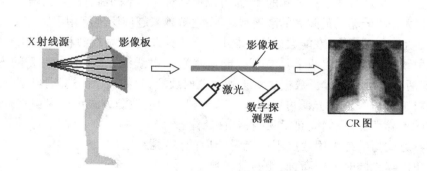

图 6.1.14　CR 成像过程示意图

　　CR 可以方便地利用现有的 X 光机，以影像板代替胶片。它的缺点是需要许多设备和复杂的处理过程，拍片速度慢，并且每成一次像，需要把影像板的潜像擦除，再重新使用。

　　（2）数字 X 射线摄影

　　数字 X 射线摄影（Digital Radiography，DR）是将 X 射线穿过被扫描物后投射到数字化平板探测器上，直接获得数字图像信号，然后用计算机技术将数字图像采集、处理、传输及显示在显示器上,供检查人员观察和诊断。这里的数字化平板探测器包括前面描述的非晶硅、非晶硒平板探测器、X 光 CCD 平板探测器、X 光 CMOS 平板探测器等。其主要特点是直接得到数字化信号,方便数字化存储和传输;实时显示图像。由于数字化平板探测器的发展,DR 的分辨率可以很高,例如 CCD 平板的像素分辨率可以达到微米级。此外,由于可以进行实时图像处理的便利性,一般 DR 系统可提供多种处理工具,使图像更清晰、细腻。

DR 也可以使用线阵探测器实现(图 6.1.15),但是必须辅之以机械扫描。探测器是一个线阵列,通过物体在线阵列垂直方向的运动,得到一个三维物体的二维 DR 图像。由于涉及扫描过程,所以成像速度要比使用平板探测器慢。根据物体的大小,扫描时间大多在秒或分钟量级。这样的方式常用于被成像物体比较大,或者成

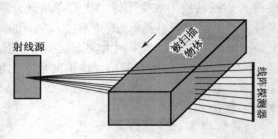

图 6.1.15　使用线阵探测器的 DR 成像

像视野形状特殊,平板探测器的尺寸不足以形成覆盖成像视野的情况。例如,我们后面将会介绍的大型集装箱扫描,物体的尺寸远远超出平板探测器的尺寸。又如,机场等公告场所的行李物品扫描,传送带上源源不断的行李所等价的实际成像区域是有限截面大小的一个无穷长的范围。

(3)双能 DR 成像

双能 DR 成像是利用两种不同能量的 X 射线对物体进行 DR 成像,通过计算得到物质组成信息的方法。由于双能技术这种特殊的能力,可以得到对人体不同器官的更清晰的分辨能力,或对行李物品和大型集装箱的危险品的准确判断等,它被越来越广泛地应用于医疗和各种 X 射线安检系统中。在双能系统中,双能数据的获取主要有两种方式:双射线源和双探测器方式。

所谓双射线源,就是采用两个具有不同能量水平的射线源,通过两次曝光的方式照射物体,分别得到两种能量下的投影数据。对于加速器射线源,我们可以高速切换能量来实现双能量扫描。而对于普通 X 光机光源可以用两个 X 光机。双射线源方式可以自由选择能量,从而最大化能谱的差异性,使我们能获得强的物质识辨能力。

双探测器方式指的是采用两层不同能量响应的探测器,通过一个射线源单次曝光同时得到高、低能的投影数据。如图 6.1.16 所示,射线首先到达低能探测器,低能射线一部分被探测器接收,剩余部分大多被滤波片(铜片等)挡住,而高能粒子则穿过低能探测器和滤波片到达高能探测器。因此,这种方式下的双能是使用了同一 X 光机的谱线中相对低能和高能的部分输出两幅 DR 图像。这里的高、低能只是相对概念,使用的两个能量相对高的称之为高能,另一个则称之为低能。

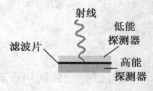

图 6.1.16　双能探测器

高、低能 DR 图像中的结构信息一般不会有明显差异,它们的主要差异体现在灰度值的幅

度上。得到高、低能 DR 图像后,需要融合这两者的数据,才能得到所需要的材料信息。

5. 数字 X 射线减影技术

数字减影是数字化 X 射线影像技术、图像处理技术和造影术结合的产物。其核心就是通过两次不同条件下的成像,把不重要的造成干扰的信号减少或消除,突出希望看到的重要信号。剪影法的使用可以追溯到 20 世纪二三十年代,但是当时没有数字化技术手段可用。数字 X 射线摄影技术的发展和成熟为剪影技术的使用提供了便利。商用数字减影血管造影装置在 20 世纪 80 年代开始被生产和使用。数字剪影主要应用于医学,是现代医学中非常常用的一种诊疗方法,其具体的方法和原理介绍见 5.1.3 节。

6. 微焦点 X 射线成像技术

微焦点 X 射线成像技术从成像物理角度与前面所介绍的摄影技术完全一致,唯一的差别在于它的光源焦点远小于普通 X 光机和加速器,以及对应的高分辨率探测器。由于其这方面的特殊性,我们对它进行单独介绍。一个微焦点 X 成像系统包括微焦点 X 光机、影像增强器或 CCD 探测器、多个自由度样品台、图像数据获取及控制、防护屏蔽等。一个成像系统的分辨率很大程度上由光源焦点的大小和探测器的分辨率决定。在材料分析、集成芯片设计等应用中,对成像系统分辨率的要求越来越高,普通的医用和工业用 X 光成像系统已无法满足要求。微焦点 X 射线成像是满足这些成像需求的必要手段。目前的商用微焦点 X 光机的焦点可以小至几微米。图 6.1.17 所示为一套高压 160 kV、电流 3 mA、焦点 5 μm 的系统,图 6.1.18 为此系统检查集成芯片内的连线情况所得图像。

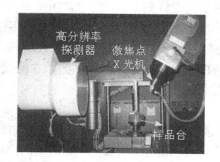

图 6.1.17　微焦点成像系统

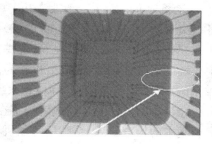

图 6.1.18　微焦点成像系统检测实例

7. 透视成像应用实例:大型集装箱检查系统

集装箱运输是一项高效、安全的新型运输工具。我国改革开放 30 年来,一直大力推广运输集装箱化,降低杂散货运输所占的比例,取得了有目共睹的成就。可以说,集装箱化将成为一个大趋势,是最重要、最具发展潜力、最有效的国际货物运输方式,特别是我国加入 WTO 之后,国际贸易的长足发展,集装箱运输前景广阔。但是,走私分子也充分利用集装箱这一现代化工具,大肆进行走私活动。采用人工开箱查验方式,速度慢、效率低,还会破坏产品包装;以海关现有的人力物力,难以一一查验所有通过的集装箱,故只能采用抽查方式。于是,部分未被查验出来的走私货物就在厚厚的集装箱铁皮的掩护下堂而皇之地进出国门,严重损害国家利益,而正当的进出口企业,却为货物难以及时地进出海关而焦虑。

大型集装箱检查系统采用高能量 X 射线透过被查验的集装箱,箱内的货物不同,则透过的 X 射线被衰减的程度就不一样,将透过的 X 射线通过高灵敏度的探测器记录下来并转成电信号,再用 A/D 转换器转成数字信号,借助于计算机成像系统形成图像,在显示器上呈现出来。经过培训的海关检查人员通过这些图像辨别出可疑物品。就像一块"照妖镜",走私物品,不管是电器、汽车,还是武器、毒品,尽管躲藏在厚厚的集装箱铁皮后面,也都将原形毕露,从而帮助检查人员在不开箱情况下快速地检查出藏匿在集装箱中的走私物品和违禁物。

为了穿透厚厚的铁皮,必须使用高能量的 X 射线,而为了产生高能 X 射线,又必须有大功率的电子直线加速器,由此产生了使用中的人身安全、货物残余辐射等问题,特别是在移动方式下,技术难度更大,它要求把加速器、探测器、机械设备等许多大型设备集成在一起,既要保证射线的穿透力,又要有效地屏蔽辐射;既要防止车身抖动,又要避免设备间强烈的电磁干扰;同时,高灵敏度的探测器、高速成像系统等的研制难度都很高。

下面我们介绍两种不同特点的大型集装箱检查系统。

(1)固定式集装箱/车辆检查系统

在高吞吐量的海路和陆路口岸,海关需要持续地检查入境的集装箱,因此对系统的检查能力和速度的要求很高。由此,集装箱/车辆检查系统必须穿透能力强,图像清晰度高,检查通过率高。固定式集装箱/车辆检查系统就是按照这样的要求设计的。首先,它采用 9 MeV 直线加速器,具有 320 mm 铁板穿透能力和 1 mm 铁丝分辨能力;其次它采用三车循环高速传送,每小时可以检查约 30 辆 12.2 米(40 英尺)集装箱。此外,根据口岸场地和货运量大小,这样的系统通常配备不同面积的辅助建筑,提供良好的人员工作环境和配套生活设施。它的代价是需要永久性的建筑和场地,因此造价较高,建设周期较长(见图 6.1.19)。

(2)车载移动式集装箱/车辆检查系统

在吞吐量小、分散的口岸,或者为了在边境、港口、陆路口岸、各类关卡等场所的突击检查,除了实现基本的检查要求,系统还必须机动灵活、反应快速。目前国内研制的 MT 系列是世界首创的以加速器为辐射源的车载移动式集装箱/车辆检查系统。它采用遥控扫描,每小时检查 15 辆 12.2 米(40 英尺)集装箱,不需要固定场地。这种系统采用的 X 射线源是 2.5 MeV 直线加速器,具有 200 mm 铁板穿透能力,3 mm 铁丝分辨能力。系统的优点是造价低,部署快速,可作为突击检查的手段(见图 6.1.20)。

(3)走私汽车典型案件

图 6.1.21 是一个实际的集装箱检查图像。走私人员申报的物品为地毯,但是仅在集装箱门处放置了两摞地毯,而在集装箱内部装了三辆汽车。通过集装箱系统的扫描,走私物品一览无余。

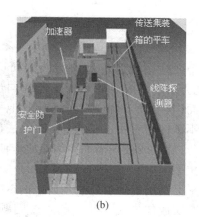

图 6.1.19　固定式集装箱/车辆检查系统

(a)外观图;(b)检查通道内部示意图

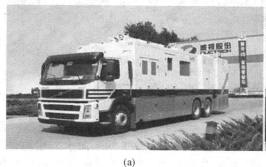

图 6.1.20　车载移动式集装箱/车辆检查系统

(a)设备移动状态;(b)设备进行检查状态

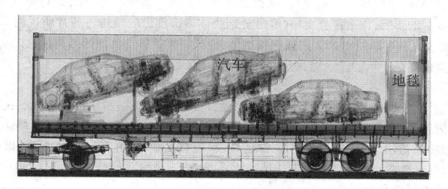

图 6.1.21　DR 图像:走私汽车典型案件

6.1.3　焦平面断层成像分类

焦平面断层成像也称为层析（Tomosynthesis）。如图 6.1.22 所示，此方法通过放射源和探测器的同步运动，拍摄突显某一感兴趣层面（焦平面 B）的照片，而让其他平面的影像都模糊化，以致提供不了任何有用的信息，所以此法也叫做模糊断层成像术。在成像时，病人或被扫描工件的安放应使感兴趣的解剖组织或部件位于焦平面中。

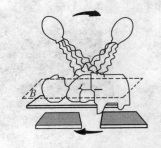

焦平面断层成像可以利用原来的 X 光机，是最早被医学广泛使用的断层成像方法。此法的主要问题是非焦平面上的信息并没有从图像中消除，只不过由于运动发生了模糊，不再显眼罢了。

图 6.1.22　焦平面断层成像

图像中混叠焦平面外的模糊组织，会掩盖焦平面的细节，尤其不易分辨衰减系数 μ 相差不大的组织。问题产生的原因在于仅从围绕病人的有限的扫描角度获取图像，从数学上可以证明，有限角度的投影数据不足以得到准确的断层图像。

6.1.4　X 光计算机断层成像（简称 CT）

1. 概述

常规 X 射线摄影利用透射原理，把三维的人体投影显示在一个二维的平面上。这就使得图像失去纵深方向的分辨能力，前后结构互相重叠，引起图像混淆，容易造成误诊和漏诊。CT 成像机制可以很好地解决结构重叠问题。广义 CT 成像是指扫描一个三维物体的某一截面，得到反映此截面的物理或化学特性的数据集合，通过特定算法运算得到截面上任意位置的参数值，由此得到断层图像。也就是说，把被成像物体分成一系列薄片（层）进行单独成像，从而消除邻近各层的影响，没有重叠混淆，容易辨别物体内部细微的结构。通常所说的 CT 指狭义 CT，也就是 X 光 CT，即使用 X 光射线扫描物体，得到物体的各个截面的结构信息。所有 CT 从数学原理上说都是一致的。这里我们主要讨论 X 光 CT。

（1）CT 的用途

CT 应用于工业是无损检测的一种重要手段，可以在不破坏被检工件的情况下获得工件内部的结构信息，从而判定有无缺陷和缺陷的空间位置分布、形状、大小等，并可测量缺陷几何尺寸。工业 CT 常被用于监控核电厂的正常运转，检查核反应堆的焊接质量和燃料棒的质量缺陷，检测大型火箭发动机或者是小型的精密铸件，等等。

（2）CT 的优点和局限性

CT 的种类虽多，但是其具有如下三个共同的优点：①CT 能够显示物体的断面图像，使用

CT 技术可以获得展现物体内部结构的三维图像;②CT 获得的图像清晰,密度分辨率高。③CT 成像操作简单、安全,而且对工件无破坏,医用 CT 对病人的照射在安全的允许范围内。

但 CT 也具有一些局限性:①CT 采集的信号体现的是物体对射线衰减,主要是密度信息,所以在 CT 图像上看不到成分或生物化学性质的变化和差异,从而 CT 不适用于检查某些医学病变;②CT 系统的造价比较高,而且针对性强,例如工业 CT 检查的对象千差万别,所以有不同标准和用途的工业 CT。

2. CT 的基本构成

从所需采集的数据来说,CT 与 DR 的最主要区别仅在于一点:CT 需要多个角度下的 DR 数据,即不同角度下的投影。也正是因为 CT 采集了比 DR 多得多的信息,我们才能够对物体内部截面的物理参数进行图像重建。由此,CT 成像系统除了 DR 扫描所需的射线源、探测器、数据采集控制电路等这些基本构件,还需要一个实现角度旋转的机械模块。在医学应用中,大家最常见的就是滑环机架(如图 6.1.23 所示)。X 光机和探测器被安装在滑环的旋转盘上,通过它们的同步旋转来实现多个角度的投影。

在 CT 成像里,我们要求的是被检查物体和光源探测器的相对运动,所以这个旋转也可以通过固定光源和探测器,旋转物体来实现,如图 6.1.24 所示。在工业应用里,我们更多地采用这种方式。

相对来说,在同等图像指标情况下,滑环机架方式的成本更高,系统设计难度更大。但在某些不能转动被扫描物体(如病人)的情况下我们必须采用旋转滑环方式。

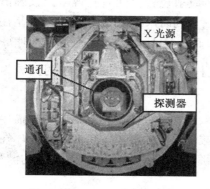

图 6.1.23　滑环机架内部构架

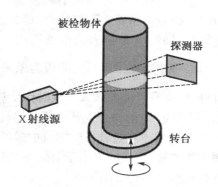

图 6.1.24　转台方式 CT

3. CT 的发展历史

CT 的历史最早可以追溯到 1917 年,奥地利数学家雷登(Radon)首次发现对二维或三维物体可以从各个方向上投影,利用数学计算方法能够得出重建图像,并提出了 Radon 变换,但由于该理论需要大量数学运算而未被重视。此后,美国 Cormack A M 在 1963 年提出用断层多方向投影重建图像的计算方法。第一台 CT 设备的研制是在 1967 年,英国 Hounsfield 在 EMI 实验研究中心研究 CT 扫描机,用 9 天的时间产生数据,2.5 个小时重建出图像。1971 年 9 月,这台 CT 安装在 Atkinson Morley 医院,10 月 4 日第一个病人接受了 CT 扫描。1972 年 4 月,英国放射学家研究年会上宣布了 EMI 扫描机的诞生,并于 1972 年 1 月在芝加哥的北美放射学会 (RSNA)年会上向全世界宣布了这个消息。1979 年,Hounsfield 和 Cormack 由于突出的贡献而共同获得诺贝尔医学奖。

CT 自 20 世纪 70 年代被发明出来,随着数学理论和计算机的发展而迅速发展起来。至今,CT 已经是国内外各大医院必配的检查设备,也是工业无损检测的重要手段之一。CT 的发展经历了以下几个阶段。

(1)第一代 CT

平行束递增扫描方式。用一个射线源、一个探测器同步作平移运动,并旋转进行扫描来获得投影数据,这是一种最基本的采集数据方法。

这一代扫描仪的基本问题是顺序进行平移和旋转两种运动导致投影数据采集的时间比较长,大概在几分钟的数量级上。由于人体的呼吸等运动会造成 CT 扫描图像的模糊,这样长的扫描时间使得它很难用于作全身扫描。但是对那些相对稳定的部位,如脑部,这样的时间还是可以接受的。因此,它曾经在脑部的检查中发挥过重要作用。

(2)第二代 CT

扇形束递增扫描方式,它使用一排探测器(3~30 个)。与第一代扫描仪类似,第二代扫描仪也采用平移加旋转的扫描方式。所不同的是使用多个探测器单元构成一个小角度扇形的射线束替代了第一代 CT 单一探测器,从而使得在每一个发射位置上同时获得多个投影值。假如有 10 个探测器,相邻之间相差 1°,那么在一次发射后可同时采集 10 个投影值。于是在下一步作旋转运动时,整个扫描系统就可以一步旋转 10° 而不是 1°(假设单一探测器时每次转 1°)。这样,整个数据采集时间缩短为原来的 $\frac{1}{10}$。用这种扫描方式,数据采集的时间约为几分之一分钟,使得有可能在病人屏气时作全身扫描。

第一、二代 CT 的一个重要特征是都具有自校功能,即在每一次平移扫描前和扫描后都测量一次在 X 射线不经过物体时的直射强度,即没有衰减情况下的参考强度 I_0。虽然 I_0 在理论上被假定为常数,但实际上由于射线源及探测器性能随时间的微小变化会造成 I_0 的漂移,因此经常作自校是很必要的。

(3)第三代 CT

扇形束旋转扫描方式,源和探测器一起旋转,无须平移。第三代 CT 的探测器单元数目更多,所构成的扇形束扩展至能容纳物体的全部横截面。探测器阵列通常由几百个单元依次排列而成,射线源与探测器围绕着一个公共轴心旋转。这一代扫描仪的明显优点是机械结构简化了,从而使扫描速度有了明显的提高(通常为几秒或零点几秒)。它的缺点是无法在扫描过程中作自校。这是因为一旦物体进入扫描仪,就无法找到一个位置让射线直射到探测器上进行自校。如果有一个探测器出了故障或校准不正确,那么图像中就会出现与旋转轴同心的环形伪像。这个问题靠采用稳定的探测器和专门的软件校准程序来解决。

（4）第四代 CT

扇形束旋转扫描方式，探测器分布一圈，仅光源旋转。第四代扫描仪采用在 2π 圆周上固定安装好的探测器，数据的采集过程只旋转射线源，而整个探测器阵列不动。最初，第四代扫描仪的设计是为了解决第三代机器中的环形伪像。从图 6.1.25 中可以看到，它除了可进行快速扫描外，还可以进行自校。因为每一个探测器单元都有可能在某一个扫描位置上被直射。另外，从几何学上分析，这个系统的结构本身决定了探测器的误差将分布在整个图像上，从而避免了环形伪像的产生。但是，第四代扫描仪的结构也存在一些固有缺陷。一个基本的问题是：对某一个特定的探测器单元来说，在不同的扫描位置上，射线以不同的角度轰击探测器，这将对重建图像的质量产生影响。在第三代扫描仪中，探测器与射线源一起旋转，所以每一个探测器都调整在与射线源对准的方向上。

（5）第五代 CT 扫描机

第五代 CT 也称为电子束 CT，通过控制电子束打到不同的靶点来实现第四代中的光源旋转效果。它的扫描速度大大提高，通常用于心脏灌注成像等对速度要求很高的场合。

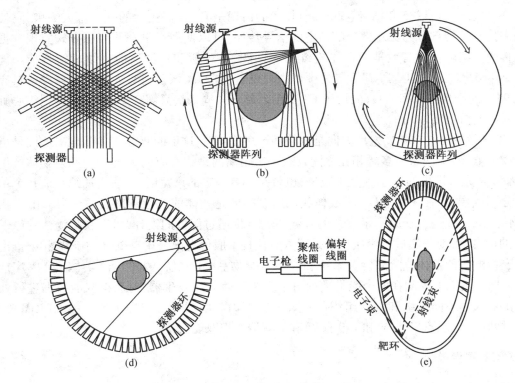

图 6.1.25 X - CT 的发展

（a）第一代 X - CT；（b）第二代 X - CT；（c）第三代 X - CT；（d）第四代 X - CT；（e）第五代 X - CT

4. CT 的现状及未来

　　三维 CT 成像是近年来的发展趋势。三维的概念一方面体现在探测器从以前的第一代到第四代 CT 的一排探测器向多层探测器发展,数字平板探测器技术更是让我们把束流在轴向进一步扩展,成为推动锥束 CT 发展的一个直接因素。另一方面三维成像体现在 CT 扫描轨道不再局限于平面内的轨道,例如螺旋轨道扫描 CT 已经被广泛用于医学上的人体全身扫描。图 6.1.26 是使用 4 层探测器的螺旋扫描示意图。螺旋运动通常由连续的旋转($>2\pi$)和轴线方向的平动综合而成,例如 X 光机和探测器旋转,被扫描物平动。带有滑环部件的机架系统是螺旋 CT 设备中的关

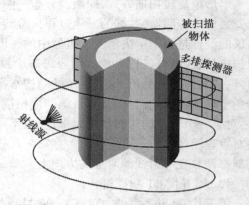

图 6.1.26　四层螺旋 CT 示意图

键硬件系统之一。1985 年滑环(Slipring)技术的出现是 CT 发展史上的一个重大突破,它使用电刷来处理旋转部分与静止部分的馈电的信号传递,可以使用光学等非接触方式实现数据的快速传输。滑环技术有效地解决了电缆缠绕问题,使球管和探测器能连续旋转扫描。德国 SCHLEIFRING 公司是医学 CT 领域主要的滑环设备生产商,该公司对大口径滑环设备具有国际上 95% 的市场占有率。目前,用于 CT 的滑环旋转一周最快只需 0.27 s,主要应用于心脏扫描等对时间分辨要求高的地方。

　　CT 成像的另一个重要发展方向是双能甚至多能 CT。这里的双能或多能准确地说是指双能谱或多能谱,即两条或多条相互之间具有一定距离的谱线对应的 X 光分别照射物体产生数据(因为 X 光管发出的 X 射线是多色谱,也就是具有一定的谱宽度,无法实现绝对地几个单一能量分别成像)。使用常规的 CT 成像我们所获得的是物体的线性衰减系数信息。由于物体的线性衰减系数是关于原子序数 Z 的函数,双能 CT 通过能谱的设计,可以获得物体的原子序数 Z 的信息,帮助我们进行物质识别。同方威视技术股份有限公司自 2006 年以来相继推出了用于安检的双能液体危险品检查系统和双能行李物品 CT 系统。2008 年,美国 GE 医疗推出宝石 CT,使用能够瞬间在两个能量进行切换的 X 光管高压发生器,对获得双能数据进行处理以提供对人体不同组织和病变组织的更好分辨能力。西门子公司推出的双能 CTSOMATOM 则通过两套 X 光管(80 keV 和 140 keV)和探测器实现双能成像。

5. CT 图像重建

　　CT 成像的一个重要环节是断层图像的重建。CT 数据是由多个角度的透视数据组成的,每个数据代表的是物体的线衰减系数在射线方向的积分,CT 重建的过程就是从这些交织在一起的信号里求解出物体断层上每个点的线衰减系数值。这里,二维断层图像以像素为最小面

积单元,多个断层构成的三维图像以体素为最小体积单元。CT 历史发展至今,已经形成了众多的断层图像重建方法,主要分为两大类:一类是解析法,包括傅里叶变换法、滤波(卷积)反投影法等;另一类是迭代法,例如代数重建方法和贝叶斯重建方法。

(1)中心切片定理

在介绍解析法重建之前,我们首先介绍一个非常重要的定理——中心切片定理。从 X 射线成像的原理我们知道,当入射强度为 I_0 的射线通过物体之后,探测器获得的射线强度为 I,衰减关系为

$$I = I_0 \mathrm{e}^{-\int \mu \mathrm{d}t} \rightarrow \int \mu \mathrm{d}t = \ln\left(\frac{I_0}{I}\right)$$

对一个二维平面上的函数 $\mu(x,y)$ 按照 CT 平行束扫描方式进行线积分的过程就是雷登变换(图 6.1.27)的过程:

$$g^{\mathrm{P}}(\theta,t) = \iint \mu(x,y)\delta(x\cos\theta + y\sin\theta - t)\mathrm{d}x\mathrm{d}y \tag{6.1.1}$$

这里的狄拉克函数定义了射线的路径,$g^{\mathrm{P}}(\theta,t)$ 是雷登变换结果,θ 是光源和探测器旋转的角度,t 是探测器轴上的坐标,上标 P 表示平行束(Parallel)。图像重建即求解函数 $\mu(x,y)$。注意:我们通常把 $g^{\mathrm{P}}(\theta,t)$ 称为投影数据,也就是线积分值,而 I 是 CT 系统实际采集到的信号。

中心切片定理建立了投影数据(雷登域数据)与 $\mu(x,y)$ 的二维傅里叶变换之间的关系,从而使得我们可以通过它进行图像重建。定理具体描述如下:二维物体的任意角度下的一维投影的傅里叶变换正好等于该物体的二维傅里叶变换在该投影角度下的中心剖面上的分布。分别用 F_1,F_2 表示一维和二维傅里叶变换,中心切片定理可以用公式表示为

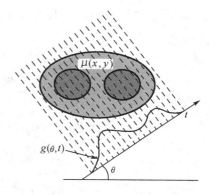

图 6.1.27　二维雷登(投影)变换示意图

$$\begin{aligned} G_\theta(\rho) &= F_1\{g^{\mathrm{P}}(\theta,t)\} \\ \Phi(u,v) &= F_2\{\mu(x,y)\} \\ \Phi(u,v)\big|_{u=\rho\cos\theta, v=\rho\sin\theta} &= G_\theta(\rho) \end{aligned} \tag{6.1.2}$$

如图 6.1.28 所示,算符 F_1 和 F_2^{-1} 串联就相当于雷登逆变换 R_2^{-1}。通过处理 π 角度范围的所有投影得到其傅里叶变换剖面,就可以把整个傅里叶变换平面建立起来。然后将这个傅里叶变换平面取逆变换得到物体的图像,这就是中心切片定理的直接应用,称为傅里叶变换重建法,其具体实施步骤如下:

①用平行束以 θ 角采集 $g^{\mathrm{P}}(\theta,t)$。

②对 $g^{\mathrm{P}}(\theta,t)$ 进行傅里叶变换成 $G_\theta(\rho)$。

③利用 $u = \rho\cos\theta, v = \rho\sin\theta$ 将足够多角度下的 $G_\theta(\rho)$ 填充到 (u,v) 坐标系中，得到 $\Phi(u,v)$。

④对 $\Phi(u,v)$ 作二维傅里叶反变换，求出 $\mu(x,y)$。

（2）平行束滤波反投影重建算法

解析法重建都是根据中心切片定理而来的，滤波反投影法（Filtered Back Projection，FBP）是最常用的方法，由它所需要的两个步骤"滤波"和"反投影"得名。卷积反投影法和滤波反投影法只是实现上的差异，没有本质的差别，因此在这里

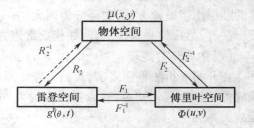

图 6.1.28　物体空间、雷登空间和傅里叶空间的关系

我们不加特别区分。滤波反投影重建图像的基本做法是：在某一投影角下取得了投影函数（一维函数）后，对此一维投影函数作滤波处理，得到一个经过修正的投影函数。然后再将此修正后的投影函数作反投影运算，得出我们所需要的密度函数。

已知二维傅里叶逆变换 $\mu(x,y) = \int_{-\infty}^{\infty}\int_{-\infty}^{\infty} \Phi(u,v)\mathrm{e}^{\mathrm{j}2\pi(ux+vy)}\mathrm{d}u\mathrm{d}v$ ，在频域中根据下面的坐标变换关系

$$u = \rho\cos\theta, \quad v = \rho\sin\theta$$
$$\Phi(\rho,\theta) = \Phi(-\rho, \theta + \pi)$$

有

$$
\begin{aligned}
\mu(x,y) &= \int_0^{2\pi}\int_0^{\infty} \Phi(\rho,\theta)\mathrm{e}^{\mathrm{j}2\pi\rho(x\cos\theta + y\sin\theta)}\rho\mathrm{d}\rho\mathrm{d}\theta \\
&= \int_0^{\pi}\mathrm{d}\theta\int_{-\infty}^{\infty} \Phi(\rho,\theta)\mathrm{e}^{\mathrm{j}2\pi\rho(x\cos\theta + y\sin\theta)}\,|\rho|\,\mathrm{d}\rho \\
&= \int_0^{\pi}\mathrm{d}\theta\int_{-\infty}^{\infty}\Big[\int_{-\infty}^{\infty} G_\theta(\rho)\,|\rho|\,\mathrm{e}^{\mathrm{j}2\pi\rho r}\mathrm{d}\rho\Big]\delta(x\cos\theta + y\sin\theta - t)\mathrm{d}t \\
&= \int_0^{\pi}\mathrm{d}\theta\int_{-\infty}^{\infty} g_\theta'(t)\delta(x\cos\theta + y\sin\theta - t)\mathrm{d}t
\end{aligned}
\tag{6.1.3}
$$

这样就推导出滤波反投影法的重建方法，总结如下：

①对某一投影角度 θ 下的投影函数作一维傅里叶变换。

②乘以一维权重因子 $|\rho|$，然后作一维逆傅里叶变换，得到 $g_\theta'(t)$。

③把 $g_\theta'(t)$ 的值放到直线 $x\cos\theta + y\sin\theta = t$ 上的所有 (x,y) 点上，这个过程通常称为反投影。换句话说，来自该角度下的投影数据对这条直线上的点的贡献为 $g_\theta'(t)$，而对其他位置点的贡献为 0。

④改变角度，重复上面的步骤，一直到 180 度，把所有投影角度对相应点的贡献都累加起来。

图 6.1.29 显示了滤波反投影方法的过程。这里步骤 1,2 可以合成为一个卷积步骤，即

$$F^{-1}\big[F\{g_\theta(t)\}\,|\rho|\big] = g_\theta(t) * F^{-1}\{\,|\rho|\,\}$$

就得到了卷积反投影算法。在使用实际中使用的卷积函数 $C(R) = F^{-1}\{\,|\rho|\,\}$ 有解析的离散形

式,如印度数学家 Ramachandran 和
Lakshminarayana 提出的 R - L 函数。此外,
为了抑制噪声等图像处理目的,常常会对
卷积函数作加窗等处理,如美国数学家
Sheep 和 Logan 提出的 S - L 滤波函数。限
于篇幅,我们在这里不作详细介绍。

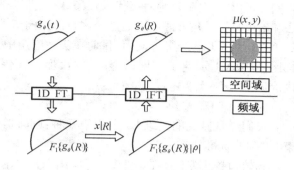

图 6.1.29　滤波反投影法

（3）扇束重建算法

第三代以后的 CT 都设计成扇束的连
续旋转扫描方式,扇束扫描也是目前最常
用的扫描方式之一。从探测器的形状和探
测器单元的采样方式,目前主要有两种扇束（如图 6.1.30 所示）:等角度和等距扇束。

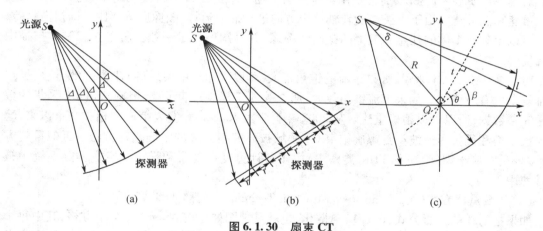

图 6.1.30　扇束 CT

（a）等角度扇束；（b）等距扇束；（c）扇束 CT 射线与平行束的关系

等角度扇束 CT 的探测器通常被设计成以光源为圆心的圆弧状,探测器单元在弧线上均
匀分布,这样射线采样按等角度分布（见图 6.1.30（a））。等距扇束 CT 的探测器通常为直线
型,探测器单元等间隔地一字排开（见图 6.1.30（b））,显然,这种情况下射线的采样是不等角
度的。扇束 CT 的每条射线都可以与平行束 CT 的射线对应。如图 6.1.30（c）所示,S 为光源,
用 $g^F(\beta,\delta)$ 表示扇束扫描下得到的投影,β 表示中心射线 OS 顺时针旋转 $90°$ 的方向,δ 是所关
注射线 l 与中心射线的夹角,上标 F 表示扇束（Fan）。可见,射线 l 在平行束扫描中对应的数
据是 $g^P(\theta,t)$,其中

$$\theta = \beta + \delta$$
$$t = R\sin\delta \qquad\qquad (6.1.4)$$

由此,扇束 CT 重建可以首先通过数据重排获得对应的平行束数据,然后使用前面所述的平
行束重建方法进行重建。由于重排的是离散化的射线采样,这个步骤需要使用插值。除了重排,

我们还可以把式(6.1.4)直接代入式(6.1.3)推导得到扇束直接重建算法:扇束 FBP 方法。重排法和扇束直接重建方法本质上是一致的,但由于离散化的影响,实际重建结果会有差异。

平行束 CT 已经很少使用,目前在实际应用中大多为扇束情况。从总体上说,与平行束 CT 相比,扇束 CT 加速了数据采集的过程,但在图像重建的计算复杂性方面也稍微付出了一些代价。

(4)三维 CT 重建

我们经常碰到的三维 CT 分以下几种:圆轨道锥束 CT、单层螺旋 CT、多层螺旋 CT、螺旋锥束 CT 和非标准轨道 CT。

圆轨道锥束 CT 是在工业 CT 等应用中常见的一种模式,常用从扇束 FBP 推演得到的 FDK 类近似重建算法进行重建。由于圆轨道锥束 CT 的数据不完备,从理论上来说我们不可能得到精确重建结果。

对于单层螺旋 CT 来说,通常采用重排方法得到近似的二维平行束或扇束数据,然后用前述的重建算法重建。由于需要在旋转轴这个方向进行插值运算,图像质量会比二维扫描略差,但它可以得到一个体的任意高度上的截面的图像,并且图像质量一致。所以在三维体扫描中具有优势。

对于多层螺旋 CT 来说,如果束流的锥角不大,可以采用与单层螺旋 CT 类似的方法,虽然重排复杂度有所增加。如果束流锥角较大,那么等效于螺旋锥束 CT。螺旋轨道 CT 采集的数据是完备数据,所以可以精确重建。从 2002 年科学家 Katsevich 发表第一篇相关文章以来,滤波反投影类和反投影滤波类是螺旋锥束 CT 领域被研究得最多的精确重建方法。近似重建方法(主要是对应于螺旋 CT 的 FDK 类算法)由于其计算复杂度小和噪声稳定在实际系统中被经常使用。

(5)代数重建方法(Algebraic Reconstruction Technique,简称 ART 算法)

如果把射线的投影公式(6.1.1)离散化,也就是把图像分成 $N = n \times n$ 个小方格,其中每个方格内部的 $\mu(x,y)$ 可以认为是常数。令 μ_j 代表第 j 个方格内的像素值,$j = 1, \cdots, N$,所有方向投影的射线总数为 M,那么令 $a_{i,j}$ 表示第 i 条射线与第 j 个格子的交线长度,则有

$$g_i = \sum_{j=1}^{N} a_{i,j}\mu_j, \ i = 1, \cdots, M \tag{6.1.5}$$

这里,$a_{i,j}$ 的大多数元素为 0,因为对于某条射线来说(如图 6.1.31 上的直线 l),仅有少部分像素与它相交。在现实条件中有许多非理想因子存在,例如,离散化的探测器收集的信号是覆盖一定宽度 τ 的射线的信息,τ 由系统采用的探测器单元大小决定。所以,为了更准确地反映成像过程,通常把权系数 $a_{i,j}$ 定义为第 j 个格子对第 i 条射线的贡献。

展开(6.1.5)就得到了 M 个关于 $\{\mu_1, \mu_2, \cdots, \mu_N\}$ 的一次方程:

$$\begin{cases} a_{1,1}\mu_1 + a_{1,2}\mu_2 + \cdots + a_{1,N}\mu_N = g_1 \\ a_{2,1}\mu_1 + a_{2,2}\mu_2 + \cdots + a_{2,N}\mu_N = g_2 \\ \qquad\qquad \vdots \qquad\qquad\qquad \vdots \\ a_{M,1}\mu_1 + a_{M,2}\mu_2 + \cdots + a_{M,N}\mu_N = g_M \end{cases}$$

解出 $\{\mu_1, \cdots, \mu_N\}$，就得到了每个小方格的像素值，即得到了所需的反映物体衰减系数的图像。

一般情况下 M 和 N 都是很大的数，直接用矩阵方法求解很困难，实际中通常采用迭代方法。代数重建方法就是求解这样一个线性方程组的算法，其求解过程如下：

把 $\boldsymbol{\mu} = [\mu_1, \cdots, \mu_N]^{\mathrm{T}}$ 看作是 N 维空间中的向量，令 $\boldsymbol{\mu}$ 的初始估计值为 $\boldsymbol{\mu}^0 = [\mu_1^0, \cdots, \mu_N^0]^{\mathrm{T}}$，那么可以认为 $\boldsymbol{\mu}^0$ 在超平面 $a_{1,1}\mu_1 + a_{1,2}\mu_2 + \cdots + a_{1,N}\mu_N = g_1$ 上的投影是更接近真实值的估计值，即

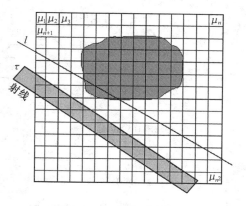

$$\boldsymbol{\mu}^1 = \boldsymbol{\mu}^0 - (a_1^{\mathrm{T}}\boldsymbol{\mu}^0 - g_1)a_1/a_1^{\mathrm{T}}a_1$$

其中　　　　$\boldsymbol{a}_1 = [a_{1,1}, a_{1,2}, \cdots, a_{1,N}]^{\mathrm{T}}$

图 6.1.31　代数重建算法

接下来，取 $\boldsymbol{\mu}^1$ 在超平面 $a_{2,1}\mu_1 + a_{2,2}\mu_2 + \cdots + a_{2,N}\mu_N = g_2$ 上的投影 $\boldsymbol{\mu}^2$，依次进行下去可以得到 $\boldsymbol{\mu}^M$，这就完成一个循环。然后以 $\boldsymbol{\mu}^M$ 为初始值可以继续进行下一个循环，依次类推，在每一个循环里 $\boldsymbol{\mu}^j$ 可以通过下式由 $\boldsymbol{\mu}^{j-1}$ 确定：

$$\boldsymbol{\mu}^j = \boldsymbol{\mu}^{j-1} - (a_j^{\mathrm{T}}\boldsymbol{\mu}^{j-1} - g_j)a_j/a_j^{\mathrm{T}}a_j$$

可以证明，向量序列 $\boldsymbol{\mu}^0, \boldsymbol{\mu}^M, \boldsymbol{\mu}^{2M}\cdots$ 是收敛的，并且 $\lim\limits_{i \to \infty}\boldsymbol{\mu}^{iM} = \boldsymbol{\mu}^*$。

除代数重建方法以外，还有许多不同的迭代重建方法，例如贝叶斯重建方法。迭代方法的优点是：首先，式(6.1.5)这样的离散线性关系式适用于所有不同的扫描方式，包括三维 CT，只是 $a_{i,j}$ 不同而已；其次，迭代方法可以方便地结合先验知识，例如局部区域比较平滑，像素的正则化条件等。迭代方法的缺点是计算量很大，但随着计算机技术的发展，尤其在并行技术和通用显卡的高计算能力领域的快速发展，使得迭代方法在工程实际中的应用正逐步扩大。

6. CT 图像的指标和常见概念

全面评价一个 CT 系统的性能是一项复杂的工作。系统的各个组成部分的性能指标，例如光源的束流稳定性、探测器的探测效率、电子学噪声、光子的量子噪声、重建误差等最后都会体现在 CT 图像上。为了对 CT 图像有量化的评价，主要定义了下面几个量化指标。

（1）空间分辨率

我们在节 6.1.2 中已经提到过，它是鉴别和区分微小缺陷能力的度量，定量地表示能分辨两个细节特征的最小间隔，用单位距离的线对数、调制解调函数（MTF）等来表示。CT 的空间分辨率有两个方向，一个是平面或断层内空间分辨率，另一个是层间分辨率（也叫层敏感曲线）。空间分辨率是在细节特征的幅度差异足够高也就是说密度差异足够大的情况下测量的。图 6.1.32 显示了不同成像系统的空间分辨率水平。

（2）密度分辨率（也叫对比度分辨率）

表示能够区分开的密度差别程度，以百分数表示。密度分辨率代表了 CT 系统的灵敏度。

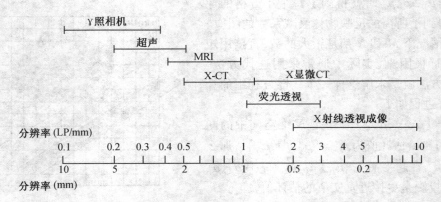

图 6.1.32 不同成像系统的分辨率比较

工业 CT 系统的密度分辨率通常在 0.5% 左右,也就是说这样的系统能够分辨衰减系数仅与背景相差 0.5% 的缺陷。

(3)时间分辨率

它与 CT 系统的成像速度直接相关,不能从单幅 CT 图像上直接得到。与空间分辨率类似,它可以用在单位时间能够分辨的运动信号数目,或者关于时间轴的 MTF 来表示。时间分辨率对于过程成像或检测运动物体,例如人体心脏成像非常重要。它关系运动伪影的出现、可供建立图像的测量数据的数量以及可利用的射线剂量。

(4)图像的噪声水平

一个细节繁杂的图像比较难以衡量它的噪声,所以为了了解 CT 系统噪声,通常使用一个均匀物体进行成像,然后测量均匀区域的均方差,得到对图像的噪声估计。

(5)图像的伪影(又称假像)

它是指图像中与被检物体的物理参数分布没有对应关系的部分,常常严重影响图像的视觉效果,自然也影响空间分辨率等各项指标。伪影形成的原因有物理原因,包括射束硬化、散射、探测器不一致性等,也可能由算法引起。它的表现形式也非常多样,有线状、带状、环状、阴影、杯状等。伪影无法用一个统一的量来表示,是一个感官的概念。

这些指标并不能完全代表一个 CT 系统的性能。要全面地提高 CT 图像的质量,提高 CT 系统的性能,必须分析 CT 成像的各个环节,理解影响图像各项指标的意义和影响因素,才有可能得出客观的结论。

7. 大型高能工业 CT 介绍

一般小工件的 CT 检测采用 X 光机作为射线源,目前应用较多的是 450 kV 或 420 kV 射线源的 CT 装置,系统最大穿透等效钢厚度为 50 ~ 60 mm。对于较厚、较大的工件或较重元素材料的检测,如大型固体火箭发动机、大型钢铸件,则用能量较高的直线加速器来产生高能射线,通过 X 射线穿透物体前后的强度变化来反映物体内部质量厚度的差异,利用前面介绍的重建方法得到物体的断层图像,从而对大型工件的内部细节、缺陷分布情况进行定量检测,再现内部密度分布和给出缺陷的空间定位,提前发现隐患,避免灾难性事故发生。

目前世界上最大型的 CT 系统之一安装在美国犹他州 Ogden 希尔空军基地,其射线源采用 15 MV 的直线加速器,可以穿透 40 cm 的钢板;可以检测直径 2.4 m、高(长)8.6 m、重 60 t 的物体,其密度分辨率在 0.1% 左右,用于 Minuteman 和 Peacekeeper 战略固体火箭发动机的老化监测。此类大型 CT 系统提供的最新技术的典型应用是检查空军战略洲际导弹,节省了维持战略武器运作的大笔费用。近年来我国也开展了大型工业 CT 成像技术的研究,图 6.1.33 为一大型国产工业 CT 系统的照片和对汽车发动机进行 CT 扫描获得的一幅断层图像。

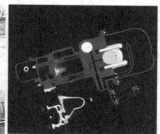

图 6.1.33　国产大型工业 CT 系统及汽车发动机的一幅断层图像

(1)大型高能工业 CT 基本组成

大型高能工业 CT 系统采用立式设计,工件竖直安放在回转工作台上,加速器、探测器分列工件两侧;回转工作台旋转得到不同角度的投影,再经过计算机重建得到对应的断层图像。回转工作台安装在地面上,仅完成旋转运动。加速器安装在一个可沿立柱升降的平台上,探测器安装在对面类似的平台上,这两个平台可同步升降,以完成对工件不同高度的断层扫描。

当工件不旋转仅加速器或探测器平台同步升降扫描时,可以完成对工件的 DR 成像。DR 图像是 X 射线数字照相获得,它是由平面扇形束穿透被检测工件后被线形阵列探测器接收,这样射线穿透工件衰减后所携带的信息经探测器转换,经系统放大、A/D 转换、亮度矫正和处理形成工件某一高度的透视像;然后由机械数控系统控制加速器和探测器同步上升(或下降)对工件另一高度处进行数字照相,最后将各个高度处的透视像组合成一幅完整的工件透视像。系统在各个高度处照相由高度编码器输出的高度信号自动触发,系统加速器/探测器平台的最小行程可控(如 0.1 mm)。系统的机械精度决定了系统 DR 图像的轴向定位精度,同时系统线形阵列探测器的小间距和射线束的小焦点也决定了 DR 图像在水平方向的高分辨率。

（2）大型工业 CT 的模块构成

①直线加速器　电子直线加速器采用电磁场在波导管内不断供给电子能量,使电子加速,电子在加速管内沿直线运动,加速到一定能量后撞击到靶材上产生 X 射线。其能量范围在 1～25 MeV 之间,由于射线能量高、剂量大,可用于高密度材料及大试件的检测。此外,加速器发出的是脉冲 X 射线,通常占宽比仅为 1/1 000,在数据采集过程中的大部分时间里无射线输出,因此加速器脉冲射线输出、工件的运动、数据采集三者必须实现精确配合,否则难以获得高质量的 CT 图像。

②探测器系统　探测器是 CT 装置的核心部件,其性能对图像质量影响很大。探测器的主要性能包括效率、尺寸、线性度、稳定性、响应时间、动态范围、通道数量、均匀一致性等。高能工业 CT 装置一般使用数百到上千个探测器,排列成线状,探测器数量越多,每次采样的点数也越多,在同等图像分辨率的情况下有利于缩短扫描时间。CT 重建算法假设探测器各通道之间的性能是一致的,但是探测器阵列各道间的均匀一致性与每个探测器通道的性能有关,也受探测器之间串扰、电路噪声等因素影响,所以实际上很难达到。为此,在扫描重建图像时,要进行探测器一致性校正。

③机械扫描系统　机械扫描系统要完成被检产品的平动、旋转及上升和下降,同时在扫描过程中,需实时反馈运动位置脉冲、实际位置校正和数据采集的控制。机械扫描系统一般根据被检产品的长、宽、高尺寸及分辨率的要求专门设计,被检工件的最大质量也是设计机械系统时必须考虑的因素。机械扫描系统大体上分为卧式和立式两种,在卧式扫描系统中,机械扫描系统的旋转轴平行于水平面,常用于细长零件的检测;立式机械扫描系统的旋转轴垂直于水平面,是目前广泛采用的结构。机械扫描系统的性能主要有试件特性（直径、高度、质量范围）、扫描方式、位移特性（移动自由度、方向、范围、速度等）、移动精度和控制方法等。在工业 CT 扫描方式中,采用第二代 CT 的优点是,可使用平行束图像重建,并可检测大于射线扇束范围的物体;其缺点是机械设计相对复杂,探测器单元对应的固定转动角度间隔影响边缘的周向分辨率,扫描时间较长。采用第三代 CT 扫描方式的优点是机械设计简单,扫描时间短,一周采集的幅数可调,缺点是产品尺寸受扇束范围限制,探测器之间的死区间隔影响图像的径向分辨率,探测器不一致性带来的伪影严重。机械扫描系统的关键特性是移动精度,特别是产品的旋转及平移精度是影响空间分辨率的重要因素。一般来说,空间分辨率增加,需要对应提高机械扫描系统精度,系统成本就会增加,在有些情况甚至成本可能比原来高一个数量级。目前,先进的机械扫描系统移动轴都采用直流伺服电动机驱动,绝对和相对位置编码器提供闭环位置（或速度）控制。机械移位或扫描位置的选择完全由计算机控制。

④数据采集系统　数据采集系统是探测器和计算机之间的电路接口。探测器输出的电流（电压）信号一般很弱,为此通过前级积分放大电路将来自多路的探测信号进行放大,然后通过 A/D 转换器将模拟量转换成二进制数字信号,送入计算机进行图像重建。数据采集系统的主要性能包括低噪声、高稳定性、标定本底偏差和增益变化的能力、线性度、灵敏度、动态范围

和转换速率等。

⑤计算机系统　工业 CT 技术的进步与计算机的发展紧密相关。工业 CT 用计算机除了对计算机的一般特性(如 CPU 速度、总线结构、内存大小)有较高要求以外,更突出高速阵列处理机的作用。工业 CT 扫描过程中涉及几百万个图像数据,在图像重建过程中要进行几十亿次运算操作,如此大的运算量对计算机要求很高,因此工业 CT 系统对计算机的要求是:运算速度快,存储容量大,显示分辨率高等。为了充分利用系统资源,现代工业 CT 系统一般都采用多用户分时处理操作系统,使扫描重建、显示、处理等操作相互独立进行。此外,对于大数据量的处理需求,常使用并行和通用显卡(GPGPU)技术加速图像重建和可视化。工业 CT 应用软件应当完成三个功能:设置和调整 CT 重建参数;控制扫描过程并实现 CT 数据同步采集;完成图像重建。另外,还有一些扩充软件,如三维成像软件可以在多幅二维图像的基础上实现三维显示等。在图像测量方面,可结合具体的检测目标开发专用测量软件。

(清华大学工程物理系　李　政　邢宇翔)

6.2　辐射型工业检测仪表

6.2.1　概述

1. 工业生产对检测仪表的基本要求

工业生产中有大量适宜应用核辐射测量技术解决的检测任务,一般可归纳为以下四类:(1)料位检测,如煤仓、水泥储仓、重油的焦化塔、油料罐等容器内物料位置的检测;(2)密度检测,如反映路面地基夯实程度的路基密度检测,管道中各种流体(如重介选煤的介质)密度检测;(3)厚度检测,如厚、薄钢板的厚度在线检测,薄膜、纸张厚度的在线检测;(4)成分比例检测,如煤炭灰分检测。

工业检测仪表犹如监视生产过程的"眼睛"。一般来说,工业生产对检测仪表有三项基本要求:(1)检测结果要准确、可靠;(2)检测要及时,现代工业生产迫切需要实时、在线检测,例如在选煤生产中,须要在线检测传送带上煤的灰分,来保证生产过程稳定,实现选煤自动化;(3)工业生产现场的环境条件往往比较恶劣,例如粉尘大、潮湿、有振动及电磁干扰等,而被测对象可能是高温、腐蚀性的,所以要求工业检测仪表能承受恶劣的环境条件。

2. 辐射型工业检测仪表的特点和不可替代性

辐射型工业检测仪表有以下特点:

(1)具有透视性。辐射能够透过容器或管道壁检测到内部的物料,因此不难做到对高压、密封容器或管道内的高温、有腐蚀性物料的检测,其他类型检测仪表则很难做到。

（2）非接触测量。传感器不会因与被测物摩擦而受损,所以仪表耐用、可靠,使用期限长,同时也不会损伤被测物表面(这在箔材及软材质测厚时尤为重要)。另外,对诸如高速运动炽热钢板的厚度快速测量等在线检测任务也比较容易实现。

（3）由于辐射型工业检测仪表一般采用放射源作为辐射源,其发射率不受外界温度、压力、振动等各种因素影响,所以此类仪表具有抗干扰能力强、稳定性好的特点。

（4）辐射型工业检测仪表实时性好,能在检测过程中即时给出检测结果。

总之,辐射型工业检测仪表能更好满足工业生产的基本要求。对很多采用其他技术、花费很大代价不能解决的工业检测难题,辐射型仪表却往往能迎刃而解,因此其在许多工业检测任务中具有不可替代的地位。

3. 我国辐射型工业检测仪表的历史和现状

20 世纪 40 年代原子弹和核反应堆相继出现,标志着自 1896 年贝可勒尔发现天然放射性后形成的核科学已经从基础研究发展到了实际应用。在核科学发展过程中,人类掌握了辐射与物质相互作用的规律,各种辐射探测器性能也日臻完善,这些成果奠定了辐射型工业检测仪表业发展的基础。自 1951 年美国研制的世界上第一台辐射型工业检测仪表(橡胶测厚仪)问世以来,此类仪表在品种、应用数量、技术性能上都取得了长足的进展。

我国辐射型工业检测仪表研制是从 20 世纪 50 年代末研制 γ 射线料位计开始的。几十年来随着我国核科学技术水平的提高,逐步从仿制国外产品发展到自行设计和研制。尤其自 20 世纪 70 年代末以来,随着我国经济快速发展,各产业部门对实时、快速、在线检测手段的需求日益迫切,促进了我国辐射型工业检测仪表业的应用。无论在品种上还是在应用数量上辐射型工业检测仪表都取得了高速发展,有的仪表性能指标已达到或超过国际水平,成为某些工业部门改造传统生产工艺、实现技术进步必不可少的关键设备。目前,我国辐射型工业检测仪表业已形成规模,无论是应用量、从业人员数目,还是产生的效益,在民用核工业中,仅次于核电业。

6.2.2　辐射型工业检测仪表的基本形式和构成

由于工业部门情况千差万别,检测目的各不相同,辐射型工业检测仪表也形式各异、种类繁多,但基本上都是由辐射源、探测器、信号采集与数据处理三部分构成,按检测方式,又可分为透射式和反射式两种基本形式,如图 6.2.1 所示。透射式是通过测量射线透射被检测对象后的变化来获得被检测物的信息,这时放射源和探测器安装在被检测对象两侧;反射式则通过测定被检测对象反射的辐射来确定被检测物的参数,这时放射源和探测器安排在被检测对象的同一侧。

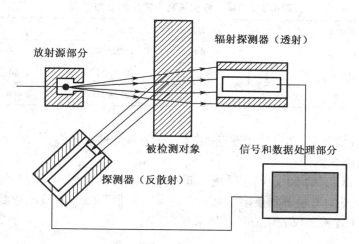

图 6.2.1　辐射型工业检测仪表的两种基本形式

1. 辐射型工业检测仪表的辐射源

众所周知,X 光机、加速器和中子管等凡是能产生辐射的装置都是辐射源,但在辐射型工业检测仪表中,常采用放射性核素做成的放射源,因为它发射率稳定,设备简单可靠,价格便宜,更适宜在工业环境下使用。

辐射型工业检测仪表中采用的放射源大多是 γ 源,在薄材料的厚度检测中也常用 β 放射源,在某些场合,中子源也有应用。采用何种放射源,应根据检测任务需要而定,先对所需活度作出估算,再由实验确定。选用放射源的半衰期应足够长,尽量在设备的寿命期内(例如 10 年),不必经常更换。

适用于工业检测仪表的放射源种数并不多,表 6.2.1 列出工业检测仪表中最常用的三种 γ 放射源,表 6.2.2 列出厚度检测中常用的三种 β 放射源。

表 6.2.1　工业检测仪表中常用的 γ 放射源

放射性核素名称	发射的 γ 射线能量	半衰期
^{241}Am(镅 - 241)	59.5 keV	约 485 a
^{137}Cs(铯 - 137)	662 keV	约 30 a
^{60}Co(钴 - 60)	1.33 MeV,1.17 MeV	约 5.3 a

表 6.2.2　厚度检测仪表中常用的 β 放射源

放射性核素名称	半衰期	β 最大能量	适宜纸张测厚范围
^{147}Pm（钷 – 147）	约 2.6 a	0.226 MeV	10 ~ 120 g/m²
^{85}Kr（氪 – 85）	约 10.7 a	0.67 MeV	40 ~ 1000 g/m²
^{90}Sr + ^{90}Y（锶 – 90 与钇 – 90）	约 28.5 a	2.28 MeV	600 ~ 6000 g/m²

^{60}Co 的 γ 射线能量高,适宜用于厚壁、需要穿透射性好的场合,只有 5.3 年半衰期,使用十多年就需要更换,不大方便。

^{241}Am 能提供低能(约 60 keV)γ 射线。低能 γ 射线与物质作用情况与原子序数有关(见图 6.2.2),从而能获得被检测物更多信息。它的半衰期非常长,γ 射线能量低,易屏蔽。^{241}Am 低能 γ 放射源在工业检测仪表中应用量越来越多。

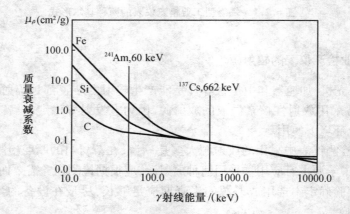

图 6.2.2　C,Si,Fe 的 γ 射线质量衰减系数

^{137}Cs 是中能(662 keV)γ 源,中等能量 γ 射线透射物质时的衰减只与物料的质量厚度有关,对物料的元素组成不敏感(见图 6.2.2),适宜应用于密度、质量和厚度检测;它的半衰期比较长(约 30 年),使用方便。^{137}Cs 源是工业检测仪表中应用最广的 γ 源。

γ 源一般安装在铅屏蔽容器中,铅对 γ 射线阻挡能力强,价廉而又容易得到,是屏蔽 γ 射线的优选材料。但它的质地软,易形变,所以铅屏蔽容器应有钢或铜的结构外壳和内衬。容器形式根据需要而定,应符合三个条件:第一,铅屏蔽层厚度应经计算确定,要有足够安全系数;第二,结构应牢固,不易被不了解情况的人拆卸、打开,放射源在容器内应牢固;第三,结构上要求能够根据检测任务的需要,提供一定形状的准直射线束。

2. 辐射型工业检测仪表的探测器

辐射源发出的射线与被测对象发生作用,可能被吸收、减弱或散射。在经吸收、减弱或散射的射线中,包含被测物的质量厚度、密度、质量、成分比例等信息,这些射线被探测器探测,并转换为电信号。

辐射型工业检测仪表中,应用最广的探测器是闪烁计数器和充气电离室,因为它们更能适应工业环境条件,连续工作寿命长。计数管价格低,使用简便,也有一定应用。

充气电离室的输出电流与平均 γ 辐射量成正比。由闪烁晶体与光电倍增管组成的闪烁计数器能记录单个 γ 光子,输出电脉冲信号,而且电脉冲幅度与 γ 光子生成的次级电子的能量成比例,所以闪烁计数器不但能以计数率反映 γ 辐射量多少,同时还能从电脉冲幅度谱反映所探测到的 γ 射线能谱,从而能得到被测物更丰富的信息,有利于设计性能更好的仪表。

3. 辐射型工业检测仪表的信号和数据处理

探测器及其前端电路将射线转换为电子脉冲后,需经相应核电子学电路处理,如放大、成形、甄别等,以便突出被测信息并进一步转换为数字信号。对数字信号的进一步处理可以由计算机完成。近年来数字电子技术发展很快,不仅可以用单片机、DSP（Digital Signal Processing）、FPGA（Fiejd Programmable Gate Array）、CPLD（Complex Programmable Logic Device）等构成智能处理系统,而且随着器件功能改善和数字处理算法的发展,小型固化的智能数字化设计方法不断获得新的进展,给辐射型工业检测仪表的数据采集和处理提供了极大方便。

6.2.3　γ 辐射透射型工业检测仪表

1. γ 辐射透射型工业检测仪表的基本原理

辐射型工业检测仪表中,以 γ 辐射透射型仪表种类最多,应用数量最大,领域最广。

仪表基本工作原理可简单概括为 γ 射线能够穿透物质,透射物质时会被减弱并遵循指数减弱规律:

$$I = I_0 e^{-\mu_\rho \cdot d \cdot \rho} \tag{6.2.1}$$

式中　μ_ρ——被透射物质对 γ 射线的质量衰减系数,cm^2/g;

$d \cdot \rho$——被透射物料的质量厚度,g/cm^2,是物料的几何厚度 d 与物料堆积密度 ρ 的乘积;

I_0——无吸收物时,射入探测器的 γ 辐射量(或与之成比例的探测器响应);

I——有质量厚度 $d \cdot \rho$ 的吸收物时,射入探测器的 γ 辐射量。

对(6.2.1)式两边取对数,有

$$d \cdot \rho = \frac{1}{\mu_\rho} \cdot (\ln I_0 - \ln I) \tag{6.2.2}$$

可见,质量衰减系数 μ_ρ 的物理意义可表述为吸收物单位质量厚度改变时引起的 γ 辐射量对数值的变化,其大小反映了吸收物对 γ 射线的减弱能力。图 6.2.2 给出了 C($Z = 6$)、Si(Z

= 14)、Fe($Z = 26$)三种元素的质量衰减系数。

　　由图 6.2.2 可见,质量衰减系数与吸收物的原子序数以及 γ 射线的能量有关,对于小于 200 keV 的低能 γ 射线(如^{241}Am,60 keV),质量衰减系数随原子序数而增大;在 200 keV 到 1 ~ 2 MeV 的中能范围段,对给定能量的 γ 射线(如^{137}Cs、662 keV),不同原子序数元素的质量衰减系数基本相等。

　　由多种元素组成的化合物,以及多种化合物组成的混合物,对 γ 射线的质量衰减系数为

$$\mu_\rho = \sum_i p_i \cdot \mu_{\rho i} \tag{6.2.3}$$

其中,p_i 是化合物或混合物中第 i 种成分的质量百分含量,$\mu_{\rho i}$ 是该成分的质量衰减系数。

　　以上关于 γ 射线穿透物料时的衰减规律,以及(6.2.3)式所示 γ 射线质量衰减系数关系式,是 γ 射线透射法实现密度、厚度、质量、成分比例等各种检测任务的物理基础。

2. γ 射线物位计

　　图 6.2.3 所示是 γ 射线定点式物位计示意图,放射源和探测器安装在容器或料仓(需指示物料高度处)的两侧(对大口径的容器,为降低 γ 源的活度,可设法把 γ 源或探测器安装在容器内部)。当物料装填达到该位置时,源和探测器之间的 γ 射线束被阻挡,探测器的响应与物料未达到此位置前相比有明显差别。用这种定点式物位计,可以判定罐内物料是否充填到某特定高度。此类 γ 定点式物位计也被称为"γ 开关"。

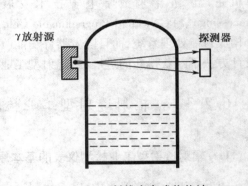

图 6.2.3　γ 射线定点式物位计

　　下面介绍定点式 γ 物位计的一个应用实例。在 20 世纪 80 年代,我国水泥业曾广泛采用立窑生产工艺,水泥生料从顶部加入,生产过程中缓慢向下移动,经窑体中部高温区煅烧变为水泥熟料,从底部出料。为维持煅烧条件,须从立窑下部向上鼓风。在鼓风口与出料口之间的几米料封管内要求始终充满水泥熟料,从而保证风向上鼓而不会吹向出料口。如果料封管内水泥熟料充填不够,就会发生"跑风"事故,风夹带着水泥熟料从出料口冲出。为此,水泥生产时不得不减慢出料速度甚至在出料时停风。这样做不但浪费了实际生产时间,而且破坏了水泥煅烧过程的连续性,影响水泥生产质量。所以,保证水泥熟料稳定地充填满料封管道,成为当时提高立窑生产效率和保证水泥质量的关键。

　　这是一个密封钢管内部固体物料位置的检控问题。采用其他技术方案不但复杂,而且效果不理想,采用 γ 开关能有效地解决这个难题。只要在料封管上部安装一台 γ 射线定点式物位计,根据 γ 物位计检测到的料封管内的物料充填状况给出"料空"或"料满"信号来控制出料机的开、停,就能做到水泥熟料总是充填满料封管道,实现水泥立窑连续生产。

　　水泥立窑是落后的工艺设备,已被淘汰。但是,水泥立窑的料封却是一个利用辐射型仪表

的透视性有效解决工业生产中检控难题的生动事例,充分显示了辐射型工业检测仪表的不可替代性;同时表明,在从事辐射型工业检测仪表的应用工作时,要善于从各工业部门发掘、寻找适用项目,不能停留在仅仅只研究测量仪表。

工业生产不仅需要定点料位指示,更需要能指示料罐内物料高度的连续料位计,图 6.2.4就是两种 γ 连续料位计。左侧是由固定的点源与线状探测器(如圆柱状充气电离室)组成,当罐内物料在探测器底端以下时 γ 束能照射到整个探测器,其响应最大,随着罐内物料升高,探测器响应将逐渐减少,直到 γ 射线全被物料挡住时,探测器响应最小。所以可以实现一定范围的连续料位检测和指示。右侧是由点源与点探测器组成的随动式 γ 连续物位计。γ 源与探测器安装在物料罐内、外的管子中,在驱动系统控制下,能同步地上、下移动,总是处于同一高度。驱动系统的动作由探测器测量结果决定:当 γ 源与探测器低于罐内料位时,γ 射线被阻挡,探测器的响应很小,作提升驱动;当它们的位置高于料位时,探测器响应很大,则作下降驱动;只有当它们与罐内料位相平齐时,探测器响应为某个指定的值时,驱动停止。显然,根据 γ 源罐或探测器的位置,可以连续指示料罐内物料位置。

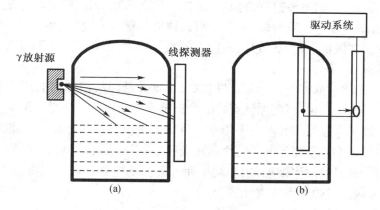

图 6.2.4　两种形式的 γ 连续物位计

3. γ 射线透射式厚度计

中能 γ (如 ^{137}Cs 所发射的 γ),质量衰减系数 μ_ρ 是常数(见图 6.2.2),与物料成分基本无关,减弱完全取决于物料的质量厚度 $d \cdot \rho$。所以,通过 γ 射线减弱的测定,按(6.2.2)式,就能确定被测物的质量厚度 $d \cdot \rho (\mathrm{g/cm^2})$。在被测物的密度 ρ 固定不变条件下,更能得出材料的厚度 d。例如,钢板的密度是一定的,而且辐射测量有不接触特点,所以,钢铁企业大多采用 γ 射线透射式厚度计来实现热轧、冷轧钢板的在线厚度检测。(其实对成分不变的钢板,^{241}Am 低能 γ 的质量衰减系数 μ_ρ 也是固定不变的常数,所以在薄钢板测厚时,为提高测量灵敏度,也可以采用 ^{241}Am 低能 γ 源。)

4. 透射式 γ 密度计及其应用实例

与 γ 射线透射式厚度计相似,利用"窄束"中能 γ 射线透射物料时的衰减取决于物料的质量厚度(g/cm^2)这一基本事实,也可以做成透射式 γ 密度计。这时,要求被测对象的厚度 d 不变。例如当窄束 γ 射线透射充满液体、内径为 d 的管道时,应该有

$$\rho = \frac{1}{d \cdot \mu_\rho} \cdot (\ln I_0 - \ln I) \tag{6.2.4}$$

一般透射式 γ 密度计由闪烁探测器与 ^{137}Cs 放射源组成。经事先刻度,确定无液体空管道时 γ 探测器的响应 I_0,根据闪烁探测器测得的 γ 计数率 I,就能确定管道内液体的密度。

用透射式 γ 密度计检测管道中溶液、乳浊液和悬浮液(泥浆)密度的方法在工业生产中应用很多。例如,γ 密度计目前已是煤炭工业中重介悬浮液密度检测的优选设备。

从矿井开采出来的煤炭,一般都要先经过洗选加工,并按不同应用需要,配制成一定煤质指标的煤产品,予以利用。这样做既可以提高煤炭利用效率,又有利于环境保护。重介选煤工艺精煤产出率高,是我国积极推广的煤炭洗选工艺。所谓重介选煤,是把细磁铁矿粉(Fe_3O_4)与水混合成重介悬浮液,改变磁铁矿粉含量可以调节悬浮液密度(比重)。煤的灰分与密度有关,当煤与重介悬浮液混合时,灰分低、密度小的精煤将上浮,密度大的矸石则下沉,为按灰分大小实现分选创造了条件。

重介选煤的精煤回收率与灰分稳定性,取决于重介悬浮液密度的准确控制,经验表明,只要其变化不超过 0.01 t/m^3,就能保证有好的分选效果。所以重介选煤系统中重介悬浮液密度的实时、在线检测是很重要的环节。采用 γ 密度计实时检测重介悬浮液的密度并把测量结果与密度设定值比较,实现反馈控制。应用实践表明,采用 γ 密度计的反馈控制系统能保证重介悬浮液密度稳定,而且故障率极低,使用简单而方便。就重介悬浮液密度在线检测来说,γ 密度计总体性能远优于其他类型密度计。

5. 辐射型散装物料在线称重设备

散装物料在线称重设备习惯上称为皮带秤,是应用量最大,覆盖面最广的工业在线检测设备。

目前,成熟且应用广泛的皮带秤,有电子皮带秤和核子秤两种。其中电子皮带秤立足于压力传感器,是接触式测量,测量结果不可避免要受皮带张力、刚度、自重、倾斜度等多种因素影响。为了保证准确性,运行过程中必须精细地维护,频繁地校验,维护工作十分繁重,而且准确性也达不到标定实验所给的结果,存在伪高精度缺陷。核子秤基于 γ 辐射测量技术,具有不接触式测量的许多优点,既能在一般皮带输送机上应用,还能在刮板、链板、螺旋等物料输送设备上应用,耐受恶劣环境的能力强,维护和安装比较简单。但是,核子秤存在形状误差缺陷。有人做过实验,用核子秤分别测量皮带上并排安放与叠起来安放的同样两块砖,由于堆积形状不同,所测定的结果不一样,差别高达百分之十几。形状误差是核子秤测量原理所致,决定了核

子秤测量准确性比较差。而且,这两种皮带秤都是累计型连续称重设备,无法准确给出短时间内物料的瞬时量,不能满足需要准确给出物料瞬时量的应用场合。

最近出现了一种新概念的皮带秤,激光－核子皮带秤(简称激光秤),是针对电子皮带秤和核子秤存在的缺陷而提出来的。它把在线称重问题转化成在线测量堆积体积与在线测量堆积密度两个问题,利用激光图像分析与 γ 辐射测量两种不接触测量技术,实现散装物料的称量,不但具有不接触测量方案的优点,而且不存在形状误差缺陷,即测量结果不受物料堆积形状的影响,因而称量准确,另外还能准确给出短时间内物料的瞬时量。

下面分别对核子秤和激光秤作简单介绍。

(1)电离室型 γ 射线核子秤

第一台工业用核子秤是 1968 年在波兰研究成功的,我国在 1985 年前后也开展了核子秤开发、研究推广和应用,电离室型 γ 射线核子秤曾经是我国应用数量最大、使用面最广的辐射型工业检测设备。

核子秤由 γ 放射源的屏蔽铅罐、充气电离室与前端电路组成的传感器、测速器和数据处理器等组成,如图 6.2.5 所示。γ 射线从屏蔽铅罐的准直孔以扁平的扇形束向下透射被测物料,经物料减弱后的 γ 射线,由充气电离室测量,其输出电流经前置放大器放大后与测速系统测得的带速同时输给数据处理器。核子秤称重的实用公式是

$$W = \sum_{i=1}^{n} \left[\Delta t \cdot u_i \cdot K \cdot (\ln V_0 - \ln V_i) \right] \tag{6.2.5}$$

其中,W 是测得的物料质量,它是 n 个 Δt 时间段内所测物料质量之和;u_i 是第 i 时间段的带速,$u_i \cdot \Delta t$ 是该时间段所通过物料的长度;$(\ln V_0 - \ln V_i)$ 反映第 i 时间段物料的平均质量厚度大小,其中 V_0 与 V_i 分别是空带与第 i 个时间段传感器输出的信号大小;K 是在实际应用条件下,通过实物标定得到的常数,用它综合地考虑随机变化的物料的宽度、散射 γ 等各种因素的影响。

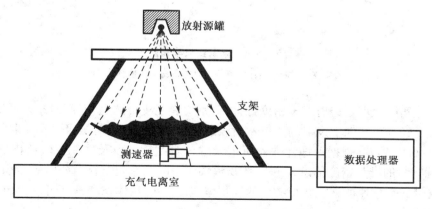

图 6.2.5　充气电离室型核子秤示意图

核子秤在物流平稳、成型情况下可以作为工艺计量,事实上也得到了广泛应用并取得了良好的效果。但是,由于核子秤存在形状误差,难以满足现代工业对检测结果精确度越来越高的需求。

（2）激光秤

激光秤主要部件包括:①体积模块,在线测量输送皮带上散装物料的体积;②密度模块,在线测量物料堆积密度;③速度模块,测量皮带平移速度;④数据处理系统,根据相应模块采集的激光图像、物料密度和皮带速度等参数,进行数据处理,并输出测量结果。其中,体积模块最为关键,其工作原理如图 6.2.6 和图 6.2.7 所示。体积模块由激光源和 CCD 摄像头组成。扇形激光束从上向下射向皮带,形成一条横跨皮带由一系列光斑连成的亮线。空皮带时该亮线显示的是扇形激光束与皮带的交界线（见图 6.2.7（a）),在有物料时则显示出扇形激光束与物料表面相交的轮廓线（见图 6.2.7（b））。从 CCD 摄像头摄取的亮线图像,可计算出亮线上各光斑的几何坐标,从而得到物料的横截面（见图 6.2.7（c））、横截面的面积和 γ 射线束透射点处的物料高度。

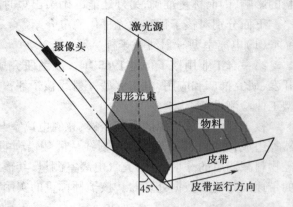

图 6.2.6　激光束测量物料堆积体积的示意图

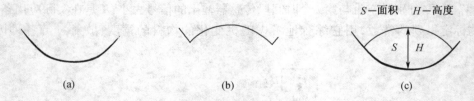

图 6.2.7　激光亮线示意图

（a）空皮带时的亮线；（b）有物料时的亮线；（c）物料横截面

密度模块实际上就是透射式 γ 密度计,由分别安装在皮带的上、下部的 γ 闪烁探头与 ^{137}Cs 放射源组成。经准直孔向上发射的窄束 γ 射线透过皮带上的物料时被吸收和减弱并被闪烁探头记录。按（6.2.4）式,根据闪烁计数器所记录的 γ 计数率 I 以及体积模块给出的物料高度 H,就能得到物料的堆积密度信息 ρ;根据体积模块测得的一系列物料横截面的面积,结合测速器测得的皮带的平移速度就能获得物料的堆积体积信息 V,从体积和密度可以得出质量,从而实现皮带秤的功能。

激光皮带秤与现有的电子皮带秤、核子秤比较,有测量结果准确、稳定性好、无须频繁标定、适应能力强、故障率低、使用和维护简便等优点。尤其对需要提供瞬时物料质量的应用场合,比电子皮带秤和核子秤具有更明显优势。

6. 双能量 γ 透射式煤炭灰分检测仪

煤炭灰分是指煤经过充分灼烧后氧化物残渣所占的质量分数(质量百分比)。煤的发热量和利用效率主要取决于灰分,例如焦炭灰分每增加 1%,将会导致高炉单产降低 2.5% ~ 3%。所以,灰分是煤炭利用中必须严格控制的指标,灰分检测非常重要。

测定煤灰分的传统方法是灼烧法,需要经采样、反复缩分与破碎、球磨、干燥、反复称重、灼烧等工序,操作繁琐,结果滞后,无法满足现代煤炭加工与利用中对煤灰分快速、实时检测的需求。

基于核辐射测量技术的检测手段,有实时、快速、在线的特点。自 20 世纪 70 年代以来,出现过多种基于辐射测量技术的煤炭灰分检测方法,例如低能 γ 反散射法、高能 γ 湮没辐射法、天然 γ 煤灰分测定法、中子感生瞬发 γ 全元素分析法等。相比之下,无论是方案的合理性,还是目前技术条件下的可行性、安全性,双能 γ 透射方法是最可取的。双能 γ 煤灰分仪已成功地应用于各种煤炭加工与利用场合,能满足对煤灰分的快速、在线检测的需要。

煤由可燃的有机质和不可燃的矿物质组成,有机质的主要元素成分是 C,H,O,N 等,其中碳约占 3/4,矿物质由 Si,Al,Ca,Fe 等元素的各种化合物组成。煤经充分灼烧,残留的氧化物就是煤灰,煤灰中绝大多数是 SiO_2 和 Al_2O_3,约占总量的 70% ~ 80%,其余尚有 CaO,Fe_2O_3 等。煤灰是在灼烧过程中生成的矿物质衍生物,它的成分以及占煤的质量分数与矿物质不同,但两者之间是相关的,习惯上采用易于测定的灰分来表示煤中不可燃物的含量。

双能 γ 透射煤炭灰分检测法的物理构思是基于上述煤炭的元素组成情况而形成的:认为煤炭是以 C 为代表的低 Z 元素,与以 Si,Al 为代表的高 Z 元素组成的两元混合物,而且煤的灰分值与高 Z 元素所占质量分数成比例(设比例系数为 k')。如果用 ^{241}Am 与 ^{137}Cs 的低、中两种能量"窄束"γ 射线透射同一对象煤,类似(6.2.1)式,可分别写出反映它们减弱情况的两个方程式,从两个联立方程式必定能解得反映被透射煤的两个未知参数,一个是被透射煤的质量厚度,另一个就是煤的灰分。

如图 6.2.8 所示,双能 γ 透射煤灰分仪,由辐射源、探测器、数据处理三部分组成。^{241}Am 低能 γ 源与 ^{137}Cs 中能 γ 源被上、下重叠安装在同一个铅屏蔽罐内,两种 γ 射线从一个准直孔,以圆锥束射向被测煤。NaI(Tl)闪烁探测器能从测得的每一个 γ 脉冲的幅度来甄别它是属于哪一种 γ 射线,实现用一个探测器对两种 γ 的同时计数测量。计算机是数据处理部分,完成各种运算。

双能 γ 透射煤灰分检测的解析表达式如下:

$$A_d = \left(\frac{k'\mu_m}{\mu_z - \mu_c} \right) \cdot \left(\frac{\ln I_0 - \ln I}{\ln J_0 - \ln J} \right) - \left(\frac{k'\mu_c}{\mu_z - \mu_c} \right) = AK - B \qquad (6.2.6)$$

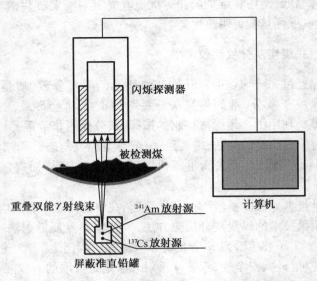

图 6.2.8　双能 γ 射线煤灰分检测仪示意图

其中

$$A = \frac{k'\mu_m}{\mu_z - \mu_c}, B = \frac{k'\mu_c}{\mu_z - \mu_c}, K = \frac{\ln I_0 - \ln I}{\ln J_0 - \ln J}$$

式中　A_d——煤的灰分值；

　　　　k'——所测煤的灰分 A_d 与煤中高 Z 元素的质量分数 C_z 之比，对给定的煤是常数；

　　　　μ_m——煤对 ^{137}Cs 中能 γ 的质量衰减系数，基本不随灰分、煤种变化的常数；

　　　　μ_z——煤中高 Z 元素对 ^{241}Am 低能 γ 的质量衰减系数，对给定的煤是常数；

　　　　μ_c——煤中低 Z 元素对 ^{241}Am 低能 γ 的质量衰减系数，对给定的煤是常数；

　　　　k——A，B 对给定的煤是常数。

　　在测量灰分时，实际需要测定的量是 K，显然它是煤对两种 γ 射线的质量衰减系数的比值，所以这种方法也称为煤炭灰分的 γ 射线质量衰减系数测定法。其中，$\ln I_0$ 与 $\ln J_0$ 对给定的测量系统是常数，所以只要测定 Am 道与 Cs 道的计数 I 和 J，就能实现煤灰分检测。

　　双能 γ 透射测灰仪已广泛地应用于各种煤炭生产环节，成为煤炭加工与利用企业改造传统生产工艺，实现技术进步必不可少的关键设备。例如，在重介选煤系统中进行密度设置时，如果采用 γ 测灰仪在线测量灰分，同时与 γ 密度计结合进行反馈控制，就可以大大提高重介选煤的效率。

　　但是，双能 γ 透射法测灰仪存在不足，它的测量结果对煤的元素组成和变化是敏感的。因为煤中含有 Fe 和 Ca（原子序数分别是 26 和 19），它们对 ^{241}Am 低能 γ 的质量吸收系数明显大于 Si, Al 的值（见图 6.2.2），这些元素（尤其是铁）相对含量变化会影响灰分测量的结果，测灰仪的测量结果对煤的元素组成和变化敏感这一缺陷，限制了它在诸如配制煤的最终产品灰分检测等方面的应用。

6.2.4　其他辐射型工业检测仪表

1. β 射线纸张厚度在线检测仪

（1）工作原理

β 测厚仪是一种透射式检测仪，β 放射源与探测器安装在被检测物两侧，可以应用于在线检测纸张、塑料及金属薄膜的厚度（一般用质量厚度表示，造纸业中称为定量）。纸张的质量厚度范围为 10 ~ 1 000 g/m²，所以一般选用 ^{147}Pm 和 ^{85}Kr β 放射源（见表 6.2.2）。探测器根据情况可采用端窗式 G – M 计数管、闪烁计数器或电离室，目前大多采用电离室。

测厚的原理在于 β 射线透射很薄材料时的减弱近似呈现指数规律，即

$$I = I_0 e^{-\mu_\rho \cdot \rho \cdot \tau} \tag{6.2.7}$$

其中，I_0——厚度等于 0 时，探测器测得的 β 计数率或平均电流；

　　I——厚度为 τ 时，β 探测器测得的计数率或平均电流；

　　μ_ρ——质量吸收系数（cm²/g），由于和 γ 射线与物质相互作用机理不同，β 射线的质量吸收系数不是常数，随厚度增加而增大；

　　ρ——被测物的密度，g/cm³；

　　τ——被测物的几何厚度，cm；

　　$\rho \cdot \tau$——被测物的质量厚度，g/cm²，也称为定量。

从（6.2.7）式可以得到

$$\rho \cdot \tau = \frac{1}{\mu_\rho} (\ln I_0 - \ln I) \tag{6.2.8}$$

显然，经过刻度就可以根据 β 探测器测得的计数率或平均电流得到纸张、塑料及金属薄膜等被检测物的质量厚度（定量），若被测对象密度 ρ 不变，则可得到几何厚度。

（2）设计与应用 β 测厚仪时应注意的问题

β 射线是电子，而 γ 射线是电磁辐射，它们与物质相互作用机理不同，因此 β 厚度检测仪与用 γ 源的厚度检测仪相比有其特殊性。

第一，γ 射线透射物质时没有最大射程，当被测物太厚，传感器信号过小时，可以通过增加放射源的活度来弥补；而电子在物质中是有最大射程的，例如 ^{147}Pm 的 β 射线最大射程约 200 g/m²，对采用 ^{147}Pm 的测厚仪，被检测物、探测器窗、源窗以及它们的间隙中空气合起来总的质量厚度不得超过 200 g/m²，而且不能用增加放射源的活度来弥补。所以，β 纸张测厚仪的放射源窗与探测器窗应选用低原子序数材质的薄膜，如 0.04 mm 的聚酯薄膜。

第二，应重视间隙中自由空气密度随温度变化的影响，设自由空气间隙为 2 cm，间隙中空气的质量厚度 $t = 0.001\,293 \times 2 = 0.002\,586$ g/cm² $= 25.86$ g/m²。根据气态方程，常温下温度每变化 10 ℃，自由空气密度将变化约 3.3%，相应地将导致间隙中空气的质量厚度变化 25.86

$\times 3.3\% = 0.85$ g/m^2。一般新闻纸的质量厚度为 50 g/m^2，所以 10 ℃ 的环境温度变化将引起 1.7% 的测量偏差，对 8 g/m^2 的电容纸来说测量偏差更高达 10.6%，已不可接受。更何况造纸现场温度变化往往超过 10 ℃，因此不得不采取温度补偿或局部恒温等措施。

　　第三，β 纸张测厚仪所检测对象很薄，属精密测量，所以探测器或放射源薄膜上灰尘的沉积，被检测物中杂质变化，探测器和测量电路的参数慢变化等对测量结果的影响不可忽略，而且这些影响是随机的。为了减少影响，β 纸张测厚仪采取定时用标准厚度的样品作校验测量，来综合修正各种因素的影响，这时放射源的衰减也被修正了。

　　第四，应重视 β 辐射的防护和安全。阻挡 β 射线宜用低原子序数材料，一般 β 辐射在铝和有机玻璃中的最大射程只 3 ~ 4 mm，屏蔽 β 辐射是容易的。但是，必须重视对 β 射线产生的韧致辐射的防护，对 β 源防护需要采取复合屏蔽。

2. 中子物位与氢密度计

　　对直径很大储油罐的料位检测宜采用中子物位计。

　　反射式中子物位计由同位素中子源和热中子探测器（如 BF$_3$ 计数管）组成。中子源（一般采用镅 – 铍中子源）向四周 4π 方向均匀地发射一定能谱的快中子，平均能量为 4.4 MeV，产额为 2.2×10^6 中子/（秒·居里）。三氟化硼计数管中含有的 ^{10}B 核素，它对热中子反应截面很大（3 837 b），对快中子及 γ 射线却不灵敏，所以 BF$_3$ 计数管是很灵敏的热中子探测器，基本上每有一个热中子进入，就会输出一个脉冲信号。

　　中子在介质中的行为是一个慢化、扩散和吸收的过程。当反射式中子物位计安装在储油罐壁外时，四周的主要元素有 H，C，N，O，S，Fe 等，Am – Be 源发出的快中子与这些元素原子核的主要相互作用是弹性散射，中子由此损失能量而慢化，原子核越轻，每次碰撞中子损失能量越多。所以 H 元素对快中子慢化能力最强，而作为储油罐壁的铁，对快中子基本上是"透明"的。

　　因此，镅 – 铍中子源发出的快中子能穿透罐壁，进入储油罐内部，当油罐内部有油料时，快中子迅速被其中的 H，C 慢化，在局部范围内形成通量密度比较高的热中子场，热中子能扩散到罐壁外，被 BF$_3$ 计数管记录；当油罐内部无油料时，罐内局部范围内热中子通量密度低，扩散到罐壁外被记录的计数也就少。所以当油料处于中子料位计安装位置的上面或下面时，BF$_3$ 计数管的计数率就存在明显差别，从而能实现大口径储油罐的定点料位指示。

　　氢密度是单位体积物料中的含 H 量，在加工重油的焦化塔内，生产过程中，从上到下按层地分布着油气、泡沫、渣油与焦碳几种不同相态的物料层，层间有分界面，不同工艺阶段分界面高度不同。有时，焦化塔内还充有水。由于不同相态物料的氢密度不同，可以根据中子料位计 BF$_3$ 计数率差别来识别焦化塔内相应位置处油料的状态，实现焦化塔内相态分界面的定点指示。如果在不同高度处安置若干个中子物位氢密度计，更能根据分界面到达各中子料位计安装位置的时间差，来了解塔内的工况，测定生焦速度，控制生焦的高度。

6.2.5　我国辐射型工业检测仪表的前景

随着我国经济的飞速发展和工业生产对检控要求的提高,对快速、实时、在线检测的需求更加迫切,而辐射型工业检测仪表对满足这类需求具有不可替代的潜在能力。当前,我们既要看到辐射型工业检测的优势,也应该看到现有的辐射型工业检测仪表存在的不足,仍有很多技术关键需要深入研究、解决。事实上,无论技术水平,还是应用领域的广泛程度,我国与世界先进国家相比还存在一定差距。

我国辐射型工业检测仪表事业的进一步发展,也有较好的客观条件。随着计算机、微波、激光等各种新技术、新器件的发展和成熟,与核技术结合起来,辐射型工业检测仪表中许多原来似乎艰难的工业检测任务变得容易了,原来复杂、庞大的辐射型工业检测设备可以做得小巧而功能更完善了;另一方面,我国已经在上海宝钢、上海石化、各洗煤厂大量使用了国外进口的辐射型工业检测仪表,而数量更为庞大的国产 γ 射线物位计、中子物位计、γ 密度计、γ 厚度计、核子秤、双能 γ 煤灰分仪、β 纸张测厚仪等各种辐射型检测仪表,更广泛应用于全国各企业,取得了很好的效果。通过这些应用实践,一般企业的人员对核技术、核辐射安全的要求熟悉了,改变了对含有放射源的辐射型工业检测仪表的恐惧心理,认识到只要严格管理,辐射型工业检测仪表是安全的,也实际体会到辐射型工业检测仪表所具有的突出优点,对生产的巨大促进作用。现在此类仪表已逐步被公众所接受,日益被各工业部门所认同。这些情况给辐射型工业检测仪表的从业人员提供了发挥聪明才智的广阔空间,相信我国辐射型工业检测仪表业的应用前景更加美好广阔。

（清华大学工程物理系　张志康）

6.3　辐射加工与应用

辐射加工技术是利用射线与物质相互作用所产生的物理效应、化学效应和生物效应,通过对被加工物品的处理达到材料改性、消毒灭菌、生物变异等目的。辐射加工包括辐射化工,食品辐照保鲜,一次性卫生用品与医疗器材的灭菌、消毒,离子注入加工,以及废水、废气的辐照处理等。与传统的热加工、机械加工、化学加工相比,辐射加工节省能源、工艺简单、没有环境污染,人们称之为"绿色加工"产业。

由于辐照过程不受温度影响,辐照对象可以是气态、液态或固态物质;高能量射线穿透力强,可深入内部对包装或封装物进行加工;另外加工中没有化学试剂和催化剂参与,保证了产品纯度;加工处理速度快,容易控制,适于生产线连续操作。这些突出的优势使辐射加工技术获得较快发展。

6.3.1 辐射加工的基础知识

1. 辐射源

产生电离辐射的物质或装置称为辐射源。在辐射加工中常用的辐射源有两类：放射性核素和电子加速器，可分别产生 γ 射线、电子束和 X 射线。

（1）放射性核素——γ 射线源

放射性核素钴 –60（^{60}Co）是目前辐射加工中使用最多的 γ 射线源。人工放射性核素 ^{60}Co 放射性衰变时释放一个电子（即能量 0.314 MeV 的 β 射线）和两个能量相近的 γ 光子（能量分别为 1.17 MeV，1.33 MeV）。活度用来描述放射性核素的强度，单位为贝可勒尔，符号为 Bq，1 Bq 表示放射性核素在 1 秒内发生 1 次衰变。目前常用的活度单位是居里，符号为 Ci。1 Ci 表示每秒发生 3.7×10^{10} 次核衰变，即

$$1 \text{ Ci} = 3.7 \times 10^{10} \text{ Bq} \tag{6.3.1}$$

通常用半衰期表示放射性核素的衰变特性，它是指特定能态的放射性核数目衰减到初始值一半所需的时间。钴 –60 的半衰期为 5.27 年，放射性活度每年下降约 12.6%。

辐射加工中常用辐射功率表示放射性核素源的加工能力，辐射功率 P_γ 按下式计算：

$$P_\gamma(\text{W}) = k \times E_\text{R}(\text{MeV}) \times A(\text{Ci}) \tag{6.3.2}$$

式中，E_R 表示每次衰变释放出的可利用射线的总能量；A 是该放射性核素的活度；k 是单位换算系数，为 5.93×10^{-3}。例如，一座 10 万居里的钴 –60 源，它衰变释放出 1.17 MeV，1.33 MeV 两种能量的 γ 射线，那么该源的辐射功率 P_γ 为 $P_\gamma = 5.93 \times 10^{-3} \times (1.17 + 1.33) \times 10 \times 10^4 = 1\ 482.5(\text{W})$。

辐射加工中放射性核素源除了钴 –60 源外，还有铯 –137 源，它的半衰期长（30 年），每次衰变释放出一个电子和 0.52 个能量为 0.66 MeV 的 γ 光子。因其能量低，辐射功率也低，相同放射性活度的铯 –137 源，其 γ 辐射功率仅为钴 –60 的 24.4%，加之成本高，因此未被广泛使用。

放射性核素源的 γ 射线，穿透力强，辐照物品薄厚皆宜，可加工包装成箱的物品，运行操作较简单。但辐射功率较小，且均匀地向 4π 方向发射 γ 射线，射线利用率低，辐照时间一般较长。另外，由于自然衰变，活度逐年下降，因此需适时增补源，也需要进行废弃源的处置。

截至 2007 年底，国内共建有大小钴源 130 余座，装钴 –60 源大于 30 万居里的有 109 座。

（2）电子加速器——电子束源与 X 射线源

电子加速器是产生一定能量电子束的装置，辐射加工用辐照电子加速器的能量 E 在 0.2 MeV 至 10 MeV 之间，各种电子加速器的原理、结构在前面已有阐述。在辐射加工领域，能量在 0.5 MeV 以下的电子加速器为低能辐照加速器，能量大于 5 MeV 的电子加速器为辐照高能加速器，能量在 0.5 MeV ~ 5 MeV 的电子加速器为中能辐照加速器。

衡量辐照电子加速器电子束大小的参数是电子束流强 I,单位是 mA。另一个重要参数是电子束功率 P_e,它是电子束能量 E 与流强 I 的乘积,单位一般用 kW 表示。辐照电子加速器的电子束功率可由几千瓦到几百千瓦,即

$$P_e(\text{kW}) = \frac{E}{e}(\text{MeV}) \cdot I(\text{mA}) \tag{6.3.3}$$

与钴 -60 源相比,电子加速器的功率大,能量和功率可根据加工需要选择。电子束穿透力小但方向集中,易被物质吸收,因此能量利用率高,辐照时间短,处理量大。电子加速器启动、关闭方便,关机即无射线产生,运行容易、安全,无放射性废物产生。其缺点就是电子束穿透能力弱,对被加工物品的厚度有一定的限制。

为克服电子束穿透力弱的缺点,将加速器产生的高能电子轰击大原子序数金属靶,将会产生轫致 X 射线,成为 X 射线源。X 射线的能量与入射电子的能量 E 以及靶金属的原子序数 Z^2 成正比,入射电子的能量越高,转换成 X 射线的能量就越高,重金属靶比轻金属靶产生的 X 射线强得多,入射电子的能量越高转换成 X 射线的效率就越高。5 MeV 能量的电子束转换成 X 射线的最高效率为 8%,7 MeV 能量的电子束的转换效率达到 14%,10 MeV 能量的电子束的转换效率可达 20%。作为 X 射线源,它既有电子加速器的诸多优点,还兼有 γ 射线穿透力强的特点。本节主要介绍电子加速器在辐射加工中的应用。

截至 2008 年底,国内共建有 140 余台各类电子辐照加速器生产线。

2. 电子射程

一定能量的电子在介质中穿行,受原子核和束缚电子的阻挡,发生碰撞和散射而失去能量并最终在介质中停止,电子行进的距离称为电子射程,即电子在指定的全吸收材料中沿着电子束轴线所贯穿的距离。电子射程与入射电子的能量和介质的密度有关。电子射程可以用线射程 $R_P(\text{m})$ 和质量射程 R_m($\text{kg}\cdot\text{m}^{-2}$ 或 $\text{g}\cdot\text{cm}^{-2}$)表示,二者的关系如下:

$$R_m = R_P \times \rho \tag{6.3.4}$$

式中的 ρ 是介质密度。一般可用经验公式计算电子射程,例如 Gleidium 的经验公式:

$$R_m = 0.542E_0(\text{MeV}) - 0.133 \ (\text{g/cm}^2) \qquad (E_0 > 0.8 \text{ MeV}) \tag{6.3.5}$$

在实际工作中,通过试验测出电子束在某种介质的电子射程 R_P,再通过(6.3.4)式和(6.3.5)式计算出该电子束的能量 E_0。图 6.3.1 所示为典型的电子束在均匀介质中的深度剂量分布曲线及各种深度值的定义。

在利用电子束进行辐射加工时,为克服电子束穿透弱的缺点,常采用双面辐照的形式,增加电子束的穿透深度,图 6.3.2 为单面和双面辐照示意图。

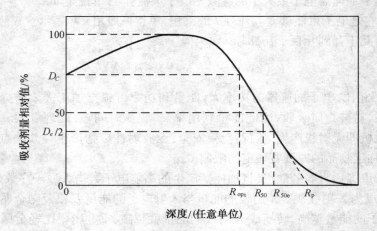

图 6.3.1　电子束在均匀介质中典型的深度剂量分布曲线

R_p 电子射程：从电子束射入的参考材料入射表面到深度剂量分布曲线下降最陡（斜率最大处）切线
　　的外推线与深度轴相交点处（所对应）的深度。

R_{50} 半值深度：吸收剂量减少到最大值 50% 时所对应的材料厚度。

R_{50e} 半入射值深度：吸收剂量减少到表面入射剂量值的 50% 时所对应的材料厚度。

R_{opt} 最佳厚度：吸收剂量等于与电子束入射表面处的吸收剂量所对应的厚度。

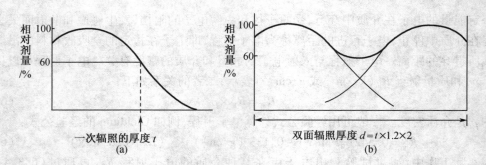

图 6.3.2　单面和双面辐照的示意图

3. 吸收剂量

物质吸收电离辐射能量的多少用吸收剂量表示，即

$$D = \mathrm{d}E/\mathrm{d}m \qquad\qquad (6.3.6)$$

式中，$\mathrm{d}E$ 表示电离辐射授予质量为 $\mathrm{d}m$ 的物质的平均能量，单位为 J/kg，国际单位名称为戈瑞，符号为 Gy。1 Gy = 1 J/kg，它表示 1 千克（kg）的物质吸收了 1 焦耳（J）的电离辐射的能量。早期使用的单位是拉德，符号为 rad，1 Gy = 100 rad。

单位时间内吸收剂量的增量定义为吸收剂量率,即

$$\dot{D} = \frac{\mathrm{d}D}{\mathrm{d}t} \qquad (6.3.7)$$

单位为 Gy/s。工业应用中常用的单位为 kGy/min。

吸收剂量和吸收剂量率是辐射加工中最重要和使用最多的物理量。测量吸收剂量的方法很多,例如量热法、液体化学剂量计法、薄膜剂量计法等。

4. 电子束辐照加工产量率

利用电子束进行辐照加工,电子束的功率决定辐照产品的产量率 W,产量率 W 由下式可计算出:

$$W = 3.6 \times 10^6 P\eta/D_0 \qquad (6.3.8)$$

式中　W——每小时辐照处理量,kg/h;

P——电子束功率,kW;

η——电子束利用效率;

D_0——辐照剂量,Gy。

以辐照扒鸡灭菌为例,$P = 3\ \mathrm{kW}$,$\eta = 0.8$,$D_0 = 8\ \mathrm{kGy}$,则每小时可处理扒鸡的产量为 $W = 3.6 \times 10^6 \times 3 \times 0.8/(8 \times 10^3) = 1.08 \times 10^3\ \mathrm{kg/h}$。

5. 电子加速器的功率转换效率

电子加速器的功率转化效率,是指将电功率转化成电子束功率的效率,它关系到生产成本中的运行费用。各类电子辐照加速器的功率转化效率列于表 6.3.1 中。一般高压型电子加速器的功率转化效率高,而谐振型加速器的功率转化效率比较低,如电子直线加速器的功率转化效率小于 15%,但与高压型电子加速器相比,体积小、可获得高能量的电子束(10 MeV)是它的优势。

表 6.3.1　电子辐照加速器的功率转化效率

	加速器类型	功率转化效率
高压型加速器	绝缘芯变压器(ICT)	80% ~ 90%
	高压倍加器(Cockcroft – Walton)	70% ~ 85%
	高频高压型(Dynamitron)	≥40%
谐振型加速器	单腔型加速器(ILU – 10)	≤25%
	梅花型加速器(Rhodotron)	≥30%
	电子直线加速器(linac)	≤15%

6.3.2　高分子材料的辐射加工

所谓高分子材料是指分子量足够大（相对分子质量超过 10^4 ）的材料，辐射加工工业应用最广泛的是高分子材料的辐射接枝、聚合、交联、裂解。

1. 高分子材料的辐射交联聚合

（1）辐射交联聚合

大多数工业合成的高分子化合物是由相对简单的小分子单体聚合而成，由低分子化合物生成高分子化合物的反应称为聚合反应。由同一种单体聚合的称为均聚物，由两种或两种以上单体聚合的称为共聚物。如有 A，B 两种单体，可以得到下面各种聚合物：

①均聚物　—A—A—A—A—A—　或—B—B—B—B—B—B

②共聚物　—A—B—A—B—A—B—A—B—

③接枝共聚物

$$
\begin{array}{c}
\text{B—B—B—B} \\
| \\
\text{A—A—A—A—A—A—A—A—A} \\
| \\
\text{B—B—B—B}
\end{array}
$$

如在催化剂的作用下，乙烯（ $CH_2 = CH_2$ ）聚合生成聚乙烯；丙烯（ $CH_2 = CH_2—CH_3$ ）聚合生成聚丙烯；丁二烯（ $CH_2 = CH—CH = CH_2$ ）聚合生成聚丁二烯。

高分子材料辐射聚合的方法有气相聚合、液相聚合、乳液聚合及固相聚合等。辐射聚合的机理是在射线照射下产生自由基（ R^* ）和离子，自由基是指含有一个或多个未配对电子的原子、分子或基团，自由基具有很强的成键能力。在辐射过程中的自由基不仅可能带正或负电荷（离子自由基），而且可能携带激发能或动能，因此自由基非常活泼。由自由基或离子可引发单体聚合。对于大多数单体是自由基聚合，也有离子聚合。辐射聚合与化学聚合的区别就在于引发自由基这一步骤。

高分子材料在辐射作用下，从宏观上看高分子的反应可分为两类高分子链的变化，首先使高分子分子量增加（交联聚合），当剂量足够高时，分子链断裂，平均分子量降低（裂解）。对于多数高分子，两种过程是同时发生的。高分子在辐射作用下发生交联聚合还是裂解反应，与大分子链的化学结构、吸收剂量有关。表 6.3.2 列出了碳链高分子材料辐射交联与裂解占优势的材料。

表 6.3.2　碳链高分子材料的辐射交联与裂解

交联占优势的高分子材料	裂解占优势的高分子材料	交联占优势的高分子材料	裂解占优势的高分子材料
聚乙烯(PE)	聚四氟乙烯(PTFE)	聚氯乙烯(PVC)	聚甲基丙烯酸胺
聚丙烯(pp)	聚异丁烯	聚丙烯腈	聚偏二氯乙烯
聚苯乙烯	聚一甲基苯乙烯	聚乙烯醇	聚三氟氯乙烯
聚丙烯酸酯	聚甲基丙烯酸甲酯(PMMA)	天然橡胶	丁基橡胶(BN)

（2）交联密度和裂解密度

①交联密度

当吸收剂量为 D 时,高分子主链上每一个链节单元发生交联的概率,称为交联密度,以 q 表示。含有 A_i 个链节单元的样品中就含有 qA_i 个交联了的单元,因而每个链段平均有 A_i/A_iq $=1/q$ 个单元。假设每个链节单元(常常是单体)的相对分子质量为 w,那么这个链段的相对分子质量为 $M_c = w/q$。

实验发现,交联密度 q 与吸收剂量 D 成正比,而与吸收剂量率无关,于是可写成

$$q = q_0 \times D \tag{6.3.9}$$

式中, q_0 为常数,是单位吸收剂量下引起交联的链节单元数目。 q_0 还可以用交联 G 值来表示。交联 G 值定义为吸收 100 eV 能量所产生的交联单元数。

如果吸收剂量用 kGy 表示,1 kGy 的吸收剂量相当于每克聚合物吸收了 6.24×10^{18} eV 的能量,或者相当于相对分子质量为 w 的每一个链节单元吸收的能量为 $6.24 \times 10^{18} w/(6.023 \times 10^{23}) = 1.04 \times 10^{-5} w$。按定义,吸收这些能量后引起交联的单元数为 q_0,所以吸收 100 eV 能量所产生的交联单元数为 $100q_0/1.04 \times 10^{-5} w = 9.6 \times 10^6 q_0/w$,这个数值就是交联 G 值,即

$$G(交联单元) = 9.6 \times 10^6 q_0/w \tag{6.3.10}$$

②裂解密度

当吸收剂量为 D 时,高分子主链上每一个链节单元发生裂解的概率称为裂解密度并以 p 表示。在通常的情况下,裂解密度 p 与吸收剂量 D 成正比,可以写成

$$p = p_0 \times D \tag{6.3.11}$$

式中, p_0 是单位吸收剂量下主链裂解的概率。 p_0 与主链裂解 G 值的关系和交联类似,可以写成

$$G(裂解) = 9.6 \times 10^6 p_0/w \tag{6.3.12}$$

（3）高分子材料辐射交联的优点

与化学交联相比,高分子材料辐射交联具有以下优点:

①化学交联是加引发剂,产生自由基,再生成单体单元的链自由基,然后链连续增长到停止,完成交联。辐射交联不需要引发剂(化学交联剂),由辐射产生自由基、正负离子,然后形成交联键,完成交联。无任何化学残留,产品纯净。

②辐射交联可自由选择成型温度,可在室温条件下进行高分子交联,这对于为保持正确尺

寸,成型后必须立即冷却的薄壁制品如薄膜、薄板等的交联,是很有利的。

③交联密度在很广的范围内只与吸收剂量有关,因此可很好地控制交联密度。

④交联密度与电离辐射的类型、剂量率几乎无关,所以高分子材料辐射交联既可使用钴源,也可使用电子加速器实现。

⑤高分子材料的辐射交联是一种节省能源,节省人力、少公害、生产成本低的高技术绿色产业。

2. 高分子材料的辐射接枝聚合

把由单体 A 构成的高分子主链,连接上由单体 B 构成的支链的聚合物,称为接枝聚合物。接枝聚合物的主链也可以是由两种以上单体组成的共聚物,同样支链也可以这样。

高分子材料的辐射接枝聚合有四种方法:

(1)共辐照接枝聚合,即把单体 A 构成的聚合物和接枝单体 B 放在一起共辐照接枝聚合。

(2)预辐照接枝聚合,先单独辐照主干聚合物,以便生成更多的俘陷自由基,然后加入接枝单体,实现接枝聚合。

(3)由辐照产生的过氧化物引发的接枝聚合,在有氧的气氛下辐照聚合物能产生稳定的过氧化物,然后加入接枝单体进行接枝聚合。

(4)把不同聚合物的共混物放在一起进行辐照,它们相互反应生成既有交联又有接枝的聚合物。

表 6.3.3 给出了近几年国内外已经产业化的辐射接枝应用项目,电池隔膜、阻燃发泡体、接触眼睛片等应用在国内已实现产业化。

表 6.3.3 辐射接枝应用实施例子

基材	单体	用途
聚乙烯	丙烯酸	电池隔膜
聚乙烯泡沫体	乙烯基磷酸酯低聚物	阻燃发泡体
烯烃聚合物	甲基丙烯酸缩水甘油酯	吸附材料
尼龙纤维	丙烯酰胺	改进染色性
硅橡胶	乙烯基吡啶盐	接触眼睛片
聚酯布	丙烯酰胺	防皱处理
棉花、纸纤维	甲基乙烯基吡啶盐、甲基磺酸盐	抗菌加工
棉纤维	丙烯酸 + Cu(Ⅱ)	抗菌加工
淀粉	丙烯酰胺	絮凝材料

3. 高分子材料辐射裂解

在 3.2.1 节中介绍了高分子材料在辐射作用下,当剂量足够高时,分子链断裂,平均分子量降低发生裂解。在聚烯烃的碳键两端都是 H,那么这个聚合物就是交联;如果一端是 H,另一端是其他原子或基团,它则既可以交联又会裂解;如果两端都是 H 以外的原子或基团,则主要是裂解。

高分子材料的辐射裂解已经在工业上得到应用,如聚四氟乙烯(PTFE)受到一定剂量的辐照后变脆,粉碎后可以作固体润滑剂,添加到工程塑料中制成自润滑的轴承和齿轮。又如加拿大在利用木材纸浆生产粘胶丝的过程中,利用高能电子束辐照原料纸浆,在吸收剂量 10 ~ 15 kGy 时,就可以使纤维素发生辐射降解,使纤维素的聚合度从 800 降到 400,从而使所需的碱和二氧化硫的用量分别减少了 25% 和 16% 以上,同时也减少了污染物的排放。下面介绍的典型应用中的壳聚糖生产就是利用的辐射裂解。

辐射裂解也有不利的方面,由于辐射裂解使聚合物的力学性能下降,核反应堆和加速器的靶室中使用的绝缘材料、密封材料必须选用耐辐照的材料,同时要知道它的最大允许剂量。

4. 辐射加工在新材料领域的典型应用

(1)热缩材料制品

热收缩材料的主要特性是加热收缩紧包覆在物体外表面,能够起到绝缘、防潮、密封、保护等作用,这种热收缩材料的径向收缩率可达 50% ~ 80%。热缩材料制品在电力、电子、通信、交通、建筑、石油、化工、汽车、国防、航天航空等部门都获得了广泛的应用。热缩材料的辐射加工产业已成为国民经济发展不可缺少的组成部分。

聚合物通过辐射交联,转化为相对分子质量很大的三维网状结构。交联度达到一定程度后的聚合物,不能被溶剂所溶解,温度即使达到结晶熔点也不会熔融、流动,并保持加热前的形状,这就是形状保持效应。

辐射交联后的聚合物,升温到熔点以上时,结晶熔融消失,成为高弹态。此时聚合物受到应力作用将发生弹性变形,若在应力作用下保持其变形状态,及时冷却到结晶熔融温度以下,则会重新结晶,结晶使聚合物保持新的形状,在室温下可以保持任意长时间。当再度加热到熔点以上时,结晶熔融消失,聚合物在交联键应力的作用下,恢复到变形前的形状,这就是形状记忆效应。

形状保持效应和形状记忆效应是聚合物的交联结构和结晶行为共同作用的结果,是热缩材料制作和生产的的科学依据和技术基础。

热缩材料制品的制造分为以下几个步骤:

①聚合物的选择和配方设计

根据热缩材料的使用目的和标准要求,选择聚合物体系,其次要选择抗氧剂、敏化剂、阻燃剂、稳定剂、改性剂等配合剂。

配方的主体是交联型聚合物,如聚乙烯(PE)、乙烯与醋酸乙烯共聚物(EVA)、氯化聚乙烯(CPE)、丁腈橡胶(BN)和聚硅氧烷(PDMS)等。

聚合物材料经高温处理会出现氧化,导致聚合物裂解和绝缘的损伤,可通过添加抗氧剂减少聚合物氧化。为了提高辐射交联的效率和降低不利的副反应,可添加敏化剂,降低所需的吸收剂量。添加阻燃剂及其他添加剂可满足对热缩材料制品的不同要求。

②产品的挤塑、注塑和压延加工成型,成为半成品

它是形状记忆的外形基础,是获得高质量热缩产品的关键因素之一。

③辐射加工交联

热缩产品形状记忆效应的效果主要取决于辐射交联的程度,通过控制吸收剂量 D,选择适当的交联度,以确保制品的性能指标。辐射加工热缩产品各部位的交联度(或 D)的均一性是非常重要的。交联度的均一性与产品在束下的传输方式、电子能量,以及产品的密度、几何尺寸等因素有关。

④交联半成品的扩张定型

辐射交联后的半成品,要在高于其结晶熔点温度的条件下进行扩张或拉伸,并在保持形状的情况下冷却到熔点温度以下,使其定型为具有形状记忆效应的热缩制品。

扩张或拉伸定型生产中的加热方式有空气加热(电、烘箱、远红外)和浴加热(甘油、苯甲醇、水等)两种。

管材的扩张定型随管径不同可采取不同的方法,对于小口径产品,大多采用连续扩张法,包括正压扩张法、负压扩张法、正负压扩张法,扩张倍数通常为 2～4。对于口径较大的厚壁管,多采用机械扩张法,机扩通常可扩 2～4 倍。

带材或片材,大多采用纵向拉伸法或横向扩幅法实现定型。

⑤成品检验包装

热缩成品的质量检验包括表观的检验,热收缩性能的检验,以及电学、力学指标的测定等。

图 6.3.3 所示是中科院上海应用物理所研制的彩色低烟无卤阻燃聚烯烃热收缩

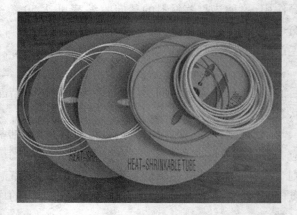

图 6.3.3 彩色低烟无卤阻燃聚烯烃热收缩材料

材料;图 6.3.4 是四川久远科技为西气东输管道用研制的热缩制品及模拟热缩制品施工时的照片。

(2)绝缘层辐射交联及其在电线电缆中的应用

电线电缆绝缘层的交联改性,能大大提高电线电缆的工作温度、耐溶剂、耐环境老化、耐开裂等性能。如普通聚乙烯(PE)绝缘的电线电缆,受熔融温度限制,只能在70℃以下场合使用,

(a)　　　　　　　　　　　(b)

图 6.3.4　久远科技为西气东输管道生产的热缩制品(a)及模拟施工时的照片(b)

耐溶剂性、耐开裂性也较差。而绝缘层交联后,其耐温性、耐溶剂性等显著提高,交联后的 PE 即使达到 250 ℃仍然不会改变形状。辐射交联还可导致绝缘材料的电学性能发生变化,并使机械性能提高。

电线电缆绝缘的交联有化学交联和辐射交联,化学交联又分为过氧化物交联和硅烷交联,三种交联形式的特点比较列于表 6.3.4 中。辐射交联和化学交联是相辅相成的,可相互补充但不能取代。辐射交联在中小型电线电缆和特种电缆的绝缘层交联的加工改性中占绝对优势。

表 6.3.4　辐射交联与化学交联比较

	辐射交联	化学交联	
		过氧化物	硅烷
交联引发因素	电子束	热源蒸汽	温水
环境温度	室温/固相	高温熔态	高温水
交联区域	在非结晶区交联	均匀交联	非均匀交联
结晶度	结晶度高,基本保持原有的结晶度	低于交联前	结晶度不变
机械性能	提高	降低	
适宜加工的聚合物	所有	LDPE/HDPE	LDPE/HDPE
挤出工艺	容易	困难	容易
交联中尺寸稳定性	优秀	易变形	交联度不均匀
产品工作温度/℃	150	90	90

电线电缆绝缘层辐射交联的基本工艺流程具体如下。

①绝缘材料的选择与配方设计

绝大多数聚合物,都具有良好的绝缘性,如聚乙烯(PE)、聚氯乙烯(PVC)、乙烯与醋酸乙烯共聚物(EVA)、三元乙丙橡胶(EPDM)、丁腈橡胶(BN)等。选择绝缘主体材料,除了必须具有优良的电气性能、机械性能和良好的热稳定性外,还必须是辐射交联型聚合物(见表6.3.2)。在辐射交联电线电缆的聚合物绝缘材料中,使用最多的是聚乙烯(PE),不同主料的耐温等级如下:

90~105 ℃　　　　　PVC,PE,CPE(氯化聚乙烯)

105~150 ℃　　　　　EVA,PE,EPDM

150~200 ℃　　　　　硅橡胶、含氟聚合物

聚乙烯达到所需交联度的吸收剂量,通常在 200~400 kGy 之间。辐射交联的效率低,导致生产率也低,而且高剂量的辐射交联还会带来如热效应、产物发泡、静电积累与放电等不利的副效应。通过添加敏化剂或多官能团单体提高辐射交联的 G 值,使 G 值增大 5~15 倍,及降低辐射交联的吸收剂量,由纯 PE 的 240 kGy 降低到 150 kGy 以下。

辐射交联加工的同时也伴随着辐射氧化反应,这不仅影响产品的使用寿命,也影响其电气及机械性能,所以必须在配方中加入抗氧剂,以减少这一过程。在某些应用场合,要求电线电缆外护层具有阻燃功能,因而配方设计中必须添加阻燃剂。

②电线电缆的挤出成型

电线电缆挤塑加工工艺决定了聚合物内在相态结构,它又制约着下一道工序——辐射加工中发生的化学反应和结构转变。

③辐射加工

电线电缆的辐射交联采用电子加速器作为辐射源,其电子束能量为 0.5~5 MeV,束功率由几十 kW 到上百 kW,吸收剂量在 100 kGy 左右。为使电线电缆的绝缘层受到均匀的吸收剂量,可通过两面或多面辐照实现。

④产品的综合性能检测与控制

交联后电线电缆的性能检测包括交联度及其分布的测定,以及相关物理性能、电学性能、阻燃性、工作温度及使用寿命等的检测。

在电线电缆的辐射加工中应预防辐射氧化、热效应、静电效应等副效应的发生。辐射氧化将导致聚合物氧化裂解。辐射加工的热效应可导致绝缘材料的温升,当温升接近绝缘材料的熔点时,电线电缆在辐射加工的输送过程中易被拉伸变形。温升还可引起发泡效应,导致绝缘层破坏。表 6.3.5 列出了一些材料受辐照后的温升。

表 6.3.5　一些材料受辐照后的温升

材料	初始温度 /K	比热容 c_p /J·kg^{-1}·K^{-1}	不同吸收剂量的温升/K	
			10 kGy	30 kGy
水	298	4 178	3.39	7.17
冰	252	1 955	5.06	14.9
	77	691	13.5	36.6
非结晶 PE	298	2 149	4.53	13.5
	77	561	16.4	43.5
结晶 PE	298	1 549	6.24	18.9
	77	536	17.0	40.8
PVC	298	946	10.4	30.3
	77	359	16.4	46.3
铝	298	904	10.6	32.6
	77	336	24.2	57.8
铜	298	385	25.7	76.8
	77	197	40.8	105.0
碳	298	720	13.5	38.5

（3）橡胶辐射硫化

橡胶辐射硫化是指橡胶（天然橡胶或合成橡胶）在高能射线的作用下,形成 C—C 键的交联结构,使其黏度和拉伸强度增加,产品性能得到改善。橡胶辐射硫化主要应用在两个方面:一是天然橡胶乳液制品的辐射硫化;二是橡胶轮胎的辐射硫化。

天然橡胶乳液制品包括医用手套、特种防护手套、胶管、医用导管、气球、避孕套、婴儿奶嘴等。通过加硫来实现天然橡胶乳液中的弹性体发生交联的过程称为硫化,或称为化学硫化。在化学硫化制品中由于含硫,不适合特种医学用途和高性能机电产品的需求;废旧制品焚烧时产生 SO_2,污染环境;化学硫化制品中含可溶性蛋白质较高,可导致人体过敏反应。另外,化学硫化时所加的硫化促进剂在硫化过程中将产生亚硝胺,它是公认的致癌物。辐射硫化克服了化学硫化的弊端,因此得以广泛应用。

天然橡胶乳液辐射硫化与化学硫化相比具有以下优点:

①不含亚硝胺;

②不含硫,适合特殊行业使用,焚烧时不产生 SO_2,有利于环保;

③透明度和柔软性好;

④低细胞毒性;

⑤水溶性蛋白质含量低;

⑥在空气和光照下易降解。

国内用于天然橡胶乳液硫化的低能电子加速器由上海应用物理研究所研制,苏州中核华东辐照有限公司利用加速器辐照天然橡胶乳液硫化项目于2009年3月通过验收。

橡胶轮胎的辐射硫化技术主要用于子午线轮胎各部件的预硫化,如气密层、胎体、带束层、胎侧胶等部件。轮胎构件采用电子束预硫化的目的是改善它的生胶强度和稳定织物帘线、钢丝帘线或纯生胶组件。

橡胶轮胎的电子束预硫化的优点如下:

①预硫化速度快,使用电子束橡胶交联在 20～30 ℃时仅需3秒钟,而化学硫化在 150 ℃时,则需10分钟。

②可以精确控制硫化程度,保证部件的强度和提高尺寸的稳定性。

③减少构件厚度,可减少 10%～20% 的厚度,降低了成本。

④产品质量稳定,提高了轮胎的成品率。

橡胶轮胎的辐射硫化主要采用自屏蔽的高压型电子加速器,典型的参数为电子束能量 500 keV,电子束流强 60～150 mA,扫描宽度 100～160 cm,吸收剂量范围 30～80 kGy。由于采用自屏蔽技术,加速器体积小,可安装在流水线中。

橡胶轮胎的辐射硫化在日本、美国已得到广泛应用,在 20 世纪 80 年代末,日本六家大的轮胎公司,其中五家采用电子束预硫化工艺,共安装了 23 台加速器,子午线轮胎 90% 以上经过电子束辐射硫化处理。

(4)电子束辐射接枝膜在电池隔膜中应用

电池隔膜的制备方法有多种,其中聚合物辐射接枝膜是电池隔膜制备的重要手段之一。

①隔膜在电池中的作用

电池中的隔膜有两个主要作用:一是允许有关电解质离子通过,以完成电池内部的电荷迁移过程,这就要求电池隔膜具有尽可能低的电阻,从而降低电池内阻,提高开路电压,有利于大电流放电;二是要求隔膜能有效地阻隔正、负活性物质的直接接触,以防止电池内部短路或有效地阻滞电池的自放电。

②辐射接枝电池隔膜的种类

电池隔膜的材料主要是合成高分子膜、聚合物无纺布和微孔膜等,辐射接枝赋予这些材料新的化学和物理性能,使其满足各种电池用隔膜的技术要求。

根据特性和组成的不同,电池隔膜通常分为半透膜和微孔膜两大类。半透膜包括天然高分子膜和合成高分子膜,其中合成高分子膜是重要的隔膜材料,如聚乙烯辐射接枝膜、聚丙烯辐射接枝膜、聚乙烯醇膜、全氟磺酸膜等。微孔膜分为有机材料和无机材料两类,其中有机材料微孔膜在电池隔膜的研制中应用广泛,典型的有尼龙布、水化纤维素纸、维尼龙、聚丙烯无纺布、聚烯烃微孔膜、辐射接枝聚丙烯无纺布、辐射接枝聚烯烃微孔膜等。

③辐射接枝电池隔膜的研究进展与应用

20 世纪 70 年代,美国 DAI 公司首先发明了聚乙烯辐射接枝丙烯酸隔膜,并实现了批量生产。70 年代末,中国科学院上海应用物理研究所和日本原子力研究所相继开发成功辐射接枝聚乙烯隔膜技术,并在扣式电池隔膜的研制方面得到应用。20 世纪 80 年代以后,辐射接枝改性的电池隔膜先后用于镉镍电池、锌镍电池和氢镍电池等。

2006 年,河南省科学院同位素研究所,利用聚丙烯无纺布的多孔性,通过预浸渍,使其吸附定量的丙烯酸单体水溶液,然后进行电子束辐射接枝,完成聚丙烯与丙烯酸的分子组合,制备无汞碱锰电池隔膜,并实现产业化。

(5)壳聚糖的辐射降解及应用

甲壳素是地球上最丰富的天然高分子化合物之一,每年生物合成量可达数百亿吨。甲壳素(Chitin)是一种含氮多糖的高分子聚合物,是许多低等动物,特别是节肢动物(如昆虫、虾、蟹等)外壳的重要成分,也存在于低等植物(如真菌、藻类)的细胞中,其学名为(1－4)—2—乙酰胺—2—脱氧—D—葡聚糖。甲壳素若脱去分子中的乙酰基,就转变为壳聚糖(Chitosan)。在甲壳素的分子中因其内外氢键的相互作用,形成了有序的大分子结构,溶解性很差,极大限制了它的应用。而甲壳素经脱乙酰胺处理后得到壳聚糖,由于其分子结构中存在大量的游离氨,所以溶解性能大大改善,特别是降解的低壳聚糖,不仅溶解性能提高,而且具有抗菌活性,当分子量低于 1 万时,可得到水溶性的壳聚糖。低壳聚糖在食品、日化用品、医药及医用材料等领域具有广泛用途,已被国际上誉为除蛋白质、脂肪、糖、维生素和微量元素之外,人体所需的第六大生命要素。目前,壳聚糖降解的主要方法有酶降解法、化学降解法(包括氧化降解法、酸降解法)和辐射降解法。酶降解法工艺复杂、成本高;化学降解法对壳聚糖的分子量难控制、产率低;辐射降解法对壳聚糖的分子量可控制、产率高、成本低。

①壳聚糖的辐射降解

按照壳聚糖辐照时的状态分为固态辐射降解和液态辐射降解两种,在水溶液中辐照由于水的存在,降解加速,在较低吸收剂量下即可得到低分子量的壳聚糖。但与化学降解、辐射降解法类似,由于壳聚糖在水溶液中溶解度的限制,这种降解效率并不高。而在固态下辐照,需要非常高的吸收剂量才能得到较低分子量的壳聚糖。研究表明,采用在壳聚糖中添加敏化剂的方法,在低吸收剂量(< 10 kGy)得到了低分子量的水溶性壳聚糖,平均分子量 5 000 ~ 2 万(分子量可调),目前正进行产业化推广。

②辐射降解的壳聚糖的应用

辐射降解的壳聚糖在作为植物生长促进剂、水果保鲜、抗菌活性材料等方面有广泛的应用。

辐射降解的壳聚糖可用作植物生长的促进剂,这些植物包括西红柿、胡萝卜、卷心菜、黄瓜、茶叶等。使用结果表明,通过使用辐射降解的壳聚糖可使农作物获得 20% ~40% 的增产。图 6.3.5 显示了黄瓜植株叶面喷洒壳聚糖的效果:黄瓜提前开花 3 ~4 天,长势良好,不染上白粉病,产量增加 20% ~30% 。

利用壳聚糖超细粉体已经在我国最大的粘胶纤维厂(四川丝丽雅集团有限公司)成功开发出抗菌纤维,可纺性好,成品率 100% 。

图 6.3.5　黄瓜植株生长 50 天喷洒壳聚糖的效果

（6）半导体及器件的辐射改性

辐射在半导体中产生比较复杂的缺陷,这些缺陷和半导体中的杂质在禁带中形成能级。能级位置的不同,对半导体的电学特性产生不同程度的影响,例如对半导体的少子寿命 τ、半导体的载流子浓度 η、载流子的迁移率 μ 都有重要影响（N 型中电子和 P 型中的空穴,统称多数载流子,简称多子;N 型中空穴和 P 型中的电子,统称少数载流子,简称少子）。

电子束辐照通量越大,少子的寿命就越短。器件的少子寿命 τ 和辐照通量 Φ 的关系如下式所示:

$$\frac{1}{\tau} = \frac{1}{\tau_0} + K\Phi \tag{6.3.13}$$

式中,τ 和 τ_0 分别为辐照前后的少子寿命（单位 μs）,K 为寿命损伤系数,Φ 为辐照通量密度,为每平方厘米每秒射入的粒子数量。少子寿命的长短直接影响器件的各种电参数,并有如下关系:

$$辐照通量\ \Phi\uparrow \Rightarrow 少子寿命\ \tau\downarrow \Rightarrow \begin{cases} 关断时间\ T_q\downarrow \\ 反向恢复电荷\ Q_{rr}\downarrow \\ 反向恢复时间\ T_{rr}\downarrow \\ 正向通态压降\ V_f\uparrow \\ 漏电流\ I\uparrow \end{cases}$$

一般辐照通量 $\Phi > 10^{13}/(cm^2 \cdot s)$,少子寿命由 $10 \sim 20\ \mu s$ 下降到小于 $5\ \mu s$。

①对晶体三极管的辐照影响

用能量 12 MeV 的电子,辐照因生产过程中直流放大系数太大的废管子,经过适当通量的电子辐照后,直流放大系数降到所要求的数值,成为正品管子。

②可控硅(晶闸管)的辐射改性

生产快速、高频可控硅,传统工艺的向硅片内掺金或掺铂是在 1 000 ℃左右的某一恒定高温下进行,借此产生深能级复合中心,以控制少子寿命,达到提高开关速度及使用频率的目的。这种工艺,扩散浓度的均匀性较难掌握,电参数一致性差,成品率低。而采用 12 MeV 电子束辐照,工艺简洁,电特性参数一致性好,成品率高。高频可控硅器件辐照并经过 200 ℃退火 6 小时后,性能稳定且技术成熟,已得到广泛应用。表 6.3.6 给出 KK200A 电子辐照与掺金(铂)的性能对比。

表 6.3.6　KK200A 电子辐照与掺金或掺铂的性能对比

项目	V_{TM}/V	$T_q/\mu s$	I_{RR}/mA	成品率/%	最高成品率/%
掺金	0.74	11.4	19(100 ℃)	31.8	40
掺铂	1.09	28.8	15.2(115 ℃)	38	48.3
掺铂不足	1.13	19.1		42	52
电子辐照	0.98	17.4	5.3(125 ℃)	50.8	63.6

6.3.3　食品的辐照保鲜、灭菌

1. 食品辐照的安全性及现状

国际原子能机构(IAEA)、世界卫生组织(WHO)和联合国粮农组织(FAO)积极鼓励和支持食品辐照技术的应用,并明确指出:"任何国家,尤以发展中国家,如果不应用辐照技术来解决食品保存、食源性疾病以及海关检疫等问题,则其损失必定是巨大的。"这一意见也引起我国食品行业的专家和有识之士的高度重视,国家领导同志也强调"核技术应用很重要,要抓附加值的工作,探伤、检测、医疗、保鲜,等等"。2009 年,由同位素与辐射加工行业协会牵头编写的发展食品辐照技术保障食品安全的建议的报告经部分专家审议后提交国务院,建议将食品辐照技术列入振兴计划。

辐照食品在我国已完全纳入法制管理,消费者对辐照食品的接受程度较高。1998 年我国生产辐照食品 5 万吨,位居世界第一。1999 年,辐照食品生产量猛增至 8.6 万吨,直接产值超过 1.7 亿元。2008 年辐照食品已超过 17 万吨,对国民经济的贡献超过 150 亿元,占世界辐照食品总量的 36%,以辐照食品的种类和数量而言,目前中国都是世界上辐照食品最多的国家。

辐照食品包括农产品、水产品、干鲜果品、生熟禽肉制品等,采用辐照加工技术可达到以下目的:

①延缓呼吸、抑制发芽,如大蒜、土豆、洋葱等;

②延长货架期,如水果、蔬菜、生熟禽肉制品等;

③杀虫、灭菌,如脱水蔬菜、中成药、调味品、保健品、豆类、谷类等;

④控制寄生虫感染,如生熟禽肉制品、水产品等;

⑤检疫处理,如进出口动植物产品。

2. 食品辐照加工对辐射源与剂量的要求

食品辐照的国际通用标准(CODEX STAN 106—1983,Rev. 1—2003)及中国卫生部 1996 年第 47 号令公布的《辐照食品卫生管理办法》都明确规定食品辐照可以采用下列类型的电离辐射源:

①放射性核素 ^{60}Co 或 ^{137}Cs 的 γ 射线;

②机械源(加速器)产生能量 5 MeV 或 5 MeV 以下的 X 射线;

③机械源(加速器)产生能量 10 MeV 或 10 MeV 以下的电子。

IAEA,WHO,FAO 在 1980 年认为,"为储存的目的,任何食品受到 10 kGy 以下的辐照后不再需要进行毒物学方面的检测"。1997 年宣布,超过 10 kGy 高剂量辐照食品也是安全的。1999 年更宣布了"不必要设置一个更高剂量上限"的结论。

3. 食品辐照的化学和生物效应

(1)食品辐照的化学效应

辐照对食品中的化学成分的效应与食品接受的辐照剂量、辐照条件和环境条件等因素有关,因此应根据食品种类和辐照工艺的不同,选择合适的辐照工艺来取得有益的效果。为了有效地应用辐照技术,必须了解食品辐照化学效应的有关知识。

①水分　食品辐照引起食品中水的辐照分解,产生氢氧自由基和水化电子,由它们对食品中的成分产生间接效应。

②酶　它是活体组织中有催化功能的蛋白质,可调节组织细胞中特定的生化过程,对生物体内的代谢起重要的调节作用。在目前食品辐照采用的剂量范围内,对食品组分的作用是比较温和的,几乎只会引起酶的轻微失活。

③蛋白质　它是生物体的重要组成部分,其基本组成单位为氨基酸。在食品辐照剂量的范围内,不会使氨基酸的组分发生明显变化,所以辐照不会造成蛋白质营养价值可察觉的损失。

④糖类　食品中的糖类也称碳水化合物,在一般的灭菌剂量下,辐照不会使糖类食品的质量和营养价值发生变化。

⑤脂类化合物　辐照引起的脂肪变化分为自氧化和非氧化两类。辐照的自氧化过程与无辐照时自氧化非常相同,辐照加速了自氧化过程。自由基与氧反应生成过氧化物,进而产生醇、醛、烃等化合物。辐照期间与辐照后,在无氧条件下则发生非氧化变化,辐解产物有 H_2、CO_2、醛和烃。脂肪的辐照氧化类似热效应,对于高脂肪食品,辐照后会产生"辐照异味"。

⑥维生素　食品中微量的营养物质分为水溶性与脂溶性两类。水溶性维生素包括维生素 C，B_1，B_2，B_6，B_{12}，K 和叶酸等，它们对辐照的敏感性各不相同，主要是射线对水溶液的间接效应所致。维生素 C，B_{12} 对辐照高度敏感；维生素 B_1，B_2 对辐照不敏感；叶酸耐辐照。脂溶性维生素包括维生素 A，D，E，K。它们对射线都比较敏感，维生素 A，E 都发生辐解变化。而作为维生素 A 源的 β 胡萝卜素和类胡萝卜素对辐照处理相当稳定。维生素 D 在剂量低于 50 kGy 时耐辐照。

（2）食品辐照的生物效应

食品辐照的目的是杀灭腐败微生物、致病菌（沙门氏菌、大肠杆菌 O157 等）和病毒。辐照的效应是损伤细胞的 DNA，使之不能修复。它们对辐照的耐受度与生物体尺寸大小成反比。表 6.3.7 列出了不同生物体的致死剂量范围。

表 6.3.7　不同生物的致死剂量范围

生物类型	致死剂量范围/kGy	生物类型	致死剂量范围/kGy
高等动物（包括哺乳类）	0.005～0.010	芽孢细菌	10～50
昆虫	0.1～1	病毒	10～20
非芽孢细菌	0.5～10		

一种细菌对辐射的敏感性可用需杀死初始细菌总数（N_0）的一定份额的剂量表示。在食品辐照中杀死 100% N_0 所需的剂量不仅因为在实验上很难达到，而且所需剂量与生物群体中的数量有关。因此，在实际操作中采用杀死 N_0 中 90% 的细菌所需要的剂量，即在某一特定的条件（温度、气氛、pH 值等）下，使细菌群体降至 10% 所需的处理剂量简称"D_{10} 值"，表 6.3.8 列出了用于食品辐照的 D_{10}。使群体从 N_0 降至 N 所需的剂量可表示为

$$D = D_{10}\lg\left(\frac{N_0}{N}\right) \tag{6.3.14}$$

表 6.3.8　用于食品辐照的 D_{10} 值

微生物	D_{10} 值/kGy	微生物	D_{10} 值/kGy
摩拉克斯菌	5～10	沙门氏菌	0.2～1
耐辐射微球菌	3～7	金黄色葡萄球菌	0.2～0.6
肉毒杆菌	2～3.5	大肠杆菌	0.1～0.35
霉菌芽孢	0.5～5	假单胞菌	0.02～0.2
啤酒酵母	0.4		

食品的辐射保鲜技术的具体应用与优点将在本书 6.4.4 食品辐射保藏技术中具体分析。

（清华大学工程物理系　张化一）

6.4 核技术在农业中的应用

核技术的农业应用也称核农学(Nuclear Agriculture Sciences),是核科学技术与农业科学技术相互渗透、相互结合的一门综合性交叉学科,是研究核素、核辐射及相关核技术在农业科学和农业生产中的应用及其基础理论的科学技术。

核技术农业应用的研究内容涉及到辐射物理学、辐射化学和放射生物学中的基础理论知识。技术方法包括各类辐射源的装置与辐照技术、辐射探测技术、辐射防护技术等。应用技术包括核辐射在遗传科学(诱变育种)、食品科学(储藏、保鲜)、昆虫科学(害虫不育、灭虫)和卫生科学(消毒、灭菌、污泥处理)等学科中的应用,其中植物辐射诱变育种、同位素示踪技术、昆虫辐射不育防治技术、食品辐照加工等是目前核技术在农业中应用的主要内容。

随着核技术和农业科学的不断发展,核技术农业应用已经遍及农业科学和农业生产中的许多领域,如图 6.4.1 所示。

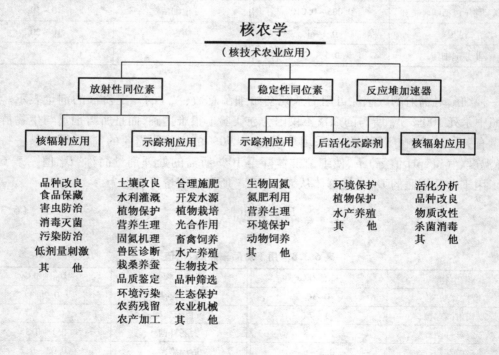

图 6.4.1 核技术农业应用领域

核农学的研究领域有其独特的研究方法和技术,其理论基础也在不断充实和完善。它在现代农业科学研究和生产中具有显著的经济和社会效益,是农业现代化的重要标志之一。

6.4.1　农作物辐射育种

植物辐射育种是利用 X 射线、γ 射线及中子等射线人为地诱发植物的遗传物质发生突变，并通过对突变后代的选择、鉴定和试验，使对生产有利的变异得以稳定，直接或间接地培育出新品种的一种方法。

利用这种方法已在世界范围内育成了大量的植物新品种，现已成为国内外普遍采用的一种培育新品种的重要方法。我国应用放射性同位素技术已培育出许多粮食、蔬菜、果树、花卉等植物新品种。从 20 世纪 60 年代中期第一批稻、麦新品种问世至 2000 年，我国辐射诱变育成的新品种更换旧品种的种植面积约在 5 000 万亩以上，每年为国家增加粮食产量 30 亿到 40 亿千克、棉花 1.5 亿到 1.8 亿千克、油料 0.75 亿千克，年创经济效益 33.2 亿元。目前已对 40 多种植物育成 500 多个新品种，占到世界辐射诱变育成品种总数的四分之一左右。辐射诱变育种已成为提高我国农业经济效益的主要手段之一。例如，北京师范大学利用核辐射结合生物遗传选育了 963 号紫糯玉米新品种。963 号紫糯玉米源自天然珍稀玉米品种，辐照后玉米呈紫黑色，是极佳的营养保健食品，并以其口感好、风味独特、色泽醇厚、营养丰富、产量高等特点居同类产品领先地位。

1. 辐射育种的遗传学基础

遗传和变异是作物的一个基本特性，而突变是生物变异的源泉。辐射与生物体中的主要遗传物质——细胞中的脱氧核糖核酸（DNA）分子发生直接作用或通过水辐解产物而发生间接作用，使 DNA 发生电离或激发，最终导致 DNA 分子结构上的损伤。DNA 结构发生变化后可以除去潜在的损伤，从而或多或少地修复原有构型。DNA 损伤可因"无误修复"而恢复正常生长，也可因"错误修复"而导致基因突变或染色体畸变。基因突变或染色体畸变则可通过细胞的世代繁殖，传给性细胞或无性繁殖器官的组织，继而传递给后代。因此，基因突变或染色体畸变是辐射育种的内在依据。对辐射育种来说，辐射效应必须发生在遗传物质的部分，使遗传物质结构受到损伤而发生突变。

突变可分为核质的和核外的两种。所谓核质突变主要指染色体突变，包括两个内容：一是染色体组突变，二是染色体结构重排突变和基因突变。不论是前者还是后者都是指遗传信息在序列上和含量上的变化。核外突变指细胞质基因组内遗传物质发生的突变，一般认为，细胞质发生的突变与核质突变没有原则上的区别。虽已证明细胞质突变确实存在，但它产生的遗传背景人们至今尚未了解。

2. 辐射诱变剂量

选择适当的辐照剂量以获得良好的诱变效果是进行辐射育种的关键一步。研究表明，在一定照射剂量范围内，突变频率与其吸收的剂量成正比，但是当超过一定范围之后再增加辐射剂量就会引起存活率降低、不育性和不利突变率增加等不良后果。

诱发作物产生突变,是遗传物质吸收能量后在结构上发生损伤而引起的。农业上常用的辐射诱变源所带的能量已足够破坏生物体内的化学键。但结构上的损伤仅作为前突变,即使已经发生了分子水平的突变,也需要达到一定水平后,突变性状才能破阈而出。这就是说,不仅要吸收能量,而且需要一定量的能量,这是诱变剂量的根据。

种子经过处理后,发生的突变率高低不仅与射线的能量大小有关,也与种子的辐射敏感性有关。辐射引起的生物死亡、生长延缓以及损伤程度都因物种、亚种或品种的不同而有很大的差异,这种差异就叫做辐射敏感性。辐射敏感性是指个体、组织、细胞或细胞内含物在一定剂量照射下在形态、机能上相应变化的大小,辐射敏感性的强弱是遗传上一种固有的特性。在实际应用中,常以产生定量生物学效应所需要的剂量大小来表示,需要的剂量大表示辐射敏感性弱,反之则表示辐射敏感性强。测定所用材料的辐射敏感性是突变育种工作的常规步骤。

因此,通常以射线的能量和辐射敏感性作为选择照射剂量的依据,确定不同种子的适宜诱变剂量。

在辐射育种中,常用的诱变剂量有:①半致死剂量,即作物受照后有 50% 致死时所需的剂量;②半致矮剂量,即作物受照后株高降低到对照 50% 时的剂量;③临界剂量,当作物生长已受到显著抑制,但有 20% ~30% 的植株在生育过程中仍有形成种子能力所能接受的剂量。所以,诱变剂量均以生物学效应的大小作为生物学剂量指标。目前,大多数研究多以存活率作为选择剂量指标,将半致死剂量作为适宜的诱变剂量。

以既能诱发产生较高比例的有利突变,又能在辐照后获得较多的存活个体为原则,辐射育种工作者提出了一定的诱变剂量范围。

3. 辐射诱变源

目前,应用于水稻辐射育种的辐射源种类很多。根据辐射能量来自被照射物的外部还是内部分为外照射和内照射两大类辐射源。γ 射线、X 射线、α 射线、中子和质子等都可作为外照射的辐射源;内照射辐射源主要是 ^{32}P, ^{35}S, ^{14}C 等放射性同位素水溶液,用这些放射性水溶液浸泡种子,在放射性核素被种子吸收后对种子的胚和萌发后生长出来的植株发生作用,从而成为内照射辐射源;有时,用 $^{14}CO_2$ 喂饲植物,通过光合作用,使放射性碳 – 14 在植株体内产生辐射作用,诱发植株变异,因而也可作为内照射源。

核技术的进展使辐射育种中应用的射线种类不断增多,为进一步提高突变率提供了手段。

4. 提高诱变效率的主要途径

辐射处理后发生突变的频率和能否显现往往决定于两大因素:一是生物机体本身;二是辐照技术和环境条件,因而提高辐射诱变效率也要从这两方面考虑。如何使生物机体经辐射处理后能发生高频率的突变和有效地表现突变,如何提高辐照技术和提供适当的环境条件是研究的主要问题。

（1）控制辐射对遗传物质的作用

核酸是组成染色体及一些细胞器的主要成分，是生物的主要遗传物质。就辐射诱发的遗传事件来说，核酸是一个主要的靶分子。只要使辐射有效地作用于核酸，就有可能提高诱变效率。

（2）促进突变的表现

辐照处理后细胞内的核酸和细胞核内的染色体要出现辐射损伤。但是细胞可通过自身固有的或诱发的修复酶的作用，进行辐射损伤修复，修复时要发生 DNA 转录和翻译上的选择。修复后的 DNA 可能是无误修复或错误修复的产物。同源染色体间的交换修复是一种无误修复，无误修复后就不能形成突变。错误修复会导致突变产生。

（3）减少嵌合体

生物机体中一部分细胞因辐射处理而损伤。这些带有辐射损伤的细胞随生物体的发育通常有两种可能的去向：即通过 DNA 复制和细胞增殖，成为可传递的突变细胞继续分裂、生长和发育为一种突变体；或者由于细胞损伤过分严重而死亡，已发生的突变也随之消失。由那些带辐射损伤且能存活的突变细胞和正常细胞共同构成的有机体，叫做嵌合体。嵌合体中突变细胞如果没有与正常细胞竞争的能力，就会被淘汰，而使突变消失。目前，大都用种子作辐射育种的辐照材料。然而种子的胚是多细胞组成的，一般处于休眠状态，生命活动很不活跃。研究表明，照射发育的胚胎，可以减少嵌合体的形成，提高早熟突变频率。减少嵌合体是提高诱变效率的主要途径之一。

（4）提高辐照技术

选择适当的辐照源对辐射育种至关重要。目前我国应用于辐射育种的辐射源主要有 γ 射线、X 射线、中子、α 射线和激光等，它们都有较好的诱变效果。然而由于各种辐射源的质量、能量、带电性和穿透能力的不同，其在有机体组织内的射程和电离密度不同，故对生物大分子的作用也不同，所以表现出来的生物学效应和诱变频率也有一定的差异。就单位剂量的诱变效率而论，一般是中子高于 γ 或 X 射线，但就诱发某一突变的效率而论，差异并不明显。γ 射线诱发的突变谱比快中子宽，同时诱发品质突变频率也比快中子高。因而，要根据辐射育种的主要目标，选择适当的辐射源，以达到最大的诱变效率。

要选择适当的剂量和剂量率。尽管选择了适当的辐射源，但没有适当的照射剂量和照射剂量率，还是达不到提高诱变效率的要求，因而选择好照射剂量和剂量率，是提高辐照技术和提高诱变效率的重要一环。

有效的照射剂量处理既能诱发细胞内的染色体畸变和基因突变，又不破坏细胞的正常代谢而降低其生活力。采用适当的辐照处理方法：一次照射与分次照射的总剂量是相同的，只不过分次照射有一个时间间隔。分次照射后幼苗抑制和染色体畸变等辐射损伤程度相对低于一次照射，然而其 DNA 损伤的错误修复增加，从而突变频率相对增加。

对辐射后代进行重复照射就叫做世代照射。世代照射可以促进突变的发生和表现。一些实验已指出，世代照射虽能增加突变量，但到一定程度时，就会出现饱和效应，再用同一辐射源重复照射，效果不佳。因而常需要更换辐射源，进行世代重复照射，以获得最好效果。

辐射育种技术除了继续应用于主要粮食、油料、纤维作物等种子繁殖植物的改良外,将进一步扩大研究应用领域,加强各类多种作物的诱变育种,尤其对无性繁殖植物的改良更具有重要理论和实践意义;而且它在拓宽创造新遗传资源以及与其他育种技术相结合等方面有着广阔的应用前景。

6.4.2 同位素示踪技术的农业应用

随着核农学的发展,核素示踪技术在农业科学中的应用已日益广泛。截至2000年的不完全统计,我国应用同位素示踪法进行水田、旱地、草场、林果地等作物的营养元素吸收利用、化肥、农药在土壤中的残留信息的研究,以及对新的施肥技术等方面的研究,已累计为国家增产粮食19亿千克,创经济效益28亿元。

1. 同位素示踪在植物学研究中的应用

同位素示踪技术在植物学研究中已渗透到植物科学的各个分支领域,特别是在植物生理学、植物生物化学、植物根系分布中应用较为广泛。

任何植物根系都具有吸收水分、吸取营养、支持地上部分等的重要功能。选育具有良好根系的作物和研究根系在土壤中的分布与吸收活力方面具有十分重要的实际意义。

对根系分布、根系活性等方面的研究,放射性同位素示踪法具有独特的优点。该方法简单、准确,它可以通过标记植物,测定植株不同水平距离及深度的土壤,或者采取和它相反的程序,测定植株放射性,判定根系的各种性能。

植物育种工作面临的问题是如何选育出高产、抗逆性强、品质优良以及有经济价值的品种,这些无不与植物品种、基因型有着直接关系。因此,应设法及时给育种学家提供关于高产、抗逆性和品质方面的数值指标、基因型方面的差异以及它们之间的关系,使育种学家尽快筛选出或定向地培育出理想的品种。因此,须研究影响生产能力的养分吸收和利用,光合作用,同化产物的分配及再利用;影响抗旱特性的根系生长速度,根系的大小和分布,根系吸收水分、养分的效率;作物品种对养分供应水平的适应能力;地上部分的保水能力,暂时干旱后地上部分的恢复能力,以及躲开干旱迅速生长的能力,影响品质的营养构成等问题。上述问题的研究,放射性同位素示踪法的优点十分突出,如果再与其他方法配合,就更优越了。

2. 同位素示踪在土壤研究中的应用

土壤的性质和性状不仅直接影响农作物的生长发育、产品和质量,而且也制约着农业生产措施的实施和效果。所以,研究土壤的发生、演变、基本性质和土壤的有效养分是研究土壤利用、改良和培肥作用的重要基础。

土壤有效养分是一个很重要的农业化学性质。它受土壤本身的物理化学以及耕作、施肥、田间管理以及气候等因素的综合影响。近年来,同位素示踪法由于方法简便,灵敏度高而被广泛应用于土壤有效养分的测定中。该方法将需要测定的养分进行标记,可以方便快捷地得到结果,确切反映土壤养分供应量、养分来源等问题。

此外,同位素示踪法在土壤阳离子代换量的测定上也有其优越性。土壤阳离子的交换特性是由带负电荷的黏土粒子,或以胶体形式存在的复合的有机物表面引起的。带阳电荷的营养元素的离子被保持在这些粒子的表面上。土壤阳离子代换量是中和单位土壤质量阴离子所需的阳离子总量。阳离子代换量是一个十分重要的指标,它反映土壤供给植物有效养分的能力;也反映土壤在降水及灌水条件下养分流失的特性。用它还能鉴别土壤肥沃的程度。土壤中有机质的含量是土壤肥力的重要标志。用同位素示踪法主要研究土壤中有机物质的分解和合成,以及动植物、微生物的残余物在土壤中的分解和转化。

3. 同位素示踪在农业环境中的应用

随着科学的进步,人们对环境保护的要求愈来愈迫切。放射性同位素示踪法可以广泛地用来研究农药、重金属、废气、有毒化合物对土壤、水质、空气的污染,以及对植物、动物、人类的吸收、代谢、残留和毒害作用。它同样可用来研究植物病害,昆虫生态;用来研究控制病虫害的生物、化学措施和这些措施的后果,以及对人类的影响。

4. 同位素示踪技术在动物科学方面的应用

同位素示踪技术在植物害虫研究方面有很多应用。用放射性同位素标记昆虫有多种方法,如用 ^{60}Co, ^{226}Ra 等金属丝胶粘在虫体上而使其被标记,这种标记的昆虫主要用于研究森林害虫、果树害虫和地下害虫等的活动规律。

同位素示踪技术已广泛应用于畜牧兽医研究中,诸如研究营养物质的吸收、消化与代谢,这些研究使人们能进一步认识禽畜营养代谢规律,可为制定有效而经济的饲养管理措施提供科学依据。

5. 同位素示踪技术在农药研究中的应用

为经济、有效、合理使用农药,提高防治病害和虫害的效果,减少农药对作物、食品和环境的污染,必须探明农药对病菌和害虫的作用机理、残留分布,以及在土壤中的吸附、迁移、降解和积累等。同位素示踪技术是研究这些问题的有力手段,并已取得了大量的研究成果。

研究农药在作物上的残留和消失动态,了解农药及残留物在农作物上需要多少时间可分解消失到安全的程度,可为制定安全高效施药方案提供科学依据。农药在土壤中的残留、降解是同位素示踪用于农药研究的另一个重要方面。由于防治病虫害时,农药直接或间接进入土壤,农药残留于土壤中会对环境造成污染。弄清农药在土壤中的吸附积累、残留和分解动态,对保护人类生存的环境意义十分重大。

6.4.3 应用辐射法防治害虫

1938 年美国昆虫学家尼普林首次提出了用辐射导致雄虫不育来消灭害虫的设想,这一设想建立在以下两个研究结果的基础上:远在 1916 年鲁纳用 X 射线照射烟草甲虫时发现,经过照射的雌虫产出的卵活力丧失,这表明 X 射线有诱发昆虫性不育的可能性。1927 年缪勒在用 X 射线照射果蝇研究遗传的实验中,观察到了 X 射线可以使果蝇产生突变,引起显性致死。正是以上两个实验结果,为辐射不育技术用于防治害虫提供了科学依据。进入 20 世纪 50 年代,核技术的发展,核反应堆的建立,并生产出了高比活度的辐射源,推动了核辐射防治害虫的研究和实际应用。试验证明,辐射不育技术是一种十分有前途的防治害虫手段,在防治害虫中具有无可争议的作用。

我国自 20 世纪 60 年代以来,已先后对玉米螟、蚕蛆、小菜蛾、柑桔大实蝇、棉铃虫等十多种害虫进行了辐射不育研究,并在一定面积上进行了释放实验,取得了良好效果。

1. 辐射不育技术原理

辐射不育就是用一定范围的辐射剂量,对需要防治的某一虫态(蛹或成虫)进行照射,使害虫遗传基因突变,导致害虫不育。把这些不育害虫大量释放到野生种群中,凡是与释放的辐射不育个体交尾的自然种群害虫都丧失了繁殖后代的能力。经过若干代的释放后,自然种群的数量减少,以致这一地区的该种害虫被完全消灭。

深入了解昆虫对辐射的敏感性,对成功地应用辐射不育技术防治害虫至关重要。研究表明,正在分裂的细胞对射线最敏感,因此活跃地进行细胞分化的生殖细胞,具有较高的放射敏感性。生物体细胞比生殖细胞抗辐射性强,尤其是昆虫发育到蛹的后期和成虫期,体细胞分化基本完成,有更大的抗辐射性。如果辐射剂量在体细胞能忍受的剂量之下,生殖细胞受到影响引起不育,此剂量即是不育剂量。通常用不育剂量照射害虫,对体细胞不产生影响,而使生殖细胞的染色体产生断裂或易位,形成带显性致死突变的配子,不能与卵核形成合子,或形成合子,经多次分裂以后死亡,或在胚胎发育期间死亡,不能完成世代交替。因此,自然种群的害虫个体与释放的不育虫交配的数量越多,失去繁殖力的也就越多,自然界的虫口密度也就越小,最后甚至会导致虫种的灭绝。

应该看到,灭虫的效果受很多因素制约,在同样条件下,防治效果的好坏决定于释放健康不育虫数量的多寡。假如自然界有 100 万头害虫,也释放同等数目的不育虫,不育虫和正常虫竞争配偶的数量是 1:1,如果释放不育虫 1 000 万头,那么不育虫和正常虫竞争的数量比就成了 10:1。当然这只是理论上的推算,实际上它还受释放技术、气象因素、自然种群动态变化等多种因素的影响。但无论如何,一定要释放足够数量的育虫才能取得减少和消灭害虫的效果。用通俗的语言讲,不育技术灭虫法所采用的是一种"虫海战术",也就是以多取胜。然而释放多少不育虫适宜,这要根据害虫的种类不同而不同。一般的原则是,用最适当的放虫量取得最大的防治效果。放虫量太少,达不到防治效果;放虫量过多,必然要增加防虫成本,这是不可取的。

2. 辐射不育治虫技术

(1)辐照源

利用 X 射线、α 射线、β 射线、γ 射线、电子源和快中子等进行辐照,都能使昆虫不育。但是使用方便而且被普遍利用的是 γ 射线。γ 射线有强大的穿透力,使被辐射的害虫的细胞组织遭受不同程度的破坏。γ 射线源有 ^{60}Co 和 ^{137}Cs 等。^{137}Cs 虽然半衰期长,使用寿命长,但获得同等剂量的时间也较长。我国目前多采用 ^{60}Co 辐射源。

(2)剂量率

对某些昆虫来讲,在照射的总剂量相同的条件下,因照射时的剂量率(单位时间内的照射剂量)不同,可以产生不同的不育效果。一般认为,剂量率高,生物效应大,诱发昆虫的不育效果好。

(3)辐照方法

同等的照射剂量可以一次照射完成,也可以分多次照射来完成,由于照射的时间长短不同,也会产生不同的辐照效应。一般连续照射时间长,损伤的康复也较慢,剂量分散使用常会降低总的不育效果。

(4)辐照条件

外界因素,特别是照射时的环境条件,可以直接影响辐射效应。例如照射时的温度差异对成虫的辐射效果尤为明显,高温条件下辐射容易引起虫子相互碰撞而受损伤,所以采用低温条件进行辐射。

(5)照射虫态和适照时期的选择

当昆虫个体受到电离辐射时,可能会产生两类细胞(体细胞和生殖细胞)损伤,由于昆虫生殖细胞辐射敏感性大于体细胞,而且生殖细胞和体细胞分裂完成期早晚不同,从而产生了一种可能性,即在体细胞分裂完成或接近完成,而生殖细胞仍处在分裂过程时进行照射,这样既可不损伤昆虫的正常生命活动,又能引起生殖细胞显性致死突变,丧失繁殖后代的能力,从而达到消灭害虫的目的。所以在确定了适当辐射剂量的前提下,选择最合适的而又对交配活动影响小的时期进行照射是非常关键的一步。

照射虫态多选择蛹后期或成虫期。照射蛹还是照射成虫,取决于照射的昆虫本身。一般来说,照射蛹比较简单、方便,用一个不太大的容器就可以处理大量的蛹,这是国内外广为采用的方法。照射成虫相对要复杂一些,因为成虫处在活跃状态,照射时有一定困难,通常都要进行冷冻或麻醉处理,以避免在照射过程中受到损伤。但照射成虫也有其优点,成虫期抗辐射能力强,易获得更健康的不育虫。

3. 辐射诱变在防治虫害中的应用

以农作物为食物的昆虫称为农作物的害虫。农作物与害虫两者在食物链上是直接相联系的,这种关系是在一定环境条件下形成的,我们可以改变这种环境条件,使其不利于害虫的生长发育,致使它不能危害农作物,例如采用化学药剂改变环境条件,使害虫不能生存。此外,还可以应用辐射诱变的方法,改变害虫或农作物的遗传性,如改变害虫食用农作物的习性,或者使农作物产生对害虫的抗性。这样,害虫也就不再称为害虫了,而农作物也不再被害虫所害了。

辐射可以引起昆虫各种变异,改变昆虫某些特性,有的可能是对昆虫种群的生存是有害的,而对人类是有利的。例如改变了昆虫取食农作物的习性,人们可以利用昆虫的这种变异,通过人工饲养,使其遗传性稳定,以后大量饲养和释放这种昆虫,使与野生昆虫交配,产生后代就能改变取食性而不危害农作物。利用辐射突变还能使害虫产生诱发条件致死突变、性比偏高突变等,再把这种突变培育成种,人工大量饲养,使与野生昆虫交配,产生后代,就会不适应环境条件而死亡或者后代减少,直至消灭。辐射诱发条件性致死突变可使昆虫只能在某种条件下生长发育,而在另一种环境条件下则死亡。性比偏离突变可使昆虫产生的后代有高度的性比偏离,连续几代就会导致种群灭绝。

从农作物的角度考虑,农作物的抗虫性,是指一定环境条件下,昆虫与寄主植物之间的相互关系,也可以认为,抗虫性是降低昆虫以某种植物作为寄主的可能性的一种植物性质。农作物的耐虫性是指农作物被害虫危害后,所表现的耐受性。耐受性愈高,虫害愈不影响农作物的产量和品质,即害虫与侵袭农作物的受害很少发生关系或不发生关系。例如农作物受虫害后仍能保持健壮生长,受害部分能很快补偿或恢复,使农作物不表现受害现象。可见,农作物的抗虫性和耐虫性,虽然都是农作物对害虫侵袭的一种防御机构,但是有其不同的概念,我们可以利用这两种性状来防治害虫。但我们应该看到农作物对害虫的抗虫性愈强,栽培面积愈大,对害虫种群的淘汰压力也愈强,害虫为了适应变化了的环境,经过多世代的繁殖,势必有可能产生针对抗性品质的抗性。也就是说,害虫产生了变种,此时抗虫性也就变成不抗性虫了。

4. 利用辐射直接杀死害虫

射线与生物有机体的作用,可使其发生一系列的生物化学的变化,这种变化直接影响生物有机体的新陈代谢和生命活动。当生物体积累到一定剂量时,使机体遭到损伤,直至死亡。各种生物有机体对射线的敏感性是不同的,生物有机体组织结构愈复杂、愈进化、愈高等,对射线愈敏感。不同种类的昆虫,同一种昆虫的不同生育期不同性别,对射线的敏感性也不同,这就是辐射直接杀虫的技术基础。

昆虫受致死剂量辐照后,其活动能力降低,取食减少,表现出各种病态,逐渐引起死亡。在一定剂量范围内,此种现象与辐照剂量的大小成正相关。此点与杀虫剂不同,杀虫剂的作用剂量具有明显的阈值,而辐照剂量的大小与昆虫的作用往往没有明显的阈值,较低剂量也可引起一系列的辐射生物学效应。

同一种昆虫,一定虫态的各种剂量按以下顺序降低:致死剂量 > 缓期致死剂量 > 不育剂量 > 半不育剂量。如杂拟谷盗成虫 3 天致死剂量为 1 200 Gy,缓期致死剂量为 360 Gy(100% 死亡率/27 天),不育剂量为 200 Gy,半不育剂量为 150 Gy。

利用辐射直接杀死害虫的方法来防治储粮害虫、食品害虫、田间害虫和档案图书害虫,具有方法简单、效果显著、射线可以穿透包装物而直接杀死内部的害虫和一次投资、多年受益等优点。另外,射线也可用于植物检疫,除了直接杀死进出口农产品中带有的害虫以外,还可以作为一种手段来检验种子和苗木中是否带有害虫。

辐射治虫的方法与化学防治法、生物防治法、农业栽培防治法或其他物理防治法相比,具有下列特点:

(1)不污染环境。此种方法不像化学防治法,在施用农药时会污染环境,使用后存在残毒,造成作物、禽畜、环境中农药残留,该方法对人、畜、有益生物无任何危害,是一种非常安全、卫生的防治害虫的方法。

(2)防治效果好。不育法可以在一个广阔的地区范围内从根本上灭绝一种害虫,如果不再从其他地区迁入该类害虫,就能长期保持农作物免遭其害。用核辐射直接杀死害虫,可以在包装物外面进行,效果同样显著。这是其他防治方法所不能达到的。

(3)消耗能源少。辐射源在核衰变过程中放出的各种射线每时每刻都在进行,而不受任何外界条件影响。不像微波治虫等物理方法要消耗大量能源。

(4)专一性强。辐射不育法仅仅是防治人们要防治的某一害虫,而对其他昆虫不起作用。

(5)经济效益显著。因为不育法防效持久,而且有可能使害虫断子绝孙,因此一旦取得了根除的效果,可以长期受益。

利用核辐射防治害虫也有不足之处,主要是一次投资大。要建立养虫工厂,这需要较大的开支。其次是局限性大,选择性强,只适用于某些害虫。但随着核技术的进步,此法的应用范围可能还会扩大。同时,核辐射对人同样有害,因此在辐照害虫过程中,工作人员必须遵照国家颁布的有关规定进行操作,以免发生意外。

从人类与害虫斗争的历史看,昆虫不育技术与其他防治法相比还是一门年轻的学科,无论是研究应用的深度和广度,都有待进一步开拓和丰富。也应该看到,虽然辐射不育技术开展的时间不长,但已经显示出它在害虫防治中不容忽视的地位。

6.4.4　食品辐射保藏技术

据联合国粮农组织的估计,世界生产的粮食作物,由于质变及虫害,每年损失 20% 至 30%,达百亿美元以上,因此食品保藏具有十分重要的意义。

食品辐射保藏方法就是利用某种电离辐射源发出的射线来照射食品,因此也属于一种辐射加工方法,在上一节中已有简单介绍。辐射保藏(也称辐照保鲜)利用辐射引起食品中的一系列化学或生物化学反应,达到抑制发芽、推迟后熟、杀虫、杀菌或灭菌的效果,以实现保鲜储藏、减少损失、改善品质和延长储藏期,因此它是保障食品质量的一项物理保藏技术。

通常,人们把经辐照处理的食品称为辐照食品。它就像罐头食品、脱水食品或冷冻食品一样,也是一种逐步推向商业化的新食品。它比其他食品更为安全、保存期更长,食品辐射保藏法是目前值得大力推广的好方法。

1. 辐射保藏食品技术

在食品辐照过程中,各种射线所引起的一系列化学、生物学变化可以杀死食品中的微生物与害虫;抑制水果、蔬菜的代谢过程及生理生化反应,使食品免受或减少导致腐败和变质的各种因素的影响,达到延长食品储藏时间的效果。

食品辐照后观察到的效应和应用范围主要取决于吸收剂量,通常可分为三类:低剂量(<1 kGy)、中等剂量(1~10 kGy)、高剂量(10~15 kGy)。在射线作用下吸收的剂量不同,发生的变化也不相同。吸收剂量的大小对杀虫、灭菌、抑制生长发育和新陈代谢的作用有直接的影响,关系到辐射保鲜的效果。例如,当食品吸收的能量是在0.05~0.15 kGy时,它会使茎植物失去发芽能力;而当食品吸收的剂量增加到100倍以上时,就可以杀灭食品中的致病菌,起到杀菌消毒作用。食品吸收射线的剂量及其引起的相应效应关系如表6.4.1所示。

表 6.4.1 食品辐照效应与吸收剂量的关系

处理目的	剂量/kGy	食品
低剂量辐照(1 kGy 以下)		
1. 抑制发芽	0.05~0.15	土豆、洋葱、大蒜、生姜
2. 杀虫和杀灭寄生虫	0.15~0.50	谷物和粉、水果、干果、鱼干和鲜猪肉等
3. 延迟生理过程(如推迟后熟)	0.5~1.0	新鲜水果和蔬菜
中剂量辐照(1~10 kGy)		
1. 延长货架期	1.0~3.0	鲜鱼、草莓等
2. 抑制腐败菌和致病菌	1.0~7.0	新鲜或冷冻水产品,未加工的、冷冻的禽类或肉类等,葡萄等(提高出汗率)、脱水蔬菜等
3. 改良食品的工艺品质	2.0~7.0	
高剂量辐照(10~50 kGy)		
1. 工业消毒	30~50	肉类、家禽、海产品、加工食品、医院的无菌食物、调味品、酶制品、天然胶等
2. 某些食品的添加剂或成分的去污染	10~50	

各种不同种类的食品和不同的保藏目的,有各自需要的最佳辐射剂量。为了达到理想的消除病源微生物或植物害虫的检疫要求,关键在于确定一个最低的临界剂量。同时,为了达到工艺上的要求,也必须规定最低剂量。为了避免使用过高剂量照射食品可能产生对人体健康有害的化合物,需要确定一个最高的辐射剂量。通常,低剂量照射用于减少微生物、减少非孢子病源微生物数目和改进食品的工艺品质;高剂量照射用于商业目的的消毒和消除病毒。从卫生安全性研究的结果来看,在适当的物理条件下,使用均匀的消毒(辐射完全杀菌)剂量,似乎不会影响食品供人食用的安全性。从已经取得的有效证据来看,国家管理当局愿意接受已

被详细证明的 15 kGy 作为法定的最大吸收剂量。

2. 辐射保藏食品技术的应用

（1）辐射杀菌

各种微生物（包括细菌、霉菌和酵母菌等）在食品加工储藏和流通环节中通过多渠道污染食品，导致食品腐败变质。根据杀菌的目的，可把辐射杀菌分为三类：辐照选择性杀菌；辐照针对性杀菌；辐照完全杀菌。选择性辐照杀菌就是利用一定剂量的电离辐射使食品中腐生微生物的数量降低，以防止食品变质，延长货架期。针对性辐照杀菌是利用一定剂量的电离辐射，杀死食品内除病毒以外的无孢子病源细菌。辐射完全杀菌是利用电离辐射消灭食品中全部微生物，以保证食品在室温条件下长期储藏不会腐败变质，也不会因微生物而引起食物中毒。食品进行彻底灭菌所需的辐照剂量高达 25 000 kGy，因而需要的辐照能很大，处理成本也很高。

（2）辐射杀虫

虫害损失是谷物和各种食品损失的一大原因，害虫防治是食品和农产品储藏的关键。辐射杀虫按其目的可分为杀灭危害粮食、干燥食品及烟草、草药等的仓库害虫，减少仓储损失；杀死检疫害虫，以利贸易交流；杀死生肉、生鱼中的寄生虫，保障人类的健康。辐射杀虫的方法有两种：一种是直接辐照法，要求辐照使不同虫态的害虫全部致死；另一种是不育性杀虫技术，通过辐射致害虫不育消灭害虫。

大米、小麦、玉米、豆类等粮食每年因虫蛀损失的数字十分可观，而水果上的虫害也较严重。为了杀虫可使用辐照杀虫的方法。辐照主要是杀灭食物中的虫卵，使它不能孵化，即使有极少数能够孵化出来，也已失去生殖能力，不会繁殖后代了，这样就可以使害虫断子绝孙。杀灭害虫的辐照剂量比保鲜要略高一点，大致是几百戈瑞到一千戈瑞以内。大量事实表明，辐射法是一种有效的极为广泛的农产品杀虫的手段。

（3）辐照抑制发芽

蔬菜、水果在采摘以后还是一个有生命的活体，它仍然在进行呼吸，会继续成熟，在一定条件下还会发芽生长。许多地下茎菜作物收获后都有一段较短的休眠期，长则 3 至 4 个月，短则 1 至 2 个月。休眠期一过极易发芽并引起腐烂或失水造成严重损失。辐照抑制发芽既经济又十分有效。用 70 Gy 辐照大蒜，6 个月后无发芽现象，而对照发芽率高达 92%。但是辐射法抑制发芽也有限制，例如蔬菜、水果的生产季节性很强，产地往往又比较集中，因此设施不能专用，否则大部分时间会闲置无用；要保鲜的蔬菜不能损伤，存在着对辐照食品的运输保藏问题。

辐照处理是利用射线的穿透作用，深入到植物体内引起内部各种生物酶活性的变化，从而引起植物体内的一系列化学或生物化学反应，这就可以达到抑制发芽、抑制后熟的作用。酶有许多种类，它是动植物体内生命活动的催化剂。辐照干扰了酶的活力，也就相应降低了植物体内的生命活动，使植物体在采摘下来后处于一种"休眠"状态。因此能起到保鲜、抑制发芽、抑制后熟的作用。引起这一反应所需吸收辐照剂量大约从几十戈瑞到几百戈瑞。

辐照抑制发芽技术应用中，剂量选择应考虑到过高剂量会使薄壁组织受伤而降低抵御外

来病毒、微生物的侵染和对机械损伤修复的能力,造成霉变、加重病虫害以及腐烂。最低剂量
应足以抑制幼芽萌动。另外辐照时期、作物的品种都将影响适宜剂量的选择。

3. 辐射保藏食品的优点

（1）辐射处理穿透力强

辐射处理用的 γ 射线穿透力强,因而它不但能杀死食品表面的微生物和害虫,而且能杀死
食品内部的微生物和害虫。更主要的是它提供了食品包装后再进行辐照消毒的可能性,消除
了在食品生产和制备过程中严重的交叉污染问题。随着人们生活水平的提高,许多种即食食
品和方便食品不断问世。为防止交叉污染引起的食物中毒,辐照消毒将逐渐成为一种重要的
手段,这是化学熏蒸法、热处理法和冷冻法所办不到的。

（2）食品辐照加工能耗低

食品辐照加工可节约能源。据 IAEA 的统计分析,冷藏农产品每吨耗能 90 kW·h,热处理
消毒每吨耗能 300 kW·h,而农产品辐照灭菌保藏每吨只需要耗能 6.3 kW·h,辐照巴氏消毒每
吨仅为 0.75 kW·h,与加热和冷藏相比,辐照灭菌可节能 70% ~90%。

（3）辐照处理是一种冷加工技术

辐照处理是在常温下进行的,通常称为"加工",产生的热量极少,因而能保持食品原有的
色、香、味和新鲜度,即使是一些冷冻食品,也能在保持冷冻的情况下进行辐照处理。

（4）适用性广

辐照处理方便、快捷、效率高,具有独特的技术优势,不同剂量的辐照处理可以达到不同的
目的。例如,有效的延长食品的货架寿命、推迟后熟、减少腐烂损失;有效地杀灭致病菌和腐败
菌、防止虫害、抑制发芽以及改善食品质量等。任何一种食品处理方法都没有这样广泛的适用
性。另外,辐照处理方法具有工业化的特点,适用大批量的处理,可以使一些易腐食品迅速处
理后储存,减少加工前的损失。

（5）无化学残留

辐照加工是一种类似于冷冻加热的物理处理过程,不添加任何化学品,也不会感生放射
性,因此辐照加工不污染食品,无残留、无感生放射性,卫生安全性高,也不污染环境。

4. 辐照食品的卫生安全

在食品辐射储藏的研究和应用中,人们十分重视辐射食品的卫生安全性问题。辐照食品
的卫生安全性是指营养质量、毒理学和微生物学的安全性。

多年来的大量研究表明,辐照食品与热处理食品营养价值无明显差异。在毒理学方面,多
年来国际上对辐照食品的动物喂饲试验进行了大量研究,未发现任何由于辐照食品而引起的
急、慢性毒性和致癌、致畸和致突变的现象。在此基础上进行了大量的人体试食试验,取得了
满意的结果。对大量辐照食品,微生物学的研究也证明,在食品辐射的实际情况下,没有证据
认为辐射会加强诱发食源性微生物的致病性。

1992 年 5 月世界卫生组织召开了食品辐照协调会。会议认为在目前掌握好辐照食品加工过程的情况下，辐射不会引起食品成分的变化而产生对人体健康有害的作用，也不会引起微生物的危害。

（上海交通大学机械与动力工程学院　王德忠）

思考练习题

1. 构成一个辐射成像系统主要需要哪些部件？

2. X 射线透视成像给出的是什么信息？CT 成像给出的是什么信息？这两种系统的主要差别在哪儿？

3. 衡量辐射成像系统或图像具体有哪些指标，这些指标的含义是什么？

4. 什么是中心切片定理，它在 CT 图像重建中的作用怎样？

5. CT 的发展过程中有哪些代表性的扫描方式，各自有哪些特点和优缺点？

6. 简要说明辐射型工业检测仪表的主要特点和优点？

7. 简要说明采用 γ 射线料位计控制水泥立窑料封方案的优点？请设想其他可能的解决方案。

8. 料位计、密度计、厚度计被称为"三大计"，请设想、列举这"三大计"在各工业部门可能的应用实例。

9. 曾被广泛应用的电离室型 γ 射线核子皮带秤，主要缺陷是存在"形状误差"。请扼要说明其原因，为什么说它是原理性的缺陷？

10. 为了领会"γ 射线透射物料的指数减弱规律(6.2.1)式，以及(6.2.3)式所示多元组合物的 γ 射线质量衰减系数表达式，是 γ 透射型工业检测仪表的物理基础"。请从(6.2.1)、(6.2.3)式出发，推导双能 γ 射线透射法煤炭灰分测量的表达式(6.2.6)。

11. 试比较钴－60 辐射源与电子加速器辐射源的优缺点。

12. 试验测出电子束在聚苯乙烯中电子射程 R_P 为 2.66 cm，请推算出此电子束的能量？（聚苯乙烯的密度 $\rho = 1.06$ g/cm³）

13. 列举出三种以上辐射加工在高分子材料中的典型应用。

14. 简述高分子材料的辐射交联、接枝及裂解的特点，并举出一种典型应用。

15. 简述利用辐射加工制备热缩材料制品的基本原理。

16. 简述食品辐照加工的目的与优点（列出三点以上）。

17. 何谓核技术农业应用，主要包括哪些方面？

18. 请列举辐射育种中的几个常用诱变剂量，并说明其含义。

19. 辐射育种中为什么说选择适当的辐射诱变剂量是关键的一步，请说明提高诱变效率的几种主要途径。

20. 请简要说明同位素示踪技术在农业中的应用。

21. 请简要说出辐射不育技术的原理和辐射治虫的特点。

参 考 文 献

[1] 中国机械工程学会无损检测分会. 射线检测[M],3 版,北京:机械工业出版社,2004.

[2] 国防科技工业无损检测人员资格鉴定与认证培训教材编审委员会. 计算机层析成像检测[M]. 北京:机械工业出版社,2006.

[3] Barrett H, Swindell W. Radiological Imaging: the Theory of Image Formation, Detection and Processing [M]. New York: Academic, 1981.

[4] 吴世法. 近代成像技术与图像处理[M]. 北京:国防工业出版社,1997.

[5] 高上凯. 医学成像系统[M]. 北京:清华大学出版社,2000.

[6] 安石生. 放射性同位素的工业应用[M]. 北京:原子能出版社, 1992.

[7] 周立业. 核子秤[M]. 北京:原子能出版社, 1994.

[8] 张志康. 激光皮带秤及其应用前景[J]. 洁净煤技术,2006,1.

[9] 马永和. 低能 γ 射线反散射法测量煤灰分的线性处理[J]. 核电子学与探测器技术,1990,10(6):331 – 335.

[10] 张志康. γ 辐射煤灰分仪[M]. 北京:原子能出版社, 1999.

[11] 梁煦宏. SCS – 35 型 β 射线测厚仪[J]. 核电子学与探测器技术,1984,4 (4):98.

[12] 阿布拉勉 E A. 工业电子加速器及其在辐照加工中的应用[M]. 赵渭江,哈鸿飞,译. 北京:原子能出版社,1996.

[13] 赵文彦,潘秀苗. 辐射加工技术及其应用[M],北京:兵器工业出版社,2003.

[14] 汪勋清,哈益明,高美须. 食品辐照加工技术[M],北京:化学工业出版社,2005.

[15] 王汀华,赵孔南. 水稻辐射育种[M]. 北京:原子能出版社,1988.

[16] 陈子元. 核农学[M]. 北京:中国农业出版社,1997.

[17] 张和琴. 用辐射不育法灭害虫[M]. 北京:原子能出版社,1988.

[18] 徐志成. 许道礼. 辐射保藏食品漫话[M]. 北京:原子能出版社,1991.

第三部分
核能利用

第7章 核能利用的原理

7.1 核能的发现与发展历史

7.1.1 原子核中潜藏着巨大的能量

自然界中的物质,是由各种元素组成的,不同元素的原子不同。原子由电子和原子核组成。除了最轻的原子核只包含一个质子之外,其余的原子核都由质子和中子组成,中子和质子统称为核子。人们以原子核内的质子数和核子总数来区分原子核。

地球上天然存在的元素中,第92号元素铀是唯一容易裂变的元素。我们称自然界中存在的铀为天然铀,它有三种同位素:一种是铀-238,占99.274%;一种是铀-235,占0.720%(铀-235含量的精确数值是0.720 2%);一种是铀-234,占0.006%。这三种同位素的原子核,都含有92个质子,因此化学性质基本相同。但它们的中子数目不同:铀-238有146个中子,铀-235有143个中子,铀-234有142个中子。这三种同位素的核特性相差很大,只有铀-235的原子核才容易分裂成两个中等质量的原子核,也就是我们所说的裂变,其他两种同位素不易裂变。

地球上遍布的水中,包含着原子核仅有一个质子的氢元素。氢元素还有两种同位素:氘和氚。它们的原子核内除了一个质子之外,还分别包含一个和两个中子,因此总质量数分别为2和3。比起铀等元素的质量数来,氢同位素的质量数显然小多了,因此称这类元素为轻元素。在一定的条件下,某些轻元素的原子核可以发生聚合反应,结合成一个较重元素的原子核,也就是我们所说的聚变。例如一个氘核和一个氚核就可以聚合成一个氦核。

原子核中潜藏着巨大的能量——核能,核能主要是指裂变能和聚变能,前者是铀等重元素的核分裂时释放出来的能量,后者是氘、氚等轻元素的核聚合时释放出来的能量。

1. 裂变能

裂变能来自某些重核的裂变。例如铀-235的原子核吸收一个中子后可以分裂成两个中等质量数的原子核,同时放出大约200 MeV的能量。铀-235核的分裂方式有许多种,下面的式子表示的只是其中一种:

$$^{235}_{92}U + ^{1}_{0}n \rightarrow ^{141}_{56}Ba + ^{92}_{36}Kr + 3^{1}_{0}n$$

在这个核反应中,铀-235核的质量加上一个中子的质量是236.052 6 u(原子质量单位),裂变后的钡核和氪核再加上三个中子的质量总共为235.837 3 u,质量亏损为0.215 3 u。

根据爱因斯坦的质－能关系式,这些亏损的质量将转化为能量释放出来:

$$\Delta E = \Delta m \cdot c^2 = 0.215\ 3 \times 931.5 = 200\ \text{MeV}$$

这就是裂变能的来源。如果我们注意到一个碳原子燃烧时仅能放出 4 eV 的能量,就可以知道核裂变是一个多么巨大的能源了。经简单计算可知,1 千克铀－235 全部裂变时所放出的核能相当于 2 500 多吨优质煤完全燃烧时所放出的化学能。

铀－235 核裂变时除放出裂变能外还释放出平均约 2.5 个裂变中子,这些裂变中子又可以去轰击别的铀－235 核,引发裂变放出裂变能和裂变中子……在一定条件下,裂变反应可以不间断地进行下去,这种反应就叫做链式裂变反应。

2. 聚变能

聚变能来自某些轻元素的原子核的聚合。例如一个氘核和一个氚核结合成一个氦核时发生如下的反应:

$$^2_1\text{H} + ^3_1\text{H} \rightarrow ^4_2\text{He} + ^1_0\text{n}$$

在这个核反应中,总共能释放 17.6 MeV 的能量,平均每个核子要释放($17.6 \div 5 =$）3.52 MeV 的能量,而在铀－235 核裂变时,平均每个核子放出的能量是 $200 \div (235 + 1) = 0.85$ MeV,平均每个核子释放的能量是铀－235 裂变时每个核子释放的平均能量的 4.14 倍。由此可见,核聚变比核裂变更节省核燃料,通俗的说法是核聚变放出的能量比核裂变更大。

现在人们已经知道,太阳能实际上是太阳中进行的核聚变的产物,本质上也是核能。我们现在利用的煤炭、石油、水力等能源,都是由太阳能转化而来,溯其源也是核能。至于地热资源,也是地芯内放射性物质衰变所发出的能量。因此我们可以说,人类利用和赖以生存的一切能源,直接或间接都来自核能。

7.1.2　裂变能已成长为大规模工业能源

1. 人工核反应堆的诞生

反应堆是人们长期科学实践的结晶。1934 年后,意大利物理学家费米,用中子轰击铀,发现了一系列半衰期不同的同位素。费米走到了发现铀－235 裂变的门口。1938 年下半年,德国化学家,用中子轰击铀时,发现铀受到中子轰击后的一种主要产物,是质量约为铀原子一半的钡。瑞典物理学家于 1939 年初阐明了铀原子核的裂变现象。由于铀－235 裂变后会释放出大量的能量和中子,因而费米等人认为,铀的裂变有可能形成一种链式反应而自行维持下去,并可能是一个巨大的能源。1941 年 3 月人们用加速中子照射硫酸铀酰,第一次制得了0.005 g 的钚－239——另一种易裂变材料。1941 年 7 月后,在先后建造的 30 座次临界试验装置上,在中子源的帮助下,测定了各种材料的核物理性能,研究了实现裂变链式反应并控制这种反应规模的条件。经过一年来的大量实验,到 1942 年 7 月,科学家们相信已经有能力设计一座可以实现裂变链式反应，并加以可靠控制的反应堆了。在美国芝加哥大学建造的世界上第一座人工核反应堆，1942 年 12 月 2 日下午 3 点 25 分，终于首次实现了人类自己制造并加以控制的裂变链式反应。

世界上第一座人工反应堆的诞生，宣告了人类历史上一个新纪元的到来，表明了人类已经掌握了一种崭新的能源——核能。

核能是原子核变化时释放的能量。核能和人类在此以前掌握的机械能、化学能等截然不同。化学能是由于原子核外电子壳层的改变，引起了原子间结合方式的变化而放出的能量，例如碳燃烧时生成二氧化碳，因此化学能才是名副其实的原子能。但是在 19 世纪末到 20 世纪初人们还不知道原子核，于是就把物质发生放射性衰变时释放的能量称为原子能，这是一种历史的误会。

第一座人工反应堆的诞生，不仅在理论和实践上为裂变反应堆的发展奠定了基础，而且为核工业的兴盛开辟了道路。

2. 从军用到民用的必由之路

20 世纪 30 年代末铀 –235 裂变的现象发现后，科学家认识到这是一种巨大的能量来源，有可能制造成威力空前的核武器。自 1941 年 3 月用加速的中子轰击铀 – 238 制得钚 – 239 后，科学家很快认识到它的裂变性能比铀 – 235 更优越。故而科学家们沿着用天然铀建造反应堆，以反应堆生产的中子轰击铀 – 238 来制造钚 – 239 的技术路线，加速投入了核武器的研制计划。到 1945 年秋，美国陆续制造出三颗原子弹。第一颗钚原子弹在美国国内沙漠里进行了核试验，另两颗原子弹分别投向了日本的广岛和长崎，两座城市均遭受巨大的破坏和人员伤亡。

第二次世界大战刚一结束，美国凭借其在大战中相对安宁的环境和来自世界各地对德国法西斯主义无比义愤的大批优秀科学家这样得天独厚的条件，迅速开始执行核潜艇的研制计划。美国第一艘核潜艇的陆上模式堆 1953 年 3 月建成，并于 1953 年 6 月成功发电。1954 年 1 月第一艘核潜艇下水，并于 1955 年服役。第一艘核潜艇一问世，就创造了许多海军史上的奇迹，改变了海上战场的面貌。采用核动力，既不需要大量氧气，又不需要携带大量燃料，因此核潜艇在续航力、水面及水下航速、下潜时间等方面，把常规潜艇远远抛在后面，成为海军武库中的佼佼者。1958 年 8 月 3 日它又完成了人类史上第一次从冰下穿越北极的航行。经过五十多年的发展，今天的核潜艇已远远超过了第一代核潜艇。除了在潜艇上使用核动力有巨大的优越性外，水面舰艇使用核动力也具有续航力大、航速高的优点，还可以为舰队的其他常规动力舰只携带燃料，所以美、俄等国家已建造了多艘核动力航空母舰等水面舰艇。

生产堆和核潜艇的研制，为民用核动力的发展准备了技术条件，奠定了工业基础。和平利用核能，从军用过渡到民用，是核能发展历史的必然趋势。

3. 裂变核能已成为安全清洁经济的工业能源

1951 年 12 月 1 日，人类第一次用核能发出了 100 多千瓦的电力。1953 年 6 月，美国第一艘陆上模式堆发电。这是一种用水慢化和冷却的反应堆,这座堆的发电成功,为后来核电厂的大量发展奠定了技术基础。考虑到人类长期以来使用的煤、石油、天然气等化石能源不久将枯竭,1954年美国政府作出了发展民用核动力的重大决策。1950年5月,前苏联政府通过了建立原子能电厂即今天所说的核电厂的决议,并于1954年6月27日利用石墨水冷生产堆的技术,建成了世界上第一座向工业电网送电的核电厂。因为用加压的水慢化和冷却的反应堆技术比较成熟,又有发展核潜艇时打下的工业基础,所以美国在进行了多种堆型的比较后,决定首先发展这种类型的反应堆。1957年12月建成的希平港核电厂与今天的核电厂差不多,它的建成,既为核动力航空母舰的研制打下了坚实的技术基础,也成为核电厂发展史上重要的里程碑。这种核电厂在投入商用以后,又不断更新换代,经济和技术指标都有不断的提高。

　　燃煤电厂的发展经历了近百年才达到的水平,核电厂仅仅经过了十多年的时间就达到了。到20世纪70年代初,核电厂就已经在环境保护、安全性和经济性方面,超过了燃煤火电厂。

　　反应堆发展的初期,环境保护方面的工作做得较差。当时的保密措施,掩盖了核工业发展初期对环境的一些不太严重的污染事件。核能的利用由军用向民用过渡以后,反应堆的安全标准大大提高了。核电厂遵循纵深防御和多重屏障的安全原则进行设计,有效地防止了放射性物质的外逸,有效保护了工作人员和周围居民的安全。尽管反应堆是一种有较大潜在危险的能源,但由于采取了一系列特殊的安全措施,可以说做到了层层把关、纵深设防、万无一失,使它比消耗化石燃料的装置安全得多,对环境的影响也清洁得多。

　　当然不可否认的是,核电厂所产生的强放射性,如果不采取有效措施,它对人类的危害比相同规模的燃煤火电厂大得多。核电厂今天所具有的优于煤电厂的安全性和清洁性,乃是长时间努力和严加控制的结果。

7.1.3　聚变堆的研究将造福子孙后代

　　当两个轻原子核结合成一个较重的原子核时会释放聚变能。在人工控制下的聚变称为受控聚变,在受控聚变情况下释放能量的装置称为聚变反应堆或聚变堆。

　　轻原子核聚变时,每个核子释放的能量不仅比重原子核裂变时的多,更主要的是,地球上聚变燃料的储量比裂变燃料丰富得多。根据联合国的统计,地球上总的水量,包括海水、冰川、河水等,共计138.598亿亿立方米。水中氘的含量非常丰富,每升水含0.03 g氘,因此地球上水中约有40万亿吨氘。氘不仅储量丰富,而且提取方便。氚可以用锂制造。地球上虽然锂的储量比氘少得多,但也有2 000多亿吨。用它来制造氚,足够用到人类使用氘－氚聚变的年代。

　　聚变能源不仅极其丰富,而且更加安全、清洁。聚变反应时没有临界质量问题,燃料的装量少,即使失控也不会产生严重事故。氘－氚聚变反应中产生的氦是没有放射性的。聚变堆产生的放射性比裂变堆也会少得多。此外,聚变堆没有剩余发热的问题。所以聚变堆是一种比裂变堆更安全、清洁的能源。

在可以预见的地球上人类生存的时间内,水中的氘,足以满足人类未来几十亿年对能源的需求。从这个意义上说,地球上的聚变燃料对于满足未来能源需要来说是无限丰富的。聚变能源的开发,将"一劳永逸"地解决人类的能源需要。五十多年来科学家们不懈努力,已在这方面为人类展现出美好的前景。

1. 磁约束聚变研究进展

在二战结束后,氢弹爆炸使人们看到了聚变能的威力,认为受控聚变能的应用也指日可待。因此,美、苏、英等核大国很快开展了相互保密的受控聚变研究。美国当时的聚变计划称为"舍伍德工程",磁约束聚变的许多形式都是这时候提出来的。与此同时,前苏联开始建造托卡马克装置。将近十年的研究后,大家认识到受控聚变的实现并不像人们原来期望的那么容易,各自独立为战的研究是没有前途的。因此,在 1958 年瑞士日内瓦第二届和平利用原子能国际会议上,从事磁约束聚变研究的国家达成协议,公开各自的计划。20 世纪 60 年代后期许多国家都加入了受控聚变的研究行列。这个时期的聚变研究呈现出一个百花齐放的局面,各种装置的结果纷繁复杂。不过随着高真空手段的发展,托卡马克已经逐渐显现出它在等离子体指标上的优势。

1968 年对于聚变研究来说是意义重大的一年。这年最令人瞩目是前苏联库尔恰托夫研究所的 T-3 托卡马克上取得的最新实验结果,它给出的等离子体参数比其他任何装置都要好得多。这让欧美学者感到震惊,1969 年 8 月,英国科学家获得了可以重复的可靠实验数据,证明 T-3 托卡马克的实验结果是正确的。托卡马克这个结果具有划时代的意义,欧洲、美国和日本纷纷改建或者新建大量的托卡马克装置,从此磁约束聚变研究从百家争鸣的战国时代进入了以托卡马克为主的阶段。随后,大量基于托卡马克和高温等离子体的实验和理论研究开始开展,托卡马克实验装置也从小型放电装置发展到现在具有巨大磁体的大型装置。在 20 世纪 70 年代末开始建造的四个大装置:美国的 TFTR、日本的 JT-60、欧洲的 JET、前苏联的 T-15,研制费用都在几亿美元量级。在这些装置上,积累了大量的等离子体物理和聚变工程的知识。

1984 年,在德国 ASDEX 装置上发现高约束模态,它可以使得未来的托卡马克聚变反应堆的尺寸和造价大大缩小,从而在工程和经济上具有竞争力。随后,一直到 20 世纪 90 年代,在托卡马克装置上,等离子体的温度达到几亿度,在秒的脉冲宽度下获得了 10 MW 量级的聚变功率输出,聚变性能因子也接近甚至大于 1,基本上证明了核聚变的科学可行性。

聚变能开发中一项重大的国际合作项目是国际热核实验堆(International Thermonuclear Experimental Reactor, ITER)。早在 1985 年,前苏联和美国的最高领导人就决定设计建造 ITER,并得到 IAEA 的支持。后来美欧苏日四方共同开始了 ITER 的设计,它的目标是实现等离子体的点火(即自持燃烧),对燃烧等离子体的性质进行研究,从而为下一步的聚变示范堆打下基础。2001 年,ITER 设计最终完成。2003 年,曾宣布退出 ITER 建设的美国重新回到谈判桌前。同年,中国也开始加入 ITER 的谈判。随后韩国和印度也加入 ITER 谈判。2006 年 ITER 谈判结束,最终成员包含中国、欧盟、印度、日本、韩国、俄罗斯和美国七方,ITER 建造地址确定在法国的卡达拉舍(Cadarache)。现在 ITER 正处于装置建造阶段。

2. 惯性约束聚变研究进展

在磁约束聚变发展的同时,惯性约束聚变研究也一直在进行,尤其是近十几年来,随着国际形势的变化以及激光技术的进步,惯性约束(尤其是激光聚变)研究取得了很大进展。

在 1960 年激光问世不久,很快就有利用激光作聚变驱动源的想法。在 1968 年的第三届等离子体物理与聚变国际会议上,首次发表了激光聚变的文章。随后在 1971 年第四届国际会议上出现了用电子束产生等离子体方面的论文。在 1974 年第五届国际会议上新增了惯性聚变分会,讨论了激光压缩加热和相对论电子压缩。

从 20 世纪 80 年代中期以来,美国在 NOVA 装置上成功地进行了一系列靶物理实验,旨在证明激光聚变的科学可行性,力图实现点火和低增益燃烧。由于激光能量的限制,点火温度还没有达到。但是在 1988 年,美国利用地下核试验时核爆产生的部分射线转化为惯性约束所需的辐射能,校验了间接驱动的原理,证明了高增益激光聚变的科学可行性。另外,美国还一直利用强大的计算能力对激光聚变进行模拟实验。实验研究、计算模拟,加上理论研究使得美国在惯性约束领域已经基本掌握了各个环节的主要规律。

除了美国外,其他发达国家比如日本、法国、英国等,在激光聚变上也取得了很大的进步。

由于激光聚变事实上类似于氢弹的爆炸过程,X 辐射场又类似于核武器爆炸的效果,同时激光本身就是一种武器,因此激光聚变一直受到各国特别是发达国家的强有力支持。尤其是全面禁止核试验条约的生效,导致各国对惯性约束可控聚变的投入力度增加,例如美国从 1997 年起惯性约束聚变经费首次超过磁约束聚变研究经费。在强有力的支持下,各国都积极进行各种激光驱动器的新建和升级。

除了改进激光器外,近年来人们利用超短超强激光技术,提出了快点火的概念,力图在较低的驱动能量下实现点火。2001 年和 2002 年,日本和英国科学家利用超短脉冲激光对"快点火"物理作了原理可行性演示。实验研究的成功,使得建造廉价的驱动装置在较低的能量上实现聚变"点火"的希望大增。

从近年来的发展势头看,在下一代惯性约束聚变装置上实现点火和燃烧,赶上磁约束聚变的步伐还是很有可能的,尽管其间还有大量的理论和实验工作要做。

7.1.4　核能的优越性与缺陷

与常规能源相比,核能有明显的优越性。

第一,核能的能量密度大,消耗少量的核燃料就可以产生巨额的能量。为了使大家对于这一点有深刻的印象,我们将核电厂和煤电厂在燃料消耗上做一对比。一座电功率为 100 万千瓦的燃煤电厂每年要烧掉约 300 万吨煤,而同样功率的核电厂每年只需更换约 30 t 核燃料,真正烧掉的铀 - 235 大约只有 1 t。因此利用核能不仅可以节省大量的煤炭、石油,而且极大地减轻了运输量。

核能的第二个主要优点是清洁,有利于保护环境。众所周知,燃烧石油、煤炭等化石燃料必须消耗氧气,生成二氧化碳。人类大量燃烧化石燃料等,已经使得大气中 CO_2 的数量显著增加,导致所谓的"温室效应"。其后果是地球表面温度升高、干旱、沙漠化、两极冰层融化和海平面升高等。这一切都会使人类的生存条件恶化。而生产核能,不论是裂变能和聚变能,都不消耗氧气,不会产生 CO_2。因此在西方发达国家,虽然目前能源和电力供应都比较充足,但有识之士仍在呼吁发展核能以减少 CO_2 的排放量。除 CO_2 外,燃煤电厂还要排放大量的二氧化硫等,它们造成的酸雨使土壤酸化、水源酸度上升,对农作物、森林造成危害。煤电厂排出的大量粉尘、灰渣也对环境造成污染。更值得注意的是,燃烧 1 t 煤平均会产生 0.3 g 苯并芘,这是一种强致癌物质。每 1 000 m^3 空气中苯并芘含量增加 1 μg,肺癌发生率就增加 5% ~ 10%。相比之下核电厂向环境排放的废物要少得多,大约是火电厂的几万分之一。它不排放二氧化硫、苯并芘,也不产生粉尘、灰渣。一座电功率 100 万千瓦的压水堆核电厂每年卸出的乏燃料仅 25 ~ 30 t,经后处理就只剩下 10 t 了,现已有多种方法将它们安全地放置在合适的地方,不会对环境造成危害。核电厂正常运行时当然也会向环境中排放少量的放射性物质,核电厂对周围居民的放射性剂量,不到天然本底的 1%,不是什么严重的问题。值得指出的是,由于煤渣和粉尘中含有铀、钍、镭、氡等天然放射性同位素,所以煤电厂排放到环境中的放射性比相同功率的核电厂要多几倍甚至几十倍。

不用讳言,核能(主要指裂变核能)也有缺点。主要是因为裂变生成的裂变产物都是放射性核素,因此核能的释放过程也是放射性物质的产生过程。计算结果表明,一座电功率为 110 万千瓦的压水堆核电厂,经过 300 天的运行后,燃料元件中累积的放射性活度高达 6.4×10^{20} Bq(Bq 是放射性活度单位,1 Bq = 1 次衰变/秒),这是一个十分巨大的数字。除了裂变产物的放射性外,反应堆内的大量中子会使堆内的各种材料"活化"而转变成放射性物质。现代核工程设计技术可以把所有这些放射性物质禁锢起来,使其不会危害核电厂工作人员和对环境造成污染。但是核电厂毕竟有潜在的危险,一旦发生重大核事故,就可能使放射性释放到环境中去。为了做到万无一失,核电厂的设计、建造和运行必须采用很高的安全标准。这就使得核电厂的造价要比火电厂高。

与放射性相联系的另一个问题是核反应堆的剩余发热问题。由于核燃料元件中积累了大量强放射性的裂变产物,这些裂变产物在进行衰变时会放出衰变热。因此即使反应堆停止运行以后堆芯也还会不断地发热,这就是所谓的剩余发热。所以反应堆停堆后还要对它继续进行冷却,否则就会把堆芯烧坏。

与放射性相关的还有核废物的处置问题。虽然核电厂每年产生的核废料很少,但其中有些放射性核素的半衰期极长,需要几万年甚至更长时间才能衰变完。如何妥善地存放这些核废料,使它们在漫长的岁月中不至于释放到环境中去,是科学家和公众非常关心的问题。对这一问题现在已有了不少可行的技术方案。解决这一问题的另一思路是设法通过核反应将长寿命的放射性元素转变为短寿命的,目前也提出了若干技术方案。倘若这些技术方案经过充分研究论证能够付诸实施,核废物的处置也许就不再是一个在某种程度上影响核能发展的制约因素了。

7.2　裂变反应堆的工作原理

7.2.1　中子与原子核的相互作用

在核反应堆中,核燃料存放的区域是反应堆的心脏,称为堆芯。在这里,有大量的中子在飞行,不断地与各种原子核发生碰撞。碰撞的结果,或是中子被散射,改变了自己的速度和飞行方向;或中子被原子核所吸收。如果中子是被铀－235 这类易裂变燃料核所吸收,就可能使其裂变。这就意味着在反应堆内可能发生多种不同类型的核反应。下面对核反应堆内存在的几种主要的核反应做较详细的介绍。

1. 散射反应

中子与原子核发生散射反应时,中子改变了飞行方向和飞行速度。散射反应有两种不同的机制,一种称为弹性散射,另一种称为非弹性散射。非弹性散射的反应式如下:

$$_{Z}^{A}X + {}_{0}^{1}n \rightarrow (_{Z}^{A+1}X)^{*} \rightarrow (_{Z}^{A}X)^{*} + {}_{0}^{1}n$$

$$\downarrow \rightarrow {}_{Z}^{A}X + \gamma$$

能量比较高的中子经过与原子核的多次散射反应,其能量会逐步减少,这种过程称为中子的慢化。在热中子反应堆中,中子慢化主要依靠弹性散射。在快中子反应堆内,虽然没有慢化剂,但中子通过与铀－238 的非弹性散射,能量也会有所降低。

2. 俘获反应

俘获反应亦称为(n,γ)反应,它是最常见的核反应。中子被原子核吸收后,形成一种新核素(是原核素的同位素),并放出 γ 射线。它的一般反应式如下:

$$_{Z}^{A}X + {}_{0}^{1}n \rightarrow (_{Z}^{A+1}X)^{*} \rightarrow (_{Z}^{A+1}X) + \gamma$$

反应堆内重要的俘获反应有

$$_{92}^{238}U + {}_{0}^{1}n = {}_{92}^{239}U + \gamma$$

$$_{92}^{239}U \xrightarrow[23\ min]{\beta^{-}} {}_{93}^{239}Np \xrightarrow[2.3\ d]{\beta^{-}} {}_{94}^{239}Pu$$

这就是在反应堆中将铀－238 转换为核燃料钚－239 的过程。类似的反应还有

$$_{90}^{232}Th + {}_{0}^{1}n = {}_{90}^{233}Th + \gamma$$

$$_{90}^{233}Th \xrightarrow[22\ min]{\beta^{-}} {}_{91}^{233}Pa \xrightarrow[27\ d]{\beta^{-}} {}_{92}^{233}U$$

这就是将自然界中蕴藏量丰富的钍元素转换为核燃料铀 − 233 的过程。

3. 裂变反应

核裂变是堆内最重要的核反应。铀 − 233、铀 − 235、钚 − 239 和钚 − 241 等核素在各种能量的中子作用下均能发生裂变,通常称为易裂变燃料。而钍 − 232、铀 − 238 等只有在中子能量高于某一阈值时才能发生裂变,通常称之为转换材料。目前热中子反应堆内主要采用铀 − 235 作核燃料。

在反应堆中还会发生其他一些中子核反应,这里就不一一列举了。

7.2.2　核反应截面和核反应率

核反应截面就是定量描述中子与原子核发生反应概率的物理量。

1. 微观截面

假定有一束平行中子,其强度为 I,该中子束垂直打在一个面积为 $1\ \mathrm{m}^2$、厚度为 Δx 的薄靶上,靶内核密度是 N。靶后放一个中子探测器,见图 7.2.1。由于中子在穿过靶的过程中会与靶核发生吸收或散射反应,使探测器测到的中子束强度 I' 减小。记 $\Delta I = I - I'$,实验表明:

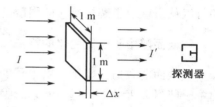

图 7.2.1　平行中子束穿过薄靶后的衰减

$$\Delta I = \sigma N I \Delta x \qquad (7.2.1)$$

式(7.2.1)中的 σ 是比例系数,称为“微观截面”。

微观截面 σ 是中子与单个靶核发生相互作用概率大小的一种度量,它的量纲是面积,通常采用靶恩(简记为 b)作为微观截面的单位,$1\ \mathrm{b} = 10^{-24}\ \mathrm{cm}^2$。

为了区分各种不同的核反应,要给微观截面 σ 带上不同的下标。通常用下标 s,e,in,f,r,a,t 分别表示散射、弹性散射、非弹性散射、裂变俘获、非裂变俘获、吸收和总的作用截面。

2. 宏观截面

工程实践上要处理的是中子与大量原子核发生反应的问题,所以又引入一个新的物理量——宏观截面,符号为 Σ。宏观截面的定义是

$$\Sigma = N\sigma \qquad (7.2.2)$$

核密度 N 的常用单位是 $1/\mathrm{cm}^3$。N 可用下式进行计算:

$$N = \frac{\rho}{A} N_A \qquad (7.2.3)$$

其中 ρ 是物质的密度($\mathrm{g/cm}^3$),A 是该物质的原子质量数,N_A 是阿伏加德罗常数。

从宏观截面的定义可知,它是中子与单位体积内所有原子核发生相互作用的概率的一种度量。由定义可知,宏观截面的量纲是长度的倒数,常用 $1/\mathrm{cm}$ 为单位。举例来说,某种材料的宏观

吸收截面 $\Sigma_a = 0.25\ cm^{-1}$,那么中子在其中穿过 1 cm,被该材料的原子核吸收的机会就是 0.25。

3. 中子注量率与核反应率

核反应率是单位时间内在单位体积中发生的核反应的次数。核反应率一般用 R 表示。为了导出 R 的表达式,定义另一个重要的物理量——中子注量率 ϕ,且有

$$\phi = nv \tag{7.2.4}$$

其中,n 是中子密度,即单位体积中的中子数目,v 是中子飞行的速度。由此可见,中子注量率是单位体积中所有中子在单位时间内飞行的总路程。利用中子注量率和宏观截面,就可以用下式来计算核反应率:

$$R = \phi\Sigma \tag{7.2.5}$$

式(7.2.5)是非常有用的。例如已经知道了堆芯中核燃料的浓度和分布,就可以算出堆芯的宏观裂变截面 Σ_f;如果还知道了堆芯的中子注量率 ϕ,就可利用式(7.2.5)计算出每立方厘米堆芯体积内每秒发生多少次裂变反应,进而可以算出堆芯的发热强度等。总之,这个公式使我们可以从宏观上了解核反应的强度。

4. 截面随中子能量变化的规律

核截面的数值决定于入射中子的能量和靶核的性质。对许多核素,考查其反应截面随入射中子能量 E 变化的特性,可以发现大体上存在三个区域。首先是低能区(一般指 $E < 1\ eV$),在该能区吸收截面 σ_a 随中子能量的减小而逐渐增大,大致与中子的速度成反比,故这个区域亦称为吸收截面的 $1/v$ 区;接着是中能区($1\ eV < E < 10\ keV$),在此能区内重元素核的截面出现了许多峰值,这些峰一般称为共振峰;在 $E > 10\ keV$ 以后的区域,称为快中子区,那里的截面一般都很小,通常小于 10 b,而且截面随能量的变化也趋于平滑。

铀–235、钚–239 和铀–233 等易裂变核的裂变截面 σ_f 随中子能量的变化呈现相同的规律。在低能区其裂变截面随中子能量减小而增加,且 σ_f 值很大。例如当中子能量 $E = 0.025\ 3$ eV 时,铀–235 的 $\sigma_f \approx 583$ b,钚–239 的 $\sigma_f = 744$ b。因此在热中子反应堆内的核裂变反应基本上都发生在低能区。对中能区的中子,铀–235 核的裂变截面出现共振峰,共振能量延伸至千电子伏。在千电子伏至几兆电子伏的能区内,裂变截面降低到只有几靶。铀–235 核在上述三个能区的裂变截面曲线见图 7.2.2,图上也显示了铀–235 在中能区上的一系列峰值。

7.2.3　中子的慢化

从上面介绍的核燃料微观裂变截面 σ_f 随中子能量变化的规律可知,低能中子引发燃料核裂变的能力大大高于高能中子,也就是说,建造一个用低能中子引发裂变的核反应堆,要比建造用高能中子引发核裂变的反应堆容易得多。然而,核燃料原子核裂变时放出的都是高能中子,其平均能量达到 2 MeV,最大能量可达 10 MeV。要建造低能中子引发裂变的反应堆,就一

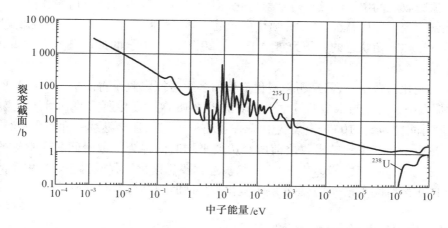

图 7.2.2　铀 - 235 核在三个能区的裂变截面曲线

定要设法让中子的能量降下来。这可以通过向堆中放置慢化剂、让中子与慢化剂核发生散射反应来实现。

经验告诉我们,一个运动着的小球如果和一个质量比它大得多的物体碰撞,碰撞后小球的能量不会有太多的损失;如果小球与质量较小的物体碰撞,自身的能量损失就很显著。中子与氢核碰撞时,有可能碰一次就损失全部能量;而中子与铀 - 238 发生一次碰撞,可损失的最大能量约为碰撞前能量的 2% 。由此可见必须采用轻元素作慢化剂。核反应堆中常用的慢化剂有水(氢)、重水(氘)和石墨(碳)等。在核反应堆物理中,常用慢化能力和慢化比这两个量来衡量慢化剂的优劣。

慢化能力是慢化剂的宏观散射截面 Σ_s 与每次散射碰撞后中子损失能量 ξ 的乘积。Σ_s 越大,说明中子与慢化剂发生散射的机会越多;ξ 越大,则说明每次散射中子损失能量越多。两者相乘,反映了慢化剂慢化中子的能力。然而,仅用慢化能力还不能全面反映一种材料是否适合作为慢化剂,或是否具有优良的慢化性能。我们知道,任何一种核,除能散射中子外,也会吸收中子。如果其吸收截面 Σ_s 过大,会引起堆内中子的过多损失而不适合作为慢化剂。鉴于此,另外定义一个量 $\xi \cdot \Sigma_s / \Sigma_a$,称为慢化比。

显然这个物理量比较全面地反映了慢化剂的优劣。好的慢化剂不仅应该具有较大的慢化能力,还应该具有大的慢化比。在几种常用慢化剂中,水的慢化能力最强,故用水作慢化剂的反应堆堆芯体积可以做得较小。但水的慢化比最小,这是因为它的吸收截面较大,所以水堆必须用富集铀作燃料。重水和石墨的慢化比都比较大,因为它们的吸收截面很小,因此重水堆和石墨堆都可以采用天然铀作核燃料。但是这两种物质的慢化能力比水要小得多,故重水堆和石墨堆(尤其是后者)的堆芯体积要比轻水堆大得多。

裂变放出的高能中子(亦称快中子)在慢化到低能的过程中,必然会经过中能阶段。中子慢化到这一能区时,必然有一部分要被铀 - 238 核共振吸收,其余的中子继续慢化。

逃脱共振吸收后的中子继续通过散射慢化,但中子的速度不可能最后慢化到零。当中子的速度降低到一定程度后,就与周围介质中的核处于热平衡状态了,慢化过程也就结束了。与介质原子核处于热平衡状态的中子为热中子。在 20 ℃时热中子的最可几速度是 2 200 m/s,相应的能量是 0.025 3 eV。

裂变中子慢化为热中子,需经历与慢化剂核的多次碰撞。假设将能量为 2 MeV 的中子慢化到 1 eV,那么中子必须与水中的氢原子核平均碰撞 18 次。慢化所需的时间称为慢化时间。对于水,慢化时间约为 6×10^{-6} s。裂变中子慢化为热中子后,还会继续在介质中进行扩散,直至被吸收。热中子从产生到被吸收之前所经历的平均时间称为扩散时间。在常见的慢化剂中,热中子的扩散时间一般为 $10^{-4} \sim 10^{-2}$ s,扩散过程要比慢化过程慢得多。快中子的慢化时间和热中子的扩散时间越长,中子在介质中慢化和扩散时越容易泄漏出去。

7.2.4　核反应堆临界条件

自持链式裂变反应是核反应堆的物理基础。当一个燃料核俘获一个中子产生裂变后,平均可放出 2.5 个中子,即第二代中子数目要比第一代多。粗略看来,链式反应自行持续下去似乎是不成问题的,但实际情况并非如此,下面以热中子核反应堆为例加以讨论。热堆的堆芯是由核燃料、慢化剂、冷却剂、控制材料及各种结构材料组成的,因此堆芯中的中子不可避免地要有一部分被非裂变材料吸收,此外还有一部分中子要从堆芯中泄漏出去。即使是被裂变材料吸收的中子也只有一部分能引发裂变、产生下一代中子,其余的引发俘获反应,不产生中子。所以下一代中子数不一定比上一代多,必须具体进行分析。

核反应堆内链式反应自持进行的条件可以方便地用有效增殖系数 k_{eff} 来表示,它的定义是

$$k_{eff} = (系统内中子的产生率)/(系统内中子的消失率)$$

$$系统内中子的消失率 = 系统内中子的吸收率 + 系统内中子的泄漏率$$

只要知道了系统的宏观截面和中子注量率,上式中的产生率、吸收率等都可以很容易地计算出来。若堆芯的有效增殖系数 $k_{eff} = 1$,则堆芯内中子的产生率恰好等于中子的消失率。这样在堆芯内进行的链式裂变反应将以恒定的速率不断进行下去,也就是说链式反应过程处于稳定状态,这时反应堆的状态称为临界状态。若有效增殖系数 $k_{eff} < 1$,则堆芯内中子数目将随时间而不断减少,链式反应不能自己延续下去,此时反应堆的状态称为次临界状态。若有效增值系数 $k_{eff} > 1$,则堆芯内的中子数目将随时间而不断地增加,称这种状态为超临界状态。根据上述讨论,可以得出反应堆能维持自持链式裂变反应的临界条件是

$$k_{eff} = 1 \tag{7.2.6}$$

即核反应堆处于临界状态,这时核反应堆芯部的大小称为临界尺寸(或临界体积),在临界情况下反应堆所装载的核燃料量叫做临界质量。显然有效增殖系数 k_{eff} 与堆芯系统的材料成分和结构(例如易裂变核素的富集度、燃料 - 慢化剂的比例等)有关,同时也与堆的尺寸和形状有关。

　　中子循环就是指裂变中子经过慢化成为热中子,热中子击中燃料核引发裂变又放出裂变中子这一不断循环的过程。它包括了若干个环节:首先是快中子倍增过程,部分裂变中子由于能量较高(高于铀－238 的裂变阈能)可引起一些铀－238 核裂变;快中子在慢化过程中,要经过共振能区,必然有一部分中子被共振吸收而损失掉;逃脱了共振吸收的中子被慢化成热中子,热中子在扩散过程中被堆芯的各种材料吸收,被慢化剂、冷却剂和结构材料等物质吸收造成热中子损失;部分被核燃料吸收的热中子很有可能要发生裂变,但也有较小的可能不发生裂变。上述讨论中尚未考虑中子泄漏的影响,实际上在快中子慢化和热中子扩散过程中都有一部分中子会泄漏出堆外。

7.2.5　核燃料的消耗、转换与增殖

　　达到临界的反应堆可以实现自持链式反应,不断地释放出裂变能,这一过程也是核燃料的消耗过程。然而,由于堆内存在大量中子和铀－238 原子核,通过铀－238 对中子的俘获,新燃料钚－239 原子核将被生产出来。如果反应堆中新生产出来的燃料的量超过了它所消耗的核燃料,那么这种反应堆就称为增殖堆。显然,利用增殖堆就可以源源不断地把本来不适合作核燃料的铀－238 转换为核燃料,实现对铀资源的充分利用。下面我们简单讨论一下核反应堆内核燃料的消耗速率和燃烧深度问题、核燃料转换过程中的转换比问题,以及在什么条件下可以实现核燃料的增殖。

　　产生核能需要消耗核燃料。一个铀－235 核裂变可以释放出 200 MeV 的能量,相当于 3.2×10^{-11} J。因此 1 MW 的功率相当于每秒钟有 3.12×10^{16} 个铀－235 核裂变,每日有 2.70×10^{21} 个铀－235 核裂变,相当于 1.05 g 铀－235。也就是说,反应堆每发出 1 MWd 的能量需要 1.05 g 铀－235 裂变。考虑到在裂变的同时必然有一部分铀－235 由于发生 (n,γ) 反应而浪费掉(对铀－235,其 $\sigma_f = 583$ b,$\sigma_r = 101$ b),因此发出 1 MWd 的能量实际上要消耗的铀－235 为

$$1.05 \times (\sigma_f + \sigma_r)/\sigma_f = 1.05 \times (583 + 101)/583 \approx 1.23 \text{ g}$$

　　记住这个数据是非常有用的,可以使我们能很快地估算出核反应堆需消耗的燃料量。例如清华大学 5 MW 低温核供热堆,如果满功率供热一天,消耗铀－235 仅需 6 g。电功率 30 万千瓦的秦山核电厂,每天消耗的铀－235 大约是 1.1 kg。如果考虑在运行过程中产生的钚也能为产生能量作出部分贡献,那么铀－235 的消耗量还会更小一点。

　　堆中的核燃料能否全部燃烧完呢? 是不能的,有两个因素影响着核燃料的燃耗深度。第一,随着可裂变核的消耗,反应堆的有效增殖系数 k_{eff} 会不断下降。当 k_{eff} 降到 1 以下时,堆就不能达到临界了,当然也不能再燃烧了。第二,反应堆运行时,燃料元件处于高温、高压、强中子辐照条件下,元件包壳会受到一定损伤。为防止包壳破损导致的放射性进入冷却剂,燃料元件在堆中放置的时间是受到严格控制的。由于上述两个因素的影响,在元件中尚存有一定量铀－235(以及运行中生成的钚－239)时,就不得不换料了。反应堆中核燃料燃烧的充分程度

常采用燃耗深度这一物理量来衡量。在动力堆中,它被定义为堆芯中每吨铀放出的能量,其单位是兆瓦日/吨铀(MWd/tU)。需注意的是,这里指的铀包括铀－235和铀－238,并非只是铀－235。

目前的商用、军用动力堆都是采用铀－235作为核燃料的。天然铀中大量存在的铀－238并不能作为核燃料来使用,因为热中子不能使其裂变。快中子虽然能引起铀－238核裂变,但裂变截面太小。幸好,铀－238俘获中子后可以变成易裂变同位素钚－239。反应堆内的强中子场为铀－238转换成核燃料提供了良好条件。为了描述各类反应堆在核燃料转换方面的能力,引入一个称为转换比的量,记为CR,其定义是

$$CR =（易裂变核的平均生成率）/（易裂变核的平均消耗率）$$

大多数现代轻水堆的转换比CR≈0.6,高温气冷堆具有较高的转换比,其CR≈0.8,因此有时被称为先进转换堆。对于轻水堆,由于可实现核燃料的转换,最终被利用的易裂变核约为原来的2.5倍。天然铀中仅含有约0.7%的铀－235,如果仅采用轻水堆,则最多只能利用0.7%×2.5=1.75%的铀资源。若CR=1,则每消耗一个易裂变核,便可以产生出一个新的易裂变核。此时,可转换材料(铀－238等)可以在反应堆内不断转换为易裂变材料,达到自给自足,无须给核反应堆供应新的易裂变材料了。当然,最吸引人的是CR>1的情况。这时候反应堆内产生的易裂变核比消耗掉的还要多,除了自给自足,还可以拿出一些易裂变材料供应其他的核反应堆使用。能使CR>1的反应堆称为增殖堆,CR也被记为BR,称为增殖比。毫无疑问,只有发展增殖堆才能充分地利用大自然赐予人类的宝贵的铀和钍资源。

以钚－239作为燃料的快中子反应堆具有非常优良的增殖性能,其增殖比可以达到1.2。世界上许多国家都在进行快中子增殖堆的研究开发。当前的主流堆型是采用液态金属钠作为冷却剂的钠冷快堆。俄罗斯、法国在快堆技术上处于世界领先地位。

7.2.6　缓发中子的作用和反应堆控制

从前面的讨论中已知道,当反应堆的$k_{eff}=1$时,它才能稳定地运行。如果$k_{eff}>1$,反应堆的功率就会不断上升;如果$k_{eff}<1$,堆功率就要不断下降直到链式反应停止。但是把反应堆设计成$k_{eff}=1$也有问题。$k_{eff}=1$的反应堆理论上能稳定运行,实际上由于核燃料的消耗等原因,它的k_{eff}很快就会降到1以下,无法继续运行了。因此反应堆的k_{eff}值必须设计成大于1,同时又采用某些手段(可控制的)使反应堆的k_{eff}等于1以便稳定运行。随着燃料的消耗,k_{eff}要降低,这时可采用某种手段(如拔出部分控制棒)使k_{eff}仍保持为1,这就是反应堆的控制问题。在讨论反应堆控制和安全分析时我们要用一个称为反应性的量,其记号为ρ,ρ的定义是

$$\rho =（k_{eff}-1）/k_{eff}$$

显然反应性ρ描述的是反应堆偏离临界的程度,其物理本质与有效增殖系数k_{eff}是一样的。当$\rho<0$时反应堆处于次临界;当$\rho=0$时正好临界;当$\rho>0$时则是超临界。

在使用k_{eff}和ρ这类抽象概念时,我们一定要记住,它们是由堆芯的材料成分、尺寸、温度

等因素决定的。当这些因素发生改变时,反应堆的反应性 ρ 也会相应变化。当我们用某种方式使反应堆的 ρ 增大时,就说我们向堆中加入了正反应性;如果我们设法使反应堆的 ρ 减小时,就说是向堆中加入了负反应性。似乎反应性是一种可以添加的物质,但这只是一种方便的说法而已,要控制(增大或减小)反应性,就必须改变堆的成分或状态。

1. 反应性控制方法

我们已熟知,反应堆的反应性是由堆内中子的产生、吸收和泄漏之间的相互关系决定的,因此无论是改变中子的产生率、吸收率或是泄漏率,都可用于控制反应性。但是,在实际运用中,用改变堆内中子吸收率的方法来控制反应性最为方便。用吸收中子能力强的材料制成的可在堆内方便地上下运动的控制棒就是最常见的控制反应性的工具。控制棒插入堆芯,加大了中子的吸收率,可使反应性下降;控制棒拔出堆芯,则可使反应性上升。在压水堆中还采用调节慢化剂水中硼(一种强烈吸收中子的材料)浓度的方法来控制反应性。增大硼浓度使反应性下降,减少硼浓度使反应性上升。

在反应堆控制中经常使用两个术语。一个是过剩反应性,它是指堆内没有任何控制毒物(用来控制反应堆的强吸收材料)时反应堆的反应性,过剩反应性也称为后备反应性。另一个术语是控制毒物的反应性价值,它是指某一控制毒物投入堆内时所引起的反应性变化量。例如某根控制棒插入堆芯可使堆的反应性减少 0.005,则说该控制棒的反应性价值是 0.005。任何一个实际反应堆都必须有后备反应性才能运行,而在运行时必须采用控制毒物将后备反应性抵消。当后备反应性逐渐减少时(由燃料消耗、裂变产物积累等因素引起),则相应地减少控制毒物的数量,这样就可以使反应堆在相当长一段时间内能够稳定地运行。

2. 反应性温度系数

上面我们讨论了随着堆芯的燃耗和中毒而引起的反应性变化和如何控制及补偿反应性变化的问题。事实上引起反应性变化的原因是多种多样的,例如在开堆、停堆或升降功率时,反应堆的温度都会发生变化,即使在反应堆稳定功率运行时,内外的各种微扰也会使堆芯的温度波动。堆芯温度的变化会导致反应性的变化,这种效应称为反应性的温度效应。

为什么堆芯温度的变化会引起反应性变化呢?因为堆内热中子能量的高低与温度直接有关,因而各种材料的核截面的大小也与温度有关。我们知道,堆芯的有效增殖系数 k_{eff} 和反应性 ρ 实际上主要就是由堆芯材料的核截面所决定的,所以温度的变化会导致反应性的变化就很容易理解了。我们把堆芯温度变化 1 K 时所引起的反应性变化称为反应性温度系数,以 α_{T} 表示,即

$$\alpha_{\mathrm{T}} = \frac{\partial \rho}{\partial T}$$

式中,ρ 是反应性,T 是堆芯温度(K)。

如果温度系数是正的,那么当微扰使堆芯温度升高时就会引入正反应性,使堆的功率随之升高。功率的升高又会导致温度升高和反应性进一步增大,这样反应堆功率将不断上升。如

不采取措施就会损坏反应堆。反之,如果微扰使反应堆温度下降时,反应性也随之下降,堆功率也下降,导致堆温度和反应性进一步下降,这样功率将继续下降直至停堆。显然,如果反应堆的温度系数是正的,它就具有内在的不稳定性,因而是不安全的。

具有负温度系数的反应堆,与上述情况正好相反。这时温度的升高将导致反应性的减小,反应堆的功率也随之减小,反应堆的温度也就会逐渐回落到它的正常值。同理,当堆温度下降时,会导致反应性的增大,反应堆的功率也随之增大,使反应堆的温度逐渐回升到正常值。因此,具有负温度系数的反应堆具有内在的稳定性和安全性。显然在反应堆设计中应该保证其温度系数是负的。

上面的讨论中,我们比较笼统地使用了"反应堆温度"这一说法。事实上,反应堆堆芯中的燃料、慢化剂的温度是不一样的。燃料温度变化引起反应性变化的机理,与冷却剂温度变化引起反应性变化的机理也是不一样的,必须分别加以讨论。

燃料温度变化 1 K 所引起的反应性变化称为燃料温度系数。为什么燃料温度变化会引起反应性的变化呢? 因为燃料中含有大量铀 - 238。我们已知铀 - 238 在中能区有一系列强的吸收共振峰。当燃料温度升高时,铀 - 238 的共振峰的宽度将显著增大(见图 7.2.3),导致更多中子被共振峰吸收,使得逃脱共振吸收的中子份额下降,因而反应性下降。燃料温度系数一般都是负的,它对温度变化的响应很快,有利于反应堆的安全。但是,它的绝对值较小。

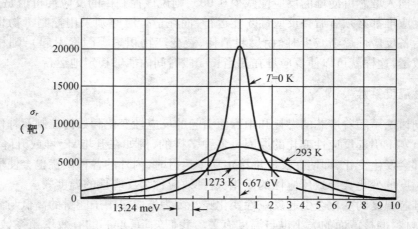

图 7.2.3　铀 -238 核在 6.67 eV 处共振俘获截面随温度变化

慢化剂温度变化 1 K 时所引起的反应性变化称为慢化剂温度系数。慢化剂温度的变化为什么会影响反应性呢? 我们以压水堆为例加以讨论。当慢化剂水温度升高时,水的密度下降,使得堆芯中慢化剂的量有所减少。慢化剂的减少导致中子慢化不充分,这会使逃脱共振吸收的中子份额下降。另一方面,由于慢化剂数量的减少,燃料可以吸引到更多的中子,使热中子利用得更加充分。前一效果使反应性减小,是负效应;后一效果使反应性增大,是正效应。在反应堆设计中一定要使负效应起主导作用,保证堆的慢化剂温度系数是负的。由于反应堆内的热量主要在燃料中产生,然后再传给慢化剂,因此慢化剂的温度效应相对于燃料温度效应有滞后。但是慢化剂温度系数的绝对值比较大,因此它在堆安全中也起着很重要的作用。

除了温度系数,反应堆物理中还定义了其他一些反应性系数,常用的有反应性空泡系数和反应性功率系数。

7.2.7　反应堆动力学问题

当反应堆偏离临界时(当 $k_{eff} \neq 1$ 或者说 $\rho \neq 0$ 时),堆内的中子水平将发生变化。那么变化的速度如何呢? 在反应堆物理中,常常把堆的中子水平上升 e 倍所需的时间称为反应堆的周期,记为 T。显然反应堆的周期是与反应性 ρ 有关的。ρ 越大,T 越小,即中子水平增长越快。下面我们结合中子循环来加以估算。快中子产生后经历慢化和扩散过程后被燃料吸收引起裂变又产生快中子,故一代中子的寿命 l 大致上等于快中子慢化时间加上热中子扩散时间。对于热中子反应堆,$l = 10^{-4} \sim 10^{-3}$ s;对于快堆,$l = 10^{-7} \sim 10^{-5}$ s。设某堆的有效增殖系数 $k_{eff} = 1.001$(相当于 $\rho = 0.001$),中子寿命 $l = 10^{-4}$ s。开始堆内中子密度为 n_0,经过一代时间 l 后,中子密度将从 n 变为 $k_{eff}n$,变化了 $(k_{eff} - 1)n$,故中子密度的变化率为

$$\frac{\mathrm{d}n}{\mathrm{d}t} = \frac{(k_{eff} - 1)}{l}n$$

其解为

$$n = n_0 e^{\frac{k_{eff} - 1}{l}t}$$

把 k_{eff} 和 l 的值代入,并取 $t = 1$ s,则可算出 1 s 后堆内中子水平将上升 22 000 倍。$\rho = 0.001$ 并不是一个很大的正反应性,反应堆只是稍微超临界,堆内中子水平增长得如此之快,反应堆似乎是很难控制了。幸好实际情况并非如此。核燃料发生裂变时,并非所有中子都是同时放出来的。大部分中子在裂变瞬间放出,称为瞬发中子。很少一部分中子是在裂变碎片衰变时才放出的。例如碎片 Br – 87 经过 β 衰变变为激发态的 Kr – 87(半衰期约 55 s),Kr – 87 在极短时间内放出一个中子变成 Kr – 86。这种由裂变产物放出的中子由于出世比较迟,故称为缓发中子,而 Br – 87 这一类裂变碎片则称为缓发中子先驱核。在堆中这类先驱核有几十种之多,其半衰期有长有短。缓发中子的总量占全部中子的份额一般用字母 β 表示:对于以铀 – 235 为燃料的反应堆,$\beta = 0.0065$。缓发中子的存在,扯了链式反应速度的后腿。它使得堆内中子平均寿命大大增加。以上面那个例子来说,考虑缓发中子后,中子寿命平均要达到 0.1 s。这样,当 $k_{eff} = 1.001$ 时,1 s 钟后堆内中子水平的上升仅为百分之一,这种变化速度是十分容易控制的。

在实际的反应堆运行中,有严格的规程来限制正反应性的加入量,一般 ρ 比 β 要小得多。一旦堆中的正反应性 ρ 达到或超过了 β 时,光依靠瞬发中子就可使堆达到临界或超临界。可想而知,此时堆内的中子水平将极快速地上升,使得任何控制系统都来不及动作,反应堆必烧毁无疑。这种危险的情况称为瞬发临界或瞬发超临界。

至此已经将反应堆中子物理学中的一些基本概念和基本规律作了简要介绍。利用这些知识,可以定性理解核能工程中的许多具体做法的内在理由,也可以对许多问题进行初步的分析。

7.3　核聚变装置的工作原理

7.3.1　聚变反应与聚变能

两个轻原子核结合成一个较重的原子核并释放能量,这就是核聚变。太阳和热核武器是大家熟知的天然和人工聚变的例子。热核武器中的聚变反应一经发生就在极短的时间里释放出大量的能量,是一种不可控的释能过程,而受控聚变是使得聚变在人工控制下发生,并把释放的能量转化为电能输出的过程。通过受控聚变获得能量的装置,称为聚变反应堆。

聚变的实现,首先要克服两个轻核之间的静电斥力。原子序数小的原子核之间的静电斥力小,同时轻的原子核聚变时释放的平均结合能多。因此,氢的同位素之间的聚变将会是我们最关心的。氢有三种同位素:氕(H)、氘(D)、氚(T)。对于地球上的聚变反应,最适用的并不是在太阳中起主要作用的氢核(质子)之间的一系列反应,这是因为尽管氢核之间聚变可以释放最大的平均结合能,但质子-质子反应截面很小,从而导致非常缓慢的反应速率。这个缓慢的过程使得太阳能长时间保持其稳定的状态,但用来作为人工能源就不合适了。对于获取能量有实际意义的是发生在氘氚之间的聚变反应:

$$_1^2\mathrm{D} + {}_1^2\mathrm{D} \rightarrow {}_1^3\mathrm{T}(1.01\ \mathrm{MeV}) + {}_1^1\mathrm{H}(3.03\ \mathrm{MeV}) \tag{7.3.1}$$

$$_1^2\mathrm{D} + {}_1^2\mathrm{D} \rightarrow {}_2^3\mathrm{He}(0.82\ \mathrm{MeV}) + {}_0^1\mathrm{n}(2.45\ \mathrm{MeV}) \tag{7.3.2}$$

$$_1^2\mathrm{D} + {}_1^3\mathrm{T} \rightarrow {}_2^4\mathrm{He}(3.52\ \mathrm{MeV}) + {}_0^1\mathrm{n}(14.06\ \mathrm{MeV}) \tag{7.3.3}$$

$$_1^2\mathrm{D} + {}_2^3\mathrm{He} \rightarrow {}_2^4\mathrm{He}(3.67\ \mathrm{MeV}) + {}_1^1\mathrm{H}(14.67\ \mathrm{MeV}) \tag{7.3.4}$$

把(7.3.1)~(7.3.4)式加起来,就成为一个氘氚燃料循环:

$$6\ _1^2\mathrm{D} \rightarrow 2\ _2^4\mathrm{He} + 2\ _1^1\mathrm{H} + 2\ _0^1\mathrm{n} + 43.2\ \mathrm{MeV} \tag{7.3.5}$$

由此可以看到平均每个核子释放的能量为 3.6 MeV,折合成单位质量释放的能量是 3.5×10^{14} J/kg。

聚变反应的反应截面是由实验测定的,图 7.3.1 是氘氚、氘氘和氘氦-3 的反应率系数 $\langle \sigma v \rangle$ 随粒子温度的变化曲线。显然,氘氚反应能量阈值最低,反应截面最大,因此更容易实现。

从理想的情况考虑,我们希望聚变堆所选择的反应能满足下面一些条件:丰富的燃料储量和低廉的成本、高的能量释放、高的反应截面、中子的产量尽量低、氚等放射性燃料的储存尽量少、燃料和反应产物要避免冷凝、高的功率密度、可点火自持,能够直接转换聚变能等。满足上面所有条件的聚变反应称为理想聚变反应。这些条件中的一部分关系到反应的可行性和效率,另一些则关系到反应堆设计中的工程技术问题。但是遗憾的是,几乎可以肯定没有任何聚变反应是理想反应。因此只能根据各个因素的重要性和实际要求满足尽量多的条件。目前看来,最重要的是能够比较容易地实现聚变能的应用,因此氘氚反应由于其容易实现的显著特点,将会是人类最先要面对和利用的聚变反应。

氘氚反应的特点直接影响聚变堆的设计。首先,氚的半衰期只有 12.3 年,在自然界里氚的含量几乎可以少得忽略,必须通过人工制造。其次,氘氚反应能的 80% 被高能中子携带。带电粒子携带的能量很容易被高温等离子体重新吸收,例如带电粒子可以被磁场约束通过碰撞重新加热等离子体,然而不带电的聚变中子就不同了。同时高能高注量率的中子对装置器壁来说是个严峻的考验。不过氘氚聚变的燃料之———氚,正好可以利用高能中子生产:

$$_0^1n(快) + {}_3^7Li \rightarrow {}_1^3T + {}_2^4He + {}_0^1n(慢) - 2.5\ MeV$$

(7.3.6)

$$_0^1n(慢) + {}_3^6Li \rightarrow {}_1^3T + {}_2^4He + 4.6\ MeV$$

(7.3.7)

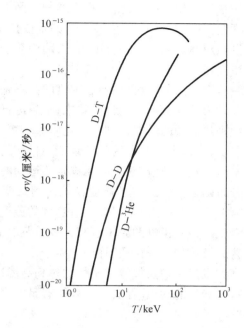

图 7.3.1　反应率系数 $\langle \sigma v \rangle$ 随温度的变化

这样我们就可以用锂作为未来聚变堆的包层,通过上述反应增殖氚重新投入反应中。另一方面,高能中子可以用来制造核裂变的燃料。我们知道,裂变是在慢中子轰击下产生的。在天然铀中,只有 0.7% 的铀 - 235 可以利用,而其余的铀 - 238 不能直接作为裂变堆的燃料。但是,我们可以利用聚变堆所产生的高注量率高能中子照射铀 - 238 或者钍 - 232,就能制造出裂变燃料钚 - 239 或者铀 - 233;聚变产生的高能中子可以用来处理裂变废料。目前裂变产生的放射性废物的处理已经成为一个影响核能事业发展的大问题。废物中大部分是有着比较长半衰期的重元素,要长期储存并防止泄漏是很费钱费力的事情,然而大注量率聚变中子可以把重元素嬗变成可以很快衰变的中等质量的原子核,从而解决核废料的污染问题。聚变中子的后两个用途也给我们提供了制造聚变 - 裂变混合堆的思路,我们将会在后面作更详细的介绍。

7.3.2　受控核聚变反应条件

要发生聚变,两个原子核必须突破库仑势垒接近到核力起作用的范围($10^{-15}\ m$)。对于氘氚反应来说,这个势垒大约为 0.4 MeV,同时由于隧道效应,实际需要的能量要更低些。对于单个粒子来说,这个能量并不难达到。事实上,最初的聚变反应就是在加速器上发现的。因此,一个自然的想法是利用加速器将一束氘核加速到所需的高能量,然后轰击氚靶。但是科学家们很快发现,这种方法是行不通的。因为束粒子的大部分能量会浪费在同靶中离子和电子的库仑散射中。例如,用 50 keV 的氘核打靶,发生聚变的概率只有百万分之一。同样,利用两束氘核对撞的想法也是行不通的,因为粒子从束中散开而损失的概率数万倍于聚变概率,同时获得高密度的离子束也并不容易。

从上面的分析可以看到,困难的并不是获得个别的聚变反应,而是获得大规模的可以作为能源动力的反应模式。目前看来,唯一可行的方案是把一大团原子核约束起来加热,使得核的无规则热运动的动能达到足以克服库仑势垒的大小,这样核之间将会有更多的机会发生碰撞和聚变,这种方法被称为热核聚变。目前的受控聚变研究都是热核聚变研究。

由于隧道效应,粒子的无规则热运动的动能并不需要达到库仑势垒的高度。同时只要粒子分布函数"尾巴"上的高能粒子达到聚变条件,反应就可以发生。对于氘氚反应来说,温度只需 10 keV(10^8 K)量级。不过这样的温度已经足以使得燃料原子周围的电子被剥离了,这样燃料就成为带正电的原子核和带等量负电的电子组成的混合系统。这种电离的气体具有区别于普通气体的特殊性质,称为等离子体,又称为物质的第四态。

如果只是把热核等离子体加热到高温还是不够的。直观地想一下,还必须有足够高的密度和足够长的约束时间,这样才能有足够多的机会发生聚变反应,产生足够多的聚变能,来弥补等离子体辐射等造成的能量损失,从而达到净的能量输出。因此我们看到,反映等离子体聚变条件的特征参数主要有三个:等离子体密度 n、温度 T 和能量约束时间 τ。那么具体来说对这些参数有什么要求呢?

劳逊在 20 世纪 50 年代对聚变能量平衡做了粗略的计算。他考虑的是这样一个状态:密度为 n,温度为 T 的等离子体被约束 τ 时间后损失,而逸出的能量连同聚变能一起被收集,经过效率为 η 的循环转化为有用能,并重新投入下一个对等离子体的加热循环中。在这个循环中,功率损失主要包含两个部分:辐射损失 P_{br} 和内能直接损失 $P_t = 3nT/\tau$。假设聚变反应功率为 P_f,那么循环能够维持并获得能量增益的条件是

$$\eta(P_f + P_{br} + 3nT/\tau) \geqslant P_{br} + 3nT/\tau \tag{7.3.8}$$

即
$$n\tau \geqslant \frac{3T}{[\eta/(1-\eta)](P_f/n^2) - P_{br}/n^2} \tag{7.3.9}$$

这个条件称为劳逊判据。因为反应功率 $P_f \propto n^2 \langle \sigma v \rangle / E_f$,这里反应率系数 $\langle \sigma v \rangle$ 是温度的系数 E_f,为每次核反应产能(对氘氚反应是 13.6 MeV);而轫致辐射功率也正比于密度平方,也是温度的函数 $P_{br} \propto n^2 f(T)$,所以上式的左端在 η 一定的情况下仅仅是温度的函数,从而可以得到 $n\tau$ 和温度 T 的曲线。图 7.3.2 是 $\eta = 1/3$ 时氘氚反应和氘氘反应的劳逊判据,可以明显看出,相比氘氘反应,氘氚反应可以在更低的温度 T 和约束性能 $n\tau$ 下实现。对于氘氚反应,当等离子体温度为 10 keV 时,$n\tau$ 约为 10^{20} m^{-3}s。

劳逊条件可以看作是一个证实热核聚变科学可行性的重要指标。不过在劳逊条件中,没有考虑等离子体的自加热问题。例如在氘氚反应中,携带反应能 1/5 能量的 α 粒子是带电的,可以被磁场约束,进而通过碰撞把能量还给等离子体。如果这个能量能达到弥补上面所说的

等离子体辐射和内能损失,那么聚变反应就能不再依靠外来功率输入而持续下去,这就是自持燃烧的概念。它的条件是

$$P_f/5 \geq P_{br} + 3nT/\tau \qquad (7.3.10)$$

或

$$n\tau \geq \frac{3T}{(1/5)P_f/n^2 - P_{br}/n^2} \qquad (7.3.11)$$

这个条件称为点火条件,实现自持燃烧将会对聚变堆的设计十分有利,因为从外部对等离子体的加热只在堆启动时有用,而不用一直维持。对氘氚反应来看,点火条件要比劳逊判据高。

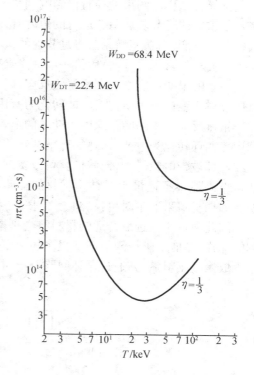

图 7.3.2　劳逊条件

现在更多的是用三乘积 $nT\tau$ 来衡量等离子体的聚变性能,这是因为我们实际更关心的是能量收入 P_{in} 和产出 P_{out} 的比值,即通常所说的 Q 值。在我们感兴趣的范围内近似有 $P_{in} \sim P_f \propto n^2 \langle \sigma v \rangle E_f \propto n^2 T^2$, $P_{out} \sim P_T \propto nT/\tau$,所以 $Q = P_{in}/P_{out} \propto nT\tau$ 。如果 $Q = 1$,就表示得失相当,得失相当的条件要比劳逊条件稍低一点。因为 $n\tau$ 是 T 的函数,所以三乘积和温度的关系可以从 $n\tau$ 和 T 的关系中很简单地得到。对于氘氚反应,我们希望实现的三乘积约为 10^{21} m^{-3}·s·keV。

可见,实现受控聚变,起码要解决两大问题:第一是加热到合适的温度,对于氘氚来说是几十个千电子伏;第二要约束,要有合适的 $n\tau$ 值,现在的任务是提高 $n\tau$ 值到 10^{20} m^{-3}·s 量级。要实现这个条件,我们可以选择两种途径,一是尽量提高约束时间,二是在短时间内提高粒子密度,磁约束和惯性约束正好是分别走了这两条路线。

磁约束,简单说来就是设计一定的磁场位形,利用带电粒子受洛伦兹力作用围绕磁场回旋的原理把等离子体束缚在磁力线上,同时加热等离子体,从而达到聚变的条件。目前最为成功的磁约束位形是以托卡马克为代表的环形约束系统。惯性约束,简单来说就是用外力(激光或者粒子束)把等离子体压缩成高温高压。由于等离子体有质量,惯性使得压缩在一起的等离子体并不会马上离散,从而能保持一段时间的高温高压状态,从而发生聚变。

等离子体约束装置的研究主要包含约束装置的设计和选择、等离子体在约束装置中的稳定性和输运、等离子体控制、等离子体加热,以及等离子体和第一壁作用等问题。这正是目前聚变研究的重点,我们将会在第 11 章较为详细地介绍。

7.3.3　受控核聚变动力堆的概念设计

聚变堆的设计主要受两个因素的影响:(1)所选择的约束方式;(2)所选择的聚变反应。

　　选择什么样的约束途径直接影响到整个聚变堆的设计。如果选择磁约束,那么磁体线圈将是很重要的部分。从稳态运行的角度看,超导线圈和相应低温系统也是必然的。同样,如果选择激光聚变,高功率激光器将是装置的核心部件。下面我们以磁约束聚变反应堆为例,讨论一下聚变堆的常规设计,最后给一个激光聚变反应堆的概念设计作一比较。

　　初始的聚变反应堆会利用氘氚反应,因为它点火温度低,并且对约束的要求也低。但是氘氚反应对于建设一个要把聚变能转化为有用能的反应堆时,却有很多麻烦的地方。

　　氘氚反应 3/4 的能量以中子动能的形式存在,那么我们只能把中子动能转化为热能,然后利用热循环转化为电能,而热循环就意味着转化效率受到卡诺效率的限制。如果反应能的大部或全部被带电粒子携带,我们就可以实现诸如磁流体发电之类的能量直接转化的方案。高注量率高能中子还带来对结构材料的辐照问题,辐照会使得它们具有放射性,并可能造成损伤。如果材料采取定时更换,将会要求合适的更换周期、便利的堆芯设计和安全可行的后处理。因此通过实验选取合适的材料将会是聚变堆建设中的主要困难之一。不过,正如前面提到的那样,高能中子尽管带来了很多麻烦,但并不是一无是处。利用锂作包层材料,可以用来生成聚变燃料氚,并通过循环回路重新回到约束区。

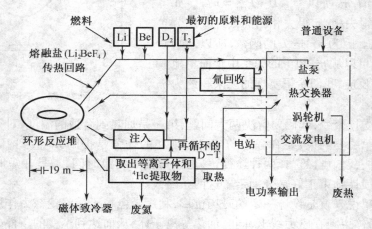

图 7.3.3　磁约束聚变反应堆

　　总体来说,由于氘氚反应的特点,必须设法从包层中利用热循环取出中子能量,这就使得聚变堆的设计有类似于裂变堆的地方。一个聚变反应堆的概念设计如图 7.3.3 所示,它包含三个主要部分:反应堆堆芯、燃料循环系统和热循环系统。

　　氘氚反应堆的堆芯可以理解成包围着高温等离子体的包层结构。包层一方面要慢化中子取出能量,另一方面还要考虑增殖氚燃料,当然对外界的屏蔽也是必须的。

　　靠近等离子体的第一壁用来把等离子体的真空室和外包层中的中子吸收体隔离开来。选择第一壁除了要考虑到高注量率高能中子照射下的结构损伤要尽量小外,还要求壁材料要有高的中子透明度,不易被中子撞出而作为杂质进入等离子体,同时希望有较低的原子序数,以至于如果它们进入等离子体时可使辐射减至最低限度。这几方面并不总是能同时达到要求。目前的考虑是在第一壁以及等离子体直接接触的限制器部分使用铍制衬瓦,而在等离子体热流和粒子流集中的部分采用钨和复合碳纤维材料。但究竟在高注量率高能中子辐照时,第一壁会出现什么情况,还需要进一步的实验来了解。

越过第一壁,外面是热吸收层,用于中子屏蔽。目前的设计是采用水冷的铜合金作为热阱,如果考虑在慢化和吸收中子的同时增殖氚,可以在实验成熟的时候把外包层换用氚增殖的包层。在吸收层外面采用钢和水作为屏蔽材料,用以吸收剩余的大部分热辐射和射线辐射,保护真空室外的磁场线圈。因为要采用超导线圈产生约束等离子体的磁场,所有磁场线圈必须远离高温等离子体区。在整个堆芯结构外,还需要进一步的热屏蔽和生物屏蔽。

在氘氚反应堆的包层中,中子注量率和能量的变化构成了聚变堆中子物理学的研究内容,而反应堆的尺寸设计和输出功率也主要取决于包层材料的性质。这里我们不做深入的讨论,更具体的内容可以参考聚变反应堆物理的有关参考书。

聚变反应不断消耗核燃料,因此必须不断补充新的燃料和及时排出燃烧的灰烬。在聚变堆中,聚变不会燃烧所有的燃料,典型的燃耗比是 5% ~ 15%,剩下的未经反应就损失掉了,因此燃料的回收和再循环是必须的。同时由于氘氚反应的特殊性,燃料的补给将包含原始燃料的输入和增殖燃料的加入循环。

在聚变堆中,燃料的输入和加热密切相关。在连续的反应堆中,我们可能要在燃料注入前就使之预热,或者在冷的燃料加入后能得到及时的加热。常见的加热手段有欧姆加热、中性束加热以及波加热。中性束注入指的是用高能中性的氘和氚射向等离子体。当束进入等离子体,中性粒子和等离子体粒子碰撞而电离,成为高温燃料。不过用于加热等离子体的高能束往往不能提供足够的燃料。因此必须采用比如弹丸注入等方式进行燃料的补充。

在氘氚反应中,α 粒子作为反应产物的循环尤其重要。带电的粒子可以被磁场约束,通过碰撞实现对本底氘氚燃料的加热。如果这个加到等离子体的能量能够弥补等离子体的辐射能量损失,同时能够及时地加热新加入的冷燃料,那么反应就可以不依靠外加能量继续下去,这就是我们前面提到的自持燃烧的聚变反应堆。

图 7.3.4 是一个惯性(激光)约束聚变反应堆系统,它包含反应堆室、激光驱动器、燃料循环和靶丸注入系统、热循环系统。激光器产生符合要求的激光,特定设计的氘氚靶丸注入到反应室中,激光的能量直接(或间接)压缩靶丸,达到聚变反应,高能的聚变中子同样在反应室壁中慢化转化为能量,通过热交换器输出。和磁约束聚变堆相比,因为二者都是把聚变反应能,尤其是聚变中子携带的能量转化为热进一步转化为电能,所以总的结构是类似的。

但是可以看到,在惯性约束堆中,驱动、反应、燃料制造和注入各个功能部分是相对分离的。而在磁约束聚变堆中,这些功能的大部分在反应堆堆芯部分实现。这是约束方式不同造成的。惯性约束反应堆的这种分结构相对独立的特点使得人们可以平行和相对独立地发展各项技术,避免使整体的设计过早地冻结在某些不成熟的技术上。然而,磁约束聚变中遇到的再生区,尤其是第一壁的材料问题在惯性聚变中仍然存在,而且惯性聚变的性质决定了反应堆只

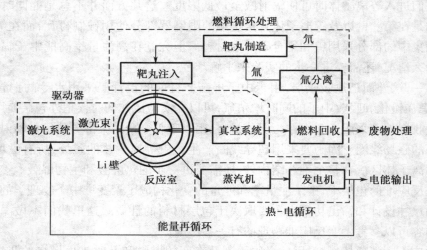

图 7.3.4　激光聚变反应堆

能脉冲运行,那么对激光束的同步性和均匀性,以及各部分之间的协调性提出了非常高的要求。激光聚变研究在近几年取得的进展,我们将在第 11 章较为详细地介绍。

最后我们必须了解的是,上面介绍的只是概念性的聚变堆设计,因为不论是磁约束还是惯性约束,都还没有实现等离子体的点火,因此还不可能在现有的装置上进行直接的燃烧等离子体实验。目前磁约束聚变的国际热核聚变实验堆(ITER)计划和美国的激光聚变计划——国家点火装置(NIF)都是基于等离子体点火的实验装置,可以期待人们将会从这些装置的实验中得到更多关于聚变堆设计的知识,从而最终实现对聚变能的利用。

7.3.4　聚变裂变混合堆

我们先简单总结一下聚变反应堆有别于裂变堆的一些特点。首先,聚变能是取之不尽用之不竭的,从燃料成本上来说,聚变能将会是非常便宜的。但是聚变能的利用又是很困难的,我们还需要几十年或者更长时间来克服一系列问题。而对于裂变,如果只利用铀 -235,那么裂变能只够人类几十年之用。如果发展增殖堆,把铀 -238 和钍 -232 都利用起来,就可以延长到几百年。因此,人类最起码必须使用增殖的核裂变,从而为纯的聚变利用赢得时间。

其次,聚变堆将是具有内在安全性的。这是因为聚变能的产生要求堆芯内部的等离子体高温高约束,而事故一旦发生,等离子体会迅速逃逸和冷却,聚变反应就停止了。同时,聚变堆内只有很少的燃料,因此总的储能很低,这就意味着事故状况下流出系统的能量将会是非常有限的,因此反应堆爆炸的可能性几乎是不存在的。但是伴随这种内在安全性的聚变反应是难以实现的,因为在自持燃烧的等离子体中,生成的能量一方面要用来加热等离子体,另一方面必须从热的等离子体中输出能量达到利用聚变能的目的,这种有"留"有"走"的能量流程在原理和技术上有相当的难度和要求。而裂变中链式反应的特点使得裂变能相对容易地实现能量的输出,但同时需要高安全系数的保护措施以避免核事故的发生。

聚变能被提起的另一个优点是清洁,因为它不会直接产生长寿命的放射性废物。但是对于有中子产生的反应,如氘氚反应,高能中子有可能与结构材料的某些元素反应而产生长寿命的放射性废物。当然,这个问题有可能通过新材料的研制和使用得以改观。

最后,聚变经常被提起的另一个用途是高注量率中子源,它可以用来增殖核燃料和处理核废物。但是从聚变能角度来说,高注量率的中子其实并不是我们需要的,起码并不是最方便的方式。高注量率的高能中子给反应堆的设计尤其是第一壁材料带来了巨大的挑战和考验。但是在目前的情况下,氘氚反应的选择是不可避免的,因此对中子的利用也成为一种必然。氘氚反应所产生的中子数是同等功率的裂变堆所产生中子数的 4 倍。

因此,尽管聚变能有着很多的优点,但纯的聚变堆面临的从基础研究到应用技术等一系列难题需要时间来完成,人们希望能通过聚变裂变混合堆在聚变和裂变之间搭起一个桥梁。在7.3.1 节我们已经谈到了利用高能中子制造裂变燃料的反应。在慢中子或者热中子作用下不能发生裂变的增殖性同位素在高注量率中子作用下转换为易裂变的核燃料,基于这个原理,人们提出了建造聚变裂变混合堆的想法。

在混合堆概念中,聚变反应起到了一个中子源的作用,控制着外面的反应。而纯聚变堆中的初级中子屏蔽层被裂变材料包层取代,或者更准确地说,在原有的包层加入了可增殖裂变物质的材料。也就是说,混合堆的包层组成既依赖于内部的聚变反应,也依赖于我们想增殖的可裂变材料。如果内部的聚变反应采取氘氚反应,那么包层中仍然要包含锂等氚增殖材料;而如果采用氘氚反应,则不必在包层中增殖氚。同样,如果考虑产生裂变能量获得热功率,那么包层中应该包含铀 –238 或者是铀 –238 和钍 –232 的混合物,也就是说包层中实质上是个快中子增殖堆;如果考虑生产裂变材料,那么包层中应该包含钍 –232 或者钍 –232 和铍 –9 的混合物(铍可以抑制裂变的发生);如果是处理核废料,那么包层中应该包含待处理的核废料。

在混合堆中,聚变的要求被降低,达到劳逊判据甚至更低条件下的等离子体产生的聚变就可以满足外包层的要求。一般而言,混合堆最重要的目的是增殖核燃料,能量增益并不是很重要的,只需要大约在 1 就可以了。和快中子增殖堆相比,混合堆有着明显的优点:①不需要初装核燃料。只须直接用天然铀废料或者核工业剩余下的乏料、贫料即可;②增殖能力强,混合堆增殖的核燃料比同功率的快堆多几倍到十几倍,可以同时供给 10 座轻水堆的运行;③更安全,混合堆中的裂变反应不须要达到临界水平,包层中功率密度只有裂变堆芯的 1/10 到1/100。总体而言,混合堆提供了一种燃料循环的途径,使得人类有可能更有效地利用裂变能,也为人类能更早用上有竞争力的聚变能提供了可能。

然而,聚变裂变混合堆也存在着明显的矛盾,甚至说它包含或者加大了裂变堆和聚变堆的困难。裂变堆所固有的放射性和安全性问题仍然存在,而且可能因为聚变堆的设计要求在某些方面更加不安全。聚变堆中的高真空、强磁场以及聚变反应第一壁的选择也会在裂变反应强辐射背景下而变得更难处理,例如第一壁不仅要受到内部聚变中子的辐照,还要受到外部裂变所产生的各种产物和射线的照射。聚变裂变堆还面临一个严重的问题,那就是如果包层中含有铀 -238,那么产出的核燃料将会是钚 -239,这会有一个核扩散的问题,这也是聚变裂变堆技术一开始一直是各国保密的研究项目的原因。因此,聚变裂变堆从各方面来说都充满了矛盾,但是毕竟混合堆给我们利用核能提供了一个可能的新途径。

(清华大学工程物理系　贾宝山　高　喆)

思考练习题

1. 什么是链式裂变反应? 给出铀 -235 原子核裂变产物的种类及量值。

2. 与常规能源相比,核能有哪些明显的优越性和缺点?

3. 裂变反应堆为什么有剩余发热问题?

4. 裂变反应堆内有哪几类重要的核反应? 说明各类核反应在堆内的作用。

5. 衡量慢化剂性能好坏主要考虑哪几方面的因素? 给出最常用的三种慢化剂。

6. 反应堆处于临界状态的物理本质是什么?

7. 比较氘氚($D-T$)反应和氘氦 -3($D-^3He$)反应的不同特点。说明为什么氘氦 -3 反应可以极大地简化聚变堆的设计。

参 考 文 献

[1] [美]格拉斯登 S,塞桑斯基 A. 核反应堆工程[M]. 北京:原子能出版社,1986.

[2] 杜圣华. 核电站[M]. 北京:原子能出版社,1982.

[3] 郭星渠. 核能:20 世纪后的主要能源[M]. 北京:原子能出版社,1987.

[4] 张大发. 船用核反应堆运行与管理[M]. 北京:原子能出版社,1997.

[5] 薛汉俊. 核能动力装置[M]. 北京:原子能出版社,1990.

[6] 谢仲生. 21 世纪核能——先进核反应堆[M]. 北京:西安交通大学出版社,1995.

[7] 孔昭育. 核电厂培训教材[M]. 北京:原子能出版社,1992.

[8] 濮继龙. 压水堆核电厂安全与事故对策[M]. 北京:原子能出版社,1995.

第8章 核能发电与核电厂

核电厂是利用裂变核能进行发电的装置。它类似于燃煤的火力发电厂,但火电厂的燃煤锅炉被裂变核反应堆所代替,反应堆是使易裂变燃料释放核能的最核心设备。

为了较深入地了解核能发电和核电厂,并更多地了解与核能有关的技术和发展趋势,本章将在第7章对反应堆的基本原理有所了解的基础上,进一步介绍一些与核反应堆热工水力学、反应堆系统与设备和反应堆安全等有关的基本知识。本章将介绍几种应用广泛或很有发展前景的不同类型的反应堆,所涉及的堆型主要包括压水堆、沸水堆、重水堆、高温气冷堆和钠冷快中子堆。

对于不同类型的核反应堆,相应的核电厂有较大的差别。为了便于说明,本章将以压水反应堆核电厂为主要结合点,介绍该种核电厂的核燃料种类和富集度、燃料元件和组件、核反应堆堆芯及控制棒束的形式、慢化剂和冷却剂种类、堆内冷却剂流程、主要堆参数、一回路系统与设备、二回路系统及设备、核能传输的机理、安全壳、核岛与常规岛、该种堆型核电厂的主要特点,等等。

对于其他类型的反应堆核电厂,特别是应用比较广泛的沸水堆核电厂和重水堆核电厂,或具有良好发展前景的高温气冷堆核电厂和钠冷快中子堆核电厂四种堆型核电厂,也将就核电厂的系统、设备及工作原理,特别是该种堆型核电厂与其他堆型核电厂的不同特点,作必要的介绍和评价。本章还将就世界各国对各种先进堆型的探索作以简要介绍。

8.1 核电厂热力传输系统与类型

8.1.1 核电厂的热力传输系统

由于工业生产的特点,目前很多工业能源不像家庭做饭那样生热与用热在同一个地方进行。在能源的生产和消费上,如果说煤既可以集中燃烧分散使用,又可以分散燃烧就地使用的话,那么原子核裂变就不同了。核能只能在专门设计的反应堆里集中释放出来,然后用冷却剂将反应堆里的热带出来,用来发电或生产蒸汽,供分散的用户或部门使用。

反应堆之所以需要冷却剂,除了要用冷却剂将裂变产生的热从堆芯带出使用外,还因为反应堆本身需要冷却,以保证堆内各种部件的温度不超过使用限度。这就要求反应堆内裂变的规模即功率,与它的冷却能力有良好的匹配。

对于冷却剂的一般要求是:有良好的导热能力,比热要大,即升高或降低1度所吸收或放出的热量要大;抽送时消耗的功率小,辐照下稳定,不容易活化,吸收中子少,不容易腐蚀反应堆内的材料及管道;价格合理;在使用液体冷却剂的情况下,还希望由液态转化为气态的沸点高。现有的反应堆中,用作冷却剂的主要有水、重水、氦、二氧化碳、金属钠等。采用水和重水作冷却剂的优点是,它们同时可以作慢化剂。

如果反应堆内的功率不高,再加上适当的设计,利用冷却剂冷热部分的密度差驱动流体流动,就可以将反应堆堆芯里的热带出来,这种情况称为自然循环。如果反应堆的功率高,自然循环不足以将反应堆内的热带出,为使温度维持在设计限度以内,就需要用循环泵来驱使冷却剂源源不断地流过反应堆堆芯,以提高冷却能力,这种情况称为强迫循环。大规模核电厂都采用闭式强迫循环。

闭式强迫循环的基本特点是冷却剂在循环泵的驱动下在一个闭合回路中循环运动。在采用循环泵的闭式循环中,冷却剂流过反应堆的堆芯后,又通过由管道、循环泵等组成的闭合环路回到反应堆堆芯。在这个环路中有热交换器,热交换器是一种有很多管子的密封容器。从堆芯流出的温度升高了的冷却剂,一般在热交换器的管内流动,将热量传给在管子外侧流动的传热工质。在核电厂里,热交换器管内流动着的高温的冷却剂,使管外的传热工质变成蒸汽去推动汽轮发电机组,因此又将热交换器称为蒸汽发生器。高温的冷却剂离开热交换器后温度就降低了,然后用循环泵将它输送到反应堆堆芯吸收热量,升高温度,继续循环。

为了保持冷却剂压力恒定,可以利用气体或蒸汽的可压缩性来制造稳压器。稳压器是一个圆柱形的罐,罐的上部是空腔。空腔内充满气体或蒸汽,空腔下部是冷却剂,空腔里的气体或蒸汽,就好像一个有弹性的垫子一样,可以补偿冷却剂的压力或体积波动。另外,流经堆芯的冷却剂的腐蚀产物等要不断清除,所以环路里还有冷却剂净化系统等。

因此,闭合强迫循环回路包括反应堆容器、管道、循环泵、稳压器、蒸汽发生器、净化系统等。为了保证在故障的情况下能互相切换以减少事故的概率,与反应堆相连的闭合回路,通常称为环路,一般有并联的二到四条,但相连的反应堆容器及稳压器只有一个。这些与反应堆容器相连的并联环路统称一回路。

冷却剂就是在一回路中不断循环,既不与包壳以内的核燃料直接接触,也不与热交换器管外流动着的传热工质接触。但冷却剂却不断地将核燃料里产生的热带出反应堆堆芯,传递给热交换器里管外流动着的传热工质。

由于冷却剂往往有一定压力,所以一回路里的反应堆容器、循环泵、稳压器、热交换器、管道等,是反应堆的压力边界。一回路压力边界的任何一处发生破裂,都会使冷却剂流失,并使冷却剂的压力降低。有些反应堆采用 15.5 MPa 的压力、320 ℃左右的高温水作为冷却剂,压力降低后,这种高温高压水很快会沸腾汽化,于是燃料元件的包壳外表面就会被一层蒸汽膜包围,燃料元件的散热能力会严重下降。在这种情况下,即使反应堆已停堆,由于缓发中子引起的裂变和裂变产物的衰变产生的热,即反应堆的剩余发热,也会使燃料元件因温度升高而可能烧毁,造成元件里的放射性物质外逸,这就是所谓的失水事故。因此,对反应堆一回路压力边界的焊缝要求特别严格,要求对每一条焊缝的全部都采用多种诊断方法进行检验。虽然严重的破裂事故到目前为止没有发生过,但在核电厂用的反应堆内备有应急冷却系统,以保证在失水情况下反应堆的冷却。

在热交换器管子外侧流动着的传热工质,也需要循环,因此也有由管道、泵、阀门等组成的回路,这条回路称为二回路。一回路和二回路在热交换器处相衔接,两条回路共同使用同一台热交换器或蒸汽发生器,一回路的冷却剂走热交换器的管内,二回路的传热工质走热交换器的管外。一回路与二回路互不干扰。与一回路类似,二回路也是由几条并联的环路所组成。

对于核电厂说来,为了利用二回路的蒸汽推动汽轮机,二回路也是闭式回路。汽轮机是利用蒸汽膨胀的力量来推动叶轮旋转的动力机械。汽轮机的旋转又带动发电机发电,所以汽轮机和发电机组成机组,称为汽轮发电机组。二回路中,从低压汽轮机出来的蒸汽压力很低,已经疲乏无力,要利用这种蒸汽继续膨胀来推动汽轮机已经不可能了,这种蒸汽称为乏汽。要想将这些乏汽压缩再去推动汽轮机,则消耗的能量比得到的还多,所以需要有一条三回路,将二回路里的乏汽冷凝成水。二回路里的冷凝水在泵的驱动下,又回到蒸汽发生器里变成高温高压的蒸汽,继续推动汽轮机。而三回路里的冷却水,将二回路里的乏汽的余热带出后,排入空气冷却塔或江河湖海中去,所以三回路是一条开式回路。冷凝器就是二回路与三回路之间的热交换器。

在一回路、二回路和三回路之间都有放射性监测仪表。即使一回路和二回路之间的蒸汽发生器传热管破裂,堆内的放射性仍然不会污染环境。如果蒸汽余热很大,三回路的冷却水源有限,则过多的余热会使环境水温上升过高,造成所谓的热污染,影响生态平衡,这就需要采用空气冷却塔,将余热首先排入大气中,而不能全部排入有限的水源中去。

目前大多数的反应堆,一回路的循环泵、稳压器、蒸汽发生器等在反应堆容器的外面,这种结构称为回路式结构。有的反应堆、循环泵、稳压器、蒸汽发生器等在反应堆容器以内,与反应堆组成一体,称为一体化结构。

对于用来发电及供热的反应堆来说,上面列举的都是将反应堆的冷却剂引出堆芯后,在蒸汽发生器里产生高温蒸汽,这种循环称为间接循环。如果不需要经过蒸汽发生器,冷却剂通过反应堆后直接推动动力机械,就称为直接循环。例如在使用水作为冷却剂的情况下,使水在反应堆堆芯直接沸腾,变成蒸汽去推动蒸汽轮机,或在使用氦作为冷却剂的情况下,将通过反应堆堆芯后的高温氦气,直接推动氦气轮机。直接循环减少了一条回路和蒸汽发生器,一回路和二回路合并在一起,当然这样也产生一些新的技术问题。

由于反应堆停堆后,反应堆的燃料元件还会继续产生余热,所以在采用强迫循环的反应堆内,除了有安全注射系统(又称应急堆芯冷却系统)应对管道破裂发生的失水事故外,还有余热排出系统(又称停堆冷却系统)。余热排出系统的循环泵采用蓄电池和柴油发电机等可靠电源供电,可以保证在外电源断电的情况下,向余热排出系统供电,以保持一回路里的冷却剂有一定流量,将反应堆停堆后燃料元件的剩余发热带出反应堆。

现在大型的核电厂,一座反应堆的热功率超过 400 万千瓦。现在反应堆的功率密度可达 100 kW/L,甚至更高。现在反应堆内的温度、中子注量率等监测系统非常完善,反应堆的控制棒、循环泵等重要设备及部件都有好几套,即使其中一两根控制棒或一两台循环泵出了故障,也不影响反应堆的安全。

在现今运行的大功率反应堆上,各种情况都可由仪表用数字、曲线、灯光等直接显示或打印出来。如果反应堆内的功率、功率上升速率、温度、中子注量率、压力、冷却剂流量、放射性剂量等任何一个或几个参数出现不正常的变化,反应堆中央控制室的仪表除了对数据进行自动显示和记录供人们分析外,还发出相应的音响和灯光信号,提醒操纵人员注意,这些信号,人们称为警告信号。警告信号发出时,离事故的发生还有一定的距离。警告信号仅标示存在出现事故的苗头。

如果操纵人员采取的措施未能使情况改善,反应堆的功率、温度、中子注量率、冷却剂流量、压力、放射性剂量等,继续向事故方向发展,超过了预定的安全警戒限度时,不须要操纵人员去扳动开关,更不须要操纵人员去挥动斧头,安全棒就会自动释放并插入反应堆,中止链式反应。因此对事故的侦察、判断和反应,都由设备自动完成,各种信号的传递是以光速进行的。对事故作出反应的时间,仅仅决定于探测仪表对所探测的参数的跟随速度即响应时间,以及控制棒插入反应堆的速度。目前快响应的探测仪表的研制,使得反应堆内中子注量率、温度等的变化能更快反映出来,从而进一步加快了对事故的反应速率。

反应堆里人们预定的各种安全警戒限度,与反应堆的事故工况相比,相差还很远,这就是所谓的安全裕度。因此远在反应堆出现事故以前,反应堆的事故停堆系统就已经自动地将反应堆关闭。反应堆里与安全有关的各种控制系统,是按三取二、四取二等原则进行设计的。也就是说,同时有几台仪表各自独立地进行同一参数的监测,只有当三台或四台仪表中有两台同时发出停堆信号,才会自动停堆。这样一来,即使一台仪表出现故障或发出错误信号,也不会影响安全系统作出正确的反应。即使与一个参数有关的三个或四个监测系统全部失灵,对相关参数进行监测和控制的系统,也会保证反应堆能自动作出正确的响应。

8.1.2 核电厂的类型划分

为了更好地了解核电厂以及决定其特点的核反应堆,我们有必要从不同的角度对核反应堆进行分类,即划分为多种不同的堆型。

1. 按照功能分类

按照功能或用途,可以将核反应堆划分为实验研究堆、生产堆、动力堆、供热堆等。实验研究堆用于各种不同目的的实验研究,比如材料的屏蔽试验、生物辐照实验、材料改性试验、设备辐照考验等;生产堆用于钚-239等核裂变材料的生产和各种不同用途同位素的生产;动力堆包括军用动力堆和民用动力堆两方面。核动力航空母舰、核潜艇、核动力巡洋舰等都可归为军用动力堆的范畴,而核电厂、民用核动力船、航天核动力推进装置、核动力水下潜器和水下工作站等则可归为民用动力堆;供热堆则用于不同目的的供热,如建筑群供暖、石油热采等。与此相类似,还有用核能进行海水淡化,大规模制冷、制氢,煤的液化或气化,高温工艺供热等的各种堆,分别称为海水淡化堆、制氢堆,等等。

2. 按照中子能谱分类

按照激发核燃料裂变的中子能量高低,可将核反应堆分为快中子堆、中能中子堆和热中子堆。快中子堆中,裂变主要是由能量在 10 keV ~ 100 keV 范围内的高能中子引起的,因此堆内不能存有慢化剂材料,世界各发达国家对这种堆型都投入了极大的关注。在中能中子堆中存有一定数量的慢化剂,裂变主要是由中能中子引起的。在快中子堆或中能中子堆中,堆内都必须使用富集的核燃料。热中子堆中裂变主要是由 1 eV 以下的低能中子引起的,因此堆内必须有足够的慢化剂。天然铀、稍富集铀燃料、铀 – 233、钚 – 239 都可用作热中子堆的核燃料,热中子堆比较容易做到燃料的比功率高,初投料少,世界上已建的堆绝大多数属于这种类型。在快中子堆中,钚 – 239 的核性能相对来说最好;在热中子堆中,铀 – 233 具有特别好的核性能,只有用铀 – 233 的热中子堆才能实现增殖。

3. 按照慢化剂分类

慢化剂对热中子堆的物理性能有显著影响,特别是对核反应堆的功率密度有显著影响,所以常常按照慢化剂来进行反应堆的分类,如轻水堆、重水堆、石墨慢化反应堆等。

世界上第一批反应堆都是石墨慢化的反应堆,高强度、高密度、耐辐照、耐高温的石墨一直沿用到今天,依然在高温气冷堆中扮演着不可替代的角色。

重水是所有慢化剂中中子吸收最弱的材料,同时它的慢化能力却很好,因此可以用天然铀作核燃料。限制重水堆发展的重要原因是重水的价格较高。

现在大量建造的压水堆、沸水堆,都是用轻水作为慢化剂,水中所含的氢的原子核是慢化能力最强的原子核,水作慢化剂的反应堆功率密度很高,特别适用于核动力舰船。但是以水作为慢化剂的反应堆也有一些局限:①为了提高反应堆的热效率,要求冷却剂(也是慢化剂)运行在高温条件下,因为一定压力下水温达到饱和温度以后就要开始沸腾,所以要提高冷却剂温度就必须抬高堆芯的压力;②水慢化剂本身具有较强的热中子吸收,此外为克服高温水的腐蚀性常选不锈钢这类强吸收热中子的结构材料,导致水堆必须采用富集铀,且转化比只有 0.6 左右;③水在中子照射下会产生放射性,增加了堆屏蔽防护的要求。

4. 按照冷却剂分类

核反应堆的热工水力学性质主要取决于选用的冷却剂,所以从研究核反应堆热工水力学的角度常常按照冷却剂来划分核反应堆的类型。气冷核反应堆包括 CO_2 冷却和 He 气冷却;轻水冷却的核反应堆主要包括压水堆和沸水堆;还有重水冷却的重水核反应堆;液态金属冷却的核反应堆主要有钠冷堆、铋冷堆、锂冷却反应堆、铅铋合金冷却反应堆等。

5. 按照核燃料分类

通常按照核燃料的种类把核反应堆分成天然铀燃料核反应堆、稍富集铀核反应堆、富集铀燃料核反应堆几种类型。采用钚-239和铀-233燃料时相当于富集铀燃料。

核反应堆的上述分类都不是绝对的,而是为了满足某种需要从一个特定角度加以区分的结果。如我们可以按照核反应堆的运行参数划分出高压堆、中压堆、低压堆,分出高温堆、低温堆;也可以按照核反应堆的结构形式划分出压力壳式堆或压力管式堆,划分出立式或卧式等;还可以按照核燃料的形态划分出固体燃料堆、流态燃料堆和半流态燃料堆等。不管从怎样的角度划分,都是为了帮助我们从不同侧面了解各种类型的核反应堆而已。

8.2　占统治地位的压水堆核电厂

8.2.1　压水堆核电厂系统

压水堆核电厂主要由一回路系统(又称反应堆冷却剂系统)、二回路热力系统、核岛辅助系统、专设安全设施等组成,图8.2.1所示为压水堆核电厂回路系统原理图,图8.2.2所示为压水堆核电厂一回路系统设备空间分布图。一座90万千瓦或130万千瓦的压水堆,一回路有三或四条并联的环路。

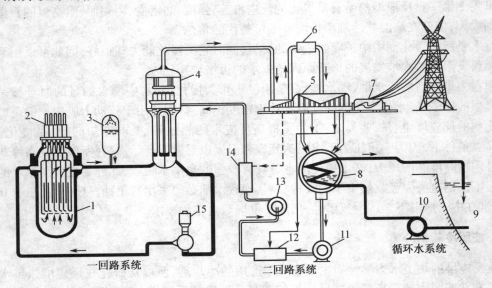

图 8.2.1　压水堆核电厂回路系统原理图

1—反应堆压力容器;2—控制棒传动机构;3—稳压器;4—蒸汽发生器;5—汽轮机;
6—汽水分离再热器;7—发电机;8—凝汽器;9—循环水水源;10—循环水泵;
11—凝结水泵;12—低压加热器;13—给水泵;14—高压加热器;15—反应堆冷却剂泵

1. 压水堆核电厂的一回路系统

压水堆核电厂的一回路系统,是利用反应堆核燃料裂变放出的热,使之产生蒸汽的装置。压水堆核电厂通常是单堆 2～4 条环路的配置形式,即一回路系统是由完全相同的、各自独立且相互对称、并联在反应堆压力容器接管上的密闭环路。其中每条环路都是由一台蒸汽发生器、一台反应堆冷却剂泵(又称主循环泵)、反应堆和连接这些设备的冷却剂管道组成。兼作反应堆慢化剂和冷却剂的高温、高压水,在反应堆冷却剂泵的驱动下,流经反应堆堆芯,吸收了核燃料裂变放出的热能后,强迫出堆,流经蒸汽发生

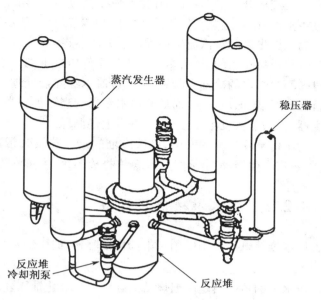

图 8.2.2　一回路系统设备空间分布图

器的大量 U 形传热管壁面,把热量尽可能多地传到 U 形管外侧的二回路热力系统的蒸汽发生器给水,然后流回反应堆冷却剂泵,再重新被送进反应堆堆芯,吸收堆芯核燃料持续释放出的热能,再出堆,如此循环往复而构成了放射性的密闭循环回路。

压水堆核电厂还包括核岛辅助系统。它们不仅是压水堆核电厂正常运行不可缺少的,而且在事故工况下为核电厂安全设施系统提供支持。核岛辅助系统包括化学和容积控制系统、反应堆硼和水补给系统、余热排出系统、设备冷却水系统、重要厂用水系统、反应堆换料水池和乏燃料池冷却和处理系统、废物处理系统等。

为了在事故工况下确保压水反应堆停闭、排出堆芯余热和保持安全壳的完整性,避免在任何情况下放射性物质的失控排放,减少设备损失,保护公众和核电厂工作人员的安全,核电厂设置了专设安全设施,包括安全注射系统、安全壳系统、安全壳喷淋系统、安全壳隔离系统、安全壳消氢系统、辅助给水系统和应急电源等。

2. 压水堆核电厂的二回路热力系统

压水堆核电厂二回路热力系统是将蒸汽的热能转换为电能的动力转换系统。其系统的功能主要是构成封闭的热力系统,将核蒸汽供应系统产生的蒸汽送往汽轮机做功;汽轮机带动发电机,将机械能转变为电能。压水堆核电厂的二回路热力系统主要由蒸汽轮机、主冷凝器、冷凝水泵、给水加热器、除氧器、给水泵、循环水泵、中间汽水分离器和相应的阀门、管道组成。二回路热力系统的蒸汽发生器给水,通过蒸汽发生器大量 U 形管的管壁,吸收了一回路高温高

压水从反应堆载来的热量后,在蒸汽发生器里蒸发形成饱和蒸汽,蒸汽从蒸汽发生器顶部出口通过主蒸汽管,流进蒸汽轮机的主汽门和调节汽门,然后进入汽轮机高压汽缸,推动叶轮做功后自高压缸出来的蒸汽流经中间汽水分离器,提高干度后的蒸汽再进入汽轮机低压缸。驱动低压汽轮机做功后的乏汽,全部排入位于低压缸下的主冷凝器,通过冷凝器的传热管壁,乏汽经过循环冷却水的冷却后凝结成水,冷凝水经除盐处理后由冷凝水泵驱动进入低压加热器加热,再到除氧器加热除氧,而后经给水泵送到高压加热器再加热,再提高温度后重新返回蒸汽发生器,作为蒸汽发生器给水,再进行上述循环。

为了保证反应堆的安全,将反应堆的衰变热及时带走,二回路还设置了一系列系统和设施,如蒸汽发生器辅助给水系统、蒸汽排放系统、主蒸汽管道上卸压阀及安全阀等。

8.2.2　压水堆核电厂设备

压水堆核电厂采用以稍富集铀作核燃料、加压轻水作慢化剂和冷却剂的热中子核反应堆堆型。

压水堆的核燃料是高温烧结的圆柱形二氧化铀陶瓷芯块,直径约 8 mm,高 13 mm,称之为燃料芯块。燃料芯块中铀 – 235 的富集度约为 3% ,一个一个地重叠着放在外径约 9.5 mm、厚约 0.57 mm 的锆 – 4 合金管内,这种锆合金管称为燃料元件包壳。锆管两端有端塞,燃料芯块完全封闭在锆合金管内,构成高度为 3 m 多细而长的燃料元件(见图 8.2.3)。密封的燃料元件包壳构成了包容放射性物质的第一道安全屏障。这些燃料元件用定位格架定位,组成所谓的燃料组件(见图 8.2.4)。一般是将燃料元件排列成 17×17 的组件,其正方形横截面边长约 20 cm。加上端部构件,整个燃料组件长约 4 m。燃料组件外面不加装方形盒,即所谓开式栅格,以利于冷却剂的横向流动。每一个燃料组件包括 200 多根燃料元件,中间有些位置空出来放控制棒。控制棒的上部连成一体成为蜘蛛爪式的控制棒束。每一个控制棒束都可以在相应的燃料组件内上下运动。控制棒束在堆内布置得很分散,以便堆内造成平坦的中子注量率分布。

图 8.2.5 所示是典型的压水堆压力容器内的堆芯剖面图。由 100 多个燃料组件(总共包括 4 万多根燃料元件)组装成的堆芯放在一个很大的压力容器内。压水堆中最关键的设备之一是压力容器,它是不可更换的。一座 90 万千瓦或 130 万千瓦电功率的压水堆,压力容器直径分别为 3.99 m 和 4.39 m,

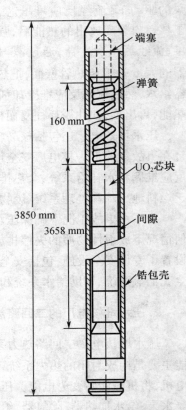

图 8.2.3　压水堆燃料元件棒

壁厚 0.2 m 和 0.22 m,重 330 t 和 418 t,高 13 m 以上。如此巨大的压力容器,它的加工和运输在技术上都具有一定难度。

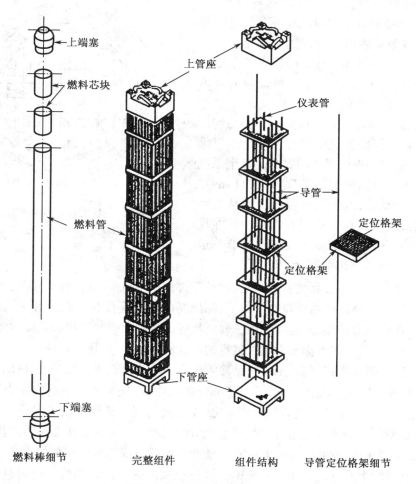

　　　　燃料棒细节　　　　完整组件　　　　组件结构　　　　导管定位格架细节

图 8.2.4　燃料组件总体结构图

　　压水堆堆本体结构如图 8.2.6 所示。控制棒束由上部插入堆芯,在压力容器顶部有控制棒束的驱动机构。

　　作为慢化剂和冷却剂的核纯轻水,由压力容器侧面进来后,经过吊篮和压力容器之间的环形下降段,再从底部下腔室进入堆芯。冷却水通过堆芯后,温度升高,密度降低,再从堆芯上部流经上腔室流出压力容器。压水堆冷却剂入口水温一般在 300 ℃ 左右,出口水温 330 ℃ 左右,堆内压力 15.5 MPa。一座 100 万千瓦电功率的压水堆,堆芯冷却剂流量约 6 万吨/小时。

　　这些高温的堆芯冷却水从压力容器上部离开反应堆后,经过冷却剂回路热管段,进入蒸汽发生器。

除了压力容器外,主循环泵也是重要设备。每台主循环泵的冷却水流量为 2 万多吨每小时,泵的电机功率为 5 000 ~ 9 000 kW。泵的关键是保持轴密封,以免堆内带放射性的水外漏。核电厂的循环泵除了密封要求严以外,还由于泵放在安全壳内,处于高温、高湿及 γ 射线辐射的环境下,因此要求电机的绝缘性能好。

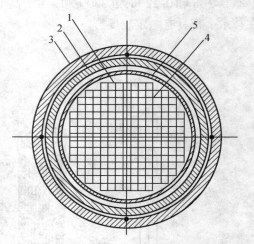

图 8.2.5 压力容器内的堆芯剖面图

1—围板;2—热屏;3—压力容器;

4—燃料组件;5—吊篮

为了稳定和限制压水堆核电厂一回路系统冷却剂压力波动,一回路系统中设有稳压器用以维持系统压力的稳定和保证系统的安全。这个系统通过波动管,将稳压器底部接于反应堆出口的热管段上。通过波动管,冷却剂可以自由地从主回路涌入稳压器,或从稳压器流返一回路中。在堆的入口冷管段上,引出一个能够改变和调节流量的喷雾管接在稳压器顶部喷嘴上,以喷射一回路中冷管段内的冷却剂。在实际装置上,稳压器是跨接在一回路系统的两条环路之间的,即稳压器的波动管接在一条环路的堆出口热管段上,稳压器的喷雾管接在并联的另一条环路的堆入口冷管段上。在稳压器的顶部,还安装用于回路超压保护的电磁卸压阀和机械式弹簧安全阀。装置正常运行时,在系统的工作压力超过整定的设计压力上限时,压力传感系统自动开启稳压器顶部的雾化喷嘴的压力控制阀,则一回路冷管段内的冷却剂在反应堆进、出口的自身压差作用下,喷射到稳压器的上部蒸汽空间内,由于部分蒸汽冷凝,使得回路系统的压力逐渐恢复它的正常压力限值以内。如果因负荷的急骤变化,或是因出现了某种事故工况而造成系统压力骤然上升,就是使稳压器喷雾流量开度达到最大值时仍不足以抵制稳压器压力的持续上升,则作为系统第二级超压保护的卸压阀,此时将自动开启而释放掉部分冷却剂的饱和蒸汽,若压力仍不见回跌,且继续上升并达到作为系统第三级超压保护的机械式弹簧安全阀自动起跳的压力整定值时,则此阀的阀头跳起进行全排量的卸压而最终限制了系统的超压,之后阀头回座,维持一回路内工作压力在一新的低水平上,从而保护了一回路系统、设备不致遭受损坏。

蒸汽发生器内有很多传热管(见图 8.2.7),传热管内的一次侧流动的是温度较高的堆芯冷却剂;而传热管外的二次侧流动的是温度相对较低的水和汽。一回路的堆芯冷却剂流过蒸汽发生器传热管内时,将携带的热量尽可能多地传递给二回路里的水,从而使二回路水变成 280 ℃ 左右,6 ~ 7 MPa 的高温蒸汽。所以在蒸汽发生器里,一回路堆芯冷却剂与二回路的水在互不接触的情况下,通过管壁发生了热交换。蒸汽发生器是分隔并连结一、二回路的关键设备。从蒸汽发生器出来的高温蒸汽,通过高压汽轮机后,一部分变成了水滴。经过汽水分离器将水滴分离出来后,剩余的蒸汽又进入低压汽轮机继续膨胀,推动叶轮转动。从低压汽轮机出来的蒸汽的压力已很低,无法再加以利用,于是在冷凝器里让这些低压蒸汽变成水。冷凝水经过预热后,又回到蒸汽发生器吸收一回路冷却剂的热量,变成高温蒸汽,继续循环。整个二回路的水就是在蒸汽发生器,高压、低压汽轮机,冷凝器和预热器组成的密封系统内来回反复流动,不断重复由水变成高温蒸汽、蒸汽冷凝成水、水又变成高温蒸汽的过程。在这个过程中,二回路的水从蒸汽发生器获得能量,将一部分能量交给汽轮机,带动发电机发电,余下的大部分不能利用的能量交给冷凝器。

为冷却冷凝器所用的水在三回路中循环。冷凝器实质上是二回路与三回路之间的热交换器。开式的三回路将汽轮机排出的难以利用的低品质乏汽的余热带入江河湖海中。在冷凝器里,三回路的水与二回路的水也是互不接触,只是通过冷凝器的管壁传递热量。三回路的用水量是很大的。一座100万千瓦的压水堆核电厂,三回路每小时要用40多万吨冷却水。三回路的水与一、二回路的冷却水一样,也需要加以净化,不过净化的要求没有一、二回路那么高。

安全壳的直径可达40 m,高达60～70 m。它是一个既承受内压又承受外压的坚固建筑物。承受内压以防事故情况下安全壳内超压造成安全壳的破坏,承受外压以防安全壳外各种可能的冲击。除此之外,安全壳还要求有相当高的密封性能,以防止安全壳内放射性物质向周围环境可能的泄漏。所以安全壳构成了包容放射性物质的第三道安全屏障。

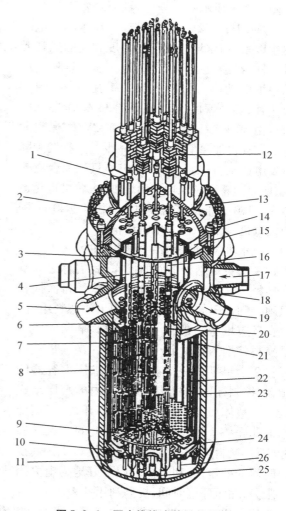

图 8.2.6　压水堆堆本体结构图

1—温度测量引出口;2—顶盖吊耳;3—压紧弹簧;4—支持筒;5—进口管;6—堆芯上栅板;7—辐照监督管;8—压力壳筒体;9—堆芯下栅板;10—吊篮底板;11—吊篮定位块;12—控制棒驱动机构;13—压力壳顶盖;14—压力壳主螺栓;15—压紧组件顶板;16—控制棒导向筒;17—进口管;18—控制棒组件;19—出口管;20—燃料组件;21—堆芯辐板;22—堆芯围板;23—热屏蔽;24—流量分配板;25—防断支承;26—中子注量率测量管

包括压力容器、蒸汽发生器、主循环泵、稳压器及相关管路的整个冷却剂系统,有其特定的一回路压力边界,构成了包容放射性物质的第二道安全屏障。一回路系统和设备都被安置在如图8.2.8所示的安全壳内,称之为核岛。

从1981年第一代杨基商用压水堆核电厂诞生以来,压水堆核电厂的发展和它的燃料元件一样,都经历了几代的改进。压水堆核电厂的单堆电功率,已由18.5万千瓦增加到130万千瓦,热效率由28%提高到34%,堆芯功率密度由50 kW/L提高到约100 kW/L,燃料元件的燃耗也加深了三倍。为减少基建投资和降低发电成本,目前一座核反应堆只配一台汽轮机,所以随着反应堆功率的增加,汽轮机也越造越大。130万千瓦核电厂的汽轮机长达40 m,配上发电机,整个汽轮发电机组长56 m。

压水堆初次装料后,大约经过1～2年要进行一次更换燃料组件的操作,我们称之为首次换料。这以后,就每年换料一次。每次换料只须装卸1/3的燃料组件。卸出的燃料组件,放在反应堆旁边的储存水池内。早期的压水堆换料停堆需要4个月,现在换一次料最短可以在2个星期内完成。这就要求压力容器的顶盖、控制棒驱动机构,以及堆内屏蔽层组成为一个整体,顶盖可以一下子打开,而不用像以前那样一个一个地松开顶盖上的巨大的螺栓,而且换料操作需要采用快速换料机构。换料时间的缩短,有利于核电厂更好地为电力用户服务,缩短停电时间,提高利用效率。

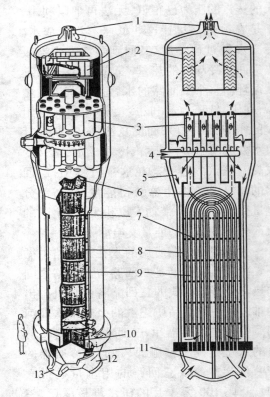

图8.2.7 蒸汽发生器

1—蒸汽出口管嘴;2—蒸汽干燥器;3—旋叶式汽水分离器;4—给水管嘴;5—水流;6—防振条;7—管束支撑板;8—管束围板;9—管束;10—管板;11—隔板;12—主冷却剂出口;13—主冷却剂入口

从上述对压水堆核电厂的简要介绍中可以看到,正是轻水的特性决定了压水堆核电厂技术上、经济上和安全上的主要特点,决定了它的优势和劣势。由此我们可以理解压水堆核电厂的发展历史和造成目前现状的原因。

压水堆核电厂最显著的特点是结构紧凑,堆芯的功率密度大。水不仅是良好的慢化剂,也是良好的冷却剂,它比热大,热导率高,在堆内不易活化,不容易腐蚀不锈钢、锆等结构材料。由于水的慢化能力和载热能力都好,所以用水兼作慢化剂和冷却剂。

压水堆核电厂的另一个特点是经济上基建费用低、建设周期短。由于压水堆核电厂结构紧凑,堆芯功率密度大,即体积相同时压水堆功率最高,或者在相同功率下压水堆比其他堆型的体积小,加上轻水的价格便宜,使压水堆在经济上基建费用低、建设周期短。

压水堆核电厂的主要缺点有两个:第一,必须采用高压的压力容器;第二,必须采用有一定

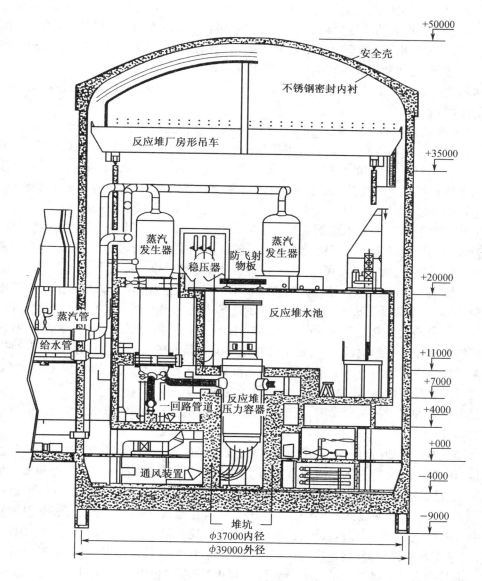

图 8.2.8　压水堆安全壳

富集度的核燃料。我们知道,水的沸点低,在标准大气压下,水在 100 ℃时就会沸腾。压水堆核电厂为了提高热效率,就必须在不沸腾的前提下提高从反应堆流出的冷却剂的温度,即提高出口水温,为此就必须提高压力。为了提高压力,就要有承受高压的压力容器。这就导致了压力容器的制作难度和制作费用的提高。轻水吸收热中子的概率比重水和石墨都大,所以轻水慢化的核反应堆无法以天然铀作燃料来维持链式反应。因此轻水堆要求将天然铀富集到 3%

左右,因而压水堆核电厂要付出较高的燃料费用。

美国通过多种堆型的比较分析后,20 世纪 50 年代确定首先重点发展压水堆。除国内建造外,还向国外大量出口,曾垄断了反应堆的国际市场,所以压水堆目前在核反应堆中占据统治地位。在已建、在建和将建的核电厂中,压水堆占 64% 左右。

压水堆之所以发展得最快,除了由于水的慢化能力及冷却能力强,结构紧凑外,还有下列历史上的原因:

(1)压水堆的发展有军用堆的基础。由于压水堆在作为核电厂的堆型前,已经作为军用堆进行了大量研究,所以技术问题解决得比较彻底,并已经有了加工压水堆部件的工业基础。

(2)工业上有使用轻水的长期经验。压水堆所采用的传热工质水在工业上已经使用了几百年。水是研究得最多的传热工质,与水有关的泵、阀门、蒸汽轮机,工业上已有成熟的经验。有了火电厂的基础,发展压水堆核电厂回路系统和发电设备就比较容易了。

(3)核工业的发展,为压水堆所需要的富集铀准备了条件。富集铀厂和生产堆一样,是生产原子弹装料的重要设施。由于核武器生产国的富集铀生产能力过剩,为了给剩余的富集铀生产能力找到出路,便大力发展民用核动力,特别是压水堆核电厂。

(4)压水堆技术上已成熟。压水堆转入民用以后,又进行了大量研究。压水堆核电厂的大量建造,又进一步降低了成本,并在推广中使技术不断完善。现在没有一种堆型,像压水堆这样投入过大量的人力和经费,进行过广泛细致的研究和开发,也没有哪一种堆型,有压水堆这样丰富的制造和运行经验,以及与压水堆相适应的完整的核动力工业体系。由于这些原因,虽然后来发展的一些堆型有不少压水堆无法比拟的优点,在技术上也很有发展前途,但要达到压水堆这样完善的程度,还需要投入巨大的科研费用。

正是上述多种因素的共同影响,造成当前压水堆核电厂占有独特的统治地位,而且这种状况还要维持几十年。

压水堆核电厂从 20 世纪 50 年代问世以后,仅仅经过十多年,到 70 年代初,就不仅在经济上,而且在环境保护上,超过了已有近百年历史的火电厂。压水堆核电厂一直是最安全的工业部门之一,它已经成为一种成熟的堆型,吸引着越来越多的用户,是核动力市场上最畅销的"商品"。今天,不仅发展核武器的国家,而且一些不发展核武器,煤、石油、水电很丰富的国家,也在纷纷发展核电厂。在世界上,已经出现了一种规模巨大的新兴工业——民用核动力工业,它和电子工业一样,其发展速度远远超过煤、钢铁、汽车等传统工业,并将对整个社会的生产和生活面貌带来越来越深刻的影响。到目前为止,压水堆核电厂的燃料组件、压力容器、主循环泵、稳压器、蒸汽发生器、汽轮发电机组的设计,正向标准化、系列化的方向发展。压水堆核电厂的研究开发工作,主要是为了进一步提高其安全性和经济性。有关各国在这方面都有庞大的研发计划,并开展广泛的国际合作。

8.3　其他重要类型核电厂

本节将结合沸水堆核电厂、重水堆核电厂、高温气冷堆核电厂和钠冷快中子堆核电厂四种堆型核电厂,就其系统、设备及工作原理,特别是该种堆型核电厂与其他堆型核电厂的不同特点,作必要的介绍和评价。

8.3.1　沸水堆核电厂

在对压水堆核电厂有了基本了解之后,让我们再关心一下它的孪生姐妹——沸水堆。

在压水堆核电厂中,一回路的冷却剂通过堆芯时被加热,随后在蒸汽发生器中将热量传给二回路的水使之沸腾产生蒸汽。那么可不可以让水直接在堆内沸腾产生蒸汽呢? 沸水堆正是在核潜艇用压水堆向核电厂过渡时,为回答上述问题而衍生出来的。

沸水堆与压水堆同属于轻水堆家族,都使用轻水作慢化剂和冷却剂,低富集铀作燃料,燃料形态均为二氧化铀陶瓷芯块,外包锆合金包壳。

典型的沸水堆堆芯和压力容器的内部结构及其燃料元件棒、燃料组件和控制棒等示于图8.3.1 中。堆芯内共有约 800 个燃料组件,每个组件为 8×8 正方排列,其中含有 62 根燃料元件和 2 根空的中央棒(水棒)。沸水堆燃料棒束外有组件盒以隔离流道,每一个燃料组件装在一个元件盒内。具有十字形横断面的控制棒安排在每一组四个组件盒的中间。

冷却剂自下而上流经堆芯后大约有 14%(质量)被变成蒸汽。为了得到干燥的蒸汽,堆芯上方设置了汽-水分离器和干燥器。由于堆芯上方被它们占据,沸水堆的控制棒只好从堆芯下方插入。

沸水堆的冷却剂循环流程如图 8.3.2 所示。其特点是堆芯内具有一个冷却剂再循环系统,流经堆芯的水仅有部分变成水蒸汽,其余的水必须再循环。从圆筒区的下端抽出一部分水由再循环泵将其唧送入喷射泵。大多数沸水堆都设置两台再循环泵,每台泵通过一个联箱给10~12 台喷射泵提供"驱动流",带动其余的水进行再循环。冷却剂的再循环流量取决于向喷射泵的注水率,后者可由再循环泵的转速来控制。

因为沸水堆与压水堆一样,采用相同的燃料、慢化剂和冷却剂等,注定了沸水堆也有热效率低、转化比低等缺点。但与压水堆核电厂相比,沸水堆核电厂有以下几个不同的特点:

(1)直接循环　核反应堆产生的蒸汽被直接引入蒸汽轮机,推动汽轮发电机组发电。这是沸水堆核电厂与压水堆核电厂的最大区别。沸水堆核电厂省去一个回路,因而不再需要昂贵的、压水堆中易出事故的蒸汽发生器和稳压器,减少大量回路设备。

(2)工作压力可以降低　将冷却水在堆芯沸腾直接推动蒸汽轮机的技术方案可以有效降低堆芯工作压力。为了获得与压水堆同样的蒸汽温度,沸水堆堆芯只需加压到约 70 个大气压,即堆芯工作压力由压水堆的 15 MPa 左右下降到沸水堆的 7 MPa 左右,降低到了压水堆堆

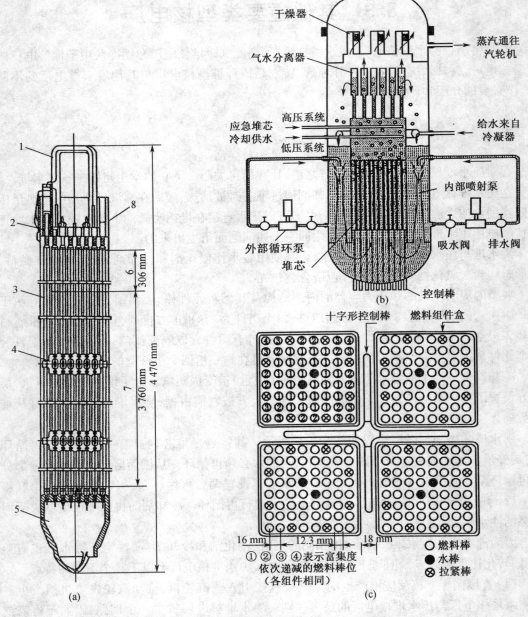

图 8.3.1 沸水反应堆燃料组件盒、控制棒和堆芯结构图

1—提升柄;2—上固定座;3—燃料棒;4—定位格架;5—下固定座;
6—裂变气体空腔;7—燃料段;8—组件盒

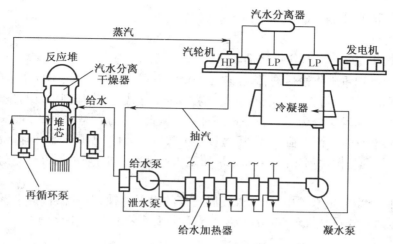

图 8.3.2 沸水堆核电厂系统流程图

芯工作压力的一半。这使系统得到极大地简化,能显著地降低投资。

（3）堆芯出现空泡 与压水堆相比,沸水堆最大的特点是堆内有气泡,堆芯处于两相流动状态。由于气泡密度在堆芯内的变化,在它的发展初期,人们认为其运行稳定性可能不如压水堆。但运行经验的积累表明,在任何工况下慢化剂空泡系数均为负值,空泡的负反馈是沸水堆的固有特性。它可以使反应堆运行更稳定,自动展平径向功率分布,具有较好的控制调节性能等。

与压水堆核电厂相比,沸水堆核电厂的主要缺点如下:

（1）辐射防护和废物处理较复杂 由于沸水堆核电厂只有一个回路,反应堆内流出的有一定放射性的冷却剂被直接引入蒸汽轮机,导致放射性物质直接进入蒸汽轮机等设备,使得辐射防护和废物处理变得较复杂。汽轮机需要进行屏蔽,使得汽轮机检修时困难较大;检修时需要停堆的时间也较长,从而影响核电厂的设备利用率。

（2）功率密度比压水堆小 水沸腾后密度降低,慢化能力减弱,因此沸水堆需要的核燃料比相同功率的压水堆多,堆芯及压力壳体积比相同功率的压水堆大,导致功率密度比压水堆小。

沸水堆核电厂这些缺点的存在,加上发展不普遍,因而缺乏必要的运行经验反馈,比如人们担心虽然取消了蒸汽发生器,但使堆内结构复杂化,经济上未必合算等,使得在过去几十年中沸水堆的地位不如压水堆。到 1997 年底,世界上已经运行的沸水堆核电机组有 93 个,仅占世界核电总装机容量的 23%。但随着技术的不断改进,沸水堆核电厂性能越来越好。尤其是先进沸水堆(ABWR)的建造这几年取得了很大进展,在经济性、安全性等方面有超过压水堆的趋势。例如,ABWR 用置于压力容器内的再循环泵代替原先外置的再循环泵,大大提高了安全性。由于水处理技术的改进和广泛使用各种自动工具,ABWR 检修时工作人员所受放射性剂量已大幅度降低。所有这一切使人们对于沸水堆核电厂技术刮目相看。日本今后的核电计划都采用沸水堆,我国台湾省拟新建的核电厂也决定采用沸水堆。

8.3.2 重水堆核电厂

重水堆是指用重水(D_2O)作慢化剂的反应堆。

重水堆虽然都用重水作慢化剂,但在它几十年的发展中,已派生出不少次级的类型。按结构分,重水堆可以分为压力管式和压力壳式。采用压力管式时,冷却剂可以与慢化剂相同也可不同。压力管式重水堆又分为立式和卧式两种。立式时,压力管是垂直的,可采用加压重水、沸腾轻水、气体或有机物冷却;卧式时,压力管水平放置,不宜用沸腾轻水冷却。压力壳式重水堆只有立式,冷却剂与慢化剂相同,可以是加压重水或沸腾重水,燃料元件垂直放置,与压水堆或沸水堆类似。

在这些不同类型的重水堆中,加拿大发展起来的以天然铀为核燃料、重水慢化、加压重水冷却的卧式、压力管式重水堆现在已经成熟。这种堆目前在核电厂中比例不大,但有一些突出的特点。

重水堆燃料元件的芯块也与压水堆类似,是烧结的二氧化铀的短圆柱形陶瓷块,这种芯块也是放在密封的外径约为十几毫米、长约五百毫米的锆合金包壳管内,构成棒状元件。由 19 到 43 根数目不等的燃料元件棒组成长约 0.5 m、外径为 10 cm 左右的燃料棒束组件。图 8.3.3 表示压力管卧式重水堆的燃料棒束组件结构。反应堆的堆芯是由几百根装有燃料棒束组件的压力管排列而成。重水堆压力管水平放置,每个压力管内填充有 12 个首尾相接的燃料棒束组件,构成水平方向长度达 6 m 的堆芯。作为冷却剂的重水在压力管内流动以冷却燃料元件。像压水堆一样,为了防止重水沸腾,必须使压力管内的重水保持较高的压力。压力管是承受高压重水冲刷的重要部件,是重水堆设计制造的关键设备。作为慢化剂的重水装在庞大

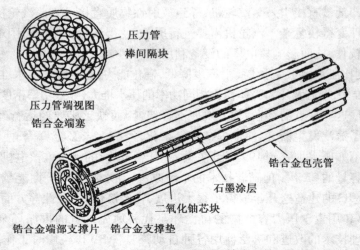

图 8.3.3 压力管卧式重水堆燃料棒束组件结构图

的反应堆容器(称为排管容器)内。为
了防止热量从冷却剂重水传出到慢化剂
重水中,在压力管外设置一条同心的管
子,称为排管,压力管与外套的排管之间
充入气体作为绝热层,以保持压力管内
冷却剂的高温,避免热量散失;同时保持
慢化剂处于要求的低温低压状态。同心
的压力管和排管贯穿于充满重水慢化剂
的反应堆排管容器中,排管容器则不承
受多大的压力。总长可达 8,9 m 的排管
两端有法兰固定,与排管容器的壳体联
成一体。图 8.3.4 所示为压力管式天然
铀重水堆原理图。

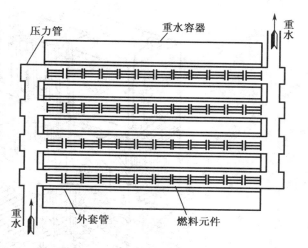

图 8.3.4　压力管式天然铀重水堆示意图

加拿大设计建造的 CANDU 堆是压
力管卧式重水堆的典型代表。54 万千瓦的皮克灵核电厂,有 390 根压力管,压力管内总共放
了 4 680 束燃料组件。每个燃料棒束内有 37 根燃料元件棒,因此这些燃料组件共由大约17 万
根燃料元件棒组成。压力管内冷却燃料组件用的高压重水,压力为 100 个大气压,温度
300 ℃。外套排管与重水排管容器是焊在一起的,重水慢化剂不加压,温度约 70 ℃。裂变产
生的中子在压力管内得不到充分慢化,主要在排管外慢化。将慢化剂保持低温,除了可以避免
高压,还可以减少铀 −238 对中子的共振吸收,有利于实现链式反应。图 8.3.5 所示为加拿大
设计的压力管卧式重水堆结构示意图。

重水堆核电厂动力循环系统与压水堆核电厂相似。回路系统如图 8.3.6 所示,分别为两
个相同的环路,一个设在反应堆的左侧,另一个设在反应堆的右侧,对称布置。每个环路由
2～8 个蒸汽发生器和 2～8 台循环泵组成,每个环路带走反应堆一半的热量。一回路中的重
水冷却剂在重水循环泵的唧送下由左边环路流入左边压力管进口,在堆芯内冷却元件。重水
被加热升温后从反应堆右边流出,进入右侧环路,在右边环路蒸汽发生器中将热量传递给二回
路的水。而从蒸汽发生器出口,重水又由右边环路重水泵唧送进入右边压力管,在堆芯内被加
热,然后从堆左边出去,进入左边环路的蒸汽发生器中,再由左侧重水循环泵送入堆芯。如此
循环往复将核裂变热能带至蒸汽发生器传递给二回路,产生的蒸汽送蒸汽轮机做功,带动发电
机发电。

重水堆核电厂与轻水堆核电厂相比较,有以下几点主要差别,这些差别是由重水的核特性
及重水堆的特殊结构所决定的。

(1)中子经济性好,可以采用天然铀作为核燃料　我们知道,重水和轻水的热物理性能差
别不大,因此作为冷却剂时,都需要加压。但是,重水和轻水的核特性相差很大,这个差别主要
表现在中子的慢化和吸收上。在目前常用的慢化剂中,重水的慢化能力仅次于轻水,可是重水

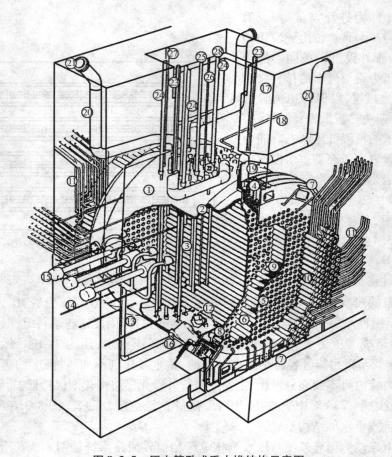

图 8.3.5　压力管卧式重水堆结构示意图

1—排管容器;2—排管容器外壳;3—压力管;4—嵌入环;5—侧管板;6—端屏蔽延伸管;7—端屏蔽冷却管;8—进出口过滤器;9—钢球屏蔽;10—端部件;11—进水管;12—慢化剂出口;13—慢化剂入口;14—通量探测器和毒物注入;15—电离室;16—抗阻尼器;17—堆室壁;18—通到顶部水箱的慢化剂膨胀管;19—薄防护屏蔽板;20—泄压管;21—爆破膜;22—反应性控制棒管嘴;23—观察口;24—停堆棒;25—调节棒;26—控制吸收棒;27—区域控制棒;28—垂直通量探测器

最大的优点是它吸收热中子的概率比轻水要低 200 多倍,使得重水的"慢化比"远高于其他慢化剂。由于重水吸收热中子的概率小,所以中子经济性好。以重水慢化的反应堆,可以采用天然铀作为核燃料,从而使得建造重水堆的国家,不必建造富集铀厂。

(2)中子经济性好,比轻水堆更节约天然铀　由于重水吸收的中子少,所以重水慢化的反应堆,中子除了维持链式反应外,还有较多的剩余可以用来使铀 – 238 转变为钚 – 239,使得重水堆不但能用天然铀实现链式反应,而且比轻水堆节约天然铀 20% 。

(3)可以不停堆更换核燃料　重水堆由于使用天然铀,后备反应性少,因此需要经常将烧

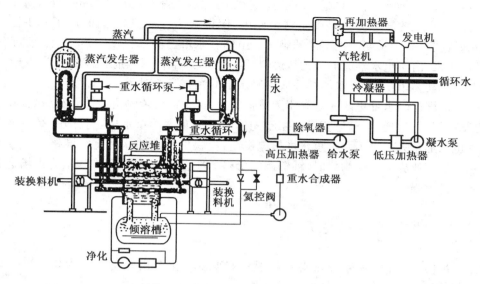

图8.3.6　重水堆核电厂回路系统图

透了的燃料元件卸出堆外,补充新燃料。经常为此而停堆,对于要求连续发电的核电厂是不能容忍的,这就使不停堆装卸核燃料显得尤为必要。压力管卧式重水堆的设计,使不停堆换料得以实现。

(4)重水堆的功率密度低　重水堆虽然由于重水吸收中子少带来了上述优点,但由于重水的慢化能力比轻水低得多,又给它带来了不少缺点。由于重水慢化能力比轻水低,为了使裂变产生的快中子得到充分的慢化,堆内慢化剂的需要量就很大。再加上重水堆使用的是天然铀等原因,同样功率的重水堆的堆芯体积比压水堆大十倍左右。

(5)重水费用占基建投资比重大　虽然从天然水中提取重水,比从天然铀中制取富集铀容易,但是由于天然水中重水含量太低,所以重水仍然是一种相当昂贵的材料。由于重水用量大,所以重水的费用约占重水堆基建投资的1/6以上。

重水堆和轻水堆除了上述几点主要差别外,还会派生出一系列其他的区别。我们知道,物质的质量乘以比热,是该物质升高1度吸收的热量,称为热容。轻水与重水比热差不多,但重水堆内重水装载量大,所以总的热容量也大。重水堆的燃料元件安装在几百根互相分离的压力管内,压力管破裂前有少量泄漏,容易发现和处理。而且当压力管破裂造成失水事故时,事故只局限在个别压力管内。由于冷却剂与慢化剂分开,失水事故时慢化剂仍留在堆内,因而失水事故时燃料元件的剩余发热,容易被堆内大量的重水慢化剂吸收。而轻水堆压力边界的任何一处发生泄漏,造成的后果都涉及整个堆芯。由于轻水堆热容量小,所以失水事故后放出的热量会造成堆芯温度较大的升高,因而轻水堆失水事故的后果可能比重水堆严重。

总之,由于轻水和重水的核特性相差很大,在慢化性能的两个主要指标上,它们的优劣正好相反,使它们成了天生的一对竞争对手:轻水堆的优点正好对应重水堆的缺点,重水堆的优点正好对应轻水堆的缺点。正是由于这个原因,使得这两种堆型的选择,成了不少国家的议会、政府和科技界人士长期争论不休的难题。虽然轻水堆已经在核动力市场上占据了统治地位,但是近年来,由于重水堆能够节约核燃料,因而引起不少国家政府和核工业界人士的重视。在新开辟的核动力市场上,重水堆往往成为轻水堆的主要竞争对手。

由于重水堆比轻水堆更能充分利用天然铀资源,又不需要依赖富集铀厂和后处理厂,所以印度、巴基斯坦、阿根廷、罗马尼亚等国家已先后引进加拿大的重水堆。我国的秦山核电厂第三期工程也从加拿大引进了两个重水堆核电机组,反映加拿大的这种重水堆核电厂技术已经相当成熟。核工业界人士认为,如果铀资源的价格上涨,重水堆核电厂在核动力市场上的竞争地位将会得到加强。

8.3.3　快中子堆核电厂

快中子反应堆,简称快堆,是堆芯中核燃料裂变反应主要由平均能量为 0.1 MeV 以上的快中子引起的反应堆。

快中子堆一般采用氧化铀和氧化钚混合燃料(或采用碳化铀 – 碳化钚混合物),将二氧化铀与二氧化钚混合燃料加工成圆柱状芯块,装入到直径约为 6 mm 的不锈钢包壳内,构成燃料元件细棒。燃料组件是由多达几十到几百根燃料元件细棒组合排列成六角形的燃料盒(见图 8.3.7)。

快堆堆芯与一般的热中子堆堆芯不同,它分为燃料区和增殖区两部分。燃料区由几百个六角形燃料组件盒组成。每个燃料盒的中部是混合物核燃料芯块制成的燃料棒,两端是由非裂变物质天然(或贫化)二氧化铀束棒组成的增殖区。核燃料区的四周是由二氧化铀棒束组成的增殖区。

反应堆的链式反应由插入核燃料区的控制棒进行控制。控制棒插入到堆芯燃料组件位置上的六角形套管中,通过顶部的传动机构带动。

由于堆内要求的中子能量较高,所以快堆中无须特别添加慢化中子的材料,即快堆中无慢化剂。

目前快堆中的冷却剂主要有两种:液态金属钠或氦气。根据冷却剂的种类,可将快堆分为钠冷快堆和气冷快堆。

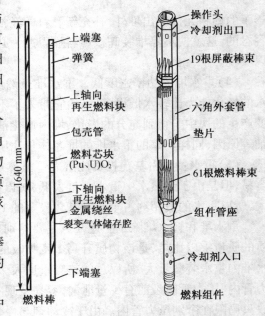

图 8.3.7　快堆燃料棒与快堆组件

气冷快堆由于缺乏工业基础,而且高速气流引起的振动以及氦气泄漏后堆芯失冷时的问题较大,所以目前仅处于探索阶段。

钠冷快堆用液态金属钠作为冷却剂,通过流经堆芯的液态钠将核反应释放的热量带出堆外。钠的中子吸收截面小;导热性好;沸点高达 886.6 ℃,所以在常压下钠的工作温度高,快堆使用钠作冷却剂时只需 2 ~ 3 个大气压,冷却剂的温度即达 500 ~ 600 ℃;比热大,因而钠冷堆的热容量大;在工作温度下对很多钢种腐蚀性小;无毒。所以钠是快堆的一种很好的冷却剂。世界上现有的、正在建造的和计划建造的都是钠冷快堆。但钠的熔点为 97.8 ℃,在室温下是凝固的,所以要用外加热的方法将钠熔化。钠的缺点是化学性质活泼,易与氧和水起化学反应。当蒸汽发生器管子破漏时,管外的钠与管内泄漏的水相接触,会引起强烈的钠 - 水反应。所以在使用钠时,要采取严格的防范措施,这比热堆中用水作为冷却剂的问题要复杂得多。

按结构来分,钠冷快堆有两种类型,即回路式和池式。

回路式结构就是用管路把各个独立的设备连接成回路系统,优点是设备维修比较方便,缺点是系统复杂易发生事故。与一般压水堆回路系统相类似,钠冷快堆中通过封闭的钠冷却剂回路(一回路)最终将堆芯发热传输到汽 - 水回路,推动汽轮发电机组发电。所不同的是在两个回路之间增加了一个以液钠为工作介质的中间回路(二回路)和钠 - 钠中间热交换器,以确保因蒸汽发生器泄漏发生钠 - 水反应时的堆芯安全,如图 8.3.8 所示。

池式快堆为一体化方案,将堆芯、一回路的钠循环泵、中间热交换器,都浸泡在一个很大的液态钠池内(见图 8.3.9),通过钠泵使池内的液钠在堆芯与中间热交换器之间流动。中间回路里循环流动的液钠,不断地将从中间热交换器得到的热量带到蒸汽发生器,使汽 - 水回路里的水变成高温蒸汽,所以池式结构仅仅是整个一回路放在一个大的钠池内而已。在钠池内,冷、热液态钠被内层壳分开,钠池中冷的液态钠由钠循环泵唧送到堆芯底部,然后由下而上流经燃料组件,使它被加热到 550 ℃左右。从堆芯上部流出的高温钠流经钠 - 钠中间热交换器,

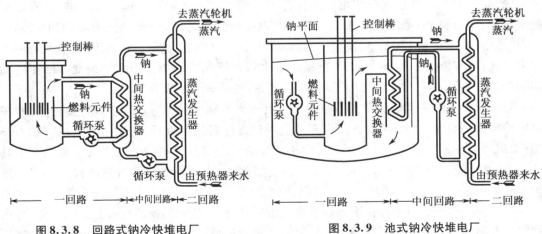

图 8.3.8　回路式钠冷快堆电厂　　　　　　　图 8.3.9　池式钠冷快堆电厂

将热量传递给中间回路的钠工质,温度降至 400 ℃左右,再流经内层壳与钠池主壳之间,由一回路钠循环泵送回堆芯,构成一回路钠循环系统。

两种结构形式相比较,在池式结构中,即使循环泵出现故障,或者管道破裂或堵塞造成钠的漏失或断流,堆芯仍然泡在一个很大的钠池内。池内大量的钠所具有的足够的热容量及自然对流能力,可以防止失冷事故,因而池式结构比回路式结构的安全性好,现有的钠冷快堆多采用这种池式结构。但是池式结构复杂,不便检修,用钠多。

可以有多达四条相同的钠循环环路并联运行,每条环路中包括两个钠的回路和一个汽-水回路,中间钠回路内的压力高于一回路内钠的压力。每条回路连接一台蒸汽发生器和一台中间回路钠循环泵。汽-水回路的水在蒸汽发生器内吸收热量变为蒸汽,被送往汽轮发电机组发电。

钠冷快中子堆采用停堆换料的方案,换料是在 250 ℃左右高温液态钠池内进行。换料时通过移动臂将燃料组件取出,通过倾斜通道输送到乏燃料储存池中去,经衰变后送后处理厂加工。

比如,从 1975 年起在法国境内合资建造的"超凤凰"快堆电厂,就是一座钠冷、池式、四环路快中子堆商用验证电厂。其电厂热功率 300 万千瓦,净电功率 120 万千瓦;采用外径 8.5 mm 的不锈钢管作燃料元件包壳,271 根燃料棒组成一个组件;堆芯共 364 个燃料组件,通过堆芯的钠流量为 5.9 万吨/小时;采用池式结构,钠池内径 21 m,高 19.5 m,堆芯高 1 m;有并联的四个环路,包括四台钠泵和八台中间热交换器,都放在钠池内;增殖比可达 1.2,功率密度为 285 kW/L,热效率达到 41%。

现将快中子堆核电厂的主要特点归纳如下。

(1)可充分利用核燃料

我们知道,铀-235 在天然铀中只占 0.724%,在热堆中不可能完全耗尽燃料里的铀-235。由于后处理投资大、费用高等原因,目前主要采用"一次通过"的方式,燃料元件在反应堆内"烧"过后,就存放在反应堆旁的储存水池内。对于使用富集铀的反应堆,在富集铀厂的尾料中,还会剩余一部分铀-235。所以大多数热堆,只能利用天然铀中一半的铀-235。当然,热堆中铀-238 吸收中子转换生成的钚-239 也可以裂变,这就意味着天然铀中的铀-238 也有消耗;且有极少一部分铀-238 能被尚未来得及慢化的快中子击中而裂变。即使将铀-238 的消耗考虑在内,目前的热中子动力堆对铀的利用率也还低于 1%。

对于快中子堆来说情况就大不相同了。由于天然铀中的铀-238 作为转换材料,能在快堆中转换为易裂变材料钚-239,所以理论上通过乏燃料的后处理,快中子堆可以将铀-235、铀-238 及钚-239 全部加以利用。但由于反复后处理时的燃料损失及在反应堆内变成其他核素,快堆只能利用 70% 以上的铀资源。即使如此,也比目前的热堆对核燃料的利用率提高 60~70 倍。

由于快堆对核燃料的品位不如热堆那么敏感,因而品位低的铀矿也有开采的价值,海水提铀对于人们的吸引力也会大得多。而且目前富集铀厂库存的贫铀和热堆中卸出的乏燃料,都可以成为快堆的"粮食"来源。由于这些原因,快堆能够给人类提供的能量,就不止比热堆大六七十倍,而是大几千倍、几万倍、几十万倍。

（2）可实现核燃料的增殖

当前反应堆的主要问题是,必须采用行之有效的措施,从根本上消除目前的热堆对铀资源的浪费,使包括铀－238在内的铀资源,能在反应堆中得到充分的利用。只有采用能使核燃料增殖的,以铀－钚循环为基础的快堆,才是摆脱即将面临的铀资源日益枯竭的困境。

在快堆中由于没有慢化剂,再加上堆内结构材料、冷却剂及各种裂变产物对快中子的吸收概率很小,因此中子由于寄生俘获造成的浪费少。此外,钚－239裂变放出的中子多,铀－238在快堆中裂变的概率也大,所以每当有一个钚－239核裂变,除了维持自身链式反应,放出大量裂变能外,还可以剩余1.2到1.3个中子,用来使铀－238转变为新的钚－239。这就是说,在快堆内只要添加铀－238,核燃料就越烧越多,也就是可实现核燃料的增殖。这是快堆与目前的热堆的主要区别,也是快堆的主要优点,因此快堆又称增殖堆或快中子增殖反应堆。

在快堆中,增殖比可达1.2到1.3。我们知道,在重水堆和轻水堆中,相应的值（称之为转化比）仅分别接近0.8到0.6。从某种意义上说,热堆核电厂是消耗核燃料生产电能的工厂,而快堆核电厂则是可以同时生产核燃料和电能的工厂。

快堆仅在启动时需要投入核燃料,由于快堆中钚－239能增殖,如果我们通过后处理,将快堆增殖的核燃料不断提取出来,则快堆电厂每过一段时间,它所得到的钚－239还可以装备一座规模相同的反应堆堆电厂,称这段时间为倍增时间。经过一个倍增时间,一座快堆会变成两座快堆,再经过一个倍增时间,这两座快堆就变成四座。例如由法国开发的"超凤凰"快堆,其增殖比为1.25,倍增时间为23年。也就是说,只要有足够的铀－238,每过23年,相同规模快堆电厂的数量就可以翻一番。

（3）低压堆芯下的高热效率

我们知道,压水堆堆芯在15 MPa下其出口水温仅达330 ℃左右。而快堆由于采用液态金属钠作为冷却剂,在堆芯基本处于常压下,冷却剂的出口温度可达500～600 ℃。这为提高快堆核电厂的热效率奠定了基础。"超凤凰"快堆电厂的热效率达41%,远超现在先进压水堆的34%的水平。

除上述的突出特点外,对于快中子堆核电厂的安全性也应有足够的认识。

在钠作冷却剂的快堆中,液态金属钠与水（或蒸汽）相遇就会产生剧烈的化学反应,并可能引起爆炸;钠与空气接触就会燃烧;钠中含氧量超过一定数量会造成系统内结构材料的严重腐蚀;堆内的液态钠由于沸腾所产生的气泡空腔会引入正的反应性,其结果会使反应堆的功率激增,从而导致反应堆堆芯熔化事故的发生;快堆为提高热利用率和适应功率密度的提高,燃料元件包壳的最高温度可达650 ℃,远远超过压水堆燃料元件约350 ℃的最高包壳温度。很高的温度、很深的燃耗以及数量很大的快中子的强烈轰击,使快堆内的燃料芯块及包壳碰到的问题比热堆复杂得多。由于以上原因,虽然快堆在20世纪40年代已起步,只比热堆的出现晚4年,而且第一座实现核能发电的是快堆,但是快堆现在还未发展到商用阶段。

然而,通过60多年的努力,以及一系列试验堆、示范堆和商用验证堆的建造,上述困难已基本克服。现在快堆技术上已日臻完善,是目前接近成熟的堆型,为大规模商用准备了条件。预计21世纪初期或中期,快堆将逐渐在反应堆中占主导地位。可以说,快中子堆对即将到来的核能大发展是最为重要的堆型之一。

8.3.4　高温气冷堆核电厂

除了用水冷却外,还有用气体作为冷却剂的气冷堆。气体的主要优点是不会发生相变,但是气体的密度低,导热能力差,循环时消耗的功率大。为了提高气体的密度及导热能力,也需要加压。

气冷堆在它的发展过程中,经历了三个阶段,形成了三代气冷堆。

第一代气冷堆,是天然铀石墨气冷堆。它的石墨堆芯中放入天然铀制成的金属铀燃料元件。石墨的慢化能力比轻水和重水都低,为了使裂变产生的快中子充分慢化,就需要大量的石墨。加上作为冷却剂的二氧化碳导热能力差,导致这种堆体积大,其平均功率密度仅为压水堆的百分之一左右。此外其热效率只有24%。由于这些缺点,英国从20世纪60年代初期起,就转向研究改进型气冷堆。

改进型气冷堆是第二代气冷堆,它仍然用石墨慢化和二氧化碳冷却。为了提高冷却剂的温度,元件包壳改用不锈钢。由于采用二氧化铀陶瓷燃料及富集铀,随着冷却剂温度及压力的提高,这种堆的热效率达40%,功率密度也有很大提高。第一座改进型气冷堆于1963年在英国建成。当时英国过高地估计了所取得的成就,准备建造10座130多万千瓦的改进型气冷堆双堆电厂。然而出师不利,在开始建造后不久,问题一个接着一个,使原定建成的电厂,工期一再推迟,基建投资也大幅增加,以致造成的损失达一二十亿英镑,成为英国核动力史上一场巨大的灾难。一则由于改进型气冷堆建造的波折,二则由于这种堆在经济上的竞争能力差,加上轻水堆的大量发展,经过了近十年的争论,英国政府决定放弃自己单独坚持了二十多年的气冷堆路线。

尽管如此,第三代气冷堆即高温气冷堆虽然也经历了曲折的道路,却强烈地吸引着人们去探索,并显示了旺盛的生命力。

高温气冷堆是一种用高富集度铀的包敷颗粒作核燃料、石墨作中子慢化剂、高温氦气作为冷却剂的先进热中子转换堆。

高温气冷堆的核燃料是富集度为90%以上(也有的高温气冷堆采用中、低富集度)的二氧化铀或碳化铀(见图8.3.10)。首先将二氧化铀或碳化铀制成直径小于1 mm的小球,其外部包裹着热解碳涂层和碳化硅涂层。将这种包敷颗粒燃料与石墨粉基体均匀混合之后,外面再包一些石墨粉,经复杂的工艺加工制成直径达60 mm的球形燃料元件。由于每颗包敷颗粒燃料小球有多层包壳,而且包敷颗粒燃料小球间有石墨包围,所以这种燃料元件在堆内几乎不会破裂。

高温气冷堆的冷却剂是氦气。球形元件重叠时,彼此间有空隙可供高温氦气流过。在氦

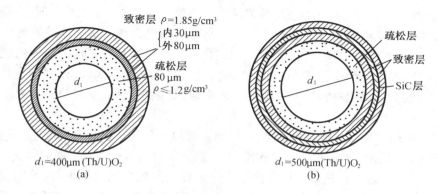

图 8.3.10　两种不同类型的高温堆包敷颗粒燃料

循环风机的驱动下,氦气不断通过堆芯将裂变热带出,
进行闭式循环。氦气的压力一般为 4 MPa。

　　1985 年德国建成的 30 万千瓦电功率的高温钍堆是
一种用蒸汽进行间接循环的高温气冷堆,它的堆芯高
6 m,直径 5.6 m,功率密度 6 kW/L。堆芯有 67.5 万个
直径 6 cm 的球,其中 35.8 万个是装了燃料的球,31.7
万个是慢化和控制用的石墨球和可燃毒物球。堆芯放
在预应力混凝土压力容器内(见图 8.3.11),预应力混
凝土压力容器外直径 24.8 m,高 25.5 m。反应堆运行
时,新的燃料球由反应堆的顶部加料机构加入,烧过的
燃料球依靠它的自重从反应堆漏斗式底部卸出,经过燃
耗分析器检定,将未烧透的燃料球送回堆芯继续使用,
这样可以做到连续不停堆装卸料。

　　目前的高温气冷堆分为三种。第一种是用蒸汽进
行间接循环的高温气冷堆。其反应堆出口温度约 750
℃,氦气压力为 4 MPa。如果是 100 万千瓦的高温气冷
堆,每小时的氦气流量达 4 600 万吨。这种闭式循环的
高温氦气经过蒸汽发生器管内时,使蒸汽发生器管外流
动着的二回路的水变为高温蒸汽,像压水堆那样去推动
汽轮发电机组。这种间接循环的高温气冷堆的基建投

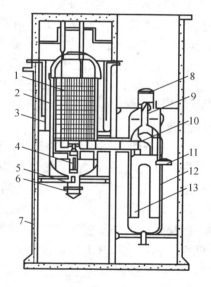

图 8.3.11　高温气冷堆结构图

1—环形柱状堆芯;2—堆壳;3—堆腔冷却系统;
4—停堆冷却器;5—停堆风机;6—风机马达;
7—反应堆室;8—主风机马达;9—主氦风机;
10—热气管;11—过热蒸汽;12—蒸汽发生器外
壳;13—给水管

资估计比相同规模的压水堆核电厂高出 40%,而且要用 90% 富集度的铀,经济上没有竞争力。
第二种是直接循环的高温气冷堆。这种堆产生 850 ℃ 的高温氦气,不经过蒸汽发生器这一中
间环节,直接去推动氦气轮机。氦气轮机排出的余热又可以供氦蒸气循环使用。采用这种双
重循环发电,热效率可达 50%。也可利用氦气轮机余热供热,使之成为核热电厂。由于高温

气冷堆逸出的放射性甚微,用来自反应堆芯的高温氦气直接推动氦气轮机时,不会像沸水堆核电厂直接循环那样给检修造成困难。第三种是特高温气冷堆。这种堆的氦气出口温度达950 ℃以上,可以炼钢、生产氢气、煤的液化和气化等。如果在燃气轮机后增加两道氦蒸气循环发电,则热效率可达 60%。研制后两种高温气冷堆的主要困难是材料问题。在 850 ~ 1 200 ℃范围内,目前采用材料的强度难以满足需要,氦循环风机、氦气轮机等大型设备都要进行研制。

高温气冷堆由于采用包敷颗粒核燃料,取消了燃料元件的金属包壳,又用传热性能较好、化学性能稳定、中子吸收截面小的氦气作冷却剂,因此它具有下列与众不同的特点:

(1)核电厂选址灵活且热效率高 由于采用耐高温的包敷颗粒核燃料,并用耐高温石墨作堆芯结构材料,因此允许反应堆冷却剂的出口温度达到 750 ~ 950 ℃。如果将高温气冷堆的出口氦气温度提高到 900 ℃左右,并采用氦气轮机进行直接循环,加之氦气的热导率和比热容比二氧化碳大得多,输送时消耗的功率小,则高温气冷堆可达 50% 以上的热效率,这是其他堆型不可企及的高度。另外由于利用氦气轮机直接循环时便于用空气冷却塔散失余热,使这种堆可以建在冷却水源不足的地方,选址非常灵活。

(2)高转化比 高温气冷堆中除核燃料外,没有金属结构材料,只有中子吸收截面较小的石墨,反应堆的中子经济性好,有较多的剩余中子可用来将钍 - 232 转换为铀 - 233,使新核燃料的转化比达 0.85 左右。因此堆内用钍作为再生核燃料,实现钍 - 铀循环,将大大有利于钍资源的利用。

(3)安全性高 高温气冷堆的负温度系数大,堆型热容量也大,因此在事故工况下温度上升缓慢,即使在失氦情况下,堆型结构也不至于熔化,这就使得采取相应安全措施的裕度增大。另外由于采用了预应力混凝土压力容器,承压容器不会发生突然爆破事故。

(4)对环境污染小 由于采用性能稳定的氦气作冷却剂,氦气的中子吸收截面极小,反应堆一回路放射性剂量较低;而且由于它的热效率高,排出的废热也比轻水堆少 35% ~ 40%,热污染少。因此它是核电厂中较清洁的堆型,可以建在人口较密的城镇附近。

(5)有综合利用的广阔前景 氦气是一种惰性气体,化学性质不活泼,容易净化,不引起材料的腐蚀。它透明,便于装卸料操作。在出口温度提高到 1 000 ~ 1 200℃左右时,可将反应堆的高温工艺供热直接应用于炼钢、制氢、煤的液化或气化等工业生产中,达到综合利用的目的。

(6)可实现不停堆换料 高温气冷堆使用球形元件时,可以通过装卸料机构实现不停堆连续装卸核燃料。这样可以使堆内的后备反应性小,有利于反应堆的控制。

虽然高温气冷堆有以上这些突出的优点,但是由于技术上还没有达到成熟阶段,仍有很多技术问题影响着它的发展。这些问题归纳为以下几点:

(1)高燃耗包敷颗粒核燃料元件的制备和辐照考验 燃料元件复杂的制备工艺,巨大的数量,要求不仅要克服燃料元件制造工艺上遇到的很多技术难关,还要求元件的制造必须有可靠的稳定性。另外,为了验证这些燃料元件在反应堆内高温、强辐照条件下能否具备良好的使用性能,必须在反应堆内进行长期的辐照考验。

(2)高温高压氦气回路设备的工艺技术问题 由于高温高压的氦气极易泄漏,因此氦气泄漏的指标需要严格加以控制。为此,一回路的系统及设备都需要采取一系列严格的密封防泄漏措施。特别是高温氦气循环风机、氦气轮机、气体阀门等带转动部件的设备,防泄漏动密封的问题最大。

(3)燃料后处理及再加工问题 在高温气冷堆中,为了加大转化比,加大燃耗和降低成本,采用铀－钍燃料循环体系,这就给燃料后处理和再加工带来了很多新的问题。在元件再加工过程中,由于铀－233 燃料中含有难以分离的铀－232,后者带有很强的 γ 放射性,因此必须采取特殊的防护措施和遥控操作。另一方面,另建一套钍－铀燃料循环体系,在技术上和经济上都要克服一定的困难。

1964 年后,英国、美国和原联邦德国先后建起了三座高温气冷试验堆。除了初期出过一些小小的故障外,运行情况都非常令人满意。它们逸出的放射性甚微,特别是原联邦德国的球床堆,燃耗深度超过压水堆几倍。原设计氦气出口温度为 750 ℃,后来相继提高到 850 ℃和 950 ℃,这些都证明高温气冷堆的概念是可行的。由于高温气冷堆在技术上具有水冷堆无法比拟的优点,加上三座已建堆取得的成绩,因而在国际上引起了普遍重视。专家们认为这种堆型在未来的能源结构中占有特殊的地位,一度将这种堆列为必须发展的堆型。

8.4 对各种先进堆型的探索

8.4.1 当代核电发展中存在的问题

20 世纪 50 年代初前苏联第一座核电厂投入运行,在能源发展史上开始了崭新的核纪元。在短短 50 多年的时间里,核电经历了试验、示范与商业化的全过程。特别是以轻水堆为代表的当代核电厂达到了鼎盛兴旺时代。但是,到了 20 世纪 70 年代末,随着世界经济的衰退及两次核事故的发生,核电突然进入了低潮阶段。

当代核电厂发展停滞的原因,除经济、社会和政治因素外,就核电厂本身来说,也还存在着内在的因素和缺陷。这些缺陷在短期的高速发展中曾一度被掩盖,但随着时间的推移渐渐暴露了。

当代核电厂存在的问题,首先是反应堆的安全性问题。占当代核动力堆总数 80% 以上的轻水堆,其前身是从核潜艇船用动力发展起来的。它具有堆芯紧凑与体积小的优点,但其安全性却成了致命的弱点:由于堆芯热容量小,当发生大功率瞬变或失水事故时,燃料元件的温度急剧上升,可能导致包壳烧毁,甚至堆芯熔化和放射性外泄的严重事故。为此,在压水堆的设计中逐步增添了多重应急安全系统和设施。但是已发生的核事故对这种安全设计逻辑敲响了警钟,证明了对于本身不稳定的系统,企图用加上多重的支承来保持其稳定性的体系并不十分可靠,这就是目前轻水核电厂安全性的致命弱点所在。

从经济上看,总体说来,当代核电厂的发电成本已经达到甚至低于煤电的水平,这已是公认的事实,而且这一基本趋势近些年来还在加强。但是,以轻水堆为代表的核电厂在经济性方面仍然存在许多重大的弱点和不确定因素,严重削弱了它的竞争性,妨碍了它进一步在世界范围的推广。这些因素中,主要的问题是当代核电厂的基建投资大和建造周期太长。投资大的主要原因之一也和安全性有关。正如前述,当代核电厂是依靠多重的能动设备来加强其安全性的,因而随着公众对核安全要求的日益提高,安全设施系统也就愈来愈复杂,造价随之愈来愈高,同时安全审批时间也愈来愈长,这些情况又造成投资的增大。这些问题如不加以解决,将无法适应新世纪核电发展的需要。

另一方面,当代核电厂由于系统与设备复杂,造价昂贵,不得不依靠提高单机容量以期降低每千瓦投资,因此当代压水堆电厂的经济规模均在百万千瓦级,若低于此容量,则在多数情况下无力与火电相竞争。加之建造周期又过长,因此很难向发展中国家寻找市场。但今后几十年中发展中国家的能源需求增长率将远高于发达国家,而它们目前占世界核电装机容量不到2%。遗憾的是,当代核电厂对中小型堆的潜在市场却缺乏竞争能力。

事实上,近20年来各拥有核电厂国家所采取的改进措施,包括机组性能的改进和提高安全文化等措施,实际上已使现在正在运行的国际上称之为第二代核电厂的安全运行性达到了可以接受的水平。但是,仍有一些问题是社会公众和用户关心的重点,需要继续寻求更佳的解决办法,具体如下:

(1)如何进一步降低堆芯熔化和放射性向环境大量释放这类严重事故的概率,使其减至极小,以消除社会公众的顾虑;

(2)如何进一步减少核废物,特别是强放射性和长寿命核废物的产量和更加妥善的处理方案;如何减少对人员和环境的辐射剂量影响;

(3)如何降低核电厂每单位千瓦的造价和缩短建设工期,提高机组热效率和可利用率,加长寿期,以进一步改善其经济性。

20世纪90年代以来,美国、欧洲联盟、日本、加拿大、俄罗斯、韩国等正在针对这些要求,结合已取得的研究开发成果,进行第三代核电厂的设计,已提出了多种不同深度的设计方案。与此同时,为了从更长远着想,力图从根本上确定核能利用的必要性、可行性和可持续性,以美国为首的一些工业发达国家已经联合起来,进行第四代核能利用系统的概念设计和研究开发工作。

这里简要说明一下第一、二、三、四代核电机组及其反应堆的含义:

第一代是指在20世纪50~60年代建成的试验堆和原型堆核电厂,如前苏联的第一原子能电厂,美国的希平港压水堆核电厂等;

第二代是指从20世纪60年代末以来陆续投产至今还正在商业运行的核电机组及其反应堆,如PWR,BWR,CANDU,WWER等;

第三代是指以满足《电力公司要求文件》(URD)为设计要求的,具有预防和缓解严重事故

措施,经济上能与天然气机组相竞争的核电机组及其反应堆,如 AP-1000,EPR,SBWR 等;

第四代是指目前正进行概念设计和研究开发的,可望约在 2030 年建成的经济性和安全性均更加优越、废物量少、无须厂外应急并具有防核扩散能力的核能利用系统。

8.4.2　对新一代先进堆型的探索

1. 对第二代核电机组的改进

20 世纪八九十年代以来,各国对现正运行的核电厂为提高安全性和经济性而进行的技术改进取得了显著成效。以美国为例,他们在研究开发新型核电机组的同时,毫不放松对现在正在运行的第二代核电机组的改进、提高效益,并已取得显著成绩。美国现在有 104 套核电机组在运行发电,对这些机组的改进是从下面几个方面着手的:

(1)改进机组运行性能　通过优化堆芯核燃料换料方案等以降低运行成本;通过改进安全系统,加强运行管理,提高安全文化等以减少停堆次数和异常事件出现次数;采用完善核电维修技术。通过这些改进使核电机组的可利用率从 20 世纪 70 年代初的 60% 左右提高到了现在的约 90%。

(2)发挥机组设计裕量,提高额定功率　在核电机组设计时,由于考虑一些不确定性和考虑仪表误差,都留有相当的裕量,在对运行经验数据进行仔细分析和采用更高准确度的检测仪表后,这些不确定性就可相对确定,裕量就可发挥出来。因此,可以在保证安全指标的前提下提高机组额定功率。

(3)延长机组寿期　核电机组一般设计寿命是 40 年,现在各国都认为这个寿期是可以延长的,并考虑延寿的问题。美国核管理委员会已为此制定了管理导则,并已审批通过了六个核电厂的机组寿命由 40 年延至 60 年。

2. 第三代核电机组发展趋势

第三代核电机组的设计原则,是在采用第二代核电机组已积累的技术储备和运行经验的基础上,针对其不足之处,进一步采用经过开发验证可行的新技术,以显著改善其安全性和经济性;同时,应能在 2010 年前后进行商用核电厂的建造。统观各国已提出的设计方案,有下列特点:

(1)在安全性上,主要是堆芯熔化事故概率 $\leqslant 1.0 \times 10^{-5}/(\text{堆} \cdot \text{年})$,大量放射性释放到环境的事故概率 $\leqslant 1.0 \times 10^{-6}/(\text{堆} \cdot \text{年})$,因此应有预防和缓解严重事故的设施;核燃料热工安全裕量 $\geqslant 15\%$。

(2)在经济性上,要求能与联合循环的天然气电厂相竞争,机组可利用率 $\geqslant 87\%$,设计寿命为 60 年,建设周期不大于 54 个月。

(3)采用非能动安全系统,即利用物质的重力、流体的对流、扩散等自然规律,设计不需要专设动力源驱动的安全系统,以适应在应急情况下冷却和带走堆芯余热的需要。这样,既使系统得到简化、设备减少,又提高了安全性和经济性。

(4)单机容量进一步大型化。研究和工程建造经验表明,轻水堆核电厂的单位千瓦比投资是随单机容量(千瓦数)的加大而减少的。因此,欧洲 EPR 机组、日本的 NP－21 核电机组、俄罗斯的 VVER 型第三代核电机组、日本的沸水堆 ABWR－Ⅱ的概念设计、美国的 AP－1000 型机组,额定电功率都在 100 万千瓦以上,甚至提出了单机容量达 170 万千瓦的设计。

(5)第三代压水堆设计一回路均采用偶数环路,即两环或四环。采用偶数环路的主要原因是使安全系统的布置合理,容易实现其冗余系统的相互隔离和独立性。

(6)采用整体数字化控制系统。国外近年来新建成投产的核电机组均采用了数字化仪控系统。经验证明,采用数字化仪表控制系统可显著提高可靠性,改善人因工程,避免误操作。

(7)施工建设模块化以缩短工期。核电建设工期的长短对其经济性有显著影响。有效办法之一就是向模块化方向发展:以设计标准化和设备制造模块化的方式,在条件较工地好的制造厂内把各模块组装好,减少现场施工量以缩短工期。

现在,美国工业界在能源部的支持下,正在对多种堆型进行研究开发,打算至少选定一种,作为第三代核电的系列发展的堆型。

3. 第四代核能系统的开发

近年来,世界各国提出了许多新概念的反应堆设计和燃料循环方案。2000 年 1 月,在美国能源部的倡议下,十个有意发展核能利用的国家派专家联合组成了"第四代国际核能论坛"(简称 GIF),于 2001 年 7 月签署了合约,约定共同合作研究开发第四代核能系统(Gen Ⅳ)。这十个国家是美国、英国、瑞士、南非、日本、韩国、法国、加拿大、巴西和阿根廷。第四代核能系统开发的目标是要在 2030 年或更早一些时间创新地开发出新一代核能系统,使其在安全性、经济性、可持续发展性、防核扩散、防恐怖袭击等方面都有显著的先进性和竞争能力;它不仅要考虑用于发电或制氢等的核反应堆装置,还应包含核燃料循环在内,组成完整的核能利用系统。

自 2000 年至 2002 年三年中,GIF 先后组织由各国政府部门支持的科研院所、高等院校和工业界的 100 多名专家开过八次研讨会,提出了第四代核能系统的具体技术目标:

(1)核电机组比投资以 2000 年的不变价格计算不大于 1000 US $/kW,发电成本不大于 0.03 US $/kWh,建设周期不超过三年;

(2)非常低的堆芯熔化概率和燃料破损率,人为错误不会导致严重事故,不需要厂外应急措施;

(3)尽可能减少核从业人员的职业剂量,尽可能减少核废物产生量,对核废物要有一个完整的处理和处置方案,其安全性要能为公众所接受;

(4)核电厂本身要有很强的防核扩散能力,核电和核燃料技术难于被恐怖主义组织所利用,这些措施要能用科学方法进行评估;

（5）要有全寿期和全环节的管理系统；

（6）要有国际合作的开发机制。

GIF 在 2002 年 5 月的研讨会上，选定了六种反应堆型的概念设计，作为第四代核能系统的优先研究开发对象。这六种堆型中，有三种是热中子堆，有三种是快中子堆。属于热中子堆的是超临界水冷堆、高高温气冷堆、熔盐堆；属于快中子堆的是带有先进燃料循环的钠冷快堆、铅冷快堆、气冷快堆。

参加 GIF 的十个国家的专家对上述六种核能利用系统的研究开发工作大纲和分工合作进行了研究协调，提出了初步的工作路线图（Roadmap），认为从现在的概念设想转变成商业实施（产业化），需要经过可存在性研究、性能研究、系统示范和商用实施四个步骤的工作。

目前，GIF 的十个国家的参加单位只对第一步和第二步做了初步安排和分工，尚未安排第三步和第四步。目前尚不能确定究竟哪一种堆型系统能成功，但按照 GIF 对第四代的展望计划，将在 2020 年前后选定一种或几种堆型，2025 年前后建成创新的原型机组系统示范。如果在原型机组上能成功地显示这种创新技术在安全性和经济性上的优越性，确实能与其他能源的发电机组竞争，那么大约从 2030 年起就可广泛地采用第四代核电机组系统，而在那时，现在正在运行的第二代核电机组均将达到 60 年寿期（批准延寿后）的退役年限。

国际原子能机构除了赞同 GIF 的 Gen Ⅳ 倡议外，也在 2001 年倡议开始创新型反应堆和燃料循环国际项目（INPRO）。目前已参加 INPRO 项目的国家有中国、法国、俄罗斯、欧洲联盟、印度、西班牙、加拿大、荷兰、土耳其等。INPRO 的工作不是具体设计某种型号的反应堆和燃料系统，其主要任务，一是论证说明为了满足 21 世纪经济发展对电力的需求，必须发展核电；二是促进国际和各国的设计单位、制造单位与电厂业主通力合作，以设计和建造具有竞争能力的创新型反应堆和核燃料系统，既具有固有安全性，又能防止核扩散和核材料丢失。

这里值得提及的是，国际上近些年提出了新概念堆型——行波堆（TWR）。2009 年，从微软退休后的比尔·盖茨造访中国，把他所钟情的行波堆型推到了国人面前。行波堆是一种通过嬗变过程把可转化核材料转变为易裂变核燃料的新堆型。不需要或仅仅需要少量的富集铀就可以燃烧贫化铀、天然铀、钍、轻水反应堆卸出的乏燃料或者这几种材料的混合物。行波堆技术能将贫瘠的核能原料在堆内直接转化为可使用的燃料并充分焚烧利用。形象地类比，行波堆像蜡烛燃烧一样，核燃料可以从一端启动点燃，裂变产生的多余中子，将周围的可转化核材料转化为易裂变核燃料，达到一定富集度后形成裂变反应并开始焚烧在原位生成的燃料，形成行波。行波以转化波先行、焚烧波后续，一次性装量可以连续运行数十年，理论上甚至可达两百年。行波堆将铀资源利用率提高近百倍，废物量减少数十倍，把使用百年的资源提升为数千年。由于仅最初的启动源需要少量富集铀，因而全球仅需一个分离浓缩厂就足够了。显而易见，行波堆也极大地降低了核扩散的风险。

8.4.3 我国对先进堆的探索

根据对新一代核动力堆的要求，我国科研机构、高等院校、设计院与设备制造厂近年来进

行了大量研究与开发工作,并取得显著的成效。目前我国提出的新一代核动力堆堆型主要有以下几种:

1. 改进型压水堆(APWR)

国际上,典型代表有美国西屋公司提出的改进型压水堆 AP-1000 和 AP-600,其中 AP-600 最受人们瞩目。我国在国家科委的支持和帮助下,以中国核动力研究设计院为主,在当代压水堆型基础上,借鉴国际开发经验并加以改造,也自行开发了改进型压水堆 AC-600。该改进型压水堆核电厂电功率为 60 万千瓦,采用了很多当代压水堆未曾采用过的非能动安全技术,设计思想上有相当大的突破,显著改善了核电厂的安全性和经济性。到目前为止,已完成了全部的概念设计和大部分技术设计工作。因为有当代压水堆运行经验反馈,无疑这种改进型压水堆技术上是相对比较成熟的。但是应该指出,虽然改进型压水堆 AC-600 在安全性方面比当代压水堆有了很大的改进,可它仍未完全达到固有安全的程度,不可能从根本上消除公众的恐核情绪。

2. 高温气冷堆(HTGR)

我国从 20 世纪 70 年代中期开始研究发展高温气冷堆技术,特别是 80 年代通过国际合作,研究了多种不同形式的具有固有安全特性的高温气冷堆,使我国在球床式高温气冷堆的设计研究方面有了自己的特色,具备了发展此种堆型的良好基础。1987 年高温气冷堆的研究正式纳入国家 863 高技术发展计划。以清华大学为主,作为发展战略的第一步,已于 2002 年建成了一座热功率为 10 MW 的高温气冷实验堆,用于发电、区域供热和高温工艺供热应用的研究。10 MW 高温气冷堆出口温度为 700 ℃,设想了单一发电、热电联供和单一供热等不同的运行模式。与此同时,我国高温气冷堆燃料元件的自行研究和发展工作,经过多年的研究开发,不仅已经掌握了关键的技术,还成功地为 10 MW 高温气冷堆生产制备了所需的产品性能指标合格的全部燃料元件。

作为国家重大科技专项,具有我国自主知识产权的"高温气冷堆电厂示范工程"已于 2010 年在山东省荣成石岛湾开工建设。预计该示范工程将在"十二五"后期建成运营。届时,该核电厂将成为世界上首座商业化运营的模块式高温气冷堆核电厂。该电厂热功率为 2×250 MW、总电功率为 200 MW、热效率达 40%、氦气出口温度为 750 ℃,采用蒸汽轮机发电。该工程是在清华大学自主设计、建造和运营的 10 MW 高温气冷实验堆的技术基础上建设的。与此同时,高温工艺供热的应用研究和借助氦气轮机进行直接循环发电的研究也在开展中。

高温气冷堆是国际公认的新一代先进核反应堆,具有安全性好、热效率高、用途广泛和系统简单等特点,国际原子能机构认为发展该种堆型是未来核能发展的趋势。

3. 快中子增殖堆(LMFBR)

我国快堆技术的开发始于 20 世纪 60 年代中后期,相继建成了约 10 座小型的实验装置和钠回路。1987 年,快堆技术开发纳入了我国 863 高技术发展计划,经过 20 多年的不懈努力,一座设计热功率 65 MW、电功率 25 MW 的快中子堆试验电厂已于 2010 年在我国的中国原子能科学研究院投入运行。由于钠冷快堆(LMFBR)在国际上已有 40 年研究历史,目前已进入商用试验阶段,我国的快堆开发工作开展了积极的国际合作以借鉴已有的经验。

8.5 世界核电发展形势与中国核电发展战略

8.5.1 世界核电发展形势

核电作为一种新的能源,只有短暂的 50 多年的历史。由于种种原因,核电的兴起与发展并不是一帆风顺的,它有发展的高潮,也遇到过挫折。但可以预计,在 21 世纪这种新的能源将被越来越多的人所认识,将会在社会生产发展和人类生活改善中发挥越来越大的作用。

人类首次利用核能发电是在技术难度较热堆大的快堆上实现的。1951 年 12 月 20 日美国利用它的第一座"增殖一号"快堆生产的高温蒸汽带动发电机发出了 200 kW 的电,这是人类第一次利用核能发电。当然,这只是试验性发电。世界上第一座核电厂是由前苏联于 1954 年 6 月 27 日建成和并网发电的奥布宁斯克核电厂,其电功率为 5 000 kW。从此核电厂便在世界各地蓬勃发展起来。经过多年努力,核电厂的研制与发展走过了试验、示范和商业推广的过程。从 20 世纪 60 年代初到 70 年代初这十年间,是核电在全世界蓬勃发展的黄金时代。50 年代只有苏、美、英三国建成核电厂,到 60 年代则增加到 8 个国家。60 年代初,世界核电装机容量仅为 85 万千瓦,到了 70 年代初便上升到 1 892.7 万千瓦。1976 年世界核电装机容量突破 1 亿千瓦。到 2005 年 9 月,世界上在运的核电机组 441 座,总装机容量 36 824.6 万千瓦,最大单堆功率发展到 130 余万千瓦。2008 年底发达国家平均核发电量占总发电量的 17%,有核电厂的国家和地区是 32 个,核发电超过各自发电总量 1/4 的有 16 个国家,法国已达到 77%,英国 23%、俄罗斯 16%、日本 34%,美国 20%。总的来说,在多数工业发达国家中核电的比重不断增长。但从核电的总量来说,美国仍然是第一核电大国,运行的核电厂堆数为 104 个,装机容量占全世界的 1/3,其次是法国、日本、德国和俄罗斯。世界 13 个国家与地区正在建造着 37 台核电机组,计划建造的还有 50 余座,总计 520 座左右的核电厂全部建成后装机容量可达 4.9 亿千瓦左右,发电量接近当时世界发电总量的 20%。

但必须指出,到 20 世纪 70 年代中期核电发展势头开始缓慢下来。从 1979 年开始,核电经历了十年迟缓发展阶段,主要原因是 1973 年和 1979 年两次石油危机的打击,使世界经济发展速度减慢,工业发达国家经济增长速度由 7% 减慢到 3% 以下。许多工业国能源过剩,迫使原先制订的大规模发展核电的计划大大削减。例如,在 70 年代后期,美国就取消了 100 多个电厂(包括火电、核电)的订货。另外两次核电厂事故也给公众心理投下阴影,给反核势力以可乘之机,也是原因之一。

经过近些年来的认真、冷静的思考和分析,人们依然认为,核电无论在经济上还是对环境的影响上仍有明显优势,在今后数十年内,核电将会继续得到发展。据国际原子能机构统计和预测,21世纪前期,将有58个国家和地区建造核电厂,电厂总数将达到1 000座,装机容量可达8亿千瓦左右,核发电量将占总发电量的35%以上。一些发展中国家,如中国、古巴、伊朗、巴基斯坦、罗马尼亚、墨西哥等都在开始建造或陆续建造核电厂。

总而言之,尽管核电现在还不为公众普遍接受,但由于经济、环境、技术等综合因素的制约,进入21世纪,核电将会重新被公众所接受,世界核电发展的前景仍然是乐观的,核电发展的第二个黄金时代将会来临。

8.5.2　中国核电发展的指导思想、方针和目标

我国的核工业在20世纪50年代中期开始建设后,已有近60年的历史。我国是世界上少数几个能够进行核资源的勘探、开采和加工,铀－235的富集、燃料元件的制造,重水和锆等特殊材料的生产,反应堆的设计、建造和运行,以及辐照过的燃料元件的后处理的国家之一。我国具有较完善的核工业体系。与核能利用密切相关的机械制造工业和电力工业在我国也有一定的基础。

中国大陆的核电从20世纪80年代初开始起步,从无到有,目前已经初步形成了一定规模的核电工业基础,取得了很大成绩。经过30多年的努力,中国核电通过自主开发、学习和引进国外先进技术,不断提高水平,积累经验,走过了从自主开发原型堆核电厂到自主设计建造商用核电厂的道路,在自主设计、自主建造、工程管理、自主运营、自主制造、核燃料配套,以及核安全监督管理等方面,已为我国核电的发展打下了较巩固的工业技术基础,形成了进一步发展的能力,培养出了一支经过实践考验的专业齐全的科学技术队伍。

实践证明,核能是一种安全、清洁、可靠的能源。我国人均能源资源占有率较低,分布也不均匀,为保证我国能源的长期稳定供应,核能将成为必不可少的替代能源。发展核电可改善我国的能源供应结构,有利于保障国家能源安全和经济安全。我国一次能源以煤炭为主,长期以来,煤电发电量占总发电量的80%以上。大量发展燃煤电厂给煤炭生产、交通运输和环境保护带来巨大压力。随着经济发展对电力需求的不断增长,大量燃煤发电对环境的影响越来越大,全国的大气状况不容乐观。电力工业减排污染物,改善环境质量的任务十分艰巨。核电是一种技术成熟的清洁能源。以核电替代部分煤电,不但可以减少煤炭的开采、运输和燃烧总量,而且是电力工业减排污染物的有效途径,也是减缓地球温室效应的重要措施。

1. 指导思想和发展方针

贯彻"积极推进核电建设"的电力发展基本方针,统一核电发展技术路线,注重核电的安全性和经济性,坚持以我为主,中外合作,以市场换技术,引进国外先进技术,国内统一组织消化吸收,并再创新,实现先进压水堆核电厂工程设计、设备制造、工程建设和运营管理的自主

化,形成批量化建设中国品牌先进核电厂的综合能力,提高核电所占比重,实现核电技术的跨越式发展,迎头赶上世界核电先进水平。

在核电发展战略方面,坚持发展百万千瓦级先进压水堆核电技术路线,目前按照热中子反应堆——快中子反应堆——受控核聚变堆"三步走"的步骤开展工作。积极跟踪世界核电技术发展趋势,自主研究开发高温气冷堆、固有安全压水堆和快中子增殖反应堆技术,根据各项技术研发的进展情况,及时启动试验或示范工程建设。与此同时,自主开发与国际合作相结合,积极探索聚变反应堆技术。

2. 发展目标

根据保障能源供应安全,优化电源结构的需要,统筹考虑我国技术力量、建设周期、设备制造与自主化、核燃料供应等条件,我国核电建设项目的进度具体见表8.5.1。

表8.5.1　我国核电建设项目进度　　　　　　　单位:万千瓦

	五年内新开工规模	五年内投产规模	结转下个五年规模	五年末核电运行总规模
2000年前规模				226.8
"十五"期间	346	468	558	694.8
"十一五"期间	1 244	558	1 244	1 252.8
"十二五"期间	2 000	1 244	2 000	2 496.8
"十三五"期间	1 800	2 000	1 800	4 496.8

总之,中国核能利用的发展前景将越来越广阔。但这终究是一个长期的、巨大的系统工程,既要解决近期为国民经济服务的大量技术课题,又要为下一步和长远发展进行系统的预研,开展基础研究和应用研究,牵涉到的学科范围也十分广泛和相互交叉。因此,必须远近结合,高瞻远瞩,全面考虑,统筹安排,认真落实,力争在较短时间内能与国际先进水平并驾齐驱。可以确信,在国家的统一规划下,在社会公众的理解和支持下,中国核电的开发利用必将结出丰硕果实。

8.6　核电厂安全与事故对策

在核电厂的设计、制造、建造、运行等各阶段中,确保高度安全是发展核电最基本的要求。没有核电厂的安全性,不可能有核电输出,更谈不上核电厂的经济性。要确保核电厂的安全,就要求反应堆在整个寿期内,不但能够长期稳定地运行,而且能够适应启动、功率调节和停堆等工况的变化;此外,要保证在一般事故工况下堆芯不遭破坏,甚至在最严重的事故工况下也要保证堆芯中的放射性物质被包容,不扩散到周围的环境中去。

核电的开发始终遵循安全第一、质量第一、预防为主的基本方针。为此,国际原子能机构(IAEA)提出了"纵深防御"原则,并设置了如图8.6.1所示的五道防线。

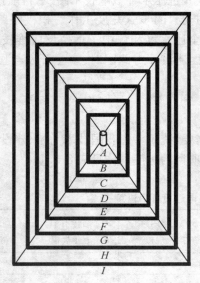

▯—— 裂变产物
A 第一道屏障 燃料芯块
B 第二道屏障 燃料包壳
C 第三道屏障 一回路压力边界
D 第一道防线 预防偏离正常运行
E 第二道防线 非正常运行的控制
F 第三道防线 设计基准事故的控制
G 第四道屏障 安全壳(包容体)
H 第四道防线 事故管理及包容体保护
I 第五道防线 场外应急响应

图 8.6.1　纵深防循中五道防线与四道屏障的关系

第一道防线:保证设计、制造、建造、运行等环节的质量,预防偏离正常工况。

第二道防线:严格执行运行规程,遵守运行技术规范,使机组运行在设计限定的安全区间以内,及时检测和纠正偏差,对非正常运行加以控制,防止它们演变为事故。

第三道防线:万一偏差未能及时纠正,发生设计基准事故时,自动启用电厂安全系统和保护系统,组织应急运行,防止事故恶化。

第四道防线:万一事故未能得到有效控制,启动事故处理规程,实施事故管理策略,保证安全壳不破坏,防止放射性物质外泄。

第五道防线:如果以上各道防线都崩溃了,进行场外应急响应,努力减轻事故对公众和环境的影响。

为了落实"纵深防御"的原则,在核电厂的设计中,采取了一系列周密的技术措施和管理措施。

8.6.1　确保高度安全的周密技术措施

确保高度安全的周密技术措施主要包括以下几个方面。

1. 技术措施之一——固有安全性

遵循依据本身具有的物理特性来保证安全的原则设计压水堆核电厂;对运行过程中不可

避免的某些扰动,不用外加控制的手段和人为干预就能自动调整,称为"固有安全性"。

压水堆核电厂还有一种非常重要的安全特性,即不必借助外部动力就能发挥保护作用,称为"非能动安全"。

压水堆核电机组的固有安全特性包括以下几点:

(1)当核功率意外上升时,在任何参数下都能立即自动"负反馈",迫使功率回落到安全水平;

(2)当需要紧急停堆时,控制棒不需要外加动力,靠重力就能自动下落。

(3)当需要紧急向堆芯内注入冷却水时,即使安全注射水泵启动不了,有一定压力的安全注射箱也可以向堆芯注水,同时把浓硼酸溶液挤进堆内,补充控制棒的停堆能力。

(4)把蒸汽发生器布置在反应堆堆芯上方高处,一旦冷却剂泵不起作用,靠密度差和重力差使一回路水自然循环,继续冷却堆芯。

2. 技术措施之二——四道屏障

压水堆设置了四道屏障。只要其中一道屏障是完整的,放射性物质就不会外逸。

第一道屏障——燃料芯块:燃料芯块是烧结的二氧化铀陶瓷基体,它的大部分微孔不与外面相通。正常情况下,核裂变产生的放射性气体98%以上滞留在这些微孔内,不会释放出来。

第二道屏障——燃料包壳:燃料芯块密封在锆合金包壳内,防止裂变产物和放射性物质进入一回路水中。

第三道屏障——一回路压力边界:压力容器和一回路承压的管道和部件是能承受高压的密封体系,即便燃料元件破损,放射性物质也不会泄漏到反应堆厂房中。

第四道屏障——安全壳:安全壳是高30多米、直径约40多米的预应力钢筋混凝土构筑物,壁厚近1 m,内表面还有6 mm厚的钢衬。它可以承受0.5 MPa(5大气压)的压力,确保在所有事故情况下都可以把放射性物质包容在里面。

3. 技术措施之三——故障安全设计

核电机组中重要的安全系统如果出现故障,必须自动将机组引入到安全状态,而不是相反,这就叫做故障安全设计准则。

停止核裂变反应是确保核电厂安全的主要措施。为此,核电厂设置了很多停堆信号,可以在重要安全设备出现故障时把反应堆引入到停堆状态。如蒸汽发生器内水位过高或者过低,虽然不会马上威胁安全,也会引发停堆。又如,当失去外电源时,控制棒就会靠重力自动下落,使反应堆停下来。再如,核电厂的许多阀门是电动的,没有电,阀门就不能动作,但向反应堆内补充冷却水的阀门,如果必须开启,在失电后就会固定在"开"的位置。而安全壳的隔离阀在失电后就会固定在"关"的位置。

4. 技术措施之四——全面的留有裕量的事故分析

在压水堆核电厂的设计中,设想了近百种可能发生的事故,包括某些可能的事故叠加。根据它们发生的概率和后果的严重程度分成几类,形成国际上公认的事故类别表。对每一个事故或事故组合,都用大型计算机程序分析计算,计算中还作了留有充分安全裕量的假设。计算结果必须满足规定的验收准则。

为了确保计算的准确性,对于一些重要的假想事故,安全审评单位的专家还要进行独立的复核计算。

5. 技术措施之五——多重配置、多样性和实体隔离

对安全非常重要的系统或设备,难保绝对不出故障。为了确保安全,多配置一份或几份备用的设备或系统,这就是"多重配置",也叫"冗余"。为防止多重配置的系统同时出现故障,选用不同工作原理或者不同制造工艺的系统来执行同一个安全功能,这就是"多样性"。

为了防止因火灾、水淹、停电等引起系统全部同时失效,把冗余的系统或设备分别安装在不同的场所,并完全隔离,它们的供电也相互独立,这就叫"实体隔离"。这些都是国际上共同遵守的安全原则。

核电厂内的供电系统是实施这些原则的典型。一切重要设备都有两路可靠的外电源供电(多重配置)。两路外电源万一同时断电,厂里还有大功率柴油发电机组和蓄电池组提供应急电源(多样性)。柴油发电机组和蓄电池组分别布置在互不相通的厂房内(实体隔离)。

实施这些原则还有一个重要的实例,就是在主控制室以外的地点设立应急控制室,万一人员在主控制室不能停留时,仍可以从应急控制室使反应堆安全地停下来,并进行余热冷却。

6. 技术措施之六——专设安全设施

人们常用"以防万一"来形容对安全的重视和所采取措施的可靠,而核电厂的设计原则是"以防十万一"、"以防百万一"。对于可能性极小的意外发生,也采取了周密的措施,这就是专设安全设施。如高压安全注射系统、安全壳喷淋系统、安全壳消氢系统等。

假设一回路有破口,高温高压的水向外流出,这时专设安全设施就投入工作。首先由高压安全注射泵向堆内注水,防止堆内"烧干";压力降低后,安全注射箱和低压安全注射泵投入,继续向堆内注水冷却;与此同时,安全壳所有与外界的通道全部自动隔离;安全壳顶部的喷淋系统自动喷淋冷水,降低安全壳内的温度和压力,同时除去裂变产物——碘;消氢系统投入工作,除去金属与水反应产生的可能引起爆炸的氢气。

7. 技术措施之七——对付各种严重自然灾害

在核电厂设计中,考虑了当地可能出现的最严重的自然灾害,如地震、海啸、台风、洪水等;还考虑了厂区附近的飞机坠毁、交通事故和化工厂爆炸等人类活动引起的事故。在这些情况下,核电厂都能安全停堆,不会对当地居民和自然环境造成危害。

8.6.2　确保高度安全的周密管理措施

确保高度安全的周密管理措施主要包括以下几个方面。

1. 管理措施之一——健全的国家监管机构

国家监管机构对核电厂实行全寿期监督管理,即从选址、设计、建造、调试、运行,直到退役和废物处理的全过程进行跟踪和监督。

国家原子能行政主管部门负责核事业技术产业政策与发展规划的制定,负责核电建设和安全运行的指导与协调。国家原子能机构代表国家参加国际原子能机构的活动。

国家核安全局的职能是依照国家的法律、法规,对民用核设施实行独立的安全审评和监督。通常还设置多个派出机构,监管核电厂的建造和运行。

国家环境保护部门和卫生部,分别负责对环境质量和人身安全进行独立的监督检查和审评。

核电厂营运单位及其上级单位,履行核电厂的建造和运行的安全要求。

2. 管理措施之二——制定和完善核安全防护法规体系

以中国为例,1986 年 10 月,国务院发布了《中华人民共和国民用核设施安全监督管理条例》。此后,有关部门先后发布实施了核电厂厂址选择、设计、运行、质量保证、辐射防护和废物管理等安全规定以及辐射防护基本标准等,形成了一整套比较完整的核安全、辐射防护法规标准体系。

3. 管理措施之三——实行核设施安全许可证制度

核电厂在不同阶段,其营运单位要向国家核安全局提交相应的报告。经审评,在条件完全符合国家有关规定后才颁发许可证。所涉及到的许可证种类包括厂址许可证、建造许可证、首次装料许可证、运行许可证和退役许可证。营运单位只有获得这些许可证后才能开展相应的工作。其他任何工业都没有如此严格的许可证制度。

4. 管理措施之四——严密的质量保证体系

核电厂有严密的质量保证体系。对选址、设计、建造、调试、运行直至退役等各个阶段的每一项具体活动都有单项的质量保证大纲,并严格执行。

另外,还实行内部和外部监查制度,监督检查质量保证大纲的实施情况和是否起到应有的作用。例如,在建造阶段,要对设备进行监造,对施工进行监理。在运行阶段,要进行预防性检修、在役检查和定期试验,以保证机组的系统和设备的状态符合技术规范。

5. 管理措施之五——对参与单位和人员严格要求

国家对参与核电厂建设的单位,甚至小到制造零件的单位,都要审查合格,才能发给许可证。

国家对参加核电厂工作的人员的选择、培训、考核和任命有严格的规定。以操纵员为例,要求选择基本素质好、有大专以上学历和一定工作经验的人员,经过课堂、核电厂模拟机和核电厂实际运行培训,再通过国家级的考试,领到操纵员执照后,才能上岗。上岗工作以后,还要定期考查和再培训,保证在工作岗位上的人员都合格。

6. 管理措施之六——极其严密的安全保卫系统

核电厂安全保卫工作的主要任务是:保障核材料的合法使用,防止丢失或被窃;保卫核设施,防止人为的破坏;阻止非法入侵。

核电厂的安全保卫工作采取技术防范与人员防范相结合的方式,其基本原则是"纵深防御"和"均衡防御"相协调。

安全保卫工作采用分区管理模式。核电厂设置三道实体屏障,划分四个不同等级安全保卫区域。在区与区之间的周界上,设置功能完备的实物保护系统,包括出入控制系统、周界监测系统和中央控制系统。

此外,核电厂还有完善的安全保卫政策、程序体系和快速有效的突发事件处置和应急机制。在现场应急和突发事件处置指挥部的指挥下,常驻电厂的武警部队、公安民警、保卫干部和治安员队伍,将形成统一的特勤力量,按预先编制的反恐预案和突发事件处置流程快速响应,确保核电厂安全保卫的有效性。

7. 管理措施之七——核安全管理的高境界:安全文化

在切尔诺贝利核电厂事故后,国际原子能机构提倡在核能界推行安全文化。

国际上核电运行的经验表明,绝大部分事故是人为失误造成的,人的主观能动性对安全有积极的贡献。在安全问题上,仅仅强调按程序办事,遵章守纪还不够,核电企业还必须有人人关注安全、时时注意安全、事事将安全放在第一位的氛围。核电企业的文化环境是保证安全的关键要素,这就是要倡导的安全文化。

安全文化就是严格的规章制度加上良好的行为规范。它包括对决策层、管理者和个人这三个不同层次的要求。个人的安全文化素养要求,包括谦虚好学的探索态度、严谨的工作作风、合作的精神和互相交流的工作习惯。此外,还有对责任心、正确的理解能力、良好的技能和健康的心理素质等方面的要求。

8. 管理措施之八——保护公众和环境的应急措施

为了保护公众、保护环境,各核电发展国政府从起步阶段,一般就按照国际原子能机构的要求,建立了完整的核事故应急体系。

国际原子能机构将核事件分为七级。对于有厂外风险的(5 级)事故、重大(6 级)事故和特大(7 级)事故,放射性会有不同范围和不同程度的释放,要部分或全部执行应急预案的相关措施。

为了在事故发生时能够及时、有效地采取保护公众的防护行动,事先在核电厂周围划出制定有应急预案并做好适当准备的区域,称为"应急计划区"。它划分为"烟羽应急计划区"和"食入应急计划区"。在发生事故时,对公众实施防护行动的区域,很可能仅限于应急计划区的一小部分;但在发生极为罕见的严重事故时,可能须要在整个应急计划区采取防护行动。

应急状态按其放射性后果的严重性和所必需的场区、场外应急响应行动,分为应急待命、厂房应急、场区应急以及场外应急(总体应急)四级。事故恶化到堆芯损坏甚至熔化,且安全壳完整性可能丧失,事故辐射后果已经或预测超出场区边界,则须要实施场区、场外的总体应急响应行动。

在核电厂发生事故的情况下,为避免公众受到放射性损伤,要采取预定的公众防护措施,主要有隐蔽、服稳定碘、佩带防护用具、控制食物和饮水、控制进出通道、撤离、去污、临时避迁和再定居。

8.6.3　两次严重核电事故透视

世界核工业起步之初,核安全的重点在技术方面。但由于存在管理上的漏洞,操纵员的培训不充分和规程不完善等诸多原因,早期曾发生过多次核设施临界事故。1979 年 3 月 28 日,美国三哩岛核电厂 2 号机组发生了压水堆核电厂史上最严重事故,导致堆芯部分熔化。特别是 1986 年 4 月 26 日前苏联切尔诺贝利核电厂 4 号机组发生的事故是世界核电发展史上最惨痛的核事故,导致放射性大量释放并严重污染环境,是至今仍令人生畏的核灾难。

在核电发展的历史上,两次严重的核电事故给人们上了深刻的核电安全教育课,也从中总结了丰富的经验和吸取了沉痛的教训。

(1)三哩岛事故对环境和居民没有造成放射性危害

事故的起因是蒸汽发生器的给水泵跳闸,事故给水管线上的阀门由于维修人员的误操作而处于关闭状态,使蒸汽发生器的给水中断。这本是一种普通事故,很容易排除,但由于设备故障、仪表失灵和操纵员多次误操作,使得事态严重恶化,导致反应堆堆芯严重损坏。

值得注意的是,美国三哩岛核电厂 2 号机组发生压水堆核电厂有史以来最严重的事故,尽管反应堆堆芯严重损坏、导致了堆芯的部分熔化,致使放射性物质突破了前几道屏障,但由于安全壳的防护,根据事故后放射性监测结果,三哩岛事故没有造成大量放射性释放的灾难后果,对环境和居民没有造成放射性危害。事实证明,核电厂设计中所遵循的"纵深防御"的原则和采取的一系列技术和管理措施对核电的安全是行之有效的。

尽管如此,新的压水堆核电厂设计吸取了这次事故的教训,并改进和增设了一些安全措施,如改进主控室人机接口、研发了新的事故处理规程、加强操纵员培训、加强经验反馈工作,使核电厂更加安全,可以有效防止发生类似事故。

（2）我国核电厂不会发生切尔诺贝利核电厂那样的事故

切尔诺贝利核电厂采用前苏联独有的从生产堆改造而来的 РБКМ - 1000 型石墨慢化沸水堆,它由装有金属铀燃料的 1 663 根压力管、穿过直径 12 m、高 7 m 的石墨砌体构成（参见图8.6.2）。该核电机组的设计不够完善,存在诸多不安全因素。主要表现在:没有安全壳;石墨砌体正常运行温度高达 700 ℃,遇高温蒸汽将产生易燃气体而发生化学爆炸;反应堆缺乏固有安全性;运行操作复杂。但严重事故的主要和直接的原因是运行人员连续多次人为违反操作规程、过失和操作错误,加上电厂管理混乱,而导致这起严重事故。事故造成反应堆堆芯熔化、部分厂房倒塌,由于没有安全壳的包容,大量放射性直接向外部环境释放;大量放射性物质沉积在厂房周围;长时间大范围的大气运动把释放出来的放射性物质散布到整个北半球,造成环境严重污染。

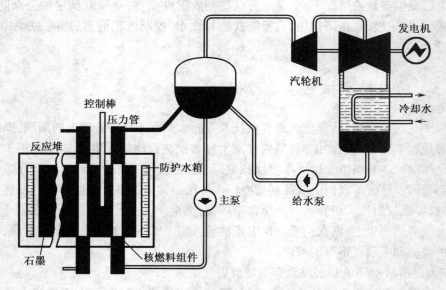

图 8.6.2　切尔诺贝利核电厂示意图

应当指出的是,由于反应堆内的易裂变核素富集度低且分散布置,在任何情况下核燃料都没有可能紧密地聚集在一起而像在原子弹内那样达到临界而发生失去控制的核爆炸。切尔诺贝利核电厂事故,究其本质是高温石墨遇高温蒸汽后产生易燃气体而发生的化学爆炸,而不是核爆炸。

这样的核事故在我国采用的压水堆型主流核电厂中几乎是不可能发生的,其原因有三:首先,反应堆的特性不同,切尔诺贝利核电厂的沸水堆存在的上述不安全因素,在我国采用的压水堆型核电厂中是不存在的,特别是绝无可能产生易燃气体而发生化学爆炸;第二,建筑结构不同,我国核电厂的压水堆外面是壁厚 1 m 左右的钢筋混凝土、内衬 6 mm 厚钢板的安全壳,即使反应堆发生事故,安全壳也能把放射性物质包容起来;第三,根据三哩岛事故和切尔诺贝利事故的教训,各国都加强了运行管理,我国采取了严格的运行人员培训、考核制度和运行管理制度,以杜绝操作失误,在设计中把人的差错考虑在内,万一操作失误,也不会发生大的事故。

前苏联切尔诺贝利核电厂 4 号机组发生的事故在世界核电发展史上提供了最惨痛的教训。这一特大事故清楚说明,安全是核电厂高于一切的命脉。现在核电厂已充分吸取这两次事故特别是前苏联切尔诺贝利核电厂事故的教训,在核电安全方面采取了有效的技术改进措施和管理措施,如必须有安全壳、绝无正温度反应性反馈的区域、重视安全文化等,将核电的发展推进到第三代的水平,并进而推进到将于 2030 年前后服役的第四代先进核能系统的水平。

(清华大学工程物理系　贾宝山)

思考练习题

1. 热中子反应堆堆芯是由哪些部分组成的,各起什么作用?
2. 压水堆核电厂有哪几个主要系统,各包括哪些主要设备,各设备的主要功能是什么?
3. 有哪几种主要的堆型,各种堆型中最常见的核燃料种类和富集度、慢化剂和冷却剂是什么,最突出的性能特点是什么? 给出每种堆型的主要应用领域。
4. 为了确保安全,遵循"纵深防御"的原则,压水堆核电厂中都采取了哪些技术措施和管理措施?

参 考 文 献

[1] 欧阳予. 世界核电技术发展前景展望[J/OL]. 中国台湾网,2004,8,12.
[2] 侯逸民. 走近核能——生活与科学文库[J/OL]. 北京:科学出版社,2000.
[3] 赵仁恺,张伟星. 中国核能技术的回顾与展望[J]. 国土资源,2002,(9):4 – 9.
[4] 欧阳予. 世界核电技术发展趋势及第三代核电技术的定位[J/OL]. 国防科工委网站,2008,5,29.
[5] 国家发展和改革委员会. 核电中长期发展规划(2005—2020)[R],2007,10.
[6] 陈叔平,濮继龙. 能源之星——核电[M]. 北京:原子能出版社,2005.
[15] 高磊. 行波堆——比尔·盖茨的选择[N]. 中国核工业报,2010 – 3 – 10.

第9章 可移动核动力

9.1 概　述

以核反应堆为能源的动力装置称为核动力装置。核动力装置主要用于核发电和推进动力，一般用于推进动力的核动力装置，往往也称作可移动核动力。可移动核动力大多用于舰船、飞机、航天等领域。

舰艇动力装置是为提供舰艇航行动力、保证舰艇操纵、保障舰艇安全、维持舰员生活、维护海洋环境等需要所设置的机械、设备和系统的总称。如果不是从功用的角度，而是从能量的角度来看舰艇动力装置，则它的本义是舰艇上各种形式能量（热能、机械能、电能等）的产生、转换、传输、分配的机械、设备和系统的总称。

目前，世界上可移动核动力主要用于舰船上，其他如飞机、航天等领域的可移动核动力的应用尚在研究发展中。

9.1.1　可移动核动力的种类

用于动力或直接发电的反应堆，称为动力堆。由于核能在一定程度上已成为当今的重要能源之一，因此核电厂以及舰船等可移动核动力装置发展迅速，近年来尤其如此。自1954年建成第一艘以压水堆为动力的核潜艇以后，军用舰艇动力堆发展很快，相继建成了许多攻击型核潜艇、弹道导弹核潜艇和核动力航空母舰。至于核电厂，1954年世界上只有一座。到2000年已有几百个核电机组在运行。

可移动核动力的种类，根据不同的用途可以有不同的分法，按照反应堆的不同要求、用途和反应堆所用的不同材料，可以把可移动核动力反应堆设计成各样的型式，其种类可达数百种。其一般分类方法如下：

船舶推进用堆——利用核裂变能，作为船舶推进动力的反应堆。

飞机推进用堆——利用核裂变能，作为飞机推进动力的反应堆。

火箭推进用堆——利用核裂变能，作为火箭推进动力的反应堆。

海洋潜水器用堆——利用核裂变能，作为潜水器推进动力的反应堆。

船舶核动力装置是以原子核反应堆作为推进动力的船舶动力装置。它包括核动力反应堆，为产生功率推动船舶前进所必需的有关设备，以及为提供装置正常运行、保证对人员健康和安全不会造成特别危害的那些需要的结构、系统和部件。

9.1.2 船用核动力工程技术的应用特色

船用核动力分为军用核动力和民用核动力两类,无论军用还是民用,其关键是主动力利用核裂变作为能源的核动力装置,核动力装置的核心是核反应堆。核反应堆中原子核裂变所产生的热能通过一回路中的冷却剂带走,在蒸汽发生器中将该热能传递给二回路中的水,所产生的高温、高压蒸汽用来驱动蒸汽轮机,经减速后带动螺旋桨航行。

舰船使用核动力具有突出的优点:速度快、续航力大(一般主要受人员及生活供给的限制)、核燃料的质量与整个装置的质量比例减少,提高了船舶的有效载荷。对于水下潜艇,核动力反应堆不需要大量空气就可以长期在海底航行。但是船用核动力与陆地核电厂装置相比,具有其特殊性。由于舰船的空间和质量有限,为提高船舶的有效载荷、航速和机动性能,要求核动力装置体积小而轻,动力设备布置紧凑。同时因舰船长期在海洋环境中工作,所以要求核动力系统、设备、操纵机构等能在摇摆、冲击和振动条件下稳定可靠地工作。另外,船用核动力与陆地动力装置相比,由于舰船的机动性特点,动力装置需频繁地改变功率,且航行中运行工况变化也较大,同时由于舰船上工作人员、活动场所较小,运行条件恶劣,对整个运行管理增加了难度。此外,舰船在海洋上可能会遭到碰撞、触礁、着火、爆炸等意外事件,为保证在沉没事故下不发生核污染事故,舰船核动力必须设置有效的安全防护措施,确保核安全。由于舰艇动力装置在使用上与陆用动力装置有很大区别,因此对舰艇动力装置的战术技术性能的要求上有些特殊的考虑。除要满足功率大、尺寸小、质量轻、经济性好、抗冲击、可靠性高、寿命长、易于操作、便于维修等基本要求外,舰艇动力装置还要充分保证舰艇快速性、操纵性、机动性、隐蔽性、生命力等性能的正常发挥。

核舰船的优点之一就是装载少量的核燃料,可提供给船舶很大的续航力,对于增加船吨位和提高船舶航速来说,其经济上的优越性也是十分重大的。一艘大型的 10 万轴马力[①]的快速舰船,全速航行 1 h,大约要消耗 35 t 燃油,但是该船采用压水型反应堆的核动力推进装置,1 小时仅需消耗 17 g 重的铀 -235 核燃料;为了保证能每小时净消耗掉这个质量,按目前船用反应堆还存在核装料不均匀、燃耗比较浅、需要尽量一次多装料等不足的现实技术水平考虑,参照日本"陆奥"号核船装料标准来推算,该船若全速航行一年,保守地以 9 000 h 计,它所携带的核燃料二氧化铀,最多也只需 27.5 t,其中铀 -235 含量约 970 kg。这样,与 9 000 h 满功率航行的燃油消耗量相比,核燃料二氧化铀的装载量也只是燃油的 1/11 400。除了有很长的续航力这个优点以外,由于核反应不是燃烧反应,因此核燃料"燃烧"就不需要氧气供应,省去了过去不断地要为推进船舶前进的动力装置输送氧气的操作,这对于核动力潜艇来讲,是又一个极为可贵的突出优点。核动力装置作为船舶推进动力的另一优点是功率比较大,而在要求船舶具有较高的平均航速和较大的续航力情况下,由于功率大、耗用燃料少,使得核动力装置

---

① 1 马力 =735.5 瓦,下同。

在核燃料的供应、核燃料的运输和核燃料的装载量等方面,也获得了极为突出的好处。核动力装置与锅炉蒸汽轮机动力装置相比较。其运行特性较为稳定,且又易于控制,其负荷跟踪特性也比较好。尤其是压水堆核动力装置本身所固有的那种特殊的负温度效应的自调节特性,能够使反应堆装置可以较迅速地随着汽轮机进汽阀开度变化而自动跟踪调节,这一特点增大了核动力装置的操纵机动性能,对于核动力装置的控制是十分有利的。

船用核动力与常规船用动力相比具有以下明显的特征:

(1)强放射性　核动力反应堆在核裂变释放巨大能量的同时,伴随着大量放射性物质的生成,在产生的裂变产物中,有容易从二氧化铀芯块中逸出的稀有气体氪(Kr)、氙(Xe)及易溶于水的卤族同位素,并有堆内积累的裂变产物和放射性,从而给人们对核动力装置的运行、维修管理带来极大的困难。

(2)高温高压水　对于压水型核动力装置而言,反应堆一回路系统内储存有大量的高温高压冷却剂水。在这些水中带有不可忽视数量的放射性物质。一旦反应堆及其一回路系统管道破裂或设备故障,将会使大量高温水从破口喷射出来进入堆舱,迅速汽化。更为严重的是,由于冷却剂不断流失,燃料元件露出水面,而得不到冷却,导致其逐渐熔化。在一回路系统中,无论冷却剂温度变化或容积波动都会引起一回路系统压力的相应变化。压力过高将导致系统、设备损坏;压力过低则使堆芯局部沸腾,甚至出现容积沸腾。因此既要防止超压,又要防止压力过低造成冷却剂汽化,这同样给运行管理带来困难。

(3)衰变热　核动力反应堆停闭后,堆芯内中子链式裂变反应虽然中止,但是积累的裂变产物及俘获产物,继续发射 β 和 γ 射线,这些射线在与周围物质的相互作用时迅速转化为热能,这说是衰变热。如不及时冷却移出衰变热,将会引起堆芯过热和燃料元件包壳破损,导致裂变产物的释放。这些则是常规动力所没有的,因此给管理带来了特殊问题。另外,核动力设备与一般动力设备相比,还具有以下几个特点:①一回路系统的主要设备带有放射性,给日常管理和维修带来困难。②要求有较高的安全可靠性,以确保动力装置的安全。③系统性、连续性的要求,核动力装置中的每个设备都是动力系统统一的、连续性的过程。任一设备、环节中出现了异常都影响动力装置的运行,因此要求设备管理应具有较强的系统性、连续性和协调性。

9.2　舰船动力与核动力装置

船用动力装置按其使用的能源一般分为两大类:常规动力装置和核动力装置。但是,船用动力装置也往往以推进装置的类型进行分类。推进装置的特点一般体现在动力装置的类型、动力传递方式、推进器种类三个方面。由不同类型的动力装置、不同形式的传动方式和不同类型的推进器进行合理组合,可组成多种型式的推进装置。在这些推进装置中,动力是核心。因此,根据动力装置型式的不同来划分更具有普遍意义。

9.2.1　舰船动力

舰船动力按主机能量的热工转换方式分类,可将动力装置分成蒸汽轮机动力装置、燃气轮机动力装置、柴油机动力装置和核动力装置四种基本类型。

(1)船用蒸汽动力装置　在蒸汽动力装置中,根据主机运动方式的不同,有往复式蒸汽机和汽轮机两种。往复式蒸汽机最早应用于海船。由于它具有结构简单、运转可靠、管理方便等优点,在过去很长的一段时期内占据着统治地位。但由于其经济性差、尺寸质量大,不能适应机组功率增长的需要,现在已被其他船用发动机所代替。回转式汽轮机运转平稳、摩擦、磨损较少,振动、噪声较轻,但热效率低,要配置质量、尺寸较大的锅炉、冷凝器、减速齿轮装置以及其他辅助机械,因此装置的总质量和尺寸均较大,这就限制了它在中小船舶中的应用。

(2)船用柴油机动力装置　柴油机不仅是热效率最高的一种热机,而且还具有启动迅速、安全可靠、装置的质量较轻、功率范围大(从几 kW 至数万 kW)等一系列优点,因此船舶主机及发电机辅机现在多用这种发动机。船舶以柴油机动力装置占绝对优势的状况,在今后一个相当长的时间内还将继续下去。在中、大型民用船舶上所使用的柴油机有大型低速和大功率中速两大类。这两种柴油机在激烈竞争的同时又互相促进,都在迅速地发展着。

(3)船用燃气轮机动力装置　燃气轮机动力装置是 20 世纪 30 年代燃气轮机开始兴盛以后发展起来的,第一批作为商船主机是在 50 年代。它的优点是单位质量轻、尺寸小、机动性高、操纵管理简便、便于实现自动化,但它的经济性差、进排气管道大、机舱布置困难、装置较复杂、叶片及燃气发生器在高温高压状态下工作、寿命较短。

(4)船用核动力装置　核动力装置的核心是核反应堆。船用核动力装置根据其用途一般可分为两类:一类为民用核动力船舶,如原子能破冰船、核动力客商船和海洋考察船等,这些民用船舶上的核动力装置与陆上核电厂压水堆动力装置基本相似;另一类为军用核动力舰船,如核动力航空母舰、巡洋舰、潜水艇等。无论民用还是军用船舶核动力装置,它们的组成原理是一样的,即通过核燃料的核裂变产生能量,经蒸汽发生器产生蒸汽推动汽轮机做功,进而驱动推进器工作。

9.2.2　舰船核动力装置组成

舰船核动力装置可以由不同堆型组成,但目前大都由压水堆动力装置组成,就压水堆动力装置而言,主要由反应堆、一回路系统、二回路系统和船舶轴系四部分组成,其原理流程图如图9.2.1 所示。

舰船核动力装置的反应堆和一回路系统与第八章介绍的核电厂的反应堆和一回路系统基本相同。船舶压水堆动力装置通常是单堆两条环路的配置形式,即一回路系统是由完全相同的、各自独立且相互对称、并联在反应堆压力容器接管上的密闭环路。

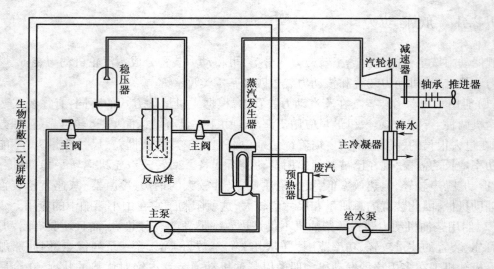

图 9.2.1 船舶压水堆动力装置组成原理

舰船核动力装置的二回路系统与核电厂也无本质差别。只是为了减小或者节省大容量循环水泵所消耗的功率,在船舶航行过程中,当船舶航速超过某一定值而使得舷外水流相对速度构成的自然循环流速,能满足冷凝器原循环水泵的送流速度和所需的循环水流量时,则可以停闭循环水泵而采用冷凝器的自流工作。舷外水自流进入冷凝器以冷却冷凝器中的乏汽,使之凝结成冷凝水。从船舶用途或是从船舶核动力装置性能考虑,主机一般采用饱和蒸汽轮机齿轮机组,如美国的核潜艇就是这样。但也可以采用饱和蒸汽轮机发电机组,如法国的核潜艇就是这样。将蒸汽轮机齿轮机组改换成蒸汽轮机发电机组时,则需配合采用电力推进装置。这样做可以降低潜艇航行小齿轮机组发出的噪音,有利于提高核潜艇的隐蔽性和增大自身水声声呐系统的作用距离;但是动力装置的质量和尺寸都将因此而有所增加,其结果是相应地降低了核潜艇的航速。对于特殊使命的船舶,如原子破冰船,则当然需要采用电力推进装置进行工作。同样,为了维持饱和蒸汽轮机的安全正常运行,二回路系统也设有若干辅助系统,如主蒸汽排放系统、汽轮机再热及抽汽系统、冷凝水系统、给水系统、润滑油系统、水化学处理系统等。

舰船核动力装置的轴系是将饱和蒸汽轮机齿轮机组的机械能或者是将饱和蒸汽轮机发电机组的电能,传递给螺旋桨,以推进船舶前进的装置。按船舶设置的螺旋桨个数,轴系相应地可分为单轴系、双轴系和多轴系三种。船舶采用轴系的多少,由船舶种类决定。为了不致因一次破损事故而损失 100% 的船舶推进功率,船舶采用两个以上的轴系是比较好的。但是有的核潜艇,尤其是水滴型艇体的核潜艇则采用单轴系。为了简化结构和尽可能少地减少推力与降低航速,布置单轴系船体时,常使动力装置轴线与船体基线(或龙骨线)平行,但有时也难免和双轴系船一样,很少能满足无倾斜角的要求。无论何种轴系,都主要是由主机机组以后的中间轴、推力轴(或统称主轴)和螺旋桨轴(又称艉轴),以及设置在这些轴上的各种轴承(包括推力轴承和支持轴承）、离合器等设备组成的。

9.2.3　舰船用核反应堆

船用核动力装置包括核反应堆和为产生动力推动船舶前进所必须的系统和相关设备。目前在世界范围内，舰船上使用的反应堆有轻水堆、重水堆、高温气冷堆等，且以轻水堆为主，轻水堆包括压水堆和沸水堆两种，压水堆是世界上动力堆中应用最为广泛的堆型之一。

压水堆的燃料元件通常为棒状。元件由低富集 UO_2 陶瓷燃料做成的芯块封装在金属锆合金包壳内而制成。铀的富集度一般为 2%～3% 或略高些。水为慢化剂，水还兼作冷却剂，冷却水从堆芯流过时将热量导出堆外，使蒸汽发生器（二次侧）产生蒸汽，再由二回路把蒸汽导入汽轮机发电或直接做功。水的慢化性能以及导热性能都比较好，但对中子的吸收概率较大，所以轻水堆必须采用低富集铀为燃料。为了把反应堆的出口水温提高到 300 ℃ 左右而不致沸腾，必须把压力提高到 14～16 MPa 左右，并需要有一个耐受高压的压力容器来放置堆芯，故这种堆称为加压水慢化冷却反应堆，简称压水堆（PWR）。

用于可移动核动力的堆型有多种，但大多应用压水堆堆型。压水堆的主要优点是结构紧凑、体积小、功率密度（即堆芯单位体积所产生的功率）高；单堆电功率大，例如可达 1 500 兆瓦；平均燃耗也较深（反应堆到工作寿期终了，每吨铀或其他核燃料平均释放的能量称为燃耗深度）；建造周期短，造价便宜；而且因采用多道屏障，放射性裂变产物不易外逸，加之具有水的温度反应性负效应，所以比较安全可靠。压水堆的主要缺点是水的沸点不高，提高热工参数受到一定的限制，热效率相对较低；压力容器制造要求较高；设备比较复杂。此外，与以天然铀为燃料的堆型相比，它还需要铀同位素分离、富集铀元件制造、化学后处理等规模较大的配套工厂。但总的说来，压水堆的各种工艺都已比较成熟。自第一个潜艇动力堆建成至今，压水堆经过了从军用到民用、从舰船到陆用的发展过程，其经济性、安全性等各方面的指标都有了许多改进和发展。

为了保证船舶航行、工作和生活的正常进行，作为全船动力源的压水型反应堆还需要保证提供能量给全船其他的一些辅助动力装置进行工作，属于这类辅助动力装置的包括：保证船舶进行航行、停泊的舵机、锚机装置；保证船舶生命力，进行全船损管工作的消防和排除船体破损时进水的平衡装置，以及保证全船日常生活用的造水装置、通风机械、照明用电的装置等。

9.3　民用核动力船

9.3.1　"列宁"号破冰船

前苏联第一艘核动力"列宁"号破冰船于 1957 年 12 月下水，次年投入使用。它的核动力装置由三套独立的核动力回路系统组成。每套由一座压水堆、两台汽轮发电机、四台冷却剂泵、两台应急循环泵和一台稳压器组成。反应堆冷却剂工作压力为 20.265 MPa。蒸汽发生器出口压力为 2.93 MPa,蒸汽温度为 310 ℃。图 9.3.1 中示出了"列宁"号反应堆堆舱布置图和"列宁"号核动力回路系统。反应堆、蒸汽发生器和冷却剂泵等一回路主系统设备安装在厚度为 300 ~ 420 mm 的生物屏蔽层密封舱内。

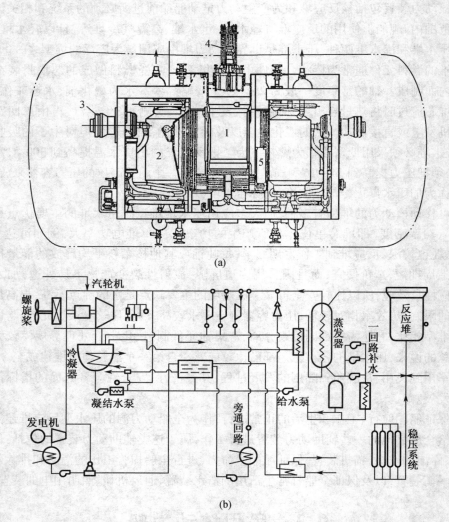

图 9.3.1　"列宁"号反应堆堆舱布置图和核动力回路系统

(a)"列宁"号反应堆堆舱布置图;(b)"列宁"号核动力系统

1—反应堆;2—蒸汽发生器;3—主泵;4—控制棒驱动机构;5—稳压器

9.3.2 "萨瓦娜"号核动力客货船

第一艘核动力客货船"萨瓦娜"号1959年7月下水。"萨瓦娜"号的动力装置由两部分组成:主动力是核能动力,采用单轴蒸汽轮机,正常功率为14.71 MW;辅助动力装置采用三台柴油发电机。

核动力装置是由一座反应堆(见图9.3.2)、两台蒸汽轮机组成。一回路采用两个并联环路,每条环路上设有一台蒸汽发生器、两台冷却剂泵。两条环路共用一套容积补偿系统,系统足以补偿回路压力和容积波动。一回路系统和设备紧凑布置在安全容器内。二回路汽轮机用蒸汽由两台蒸汽发生器产生,蒸汽总产量约110 t/h。汽轮机由一台双缸汽轮发电主机和两台交流辅助汽轮发电机构成。

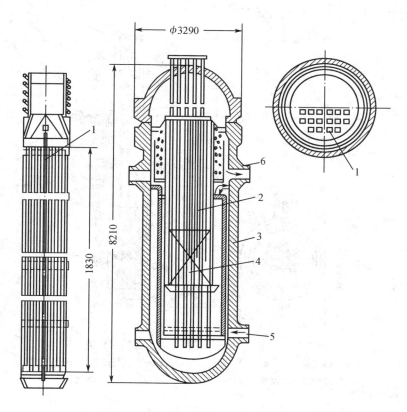

图9.3.2 "萨瓦娜"号核动力反应堆结构原理图

1—核燃料元件;2—控制棒;3—压力容器;4—堆芯;5—进口管;6—出口管

9.3.3 "奥托·哈恩"号核动力研究船

德国建造的"奥托·哈恩"号核动力研究船是前苏联"列宁"号、美国"萨瓦娜"号以后世界上第三艘核动力商船。该船于 1963 年到 1968 年期间建造,是一艘运载矿砂的散装货船。造价1 400万美元,载货量 14 000 t,主动力装置功率 11 000 轴马力,建造该船的主要目的是用作船舶核动力研究,以便从技术上和实践上取得发展核动力商船的经验。

"奥托·哈恩"号船采用改进型压水堆(FDR)即一体化压水堆(见图 9.3.3)系统作为推进动力装置,FDR 反应堆是 CNSG – 1 型一体化压水堆的改进设计。该船从 1968 年 8 月反应堆首次达到临界起至 1972 年 10 月第一次换装堆芯止,完成了 80 次货运与研究性航行,共航行了250 000海里,访问了近 15 个国家。在该船将近四年的运行实践中,证实了一体化反应堆结构紧凑,安全可靠,有良好的技术性能,能适应大风浪等恶劣气候条件,但这种一体化压水堆还存在着一些新的问题有待于今后研究改进。

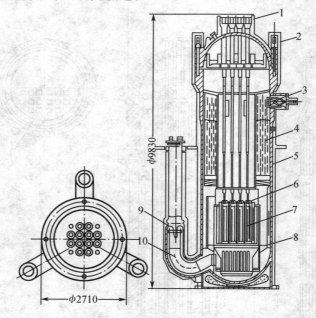

图 9.3.3 "奥托·哈恩"号核动力反应堆结构图
1—控制棒传动机构;2—保温层;3—蒸发器出口管;4—蒸发器传热管;5—压力壳;
6—控制棒束;7—燃料组件;8—堆内构件;9—循环泵;10—双套管路

9.3.4 "陆奥"号核动力试验船

日本第一艘核动力船"陆奥"号(图 9.3.4),是继前苏联的"列宁"号核动力破冰船、美国的"萨瓦娜"号核商船,德国的"奥托·哈恩"号核矿石货舱之后世界上第四艘非军用核动力船舶。建造第一艘核动力船,乃是日本"核动力研制发展计划"中的特别研制计划。该船总长约 130 m,设计满载吃水 6.9 m,满载排水量约 10 400 t,航速(满载状态)约 16.5 kn(kn 为国家选定的非国际单位制单位,仅用于度量航行速度,称为"节",1 kn = 1 852/3 600 m/s)。该船 1968 年 11 月开工建造,于 1969 年 6 月 12 日成功下水,并将该船命名为"陆奥"号,于 1970 年 7 月完成了船体的建造工程并交船,1971 年 11 月三菱重工业公司研制的 36 000 kW 的压水堆及有关设备安装上船,全船于 1972 年全部竣工。因遭到陆奥市当地人民的反对,迫使该船试航拖至 1974 年才正式开始,后因发生了事故,造成了停航,这是世界上唯一一艘建成而未服役的核动力舰船。

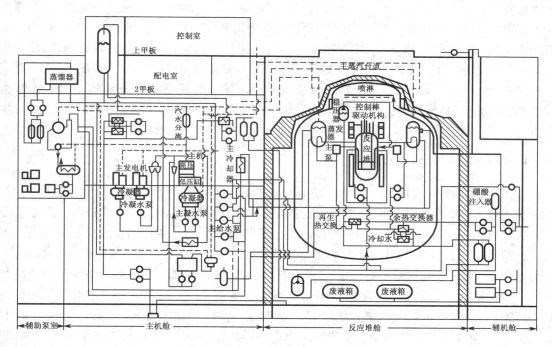

图 9.3.4 "陆奥"号核动力船组成示意图

9.4 军用核动力舰船

军用核动力舰船是先进国家海军兵力的重要组成部分,也是核大国核威慑力量的重要支柱。军用核动力舰船包括核动力潜艇、核动力航空母舰、核动力巡洋舰等。

9.4.1　核动力潜艇

潜艇是一种能在水下活动和作战的舰艇。早在17世纪20年代,荷兰发明家德雷贝尔CJ就用木材和牛皮制造出了世界上第一艘潜艇。在1775年~1783年进行的美国独立战争的海战中,第一次使用潜艇作为进攻性武器。但直到19世纪80年代才出现以蒸汽或电为动力的潜艇。

第一次世界大战中,潜艇开始成为海军作战的重要武器,德国用它袭击商船。但那时的潜艇水面排水量一般不超过1 000 t,水面航行时用柴油机推进,水下用电动机推进,水下航速约10 kn;第二次世界大战后,美国率先着手研制核动力潜艇。1954年,世界上第一台核动力装置安装在美国"鹦鹉螺"号潜艇上,使它在水下能以高速长时间地在极大范围内活动,因此被称为第一艘真正意义上的潜艇。后来美国海军把核动力装置与先进的"水滴"形艇型结合,建造了核潜艇(水下航速30节以上)。1960年美国建造了第一艘战略导弹核潜艇,它能在水下潜航数月、发射远程核导弹而无须浮出水面。1959年,前苏联建成第一艘核潜艇,并成为第二次世界大战后潜艇最多的国家。随后,英国、法国、中国相继建造了核潜艇。

1. 世界上第一艘核动力潜艇

1946年,美国海军总体委员会提出"立即开始积极和广泛地研究和发展用于海军舰艇推进的原子动力",1948年5月1日,美国原子能委员会和美国海军联合宣布了建造核潜艇的决定。

1952年6月14日,世界上第一艘核动力潜艇"鹦鹉螺"号在美国格罗顿举行铺设龙骨的仪式,1953年3月30日美国当地时间11时17分陆上模拟热中子反应堆达到了临界状态。6月25日,核动力装置达到了满功率。1954年1月21日,人类第一艘核动力潜艇"鹦鹉螺"号下水。经过努力,"鹦鹉螺"号在这年底全部竣工。它艇长90 m,排水量2 800 t,最大航速25 kn,最大潜深150 m。1955年1月17日,"鹦鹉螺"号进行了首次试航,从1954年1月21日下水到1957年4月更换第一个反应堆堆芯为止,"鹦鹉螺"号总航程达62 526海里,"鹦鹉螺"号还以首次水下航行抵达北极点而闻名于世。

2. 水下巨艇——"俄亥俄"级核动力弹道导弹潜艇

第二次世界大战后,美国海军共发展了4代核动力弹道导弹潜艇。目前在役数量最多、最为先进的便是第四代"俄亥俄"级,它构成了美国海基战略核威慑的主力。由于该级潜艇吨位大,采用了高性能核反应堆、先进电子设备和多种降噪措施,特别是装备了昂贵的"三叉戟"导弹,堪称世界潜艇之王。"俄亥俄"级潜艇长170.7 m,宽12.8 m,吃水10.8 m;长宽比是13.3∶1,为拉长的水滴形艇型,非常有利于水中航行。加上采用了一座功率大、寿命长的S_8G自然循环压水反应堆,总功率6万马力,使水下排水量虽重达18 750 t,水下航速仍可达到25 kn。"俄亥俄"级潜艇是世界上在航率最高的潜艇。平均海上巡航70天,返回基地补给和修理 25 天后,又再次出海巡逻,使潜艇从服役到退役在海上时间,即在航率可达 65% ~70%。

3. 世界上最小的核动力攻击潜艇——"红宝石"

"红宝石"是当今世界上最小的核动力攻击潜艇。别看个头小,该级艇融汇了诸多先进的核动力推进技术之所长,装备了不少世界一流的武器装备,所以具有非常独特的性能和相当的攻击威力。

"红宝石"核动力攻击潜艇长 72 m,宽 7.6 m,吃水 6.4 m;水面排水量 2 385 t,水下排水量 2 670 t。如此轻吨位、小尺寸的核动力攻击潜艇,具有小艇的优势,它可在活动空间小、情况复杂、声波传播条件差等海域灵活自如地活动,大显身手。这种压水堆具有结构紧凑、系统简单、体积小、质量轻,便于安装调试,可提高轴功率等一系列优点,并且有助于在反应堆一回路间采用自然循环冷却方式,以降低潜艇的辐射噪声。"红宝石"级核动力攻击潜艇的最大下潜深度 300 m,最大航速 25 kn。从上述性能和武器装载量等因素来看,"红宝石"与大中型核动力攻击型潜艇相比尚有一定差距,但其机动性、隐蔽性和经济性等方面却又令其他艇自叹不如。

4. 核潜艇之王——"台风"级弹道导弹核潜艇

俄罗斯是目前世界上拥有核动力弹道导弹潜艇最多的国家,有 D Ⅰ ~ D Ⅳ级、Y 级和"台风"级,现服役总数几十艘。其中"台风"级吸收了前苏联 20 多年来发展核动力弹道导弹潜艇的经验,代表了当代核动力弹道导弹潜艇的先进水平,是目前世界上吨位最大的潜艇。

"台风"级艇型极大,长 170 m,宽 25 m,吃水 13 m;水下排水量 26 500 t;动力装置采用两座 330 兆瓦 ~ 360 兆瓦压水核反应堆和两台蒸汽轮机,8 万轴马力;水上航速 19 kn,水下 26 kn;潜深 300 m。与美国"俄亥俄"级相比,其水下排水量增大 40%,但艇长大致相等,艇宽几乎大一倍,长宽比约为 7:1,这种粗短的流线型使之水下航行阻力较小。该级艇的艇体结构很特别,其耐压壳体呈品字形,由上面一个耐压壳体和下面两个耐压壳体(直径 8.5 m)组成,内外壳之间沿艇舷有 4 ~5 m 的间隔,使内壳不易受损伤,且储备的浮力占水下排水量的 33%。为了减低噪音,除艇内部采取很多消音措施外,还在艇外表面采取了减少流水孔、铺设(厚度为 150 mm)等措施。此外,在设计时注重提高艇的破冰力,使之具有突破北极 3 m 厚的冰层上浮的能力。

5. 航速最快、潜深最大的核动力攻击型潜艇

在前苏联的攻击型核潜艇的发展史上,"阿尔法"级(简称 A 级)是一型具有创新意义的潜艇,虽然目前只有 1 艘在役,其余或封存或报废,但它的设计经验已在其后的"西尔雷"级艇的设计上得到应用。A 级潜艇建于 1970 年 ~1983 年间,它创新地采用了钛合金做艇壳,长宽比也与以前的核潜艇大不相同,以达到水动力性能最佳状态。A 级潜艇的排水量在俄罗斯现有核动力攻击型潜艇中属最小的,水上为 2 700 t,水下为 3 600 t;艇长 81.5 m,宽 9.5 m,吃水 7.5 m。核反应堆则采用新型的液态铅 - 铋合金冷却的中能中子反应堆,功率密度为普通反应

堆的 4 倍。

6. 参加海湾战争的"洛杉矶"级核动力攻击型潜艇

"洛杉矶"级潜艇自 1976 年首艇服役至今已有 30 余年的历史,是美国海军技术上最成功的一级攻击型核潜艇,也是目前在役数量最多的。"洛杉矶"级是一级多用途攻击型核潜艇,可执行反潜、反舰、护航、布雷、侦察、救援等多种任务,装备"战斧"巡航导弹后还可执行对地纵深打击的任务。该级艇长 110.3 m,宽 10.1 m,吃水 9.9 m;水下排水量 6 927 t,水下航速 32 kn;最大潜深 530 m;艇员 133 人。动力装置为 1 座自然循环压水反应堆,主机为 2 台蒸汽轮机,功率 3.5 万马力,水下最大航速 30 kn。该级艇外形细长,有较长的平行舯体,指挥台围壳高大并靠近艏部,艇尾是尖端消瘦的纺锤形。为了降低噪音,该艇从艇体外形到机械设备均采取了相应降噪措施,并从 SSN751 号艇开始加装消声瓦,目前仍在安静性方面进行改进。

7. "奥斯卡"级飞航导弹核潜艇

"库尔斯克"号属俄罗斯最大的一型飞航导弹核潜艇"奥斯卡"级,是其飞航导弹核潜艇的最后一级,俄海军将其定为水下一级核巡洋舰。该级共有两型,北约命名为"奥斯卡Ⅰ"型和"奥斯卡Ⅱ"型;而俄国人则称其为"花岗岩"型和"安泰"型。"奥斯卡"级是典型的俄罗斯潜艇双壳体结构。

动力装置共有两座 OK-650B 型反应堆(各为 190 兆瓦)。两台汽轮机,主汽轮机减速箱为 OK-9 型,双桨,9.8 万马力。有两台涡轮发电机组,每台功率 3 200 kW,另有两台 Ar-190 型柴电机组和 2 台侧推装置。自给力 120 昼夜,编制 107 人。"奥斯卡Ⅰ"型于 1980 年 12 月服役,现均已退役。"奥斯卡Ⅱ"型现有多艘在役。首艇 K-148 于 1982 年开工,1986 年服役,最后一艘 K-530 艇于 1999 年开工。每一艘"奥斯卡"级的潜艇,都用一个俄罗斯的城市命名。K-141 艇就是失事潜艇"库尔斯克"号,1994 年下水,1995 年 1 月服役。

主要战术技术要素:水上排水量 13 900 t,水下排水量 18 300 t;长 154 m、宽 18.2 m,计及稳定翼在内的宽度为 20.1 m、吃水 9.2 m;极限下潜深度 500 m,工作深度 420 m。水上航速 15 kn,水下 28 kn。

9.4.2 核动力航空母舰

目前世界上吨位最大、在役数量最多的一级航空母舰,就是"尼米兹"级核动力航空母舰。说它大,一点也不夸张。该级航空母舰满载排水量为 9.1 万吨以上,这相当于 1 100 多节装满货物的火车厢的总质量。"尼米兹"级第五艘"林肯"号由于在建造时格外加装了 6 000 t 重的装甲板,因而它的满载排水量骤增到 10.2 万吨,成为世界上有史以来最大的一艘航空母舰。"尼米兹"级航空母舰的尺寸也相当惊人,舰长 330 多米,宽 76 米多,甲板面积比三个足球场面积还要大;舰体吃水 11.3 m,舰体从舰底龙骨到舰桥顶部共高 70 多米,相当于 20 余层大厦的高度。舰上动力装置采用两台压水反应堆,总功率28万马力,等于3 000辆载重卡车的功率,最大航速33 kn;加一次核燃料可使用13年,续航力达80~100万海里,相当于绕地球25~30圈。

"尼米兹"级各航空母舰自问世以来,以打击力强、反应迅速、机动性好、兵力投送能力大,始终为美国海军和历届政府所青睐,经常作为"急先锋"被派往世界有关海区,以应付地区冲突或局部战争。海湾战争中,美国海军就曾出动了包括"尼米兹"级航空母舰在内的多艘航空母舰。目前,美国海军已有多艘"尼米兹"级核动力航空母舰在役。

9.4.3　核动力巡洋舰

美国有多艘巡洋舰服役,其中除"莱希"级、"贝尔纳普"级、"提康德罗加"级三级为常规动力外,其余为核动力。第一级核动力巡洋舰是1956年着手设计的"长滩"级(Long Beach),其舷号为CGM-9,它是世界上最早的核动力水面舰艇。该级舰只有一艘,于1957年12月2日开建,1959年7月14日下水,1961年9月9日就役。该舰满载排水量17 526 t,标准排水量15 540 t,长219.9 m,宽22.3 m,吃水9.1 m,装有两座C_1W堆。布置在后机舱后部,双轴两台蒸汽轮机,轴功率80 000马力,航速30 kn。

前苏联有一级核动力巡洋舰"基洛夫"级。首舰"基洛夫(Kirov)"号1980年建成,第二艘"伏龙芝(Frunze)"号1984年建成。该级长248 m,宽28 m,吃水8.8 m,标准排水量23 000 t,满载排水量28 000 t,是压水核反应堆与石化燃料联合的核蒸汽联合动力装置,采用蒸汽轮机,双轴,轴功率150 000马力,航速33 kn。该级舰是在1973年~1984年间建造,是前苏联第一代核动力水面舰艇,也是世界上最大的核动力巡洋舰。

9.5　舰船核动力发展

核动力装置之所以在大型水面舰船和大型潜艇上得以广泛使用,是由于其只须消耗极少的核燃料即可获得巨大的能量,故核动力舰艇在大功率情况下仍具有很大的续航力,而且不必经常添加燃料(如一艘核动力航空母舰可以航行10年而不必添加燃料)。又由于核反应不需消耗空气,这使潜艇在水下长期航行成为可能,极大地提高了潜艇的隐蔽性和水下战斗性能,因此得到了各国的重视。舰船核动力正进一步得到发展,且各国按照自己的国情发展本国的舰船核动力。就核潜艇而言,美、俄、法、英等国都在竞争发展中。

9.5.1　美国潜艇核动力发展概况

美国潜艇核动力的发展,基本上是在西屋公司和通用电气公司两大企业之间的竞争中发展的。由西屋公司(WH)设计和主承包的是SW系列,该系列包括一座陆上模式堆S_1W,及其在此基础上开发出的S_2W,S_3W,S_4W,S_5W,S_5Wa,S_5W-II,S_6W等装艇堆。由通用电气公司

（GE）设计和主承包的是 SG 系列,该系列包括 S_1G,S_3G,S_5G,S_7G,S_8G 六座陆上模式堆和 $S_2G,S_4G,S_5G,S_6G,S_8G,S_9G$ 等装艇堆。由燃烧工程公司设计和主承包的是 SC 系列,该系列只建造了一座陆上模式堆 S_1C 和一座装艇堆 S_2C,没有再建后续堆。图 9.5.1 给出了三种形式系列的舰船用压水堆,从中可以看到各舰船的系列归属。

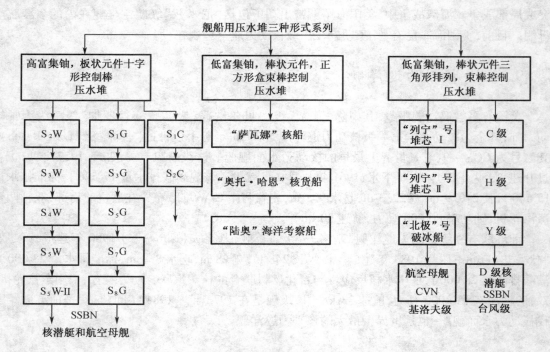

图 9.5.1 舰船用压水堆三种形式系列

美国潜艇核动力的主要特点具体如下。

（1）压水反应堆成为美国潜艇核动力的唯一堆型

美国所建的陆上模式堆及其各装艇堆,除了 S_1G 和 S_2G 外全是压水堆。钠冷中能中子堆的很多特性很适合于潜艇的要求,作为潜艇动力堆很有吸引力,但由于其安全可靠性差,易出事故或故障,不便于维修,在工程实践和运行实践中被放弃了。而压水堆在建堆实践中被肯定,成了美国潜艇核动力的唯一堆型,并在发展中不断改进创新,带动了世界压水动力堆的迅猛发展,使之成为当今世界各种动力堆型中的主流堆型。

（2）反应堆具有较强的自然循环能力

核动力装置的自然循环能力是固有安全性好的标志,而且更重要的是可以消除主循环泵所产生的噪音,提高核潜艇的隐蔽性。美国从 1961 年开始研制自然循环压水堆 S_5G,建造了一座陆上模式堆,也建造了"一角鲸"号试验艇,此后又开发出功率更大的自然循环压水堆 S_6G,S_8G,并装备了"洛杉矶"级攻击型核潜艇及"俄亥俄"级弹道导弹核潜艇。

（3）功率规模不断增大

SW 系列中 S_1W 和 S_2W 的热功率为 60 MW，可提供 1.5 万马力的轴功率。SG 系列中 S_3G 的热功率为 60 MW，可提供 1.7 万马力的轴功率；发展到 S_5W-II，其热功率达到了 85 MW，可提供 2 万马力的轴功率；S_6G 的热功率发展到 120 MW，可提供 3.5 万马力的轴功率；S_8G 的热功率达到了 250 MW，可提供 6 万马力的轴功率。

（4）长寿命堆芯

美国潜艇核动力研究发展的方向是极力促进堆芯寿命不断延长，其目标是争取与艇同寿命，使核潜艇在整个服役期内不必换料。最早的 S_1W，其换料周期为 2～3 年，S_3W 及 S_4W 为 4 年，S_5W 为 4～5 年，S_5W-II 为 10 年，S_3G 或 S_4G 为 5 年，S_5G 为 9 年，S_8G 为 10 年。

美国正在研制建造的"弗吉尼亚"级多用途核潜艇将装备 S_9G 反应堆，其堆芯可在潜艇全寿期内持续使用，不必更换。

（5）板状燃料元件

美国潜艇核动力堆，无论是 SW 系列还是 SG 系列都采用板状燃料元件，这是美国核潜艇压水型动力堆的显著特点。

美国核动力潜艇的发展趋势是研制高可靠性、安全性、生命力的核动力装置；采用典型压水堆结构，是今后相当长时间内发展的主要趋势；延长堆芯换料周期和使用寿命，使建造堆芯运行周期与舰艇服役期同寿命；完善结构布局方案和寻找核动力装置的最佳方案，探讨包括一回路冷却剂作 100% 自然循环的一体化反应堆应用的可能性。

潜艇重要的战术性能之一是隐蔽性，隐蔽性在很大程度上决定于它运动时所产生的噪声。潜艇噪声源主要来自三个方面：一是机械噪声，一是水动力噪声，一是螺旋桨噪声。在电力推进低速航行时噪声主要来自机械噪声；在中速航行时，螺旋桨噪声和水动力噪声则成为主要的噪声源。近年来，潜艇噪声治理取得明显效果，降噪技术不断提高，以美国海军的潜艇噪声治理最为显著。

9.5.2 俄罗斯/前苏联潜艇核动力的发展概况

俄罗斯/前苏联潜艇核动力的发展大致可划分为以下四代。

（1）第一代核动力装置

前苏联 1950 年提出建造舰船反应堆的设想。次年开始方案论证，研究各种不同类型的反应堆，1953 年确定主方案为压水堆，有前途的方案为液态金属冷却堆，并分别开始研制工作。为解决压水堆核动力装置上艇的技术问题，制作了 1:1 实尺模型，并建造了 BM-A 型陆上模式堆，热功率为 75 MW，轴功率 1.75 万马力，采用盘管式管外直流蒸汽发生器。首艇（N 级）1957 年装堆试航，由于燃料循环周期短，试航结束时，堆芯就需要换料了。N 级定型艇采用了经设计修改的 BM-1A 型反应堆和相应的主汽轮机减速齿轮装置，并将换料周期提高了几倍。

（2）第二代核动力装置

在第一代核动力装置的基础上，第二代核动力装置采用了较大热功率的反应堆装置，热功率为 177 MW，轴功率 4 万马力，并改进为紧凑式分散布置，利用短管将反应堆、蒸汽发生器和主泵的水室都包容在统一的单元中，反应堆由双流程改为单流程，简化了堆内结构，反应堆型号为 BM - 4 型，一回路型号分别为 OK - 300，OK - 350，OK - 700 等，采用了螺旋管式管内直流蒸汽发生器。

（3）第三代核动力装置

第三代核动力装置是第二代反应堆的改进完善，初步实现了通用化、模块化设计，增加了可靠性和可维修性。反应堆为半一体化压水堆（紧凑布置），型号为 Б - 3，热功率为 177 ～ 190 MW，轴功率 4 ～ 4.5 万马力，采用了列管式直流蒸汽发生器。

（4）第四代核动力装置

俄罗斯正在建造的"北德文斯克"级攻击型核潜艇，采用了直管式高效直流蒸汽发生器的紧凑布置压水堆，是第四代反应堆，与第三代相比，结构与 Akula - Ⅱ级反应堆基本相同，安静性有了飞跃性的改进。据报道，俄罗斯正在研制一体化压水堆，陆上模式堆已经建成，但还未达到装艇的水平。

俄罗斯/前苏联潜艇核动力的主要特点具体如下。

（1）俄罗斯/前苏联的潜艇反应堆基本上都采用了压水堆。功率分为 4 挡：70 MW 以下、70 ～ 90 MW、135 ～ 190 MW 和 300 MW。根据装艇技术要求不同，装置稍有差异。

（2）前苏联/俄罗斯潜艇绝大多数都采用了双堆装艇。

（3）直流蒸汽发生器技术已趋成熟，高效列管式直流蒸汽发生器成功用于潜艇核动力装置。

（4）潜艇核动力装置控制自动化水平高，艇员素质水平高。俄罗斯 90 年代建成的攻击型核潜艇人员相当少，7 000 ～ 8 000 t 艇只有 60 人左右。

俄罗斯发展舰船核动力装置的技术路线是从分散布置开始，经过紧凑布置，最后建成一体化核动力舰船核动力装置陆上模式堆，并投入运转。除此以外，着重从以下几个方面进行改进：核潜艇隐身技术的发展、艇总体设计趋于最佳化、发展大功率高性能核潜艇反应堆、核潜艇装备先进的电子设备、提高装置的自动化水平、改善核潜艇艇员居住性，提高自持力、核安全性。

9.5.3　英国潜艇核动力的发展概况

英国差不多与美国同时于 1949 年考虑应用核动力装备潜艇。20 世纪 50 年代初英国曾考虑过气冷堆等多种方案，后来接受了美国的建议采用压水堆方案，并于 1958 年在购买美国 SₛW 潜艇压水堆的基础上，结合本国条件改进而设计建造了陆上模式堆 PWR - 1。英国在核电方面是主要发展气冷堆的国家，缺乏生产制造压水堆的基础，通过引进潜艇反应堆和建造陆上模式堆，使其在潜艇压水堆动力技术上赶上了时代，研制起点较高。英国通过 PWR - 1 的陆上模式堆,成功研制了 A,B,Z 三型堆芯,分别装备了"勇士"级、"快速"级和"特拉法尔加"级攻击型核潜艇和"决心"级弹道导弹核潜艇。英国于 1987 年建成第二代潜艇动力堆 PWR-2 的陆上模式堆 STF-2 并投入运行,研制成功了 G 型堆芯,大致与美国研制 S_8G 自然循环压水堆同期进行。新型的 G 型堆芯已装备"前卫"级弹道导弹核潜艇,并装于"机敏"级攻击型核潜艇(取代面临退役的"快速"级)。

英国潜艇核动力的主要特点及发展趋势具体如下。

(1)潜艇核动力的堆型选择

英国在核电动力堆的发展中,是最早建成气冷堆电厂的国家,也是世界上唯一坚持走气冷堆发展道路的国家,在发展潜艇核动力的过程中也曾考虑过气冷堆方案,但最后还是选用压水堆为核潜艇的动力堆。英国是研究一体化压水堆较早的一个国家,但始终没有把一体化压水堆应用到核潜艇上去。至今英国的所有核潜艇动力堆均为分散布置压水堆。

(2)在引进的基础上发展

英国发展潜艇核动力的道路与其他有核潜艇的国家不同,采取先引进,并在引进的基础上走自己研制的道路。英国引进了美国当时先进而成熟的 S_5W,自己建造了陆上模式堆 DSMP,研制成功了 A,B,Z 三型压水堆堆芯。现在又建起了 STF-2 的陆上模式堆,研制成功了新一代核潜艇压水动力堆 PWR-2 的 G 型堆芯。第二代压水堆的主要部件和布置形式都较第一代有了很大改进。

(3)极力提高静音性能,重视降噪

英国为使核潜艇降噪,成立了专门机构即噪声和振动工程部,负责潜艇建造和装置试验阶段的降噪措施和监督工作。英国采取了一系列降噪措施,在核潜艇推进方面除了在"特拉法加"级攻击核潜艇上采用了喷水推进外,还降低了主泵的功率消耗和转速,改进了泵壳设计,在降噪方面取得了很多成果。

(4)努力提高堆芯寿命

英国的第一艘核潜艇"无畏"号装的 S_5W 的堆芯寿命只有 4~5 年,A 型堆芯基本上与 S_5W 相同,B 型堆芯寿命达到 7.5 年,Z 型堆芯寿命达到了 8 年,最新的第二代压水堆 PWR-2 的 G 型堆芯寿命达到 10 年。从英国潜艇核动力技术的发展过程可以看出,核潜艇动力堆的堆芯寿命逐级提高,正在开发的 H 堆芯,其寿命为 25 年。

(5)堆的功率规模

英国核潜艇的发展显示出其航速逐级增大。弹道导弹艇水下航速可达 25 kn,攻击型核潜艇"勇敢"级为 28 kn,"敏捷"级为 30 kn,"特拉法加"级为 32 kn。PWR-1 的单堆热功率变化不大,为各级核潜艇均提供了 15 000 马力的轴功率。发展到 PWR-2,其单堆热功率为 110 MW,为核潜艇提供了 27 500 马力的轴功率。

(6)少试多制,充分利用陆上模式堆

英国在发展潜艇压水动力堆的过程中,先后建造了两座陆上模式堆,即 DSMP 和 STF-2。通过第一座模式堆,在引进的基础上,开发成功 PWR-1 的 A 型,B 型,Z 型三型堆芯,后来又通过 STF－2 陆上模式堆开发出了 PWR－2 新型第二代压水堆,其 G 型堆芯装备新的"先锋"级核潜艇,体现了英国发展潜艇核动力稳步前进、利用一座陆上模式堆发展多型堆芯的经济有效发展模式。

9.5.4　法国潜艇核动力的发展概况

法国政府于 1954 年提出建造核潜艇的计划。但由于法国缺乏富集铀,而采用天然铀重水堆,后因不能满足潜艇所需的质量和尺寸及其他困难而取消,同时也否定了沸水堆和气冷堆方案,选定压水堆,后来由于美国停止供应富集铀而使计划受挫。法国为了发展独立的核打击力量,决定自己生产富集铀,以满足建造核潜艇的需要,并于 1961 年决定首先建造弹道导弹核潜艇。弹道导弹核潜艇陆上模式堆 PAT 堆于 1960 年开工,1964 年满功率运行。第一艘核潜艇"不屈"号于 1971 年服役,其余"可畏"级弹道导弹核潜艇在 1973 年~1980 年间陆续服役。

法国发展核潜艇的道路是先发展建造弹道导弹核潜艇,后发展建造攻击型核潜艇。法国原在 20 世纪 50 年代末也曾着手建造攻击型核潜艇,并准备采用英国的方式从美国引进 S_5W 的计划,但由于戴高乐的反美态度而未能实现,其已施工的艇体改造为弹道发射实验艇。CAP 堆是攻击型核潜艇的陆上模式堆,1971 年开始建造,1975 年满功率运行。法国攻击型核潜艇首艇于 1983 年服役,该级核潜艇为"红宝石"级,是世界上最小的核潜艇。

法国潜艇核动力的发展趋势具体如下。

(1)自力发展掌握技术,走创新之路,是法国发展潜艇核动力的明显特色

法国用一体化压水堆除装备了世界上独特的小型攻击型核潜艇外,也装备了属世界先进水平的弹道导弹核潜艇。目前世界上除了法国以外,还没有任何国家用一体化压水堆装备核潜艇,法国是世界上唯一采用一体化压水堆型潜艇动力堆的国家。在 CAP 堆的基础上,法国又开发出大功率一体化自然循环压水堆 K－15,装备于"凯旋"级弹道导弹核潜艇以及"戴高乐"航空母舰上。

(2)反应堆的功率规模不断提高

法国核潜艇排水量不断增大,"凯旋"级水下排水量为 14 335 t,比"可畏"级大 58.8% ,比"不屈"级大 60% ,因此潜艇压水动力堆的功率规模也跟着不断提高。现在已从弹道导弹核潜艇分散布置压水堆 PAT 堆的单堆热功率 85 MW、轴功率 16 000 马力和攻击型核潜艇一体化压水堆 CAP 堆的单堆热功率 48 MW、轴功率 9 500 马力的规模,提高到 K－15 一体化压水堆的单堆热功率 150 MW、轴功率 41 000 马力。K－15 堆的热功率是 PAT 堆的 1.76 倍,是 CAP 堆的 3.13 倍,其轴功率是 PAT 堆的 2.56 倍,是 CAP 堆的 4.32 倍,其功率规模有了大幅度提高。而且法国成功地大幅度提高了一体化压水堆的功率规模,标志着法国在发展一体化压水堆技术方向取得了卓著的成绩。

(3)不断提高反应堆自然循环能力

一体化堆结构紧凑,安全可靠,其自然循环能力可达 60% 的额定功率,在主泵停转后仍能

以中低速航行,大大降低了巡航时的噪声,并提高了动力装置的固有安全性。

(4)采用多种降噪措施,提高隐蔽性

法国对核潜艇降噪非常重视,所有核潜艇都采用电力推进方式。"宝石"级攻击型核潜艇的噪声比英国的"特拉法加"级核潜艇(喷水推进)还低 20~30 分贝。核动力装置还采取了许多降噪措施,如安装弹性减振机座、改进螺旋桨设计等。

(5)采用板状燃料元件

法国 PAT 堆采用棒状燃料元件,CAP 堆的陆上模式堆也采用棒状燃料元件,而装艇的 CAP 堆已经采用了板状燃料元件,半一体化 CAS-48 堆也采用板状燃料元件。

(6)堆芯寿命迅速提高

法国最先建成装在"可畏"级和"不屈"级核潜艇的 PAT 堆的堆芯寿命只有 3~4 年;在其后建成并装在"宝石"级上的 CAP 堆的堆芯寿命却长达 25 年,K-15 一体化大功率压水堆也长达 25 年。

9.5.5　中国潜艇核动力的发展概况

中国核潜艇是中国人集体智慧的结晶。1968 年 11 月,中国第一艘核潜艇开工建造,1970 年 12 月 26 日,中国第一艘攻击型核潜艇下水,1971 年 4 月,各系统码头调试完毕;顺利进行了四个阶段的试验,出海 20 余次,试验项目 200 余个,累计航程 6 000 多海里;1981 年 8 月 1 日,中央军委发布命令,将我国研制建成的第一艘核潜艇命名为"长征一号",从此人民海军进入了拥有核潜艇的新阶段,中国成为世界上第五个拥有核潜艇的国家。

中国第一艘攻击型核潜艇的动力装置为压水型反应堆,其特点是自行设计,自行建造。

1983 年,中国第一艘弹道导弹核潜艇完成了各种试验之后,正式加入人民海军的战斗序列。1988 年 9 月 28 日,我国宣布,中国核潜艇水下发射运载火箭成功。

中国核潜艇的发展,标志着中国核潜艇部队已进入建设的新时期。我们相信,随着中国国力的增强,核潜艇部队将在保卫国家安全,特别是海洋、领海安全方面发挥重要的作用。

9.6　水下用小型核动力

9.6.1　水下小型核动力的用途及发展前景

随着核动力技术的不断进步和发展,核反应堆的应用领域也在不断扩大。目前人类还在积极探索核反应堆在更广泛领域中的应用,例如目前一些发达国家正在着手研制海底开发用小型核动力潜器和水下工作站。这类小型潜器和水下工作站具有广泛的军事应用前景和商业应用价值,引起有关发达国家的高度重视。

21 世纪是海洋的世纪,很多国家都认识到海底蕴藏着丰富的矿物资源,对其开采可大大缓解本国能源短缺,这也是经常引起海洋争端的原因之一。为此,目前世界很多国家都面临着两方面问题:一是海洋防御;二是海洋探测和开发。在海洋防御方面,核动力已经发挥了很大作用。目前核潜艇已成为各核大国海军的一支重要作战力量。但是由于大型潜艇的功率大、建造周期长、建造费用高等特点,其建造数量是有限的。另外,大型潜艇也不适合执行所有的战斗使命,如水下探测和侦察等,这样就需要一些尺寸较小、排水量较低的潜器来完成这些任务。

由于海底资源极其丰富,研究和开发海底资源是世界各国目前面临的重要课题,近年来很多国家已经开始重视对海洋资源的研究与探测,可能从以下几方面进行深海的研究与开发:

(1)深海的特定研究　生物学、地球地理学、深海的微生物学研究、遗传工程、微生物的培植等。

(2)深海资源的开发　海底石油的探测,热液矿床及锰结核的探测、开采和输送,水合物的开采等。

(3)深海床建筑和人类能生存的深海站。

随着科学技术的不断发展,人类在海底活动的范围和规模会越来越大,因此对深海潜器的下潜深度和续航力等方面的要求也会越来越高。由于核动力的工作过程消耗燃料少并且不需要空气,在潜器上装备小型核动力装置是一种很有发展前途的技术方案。可以预见,在 21 世纪的海洋开发和深海探测方面,水下小型核动力会扮演很重要的角色,水下潜器和水下工作站的开发和利用将会有广阔的应用前景。随着国际上海洋资源开发竞争越来越激烈,用于海洋开发的投入也会越来越大。

9.6.2　核动力水下潜器和水下工作站的优势

近年来深海的探测研究受到了人们的重视,已经研究出了一些常规的水下动力源,例如斯特林发动机、闭式循环柴油机、燃料电池、闭式循环汽轮机等。这些常规动力源携带的燃料有限,因此使用的时间都较短,一般在几小时或几十小时,这就限制了这些潜器的工作范围。如果能为这些潜器提供像核反应堆这样的动力源,潜器的下潜深度和下潜时间将不受动力源的限制,深海的研究工作将会得到很大的进展。

与其他的水下动力相比,装有小型核动力装置的深海潜器有以下优点:①能满足潜器的机动性和水下续航力等要求,可以为全航程提供足够的能源,不受下潜深度和潜伏时间的限制;②固有安全性好,事故概率低、维修保养量少;③燃料的消耗量少,核燃料的一次装料可在满功率下运行一年以上,中间不需要添加燃料;④我国有研制、建造大型核动力潜艇的经验及较雄厚的核动力技术基础,因此其研制将不会遇到难以解决的关键技术问题。综合比较,其研制费用不会比其他的不依赖空气的动力装置高很多。

9.6.3　典型的水下用小型核反应堆

1. 日本一体化小型压水堆 DRX

日本核能研究所设计研究的 150 kW（电功率）深海反应堆 X（DRX）型，是一个用来提供水下动力源的小型核动力装置。它的特点是燃料消耗量少，但是能提供较大的功率，并且不需要空气。它采用了一体化的压水反应堆，蒸汽发生器装在反应堆容器内。一个大的压力壳内包容了汽轮机、蒸汽发生器以及反应堆容器，由此形成一个很紧凑的发电装置。这一装置容易操纵，固有安全性高，启动时间短，有较好的反应堆功率响应特性，在事故情况下有固有的堆芯淹没和衰变热导出特性。

DRX 反应堆于 1989 年开始进行研究，开发这种反应堆的目的是将其装在如图 9.6.1 所示的小型潜器上。该潜器全长 24.5 m、型宽 4.5 m、型深 6 m。设计条件是纵倾 30 度、横倾 15 度，最大下潜深度 6 500 m。潜器上布置 6 个推进器，具有前进 3.5 kn、升降 1.5 kn、侧移 1.5 kn 等机动能力，可连续工作 30 天。该潜器的人员活动空间由 5 个相通的内径均为 2.8 m 的钛合金球型容器构成。核动力的输出电功率 150 kW，可乘坐 8 人，其中包括一定数量的从事深海研究的科学家。

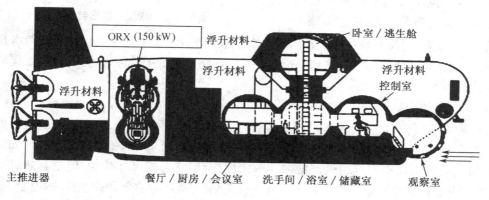

图 9.6.1　小型核动力潜器

这种小型潜器具有海底勘探、水下标本采集、水下电缆铺设等多种功能，如果用在军事上，可进行水下侦查、监控、布雷等多项作战任务，因此这种水下潜器无论在军事上和民用上都有很大的开发和应用价值。

（1）DRX 装置整体

DRX 装置如图 9.6.2 所示。两个 2.2 m 直径的钛合金球形壳体连在一起，构成一个压力壳，此壳体内装有反应堆容器、蒸汽发生器、汽轮机、发电机和其他设备。由于所有的部件都在压力容器内,因此这一动力装置布置很紧凑。

　　反应堆额定功率 750 kW,装置输出有效电功率 150 kW,装置效率 20%。反应堆堆芯是靠冷却剂的自然循环冷却的,因此不需要主泵,反应堆没有稳压器,容器内的压力是由冷却剂的温度控制的。控制棒系统分为两组,即停堆组和反应性控制组,这两组控制棒及驱动机构都在反应堆容器内。压力壳内的水是二次水,由给水泵打入蒸汽发生器。在蒸汽发生器内产生 3 MPa 压力的蒸汽,蒸汽从反应堆容器引出后驱动汽轮机,然后进入冷凝器。蒸汽冷凝器是热管式的,热管的蒸发部分在压力壳内,冷凝部分在压力壳外,其热量最后传给海水。反应堆容器内的水位及压力壳的水位确定应使在主回路

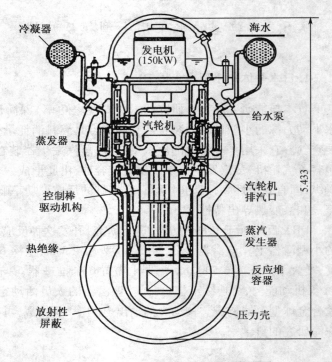

图 9.6.2　DRX 反应堆装置

事故情况下堆芯能保持淹没状态。在出现失水事故情况下,从反应堆容器泄漏出的水充满压力壳,使一回路和二回路的压力达到平衡。这时一回路冷却剂的外流将停止,但仍能保证足够的水位淹没堆芯。

　　(2)反应堆堆芯

　　反应堆堆芯可在 750 kW(热)功率下运行四百多天,这相当于在 30% 的有效运行负荷下运行大约 4 年。堆芯由单束燃料组件组成,其等效直径为 36.8 cm,有效高度 34.4 cm。与常规的 PWR 相比,其功率密度很低。增加功率密度,会使堆芯的尺寸减少,但是其效果不很明显,因为反应堆容器的尺寸主要受一些大设备所支配,如蒸汽发生器和控制棒驱动机构等。另外,低功率密度对产生大的安全边界和运行的灵活性是有利的,这也会减少反应堆不定期停堆的频率。为了保证反应堆有 5 500 MWd/tU 的燃耗,其 ^{235}U 的富集度为 11%。燃料包壳采用锆−4 合金,燃料棒外径 9.5 mm,燃料棒节距 17 mm,堆芯内共装 368 根燃料元件、24 根控制棒。

　　与常规的压水堆相比,冷却剂密度的负反应性系数大。冷却剂的密度每减少 1% 相应于 0.4% 的负温度系数,这使得 DRX 有较好的功率变换性能。从固有安全的角度看,一个基本要求是防止反应堆内冷却剂全部流失。其保证方法是在蒸汽发生器与压力壳水之间保持一个二次冷却水的通路。在给水泵与蒸发器之间有止回阀和旁通阀。旁通阀用来控制给水流量,使

给水通路绝不会中断。在蒸发器的出口处直接安装一个水压阀。当蒸汽控制阀关闭时,可给出小于 15% 的蒸汽流量,这时汽轮机停机,给水泵也停运行,这将引起水压阀工作。

（3）蒸汽发生器和汽轮机

为了使蒸汽发生器的体积小、效率高,蒸汽发生器采用直流盘管式,由 6 根因克洛依 - 800 材料的管子制成,管径 19 mm、管壁厚 2.1 mm、管长 20 m。蒸发器额定蒸汽产量 1.1 t/h,额定蒸汽压力 3 MPa,额定蒸汽温度 243 ℃。这种蒸汽发生器目前已有成熟的技术。

为了使设备在压力壳内占的空间小,要求各种设备都要小型化,汽轮机在设计过程中也采用了小型化技术。DRX 的汽轮机由双列速度级和 6 级反动级组成,额定工况下进口蒸汽压力 3 MPa,排汽背压 0.02 MPa,末级湿度约 15%,汽轮机功率 165 kW,内效率达 75%。

（4）DRX 反应堆的特点

DRX 这种一体化的小型核反应堆目前已完成了概念设计,正在做更深一步的研究和设计工作,它的概念设计具有一系列的鲜明特征,它的一些新的设计思想对反应堆的小型化有很大的启示。归纳这些特点如下:

①固有安全性高　采用全工况范围自然循环,堆芯设计具有大的负温度系数,可实现全工况堆功率自调;具有非能动余热导出的能力,加上其较低的堆芯功率密度,使 DRX 反应堆的固有安全性达到了很高的程度。

②结构简单、布置紧凑　DRX 反应堆是一种高度一体化的装置,它不仅把蒸汽发生器布置在反应堆内,而且把汽轮机和发电机也布置在压力容器内。这种一体化布置没有一回路和二回路的连接管路,把整个动力装置布置在一起,这种大幅度深层次地合理简化,使装置小型化,更适合在潜器上使用。

③使用简便　DRX 装置具有良好的自稳特性和先进的自动化控制系统,使运行操作相当简便,只是启动过程中有些需要操作的工作,其余情况下只须监视而已。

DRX 反应堆装置是在压水堆的概念基础上发展而来的,压水堆的技术已有 50 年的发展历史,很多技术已经相当成熟。DRX 的绝大部分技术是采用现有压水堆的成熟技术,其研发的工作量不大,因此是近期有希望在水下潜器和水下工作站上采用的动力源。

2. 水下热电直接转换式反应堆

目前水下核动力采用的一种新技术是将核反应堆产生的热能直接转变成电能,其电能给推进电机供电即可构成潜艇的推进系统,这种能量转换方式不需要使用传统压水堆的一回路系统和二回路系统以及相关的设备,使核能转变成电能的过程大大简化,从而可以大幅度减小核动力系统和推进系统的质量和体积,为提高潜艇的综合作战能力和使水下潜器小型化创造了极其有利的条件,从而使水下核动力的性能发生一次新的跃变,因此有人把核反应堆热电动力系统称为潜艇技术发展的又一个里程碑。

目前航天器上使用的核动力已经采用了这种热电直接转换技术,如何将这种能量转换方案用于水下核动力是目前科学家们研究的一个重要课题。美国和俄罗斯的科学家目前已开展了一些研究工作,准备把航天用的热电转换反应堆用于水下动力。例如美国正在研究将航天器上用的 SP – 100 反应堆用于水下潜器或潜艇上。SP – 100 是用于航天器上的快中子热电转换反应堆,该反应堆热功率为 2.4 MW,经热电转换后输出的功率为 100 kW。该反应堆的燃料采用氮化铀,铀 – 235 的富集度为 97%。反应堆的控制和停堆靠滑动的反射层执行,反应堆的一次装料可满功率运行 7 年。经过改进后可使这种反应堆能适合水下潜器或小型潜艇动力的需要。改进后的动力装置质量尺寸比传统压水堆动力装置有很大的减小,这就可以使动力装置所占的空间大幅度减少,使潜器有更大的空间安装仪器和改善艇员的生活空间。

经改进后的 SP – 100 反应堆系统如图 9.6.3 所示。反应堆冷却剂系统采用金属锂,锂的热导率高、热容量大,是比较好的快堆冷却剂材料。二回路系统也采用金属锂作为冷却剂,在一回路和二回路之间是热交换器和热电转换装置。经过热电转换后的余热由三回路的海水带走,由于海水的温度较低,热电转换的效率比航天用的反应堆效率高。

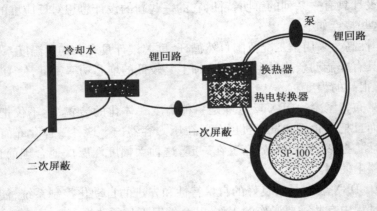

图 9.6.3 船用 SP – 100 反应堆系统

SP – 100 反应堆是根据热电偶的原理进行热电转换的,由热电偶测温的原理得知:如果两种不同材料的金属导体 A 和 B 组成如图 9.6.4 所示的闭合回路,当两端温度不同时,在回路中会产生一定方向和大小的电势,此电势包括接触电势和温差电势。

接触电势是两种不同的金属导体 A 和 B 接触时而产生的电势,由于金属材料的不同,其内部电子密度也不同,电子密度大的金属内的电子就向电子密度小的金属内扩散。假设金属 A 的电子密度比金属 B 的大,则有一些自由电子从 A 跑到 B,这使 A 因失去电子而带正电,B 因得到电子而带负电。在一定温度下,当电子的扩散力与电场力达到平衡时,在两种金属的接触处产生了电位差,称之为接触电势。

温差电势是金属本身两端温度不同而产生的电势。如果金属两端温度分别为 t 和 t_0,且 $t > t_0$,由于温度不同,自由电子所具有的能量也就不同,温度高能量大,能量大的自由电子就要往温度低的一端移动,使温度高的一端带正电,温度低的一端带负电,于是两端之间产生了电位差,这就是温差电势。

　　根据以上原理,当两个不同的金属材料相接触并且两端有温差存在,这个回路就会产生电势,根据这一原理可做成热电转换器,就可以将热能直接转换成电能,这种热电转换器的效率与使用的两种金属材料有关。对材料的基本要求是有较高的塞贝克(Seebeck)系数 S[伏特/摄氏度],有较低的电阻和热导率。但遗憾的是对于绝大部分材料,热导率和电阻之间存在相反的关系,即电阻小的材料热导率大,这就限制了整个热电直接转换的效率。在核动力的热电直接转换装置中使用的材料一般是硅(Si)和锗(Ge)。在工程中一般用性能因数 Z 来评价热电转换材料的性能,即有

$$Z = S^2/(\rho K) \tag{9.6.1}$$

式中,ρ 是总电阻,Ω;K 是总热导,W/℃;热电转换材料的 Z 值范围是 $3 \times 10^{-3} \sim 0.5$ ℃$^{-1}$。当材料的 Z 值高时,可以工作在比较高的冷热段温差下,在采用核能加热的情况这是需要的。这种热电转换器的效率目前可达到3%~4%之间。图9.6.5所示为一热电转换装置原理图。

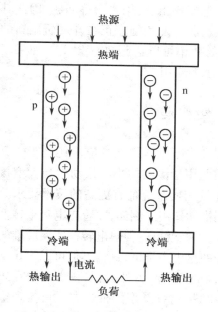

图9.6.4　两种不同金属组成热电偶

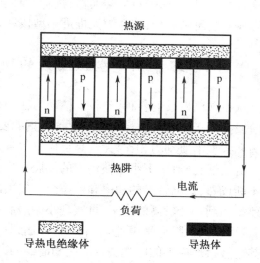

图9.6.5　热电转换器

　　以上的热电直接转换方法已经比较成熟,所要解决的关键技术问题是构成热电转换装置上的两种金属材料的选择问题,选择不同的材料会得到不同的转换效率,目前美国研究开发的第三代热电直接转换系统,用硅－锗加一些辅助材料的热电转换元件。

　　将空间热电直接转换反应堆用于水下,需要解决热阱散热问题。改进后的反应堆余热排出的散热系统采用海水作为热阱的热交换器,与空间使用的空气散热器相比,这样会增加整个热电转换器的效率,但需要设计能适用水下的散热器。另一个重要的改进是反应堆的屏蔽,空间反应堆不必考虑附近有日常工作人员,因此大部分屏蔽是为保护反应堆而设计的,而不必考

虑到对人员的辐照。把这种反应堆用在潜器上,需要对这种以反射器作为控制系统的反应堆增加额外的屏蔽。

因为 SP－100 反应堆的功率密度大,系统有更高的功率水平,所以反应堆的整体质量比压水堆减少很多。由于推进电机位于船尾,因此轴系的长度减少,而且可以大量减少动力舱的长度。通过减少动力舱中大部分动力机械,其所需润滑油也可以减少。

由于反应堆采用热电直接转换方式将热能转换成电能,与常规的压水堆动力装置相比,省去了蒸汽发生器、主蒸汽系统、汽轮机、主冷凝器、减速齿轮、凝给水系统和滑油系统等,使潜器动力装置所占空间减少很多。由于动力装置体积的减小,它在潜器上布置更加灵活。

尽管热电直接转换式反应堆有很多优点,但它的热电转换效率低是目前存在的一个较大的问题。例如俄罗斯的托巴斯系列反应堆的热电直接转换效率只有 4% ～ 6% ,而美国的 SP－100 的热电转换效率也不超过 7% 。目前各种资料报道的实验室的研究成果中,其热电转换的效率比以上值高很多,这是由于在使用中要解决电能输出、使用寿命等问题,因此其实际的转换效率要比特定条件下的实验值低很多。目前俄、美等发达国家正在开发研制新的热电转换方法,例如钠离子热电转换器,据称这种转换器的效率可以达到 20% 以上。如果新的热电转换方法研制成功,将会大大推进小型核动力在水下的应用。

9.6.4　水下用小型核动力的现状和发展趋势

从目前已发表的各种资料看,核动力在小型潜器和水下工作站上的应用还处于研究和开发阶段。由于潜器对质量尺寸有更加苛刻的要求,因此用于潜器的小型核动力与大型核电厂动力和大型潜艇动力相比,无论是反应堆本身还是能量转换系统都有更高的技术要求。相关技术的发展,会对水下小型核动力的发展和应用起到推动作用。例如,随着热电直接转换技术的不断成熟,热电转换的功率和效率会有较大的提高,这样就可以使热电转换式反应堆的功率和效率达到一个较高的水平,可实现小型潜艇和潜器的全电力推进,这样不但可以简化动力系统,也可以大大降低噪声,使水下动力源达到一个更高的水平。另外,目前科学家也在研究利用热电转换反应堆的电能实现潜艇和潜器的磁流体推进,这种新型的推进方式可实现空前的安静性,实现潜艇和潜器的无噪声推进,使潜艇和潜器的噪声降低到海洋背景噪声以下。

9.7　空间核动力

9.7.1　空间核反应堆的特点

人造卫星、宇宙飞船空间站等航天器的仪器设备的运行需要能源维持。目前在这些航天器上使用的常规能源有热能、化学能、光能和太阳能等四种。随着人类对太空的不断开发和利用,需要的空间能源的功率越来越大,寿命越来越长,因此这些常规能源的功率和寿命受到限制,很难满足空间站长期工作的需要。为此人类想到了核能,就满足载人飞船、大型空间站的较大功率和体积小、质量轻、寿命长、可靠性高、抗电磁波干扰等性能而言,核电源具有其独特的优势。以核能作为空间电源的形式有两种:一种是放射性同位素电池,另一种是空间核反应堆。放射性同位素电池是利用钚 – 238 的射线衰变释放出的热量,通过热电转换原理转换成电能。尽管这种核电池的价格昂贵,功率不大,但它的使用寿命可达数十年或上百年,因此受到人们的广泛关注。与以上几种空间能源相比,空间核反应堆能源有以下优点:①能满足和超过所有空间飞行的要求,既可以低功率长期供应能源,又可以短时间高功率供能;②利用现有核动力技术,既可以节省开发时间,又能使风险与成本降低;③体积小、质量轻,特别是每千瓦功率的质量大大小于其他种类的能源;④安全性好、可靠性高,与太阳能和光能源电池相比具有抗外界攻击的性能。

图 9.7.1 给出了最适宜的空间电源的研究结果。从图中可以看出,化学能由于受到质量和体积的限制,一般适合于时间较短的空间能源供应;太阳能产生的电功率一般在 20 ~ 100 kW 之间,可运行 7 ~ 10 年,适用于能量较低的空间电源;放射性电池,由于放射性同位素(RI)衰变产生的能量有限,因此只适合于低功率的能量供应。而空间核反应堆由于体积小、比功率大,在很宽的功率范围内都能满足空间供电的要求。

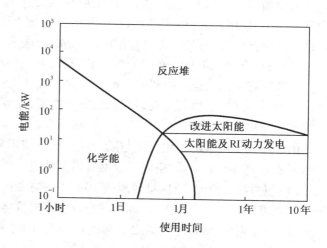

图 9.7.1　所需电力与使用时间的最佳空间电源

由于空间核反应堆的研制具有重要的军事战略意义,因此美国、俄罗斯和法国都先后开展了空间核反应堆的研究,以下分别介绍这些国家的研究情况。

1. 美国的空间动力反应堆

美国对空间动力堆的研究从 20 世纪五六十年代就已经开始了,在 1965 年研制成功了斯纳普 10A(SNAP – 10A)反应堆,并送入 1 300 km 的空间轨道。这个反应堆的设计功率为 540 W,但实际运行功率达到 630 W。该反应堆是作为一颗空间卫星的辅助动力,这个反应堆在空间只运行了 43 天。

1983 年美国又开始研究 SP – 100 型空间核动力反应堆,该反应堆是用液态锂冷却的快中子反应堆,堆芯采用富集度为 76% ~97% 的硝酸铀燃料,由于用液态金属作冷却剂,其运行温度可达 1 000 ℃ 以上,堆芯体积和篮球一样大。该反应堆设计电功率为 100 kW,设计满功率寿命 7 年。SP - 100 型空间核动力反应堆系统主要由发电的热电转换系统和散发废热的辅助冷却系统组成,具有固定和移动两种散热板,可把 2 000 kW 的热量散发到空间。

SP - 100 型空间核动力反应堆堆芯装有 878 根 87% ~97% 富集度的氮化铀(UN)燃料,可产生 2.4 MW 的热功率。UN 燃料温度在 1 300 K 以上会增大膨胀,所以在设计上燃料棒的内径与包壳之间的间隙取得很大,以减小包壳的变形。为了不使 UN 加热分解,燃料最高温度限制在 2 000 K。堆芯内除燃料棒外,还设置有 7 根安全棒。

2. 俄罗斯空间核反应堆

前苏联于 1967 年发射了第一颗带有核反应堆的"宇宙号"卫星,到目前为止已有三十几颗由反应堆供电的宇宙系列卫星在太空中运行。核反应堆主要为这些卫星的雷达供电,这些卫星都用于军事目的。

俄罗斯用于宇宙系列卫星的核反应堆有两类:一类是罗马什卡(Romashka),这是一种快中子反应堆,使用铀 -235 陶瓷燃料,燃料的富集度大于 90%,利用热电偶产生电流的原理直接把热能转换成电能;另一类是托帕斯(TOPAS),这是一种超热中子堆,这种堆以氢化锆作慢化剂,使用富集度大于 90% 的高富集铀作燃料,利用热离子发射原理把热能转换成电能。

俄罗斯在空间反应堆的研究方面走独立开发的道路,目前已积累了 400 多个堆年的空间反应堆的运行经验。目前还在研究新的空间堆型,据称这种新型反应堆要比以往的宇宙系列反应堆效率更高,寿命更长,电功率可达 400 kW。

由于空间反应堆的使用环境与陆上反应堆的使用环境有很大差别,因此对反应堆各方面的指标要求也有很大不同,空间反应堆有以下特点:

(1)卫星在发射时,反应堆要承受 10g 左右的加速度,同时还要产生很大的振动,此外由于进入轨道便进入失重状态,因此要注意反应堆内液体的状态变化及其他变化;

(2)在宇宙中,局部空间的温度是绝对零度,因此要使核反应堆装置运行,必须保持适当的温度;

(3)宇宙空间是高真空状态,在无填充气体的条件下,有机的电绝缘体可能发生汽化,使反应堆发生故障;

(4)由于宇宙尘埃对反应堆堆体的冲击,要求必须加设保护容器。

由于空间反应堆的特殊运行环境和以上的一些特点,空间反应堆必须满足以下一些条件:

(1)由于空间卫星或飞行器的空间有限,要求反应堆必须体积小、质量轻,以减少发射时的负荷;

(2)要求反应堆的自控性和可靠性高,要依靠地面指令运行,而不需要人工进行维修和调整;

(3)要保证安全,无论在地面或在发射过程中,以及在宇宙环境中,必须不发生放射性污染。

由于以上的一些要求,空间核反应堆的技术要求更高,条件更苛刻,所以要在现有的陆地核反应堆技术的基础上进行开发和改进。同时还要开发一些新技术,例如新型控制技术和热电直接转换技术等。

9.7.2　空间反应堆的结构形式

空间反应堆可以采用高富集度铀为燃料、氢化锆为慢化剂、铍作为反射层的热中子或超热中子反应堆;也可采用快中子反应堆,用液态金属锂或钠作为冷却剂,通过热电能量转换器把裂变能转换成电能,也可用蒸汽轮机或气轮机发电把热能转换成电能。

图 9.7.2 是俄罗斯研制的 TOPAZ – Ⅱ 空间反应堆。这是一个氢化锆慢化的超热中子反应堆,反应堆堆芯由 37 根燃料元件组成,燃料采用富集度 96% 的二氧化铀,燃料装载量 27 kg。反应堆的功率是通过外侧的铍反射转鼓的转动来控制的,每个反射转鼓由 116 度扇面的碳化硼作为中子吸收体(见图 9.7.2),通过控制鼓转动改变扇面吸收体的位置来达到控制反应堆的目的。该反应堆的热功率为 115 kW,电输出功率 5.5 kW。堆芯采用 22% 钠和 78% 钾的液态合金(NaK)进行冷却,反应堆出口温度 843 K,入口温度 743 K,冷却剂质量流速 1.3 kg/s。反应堆堆芯高 37.5 cm,直径 26 cm,堆芯周围是铍反射层。在反射层中含有 3 个安全转鼓,9 个控制转鼓。

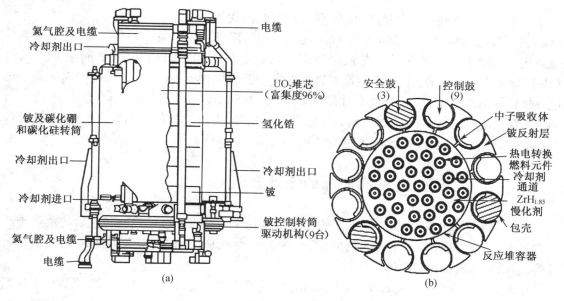

图 9.7.2　TOPAZ – Ⅱ 反应堆

该反应堆使用的燃料元件同时也是一个热电转换器,热电转换器的原理如图 9.7.3 所示。这种热电转换器称为热离子热电转换器,通过这一热电转换器把燃料产生的热能直接转换成电能。热离子热电转换器与燃料元件一起构成了热离子燃料电池,它由燃料芯块、发射极和集电极等组成,发射极和集电极布置在燃料芯块的外侧。燃料元件的中心部位是带有空洞的 UO₂ 燃料芯块或 UN 燃料芯块。把燃料芯块制成带孔的形式,以防止燃料芯块发生熔化事故。

紧靠燃料芯块的外侧是作为热电子发射体的金属钨,见图9.7.4,这一层金属钨作为电子发射极被装配在与燃料块紧相邻的位置上。

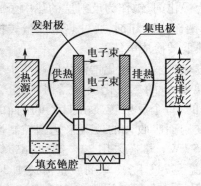

图 9.7.3　热电转换原理图

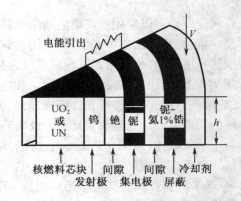

图 9.7.4　热电转换燃料元件的构成

位于金属钨外侧的一层是金属铌(Nb),在钨层与铌层之间有空隙,空隙中充注了气体铯(Cs),这样做是为了防止空间电荷效应引起发电率的降低。铌层是作为集电极,在铌层的外侧是铌 – 锆耐热合金屏蔽层。在铌层与铌 – 锆合金层之间也设置有间隙,间隙充有氦气(He),以防止冷却剂的温度上升过高。这样由发射极和接收极组成了二极管,构成热离子热电直接转换燃料元件。裂变能将钨加热到 1 500 ~ 2 000 ℃,钨电极便发射出大量电子,发射出的电子穿过电极空间到达接收极,通过接收极形成电流,再通过负荷构成闭合电路,把热能转换为电能。这种反应堆的寿命一般可达 1 ~ 3 年,质量 1 000 kg 左右。

9.7.3　空间核反应堆电源的系统组成

图 9.7.5 是 TOPAZ – Ⅱ反应堆的冷却剂系统,这个系统将堆芯经热电转换后的余热排放到空间中去。冷却剂回路的主要部件包括管路系统、电磁泵、容积补偿箱、气体吸收器、膨胀波纹管、启动加热器和辐射散热器等。

冷却剂进入反应堆下部腔室,向上通过并联通道流过堆芯进入上腔室。冷却剂在上腔室分成对称的两路,然后以一定的角度穿过放射性屏蔽内部,回路与屏蔽之间有真空绝缘层。回路上装有气体吸收器以去除 NaK(钠钾合金)中的氧,冷却剂从屏蔽引出后进入辐射散热器上的联箱,从这里冷却剂被分流到 78 个小散热管内,通过这些散热管将余热散发到空间去。从散热器流出的冷却剂进入收集器,由此分成两路,在电磁泵的驱动下返回堆芯。

容积补偿箱是用来补偿在系统启动过程中 NaK 的膨胀,它连接到回路的冷管段上。在整个主冷却剂系统中,分布有小的波纹膨胀管,为启动和热瞬变提供补偿。

目前俄、美两国都有这种空间反应堆,并有开发大功率、长寿命的热离子反应堆的计划。

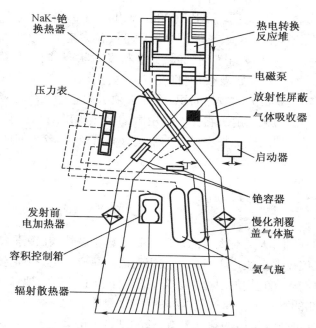

NaK-铯换热器
压力表
发射前电加热器
容积控制箱
辐射散热器

热电转换反应堆
电磁泵
放射性屏蔽
气体吸收器
启动器
铯容器
慢化剂覆盖气体瓶
氢气瓶

图 9.7.5 **TOPAZ － Ⅱ反应堆冷却系统**

这种反应堆不仅可以用在空间,而且也可以用在水下,作为水下勘探、海底开发潜器用的动力源;也可作为水下侦察、水下监听等军事潜器的动力源。因此,这类小型核动力反应堆具有非常广阔的应用前景,受到一些国家的重视。

9.7.4 空间同位素电源

同位素电源是利用放射性同位素衰变的热量产生电能。在同位素电源中,首先采用的同位素是钋－210,它的放热量是 141 W/g,它的半衰期是 4.5 月。这样的工作周期显然不能满足长期航天飞行的需要,于是后来的研究人员又选用了钚－238。钚－238 的半衰期是 89 年,放热量为 0.55 W/g,但此种同位素燃料比较昂贵。比它们廉价的同位素有锶－90,其半衰期为 18 年,发热量为 0.93 W/g。但锶－90 的辐射危害性较之其他同位素更大一些。采用钚作为同位素电池的热源比较安全,因为这些同位素在其衰变过程中只放出 α 粒子,并没有"硬"的 γ 射线辐射。在使用这些同位素作热源时,一般把它们的合金、氧化物或碳化物很好地密封于金属管子中。例如俄罗斯研制的同位素电池,同位素燃料管置于石墨层中,石墨圆柱体的外部紧密地与热电转换组件相联结,这里使用的热电转换装置是采用热电偶的原理。当两种不同材料的金属形成一个闭合回路,金属两端温度不同时,在回路中就会产生一定方向和大小的电流。这种热电转换器产生的电流和电压正比于转换器两端的温差。根据选用的同位素不同,热端的温度一般在 350 ~ 650 ℃ 之间,冷端温度在 100 ~ 250 ℃ 之间。目前同位素电源能达到的热电转换效率为 4% ~ 6% ,比功率达到 200 kW/kg。

同位素电源的功率一般都不大,其原因是放射性同位素是不可控制地不断放热,在不使用时要考虑其散热问题。当卫星装在发射架时,处于待发射状态,同位素就应预先置于电源中,然而此时卫星不需要供电,或只需要很少量的电源,这样就必须把大量的余热散发掉。若同位素的电源功率很大,就须要很大的散热面积,因此必须限制它的功率。相比之下,核反应堆电源可以实现有控制的发热,无须解决它在不使用时的余热排出问题。但是核反应堆电源不可能做得很小,这主要是受到反应堆临界尺寸的限制,因此在功率较小的情况下使用同位素电源更具有优越性。

9.7.5 空间核推进装置

随着科学技术的进步,人类对太空的探索步伐会越来越快,在探索太阳系以外行星的过程中,人们会不满足于仅仅发射快速飞行的小型探测器。总有一天,科学家将把探测器送入太阳系以外的行星,让机器人在它们的卫星上登陆,把岩样和土样送回地球,最终我们还将把宇航员送到那些神秘莫测的卫星上。要执行这样的任务,目前的化学燃料是满足不了要求的,从目前能源技术发展和推进技术发展的角度来看,核能推进火箭会是一个很好的选择。

应该说航天技术发展到今天,化学能火箭功不可没。但对给定质量的燃料,化学能火箭发出的功率较低,从而对航天器有严格的限制。从技术上讲,化学能火箭所能达到的最大速度较低,即它的排气速度不高。使用氢和氧作推进剂的火箭只能使要离开地球轨道飞出的探测器取得大约 10 km/s 的最大速度,而核火箭的最大速度可达到 22 km/s。在这样高的速度下,我们可以把探测器直接送到火星,并可以把用在旅途上的时间从 7 年左右缩短到 3 年。使用核推进器的探测器,可从地面上用常规火箭发射,待到地面上空 800 km 后再启动核推进器。

航天器的核能推进方式可分为核电推进(电火箭)与核热推进(核火箭)两种。

(1)核电推进装置是将从核能转换的电能提供给电火箭,使推进剂(例如汞或氙)电离、加速,成为等离子态的推进剂以高速排出喷管,产生推力。核电推进系统最早考虑的能量转换方式是采用闭式的燃气轮机循环。这种方式可以使用较多的目前现有的成熟技术,使用高温气冷堆产生的气体直接推动涡轮机做功,使涡轮机发电。这种能量转换方式中影响效率较大的因素有两个,一个是高温下涡轮机叶片的材料问题,要得到较高的效率,就需要涡轮机叶片在高温下工作,而叶片的材料和寿命限制了它的使用温度;影响效率的另一个因素是排气的温度,排气的温度越低效率越高,而排气温度低带来的问题是需要较大的散热片,这会增加散热器的质量和体积。

为了克服涡轮发动机能量转换存在的缺点,后来的科学家又开始研究用在航天推进器上的磁流体能量转换器。图 9.7.6 是带有磁流体能量转换器的核电推进装置的结构图,该推进装置采用磁流体能量转换器将反应堆产生的热能转换为电能。核电推进装置的电火箭具有高比冲、小推力、长寿命、高精度、高可靠性的特点，适用于各种航天器的位置保持、姿态控制、轨道修正(辅助推进)以及星际航行、星际探测、轨道转移(主推进)等用途。利用电火箭将航天器从低的地球轨道转移到高轨道或地球同步轨道，与使用运载火箭直接发射相比，可把有效载荷的质量提高几倍至几十倍。用于侦察卫星和空间武器的变轨，在军事上更具有重要意义。根据分析，要实现卫星变轨，需要几十千瓦以上大功率的空间电源，这就需要比功率大(>0.05 kW/kg)的核电推进装置。假设单台电火箭的推力为 0.15 N，所需功率为 3.6 kW，则轨道转移用 30 台电火箭的组合推力可达 4.5 N，所需功率约为 100 kW。

核电推进装置的开发难度大，要求同时进行空间核反应堆、能量转换器和电火箭的研究、设计和试验。可用的核反应堆有热离子反应堆、脉冲反应堆等。

(2)核热推进装置(即核火箭发动机)，是用核反应堆取代液体燃料火箭发动机燃烧室，用核能取代化学能，将推进剂(氢、氦或氮)加热至极高温度，经排气喷管高速排出，产生很大的推力(若干 kN，能把几十吨重的载荷送入地球轨道)。美国一家公司目前已经设计出了一种核火箭发动机，该发动机的燃料装在中空卷筒的多孔金属板内，燃料卷外围裹着一个氢化锂套用作慢化剂，可

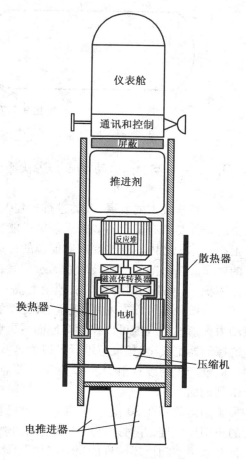

图 9.7.6　核电推进装

使燃料内裂变产生的中子慢化。身兼冷却剂和推进剂两个作用的液氢从卷外向内流动，并在升温和向中心部位的流动过程中迅速变成气体。温度高达 3 000 K 的高温氢气将沿着燃料卷中轴处的一个通道高速流动，而后通过一个小喷管流出。这种核推进装置的一个优点是它的推进剂——氢不仅在地球上可以满足供应，在外太阳系的巨型行星上以及在遥远的卫星和行星的水冰中都有广泛的来源。图 9.7.7 是一个核热推进装置的示意图，这种形式的推进装置系统简单，但是因为反应堆内的温度很高，因此对反应堆的技术和材料都有很高的要求。核火箭发动机的比冲量很高(>900 s)，能大大减少推进剂用量。核火箭适用于星际航行，如载人火星探索等。核热推进具有很好的应用前景，但涉及到材料、控制等目前难以解决的问题，因此其实现及应用尚需较长时间。美、俄两国正在合作研制这类推进装置，其中的一些单项技术已通过实验验证，但整体的装置投入使用还需要一定的时间。

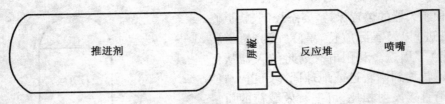

图 9.7.7　核热推进装置

9.7.6　空间核动力的现状和发展趋势

随着科学技术的发展,人类进行远程太空探索的愿望越来越强烈。要完成远程太空探索必要的条件是要有长期有效的火箭推进能量和长期的电能供应,同时还要求其能量必须储存在很小的体积之内。这些要求对能源的可选择种类有很大限制,一般的常规能源很难满足以上的要求。从目前的能源技术发展水平看,比较现实可行的就是核能。核动力火箭的最大优点是体积小,使用的时间长。从理论上说一个核动力飞船可以在外太阳系中旅行 10～15 年。这样一颗探测器可以在木星、土星、天王星和海王星的大气中飞行数月,获取大气组分等数据。核动力火箭的反应堆可以在远离地面后再启动,核动力探测器实际上可以做得比使用化学推进的探测器更安全,核反应堆既可以为这些探测器提供动力,还可以为各种仪器提供电源。这种反应堆产生的废料很少,一次深空探测总共只会产生 1 g 左右的裂变产物,而且这些产物不会落到地面。

美国国防部在 20 世纪 80 年代末就已将太空核热推进列入发展计划,设计了用于太空航行的小型反应堆,并对这种反应堆使用的燃料进行了研究。目前俄罗斯、美国和法国等发达国家都开展了空间核反应堆的研究工作,日本、英国和德国也正在着手研究核能在空间的利用。由美国和俄罗斯等国家开发的空间核电源已经在空间能源供应方面得到了很好的利用。但核能推进技术目前仍处于研究和开发阶段,预计核电推进技术可望在 20 年内能投入使用,核火箭发动机可能比这需要更长的时间。从长远的角度看,核能用于空间是一个发展趋势,从经济性和使用性的角度考虑,空间核反应堆在卫星和飞船上使用有很大的优越性。随着科学技术的进步和反应堆技术的发展,核技术在空间的应用范围将不断扩大。

(海军工程大学船舶与动力学院　　张大发

哈尔滨工程大学核科学与技术学院　阎昌琪)

思考练习题

1. 说明可移动核动力的种类。
2. 舰船使用核动力的突出优点是什么?
3. 舰船核动力装置的基本组成有哪些?
4. 船用压水堆的主要优缺点是什么?
5. 简述民用核动力船的类别与特点。
6. 简述典型攻击型核潜艇、弹道导弹核潜艇的现状。
7. 简述世界主要核大国舰船核动力发展的情况。
8. 核动力作为水下动力源有什么优点?
9. DRX 反应堆与大型核潜艇用的压水堆有什么不同?
10. 热电转换式反应堆与普通压水堆相比有什么优点和缺点?
11. 空间反应堆电源与太阳能电源相比有什么优点?
12. 说明同位素电源的工作原理。

参 考 文 献

[1] 王兆祥,刘国健,储嘉康. 船舶核动力装置原理与设计[M]. 北京:国防工业出版社,1980.

[2] 张大发. 船用核反应堆运行管理[M]. 北京:原子能出版社,1997.

[3] 薛汉俊. 核能动力装置[M]. 北京:原子能出版社,1990.

[4] 徐铭远. 舰船[M]. 北京:解放军出版社,2002.

[5] 黄彩虹. 核潜艇[M]. 北京:人民出版社,1996.

[6] Toshihisa ISHIDA. Start – up Operation of Deep Sea Reactor (DRX),The Fifth International Topical Meeting on Nuclear Thermal Hydraulics, Operations and Safety, April 14 ~ 18,1997 [C]. Beijing, China.

[7] 张金麟. 潜艇技术发展的第六个里程碑[J]. 现代舰船,2002,2.

[8] Trost C S. Moving Towards the Next Milestone of Submarine Design[J]. Naval Engineers Journal,2000,(3):53 ~ 60.

[9] 杨连新. 走进核潜艇[M]. 北京:海军出版社,2007.

[10] 任勇. 理想的空间电源——空间核反应堆[J]. 核动力工程,1993,14(3).

[11] 潼冢贵和,安田秀志. 最近的空间反应堆发电系统[J]. 国外核动力,1992,4.

[12] Litchford R J. Prospects for Nuclear Electric Propulsion Using Closed-cycle Magnetohydrodynamic Energy Conversion. NASA/TP – 2001 – 211274.

[13] Allan T J. SP – 100 Space Reactor Power System Readiness and Mission Flexibility[C]. 10th International Symposium on Space Nuclear Power and Propulsion, American Institute of Physics, New Mexico, USA. , January 1993.

第10章 核 武 器

10.1 核武器概述

核武器,是指利用爆炸性核反应释放出的巨大能量对目标实施杀伤破坏作用的武器。人类利用核能,首先是在核武器——原子弹爆炸上实现的。这是因为 1939 年发现原子核裂变现象时,正值第二次世界大战爆发的特殊历史时刻,这一新的核科学成就立即被用于军事目的,很快研制成功了威力巨大的原子弹。继原子弹爆炸之后不久,又开发轻核聚变能制造了氢弹,同样首先服务于军事目的。到 20 世纪 60 年代,又试验成功了中子弹,它是一类可由导弹带载或榴弹炮发射的小型化氢弹。原子弹、氢弹和中子弹及其由它们组装起来的各种导弹统称为核武器,也叫做原子武器。

1. 核武器的断代

目前,已达到实用化的核武器有三代:第一代是原子弹,即利用铀 -235 或钚 -239 等重原子核的裂变反应瞬间释放巨大能量的核武器;第二代是氢弹,即利用氢的同位素氘、氚等轻原子核的聚变反应瞬间释放巨大能量的核武器;第三代是特定功能核武器,就是突出利用核武器爆炸的核效应中的某一种加以增强或"剪裁"制造的用以达成特定作战目的的核武器,现已研制成功最有代表性的是中子弹。三代核武器的综合战术技术性能一代比一代先进,既显示了原子能科学技术水平的发展和提高,也满足了核武器用于战场的企图和要求。目前,美国正在积极研究性能更先进的第四代核武器。

2. 杀伤效应与威力度量

核武器都是利用原子核发生裂变或聚变反应瞬间放出来的巨大能量,对人员和各种目标起杀伤和破坏作用的。核武器主要有五种杀伤破坏效应:一是冲击波;二是光辐射;三是早期核辐射;四是放射性污染;五是核电磁脉冲。

核武器的威力是指核爆炸时释放出的总能量。核武器的威力,一般用梯恩梯(TNT)炸药当量作为度量。TNT 当量是用释放相同能量的 TNT 炸药的质量来表示核爆炸能量的一种计量。按当量大小核武器分为千吨级、万吨级、十万吨级、百万吨级和千万吨级。一般把当量 2 万吨以上的原子弹和氢弹称为战略核武器;把当量在 2 万吨以下的核武器算作小型核武器,也就是通常所说的战术核武器。中子弹的当量一般都在千吨级范围内,它也是一种战术核武器。

3. 爆炸方式

核武器在作战使用时,可用导弹、火箭运载,也可用飞机投掷和火炮发射。根据作战目的的需要可采取不同的爆炸方式。爆炸方式不同,杀伤破坏作用的效果和范围也不同。核武器的爆炸方式,一般分为空中爆炸、地面或水面爆炸和地下或水下爆炸。

空中爆炸(简称空爆),一般是指火球不接触地面的爆炸。根据爆炸高度不同,又分为低空、高空、超高空爆炸。实际上,根据使用目的,核武器可以在空中任何高度处爆炸。空爆中最常采用的方式是低空爆炸。

地面或水面爆炸,是指火球接触地面或水面的爆炸。它既包括地表面上的爆炸(叫做触地爆炸),也包括在地面或水面上空一定高度而火球又接触地面或水面的爆炸。核武器当量越大,火球直径也越大,因此同样是火球接触地面,大当量核爆炸的实际高度就比小当量核爆炸时要高。

地下或水下爆炸,是指地面或水面以下一定深度处的爆炸。这种爆炸方式的特点是形成较强烈的地下或水中冲击波。由于地下冲击波的传播距离较近,因此破坏范围不大。地下爆炸时还可形成弹坑,引起爆心附近较强烈的震动。

4. 核武器的发展史

1939 年人们发现了原子核裂变现象。当时意大利的费米马上就想到,如果在铀裂变过程中有中子发射,那么就可能实现裂变的链式反应,释放巨大能量。他的这一想法一发表,就引起了巨大反响。在二次大战炮火连天的时刻,许多物理学家都关注着原子核裂变链式反应过程的潜在军事潜力。

当时,原本抱着和平主义立场的著名物理学家爱因斯坦,出于对希特勒摧毁文明的憎恨与担忧,先后两次上书美国总统罗斯福,提请他注意核物理的最新发展,指明核裂变所提供的一种危险的军事潜力,并警告他,德国可能正在开发这种潜力,美国政府必须迅速采取行动,防止德国首先掌握原子弹。他的谏言为罗斯福总统所接受,下决心投入大量人力物力,建造反应堆和研制原子弹。经过一系列研究策划之后,一个代号为“曼哈顿工程”的研制原子武器的计划开始实施。

“曼哈顿工程”上马时,有关原子弹研制的许多科学问题还不清楚。当时美国的许多科学家及一些著名大学也放下了正常工作,加入到原子武器的研制工程。整个“曼哈顿工程”是在几支并行力量的参与下进行的,主要力量在美国,英国、加拿大和法国合作。各个方面进行了有关核武器的理论与实验的全面研究,并取得了迅速进展,解决了一系列关键问题,终于在 1945 年 7 月 16 日凌晨在新墨西哥州的阿拉莫戈多进行了世界上第一次核试验,成功地爆炸一颗以钚 -239 为燃料的原子弹。接着相隔不到 1 个月,于 1945 年 8 月 8 日,美国在日本广岛上空投下了代号为“小男孩”、以高富集度铀 -235 为燃料的原子弹,其威力相当于 2 万吨 TNT 炸药,造成了城市中巨大的人员伤亡,引起了世界的震动。相隔两天,美国于 8 月 10 日在日本长崎又投下第二颗代号为“胖子”的钚原子弹。人类对核能的利用,就这样首先在爆炸原子弹上得到了实现,这给人们留下了并不美好的第一印象。1952 年 10 月 31 日,美国进行了第一次氢弹试验;1963 年美国又首先试验成功了第三代核武器——中子弹。

20 世纪 50 年代初期,继美国之后,前苏联紧接着在 1949 年爆炸了第一颗原子弹。英国和法国也分别于 1952 年和 1960 年各自爆炸了一颗原子弹。美苏两国之间展开了一场前所未有的核军备竞赛。核武器成为大国发展战略的重点,成为世界力量平衡的砝码,成为政治、外交、军事斗争的工具,成为决定世界战争与和平的重要因素。

朝鲜战争、印度支那战争和台湾海峡事件,都促使我国下决心要建立本国战略力量。毛泽东主席对核武器与核战争问题作了辩证的分析,他指出"大国新世界大战的可能性是有的,只是因为多了几颗原子弹,大家都不敢下手"。还说"原子弹,你有了,我有了,可能谁也不用,这样核战争就打不起来,和平也就更有把握了"。正是为了打破超级大国的核威协、核讹诈和核垄断,防止核战争和保卫世界和平,也为了我国自身的生存、安全与发展,我国于 1955 年毅然决定建立核工业,研制核武器。经过不到 10 年时间的艰苦努力,我国终于在 1964 年 10 月 16 日成功地爆炸了第一颗原子弹,成为世界上第五个拥有原子弹的国家。又经过两年零八个月,在 1967 年 6 月 17 日成功地进行了氢弹试验。1999 年回击美国《考克斯报告》,我国也正式公开宣布:中国早在 20 世纪七八十年代就已掌握了中子弹设计技术。

美国在开发核武器方面,始终走在世界各国的前头。美国最先于 1945 年 7 月 16 日爆炸原子弹成功,随后前苏联于 1949 年 8 月 29 日、英国于 1952 年 10 月 3 日、法国于 1960 年 2 月 13 日、中国于 1964 年 10 月 16 日也相继拥有了原子弹,核竞赛的局面正式形成。1968 年 7 月 1 日签订、1970 年 3 月 5 日生效的《不扩散核武器条约》第 9 条规定,凡 1967 年 1 月 1 日前掌握核武器的国家为有核国家,允许保留核武器。美、苏、英、法、中五国都符合上述条件,成为有核国家。

20 世纪下半叶,以美、苏为首的两大阵营冷战的一个明显特点,是以发展核武器、争夺核优势为中心。一场惊心动魄、疯狂持久的核军备竞赛,使世界核武库达到超饱和状态。据报道,到 1986 年,美、俄、英、法等 4 国,耗资约 8 万亿美元,共制造了近 7 万枚核弹头,其中美国 2.3 万枚、前苏联约 4.5 万枚、英国约 300 枚、法国 300 多枚,核弹头威力达 200 亿吨 TNT 当量,世界人均 3 t,足以毁灭人类 50 次。同时,四国还相应地发展了数万件导弹、飞机、潜艇等核弹头运载工具,组建了三位一体、攻防兼备的核作战集团。到 1996 年 9 月 10 日联合国通过《全面禁止核试验条约》止,全世界共进行了大约 2 000 次核试验,表 10.1.1 给出了美国等核大国所进行的各类核试验的次数。频繁的核试验,使核武器的性能不断精良完备,也使地球生态环境遭到严重破坏。

20 世纪 90 年代初的海湾战争,美国又使用了强力穿甲武器——贫铀弹,由于贫铀弹会造成对生物界和环境严重的放射性损伤与破坏,因而引起世界的高度关注。

在此后的各节中,将分别讨论各种武器,包括:第一代核武器——原子弹,第二代核武器——氢弹,第三代中最具代表性的核武器——中子弹,以及有明显放射性损伤的非核武器——贫铀弹,以帮助我们正确认识这些武器的爆炸原理、特点等相关知识。

表 10.1.1 世界核国家核试验次数的比较

国别	试验总数 （至 1992 年）	大气核试验		第一次 原子弹试验	第一次 氢弹试验	第一次 地下核试验
		时间	次数			
美国	942	1945～1962	212	1945.7.16	1952.10.31	1951.11.29
前苏联	715	1949～1962	214	1949.8.29	1953.8.12	1961.10.11
英国	44	1952～1958	21	1952.10.3	1957.5.15	1962.3.1
法国	210	1960～1974	50	1960.2.13	1968.8.24	1961.11.7
中国	38	1964～1980	23	1964.10.16	1967.6.17	1969.9.23

10.2 裂变核武器——原子弹

10.2.1 原子弹爆炸的原理

原子弹主要是利用铀-235 或钚-239 等易裂变物质为燃料进行裂变链式反应制成的核武器。最初把易裂变物质制成处于次临界状态的核燃料块,然后用化学炸药使燃料块瞬间达到超临界状态,并适时用中子源提供若干中子,触发裂变链式反应而产生核爆炸。

由次临界达到超临界状态的方法主要有以下两种。

1."枪式"原子弹

"枪式"原子弹是把两块(或三块)处于次临界状态的裂变装料,分开地放在原子弹的不同部位,例如可以放在弹的两端(见图 10.2.1),当化学炸药爆炸时,使两块装料压拢在一起达到超临界状态,加上中子源少量中子的触发,引起按等比级数发展的越来越激烈的重核裂变链式反应,只需几微秒,就可以完成 200 代以

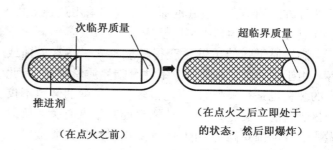

图 10.2.1 "枪式"原子弹的原理图

上。巨大能量的释放必然产生剧烈的核爆炸。1945 年 8 月 8 日美国第一颗投到广岛代号为"小男孩"的原子弹就是"枪式"的铀弹。在铀弹中用了分离工厂生产的几十千克高富集的铀-235。美国在广岛投掷这颗枪式铀弹之前还没有用一颗完整的铀弹进行过试验,当然这次军事行动是相当冒险的。

2.“内爆式”原子弹

"内爆式"原子弹是把一块处于次临界状态的裂变装料放于原子弹的中间,用化学炸药爆炸产生的内聚冲击波和高压力,压缩中间这块处于次临界状态的裂变装料,使其密度急剧升高。当密度升高到一定程度时,即达到临界或超临界状态,加上中子源少量中子的触发,立即发生迅猛的链式裂变反应,产生核爆炸。"内爆式"原子弹的原理和结构示意分别给出在图10.2.2 和图 10.2.3 中。与枪式相比,内爆式更为优越,因它可少用裂变装料,即比较节省核燃料,但技术上难度大。美国在 1945 年 7 月 16 日进行的第一次核试验和后来在日本长崎投下的原子弹都属内爆式钚弹。我国第一颗原子弹是铀弹,由于内爆式具有普遍适用的优点,所以我国决定第一颗原子弹采用内爆式设计。

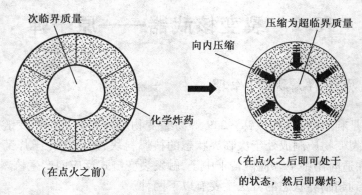

图 10.2.2 "内爆式"原子弹的原理图

还有一种称为"枪型－内聚型混合式"原子弹,是上述两种方式的结合。现在的原子弹大都采用这种形式,其优点是核燃料的利用率比较高。

制造原子弹的关键是获得核燃料——高富集铀或钚。由于达到链式裂变反应条件有临界质量限制,因此它的装料也是有限制的,不能很多。原子弹的装料不仅与核燃料的种类有关,还与核燃料的富集度有关。所以做原子弹的铀要高富集的,而且要积累到临界质量以上才可能装配一颗原子弹。

10.2.2 原子弹的技术关键

首先要解决的是引爆装置,它是靠一个点火装置产生的脉冲来引爆的,使高爆炸药产生一个均匀的向心爆

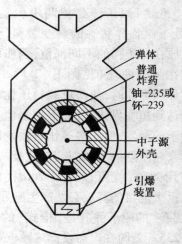

图 10.2.3 "内爆式"原子弹
结构示意图

炸力,从而在铀球及其外围的中子反射层(为增强裂变爆炸效果)上产生一个均匀的强大的向心压力,使铀-235球体从次临界状态经过压缩而达到超临界状态。在压力达到峰值的几微秒内,在原子弹中央有一个高尔夫球大小的中子源产生大量中子,迅速引发超临界状态的铀-235球的裂变链式反应——核爆炸。因此第二个关键任务就是精确定时。在引爆之前,核弹内裂变材料块的质量在给定条件下不会达到临界状态,引爆后能在几微秒内达到超临界状态,此时中子点火装置(强的中子源)要在某一精确时刻点燃裂变链式反应并使之达到最大值。成功的设计应该是在给定质量下使裂变速度大于裂变材料炸开时的膨胀速度,并使裂变链式反应达到足够多的"代"数,使释放的裂变能量达到最大值。如果在达到所要求的"代"数之前,就因裂变材料的膨胀而变为次临界状态,那么这颗原子弹就是"臭弹"。因此点火装置的精确定时和中子源的强度是不致造成"臭弹"的关键因素。

核武器研制是一项耗资昂贵和技术复杂的系统工程,要达到设计、制造的要求,不仅需要复杂、精确的理论计算,还需要进行必要的试验研究。其目的在于鉴定核爆炸装置的威力和有关性能,检验理论原理、计算及结构设计,以便提供改进设计和定型生产的依据。

10.3 聚变核武器——氢弹

氢弹属于聚变核武器,是利用氘、氚等轻原子核的聚变反应释放出巨大能量的原理而制成的。

10.3.1 氢弹爆炸的原理

要发生聚变热核反应,必须达到高温、高密度条件。这个条件目前只能依靠原子弹爆炸产生的巨大能量来实现。因此氢弹必然包含两个部分:初级和次级。初级是为创造热核反应所需的条件而设计的起爆装置,即核裂变的链式反应装置。裂变爆炸释放能量使核聚变材料获得高温、高密度条件。次级是热核聚变装料,它能在高温、高密条件下发生热核反应,释放出大量能量和中子,这是氢弹的主体部分。氢弹的巨大威力主要来自热核聚变释放的能量。由于原子弹有临界质量限制,装料不能太多,所以它的威力有一定限制,一般在2万吨TNT当量,但热核武器(氢弹)的装料则无限制,原则上可以做得很大。

热核武器有两种类型:聚变加强型裂变武器和多级型热核武器。

加强型是把聚变材料放到内爆式裂变武器的弹芯内,外面包围铀或钚。当引爆后,裂变材料受压超临界发生不可控的链式反应后,弹芯急剧升温,装置内的聚变材料也被"点燃",形成热核聚变反应,同时放出大量中子,这些中子又使裂变链式反应加剧,这样的复合过程使爆炸威力可进一步增强,达到几十万吨TNT级。

多级型热核武器又叫做裂变-聚变-裂变三相弹,其原理如图10.3.1所示。热核爆炸的中心是裂变材料,外面包一层^{6}LiD,最外面一层是铀-238。当裂变材料爆炸产生热能和中子,

热能可使 ^{6}LiD 包层获得高温条件,使 ^{6}LiD 完全电离,变成
D、^{6}Li 和电子组成的高温等离子体。裂变放出的中子被 ^{6}Li
吸收后会产生氚,因此可以引起氘氚、氘氚热核聚变反应,
释放巨大能量。而且在氘氚、氘氚反应中产生的快中子又
可引起最外层铀－238 的裂变,这样就更增强了热核爆炸
的威力和辐射强度。爆炸释放能量都是在极短的时间内进
行的,这个时间是微秒量级。因此氢弹的爆炸威力远大于
原子弹,一般都在百万吨级 TNT 当量。

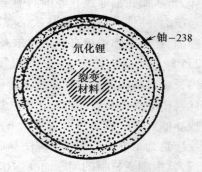

图 10.3.1　氢弹原理图

　　从理论上讲,多级型热核弹的威力没有上限。在 20 世
纪 50 年代初,美、苏已经成功地制成了多级型热核炸弹。
我国确定核武器与导弹相结合,生产多级导弹的弹头,走的是高水平的多级型热核武器的发展
道路。

10.3.2　氢弹的技术关键

　　要想使原子弹发生爆炸,只需要有相应的中子发生器适时提供若干"点火"的中子就可以
了。可是,氢弹要发生爆炸,就没有那么简单了。我们知道,要使两个原子核聚合在一起,形成
一个重核,就必须克服带正电的原子核之间的排斥力。要冲破两个原子核之间的排斥力,就必
须设法让一个原子核以极高的速度向着另一个原子核冲过去,一直冲到能够发生核聚变的距
离上,那时这两个原子核就结合在一起了。物理学知识告诉我们,分子运动的速度会随着物质
温度的升高而加快。因此,只要将轻核材料的温度升高到足够高,聚变反应就能够实现。

　　那么,实现聚变反应需要多高的温度呢? 据计算,这一温度要在 1 000 万摄氏度以上。而
且,只有在 1 400 万 ~1 亿摄氏度的温度条件下,反应速度
才大得足以实现自持聚变反应。到哪里去寻找这样高的温
度源呢? 一时这一问题成了困惑科学家的重大难题之一。
直到原子弹爆炸成功以后,人们才惊奇地发现,原子弹爆炸
时产生的高温能够满足聚变反应所需要的高温条件,这就
为人工实现热核反应铺平了道路。于是,科学家在氢弹中
设计了一个来"点燃"热核爆炸的起爆原子弹,并把它称为
"扳机"系统。

　　原子弹"扳机"是怎样引爆氢弹的呢? 让我们看看如
图 10.3.2 所示的氢弹结构示意图和它爆炸的过程:氢弹由
3 种炸弹组成:在它的弹壳里,有液态氚作为热核材料,里
面是原子弹,由铀作为核装料,另外还有普通炸药作为引爆
装置。整个爆炸过程虽然极短,但是步骤分明:当雷管引起

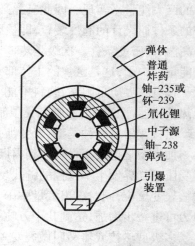

图 10.3.2　氢弹结构示意图

普通炸药爆炸时,就将分开的核装料迅速压拢,使其达到临界质量,造成原子弹爆炸,即氢弹的"初级"爆炸;然后原子弹爆炸产生的几千万摄氏度高温,使氘和氚的核外电子流统统剥离掉,成为一团由裸原子核和自由电子所组成的气体——等离子体,氘和氚以每秒几百千米的速度互相碰撞,迅速、剧烈地进行合成氦的反应,巨大的聚变能量迸发而出,就造成氢弹的"次级"爆炸。这就是原子弹"扳机"引爆氢弹的全过程。如果用氘、锂或氚作氢弹的炸药,在氢弹外面还可以包一层铀-238,当这些炸药爆炸时,会放出很多很快的中子,这些快中子又可以引起铀-238 的裂变,这样可以增加氢弹的威力。这种氢弹实际是由原子弹-氢弹-原子弹组成的,所以又叫做三相热核炸弹。

氢弹对核燃料和运输条件要求严格。氘和氚在常温常压下是气态,体积大而且不易存放,因此要用低温或超高压使其液化或固化。1952 年 10 月 31 日,美国进行了世界上首次氢弹试验。这颗氢弹的核材料是液态的氘和氚的混合物,所以叫做"湿法"氢弹,其质量达 65 t,因此无法用飞机运载,只能放在地面爆炸,爆炸威力为 1 000 万吨 TNT 当量。前苏联于 1953 年 8 月 12 日进行氢弹试验,它首次用固化物氘化锂(LiD)作热核装料,称为"干法"氢弹,它的体积和质量均可大大缩小,有可能用飞机投放。第三种氢弹叫氢铀弹,它是在氢弹的外面包上一层厚厚的铀-238,因为这种铀-238 没有临界质量的问题,所以可做得很厚,这种氢铀弹爆炸时,裂变能和聚变能可以各占一半,也可以使裂变能达到 80% 左右。这种氢铀弹爆炸后的放射性产物污染严重。如 1954 年 3 月 1 日美国在马绍尔群岛中进行的第一次氢铀弹爆炸,当时远离爆炸中心 200 km 处的一艘日本渔船上有 23 人全部由于放射性尘埃的污染而得了放射病,其中一个人半年后死亡。因此,人们称这种氢铀弹为"肮脏"氢弹。

目前,最小的氢弹,其威力为 100 t TNT 炸药爆炸的威力;最大的战略核武器——氢弹,其威力可以达到 5 000 万吨 TNT 以上炸药的威力。1961 年 10 月 30 日前苏联试验了一颗迄今为止爆炸威力最大的热核装置,为 5 800 万吨 TNT 当量。

10.4 第三代代表性核武器——中子弹

继原子弹和氢弹之后,又研制了具有特定功能的第三代核武器。它们将核武器爆炸产生的强冲击波、光辐射、核辐射、核电磁脉冲、放射性沾染等核效应中的某一种加以增强或"剪裁",而对其他效应加以削弱,以便制成小当量、高精度的新型核武器,用以达到特定的作战目的。第三代核武器的发展使核武器至今已形成为"三代同堂"的大家族。

目前国际上研制的代表性第三代核武器主要有以下几种:

(1)中子弹 它的特点是在爆炸时能放出大量致人于死地的中子,其中子产出量约为同等当量原子弹的 10 倍,并使冲击波等的作用大大缩小。在战场上,中子弹只杀伤人员等有生目标,而不摧毁诸如建筑物、技术装备等,"对人不对物"。

(2)电磁脉冲弹 这是专门用于"扩张"核电磁脉冲效应的一种核武器,它可以产生强电磁脉冲效应,所到之处可使未加防护的电器和电子部件全部损坏,"唯电是毁",可造成大范围的指挥、控制、通信系统瘫痪,在未来的"电子战"中将会大显身手。

(3)超铀元素弹 即利用铀-235以外的某些裂变材料制造的超小型核武器。除钚以外,还有13种超铀元素,它们都位于元素周期表铀元素之后,用它们制造的核武器统称超铀元素弹。超铀元素弹的可裂变物质产生链式反应所必须具备的最小体积极小,可以制造出"像子弹大小"的核弹头,使核弹头朝着"微型化"、"隐形化"发展,使对方防不胜防,并可严格控制爆炸范围和程度,避免不必要的破坏。

另外,还有"减少剩余辐射弹"、"纯聚变的干净弹"、"核激励光激光器"、"钻地核弹头"、"冲击波核弹头"等第三代核武器,其机理与上述三种大致相同。

本节将重点讨论第三代的代表性核武器——中子弹。

10.4.1 中子弹概述

在一个风和日丽的上午,战场上守卫方的一支英雄坦克部队迎战来犯之敌。进攻方部队所装备的T-72新式坦克是当时世界上最先进的坦克,装有复合装甲和自控火力,不仅具有很强的反导弹能力,而且可以在核环境中作战。然而,正当守卫方坦克群按照预定的计划展开战斗队形,势不可挡地向前开进时,奇迹出现了:只见天空中出现了一个小小的火团,接着传来一阵清脆的响声。很快,火团便逐渐扩散、扩散,渐渐地消失在明媚的阳光之中。就在这短暂的几分钟内,地面战场的形势发生了重大转折。刚刚还井然有序的坦克群队形现在却出乎意料地变得杂乱无章了。有的坦克已经熄火停在原地,有的坦克像无头的苍蝇到处乱撞。而坦克里的士兵,则无声无息地永远睡着了。离火团出现位置远一点的地方,坦克里的士兵有的在痛苦地呻吟,有的在疯狂地吼叫。地面上的指挥官,有的瘫倒在地,有的则在疯狂地打滚,有的则摇摇晃晃如醉汉般失去了指挥能力……数小时后,进攻方部队的士兵大摇大摆地走进这片坦克阵地,开走了能动的坦克,俘虏了活着的士兵,得胜而归。这是前苏联军事专家假想的一场战斗。这样假想的战争场面旨在让人们认识新式核武器,但却极可能是未来的战场的真实写照。那么,是什么武器有这么大的威力,又如此聪明,既杀人不见血,而且还只杀人不毁物呢?这个神秘的杀手既不是常规武器,也不是普通的原子弹和氢弹,而是一种特殊的核武器——中子弹。

中子弹是一种通过释放高能中子和γ射线为主要杀伤手段的战术核武器。提出中子弹概念的目的是企图制造一种战术核武器,使它对建筑物等的破坏程度尽可能地小,而对人员的杀伤力则尽可能地大。已经知道,核武器的杀伤破坏作用有五种形式:一是冲击波;二是光热辐射;三是早期核辐射;四是放射性沾染;五是核电磁脉冲。对建筑物造成破坏的因素主要是冲击波;对生命造成杀伤作用的因素主要是核辐射。核辐射一般只杀伤人员,而不毁坏物体;温度极高的光热辐射会把曝露于街市的人烧死,当然也毁坏建筑设施。因此,要制造一种战术核武器,尽可能减小冲击波,而大大提高核辐射强度,这就是所谓的中子弹——最新的第三代战术核武器家族成员之一。

中子弹的最显著特点是强核辐射而附带杀伤小。中子弹的强核辐射是与其附带杀伤小相辅相成的。中子弹也有裂变反应，但其数量较少，所以中子弹爆炸虽然也具有一般核武器的五种破坏因素，但其突出了核辐射这一因素，其他的杀伤破坏因素就很小了。它爆炸时早期核辐射的能量高达 40%。正因为如此，中子弹算作是一种比较"干净"的核武器。中子弹爆炸放出的大量高能中子，可以穿透 30 cm 厚的钢板，可以毫不费力地穿透坦克、掩体和砖墙等，杀伤其中的人员而不损害其他设施。例如，1 000 t TNT 当量的中子弹，可以使 200 m 范围的任何生命死亡，在 800 m ~ 1 000 m 内的人员，如不遮蔽就会在 5 分钟内失去活力，在一两天内死亡。可是，这样的一颗中子弹对周围物体的破坏范围只有 200 m ~ 300 m。如果适当增加爆炸高度，在核辐射杀伤半径基本不变的情况下，还可以减少对建筑物的破坏半径。因为它的穿透力强，所以特别适宜杀伤和破坏战场上成批的坦克、装甲车辆等。中子弹可以倾刻之间把它们变成一堆不能动弹的废铁，而且在坦克、装甲车、舰艇中的人员受到核辐射线的照射，必死无疑，因此威慑力相当大。小型的中子弹可以制成核导弹弹头、核炮弹弹头，通过飞机或大炮进行发射，是一种灵巧的战术核武器，是航空母舰这种庞然大物的克星。

中子弹的另一个特点就是它的当量小。在地面上使用中子弹，一般约为 1 000 ~ 2 000 t TNT 当量。中子弹爆炸释放的能量，不及氢弹的千分之一，所以又称为"小氢弹"。当核武器的当量增大到一定程度时，它的冲击波效应和光热辐射效应就要占上风，压过核辐射效应。冲击波、光热辐射的破坏半径就必定会大于核辐射的杀伤半径，那时中子弹的核辐射特性就消失了。所以中子弹的当量不可能做得太大。由于中子弹的爆炸当量小，所以它的波及范围比原子弹和氢弹小，它的杀伤半径也比较小，它的冲击波受到很大削弱，因此对房屋建筑、设施和树木等不会构成严重的威胁。一枚威力相当于 1 000 t 烈性炸药的中子弹，冲击波和火灾的破坏杀伤半径约为 100 多米，而中子的杀伤半径约 1 000 m。也正因为如此，中子弹这个神秘的杀手才有了更为广阔的用武之地，作为战术核武器，它比其他核武器具有更多的实用价值。

中子弹第三个特点是放射性沾染轻，持续时间短。由于引爆中子弹的裂变当量很小，所以中子弹爆炸造成的放射性沾染也很轻。据报道，美国研制的中子炮弹和中子弹头，其聚变当量约占 50% 到 75%，所以，中子弹爆炸时只有少量的放射性沉降物。通常情况下，经过数小时到一天，中子弹爆炸中心地区的放射性就已经大量消散，武装人员即可进入并占领遭受中子弹袭击的地区。

10.4.2　中子弹爆炸原理

普通原子弹也能放出大量中子，然而中子的核辐射效应被其他效应所遮蔽。冲击波能把广大地区的建筑物夷为平地，人员不是死于冲击波的直接伤害就是死于建筑物的倒塌。氢弹的中子数量比原子弹多十倍以上，因此更能够穿透厚厚的铁甲和防御材料，杀伤内部人员。中子弹和氢弹的共同点在于它们都是采用聚变热核反应原理制造的。中子弹当量比较小，主要杀伤因素是中子射线。真正的中子弹或纯中子弹应该完全是用聚变反应放出能量。

　　测量分析表明,聚变反应放出的平均中子能量高达 14 MeV,甚至高达 17 MeV;放出的氦核能量却只有 3.5 MeV,射程只有几厘米,爆炸后其能量将传给几厘米内的空气,使空气产生高温高压,形成冲击波和光热辐射。氢弹爆炸时强大的冲击波和超高温形成的光热辐射,占整个氢弹爆炸能量的 65% 左右,而发射出来的中子的能量只占 35%;中子弹爆炸时正好相反,它发射出来的中子的能量要占 70% 以上,冲击波和光热辐射只占能量的 30% 左右。此外,中子弹爆炸时,放射性污染只集中在爆炸中心附近,所以中子弹爆炸后几小时,人就可以进入中子杀伤区域。同时,中子杀伤区域内的建筑物、财产、军事设备不受中子破坏,缴获后可以马上加以利用。理论上,纯中子弹中只有 20% 的能量是冲击波和光热辐射,80% 为辐射中子的能量,所以中子的杀伤作用占主要地位。实际上中子有一小部分能量要被中子弹弹壳吸收,再加上中子倍增材料所产生的中子能量较低,所以中子弹的中子带走的能量低于 80%。

　　中子弹和氢弹的点火,目前都是利用小型原子弹来实现的。在中子弹中不能用铀 – 238 作外壳,因为它会使中子慢化,会降低中子弹的中子能量,而且它在快中子作用下发生裂变反应,则增加了冲击波和裂变产物放射性污染,这是和中子弹的设计目的背道而驰的。因此不会存在快中子引起的铀 – 238 的裂变,只有点火用原子弹中的钚 – 239 或铀 – 235 的裂变。将来如果激光微爆聚变点火在技术上成熟,而且几何尺寸可以做得很小,纯聚变氢弹和纯中子弹是有可能实现的。目前所谓中子弹,还仅仅是一种相对地减少了冲击波、增强了中子辐射的特殊小型氢弹而已,所以美国把目前的中子弹正式定名为弱冲击波强辐射弹,简称强辐射弹。

　　中子弹作为一种强辐射的战术核武器刚刚问世,它也将和任何新武器一样还会不断改进和完善。目前的中子弹,还是一种很不完善的中子弹,其聚变产生的能量最多只占 60% 左右。因此,还要不断减少原子扳机的裂变核燃料的装料,提高聚变对裂变的比例,以至最后实现纯聚变的中子弹。要达到此目的,估计还需要相当长的时间。

10.4.3　中子弹技术

　　图 10.4.1 和图 10.4.2 给出了两种不同布置形式的中子弹结构示意图。中子弹的中心由一个超小型原子弹作起爆点火,它的周围是中子弹的炸药氘和氚的混合物,外面是用铍和铍合金做的中子反射层和弹壳。此外还带有超小型原子弹点火起爆用的中子源、电子保险控制装置、弹道控制制导仪以及弹翼等。超小型原子弹爆炸形成的几百万度高温和几百万大气压,使氘和氚发生热核反应,温度和压力进一步提高后氘和氚也发生反应,这样中子弹爆炸后,就放出大量高能快中子。

　　中子弹的爆炸过程是这样的:首先由化学炸药爆炸引发钚 – 239 的裂变反应,钚 – 239 的裂变反应引发氘氚混合物的聚变反应,产生大量高能中子,进一步促进钚 – 239 的裂变,从而放射出更多的中子,这一过程就称为“中子反馈”。由于裂变反应不断增强,从而引发了大量聚变材料氘氚的聚变反应。在中子弹的裂变和聚变反应中,聚变反应放出的中子要比裂变反应放出的中子多得多,而且聚变反应放出的能量大部分为高能中子所携带,成为核辐射杀伤的因素。由于氘氚聚变反应放出的中子能量很高,所以在空气中有较强的穿透力。中子能有效地杀伤人员和对付装甲集群目标,而对建筑物和武器装备的破坏作用则很小。

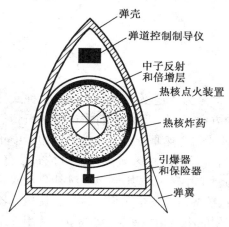

图 10.4.1 中子弹结构示意图(类型 A)

弹壳
弹道控制制导仪
中子反射和倍增层
热核点火装置
热核炸药
引爆器和保险器
弹翼

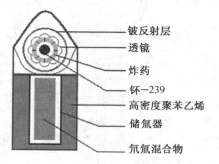

图 10.4.2 中子弹结构示意图(类型 B)

铍反射层
透镜
炸药
钚-239
高密度聚苯乙烯
储氚器
氘氚混合物

要研制供实战用的中子弹,原理说来简单,但做起来要解决一系列高技术难题。一是聚变材料(又称聚变燃料)。聚变能量主要来源于氘氚核反应,可是并不能直接采用常温下呈气态的氚而要采用常温下呈固态的氘化锂,氚则是利用核装置进行核反应过程中由中子轰击同位素锂-6 而产生。二是引爆装置。过去利用原子弹爆炸时产生的能量触发聚变反应,这本身就是一个复杂难题。现已发展到通过激光引爆这一先进手段。三是小型化。根据中子弹的特点,它只能是千吨级低当量战术核武器,所以必须使其体积和质量适于战场使用。四是中子弹的结构设计和材料要极其巧妙,使其具有最佳的中子穿透性并尽量减少中子损失。五是中子弹内的聚变材料氚半衰期较短(约 12.5 年),因此一旦生产出中子弹,如不能及时使用要长期储存,必须定期检测和更换氚部件,这又是一个技术复杂、耗费巨大的难题。

美国先后生产了代号为 W-70 的中子弹、“长矛”导弹的中子弹头、203 mm 榴弹炮的中子炮弹,研制了 155 mm 榴弹炮的中子炮弹。代号为 W-70 的中子弹,弹头质量 211 kg,弹长 2.46 m,弹径 0.46 m,其弹头威力为 100 t TNT 当量左右。W-70 中子弹弹头在飞行中具有较强的抗干扰能力,还配有安全自毁系统等。“长矛”是美国陆军第二代地对地战术弹道导弹,可携带小于或大于 1 千吨 TNT 当量的中子弹头,最大射程为 130 km,最小射程为 8 km。弹头有 5 种爆炸高度,即地面、低空、低空加地面后备、高空和高空加地面后备。203 mm 榴弹炮的中子炮弹,威力从 1 000 t 到 2 000 t TNT 当量可调,重约 98 kg,长 109 cm,直径 20.3 cm。这种中子炮弹是目前全球当量最小的中子弹,可通过榴弹炮发射,其实用性显而易见。

千吨级中子弹在目标上空适当高度爆炸时,可最大限度地杀伤人员而减小对建筑物的破坏。美国的试验数据表明,1 000 t 当量中子弹和原子弹对比,当爆炸高度为 152 m 时,冲击波对建筑物造成严重破坏的半径分别为 427 m 和 518 m;当爆炸高度为 457 m 时,分别为 0 m 和

213 m;当爆炸高度大于914 m时,都为0 m。但中子弹爆炸产生的中子流对坦克内人员的杀伤半径约为同等当量原子弹的2~3倍,千吨级中子弹最佳爆高接近500 m。中子弹对付集群装甲目标(如集群坦克、装甲车辆)是一种十分好的武器,它能有效地杀伤车内人员而车辆基本不受或少受损。

10.4.4　研制中子弹的竞争

中子弹是世界保密性最高的武器系统之一,人们迄今为止还不知道各国拥有这种武器的实际状况。核武器发展到氢弹时,都是向威力扩大的方向努力。后来人们才逐渐认识到氢弹的威力太大了,大到了能毁灭全世界,结果威力大的核武器竟然是谁也不敢首先使用。中子弹与普通核武器的主要不同之处是中子武器可以在相当有限的战场区域内进行可控式核打击,以最小程度的破坏力,最大程度地摧毁敌人的有生力量。中子武器甚至能够对某一点式目标进行可控的核打击,攻击后只造成较小范围的冲击波、核辐射和粉尘污染。这样就使核武器进一步实用化了,是唯一可以在出现重大地区冲突时使用的小型化核武器,在战争中使用核武器将不会造成太大的道义上的压力。正是出于这些考虑,世界核大国竞相研制中子弹,发展自己的核打击力量。

美国是世界上第一个拥有核武器的国家,也是世界上的核超级大国。美国对中子弹的研制和装备部队的起步都是最早的。中子弹的研究开始于1958年,在20世纪70年代中后期,美国就在内华达州地下试验室进行了一系列的中子弹试验。经过多年秘密研究,失败再失败,1977年6月,中子弹横空出世,美国总统卡特宣布,美国已经掌握了中子弹的制造技术。到1978年10月,美国开始生产首批代号为W-70的中子弹,1981年美国的中子弹开始陆续装备部队。截至1983年,美国陆军共部署带中子弹弹头的“长矛”战术导弹945枚,部署在美国、比利时、意大利、荷兰、前西德和英国等地。此外,美国还将中子弹装配在射程为30 km以内的155,203等火炮上,当需要时也可以用飞机投掷。

继美军试爆中子弹成功之后,1980年法国也试爆中子弹,1985年研制成功中子弹,并于1992年装备“哈德斯”地对地战术导弹。据悉,该中子弹的直径超过200 mm。

冷战时期的美国和前苏联是一对虎视眈眈的宿敌,美国中子弹的出现无异于是对前苏联的当头一棒。正如当年美国原子弹的爆炸激怒了前苏联一样,前苏联在追赶美国中子弹的道路上也是马不停蹄。没过多久,前苏联也有了中子弹。俄罗斯对中子弹的使用也早有思想准备,当北约考虑对南斯拉夫发动陆战时,因传出俄罗斯有可能启用中子弹而作罢,这也显示了中子弹的威吓能力。

中国在向氢弹进军的同时,就有著名物理学家提出了激光聚变的初步理论,即中子弹的基本原理,这在当时国际上也是属于较早的提出者之一,并不比美国晚。1967年6月17日,中国成功地爆炸了第一颗氢弹后,研究中子弹技术项目就进入了国家计划的运行轨道。从1964年我国爆炸了第一颗原子弹以来,发展核武器的工作一直在有条不紊地进行,即使在文化大革命期间也没有中断过。到 20 世纪 80 年代初,我国建造了用于激光聚变研究的装置,80 年代末期成功试爆中子弹。在 1988 年我国还进行了增强核辐射技术的高新试验。中子弹是我国继拥有氢弹之后的必然过程,正如我国国务院新闻办公室《再驳考克斯报告》中指出的那样:"70 年代和 80 年代,面临着愈演愈烈的美国、苏联两国空前的核军备竞赛,数万枚核弹头的阴云笼罩在世界人民的头上,也直接威胁到中国的安全,中国不得不继续研究发展核武器技术和改善自己的核武器系统,并先后掌握了中子弹设计技术和核武器小型化技术。"向世界公开宣布中国早在 20 世纪七八十年代就已掌握了中子弹设计技术,在此以前,拥有中子弹核武器的俄罗斯、美国和法国,并不承认中国已经掌握了制造中子弹的技术,因为中子弹作为新型大规模杀伤性武器是迄今高难度、高技术的集中体现。

中子弹经过多年改良,已远远超越了最初的设计,战力日趋神奇。中子弹不仅可在反舰和反导弹中使用,甚至还专用来破坏敌方军事指挥系统的心脏。美、俄都曾试验以中子弹瘫痪来袭导弹,且颇为成功,可使导弹在空中变形和丧失功能;而战舰遇上中子弹,则瞬间变成废铁。

10.5　放射性非核武器——贫铀弹

10.5.1　概述

贫铀实际是从天然铀中提取了供核武器装料或供核反应堆燃料用铀 – 235 以后的贫料,是 100% 的铀,其中 99% 以上是铀 – 238,铀 – 235 含量一般为 0.2% ~ 0.3%,放射性约为天然铀的 50% 左右。因其主要成分是具有低放射性的铀 – 238,故称贫化铀,简称贫铀。贫铀的密度为 19.3 g/cm^3,是钢的 2.5 倍,是铅的 1.7 倍,与常规穿甲材料钨相当。但纯贫铀的硬度和强度都不高,必须添加其他成分,例如加入 0.75% 的钛,制成贫铀合金,再经过热处理,强度可比纯铀高 3 倍,硬度可达到钢的 2.5 倍。每提取 1 g 富集铀要产生 5 倍于富集铀本身的贫料。贫铀也具有较强的放射性,保存起来特别麻烦,许多有核国家都在为处理这种"贫铀"大伤脑筋。

贫铀弹是穿甲弹家族的一员。贫铀弹是指以贫铀为主要原料制成的导弹、炸弹、炮弹、子弹等(见图 10.5.1)。贫铀弹以高密度、高强度、高韧性的贫铀合金作弹芯,爆炸时产生高温化学反应,可以用来摧毁坚固建筑物和攻击坦克。贫铀弹主要是用来攻击装甲等坚固目标的,对人的杀伤只是一种附带杀伤。

贫铀弹不是核武器,因为它不是利用可裂变核素的链式核裂变反应或轻核的聚变反应释放的巨大能量来达到战争的目的。

图 10.5.1　贫铀弹外观

10.5.2　贫铀弹的爆炸原理

金属铀及铀合金具有密度大、硬度高和韧性好等特点,可谓刚柔相济。铀元素的高密度特性使其成为制造穿甲弹的最佳材料,特别适合用作打击坚硬目标的弹头。穿甲弹在对付装甲目标时,要求其具有极高的动能,所以穿甲弹也被称作动能武器。质量越大的穿甲弹芯,以同样速度击中目标时的动能越大,穿甲威力也就越大。所有在常温下保持稳定状态的金属中,只有铀的密度最大,所以以其制成的弹芯质量最大。所以,急于为这种贫铀寻找出路的美国依照这个原理最先开发出了贫铀穿甲弹,使库存的大量贫铀派上了用场。

铀合金穿甲弹比同一类型钨合金穿甲弹的穿甲性能要高出 10% ~ 15%。钨穿甲弹对钢装甲的穿甲效率如果想达到贫铀弹的水准,则需要比贫铀弹高出约 200 m/s 的打击速度。一般设计优良的穿甲弹飞离炮口后,每 1 000 m 约降低速度 50 ~ 60 m/s,所以铀穿甲弹出膛后在距炮口 3 000 ~ 4 000 m 处的穿甲效率与钨弹在炮口处的穿甲效率相当。美军向沙特出售的 105 mm 贫铀穿甲弹可在 600 m 的距离上穿透北约国家标准的三层靶板,火箭增程贫铀穿甲弹可穿透 900 mm 厚的甲板,可谓所向披靡。在海湾战争中,当伊拉克军队打算把坦克藏于沙墙和坚固掩体后躲避打击时,美军 M1A1 坦克发射的一枚 M8291 贫铀弹竟能穿透数米厚的沙墙和掩蔽设施,在击穿坦克前装甲后直贯尾部,造成车内弹药爆炸,将炮塔炸向半空,从此贫铀弹作为美军的攻坚利器大受青睐,号称"穿甲王"。

10.5.3　贫铀弹的特性

放射性的非核武器贫铀弹,有以下几个突出的特点:

1. 穿透能力极强。贫铀具有高密度、高强度等特点,使其成为制造动能穿甲武器的理想材料。因此,贫铀被广泛地用来制造穿甲弹和钻地弹,用于摧毁坚固目标。例如,在海湾战争中,美陆军和海军陆战队的艾布拉姆斯 M1A1 和 M60 坦克,以及美军 A-10 攻击机发射的贫铀穿甲弹,使伊拉克的大批装甲目标轻易地被击毁。即便是性能先进的 T-72 坦克,在贫铀穿甲弹的打击下,也显得十分脆弱。因此,美军在关于海湾战争的国防报告中对贫铀弹评价时,不无炫耀地说"借助热成像瞄准具的帮助,这种弹药发挥了巨大威力,它甚至可摧毁躲在厚厚的沙墙后面和其他防护掩体内的伊军坦克"。由于贫铀弹在海湾战争中的出色表现,美军随后对"战斧"巡航导弹的鼻锥体改用贫铀合金材料,以提高其穿透能力。1997 年美军部署的新式钻地核弹 B61-11,就使用了贫铀制成的针形弹壳,从而使核弹能钻入地面 50 英尺(合 15.24 m)的深度再发生爆炸,使任何坚固的地下工事都难承受它的一击。

2. 可燃性。贫铀弹爆炸后形成的贫铀微粒与空气接触或与装甲等坚硬的物质撞击时,会产生自燃,容易引燃遭袭车(船)内的燃油和引爆弹药。

3. 持续伤害性。由于贫铀具有一定的放射性,其衰变过程中,会放出 α,β,γ 射线,对人体构成放射性伤害。同时,贫铀也是一种重金属毒物,如果进入人体,它能影响人体的新陈代谢进程,尤其对肾脏的损伤较为严重。因此贫铀弹不仅在爆炸时其弹壳碎片能毁坏武器装备,杀伤人员,而且爆炸后的很长一段时间内,其碎片对环境和人员仍具有危害作用。海湾战争中,美国在伊拉克南部地区使用了 315 t 贫铀弹,数年后伊拉克南部地区出现了许多以前无人知晓的病例,出生的婴儿中先天性畸形率大幅上升,以前该地区从未有人患过的癌症也大量出现。

10.5.4 贫铀弹的研制与使用

据报道,目前世界上已有 20 多个国家或地区拥有贫铀弹。美国是最早装备贫铀弹的国家。美国从 20 世纪 50 年代开始研制贫铀弹,60 年代进入大规模试验论证阶段,70 年代定型并开始装备部队。目前美国已经开发出各种口径的贫铀穿甲弹,随后英国、法国、以色列等国也开始研制贫铀弹并开始装备部队。

进入 20 世纪 90 年代,美国在海湾战争、波黑战争和科索沃战争中都使用了贫铀弹。在 1991 年的海湾战争中首次实战使用贫铀弹,美国及其盟国在海湾战争中投掷了 315 t 贫铀弹,共计使用了 94 万发。美军的 A – 10 型攻击机使用这种"贫铀弹",使伊拉克的坦克部队在短时间内遭到毁灭性的打击。现时大多数贫铀仍然留在原地,未被清除,也难以清除。其后,美国为首的北约组织在巴尔干故伎重演,1994 至 1995 年间在波黑使用 10 800 枚贫铀弹,1999 年在南联盟投下 31 000 枚,有近 30 t 贫铀被遗留在狭小的科索沃战场,严重破坏了整个巴尔干地区的生态环境。

10.5.5 贫铀弹的放射性危害

正当有人为贫铀弹在战争中的表现高声喝彩时,参战后的军人却莫名其妙地患上了一种怪病,出现了体质下降、免疫力降低、记忆力减退、肌肉萎缩、关节疼痛、头痛失眠、浑身无力及恶心呕吐等症状,并且祸及子女,生育的后代为怪胎和先天缺陷的概率数倍于常人。更有甚者,有人因此罹患多种不治之症,如白血病和各种癌症,有人患病不久就猝然病逝,当地居民则更是深受其害,可谓遗祸匪浅。

近年来,参加北约在波黑和科索沃地区维和行动的一些欧洲国家先后报道本国维和士兵因患癌症或白血病而死亡,或患上所谓"巴尔干综合症"的奇怪病症。媒体和公众指责死亡原因与北约大量使用贫铀炸弹造成的辐射污染有关。对于贫铀弹是否存在核辐射污染的问题,对贫铀弹的研制和使用问题,国际上始终存有着争议。有专家指出,贫铀弹所谓的"贫"只是相对于原子弹而言,对人类和环境来说它仍是不折不扣的核武器。虽然它不像原子弹那样可以在数秒内将城市夷为平地,但其破坏性却不可低估。相关的争议始终不断,贫铀弹后遗症成为世界各国关注的焦点。

贫铀弹,对人体和环境究竟有多大危害,至今还缺乏系统研究。贫铀弹致病的机理,可能有两个重要的物理因素:一个铀;另一个是钚。

　　只要按照正常的储存和运送方法,在正常状态下未使用的贫铀弹一般是无害的。但是贫铀弹在被使用后,其严重危害性就会全部暴露出来。铀是一种毒性很强的放射性物质,它既有辐射毒性,又有化学毒性。由于贫铀弹中铀高度浓集,这就会造成被炸的局部地区铀浓度骤然升高。贫铀弹在爆炸过程中的高温高压作用下,会使铀形成高度分散的放射性微粒和气溶胶,在大气中飘逸,通过呼吸进入人体;它们也可以逐渐沉降至地表,进入水和土壤,通过作物和水产品等食物链进入人体,这样的危害就更大。因为贫铀的半衰期很长,达 45 亿年,作为贫铀主要成分的铀 −238 释放 α 射线的能力很强,贫铀放射 α 粒子的能量高达 400 多万电子伏特,在体内射程很短,直接作用于细胞,可对 DNA 造成很大的损伤,引发白血病和其他癌症。通过呼吸进入人体的铀,可沉积于肺部,诱发肺癌;通过食物进入人体的铀,主要滞留于肾、肝和骨髓中,引起病变。

　　贫铀弹对人员的杀伤,主要有体内污染和通过弹片嵌入伤口的污染。贫铀弹爆炸后,18%～70% 形成气溶胶,其中 50% 以上是可吸入粒子,大部分在肺液中难溶。气溶胶造成包括空气、水、食物等的环境污染,人员吸入或食入贫铀气溶胶后,就会造成内脏组织的损伤;贫铀弹片嵌入伤口,或者普通伤口接触贫铀污染造成伤口污染,经吸入进入体内造成体内污染,并延迟伤口愈合时间。

　　联合国环境规划署证实,根据实验室初步分析结果,在科索沃地区找到的北约贫铀弹残片中的确含有微量铀 −236。这说明贫铀弹中的贫铀是使用的反应堆乏燃料后处理过的贫铀。这进一步加深了人们对贫铀弹中含有钚元素的怀疑。我们知道,铀 −236 这种物质在自然界中并不存在,只能来自核反应堆产生的乏燃料。由于核电厂“燃烧”铀的同时铀 −238 会转换生成钚 −239,虽然乏燃料处理过程中人们通过一系列化学手段将钚 −239 从铀中分离出来,但是即便如此,乏燃料中仍不可避免含有微量的钚。用这样的贫铀制作贫铀弹,自然加深了人们对贫铀弹中含有钚的怀疑。

　　钚是一种有剧毒的元素,它的放射性比铀要强 20 万倍,化学毒性比铀强 100 万倍,即使是以毫克计算的微量钚也会危害人体健康,导致肺癌和骨癌等。这种贫铀弹爆炸后或贫铀弹击中并穿透装甲后,被高爆高温尘化了的钚颗粒也必然弥漫在空气中,可以飘浮到几千米以外。这些细微的钚颗粒若随呼吸进入体内,则更易使吸收者引起金属中毒,放射线也会对人体造成更大辐射伤害,造成人的体重下降、肠胃不适、患眼疾、血液病、肺病以及肾衰和癌症等,而且爆炸产生的钚粉尘和含钚颗粒更会对水源和土壤产生污染。辐射防护专家认为,“即使是小剂量的放射性元素颗粒也不是毫无害处的,它增加了受辐射细胞发生变异或死亡的危险。”

(清华大学工程物理系　贾宝山)

思考练习题

1. 核武器主要有哪几种杀伤破坏效应?
2. 核武器的爆炸方式有哪几种?
3. 原子弹爆炸的基本原理是什么? 简述"内爆式"原子弹原理性结构组成。
4. 氢弹爆炸的基本原理是什么? 简述氢弹原理性结构组成。
5. 中子弹爆炸的基本原理是什么? 简述中子弹原理性结构组成。
6. 贫铀弹的突出特点是什么?

参 考 文 献

[1] [美]REECE ROTH J. 聚变能引论[M]. 李兴中,译. 北京:清华大学出版社,1993.
[2] 李觉. 当代中国的核工业[M]. 北京:中国社会科学出版社,1987.
[3] 吴桂刚. 中子弹[M]. 北京:原子能出版社,1987.
[4] 李春海. 核武器爆炸对人的远期影响[M]. 北京:原子能出版社,1981.
[5] 刘云波. 原子武器防护知识[M]. 北京:原子能出版社,1979.

第 11 章　聚变能的开发

在 7.3 节我们从一般性聚变研究的角度讨论了聚变反应、聚变能和聚变反应堆,在这一章,我们将把注意力着重于各种不同的聚变途径。首先,我们将会了解热核聚变等离子体物理学的基础知识,然后介绍各种不同途径的核聚变,重点是以托卡马克为代表的磁约束方式和以激光聚变为代表的惯性约束,最后介绍国际和我国受控聚变研究的进展。

11.1　等离子体物理简介

我们前面讲过,聚变能必须依靠燃烧等离子体获得。作为热核聚变研究基础的等离子体物理已经成为物理学公认的一个独立分支。因此,本节只是也只能简单介绍一下等离子体物理的基本知识。

11.1.1　等离子体的基本概念

我们把高温下处于电离态的气体叫做等离子体,之所以把这种状态作为独立于固、液、气的"第四态",是因为在其中长程电磁作用远远重要于局部粒子碰撞作用,以至于等离子体呈现出非常不同于普通气体的特殊性质。Chen F F 给了等离子体一个可能更有物理意义的定义是:等离子体是由带电粒子和中性粒子组成的表现出集体行为的一种准中性气体。这个定义明确了等离子体的两个重要特征:准中性和集体行为。

先看准中性在空间尺度上的表现。当我们试图在等离子体内部引入一个电场,自由运动的带电粒子就会向着削弱电势的方向聚积,这被称作德拜屏蔽(见图 11.1.1)。其特征长度称为德拜长度

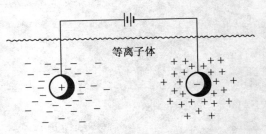

等离子体

图 11.1.1　德拜屏蔽

$$\lambda_D = (\varepsilon_0 K T_e / n e^2)^{1/2} \quad (11.1.1)$$

这里 T_e 和 n 分别为电子温度和等离子体密度。在德拜长度处,电势已经下降到原来的 $1/e$,因此德拜长度可以看作静电作用的屏蔽半径;从另一个意义上来讲,正负电荷的分离在德拜长度内是允许的。因此,电离气体成为等离子体的一个判据就是:气体足够稠密,使得空间尺度 L 大于德拜长度,即

$$L \gg \lambda_D \tag{11.1.2}$$

另一方面,在德拜长度为半径的球形体积内必须有足够多的粒子数才能实现屏蔽,因此等

离子体的另一个要求是

$$n\lambda_D^3 \gg 1 \tag{11.1.3}$$

我们看到德拜长度中包含密度和温度的信息,因此可以利用简单的静电探针通过电势测量获得等离子体的密度和温度。最后我们给出一个明确的公式,是式(11.1.1)中长度计算后的结果:$\lambda_D[m] = 7.4(KT[eV]/n[m^{-3}])^{1/2}$。可以看到,对于密度 10^{20} m^{-3}、温度 10 keV 量级的磁约束聚变等离子体,德拜长度为 7.4×10^{-8} m。

我们再来看准中性在时间尺度上的表现。在德拜长度内当电荷出现分离时,电子的运动实际是振荡的,电场力起到了回复力的作用(见图 11.1.2)。其特征频率被称为等离子体频率,即

$$\omega_p = (ne^2/m_e\varepsilon_0)^{1/2} \tag{11.1.4}$$

或者更明白的,$\omega_p(s^{-1}) = 9.0(n[m^{-3}])^{1/2}$。事实上我们可以注意到 $\omega_p \sim v_{te}/\lambda_D$,也就是说 ω_p^{-1} 事实上是等离子体在电中性条件被破坏后作出反应的响应时间。因此我们要求等离子体的维持时间应该大于 ω_p^{-1},即等离子体的另一个判据

$$\omega_p\tau > 1 \tag{11.1.5}$$

上式中的 τ 也可以用来表示等离子体中带电粒子和中性原子碰撞的平均时间,这就意味着,等离子体中库仑力应该占支配地位,而和中性粒子的碰撞则不能太过频繁。

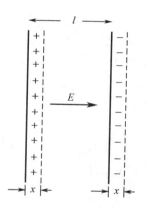

图 11.1.2　等离子体振荡

实际上,正是长程的电磁作用决定了等离子体的"集体效应"。在通常的气体中,信息(比如能量扰动)的传递是通过中性粒子的碰撞实现的,因此彼此只是影响到附近的粒子。而在等离子体中,带电粒子通过库仑力起作用,那么很远的粒子也能感受到力的存在,这样单个粒子的运动迅速转化为集体运动,也就是产生振荡或者波。集体效应集中体现在等离子体中丰富的振荡和波现象当中,也给全面认识等离子体增加了很大的困难。

等离子体中的碰撞以库仑碰撞为主。我们可以用普通的二体碰撞去估计等离子体中的碰撞频率,但是实际上等离子体中粒子运动的大角度偏转不是由于近距离的二体碰撞引起的,而是多体的远碰撞引起的。不过这种远碰撞可以理解为一系列小角度的二体碰撞的积累效应。这里直接给出一个电子－电子碰撞的能量弛豫时间

$$\tau_{ee} = \frac{16\sqrt{\pi}\varepsilon_0^2 m_e^{1/2} T_e^{3/2}}{n_e e^4 \ln\Lambda} \tag{11.1.6}$$

能量弛豫时间指的是等离子体从能量的非平衡分布过渡到麦克斯韦平衡分布所需的时间,这种弛豫过程是碰撞的结果,或者说弛豫时间是碰撞频率的倒数。其中的 $\ln\Lambda$ 称为库仑对数,它是小角度偏移积累效应的表现。我们还可以同样得到离子－离子碰撞弛豫时间,离子－电子碰撞弛豫时间,它们的比值为

$$\tau_{ee} : \tau_{ii} : \tau_{ei} = 1 : (m_i/m_e)^{1/2} : m_i/m_e \tag{11.1.7}$$

这个关系很容易理解,因为电子和离子之间由于质量的差别很难传递能量。因此,在等离子体中,电子和离子可以有不同的温度。在等离子体中不仅存在弹性碰撞,还存在非弹性碰撞,并伴随诸如激发、电离、复合、电荷交换等过程,这些过程在等离子体中也非常重要。

宇宙间 99% 的物质都是等离子体,但是人们并不熟悉等离子体,这是因为大量的等离子体存在于电离层、恒星星云等外太空中,日常生活中遇到的等离子体只有闪电、日光灯的辉光、放电弧光等。聚变等离子体是人工制造的等离子体。图 11.1.3 给出了自然界和实验室一些典型等离子体的参数,可以看出聚变等离子体是一种高温高密度的等离子体。

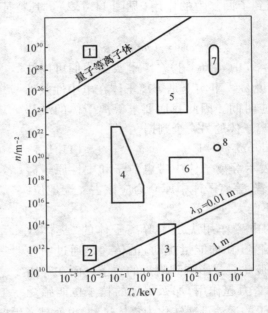

图 11.1.3　典型等离子体态

1—固体等离子体态;2—大气电离层;3—日冕;4—气体放电;5—激光聚变等离子体;
6—准稳态,聚变等离子体;7—未来惯性约束堆等离子体;8—未来准稳态聚变堆等离子体

11.1.2　等离子体中的单粒子运动

等离子体是大量带电粒子组成的,它的行为不仅取决于外加场,而且也取决于等离子体内部粒子间的相互作用。但是第一步,我们可以假定一个预先给定的电磁场,从运动方程中得到单粒子运动,通过这个"代表粒子",我们可以对等离子体的行为有所了解。

带电粒子在磁场中受到洛伦兹力作围绕磁力线的回旋运动,这个回旋被称为拉莫回旋(见图 11.1.4)。回旋频率和拉莫半径为

$$\omega_c = qB/m, \quad \rho_L = mv_\perp / |q|B \tag{11.1.8}$$

很明显,离子和电子的回旋方向相反,它们的回旋运动都使得粒子运动所产生磁场和原有磁场相反,因此说等离子体是抗磁性的。

如果磁场足够强使得回旋半径远小于磁场变化的空间尺度时,我们就可以只研究回旋中心的运动,因此回旋中心也称为导向中心。很明显,在平行于磁场的方向,粒子(导向中心)是不受约束的,而在垂直于场的方向上,导向中心会在力的作用下发生漂移。图 11.1.5 所示为电场引起的漂移运动。从物理图像上,在电场力的作用下,粒子回旋的两个半周分别被加速和减速,速度的不同导致回旋半径的不同,因此导向中心将向垂直于力的方向漂移。不仅电场力、重力、离心力等直接作用力,磁场梯度等不均匀性也能引起导向中心的漂移。下面给出几个重要的漂移运动:

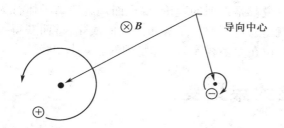

图 11.1.4　等离子体中的拉莫回旋

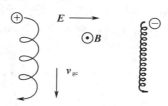

图 11.1.5　$E \times B$ 漂移

电场漂移($E \times B$ 漂移):
$$v_E = \frac{E \times B}{B^2} \tag{11.1.9}$$

重力场漂移:
$$v_g = \frac{mg \times B}{qB^2} \tag{11.1.10}$$

磁场梯度漂移:
$$v_{\nabla B} = \frac{(-\mu_B \nabla B) \times B}{qB^2} \tag{11.1.11}$$

磁场曲率漂移:
$$v_R = \frac{(-mv_{/\!/}^2 R) \times B}{qR^2 B^2} = \frac{mv_{/\!/}^2}{qB} \frac{B}{B} \times \left(\frac{B}{B} \cdot \nabla\right)\frac{B}{B} \tag{11.1.12}$$

11.1.3　作为电磁流体的等离子体

和通过单粒子运动来了解等离子体行为的思路完全相反,磁流体力学把等离子体当作一个整体来看待,即把等离子体视为电磁场中的导电流体。在这种思路下,个别粒子的行为不再表示出来,而只有流体的密度、速度、温度等统计意义上的物理量。这就要求等离子体中要有足够多的碰撞,因为只有达到局域热平衡状态,统计的热力学量才有意义。

如果我们关心的等离子体变化的特征时间远大于离子电子碰撞的弛豫时间,那么简化的磁流体力学运动方程为

$$\frac{\partial \rho_m}{\partial t} + \nabla \cdot \rho_m \boldsymbol{u} = 0 \qquad\qquad (11.1.13)$$

$$\rho_m \frac{\mathrm{d}}{\mathrm{d}t} \boldsymbol{u} = -\nabla p + \boldsymbol{j} \times \boldsymbol{B} \qquad\qquad (11.1.14)$$

$$\boldsymbol{E} + \boldsymbol{u} \times \boldsymbol{B} - \frac{\boldsymbol{j} \times \boldsymbol{B}}{n_e e} + \frac{1}{n_e e} \nabla p_e - n\boldsymbol{j} = \frac{m_e}{e^2 n_e} \frac{\partial \boldsymbol{j}}{\partial t} \qquad\qquad (11.1.15)$$

其中 $\rho_m, \boldsymbol{u}, p, \boldsymbol{j}, \eta$ 分别表示质量密度、流体速度、压强、电流密度和电阻率。前两个方程是质量守恒方程和动量方程。它们和一般流体力学方程没有太大的区别。式(11.1.15)被称为广义欧姆定律,其左边各项分别代表广义电场力(包含电场力和洛伦兹力)、霍尔效应、压强效应、电阻效应。在 $\partial/\partial t = 0$ 和 $\boldsymbol{B} = \nabla p = 0$ 时,广义欧姆定律退化到我们熟知的欧姆定律。

　　等离子体的单粒子理论和磁流体理论可以说都是近似的理论,要全面理解等离子体行为应该使用统计物理的知识。等离子体动力学就是通过研究粒子分布函数的演化,进而获得大量粒子的统计平均的物理量。更深入的知识可以在大多数等离子体物理的教科书中找到。

11.2　磁约束聚变

11.2.1　磁约束聚变原理

　　等离子体的单粒子轨道理论表明,除了导向中心垂直于磁场的漂移运动,等离子体基本上可以认为是约束在磁力线上。从磁流体力学方程(11.1.14)也可以得到,对于磁流体平衡的等离子体有

$$\nabla p = \boldsymbol{j} \times \boldsymbol{B} \qquad\qquad (11.2.1)$$

这个方程和麦克斯韦方程

$$\nabla \times \boldsymbol{B} = \mu_0 \boldsymbol{j}, \quad \nabla \cdot \boldsymbol{B} = 0 \qquad\qquad (11.2.2)$$

结合就构成了等离子体在磁场中的静平衡方程。从式(11.2.1)可以看出

$$\boldsymbol{B} \cdot \nabla p = 0, \quad \boldsymbol{j} \cdot \nabla p = 0 \qquad\qquad (11.2.3)$$

　　这就意味着等压面和磁面、电流面是一致的,或者说离子被约束在磁面上。进一步利用矢量关系 $(\nabla \times \boldsymbol{B}) \times \boldsymbol{B} = (\boldsymbol{B} \cdot \nabla)\boldsymbol{B} - (1/2)\nabla B^2$ 式,可以得到

$$\nabla(p + B^2/(2\mu_0)) = (\boldsymbol{B} \cdot \nabla)(\boldsymbol{B}/\mu_0) \qquad\qquad (11.2.4)$$

这里 $B^2/(2\mu_0)$ 被称为磁压强。为了表示磁场约束等离子体的效率,我们引入比压 β 为等离子体压强与磁压强之比,即

$$\beta \equiv 2\mu_0 p/B^2 \qquad\qquad (11.2.5)$$

磁比压衡量了磁场约束等离子体的能力,比压越大,说明同样强度的磁场所约束的等离子体压强越高。不同类型的约束装置有着不同的 β 值,因此通常分为高 β 装置和低 β 装置。

　　把式(11.1.15)中的霍尔项用式(11.1.14)消去,可以得出,对于稳态等离子体有

$$u_\perp = \frac{E \times B}{B^2} - \frac{1}{ne}\nabla p_i \times \frac{B}{B^2} - \eta \frac{\nabla p}{B^2} \qquad (11.2.6)$$

可以看出,第一项是单粒子运动中就有的 $E \times B$ 漂移;第二项压力梯度引起的粒子迁移则是流体中所特有的;第三项则代表了由于碰撞而造成的输运。上式给出了平衡条件下垂直于磁场方向的流体速度,如果这个垂直方向是围绕着磁力线而不是垂直等离子体边界的话,那么它对约束等离子体并没有坏的影响。在等离子体中,压力梯度一般都是垂直于等离子体边界的,因此抗磁性流体漂移就不会导致等离子体漂出边界。

等离子体在磁场的约束下达到力学平衡后,接下来就要考虑等离子体的稳定性问题。总的来说,等离子体的不稳定性来源于系统没有处在完全的热力学平衡状态。这就意味着等离子体具有较高的自由能,而不稳定性总是一种减少自由能的宏观或者微观运动。等离子体偏离热力学平衡大体有两种类型:一类是宏观参数,如密度、温度、压强等热力学量的空间不均匀性;另一类是速度空间分布偏离平衡的麦克斯韦分布。前一种原因导致的不稳定性,通常导致等离子体以整体的形式发生运动,称为宏观不稳定性,由于此种稳定性通常可以用磁流体力学方法进行分析,因此也称为磁流体力学不稳定性。而后一种原因导致的不稳定性称为微观不稳定性,同时由于其要用动力学方程进行研究而被称为动力学不稳定性。

实验表明,不论哪种约束方式都会伴随着这样或那样的不稳定性,但是并不是所有的不稳定性都具有同等的危险性。一般而言,能快速导致等离子体整体失去平衡的不稳定性是最危险的。下面我们介绍几种最危险的磁流体力学不稳定性,以及解决它们的办法。

我们先考虑一种叫做交换不稳定性的现象。所谓的交换不稳定性就是指原来平衡状态时流体(等离子体)的区域和真空(磁场)的区域相互交换而发生的不稳定性。普通流体力学中的瑞利－泰勒不稳定性描述的是在重力场中轻流体支撑重流体的平衡是不稳定的,比如一个装满水的杯子倒放,尽管从平衡的角度大气压可以支撑杯中的水,但这种平衡并不能稳定。在等离子体中有类似的问题。等离子体的压力和磁压力通过式(11.2.1)达到了平衡,磁力线相当于轻的流体,等离子体相当于重流体,因此在重力场中磁场支撑等离子体的平衡位形是不稳定的,图 11.2.1 给出这种不稳定性的图像。如果有如图所示的一个初始扰动,离子和电子的重力场向相反漂移方向漂移从而在界面上形成电场,电场漂移将会增长初始的扰动。

可以看到,上述不稳定机制中最本质的东西就是重力漂移引起的电荷分离。因此只要是与电荷符号有关的漂移运动(回顾式(11.1.9)～(11.1.12))都会引起电荷分离,其中弯曲磁场导致的漂移对于磁约束等离子体而言尤其特殊。如图 11.2.2,等离子体沿磁力线运动时的离心力起到和重力类似的作用。如果磁力线凹向等离子体,那么等离子体就是不稳定的,这样的曲率称为坏曲率;反之,如果磁力线凸向等离子体,那么等离子

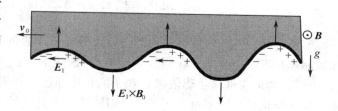

图 11.2.1　交换不稳定性

体就是稳定的,这样的曲率称为好曲率。

更一般地,为了保持稳定的平衡,必须使等离子体处在磁场极小的区域,这叫做最小磁场条件。从能量原理出发,等离子体交换稳定的条件就是要造成平均最小磁场位形。

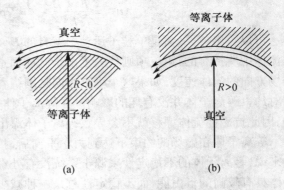

图 11.2.2　好曲率与坏曲率

等离子体中通常会有电流通过,电流产生磁场,那么载流的等离子体柱就会受到向内的箍缩力,从而和等离子体压力达到平衡。但是这种平衡也是不稳定的,会发生两种分别叫做腊肠型和扭曲型的不稳定性(见图 11.2.3)。假定某一处等离子体柱变细了一点,那么由于截面总电流不变,磁场因此增加,增大的磁压强就会进一步压缩等离子体柱,直到把等离子体柱勒得像一串腊肠一样,这就是腊肠不稳定性。扭曲不稳定性的发展过程是,如果某处等离子体柱发生弯曲后,弯曲内侧的磁力线更密集,磁场更强,而外侧磁场更弱,这样扭曲将进一步发展。更高阶的扭曲不稳定性也是存在的,它可能导致等离子体就像麻花一样扭在一起。腊肠型和扭曲型不稳定性可以通过在等离子体电流方向添加一个强磁场来稳定。当等离子体柱被压缩或者扭曲时,沿电流方向的磁场也被同时压缩或者扭曲,从而产生消除形变的磁张力。当纵向磁场一定时,腊肠型和扭曲型不稳定性限制了等离子体电流的大小。

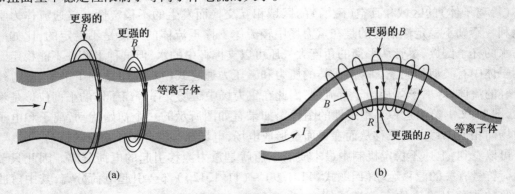

图 11.2.3　腊肠不稳定性与扭曲不稳定性

不稳定性、碰撞、辐射等过程都会导致等离子体热量的损失。为了达到聚变条件,等离子体的加热是不可避免的。在磁约束装置中,加热的主要方式有欧姆加热、波加热和中性束注入,而最终的反应堆将主要依靠 α 粒子的自持加热。欧姆加热就是利用电流通过有电阻的等离子体产生焦耳热。不过等离子体电阻随着温度升高而迅速降低,因此欧姆加热只能把等离子体加热到 1~2 keV,只能作为初步的加热手段。除了欧姆加热的其他加热方式被习惯性地称为辅助加热,但在目前的大型磁约束装置中,辅助加热的总功率和功率密度都远远大于欧姆加热。波加热是利用电磁波和等离子体的相互作用,把波能量沉积在等离子体中,加热等离子体。中性束加热是目前功率最高的一种加热方式。因为带电粒子不能自由地横越磁力线达到等离子体中心,所以采用把高能量粒子中性化的措施。高能中性束进入等离子体后,通过电荷交换,重新成为高能离子,进而与本底离子体碰撞加热等离子体(见图11.2.4)。

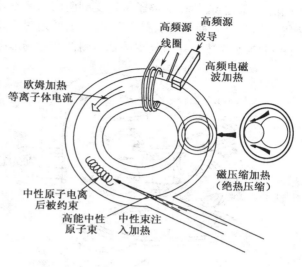

图 11.2.4　等离子体加热

在本小节,我们介绍了磁约束聚变的原理和一些共有问题,如磁流体平衡和不稳定性以及等离子体加热等。下面我们会介绍几种主要的磁约束方式中各种基本原理的应用,重点将会集中在主流的磁约束方式——托卡马克上。

11.2.2　托卡马克

托卡马克是俄文缩写 TOKAMAK 的音译,意为带磁场的环形真空室,另有一中译名:环形电流器(简称环流器)。托卡马克是人类最有希望首先达到点火条件的受控热核装置。

1. 托卡马克概述

理解托卡马克的图像非常简单。我们知道等离子体能约束在磁力线上,如果磁力线是直线型的,那么磁力线的开端损失将是不可避免的。很自然的想法就是把磁力线闭合起来,但是在弯曲的磁场中,磁场曲率梯度漂移将会在截面的上部和下部产生分离的正负电荷,由此产生的电场导致的电场漂移将使得等离子体一起漂向器壁。如果磁力线呈螺旋线型环绕,电子将沿磁力线运动到正电荷处中和。磁力线这种旋转变换在磁约束装置中非常重要。我们把磁面上磁力线绕小截面一周时绕大环运动的平均圈数叫做安全因子 q,它在等离子体的稳定性上有着非常重要的意义。在托卡马克中,环形强磁场是通过磁场线圈产生的,产生螺旋的角向磁场是通过等离子体电流产生的。等离子体电流的产生是利用变压器感应的原理,初级变压器放电,建立等离子体,而等离子体正好成为次级线圈,在其中感应出和环形磁场方向平行的等离子体电流。除了环向场线圈和变压器外,托卡马克还必须包含垂直场线圈。这是因为环形的等离子体电流柱有着向外膨胀的趋势。解决这个问题的方法就是加上一个垂直于等离子体赤道面的平衡磁场,使得等离子体还受到向内的洛伦兹力,抵消等离子体向外的扩张力。目前的装置利用专门的垂直场线圈产生平衡场,并通过平衡场的调节控制等离子体在真空室的位置。图 11.2.5 描述了托卡马克的基本图像和磁场形态。

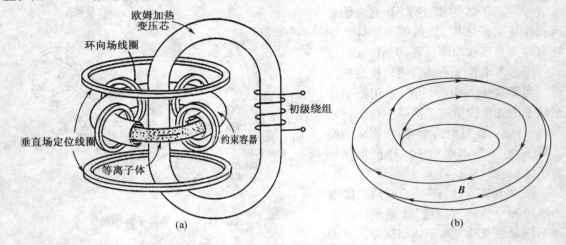

图 11.2.5　托卡马克示意图

托卡马克的一个重要特点是等离子体中存在着电流。这个电流一方面产生约束等离子体要求的角向磁场,一方面又加热了等离子体。但是同时由于磁场影响等离子体约束,等离子体性质又影响等离子体电流,进而又影响磁场分布。也就是说,托卡马克中等离子体和电流是自洽平衡的,因此托卡马克的运行和控制相对来说是比较复杂的。

2. 托卡马克中的磁流体力学平衡和稳定性

托卡马克之所以能成为磁约束的主流模式,是因为在托卡马克中等离子体约束得比其他装置中要好,这一点在聚变研究的初期表现得尤为明显。

首先,托卡马克是个平均最小磁场系统。虽然磁场在环的外侧弱,内侧强,但沿一根磁力线平均来看,在等离子体中心平均磁场小,越往外平均磁场越强,这是因为角向磁场由等离子体电流产生,而平均最小磁场系统可以抑制交换不稳定性。其次,等离子体的角向磁场由等离子体电流产生这个事实也决定了托卡马克中不同磁面上的安全因子不同,我们把这种情况叫做磁场存在剪切。磁剪切可以抑制大尺度的不稳定性。还有,托卡马克中的环向强磁场将会抑制等离子体电流引起的腊肠型和扭曲型不稳定性。

但是托卡马克对不稳定性的抑制并不是(也不可能是)完全的,我们只能保证不出现最危险的磁流体不稳定性,这就决定了托卡马克的运行空间,主要是对托卡马克中的密度、比压和电流提出了要求。我们回想托卡马克中安全因子的引入。如果磁力线围绕小环一周却还没有围绕大环一周,那么分离电荷的中和就不完全,因此磁流体稳定的一个必要条件是

$$q > 1 \qquad\qquad (11.2.7)$$

这个条件叫做克鲁斯卡尔 – 沙弗拉诺夫判据。更方便的是用等离子体边缘的 q 值,即 q_a。更详细的理论分析指出,磁流体力学平衡大概需要 q_a 大于 3。由于 q 的大小由等离子体电流决定,q 的限制实际上限制了等离子体电流的大小。

等离子体比压受到气球不稳定性(一种在坏曲率处发生的交换不稳定性)的限制,这个限制和从等离子体平衡得到的结果大体上是一致的,那就是等离子体比压必须小于一定值:

$$\beta < a/q^2 R \qquad\qquad (11.2.8)$$

因此,托卡马克是一个低比压装置,尽可能提高托卡马克的比压值是个非常重要的问题。

托卡马克中等离子体密度的运行空间还是一个正在研究的课题。可以推测的原因一方面来自于比压的限制,一方面来自于过高密度的等离子体会有强的韧致辐射。

在托卡马克的运行条件下,等离子体仍然存在着各种磁流体力学的不稳定性,这些不稳定性在等离子体放电中就体现为各种形式的磁流体活动。当磁流体活动达到一定的程度,以至于等离子体的运行条件被破坏,等离子体发生破裂,粒子和能量在很短的时间内损失掉。

3. 托卡马克中的输运过程

我们开始考虑一下托卡马克等离子体中的输运问题。严格的输运理论应该是一个复杂的统计物理问题,这里我们仍然试图用简单的物理图像来说明一下。输运过程不像磁流体力学不稳定性那样导致等离子体中粒子和能量以整体的形式快速损失,而是通过很多步反复的无规则跳动损失的。每一步沿等离子体径向跳动的步长越大,或者跳动得越频繁,损失就会越大。我们把粒子每步跳的距离称为特征步长 L,平均每步的时间间隔称为特征时间 t,那么可以用 L^2/t 估计输运系数。

在均匀磁场下,特征步长就是粒子的回旋半径,特征时间是平均碰撞时间。通常回旋半径相比于装置尺寸是个很小的量,因此通过这种碰撞的输运损失是很少的,被称为经典输运。但在环形磁场中,由于托卡马克内侧磁场要比外侧强,因此带电粒子在沿螺旋缠绕在等离子体环上的磁力线运动时,除了围绕磁力线的回转运动外,导心将会根据平行磁场速度的大小作环形或者"香蕉形"运动。当粒子之间发生碰撞,就会从一个香蕉轨道转到另一个香蕉轨道上去,于是特征步长就是香蕉的宽度。显然,这个香蕉宽度比回旋半径大得多,由此导致的损失也要比经典输运损失大一个数量级左右,我们称之为新经典输运。

但是实际实验中观察到的输运,尤其是电子的热输运水平,都远远大于经典理论的预测值。对于这种无法用经典理论解释的输运现象,人们称之为反常输运现象。反常输运导致的粒子和能量损失构成了聚变堆点火的一大障碍。目前普遍认为反常输运应该归因于空间尺度远小于等离子体宏观尺寸的等离子体微湍流。在聚变装置中,等离子体处于非热力学平衡状态,储存着一定数量的自由能。等离子体的微观不稳定性,就是以集体方式发生的自由能转化的过程。等离子体中各种微观不稳定性发展到相对饱和状态,产生等离子体湍流,进而造成宏观的输运效应。低频微湍流也在托卡马克中通过电子密度涨落的电磁散射观察到,并且这种微湍流在任何一个做过实验观察的托卡马克中均存在。

从 20 世纪 80 年代中后期开始,托卡马克约束实验取得了一系列进展,加热技术等实验方法的引进以及通过特殊的实验手段控制磁场位形和等离子体参数,等离子的约束性质取得了几次引人注目的飞跃,特别是在几个大型装置上,能量约束时间的不断延长已使实验水平极其接近得失平衡的"点火"点。对约束改善的原因,迄今为止最具主导性的理论是 $E \times B$ 剪切流对湍流的抑制作用,其基本思想在于剪切流截断了等离子湍动的涡旋,缩短了其径向延展,从而降低了随之引起的输运。进一步的研究还发现,在一定的条件下,等离子体湍流可以发展到一种自组织的状态,如带状流(zonal flow)。在这些状态下,湍流尺度被减小从而降低了输运水平。这些都是目前等离子体研究的热点。

4. 托卡马克系统

托卡马克系统包含主机和附属设备(见图 11.2.6)。主机主要由环形真空室和磁场线圈组成。真空室通常用不锈钢制成,真空室外接真空泵,一般能抽到 10^{-6} Pa 的本底真空,然后充入 10^{-2} Pa 左右的工作气体。为了避免等离子体和器壁直接作用恶化真空环境,目前的考虑是在第一壁以及等离子体直接接触的限制器部分使用铍制衬瓦,而在等离子体热流和粒子流集中的偏滤器部分采用钨和复合碳纤维材料。目前大型的托卡马克有着几百平方米的真空室,因此大体积的高真空技术在托卡马克系统以及其他磁约束装置中占极其重要的地位。

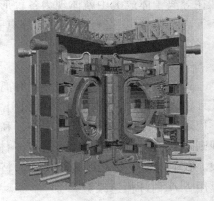

图 11.2.6　正在建设的托卡马克装置——国际热核实验堆 ITER

托卡马克中的三个磁场:环向场、欧姆场(加热场)和平衡场(垂直场)分别通过环向场线圈、加热场线圈(欧姆变压器)和平衡场线圈产生。这些线圈中流过强电流,因此在磁场中要经受巨大的电动力,所以对线圈的支撑结构也提出了严格的要求。同时,在未来的托卡马克中还将会使用超导磁体,那么低温超导维持系统将是托卡马克系统中重要的部分,同时也会极大地影响真空室的设计和制造。

除了主机,托卡马克系统还有很多附属设备。除了提到的超高真空系统、强电流供电系统、支撑系统、低温系统外,托卡马克的运行还需要加热系统、等离子体诊断系统、控制系统、供气送料系统等。这些附属系统不仅在造价上可能远远大于主机装置,而且其本身也是相当复杂的物理系统,因此托卡马克系统实际上是一个涉及领域甚广的大科学工程。

11.2.3　仿星器和球形托卡马克

1. 仿星器

仿星器是磁约束聚变研究中最早探索的途径之一,意思是像星体中那样约束高温等离子体。仿星器的设计思想和托卡马克类似,那就是通过磁力线的回转变换使得带电粒子在环形区域中的漂移轨道封闭而约束等离子体。但和托卡马克不同的是,在仿星器中磁力线的回转变换不是依靠等离子体电流产生角向场产生的,而是利用线圈绕组直接产生的。有两个途径可以在无等离子体电流的情况下产生磁力线的回转变换,其一是在曲率可变的空间分布的真空室外绕制螺线管,其二是在有平面轴线的真空室内除了绕制产生环向磁场的螺线管外,还绕制螺旋绕组,以相邻两线圈通相反电流形式形成一对绕组。那么,前一类仿星器的典型是空间8字形装置,这是最初提出的仿星器概念;后一类仿星器是目前更为常见的标准仿星器,如图11.2.7 所示是标准仿星器 W7 - A 的线圈布置,该装置有两对螺旋绕组。在这两种基本仿星器原理的基础上,科学家又发展了多种仿星器类型的约束位形。目前前沿的先进螺旋仿星器通常采用模块式结构,包含平面圆形线圈和多种非平面扭曲形线圈,通过在有空间轴线的真空室中调节线圈的排列组合,对约束性能进行优化。

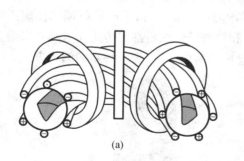
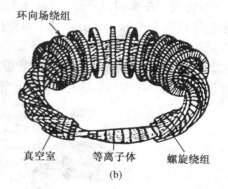

环向场绕组

真空室　　等离子体　　螺旋绕组

(a)　　　　　　　　　　　　(b)

图 11.2.7　标准仿星器概念
(a)包含三对螺旋绕组的示意图;(b)包含两对螺旋绕组的线圈布置图

我们对仿星器和托卡马克作一对比。托卡马克的磁场位形基本上是二维的,也就是说在大环的方向是对称的,然而仿星器的磁场位形则完全是三维的,因此仿星器的磁场要比托卡马克的磁场复杂得多。我们知道,在托卡马克中,磁面由环形场和等离子体电流产生的磁场合成,而电流在等离子体的建立和维持期间可以自我调节其在小截面上的分布,从而保证磁面的封闭。然而在仿星器中,磁面完全靠固定的线圈绕组来产生,没有调整能力。因此,任何一点设计和安装上的误差,都可能导致磁面的破裂,也就是磁力线在绕完一周后回不到原来的磁面上。当误差超过一定值,磁力线还可能逐渐跑到真空室壁上,那么等离子体的约束就被完全破坏了。为了避免这种损失,对仿星器磁场的设计、制造和安装提出了比托卡马克更严格的精度要求,这在 20 世纪 60 年代是一个很难解决的问题,因此大大限制了仿星器的发展。

但是如果磁场的精度能够达到要求,仿星器又具有托卡马克没有的一些优点,这个优点同样来源于不依靠电流产生磁场的特点。仿星器中没有等离子体电流,就不会有电流带来的诸如腊肠、弯曲等不稳定性,那么就不再须要非常强的环向磁场,因此仿星器的比压比托卡马克中略高。没有电流更重要的一点是仿星器有可能实行稳态运行,因为仿星器不再需要利用变压器效应在等离子体中感应出电流,而只须用注气方式补充等离子体。

因此,尽管仿星器在 20 世纪 60 年代托卡马克兴起后一度衰落,目前从规模和指标上看仿星器还落后于托卡马克一代,但随着高精密磁场设计和工艺水平的提高,仿星器的研究同样取得了很大的成功,它也有可能为最后实现聚变的应用作出贡献。另一方面,仿星器的研究也为其他磁约束途径提供了丰富的参考。托卡马克的发展就从仿星器中借鉴了很多东西,比如利用螺旋线圈控制扭曲不稳定性;利用偏滤器线圈生成约束区的自然边界,从而排除杂质和反应产物;在环形系统中辅助加热的采用,等等。

2. 球形托卡马克

球形托卡马克可以认为是托卡马克的特殊情况(见图 11.2.8)。我们知道传统托卡马克可以看作载流直圆柱弯曲成环形,所以一般而言环径比 $A = R/a$ 远远大于 1。而球形托卡马克,环径比仅仅略大于 1,那么外形就不再像传统托卡马克那样呈现轮胎形,而是接近球形,因此被称为球形托卡马克。在球形托卡马克中,等离子体的产生和平衡的原理和传统托卡马克都是类似的,但是随着环径比的减小,磁场位形和等离子体性质都和传统托卡马克有很大的区别,因此通常把球形托卡马克从托卡马克的概念中分离出来,作为一种新的约束方式。

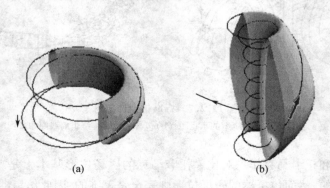

(a)   (b)

图 11.2.8 从传统托卡马克到球形托卡马克

在描述球形托卡马克的特点前,先澄清一个甚至在专业人士中都有误解(或误称)的概念:球形托卡马克(Spherical Tokamak)和球马克(Spheromak)。球马克也称球形器,工作方式和托卡马克有根本上的不同,基本上是通过放电或者外部注入等离子体团来产生。球马克是一个不受力的位形,没有环向场线圈,角向磁场由环形电流产生,而环形磁场由角向电流产生,在边界处环形磁场为零,因此边界安全因子为零。球马克的研究只是证明了存在环径比很小的稳定磁流体平衡位形,基本上不直接和磁约束聚变研究相关。

现在我们回到球形托卡马克。和传统的托卡马克相比,球形托卡马克具有以下特点:

(1)小的环径比和大的自然拉长比,可以获得稳定的高比压位形;

(2)好曲率部分大大增加,也就是说等离子体在环内侧的时间更长,这样交换不稳定性会更好地被稳定;

(3)边界安全因子增加,这就意味着电流驱动的扭曲不稳定性的良好控制,换个角度说,就是允许更大的等离子体电流;

(4)磁场利用率提高,或者说简化了磁体的需求;

(5)高比压,从托卡马克的结果定性估计一下,托卡马克磁比压的上限大概是 $a/(q^2 R)$,随着 a/R 的增大,等离子体比压有提高的趋势;

(6)缩小装置规模,节约了建造费用。

这些理论预言的优点被随后在英国 START 装置上的实验所证实。在 START 的实验中,等离子体比压达到了 40%,密度极限超过托卡马克中的密度极限定标,运行基本不发生托卡马克中常见的大破裂,证明了球形托卡马克良好的磁流体力学稳定性。

在球形托卡马克中的等离子体温度还不能达到托卡马克中的 10 keV 量级,但是随着装置尺寸的提高和辅助加热的加强,这个问题还没有看到不可克服的障碍。但是,在球形托卡马克中,小环径比对中心部分的空间限制,使得欧姆加热场的中心螺线管的设计安装变得不再那么轻松。因此,人们正在努力去掉球形托卡马克中的欧姆加热场,也就是不再用感应的方法产生等离子体电流。事实上,在球形托卡马克中,由等离子体压力产生的自举电流的份额要远远大于托卡马克,同时通过射频波加热等离子体的同时也可以驱动等离子体电流,因此稳态运行是可以想象的。但是问题在初始电流的启动,目前的研究是试图用电极注入螺旋量来形成环形电流,这种方法叫做同轴螺旋注入,在目前的实验中,已经能够用同轴螺旋注入的方法驱动百千安量级的电流。

11.3 惯性约束聚变

11.3.1 惯性约束聚变原理

受控聚变研究中,和磁约束途径并驾齐驱的是惯性约束。氢弹就是一个惯性约束聚变的例子,它利用原子弹爆炸产生的高温高压来压缩和点燃氘氚燃料,使得它们在飞散前产生聚变,释放巨大的能量,不过这个能量是如此地大,而释放又是如此地集中,因此对于利用聚变能发电来说是一个完全不可控的过程。但是,如果能制造很多"微氢弹",而每个"微氢弹"释放的能量不至于破坏周围装置,我们就通过控制每个"微氢弹"的点燃来控制整个能量的输出。这些"微氢弹"就是受控惯性聚变中的靶丸,一般都是毫米量级大小。当然,引爆这些靶丸的不再是原子弹,而是激光或者高能粒子束,它们被称为驱动源。依照驱动源的不同,惯性约束被分为激光聚变、轻离子驱动聚变、重离子驱动聚变和 Z 箍缩驱动聚变。

和磁约束相同,惯性聚变同样要求等离子体的 $n\tau$ 和温度达到一定的水平,不同的是二者走了不同的路线。磁约束中试图把高温等离子体约束更长的时间,而在惯性约束中,达到聚变条件的高温等离子体存在仅仅维持在粒子依靠惯性没有马上飞散的短暂时间内,人们的努力就放在提高密度上。一般而言,磁约束中 τ 约为 s 的量级,n 大概是 10^{20} m^{-3},而在惯性约束中约束时间大约在 ns 量级,因此密度大概就是 10^{29} m^{-3} 以上。因此,惯性约束是用高密度来换取磁约束的长约束。既然惯性约束中的约束时间就是粒子自由飞散的时间,而飞散时间就是靶丸半径和粒子热速度之比,因此对于惯性聚变等离子体来说,更有意义的品质因数是燃料密度 ρ 和靶丸半径 R 的乘积。在 DT 反应中,在 10 keV 的温度下,劳逊判据可以写成

$$\rho R \geqslant 0.3 \text{ g/cm}^2 \tag{11.3.1}$$

这里的判据考虑到了反应生成的 α 粒子需要留在靶丸中的自加热。考虑到实际反应的效率,聚变反应中的 ρR 最佳值还要大一个量级。

目前,实现惯性约束聚变有两种方式:直接驱动和间接驱动。直接驱动方式是直接将驱动源(激光或者粒子束)均匀辐照在靶丸上,压缩靶丸达到内爆(见图 11.3.1);间接驱动则是首先将驱动源能量进入一个高 Z 元素(通常用金)的中空腔体中,这个腔体称为黑腔靶,它的腔壁被辐照产生大量 X 射线,这样驱动源的能量就转化为 X 光能,驱动靶丸达到内爆(见图 11.3.2)。

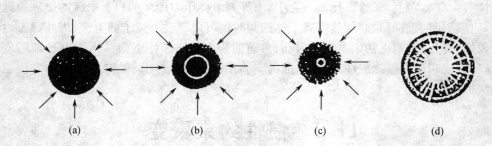

(a)　　　　　　(b)　　　　　　(c)　　　　　　(d)

图 11.3.1　直接驱动激光聚变过程

(a)加热;(b)压缩;(c)点火;(d)燃烧

惯性约束聚变的核心是内爆,靶丸表面沉积能量后,表面物质被加热成等离子体向外快速膨胀,由于动量守恒就会产生向靶丸内部的冲击波,这就是烧蚀过程。烧蚀过程引起聚变靶丸的聚心运动就称为内爆,通过内爆使氘氚燃料达到高密度高温状态从而发生聚变。因此,惯性约束聚变研究包括内爆环境的形成、烧蚀、内爆、点火和燃烧。这些我们会在下一节激光聚变

中进行详细介绍。

11.3.2　激光聚变

1. 激光聚变与激光器

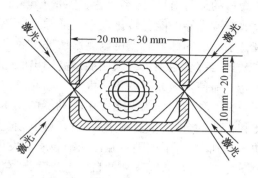

图 11.3.2　间接驱动示意图

由上一小节的介绍知道,要实现受控的惯性聚变,就要找到取代原子弹的小型点火器,它能够在极短的时间内将少量的聚变燃料压缩加热到聚变的要求。而激光刚好具有方向性强和高功率密度等显著特点,因此当激光刚刚发明,就有王淦昌和前苏联的巴索夫提出了利用激光加热聚变材料使之燃烧的想法。但是要达到聚变条件,究竟对激光提出了什么要求呢?

首先,激光要有足够的能量。满足劳逊判据 $\rho R = 0.3 \text{ g/cm}^2$ 的 DT 固体混合物的半径应该为 1 cm。在没有压缩的情况下,考虑到激光束和等离子体热能之间的转化效率,要将这么大的靶丸加热到聚变温度 10 keV,所需的能量大约是 $10^8 \sim 10^9$ J。而如今世界上最大激光器的能量只有 10^6 J,看起来似乎距离要求还很远。但是,如果靶丸的密度比固体还要大,那么就能大大降低所需要的激光能量。经过比较严格的估计,当燃料密度再增加一万倍,那么 $10^5 \sim 10^6$ J 就足够了。提高靶丸等离子体密度就是依靠我们前面讲到的聚心内爆过程,这也是激光聚变被称为激光聚爆的原因。

其次,激光在时空上有良好的压缩。从时间上就是说激光功率要足够高或者脉冲宽度要足够窄。如果激光束流的脉冲宽度比约束时间还长,那么再大的能量也是没有用的。从空间上,激光束要有好的聚焦度,通常要求束流的焦斑和靶丸大小差不多。

另外,既然要实行聚爆,那么就要求多路束流同时对称地加热靶丸表面。这里一方面是对时间同步性和空间对称性的要求,另一方面也对激光光强的平滑性提出了要求。另外,所谓聚变堆的要求,还要求激光器输出有一定的重复频率,且有良好的效率、造价、寿命等。

综合而言,一般认为聚变点火的激光束流大致要有如下指标:能量 10^6 J,功率 10^{14} W/cm^2,脉宽几个 ns,和合适的脉冲波形,聚焦直径 mm 量级,驱动效率大于 10%,重复频率 1～10 Hz。下面我们简单列举一下用于激光聚变的几种高功率激光器。

CO_2 激光器是早期激光聚变研究中使用过的一种。作为气体激光器,CO_2 激光器有高的能量转化效率,重复性好,功率高。但是 CO_2 激光的波长太长,和靶的耦合效率差,在和等离子体相互作用时会产生过热电子,造成对中心的预加热,这对压缩等离子体是不利的。因此,目前国际上已经很少用 CO_2 激光器作激光聚变驱动器了。

钕玻璃激光器是目前激光聚变研究中应用最广泛的,它具有固体激光器固有的优点,如高能量存储能力、窄脉冲宽度、激光波长可变等。人们在设计、建造和运行固体激光器上也积累了大量的经验,目前已经建造了能量兆焦、脉宽纳秒级的激光系统。但是一般用闪光灯泵浦的钕玻璃激光器的能量转化效率很低,而且重复频率极低,基本不能成为聚变堆用的驱动器。二极管泵浦的固体激光器可以克服钕玻璃激光器的缺点而成为聚变堆用驱动器的候选,但是固体激光器都会遇到负载限制能量高输出的问题,而且二极管泵浦的固体激光器中工作物质的荧光寿命使得激光器的价格太贵。因此研究新的固体激光器工作物质有着重要的意义。

另一种可能作为聚变堆用驱动器的是 KrF 准分子激光器。KrF 激光的优点有波长短,因此和靶的耦合好;重复频率高;效率可以接受;造价低;便于实现均匀辐照等。但是 KrF 激光的功率受到限制,不过随着脉冲压缩技术的发展,也许能提高激光输出的能量和功率。

另外,正在研究发展的自由电子激光器也有可能成为良好的激光聚变驱动器。自由电子激光器不再依靠固态、液态或者气态的工作物质,而是相对论电子直接受激发射激光,因此没有击穿问题,能达到高功率。另外激光频率可调,激光时间和空间质量都好。但是目前,研究还不是很成熟,原理预测的优点也有待验证。

高功率的激光器是激光聚变的基础。目前,还没有一种激光器能完全符合聚变对驱动器各方面的要求,它们的应用程度有赖于我们研究中关心的重点,更依赖于今后对激光器的研制和发展。目前,钕玻璃激光器还是研究激光靶耦合物理和聚爆动力学实验的主要工具。

2. 激光靶耦合物理、聚爆物理和靶丸设计

强激光打到靶上后,靶表面的一些物质被加热电离形成等离子体。激光在等离子体中有很多复杂的过程。大体上来说,激光在等离子体中传播,被吸收,转化为等离子体的热能,然后通过电子热传导把能量传到靶的表面。

激光在等离子体中吸收的主要途径是逆轫致吸收。逆轫致吸收是轫致辐射的逆过程,指的是自由电子在库仑场中不断吸收激光能量从而作加速运动。研究表明,波长为 $0.35~\mu m$,强度 $10^{14} \sim 10^{15}~W/cm^2$,脉宽 ns 的激光有 90% 的激光能量通过逆轫致吸收被吸收为等离子体热能,其余 10% 的激光能量通过波等离子体相互作用而被吸收,这些逆轫致吸收外的过程称为反常吸收。一般而言,反常吸收将产生大量超热电子,从而对靶丸内部进行预加热,对聚爆是不利的。激光在等离子体中传输还有自聚焦和成丝不稳定性的问题,它会导致激光辐照不均匀,也会引入或增强其他等离子体不稳定性,从而影响激光能量的沉积。

在激光吸收过程中,电子首先被加热,热电子通过碰撞使得原子进一步电离,同时通过碰撞加热离子。被电离的电子会通过轫致辐射发射 X 光。如果靶物质是低 Z 的,那么激光加热区原子会完全电离,轫致辐射是物质和辐射场交换能量的主要机制。如果靶物质是高 Z 的(如间接驱动中用的金腔),原子不可能完全电离,那么发射 X 光的机制还有线发射和自由电子的复合发射,通过这些过程,激光能量转化为 X 光。而且,X 光可以在黑腔中不断输运,大部分会被黑腔壁重新吸收又重新发射,在这多次"发射 – 吸收 – 再发射"的反复过程中,光谱得到改造,使得整个辐射场更加均匀。

内爆是惯性约束聚变的核心。内爆是由驱动源作用于聚变靶丸表面,通过烧蚀过程产生

的高温等离子体向外膨胀,由于动量守恒,在向靶丸内部的方向上产生驱动聚心运动的高压冲击波,压缩和加热氘氚燃料。不同的驱动方式有着不同的烧蚀机制。激光直接驱动的烧蚀是由激光加热产生高温电子热传导引起的,而间接驱动的烧蚀由辐射热传导引起。由于辐射烧蚀深度大,在同样的功率密度下,辐射烧蚀压力比激光烧蚀压力要高的多。聚爆过程的效率受到流体力学不稳定性的影响。为了减小这种影响,一方面要提高驱动器激光辐照或者 X 辐射场的均匀性,另一方面要设计合适的靶丸,以达到较好的能量沉积和增益。

比较早使用的靶丸是玻璃球壳靶,也叫做爆炸推进器靶。壳层接收到激光沉积的热量发生爆炸,驱动的一半质量向内运动,会产生一个超前于它的冲击波压缩靶心燃料。这种靶丸对激光的波长、波形的要求不高,对超热电子的预热效应也不敏感,因此在早期被广泛采用。但是爆炸推进器靶对激光的吸收效率极低,不能实现对燃料的高度压缩,难以满足高增益的需要。随着研究的深入,人们发现靶应该做成含有聚变燃料和其他材料的具有多层结构的小球,一种典型的靶丸结构如图 11.3.3 所示。

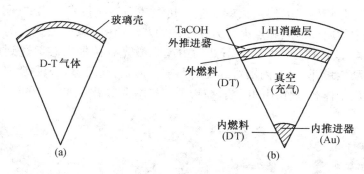

图 11.3.3　靶丸结构示意

靶丸的最外层是低 Z 的消融层,如聚乙烯、LiH 或者 Be 等,作用是充分吸收束流的热能,减少过热电子的产生。消融层吸收能量后形成的等离子体急速膨胀产生冲击波压缩和加热里面的推进层。推进层由高原子序数材料组成,它是聚变燃料的容器,可以进一步屏蔽对燃料的预热,同时使得压缩更均匀,在燃料燃烧后,推进层又可以作为反射层使燃料约束更长时间。推进层内是燃料层,聚爆使得 DT 燃料高度压缩和加热,发生聚变。靶丸内部一般是空心的,因为研究发现空心靶比实心靶会有更好的压缩。在实际的靶丸设计中,还有采用两层推进器的,内层推进器包含着少量燃料,被称为中央点火器。两层之间除了外层燃料外,还有一个真空、充气或者充泡沫塑料的隔离区。这样内层的压强进一步被增强,而当内部的点火器燃烧后,燃烧波同样会压缩外层燃料,这样内外压缩使得外层燃料点火燃烧。这种靶丸将大大改善聚爆性能,但在毫米量级的小球中做出均匀的层状结构对制造工艺提出了极其苛刻的要求。对于间接驱动还要有一个高 Z 材料做成的黑腔(一般用金),它的作用是把激光能量转化为 X 光能量,以驱动黑腔中心的内爆靶丸。

3. 中心点火和快点火

点火的意义是聚变反应产生的能量能加热热核燃料使得反应能持续下去。整体点火,即热核燃料全部一起燃烧起来,显然是不现实的。目前采用的点火方式包含中心点火和快点火。

中心点火是指将把位于靶中心部分,约占总燃料质量 2% 的热核燃料加热到足够高的温度,约 5 keV,面密度 $\rho R \geqslant 0.4$ g/cm^2。温度的要求来源于热核反应功率必须高于韧致辐射导致的能量损失率,而面密度的要求源于反应产物 α 粒子的射程必须在点火区内,以便有效地加热冷燃料。中心点火时,首先靶丸中心一部分先开始燃烧,热核反应产生的 α 粒子向外运动加热周围的氘氚燃料,使其温度也升高到 5 keV,从而由内至外逐步燃烧下去。

近年来,超短脉冲激光技术的发展使我们能在激光能量没有大的提高的情况下获得高强度的激光,其主要技术是被称为啁啾脉冲放大(CPA)的超短脉冲技术。这种技术用于大规模的钕玻璃激光器上,可以得到强度为 $10^{19} \sim 10^{21}$ W/cm^2,脉冲为 ps(10^{-12} s)甚至 fs(10^{-15} s)的超短超强激光。近几年发展的快点火就是基于超短超强激光技术提出的(见图 11.3.4)。它将中心点火模式中的内爆压缩和点火分为独立的两步:先由多束一般强度的激光对靶丸进行内爆压缩(预压缩),达到所需的高密度;然后由超强激光直接加热芯部达到点火条件。间接点火可以减少驱动能量,降低对内爆对称性的要求。但是,利用超短超强激光涉及到很多复杂的超强激光与等离子体相互作用的问题,在物理和技术上都需要进一步的研究。

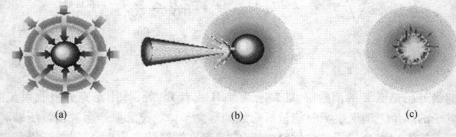

(a) (b) (c)

图 11.3.4　快点火示意图
(a)压缩;(b)加热和点火;(c)燃烧

11.3.3　粒子束驱动聚变

既然激光可以用来驱动聚爆,其他大功率的高能粒子束也有可能做到,因此在激光聚变提出之后,又陆续涌现出了其他各种用高能粒子束(电子束或者离子束)来实现惯性聚变的方案,而且做了一些初步的实验。粒子束在聚爆中比激光束更有利的地方主要是它们的电能 – 束能转换效率高,可达百分之几十,而激光一般都在百分之几,二者相差一个数量级。

由于电子之间的静电斥力,电子束的聚焦和长距离传输非常困难,因此电子束功率密度不能像激光那么高;同时电子束在靶物质中的射程长,与靶物质的相互作用复杂,因此能量吸收并不太好;其次,电子束打靶会产生大量轫致辐射,导致靶心燃料预热,从而影响靶丸的压缩效率。这些问题导致人们迅速把注意力转向离子束。

离子束又分为轻离子束和重离子束。其中,轻离子束具有高能强流、加速技术简单、工艺成熟,能量转化效率高的优点,而且轻离子束的能量吸收特性好于激光束和电子束。不过,轻离子同样受到传输和聚焦问题的困扰,因此强度也不能达到激光的水平。目前,在轻离子驱动的研究方面,人们已经进行了一些很有意义的工作。重离子束的质量大,因此空间电荷导致的束流传输和聚焦问题就不是很严重,因此可以获得很高的强度。而且重离子束在物质中能更有效地沉积它们的能量,聚爆效率会更高,因此用重离子束作为惯性约束聚变的驱动很有希望。但是,重离子束的加速没有电子和轻离子容易,它的获得需要高能加速器,过高的造价使得重离子束聚变的研究进展缓慢。

Z 箍缩聚变是近年来提出的一种惯性聚变途径。最初的 Z 箍缩实际上是尝试让强电流通过使氘氚气体电离,同时产生一个磁场,把气体电离后产生的等离子体沿着电流路径(通常用 Z 轴表示)"箍紧"到高温和高密度状态。事实证明,这一方法不能均匀地压缩等离子体,流体的不稳定性导致等离子体被分解成一些团块,从而使 Z 箍缩不适于支持聚变。然而,等离子体被压缩后也产生 X 射线,其能量高达 1 keV。现在研究人员又重新开始把 Z 箍缩作为一种引起惯性聚变的方法,因为这种利用电流使一组导线汽化后产生的等离子体内爆的 X 光脉冲功率简单高效且廉价,进一步的研究有待进行。

11.4　其他途径的聚变

有控制地从核聚变反应中获取能量被证明是一件非常困难的事情,人们五十年来一直致力于提高聚变等离子体的温度、密度和约束性,尽管已经取得了很大的成就,并看到了胜利的曙光,但距离利用聚变能还有相当的一段路要走。因此,各种避免使用大规模高温高密度等离子体而实现聚变能的途径(或者思想)也应运而生,下面我们介绍有较大影响的三种。

11.4.1　冷聚变

1989 年 3 月 21 日,美国犹他大学弗莱希曼和庞斯宣称,他们在室温条件下,用简单的重水电解装置,在钯电极上实现了持续的核聚变。他们所使用的电解装置极为普通,电解液由 99.5% 的重水和 0.5% 的普通水加入少量的氘氢化锂制成。电解液装在长 20.32 cm 的试管中,温度为 27 ℃。重水中插入两根电极,阴极为钯极,阳极为铂极。通电后,氘离子在钯极聚集、融合,并释放出核聚变的典型物质:氚、中子和 γ 射线,并有热量释放。所释放的热量比实验耗用的能量多出 4 倍,他们一致认为,这是一种"冷聚变"。弗莱希曼和庞斯的这一发现,冲破了核聚变只能在上亿度的高温下进行的传统观念,使低成本的核聚变有了希望。同时,这个发现又通过传媒产生了强烈的轰动效应。几十个国家和地区的数百个实验小组立即涌向冷聚变研究的行列。随后，一系列研究小组宣布重复了庞斯和弗莱希曼的实验。

很快，质疑者们提出了四个带有关键性的问题。①关于冷聚变的热效应。如果这个热效应确实是聚变反应引起，所观测到的中子数与热效应应该相符合，而实际观测到的中子比应该达到的中子数少一个量级。②关于与普通水对比实验的争论。庞斯后来用普通水做了对比实验，只产生很少的热，对这一现象仍不能作出很好的解释。③关于γ射线的测量。聚变反应的证据除了强热效应就是中子产物，而产生中子的证明又与γ射线直接相关。有研究小组认为，庞斯和弗莱希曼实验中的γ射线是氡衰变产物铋释放出来的，因为犹他州氡在地下环境中含量较大。④关于中子的测量。大多数研究组指出，他们所做的实验没有测到或测到极少的中子。一些小组指出，庞斯和弗莱希曼使用的三氟化硼中子测试仪对温度很敏感，不适宜用它对冷聚变中子进行测试。

随后，世界上数百个研究组与研究机构，特别是一些世界一流的研究机构，宣布未能重复出庞斯和弗莱希曼的实验。一些小组也撤回他们以前关于测到中子结果的报道。1989 年 4 月 27 日，庞斯和弗莱希曼也撤回了他们投向英国《自然》杂志的关于冷聚变的文章。因为他们不能给出审阅者所要求的用普通水实验的对比数据。5 月 7 日，庞斯和弗莱希曼承认他们在 γ 射线和中子测试方面有错误。5 月 23～25 日，美国能源部和洛斯阿拉莫斯实验室联合召开一个规模巨大的专题讨论冷聚变的国际会议。会议的最后结论是："本报告所讨论的室温核聚变类型与半个世纪以来获得的对于核反应的理解相矛盾。它要求发现全新的核过程。"

目前，冷聚变的研究还在继续。不过，目前的实验朝着采用更加系统的、精密的、准确的现代实验方法和提高可重复性的方向努力。对于所得实验结果中的异常现象，则注意分辨"事实"和"虚假"。在理论方面，尽管围绕核反应本质的理解还处于混乱之中，但开始努力使理论解释朝着定量或半定量或存疑的方向努力。1998 年在北京举行了第七届冷聚变国际会议。会议上报告了近年来实验和理论的一些进展。在冷聚变界有一种说法，认为就我们目前的知识水平还谈不上确切认识这个问题，所谓"冷核聚变"的名称可能是不适当的，不正确的，它也可能是一种"化学辅助核反应"。他们认为，对于这样没有共识的风险领域，即使课题研究只有百分之几的成功概率，也是值得抓住这个机遇的。

11.4.2　μ 子聚变

还有一种冷聚变设想，认为 μ 子催化可引起常温下核聚变发生。μ 子是一种带负电的基本粒子，当它低速穿透物质时，被原子核的正电俘获，代替电子绕核旋转，形成 μ 子原子。由于 μ 子原子是电中性，彼此之间不受核库仑斥力，因而可能进一步形成"μ 子分子态离子"。在通常的氘气中，两个氘核平均距离为 0.74 Å（1 Å $= 10^{-10}$ m），发生氘氘聚变反应的速率极小，但是在"μ 子分子态离子"中，由于 μ 子质量是电子的 212 倍，两个氘核结合要紧密得多，平均距离将相应减小为原来的二百分之一，这就使聚变反应速率提高了 80 个数量级，因而有可能实现冷聚变,这就是 μ 子催化核聚变的思想。

　　1957 年,美国加州大学的阿尔瓦雷茨研究组首次发现 μ 子催化核聚变现象。μ 子催化核聚变的发现,曾一度燃起人们的希望,但美国普林斯顿大学的杰克逊做出估算,μ 子的寿命为 2.2×10^{-6} s,它一生中只能催化 100 次核聚变,获得的总能量输出最多只有 2 GeV,但是若用加速器产生 μ 子,每一个需要 10 GeV 的能量。如果再计入核聚变释放的核能转换电能使用的其他能量损失,输出的有效能量就会更小。显然用 μ 子催化核聚变方式,解决人类能源匮乏的问题还有许多问题有待解决。尽管如此,μ 子催化实验却给人们以有益的启示,即启发人们寻找寿命更长、带负电且质量较大的准粒子,以进行大规模的催化聚变反应。

11.4.3　气泡聚变

　　2002 年 3 月 8 日,来自美国橡树岭国家实验室和俄罗斯科学院的科学家塔利亚克汉等在《科学》杂志发表了论文,宣布发现一种新型的气泡聚变。在实验中采用中子脉冲轰击氘化丙酮,使其中产生 10 ~ 100 nm 大小的气泡,并利用声波使这些微小气泡保持快速而稳定的增长至毫米量级。当声波的声压达到一定值时,丙酮液体中这些小气泡会在迅速膨胀后突然崩溃并闭合,在实验中气泡闭合时产生的极高温度,不仅使氘化丙酮中的氘聚合成了氚,而且还释放出了多达 250 万电子伏的中子能,与氘核聚变产生的能量在数量级上相当,而用普通丙酮进行同样的实验并没有观察到有氚或巨大中子能产生。

　　文章一经发表,立刻引起了轩然大波,因为这很容易使人想起"冷聚变"的情形。实质上,气泡聚变和冷聚变没有任何直接关系,作者判断反应是普通的热核聚变,高温高压的产生和人们早就知道的声空化或声致发光原理一致。争论的问题主要有两个:一是气泡中能否达到聚变温度;另一个是中子测量问题。从塔利亚克汉的使用中子产生的气泡最大半径和初始半径之比有 10^{4} ~ 10^{5},那么体积之比就是 10^{12} ~ 10^{15},气泡坍塌时如此高的压缩比可能产生足够聚变所需的温度。但是也有科学家对单个爆破气泡反应的化学分析表明,所获温度实际上比聚变所需温度低几百万度。文章中同样出现了中子测得量和反应产物氚测得量不符合的问题,作者也承认测量并不是无懈可击的。橡树岭要求该实验室的索尔特马什等人采用另外一种探测器进行检验,结果是他们在实验中没有探测到核聚变反应发生的迹象。塔利亚克汉则辩称,由于参加大型核聚变计划的研究人员,担心气泡核聚变影响他们计划的研究经费,这客观上也影响了索尔特马什等人的试验重复工作,另外仪器也没有被很好地调试。很多橡树岭以外的科学家们也加入到这场论战。

　　但是经过冷聚变的风波,从科学界、新闻界到公众都变得更加谨慎和冷静,塔利亚克汉等人也遵守了学术界的惯例,没有向冷聚变那样先把结果捅给新闻界,而是交给学术同行评议。现在的问题是"气泡核聚变"到底有没有发生?无论是支持还是怀疑的人都同意一点:应该重复进行实验。因为正如对待冷聚变的态度一样,对于受控聚变这样对人类意义重大的研究,即使有百分之一的可能性,就值得我们去探索。

11.5　受控聚变研究进展和展望

在 7.1.3 节我们已经简单了解了聚变研究的历史,本节将会从聚变等离子体物理发展的角度重新回顾这一历史进程,并将介绍我国在受控聚变研究方向的进展和展望。

11.5.1　磁约束聚变研究进展

二战后,美、苏、英等核大国很快开展了相互保密的受控聚变研究。美国当时的聚变计划称为"舍伍德工程",磁约束聚变的许多形式都是这时候提出来的,比如仿星器、箍缩装置和磁镜。同时,前苏联开始建造托卡马克装置,来验证强环形磁场加强环形电流的约束思想。近十年的研究后,大家认识到受控聚变并不那么容易实现,各自为战的研究是没有前途的。1958 年,从事磁约束聚变研究的国家达成协议,公开各自的计划。其后许多国家都加入了受控聚变的研究行列。这个时期的聚变研究呈现出百花齐放的局面,各种装置的结果纷繁复杂,困惑也越来越多了。磁镜和箍缩装置受着约束时间短的限制,仿星器受着磁场设计和制造不够精密和反常玻姆扩散的困扰,而早期的托卡马克遭遇着杂质处理等问题。1968 年是一个对于聚变研究意义重大的一年,8 月在等离子体物理和受控核聚变研究的第三届国际会议上,前苏联库尔恰托夫研究所的阿齐莫维奇发布的 T－3 托卡马克取得最新实验结果,他给出的等离子体参数比其他任何装置都要好得多。电子温度达到 1 keV,离子温度 0.5 keV,$n\tau$ 值达到 10^{18} m^{-3}s。在那个时候,高达 1 keV 的等离子体被约束了几毫秒,这件事让欧美学者感到震惊。英国卡拉姆实验室征得前苏联同意向莫斯科派出了等离子体诊断专家小组,携带了当时最先进最可靠的红宝石激光散射系统在 T－3 上重新测量等离子体电子温度。1969 年 8 月,英国科学家获得了可以重复的可靠实验数据,证明 T－3 托卡马克的实验结果是正确的,整体电子温度达到了 1 keV,电子是麦克斯韦分布的。托卡马克这个结果具有划时代的意义,欧洲、美国和日本纷纷改建或者新建大量的托卡马克装置,磁约束聚变研究从百家争鸣的战国时代进入了以托卡马克为主的局面。

20 世纪 70 年代的磁约束聚变研究以托卡马克为主,大量的装置重复了 T－3 上的结果,证明了托卡马克的确在等离子体性质上有着良好的表现。其间比较重要的成果有各种辅助加热手段的应用、非圆截面托卡马克的研究等。托卡马克装置也从小型放电装置发展到具有巨大磁体的大型装置。在 20 世纪 70 年代末开始建造的四个大装置:美国的 TFTR、日本的 JT－60(后升级为 JT－60U)、欧洲的 JET、前苏联的 T－20(后缩小规模为 T－15)的研制费用都是几亿美元量级。在这些装置上,积累了大量的等离子体物理和聚变工程的知识。

然而,在 20 世纪 80 年代初,随着对托卡马克实验研究的深入,等离子体的反常输运对约束的限制开始显现出来。更严重的是,等离子体的能量约束时间随着加热功率的加大而减小,这被称为低约束模态(L 模)。这样就要求将来的聚变反应堆的尺寸必须非常大,因此造价也是不可承受的,而当时的 TFTR、JT－60 和 JET 也实现不了与原定的能量得失相当的设计目标,托卡马克的研究也似乎遇到了一个无法逾越的障碍。不过在 1984 年,瓦格纳小组在德国的 ASDEX 装置上通过改善壁条件和控制送气等手段实现了比 L 模约束高两倍的等离子体约束,称为高约束模态(H 模)。H 模的发现是托卡马克研究乃至整个聚变研究具有重要意义的事件,它可以使得未来的托卡马克聚变反应堆的尺寸和造价大大缩小,从而在工程和经济上具有竞争力。随后一直到 90 年代,在很多托卡马克上都发现了改善约束的放电模态,包含 H 模、甚高模(VH 模)和通过控制磁场剪切位形获得的内部输运壁垒等。在托卡马克装置上,等离子体的温度达到几亿度,在秒的脉冲宽度下获得了十兆瓦量级的聚变功率输出,聚变性能因子也接近甚至大于 1,基本上证明了核聚变的科学可行性(见图 11.5.1)。

在托卡马克迅速发展的同时,其他磁约束形式也在较小的范围内继续被研究。尤其是随着精密磁场的设计和加工技术的发展,仿星器中原来出现的高输运被克服。目前看起来,同尺寸的仿星器达到的等离子体参数并不比托卡马克中的差,而且仿星器有诸如稳态运行、稳定性好等优点。目前,日本建造了大型超导仿星器 LHD,德国正在建造 W7－X,其规模相当于大型托卡马克。不过,目前看起来,仿星器的发展刚好比托卡马克晚了一代,而且在大型装置上的结果有待研究,因此托卡马克途径的领先优势至少现在是不可动摇的,首先实现反应堆级聚变能应用的最可能途径也仍然是托卡马克。

1985 年,美苏决定设计建造国际热核实验堆 ITER,并得到国际原子能机构的支持。后来美欧苏日四

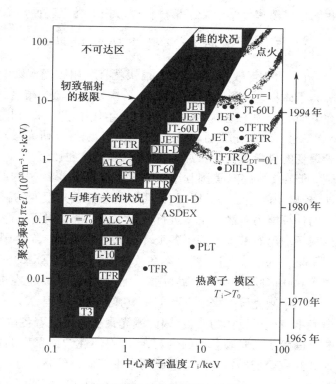

图 11.5.1　磁约束聚变发展

方共同开始了 ITER 的设计,它的目标是实现等离子体的自持燃烧,为下一步的聚变示范堆 DEMO 打下基础。对于 ITER 的建造,聚变界也有着不同意见,认为花大量的金钱和时间投入在一项结果未卜的研究上过于冒险,同时其他约束方式的研究空间和经费将会受到更大的挤压,未必对整个聚变研究有利。美国在 1997 年以调整和反思聚变政策为由宣布退出 ITER 的建设。不过欧共体和日本的态度非常坚决,仍然全力支持建造 ITER,并于 2001 年完成 ITER 最终设计。经过几年的思考和讨论后,人们认识到 ITER 建设的必要性,2003 年美国、中国和

韩国加入 ITER。2005 年 6 月,在莫斯科召开的中国、欧盟、美国、日本、韩国、俄罗斯六方会议上,最终决定由六方共同出资,在法国南部卡达拉舍建造 ITER,以期快速推进核聚变研究,该计划总投资 100 亿欧元。六方最终同意将 ITER 建造在法国卡达拉什。随后印度谈判加入 ITER。2006 年 5 月,七方草签了《ITER 联合实施协定》,2007 年 10 月 ITER 国际组织作为法人正式成立,这标志着 ITER 计划进入了正式执行阶段。

另一方面,人们开始关注一些更紧凑更经济的小型方案,球型托卡马克就是其中之一。由于球形托卡马克令人振奋的实验结果和它工艺简便、规模小、耗资少的特点,球形托卡马克目前成为仅次于托卡马克和仿星器的第三种磁约束聚变方式。在英国和美国分别建设了兆安量级的球形托卡马克 MAST 和 NSTX,俄罗斯、日本、巴西、澳大利亚、意大利都有球形托卡马克。我国也在清华大学建造了第一台球形托卡马克装置 SUNIST。

11.5.2 惯性约束聚变研究进展

在 1960 年激光问世不久,很快就有利用激光作聚变驱动源的想法。在 1968 年的第三届等离子体物理与聚变国际会议上,首次发表了激光聚变的文章。目前,美国在激光间接驱动研究方面处于领先地位,从 20 世纪 80 年代中期以来,利弗莫尔劳伦斯实验室在钕玻璃激光器 NOVA 上成功地进行了一系列靶物理实验,旨在研究激光靶耦合物理和内爆物理过程,证明激光聚变的科学可行性,力图实现点火和低增益燃烧。由于激光能量的限制,点火温度还没有达到。但在 1988 年,美国利用地下核试验时核爆产生的部分射线转化为惯性约束所需的辐射能,校验了间接驱动的原理,证明了高增益激光聚变的科学可行性。另外,美国还一直利用强大的计算能力对激光聚变进行模拟实验。实验研究、计算模拟,加上理论研究使得美国在惯性约束领域已经基本掌握了各个环节的主要规律。除美国外,其他发达国家在激光聚变上也取得了很大的进步。比如,日本在钕玻璃激光器 GEKKO – Ⅻ 上用直接驱动的方式压缩靶丸,获得了 600 倍固体密度的高度压缩。法国的 Phebus 也在进行类似于 NOVA 的间接驱动实验。

由于激光聚变事实上类似于氢弹的爆炸过程,X 辐射场又类似于核武器爆炸的效果,同时激光本身就可以作为武器,因此激光聚变一直受着各国特别是发达国家的强有力支持。尤其是全面禁止核实验条约的生效,各国对惯性约束聚变的投入力度增加,例如美国从 1997 年起惯性约束聚变经费首次超过磁约束聚变研究经费。在强有力的支持下,各国都积极进行各种激光驱动器的新建和升级。美国耗资超过 40 亿美元,经过四次延期,终于在 2009 年 3 月建成了国家点火装置(NIF),192 路激光总能量达到 1.8 MJ。与此同时,法国也正在建造这种量级的激光装置(LMJ),预计在 2012 年完成。

除了改进激光器外,近年来人们利用超短超强激光技术,提出了快点火的概念。2001 年,日本和英国科学家首次利用超短脉冲激光对"快点火"物理做了原理可行性演示,他们利用一束 60 TW(50 J)的超短脉冲将常规的激光聚变中子产额提高了一个数量级,2002 年又进一步把超短激光脉冲的能量提高到 350 J,从而使中子产额高了 3 个数量级,这两个实验的成功,使得建造廉价的 ICF 驱动装置在较低的能量上实现聚变"点火"的希望大增。

除了激光聚变外,轻离子聚变在 1992 年也有很大的突破。在美国的桑迪亚实验室实现了强度大于 1 TWcm^{-2}、散度小于毫弧度的锂束。重离子源的研究也在欧洲和美国分别以射频直线加速器和感应直线加速器的方式研究中。

从近年来的发展势头看,在下一代惯性约束聚变装置上实现点火和燃烧还是很有可能的,尽管其间还有大量的理论和实验工作要做。

11.5.3　中国的受控聚变研究

我国核聚变研究基本上是跟着国际聚变研究的步伐的。在 20 世纪五六十年代,在中国科学院物理所、原子能研究院和东北技术物理所分别建立了一些直线发电装置、箍缩装置和磁镜装置等。北京大学、清华大学和复旦大学也开始进行一些基础研究。20 世纪 60 年代末,西南物理研究所(即现在的核工业西南物理研究院)成立,开始建设稳态磁镜、仿星器和小型托卡马克装置。1974 年,中国科学院物理所建成我国第一台托卡马克装置 CT - 6。1978 年科学院在合肥成立等离子体物理研究所,它和西南物理研究院逐渐发展成为我国开展聚变和等离子体物理研究的两个专业所。进入 80 年代后,我国磁约束聚变研究也进入了以托卡马克实验为主的阶段。等离子体所的 HT - 6B 和 HT - 6M,西南物理研究所的 HL - 1,中国科技大学的 KT - 5B 相继建成,物理所的 CT - 6 也升级为 CT - 6B。在这些托卡马克上进行了放电物理、磁流体不稳定性的研究和控制、波加热和电流驱动、湍流观测和研究等卓有意义的工作。尤其是在 20 世纪 90 年代和 21 世纪初在西南物理研究院的 HL - 1M 和等离子体所的 HT - 7 两个中等规模的托卡马克装置取得了重要的科研成果,例如 HL - 1M 上的中性束注入实验和安全运行空间的探索,HT - 7 上的超长脉冲放电实验和波驱动实验等。

现在我们国家两大实验装置分别是等离子体所的 EAST 和西南物理研究院的 HL - 2A,前者是全超导非圆截面托卡马克,具有和 ITER 相似的位形,是目前国际上少数几个能够开展稳态高性能等离子体研究的实验装置之一,后者则具有良好性能的偏滤器,已具有开展高约束等离子体研究的条件,它们都有望使我国的磁约束聚变研究在国际上达到先进水平。此外,华中科技大学也从美国引进并改建了 J - TEXT 中型托卡马克装置。除了传统托卡马克,清华大学和中科院物理所合作建设了我国第一台球形托卡马克 SUNIST,将为我国在非传统托卡马克领域的研究提供宝贵的经验。

我国激光惯性约束聚变的研究在国际上还是起步较早的。在 20 世纪 60 年代即已进行用激光打氘靶出中子实验,以后主要在增大激光的能量和提高光束品质方面努力。1987 年神光 I 号装置建成,共有两路激光输出,每路激光 800 J,脉宽 1 ns。在神光 I 装置上开展了许多高功率激光和等离子体相互作用的研究。1984 年,在上海高功率激光物理联合实验室建造神光 II,它有八路激光,总能量为 6 kJ,三倍频后的输出能量约为 3 kJ。目前正在对神光 II 进行升级,同时正在建造 180 kJ 的神光 III,同时更为庞大的神光 IV 也在计划之中。另外,中国原子能科学研究院已建成一台氟化氪分子激光装置天光 I 号,它共有 6 束激光,激光能量为 100 J,已用于研究短波长高功率激光和等离子体的相互作用。

中国的惯性聚变界在快点火的研究中也跟上了世界的步伐,中科院物理所建立了具有国际先进水平的强场物理实验室,建成了脉宽 25 fs、峰值功率达 1.4 TW 的高效率超短超强激光装置——极光 I 号,在高能电子的产生和传输的物理过程研究方面取得了很大的进展。中科院上海光机所的高功率激光物理国家实验室也建成了一台基于钕玻璃放大器的 20 TW 超短脉冲系统,并已经开始了快点火实验的研究。

可以预料,随着中国国家总体实力的提高,人们对能源和环境意识的提高,国内聚变研究与国际研究的合作进一步深入,中国的受控核聚变研究一定能在世界舞台上占有一席之地,这对于我们这样的大国也是应该和必须做到的。

(清华大学工程物理系　高　喆)

思考练习题

1. 简述磁约束聚变的几种主要形式。

2. 简述托卡马克和仿星器的主要区别,尝试用简单的单粒子图像说明为什么环形约束系统中需要磁场有回转变换。

3. 激光聚变的两种驱动方式分别是什么? 快点火是为了解决激光聚变中的什么困难?

4. 尝试比较一下惯性约束和磁约束途径。

5. 通过调研了解 ITER。

参 考 文 献

[1] Chen F F. 等离子体物理学导论[M]. 林光海, 译. 北京:人民教育出版社, 1980.

[2] 徐家鸾, 金尚宪. 等离子体物理学[M]. 北京:原子能出版社, 1981.

[3] 胡希伟. 受控核聚变[M]. 北京:科学出版社, 1981.

[4] 王淦昌. 人造小太阳:受控惯性约束聚变[M]. 北京:清华大学出版社,2000.

[5] 王乃彦. 聚变能及其未来[M]. 北京:清华大学出版社,2001.

[6] 哈格勒 M O,克利蒂安森 M. 受控核聚变导论[M]. 李银安,姚国昌,周美和, 译. 北京:原子能出版社,1981.

[7] Roth J R. 聚变能引论[M]. 李兴中, 译. 北京:清华大学出版社,1993.

[8] Carruthers R C, Davenport P A, Mitchell J T D. The economic generation of power from thermonuclear fusion, CLM－R85[R]. Abingdon, UK: Culham Laboratory Report, 1967.

[9] Tuck J L. Thermonuclear Reaction Rates[J]. Nucl. Fusion, 1961, 1(7): 201－202.

[10] ITER Orgnization. ITER, the way to new energy [EB/OL]. [2011－01－07],http://www.iter.org.

第12章 核燃料循环体系[①]

12.1 核燃料循环体系

核燃料循环体系指的是核燃料从获取到使用后的处理所经历的各个环节。核燃料循环体系可以用图 12.1.1 来表示。

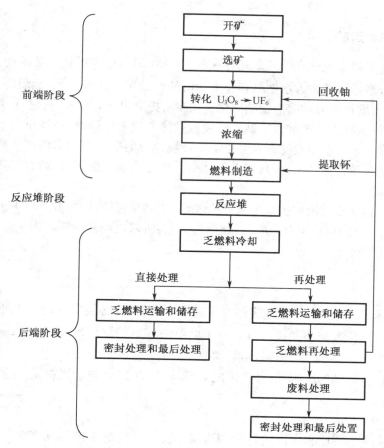

图 12.1.1 核燃料循环体系

---

① 本章第 12.1～12.3 节采用"核燃料与核燃料循环"学科分支的一些特殊专业术语,比如用"浓缩"而不用"富集",用"丰度"而不用"富集度"等,以适应细化分析的需要。

这个体系所包含的主要阶段有以下三个：

（1）前端阶段　　在这个阶段中包含了从铀矿的开采到燃料元件送入反应堆之前的所有过程。

（2）反应堆阶段　　这个阶段就是核燃料在反应堆中进行裂变反应产生能量的过程。

（3）后端阶段　　在这个阶段中包含了乏燃料从反应堆中卸载、存放或者进行后处理直到废料的最后处置等过程。

下面按这三个阶段把核燃料循环体系简要地介绍一下。

12.1.1　前端阶段

1. 铀矿开采和选矿

铀在自然界是以多种化合物的形式存在的，如 UO_2，U_3O_8 等形式。铀矿的开采就是用通常的露天开采或者地下开采方法把具有开采价值的含铀矿石开采出来，然后将矿石送到选矿厂进行粉碎，加入酸性或碱性溶液把铀的化合物溶解提取出来。另外还有一种开采方法，就是所谓的就地浸滤，这种方法把酸性或碱性溶液直接注入地下矿体处，在地下溶解铀的化合物，然后把溶液抽取出来。就地浸滤开采避免了对环境外观的破坏和大量的固体废料，所以目前这种方法变得越来越普遍。不过，具体采用什么方法合适需考虑很多因素，如矿体地质情况、安全性、经济性等。

选矿就是把铀从浸滤液中提取出来。从选矿厂出来的提取物一般是以 U_3O_8 的形式。由于由早期工艺生产的 U_3O_8 含有杂质，其颜色为黄色，所以也叫做黄饼。提供现代工艺生产的 U_3O_8 为褐色或黑色。

2. 转化

选矿产出来的 U_3O_8 是不能直接作为反应堆的燃料的，必须先进行加工处理。处理成什么产物取决于针对什么类型的反应堆。对于需要浓缩铀的反应堆，先要把 U_3O_8 转化成 UF_6 以便进行 ^{235}U 的浓缩，即提升 ^{235}U 的丰度，降低 ^{238}U 的丰度。

对于不需要浓缩铀的反应堆，可直接把 U_3O_8 转化为 UO_2，进行燃料元件的制造。

3. 浓缩

天然铀中主要有 ^{235}U 和 ^{238}U 两种铀同位素。其中 ^{235}U 的丰度为 0.720%，^{238}U 的丰度为 99.274%。根据反应堆的类型不同，使用的核燃料中 ^{235}U 的丰度从 0.720% 的天然丰度（如重水堆）、3% 左右（如压水堆），直到 90% 以上（比如高温气冷堆的可选方案）。如核燃料中 ^{235}U 的丰度高于天然丰度，就需要进行浓缩。

目前大规模浓缩铀的方法为气体扩散法和气体离心法，这两种方法都是以气体形式的工作介质来浓缩铀的。浓缩的工作介质都是常温下为气态的 UF_6。浓缩后,根据反应堆的类型 UF_6 被转化为金属铀或 UO_2 等形式。^{235}U 丰度超过 90% 的铀,可用于核武器制造。

4. 燃料制造

核燃料的类型多种多样,根据反应堆类型不同而不同。有用金属 U 或其合金作为燃料的,也有用陶瓷状 UO_2 作为燃料的,或用铀的盐类作为燃料的。绝大部分反应堆使用 UO_2 作为燃料。

UO_2 粉末先被压成厘米见方的小圆柱体,然后在高温下烧结成陶瓷状。把这些小圆柱装入细长的金属合金管中,再把这些金属管捆扎成束,这就制成了可向反应堆装载的燃料组件。

12.1.2 反应堆阶段

从燃料制造厂出来的燃料组件可能先作为库存存放起来。保留库存的作用是保证燃料组件有足够的储备,保障能够给反应堆及时提供足够的组件。

在反应堆中,燃料组件被装载到反应堆堆芯,进行裂变反应释放能量。能量通过冷却剂带出反应堆,用以产生蒸汽驱动汽轮机发电,或者产生动力,等等。核燃料中的 ^{235}U 因为裂变而被"烧"掉了一部分。此外,部分 ^{238}U 吸收了中子而生成了钚,部分钚也参与了裂变反应。除了裂变产生中子和放射性外,裂变反应还生成了放射性很强的裂变产物和超铀元素,因此反应堆需要厚重的屏蔽。

12.1.3 后端阶段

1. 乏燃料和乏燃料的存储

随着反应堆的运行,核燃料中可裂变的材料越来越少。到一定时间后,这些燃料就不能继续使用了,这就是所谓的乏燃料。取决于反应堆燃料的装载设计规划,核燃料在反应堆堆芯中停留三到五年不等。燃料不能继续使用时,就需要把燃料组件从反应堆中卸出。卸出来的燃料组件有很强的放射性,使组件炽热,这使得对组件的处理难以马上进行。所以需要把卸出的组件在反应堆附近的存储地存放数年时间,使强放射性的裂变产物衰变掉,同时降低温度,这就是乏燃料冷却。

经过在反应堆附近的存储地进行初步冷却后,就可以把乏燃料转入过渡存放。过渡存放可以是巨大的水池,把装有乏燃料的桶放入水池中;也可以以桶的方式在库中存放。过渡存放可以就在反应堆附近,也可以在再处理厂附近,或者别的地方。经过过渡存放过程,乏燃料中的放射性产物进一步衰变,放射性进一步减弱。减弱到一定程度后,就可以进行下一处置过程,这个处置过程分为再处理或者直接处置。

2. 再处理

再处理的主要目的是从乏燃料中回收未"烧"完的铀、钚，可以提高燃料的利用率，有时还可能提取有价值的其他元素。通常，压水堆的乏燃料中含有 1.15% 的钚，94.3% 的铀（约总量 1% 的 ^{235}U），以及其他的裂变产物。

再处理的过程是把燃料组件破碎，在硝酸中把铀、钚和其他裂变产物溶解，通过一系列的多个环节得到化学纯度很高的铀、钚元素的硝酸盐。处理过程中产生的"废料"，放射性很强，也就是所谓的高放废液，可从中提取有用的其他元素，或装入专用桶中放置以便进一步处理。对于铀的硝酸盐（硝酸铀酰），可把其转化为氧化钚存放或与别的燃料混合制成新的燃料组件，或转化为 UF_6 送到浓缩厂浓缩。对于硝酸钚，也可把其转化为氧化钚存放或与别的燃料混合制成新的燃料组件。当然，钚也可以用来制造核武器。

3. 直接处置

如从反应堆卸出来的乏燃料不进行回收处理，就可以进行直接处置。采用这种方式，乏燃料在经过 30 到 50 年的冷却后，被封装处理。把乏燃料连同燃料组件全部压缩减小体积，装入铜、钢或钛合金的罐中，严格密封，然后最后处置。

4. 废料处理

再处理过程和核燃料循环的其他过程中会产生废料。废料按放射性的活性可分为以下三类：

（1）低放废料。含有小量且半衰期短的放射物，比如纸、各种碎屑、工具、衣物、过滤纸，等等。低放废料在处理和运输过程中不需要屏蔽，适合于地表浅埋。为了减少体积，通常在处置之前压缩或焚烧。此种废料占所有放射性废料体积的 90%，但其放射性只占 1%。

（2）中放废料。含有更高的放射性，有些需要屏蔽。典型的中放废料有树脂、化学淤泥、金属燃料包覆以及反应堆退役中的受污染物质。小的和非固体废料可以用水泥或沥青固化。这种废料的放射性占总废料体积的 4%。

（3）高放废料。来自于核反应堆中所使用的铀燃料，如直接处理时的乏燃料，再处理过程中产生的高放废液等。这些废料主要由在反应堆核心中所产生的裂变产物和超铀元素构成，具有非常高的放射性且炽热，需要冷却和屏蔽。高放废料的放射性占发电过程中产生的总放射性的 95%。对这些废料要采用玻璃化的处理，即为了安全废料不可再获取，把小体积的从再处理过程中分离出的高放裂变废料（从体积上讲大约占 3%）分散和聚合到无活性的和稳定的水泥、陶瓷、硼硅酸盐块状形式的处理过程。

5. 最后处置

目前能够被接受的最后处置的方式就是地质深层放置。这个过程用来保证所有高放废料在远离生物圈的、地质上稳定的水晶状岩层地方存储,如花岗火成岩、火山凝灰岩、片麻岩、玄武岩、自然盐成地、密封性黏土沉积或现成的未使用的矿。大多数国家认为在那些所考察的长期处理放射性废料的方法中,这种处置方法是公众易于接受的。

12.2　核资源及其利用

12.2.1　铀资源

铀是核工业中最重要的资源。其实,铀并不是大多数人们所想象的那么神秘。铀广泛地分布于地壳之中,平均含量为 2~3 μg/g。表 12.2.1 中给出了典型的铀的含量。

表 12.2.1　不同物质中典型的铀含量/μg/g

高品位铀矿	20 000	沉积岩	2
低品位铀矿	1 000	地壳	2.8
花岗岩	4	海水	0.003

铀是约 100 种矿藏的基本成分之一,但能否开采取决于多种因素,如经济性、技术水平、矿藏的综合利用等。目前可开采的铀沉积发生在如下的 14 种类型中:不整合面相关岩层、沙岩、石英卵石、脉石、复合角砾岩、侵入岩、磷灰石、塌陷角砾管岩、火山岩、地表层、交代层、变形层、褐煤层、黑页岩。大多数开采的铀来自于 12 种类型矿,7 种原生矿和 5 种次生矿。原生矿是:沥青铀矿(UO_2)或其结晶不太好的变种形式沥青铀矿、水硅铀矿($(USiO_4)_{1-x}(OH)_x$)、钛酸铀矿($(U,Y,Ca,Fe,Th)_3Ti_5O_{16}$)、钛酸铌酸铀矿($(U,Ca)(Nb,Ta,Ti)_3O_9 \cdot nH_2O$)、铀钛磁铁矿(铈铀钛铁矿)($(Fe,Ce,U)(Ti,Fe)_3(O,OH)_7$)、铀钍矿($(Th,U)SiO_4$)、铀方钍矿($(Th,U)O_2$)。次生矿是:钒钾铀矿($K_2(UO_2)_2(VO_4)_2 \cdot nH_2O$)、钙钒铀矿($Ca(UO_2)_2(VO_4)_2 \cdot 9H_2O$)、铜铀云母($Cu(UO_2)_2(PO_4)_2 \cdot 12H_2O$)、硅钙铀矿($Ca(UO_2)_2Si_2O_7 \cdot 6H_2O$)、钙铀云母($Ca(UO_2)_2(PO_4) \cdot 12H_2O$)。根据现在的标准,铀资源的分布大致如表 12.2.2 所示。

表 12.2.2　各国的铀资源情况

国家	U_3O_8/t	占世界总量/%	国家	U_3O_8/t	占世界总量/%
澳大利亚	863 000	28	巴西	197 000	6
哈萨克斯坦	472 000	15	俄罗斯	131 000	4
加拿大	437 000	14	美国	104 000	3
南非	298 000	10	乌兹别克斯坦	103 000	3
纳米比亚	235 000	8	世界总量	3 107 000	—

世界第一铀资源大国澳大利亚的铀矿20%来自于不整合面相关岩层,而排第三位的加拿大所有铀矿都来自于不整合面相关岩层,并且矿品质好,含U_3O_8达20%,有的区域甚至达到50%。

我国铀矿的储量较少,目前还未发现像澳大利亚、加拿大等那样的巨大的高品质的铀矿床。我国从20世纪50年代开始进行铀矿勘查,已查出赣杭、桃山—诸广山、学峰—九岭、湖南—粤北、北秦岭、南秦岭、龙首山、燕辽、南天山、北天山、滇西等成矿带,二百多个铀矿床。这些矿床中,中小型矿床、中低品位的矿床多。

世界上2001年到2003年铀的生产情况如表12.2.3所示。

在2003年铀矿开采量的28%是露天开采,41%为地下开采,20%为就地浸滤开采,余下的11%来自于开采其他矿的副产品。

表 12.2.3　世界各国铀的生产情况/t

国家	2001 年	2002 年	2003 年
加拿大	12 520	11 604	10 457
澳大利亚	7 756	6 854	7 596
哈萨克斯坦	2 050	2 800	3 300
尼日尔	2 920	3 075	3 143
俄罗斯(估计)	2 500	2 900	3 150
纳米比亚	2 239	2 333	2 036
乌兹别克斯坦	1 962	1 860	1 770
美国	1 011	919	857
乌克兰(估计)	750	800	800
南非	873	824	758
中国(估计)	655	730	750
捷克	456	465	345
巴西	58	270	310
印度(估计)	230	230	230
德国	27	212	150
罗马尼亚	85	90	90
巴基斯坦	46	38	45
西班牙	30	37	30
阿根廷	0	0	20
法国	195	20	0
葡萄牙	3	2	0
世界总量	36 366	26 063	35 837
(折算为 U_3O_8)	42 886	42 529	42 263

12.2.2　钍资源

在地壳中钍大约比铀丰富 3~4 倍,在大多数岩石和土壤中都可见到钍的踪迹,在土壤中的平均含量约为 6 μg/g。钍仅为少数矿藏的基本成分,其中以硅酸钍矿($ThSiO_4$)和方钍石(ThO_2)这两种矿藏最为重要。其他的矿藏中,钍不是基本成分,可作为副产品开采,如独居石$(Ce,La,Nd,Th)PO_4$,还有在前面已提到的钛酸铀矿$((U,Y,Ca,Fe,Th)_3Ti_5O_{16})$、铀钍矿$((Th,U)SiO_4)$、铀方钍矿$((Th,U)O_2)$。

世界上只有少数国家大规模勘查过钍资源,但没有公布过其资源量的确切数字。表 12.2.4 中给出了一些国家可经济开采的钍资源储量。

我国是稀土大国,稀土资源十分丰富,储藏量占世界总储量的 80%。钍资源的储藏量也相当丰富,它经常和稀土矿共生。

表 12.2.4　各国钍资源储量

国家	储量/t	国家	储量/t
澳大利亚	300 000	南非	35 000
印度	290 000	巴西	16 000
挪威	170 000	其他国家	95 000
美国	160 000	世界总量	1 200 000
加拿大	100 000		

12.2.3　铀和钍的利用

把^{235}U作为裂变材料用在反应堆中和核武器上、把^{238}U和钍资源作为原料来生成可裂变材料^{239}Pu和^{233}U是众所周知的,在这里就不再赘述了。但这只是利用它们的一个方面,其实还可以多方面利用这些资源。如对于大量的提取了^{235}U后含^{238}U 99% 以上的铀的利用,即所谓的贫铀的利用,还没有解决。粗略地说,每生产 1 kg 低浓铀,产生 5~10 kg 贫铀;每生产 1 kg 高浓铀,产生约 200 kg 贫铀。到 2001 年时,全世界的贫铀已累计超过 1 400 000 t,而且每年还以约 47 000 t 的速度增加。大部分的贫铀都是以 UF_6 的形式储存的。大量贫铀的储存是对环境、社会潜在的不安全因素,因此利用贫铀是一个值得认真研究的问题。

用贫铀的氧化物 UO_2 代替氦气作为乏燃料处理容器中空隙的填充料。高密度的贫化UO_2 能够提供良好的屏蔽,减少了对容器材料的辐射剂量,也可以减少容器外部的屏蔽要求,给存放、运输和处置都会带来方便。此外在理论上来说(这还有待实践证实)还有另外两个优点。

首先是减少潜在的临界事故。贫化 UO_2 在质量百分比上把 ^{235}U 的含量减少到 1% 以下，使短期的和长期的发生临界事故的可能性大大降低。其次减少长期存放中放射性成分的释放。如受地下水侵蚀，UO_2 可先于乏燃料与地下水作用，从而抑制放射性成分的产生和释放到环境中。据估计，通过这种途径可使用掉约二分之一的贫铀储量。

当然，贫铀良好的屏蔽性质不仅仅可以用在处理容器填充料中，而且可以制成其他的屏蔽产品。如金属或其他形式贫铀的屏蔽材料、贫铀水泥等。

用贫铀作为铀基化学催化剂，最初的目的是出于对环境保护的需要，研究用贫铀催化剂分解易挥发的有机物，如烷烃、芳香烃、氯化有机化合物等。贫铀催化剂也可用于清除汽车尾气中的硫，还可用于油气工业生产中。

贫铀的独特的电学和电子学性质可能使其成为潜在的制造新型半导体的材料。铀氧化物的这些性质至少等同于或比传统的硅、锗和砷化镓半导体材料性质好得多。如贫铀氧化物半导体材料的运行温度可达 $2\,600\,K$，而硅和砷化镓半导体却只能达到 $473\,K$。因此，贫铀半导体可以用到通常半导体力所不及的严酷条件下。不过，现在还没有见到使用贫铀的电子设备。

利用贫铀特别的电学性质还可能制成性能优良的电池。这些电池用在人们不易接触的地方，如用于电力调峰时的储能电池。在用电少时把电能储藏起来，在用电高峰时释放出来。

贫铀还有其他多种用途，比如制造和储存氢气、燃料电池等。不过，由于贫铀的利用可能带来铀污染，应用贫铀须符合严格的标准，如美国的 NRC(Nuclear Regulatory Commission)制定的标准。要达到此标准，可能要付出较高的代价而导致在经济上使用贫铀不合算。

上面提到的是贫铀的民用。在军事上，利用贫铀的高密度、易燃烧并产生高温的性质，制成穿甲弹一类的贫铀武器和防护装甲。但使用贫铀弹对环境、对人体有长期的影响。这些影响不仅仅来自于贫铀的放射性，还来自于其化学毒性。美国及其盟国在科索沃和伊拉克大量使用贫铀弹，实际上是在进行一场另类的核战争和化学战。

对于乏燃料，除了铀和钚以外，还有许多其他的非常有用的核素可提取利用。利用得好，核废料也就成了核资源。这些核素包括所谓的裂片核素，即核燃料的裂变碎片和衰变产物，以及超铀核素。裂变核素有 ^{137}Cs, ^{90}Sr, ^{85}Kr, ^{99}Tc, ^{144}Ce, ^{147}Pm 等，超铀核素除 ^{239}Pu 外，还包括 ^{238}Pu, ^{241}Am, ^{242}Am, ^{242}Cm, ^{244}Cm, ^{252}Cf 等。

12.3　铀同位素分离

12.3.1　气体扩散法

1. 分离原理

（1）毛细管的分离作用

用气体扩散法分离同位素的关键部件是分离膜。分离膜是一种布满了通透小孔的金属

（如铝或镍），或非金属（如聚四氟乙烯或陶瓷）或金属与非金属复合的薄膜。小孔的孔径约在 10～80 nm 之间。进行分离的单元叫做分离器，在图 12.3.1 中是扩散分离工厂中实际的分离器。在同位素分离时，同位素混合气体被压缩机泵入分离器，在分离器中被分离膜分为两股流，一股是通过膜的过膜流动，一股是不通过膜的沿膜流动。由于天然铀主要由 ^{235}U 和 ^{238}U 两种同位素组分构成，为叙述简便起见，以下仅考虑两种组分的同位素混合气体的分离。相对于分离前的气体，在过膜流动的气体中，根据麦克斯韦速度分布，质量轻的气体

图 12.3.1　美国扩散工厂中的扩散机

分子平均速度快，而质量重的气体分子的平均速度慢。因此，轻的分子与膜表面碰撞的频率大于重分子与膜表面碰撞的频率，通过膜孔的机会就要大些。通过膜的那一面，轻组分丰度增加；而在沿膜流动的气体中，重组分丰度增加，这样就进行了同位素分离。

这种同位素混合气体流过多孔分离膜的分离现象可以用孔径一样的圆形毛细管模型来进行分析。实际上膜上孔的形状、大小、排列、走向等是非常复杂的，把孔近似为圆形毛细管是一种很大的简化，但这种简化对分析问题是必要的。在充满气体的空间里，气体分子相互之间会频繁地碰撞。对于一种气体，一个气体分子在相继碰撞另两个气体分子之间所移动的距离叫做自由程，常用 λ 表示。假定毛细管足够长，按分子平均自由程与孔径之间的关系，过毛细管的流动可分为三种：

①$\lambda \gg 2a$，分子流。此时，分子间的相互碰撞可以忽略不计。

②$\lambda \ll 2a$，黏性流。此时分子间的碰撞频繁，可把气体视为连续介质。

③$\lambda \sim 2a$，过渡区流。这种情况下可看成是第一种情况和第二种情况的组合，即既有分子流也有黏性流。

下面介绍是如何进行同位素分离的。假定在同位素混合物中有两种组分，组分 1 为轻分子构成的组分，其摩尔分子量为 M_1，组分 2 为重组分，摩尔分子量为 M_2。在分子流情况下，两种组分的相互碰撞可以忽略，那么这两种组分通过毛细管的流量是这两种组分流量之和。由于两种分子平均运动速度不同，这样两种组分流过毛细管的流量就不会相同。可以想象，由于分子量小的组分分子平均运动速率较大，流过毛细管的流量也较大，从而在流过毛细管后那一端的丰度就比在流过毛细管之前这端的丰度要高，所以经过毛细管后组分 1 的丰度增加了。膜的分离效果用分离系数来衡量，定义为膜后相对丰度与膜前相对丰度的比值：

$$\alpha = \frac{C_B/(1 - C_B)}{C_F/(1 - C_F)} \tag{12.3.1}$$

相对丰度本身也是一个比值,为一种组分的丰度 C(通常轻组分)与另一种组分丰度 $1-C$(重组分)之比。在假设膜后面的压力为零的情况下,此时的分离系数称为理想分离系数,表示成 α_0,可以求得

$$\alpha_0 = \sqrt{M_2/M_1} \tag{12.3.2}$$

对于 $^{235}UF_6$ 和 $^{238}UF_6$ 气体混合物,$\alpha_0 = \sqrt{352/349} \approx 1.00429$。另外还有一个叫做浓缩系数的量,记为 $\varepsilon(\varepsilon = \alpha - 1)$,这实际上是相对丰度增量。

在黏性流情况下,两种组分的流动与分子流情况有所区别。这样情况就变得简单了,即过毛细管前和过毛细管后组分丰度不会发生变化,没有分离。在过渡区流情况下,由于有分子流存在,过毛细管的流动也会产生分离,但其分离效果总是要小于单纯分子流的情况。

2. 分离膜

在实际中,前面已提到膜孔情况是很复杂的,同时在膜前压力也不是均匀的,这样研究实际过膜的流动中有如下问题要考虑:

(1)反扩散效应。这是因为通常膜后压强不为零,那么膜后的气体也可以向膜前流动,这样导致流量减少,因而分离效果降低。

(2)混合效应。由于膜孔大小和长短不同,这样在同样膜后压力条件下各膜孔的流量不同因而分离效果不同,也就是说经过各膜孔后在各膜孔出口处的丰度与膜后平均丰度 C_B 不同,就会产生混合。

(3)黏性过流效应。前面根据 λ 和 a 所列出的三种情况,实际上有可能这三种状况都存在,在总体效果上过膜流动的流量是分子流流量和黏性流流量的组合,因而实际分离效果与流动仅为分子流流动这种理想情况时的分离效果是不一样的。当然,这种效应也会带来膜后混合。

上述问题造成的实际情况与理想情况的差别用膜效率来衡量,定义为膜的实际浓缩系数与理想情况下浓缩系数之比,即

$$E_B = \varepsilon/\varepsilon_0 \tag{12.3.3}$$

同时考虑上面的三种效应从理论上来准确计算膜效率是比较困难的,Massignon 的文中列出了几种计算模型。

3. 分离单机

这里来考查分离单机的分离作用。分离单机的主要部件就是分离器,其结构如图 12.3.2 所示。流量为 G、丰度为 C 的气体从一端进入分离器,通过分离器时分为两部分:通过膜的部分叫做轻流或头流(Head Stream),流量为 G',丰度为 C';沿膜流动部分叫重流或尾流(Tail Stream),流量为 G'',丰度为 C''。仿照对膜分离效果的衡量方法,也可分别定义分离器的分离系数和浓缩系数为

$$\alpha = \frac{C'/(1-C')}{C''/(1-C'')}, \quad \varepsilon = \alpha - 1 \tag{12.3.4}$$

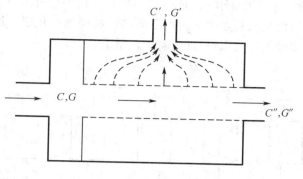

图 12.3.2　分离器结构示意图

常常为了解分离器在轻流和重流中的分离作用,还定义轻流分离系数 α' 和重流分离系数 α'',分别是

$$\alpha' = \frac{C'/(1-C')}{C/(1-C)}, \quad \alpha'' = \frac{C/(1-C)}{C''/(1-C'')} \tag{12.3.5}$$

轻流和重流分离系数都是大于 1 的数。轻流和重流浓缩系数分别定义为 $\varepsilon' = \alpha' - 1$ 和 $\varepsilon'' = \alpha'' - 1$。

由于分离器中存在与单纯过膜分离不同的现象,分离器的分离效果不能简单地由式(12.3.3)来表示,也就是说分离器的实际浓缩系数不是膜效率与理想浓缩系数的乘积。这些现象是混合效应、分流效应、结构气漏效应。混合效应由膜前丰度不均匀所引起,其影响用混合效率 E_M 来计入;分流效应由流经膜的气流分为两股所引起,其影响用分流效率 E_C 来衡量;结构气漏效应由膜与分离器机壳之间密封状况确定,用结构气漏因子 E_L 来衡量。考虑到上述的各种效应后,分离器的实际浓缩系数为

$$\varepsilon = E_M E_B E_C E_L \varepsilon_0 \tag{12.3.6}$$

4. 分离级联

（1）级联基本结构

一台分离单机构成了一个分离单元。由单台分离器所获得的所要组分的丰度提升非常有限,为达到所要求的同位素丰度,就要把许多分离器通过管路用并联和串联的方式连接起来,这就形成了级联。图 12.3.3 是一种典型的级联连接示意图,其中每一矩形代表级联的一个级,由工作在相同状态下的分离单元并联组成,每一级只与相邻的级相连。这种图或类似图在级联分析中经常用到。图 12.3.4 是级联的较详细的局部示意图,在图 12.3.3 中略去了与分离分析无关的部件,如压缩机、冷却器等。其他类型的级联的例子是每一级与左或右隔一级或多级的级相连。从左到右把级联各级编号,如可把最左一级编为第 1 级,最右一级为第 N 级。待分离的气体在 N_F 级供入级联,流量和丰度分别为 F 和 C_F,称之为供料（Feed）。分离后的气体从第 1 和第 N 级抽出级联,流量分别为 W 和 P,其丰度为 C_W 和 C_P,叫做贫料（Waste）和精

料(Product)。精料中含有较多的轻组分,而贫料中则含有较多的重组分。从供料点到精料点之间的级联叫做浓缩段,而从供料点到贫料点之间的级联叫做贫化段。这种级联形式最为典型,当然有的级联会有多处供料或取料,这里就不介绍了。

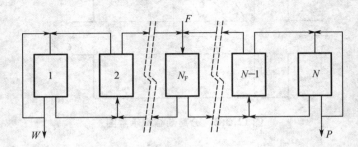

图 12.3.3 级联连接示意图

（2）理想级联

如在每一级的轻重流交汇处所有来流的丰度相等,同时轻流分离系数为常数,这样的级联就是理想级联。理想级联在理论上比较容易处理,而且对于达到所要求的分离,级与级之间的流量最小,因而在实际中为取得最小的耗费设计级联时都尽可能接近理想级联。对于理想级联,由轻流分离系数为常数可得到对于每一级 $\alpha' = \alpha'' = \sqrt{\alpha}$,这是理想级联的一个关键特点。给定级联的外参量 C_F, P, C_P, W, C_W(外参量还包括供料量 F)情况下,就可以确定所需要的理想级联。级联所需的总级数为

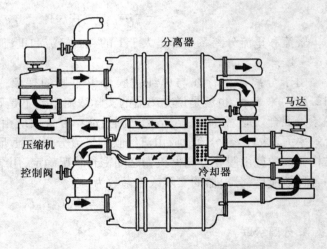

图 12.3.4 级联详细局部连接示意图

$$N = \frac{1}{\ln\alpha'}\ln\left(\frac{C_P}{1 - C_P} \middle/ \frac{C_W}{1 - C_W}\right) - 1 \tag{12.3.7}$$

显然,对于扩散级联,由于 $\ln\alpha' = \ln(1 + \varepsilon') \approx \varepsilon'$ 是一个很小的数,扩散级联需要很多级才能达到所要求的产品丰度。比如取 $C_P = 0.9, C_W = 0.003, \varepsilon' = 0.002\,14$,则所需级数 $N = 3\,739$。所以扩散工厂的规模是非常庞大的。考虑级联中质量守恒,不难得到浓缩段的级数、级联中的丰度分布、流量分布等。

（3）实际级联

实际的级联是难以达到理想级联的流量分布的，主要问题在于难以实现每级细微的流量变化。解决的方法之一是用各级流量为常数的级联通过并联的方式来构成所谓的阶梯形级联（Square-off Cascade）去逼近理想级联，这种各级流量为常数的级联叫做矩形级联（Square Cascade）。

（4）分离能力

分离器可设计成多种形式，其分离能力的大小用分离功率 δU 来衡量。分离功率定义为单位时间内通过分离器物质的价值增量。对于两组分同位素混合物，物质的价值就是

$$V(C) = (2C - 1)\ln\frac{C}{1 - C} \tag{12.3.8}$$

其中函数 V 称为价值函数。这样分离器的分离功率为

$$\delta U = PV(C') + WV(C'') - FV(C) \tag{12.3.9}$$

对于扩散级联，$\varepsilon' \ll 1$。在理想级联情况下，级联的分离功率为

$$PV(C_P) + WV(C_W) - FV(C_F) = \frac{1}{2}\varepsilon'^2 \sum_n G_n \tag{12.3.10}$$

式中含有所有各级流量 G_n 的和（级联的总流量）是一个重要的物理量，它反映了级联的规模、能量消耗的大小。式（12.3.10）左端即为气体经过级联后的价值增量 ΔU，为理想级联的分离总功率 δU，右端只与浓缩系数和总流量有关，而左端则只是 6 个外参量的函数，与机器具体参数无关。显然分离功率的量纲与流量量纲相同，分离功率的单位通常为千克分离功/年（kg SWU/a）。注意，这里流量如用六氟化铀的流量，要折合成铀的流量计算。式（12.3.10）也表明理想级联的总分离功率为各级分离功率 δU_n（$= \varepsilon'^2 G_n/2$）之和，等于级联所能产生的价值增量。对于给定的级联，价值增量也即分离功率越大越好。

对于实际应用中的级联不是理想级联，而是如前面提到的阶梯形级联，各级交汇点处各来流丰度不相等而产生了混合损失，无混合条件得不到满足，各级分离功率的总和大于级联产生的价值增量。需要注意的是，混合损失越小，并不一定能保证级联的分离功率越大，因此提升级联总体的分离功率不应单考虑减少混合损失。

12.3.2　气体离心法

1. 离心机的基本结构

（1）基本结构

在用于分离同位素的离心机的发展历史上出现过多种类型的离心机，但目前工业上应用的都是 Zippe 型逆流离心机，所以这里仅对这种离心机进行介绍，其基本结构如图 12.3.5 所示。

离心分离的核心部件是转子，它基本上是一个两端带盖（端盖）的薄壁圆筒，以每秒数千

转的转速高速旋转,转子壁(侧壁)处的线速度可达每秒数百米甚至上千米。通过上部带孔的端盖,三根管子进入离心机,一根在轴心中部附近向离心机中供入待分离气体(供料),其余两根分别在离心机两端由取料器(支臂)取出分离后的气体(精料和贫料)。支臂处还可能安装有隔板,用来屏蔽支臂对流场的扰动。从供料点到精料端隔板处是离心机的浓化区,从供料点到贫料端隔板处(如无隔板则到支臂处)是贫化区。外套筒用来保证转子与大气环境隔绝在真空环境下工作,同时防止在转子破坏时危及人身和其他设备的安全。分子泵在转子高速旋转时把套筒和转子之间的气体排除以维持套筒与转子间的真空。转子在下部以一根针式轴承支撑,上部依靠磁轴承吸引使转子工作时处于悬浮状态。阻尼器用来吸收转子转动时的振动,保障转子旋转稳定。

(2)亚临界离心机和超临界离心机

有些角速度会使转子在轴向产生共振,造成转子破坏,因此须使转子在远离共振频率的转速工作。共振频率与转子半径 r_a、长度 Z、构成材料性质(如弹性模量 E 与密度 ρ)、转子结构等有关:

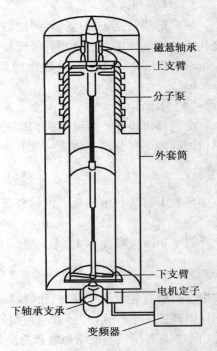

磁悬轴承
上支臂
分子泵

外套筒

下支臂
电机定子
下轴承支承
变频器

图 12.3.5　气体离心机基本结构

$$\omega_i \propto \sqrt{\frac{E}{2\rho}} \frac{r_a}{Z^2} \qquad (12.3.11)$$

工作转速低于最低共振频率的离心机叫做亚临界离心机,高于最低共振频率的叫做超临界离心机。选择亚临界或超临界离心机完全由工业水平、工厂设计等实际情况决定,但超临界离心机的制造工艺难度要高于亚临界离心机。目前工业化应用的离心机中,俄罗斯用的是亚临界离心机,而欧美用的是超临界离心机。

2. 离心分离原理

(1)径向分离和轴向倍增效应

当离心机高速旋转时,转子中的气体也被带动高速旋转,产生极强的离心力场。如对于一个转子线速度为 $v_a = 600$ m/s 的离心机,若转子半径为 0.25 m,那么在转子半径处的离心加速度就约为重力加速度的 15 万倍。在这么强大的离心力作用下,不同质量的同位素就会分离开来。为说明这种分离,这里以两种组分的同位素混合物为例。如离心机转子的转动角速度为 Ω,假定气体为连续的黏性介质,气体就会在黏性作用下也以角速度 Ω 转动。气体中压强沿半径的分布为

$$p = p_w \exp\left[A^2\left(\frac{r^2}{r_a^2} - 1\right)\right] \qquad (12.3.12)$$

式中,p_w 为离心机转子壁处压强,r_a 为转子半径,A 为无量纲参数,且 $A^2 = M\Omega^2 r_a^2/(2RT)$,通常其数值范围为 $15 \leqslant A^2 \leqslant 45$,$M$ 为气体的摩尔分子量。需要指出的是压强分布与分子量有关。对于两种组分情况,由于分子量不同,各组分分压沿半径分布也不同,分子量轻的分布较为平缓,而重的分布较为陡峭,这种不同的分布就产生了分离。显然,由于转子线速度 Ωr_a 是以平方形式出现在式(12.3.12)中,相对于温度和压强,线速度对分离的作用更大。定义径向的分离系数为

$$\alpha = \frac{C(0)}{1 - C(0)} \Big/ \frac{C(r_a)}{1 - C(r_a)} \qquad (12.3.13)$$

所以

$$\alpha = \frac{p_1(0)/p_2(0)}{p_1(r_a)/p_2(r_a)} = \exp(a^2 r_a^2) \qquad (12.3.14)$$

这里 $\Delta M = M_2 - M_1$,$a^2 = \Delta M \Omega^2/2RT$。上式表明离心分离的浓缩系数 $\varepsilon = \alpha - 1$ 与两种组分的质量差 ΔM 及转子线速度 Ωr_a 的平方和与温度倒数呈指数关系。因此增加转速和降低温度都可以大大提高分离效果。特别要指出的是,诸多分离方法如扩散法、喷嘴法等的浓缩系数是与 $\Delta M/M$ 相关而不是与 ΔM 相关。因此在分离重同位素时,离心法有其固有的优越性。

借鉴化工精馏塔的技术,径向分离的效果可以通过在转子内部通过侧壁温度驱动、端盖温度驱动、支臂机械驱动等形成如图 12.3.6 所示的轴向环流,即所谓逆流,来大大增强分离效果,这就是逆流离心机的分离倍增效应。

(2)对分离气体的要求

由于离心机的特殊结构及其分离原理,不是任何元素的同位素都能够用离心机进行分离。能够用离心法分离的元素或其化合物一般说来须要满足以下要求:

①气体分子量不能太小。这是离心机的结构所决定的。离心机转子的一端端盖有开孔以安装供料管和取料器,气体越轻压强分布就越平缓,转

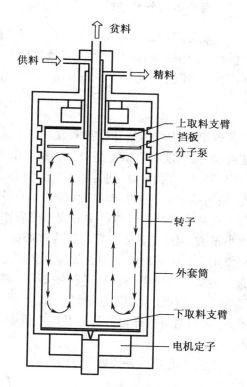

图 12.3.6 离心机中轴向环流

子中心压强就越高,有可能从开空处溢出而进入套筒和转子之间。其结果是功耗增加,严重时导致转子失稳破坏。取决于离心机的结构设计,最轻可分离介质的分子量可达 40。

②在常温下的饱和蒸气压大于 5 mmHg。离心法分离是以被分离介质的气态形式进行分

离的。要达到一定的分离效果,转子中必须充足一定量的气体。若饱和蒸气压太小,转子中充气不足,分离效率低下;而充气足量会造成气体在离心中冷凝,堵塞取料管或者凝结在离心机转子上。堵塞取料管使离心机无法分离,同时使凝结更为严重。凝结达到一定程度时会破坏离心机转子平衡,产生炸机的严重后果。当然在一定范围内可通过提高离心机工作温度来提升分离介质的饱和蒸气压,但温度太高会降低离心机强度,影响机器安全,降低机器工作寿命。

③在温度 100 ℃左右不会分解。转子里气体的速度非常大,与支臂有强烈的摩擦而产生较高的温度。在此温度下气体分解不仅消耗了分离介质,而且还产生了较轻的气体,危及机器安全。

④工作介质不与离心机材料发生相互作用。相互作用破坏离心机,同时也消耗分离介质,产生别的气体特别是轻气体。

3. 离心机的分离性能

考虑分离性能少不了分析分离功率,即单位时间经过分离器的价值增量。在知道分离器的供料丰度和取料丰度后就可以计算出离心机的分离功率。在离心机内某一点轴向没有丰度梯度、径向丰度梯度等于径向平衡丰度梯度的一半时,离心机的理论最大分离功率为

$$\delta U_{\max} = \frac{\pi}{2}\rho D\left(\frac{\Delta M\Omega^2 r_{\mathrm{a}}^2}{2RT}\right)^2 Z \eqno(12.3.15)$$

这里 D 为气体的互扩散系数。从上式可得以下结论:发展长转子离心机、提高离心机线速度、降低温度都可以提高分离功率。由于分离功率正比于线速度的四次方,所以提高线速度来提高分离的效果最为明显。然而,离心机的实际分离功率是远达不到最大分离功率的。首先,精料端和贫料端有丰度差,即有轴向丰度梯度。其次,在高速旋转时,越往轴心气体越稀薄。在某个半径处气体已稀薄到不能看作是以转子角速度 Ω 旋转的连续黏性介质,旋转角速度小于 Ω,因此分离效果降低。在轴心附近气体可能已稀薄到了成为分子流,离心力根本就不起作用了。所以离心机的有效分离区域是在转子壁附近,转速越高,有效分离区域变得越薄。那么实际分离效果与哪些因素有关呢?要明白这个问题,还需要深入的分析,如从分离功率密度入手。要便于分析问题,理想的结果是能够获得分离功率的解析表达式。但这通常是不可能的,必须对价值守恒方程以及离心机中流场进行简化处理。最常用的简化就是 Cohen 的径向平均法。

定义离心机的分离效率 E 为

$$E = \delta U/\delta U_{\max} \eqno(12.3.16)$$

在 Cohen 简化假设下,可把 E 分解为 E_{C},E_{F} 和 E_{I} 这三个效率因子的乘积,E_{C} 与环流量有关,称之为环流量效率;E_{F} 与流场沿半径的分布也即流型相关,称之为流型效率;E_{I} 衡量的是丰度沿轴向是否达到理想情况,因此称之为非理想效率。显然,这些因子都为 1 时分离效率最大。环流越大,E_{C} 就越接近最大值 1。但环流太大,气体混合增强反而对分离不利,所以 E_{C} 有一最佳值。对于 E_{F},当它达到最大值 1 时,要求速度分布满足 $\rho v_z =$ 常数(v_z 为气体轴向速

度分布),这显然在离心机中是无法实现的。在高速情况下,E_F 实际上与转子圆周线速度的平方成反比,这导致实际分离功率只与转子圆周线速度的平方成正比。对于 E_1,单纯轴向流型是不可能满足 $E_1 = 1$ 的。最后需要指出的是这三个因子不是独立的。

4. 离心机级联

同气体扩散法一样,依靠单台离心机是不能满足分离要求的,仍需级联。描述级联中丰度分布的方程与扩散级联一样。在无混合的理想级联条件下,方程组的解也与扩散级联结果一样,这里不再重复。由于离心机的分离系数比较大,达到同样产品丰度离心级联所用级数要比扩散级联少得多。同样以 $C_P = 0.9$,$C_W = 0.003$ 为例,若 $\alpha = 1.2$ 则所需级数只有 44 级,大大少于扩散级联的 3739 级。

5. 离心法与扩散法比较

离心法和扩散法都是成功的大规模铀浓缩的方法。但离心法的显著优越性使其正在取代扩散法成为主要的铀同位素分离方法。

(1)离心法能耗少。扩散法生产浓缩铀的能耗是 2 400 kW·h/kg – SWU,而离心法可以低到 50 kW·h/kg – SWU,即扩散法的能耗约是离心法的 25 倍。虽然生产成本不完全由能耗决定,但这个显著优点奠定了离心法良好经济效益的基础。

(2)离心法分离系数大。扩散法的浓缩系数在 0.002 左右,而离心法则达到 0.2 以上,是扩散法的 100 倍。这使得分离工厂的规模非常灵活,十几级就可达到所需产品丰度,上百台甚至数十台离心机就可进行生产,而用扩散法则可能需要上千级。低能耗和灵活的规模不仅使离心法在民用核燃料生产上有优势,在军用核材料制备上更具重要性。

(3)离心法单机流量小,工作压强低。这是由离心机结构特点决定的,单机分离功率不可能做到扩散机那么大。因此要达到同样的分离能力,所需的离心机数量就要比扩散机多。一个工厂中有可能装备数十万台离心机。

(4)离心法技术难度大。离心机转子以如此高速旋转,对转子材料、设计、加工设备和技术等都有很高要求,需要较高的工业基础和科技水平才能做到。

12.3.3　激光法

激光分离同位素,简称激光法,主要的研究和应用对象是铀同位素的分离,但此项技术也可扩展到其他同位素的分离。

用光子来分离同位素早在 1922 年就有人考虑过,但直到 1953 年和 1958 年才分别用单同位素 ^{198}Hg 和 ^{202}Hg 制作的汞灯发射的光来选择性激发该同位素,从而将它从天然汞中分离出来。早先的实验证明了重元素同位素之间的电子光谱的频差(又称同位素位移)要大于原子的发射谱线线宽,这样就有可能用光子将目标同位素进行选择性地激发并进而将它分离出来。

由于激光的线宽很窄,远小于同位素位移,这样就可能用激光选择性地激发目标同位素,并进而将它光电离、光离解,或产生光化学反应,最后把它分离出来。

1966～1967 年斯坦福大学的 Tiffany, Moos 和 Schawlow 等人首先发布了用红宝石激光分离 Br 同位素的结果,但是他们的实验不很成功,主要原因是室温下分子的电子光谱展宽严重,由此引起的同位素位移展宽,谱线重叠。

激光法主要有三种:原子蒸汽激光同位素分离法,简称原子法(Atomic Vapor Laser Isotope Separation, AVLIS);分子激光同位素分离法,简称分子法(Molecular Laser Isotope Separation, MLIS)和同位素选择性地激光激活化学反应法,简称激光化学法(Chemical Reaction by Isotope Selective Laser Activation, CRISLA)。它们的区别主要在于:原子法是利用高温铀金属原子蒸汽中纯电子光谱的同位素位移,而分子法和激光化学法是利用冷却的 UF_6 分子中振动光谱的同位素位移。分子法和激光化学法的主要区别又在于激光所起的作用不同。在分子法中,激光的作用是将 UF_6 分子进行选择性地激发和多光子离解,而在激光化学法中,激光的作用是为化学反应提供激活能。

1. 原子法

1971 至 1973 年麻省 AVCO – Everett 实验室第一个实现实验室规模的原子法,很快被美国能源部(DOE)的 Lawrence Livermore 实验室(缩写 LLL)采用,DOE 投资 15 亿美元(包括 1972 年开始的费用)在 1985 至 1992 年期间在 LLL 建造一个示范装置。法国、英国、日本和以色列也相继开展了原子法的研究。

原子法通常包括 4 个主要的过程:①金属蒸发过程,对于铀来说是采用线型电子枪将金属铀在真空系统中进行加热蒸发,形成铀原子蒸汽束;②激光与原子的相互作用过程,采用多步共振光电离,将目标同位素变成等离子体态;③离子引出过程,外加电场或磁场将目标同位素从等离子体中取出;④光的传输过程,用光学元件将光能有效地传输和利用。下面分别进行说明。

(1)金属蒸发过程

有各种产生原子蒸汽束的方法,但对高熔点的难熔铀金属来说,用电子枪加热是最方便有效的方法,坩埚形状为长条形,称之为线型。聚焦电子束的形状可为线型(长条形),称之为线型电子枪;或点状,但沿坩埚长度方向扫描,称之为扫描电子枪。对原子蒸汽束的要求是:①多普勒展宽要小;②原子的通量密度(即原子的注量率)要大;③方向性要好;④能量转换效率要高;⑤原子的电子碰撞引起的非选择性电离度低。

经过研究发现,在铀材料中加入某些其他金属以形成合金会有效地降低热损耗,改善蒸发特性。

(2)激光与原子相互作用过程

激光与原子的相互作用发生在反应室中,这里主要涉及的问题是:铀光谱数据;光反应过程的选择;多步光电离动力学。

①光谱研究

铀的光谱数据包含有级、能级寿命、光吸收截面、量子数 J 和 Q 值、同位素位移和超精细结构。这些数据对原子法至关重要。

对重元素如镧系和锕系元素,能级和有关参数的准确计算十分困难,要通过实验来测定。如铀有 2000 多个能级,几十万条谱线,已经公开的光谱数据是极少数。

多电子原子的能级通常是由核和电子之间的库仑势决定的,这里有几种相互作用:核自旋与电子轨道相互作用,产生超精细结构;由外部磁场与原子磁矩的相互作用(Zeeman 效应),以及由外部电场与原子的电偶极相互作用(Stark 效应),这两项产生能级分裂。

同位素位移是由原子的质量差和体积差产生的,铀原子的同位素位移如图 12.3.7 所示。

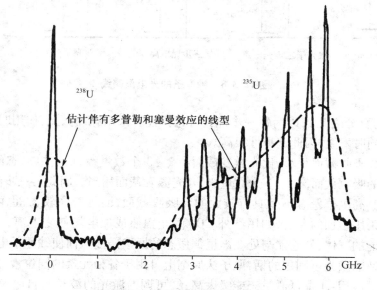

图 12.3.7　铀原子的同位素位移

合适的光谱路线是目标同位素与非目标同位素原子的能级之间具有足够大的同位素位移,光谱线不重叠,目标同位素具有大的光吸收截面。

②光反应过程

选择性光激发和光电离常用可见光范围的可调谐激光。电离电位为 2 eV 左右,如 Cs 用一种频率的激光即可一步电离,电离电位为 4 eV 左右,用两种频率的激光二步电离,电离电位为 6 eV 左右。如 U 用三种或四种频率的激光(其中一种频率的激光用于从最低的亚稳态激发到第一激发态上)三步电离,如图 12.3.8 所示。

③多步光电离动力学

多步光电离的方法是用几种频率的光子去逐级激发目标同位素,这个过程能达到较高的

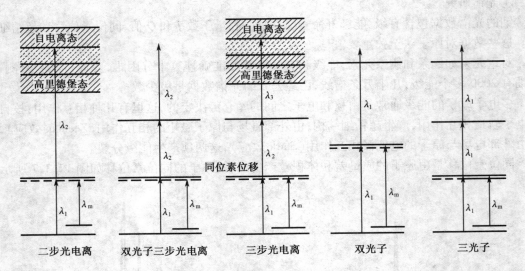

图 12.3.8 铀原子的光电离路线

分离系数(约为百分之几),因为每一步都具有选择性。采用脉冲激光,作用时间很短,电离过程几乎与激光同时发生,因此选择性很高。

由于光电离吸收截面很小,比光激发截面小 2～3 个数量级,而自电离态的光吸收截面要比直接光电离的吸收截面高 2～3 个数量级,与光激发截面相当。因此第三步激光可用于激发到自电离态上。高里德堡态不仅具有较大的光吸收截面,而且寿命较长,也可用于第三步激发。不过还需采用附加的办法,如用红外 CO_2 激光辐照或加电场使之电离,或在分离器内注入具有高亲合能的气体,使它能与处在高里德堡态的原子碰撞从而使铀原子电离。

如果有合适的激光可利用的话,原子法原则上可用于各种元素的同位素分离。但是,以下条件将限制它的应用:①最低激发态能级太高;②可调谐激光的波长与自电离能级不相匹配;③同位素位移量太小;④光吸收截面太小或能级寿命太短。

多电子原子具有很多能级,它们很容易被用作自电离能级。为了提高多步光电离的效率,有很多可能的能级组合。

(3)离子引出过程

激光多步光电离产生等离子体的过程可用静电探针来测量。从实验得到的电子温度很低,大约 0.1 eV,这表明可利用自电离态(略高于电离极限)。激发到自电离能级上的原子能很快地释放一个电子,从而变成离子。释放出的能量重新分配到电子和离子上,转换到电子上的能量低于 0.1 eV。等离子体对静电场产生屏蔽,称之为德拜屏蔽,德拜长度或屏蔽层厚度为 λ_D,有如下关系:

$$V = (e/r)\exp(-r/\lambda_D)$$

在静电场引出的情况下,为了有效地引出离子,当电子温度为 10 eV 时,离子的密度必须

低于 10^{12} cm^{-3}。

空间电荷受限的电流为 $J = (4/9)\varepsilon_0\sqrt{2e/m}\,V^{3/2}/d^2$，这里 V 是加到电极上的电压，d 是阳极和阴极之间的距离，ε_0 是真空中的介电常数。另一方面，温度受限的电流可以表达成 $J = n_i e\sqrt{kT_e/m}$，因此离子引出的速率取决于热运动，即与电子温度 T_e 的平方根成正比。

根据以上的情况，离子引出要求的技术条件是：①施加的电压尽可能高，以获得最大的引出速度；②增加电子温度以获得更高的引出速度；③避免被引出的离子从电极上溅射；④尽可能缩短离子收集的周期，避免电荷交换和离子碰撞损失。

从以上的观点出发，可以采用加热等离子体的办法来提高电子温度，但必须小心，以防止热电离。还可以改进离子收集方法，如改变电极形状，或采用射频电场收集。

即使目标同位素 100% 被电离，但光电离度仍然很低，因为系统中有大量的中性非目标同位素原子，离子和原子的碰撞会产生电荷交换。

（4）光的传输过程

光的传输包括激光光源和光的传输工程。

①激光光源

因为大多数重金属的电离电位为 6 eV 左右，用可见光范围的可调谐激光光子能量约为 2 eV，所以可用三步光电离，紫外光子的能量约为 3 eV，用紫外光子可实现二步光电离，原子法要求这些光子具有高的时空平均通量密度（也称注量率），因为 1 mol 的材料，需用光子能量约为 MJ 量级，它只能通过高效的可调谐激光来获得，这种可调谐激光必须具有窄线宽、高脉冲能量、高稳定性、高重复率、低光束发散角、高能量转换效率以及低的制造成本。

下面是几种供选用的激光器系统：铜蒸汽激光器系统与注入锁模染料激光器系统，为高平均功率的光源；准分子激光器与注入锁模染料激光器系统，为高峰值功率的光源；二极管激光泵浦的 YAG 激光器，倍频与染料激光器系统，为高能量转换效率的小型化的激光器系统；二极管激光泵浦的 YAG 激光器，倍频与钛宝石激光器组成稳定的、小型的、调谐范围宽的激光器系统。

铜蒸汽激光器、准分子激光器、二极管激光器和 YAG 激光器都是泵浦光源，染料激光器和钛宝石激光器是可调谐光源。

②光的传输

从激光器输出的激光经过反射镜、合光镜、准直光学系统和窗镜输送到真空室中，与金属原子束相互作用。光在金属蒸汽中传输后，由于非线性效应，其波阵面将发生变化，要进行波阵面修正。为了充分利用光能，还要将激光在真空反应室内多次往返反射。激光在进入真空室前使用光纤传导是更加经济、方便和有效的方法。图 12.3.9 是一个原子法分离单元的示意图，包括了激光器、蒸发器、分离器和离子引出装置。

2. 分子法

分子法分离对象为气态 UF_6，所用激光器多为 CO_2 激光器，其光电转换效率高。

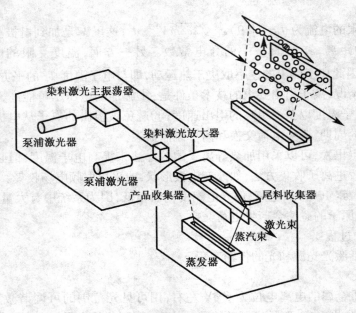

图 12.3.9   原子法的一个分离单元

分子光谱包括电子光谱、振动光谱和转动光谱。振动光谱总是与转动光谱共存,电子光谱总是与振转光谱共存。转动光谱的能级差很小,同位素位移更小,不具有同位素选择性,电子光谱的能级差虽很大,但同位素位移并不大,也不具有同位素选择性,因此分子法中可利用的是振动光谱中的同位素位移效应。

UF_6 分子呈正八面体结构,铀原子处在中心,氟原子在 6 个顶点上。基频有 6 个振动模式,其中 4 个只与氟原子有关,为对称振动(拉曼振动),不产生同位素位移。两个振动(ν_3,ν_4)为非对称振动,涉及到铀原子的运动,因而有同位素位移。其中 F_{1u} 基态 ν_3 的 Q 支在相应于 16 μm 激光波长处有最大的光吸收截面 σ 和同位素位移(约 $0.6~\mathrm{cm}^{-1}$)。它们所组成的各种复频也具有较大的同位素位移,但吸收截面要小得多。

室温下由于多普勒展宽,谱线重叠,同位素位移很难分辨,在极低温下可得到分裂的谱线,但在低温下 UF_6 的饱和蒸汽压很低,分子的密度很小,采用超声喷嘴冷却技术可解决这个矛盾,使 UF_6 通过喷嘴绝热后在 50 K 温度下仍具有一定的分子密度。

分子法分离过程可分为两个阶段,第一步是用 16 μm 激光,对 UF_6 分子进行选择性地光激发,然后用强 CO_2 激光辐照,实现多光子离解,使一个 F 原子从 UF_6 分子中剥离出来,分离产物为 UF_5 固态,沉积在收集器上,如图 12.3.10 所示。

有很多种获得 16 μm 激光的方法,其中用 CO_2 激光泵浦仲氢拉曼散射产生的激光和 CF_4 激光较为成熟。

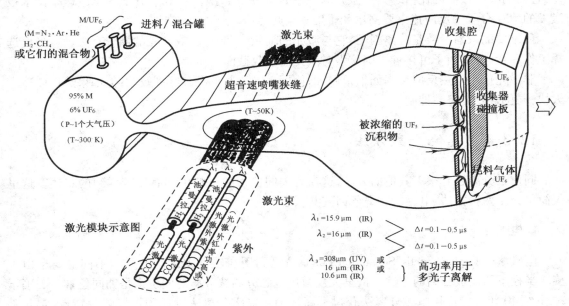

图 12.3.10　分子法分离铀同位素示意图

3. 激光化学法

CO 激光辐照反应室,反应室被抽真空后,将 UF$_6$ 和共聚物 RX 气体充入反应室,因为 ^{235}UF$_6$ 与 ^{238}UF$_6$ 的吸收光谱有同位素位移,把激光的频率调到 ^{235}UF$_6$ 易于激发的频率。在 CO 激光辐照下,被激发的 ^{235}UF$_6$ 分子与 RX 的反应速率将比没有激光辐照时未被激发的 UF$_6$ 分子与 RX 的反应速率快上千倍。反应产物标记为 UFX,^{235}UF$_6$ 已被浓缩。由于 UFX 与 UF$_6$ 在化学和物理特性上均不相同,因此可以用标准的化学工程技术将它们分离。

这里要强调的一点是,激光仅起着激活器的作用,用于分离 ^{235}U 和 ^{238}U 的能量是化学能,不需要像原子法和分子法那样消耗昂贵的激光能量去电离或离解铀原子或分子。

激光化学法与质量作用过程的分离如离心法和扩散法也不同,质量分离要消耗大量的电功率去驱动泵和压缩机,化学法中 UF$_6$ 的动量主要由低温冷阱捕获。

另一个优点是可小型化,扩散和离心浓缩工厂要求的最小尺寸含有几千个分离模块。激光化学法提供 3.5% 的浓缩只要 12 个模块。

激光化学法设备要求没有技术上的困难,扩散和离心工厂中使用的气体处理设备,不必做多少改动便可用于激光化学法,CO 激光技术也比较成熟,光传输中所用的 CaF$_2$ 材料耐用,抗氟,对氨气不敏感。

CO 激光工作在强的谱线(波长 5.3 μm)1 876.3 cm^{-1} 时对应 UF$_6$ 有一个 $3\nu_3$ 的吸收带,在这个吸收带附近 ^{235}U 与 ^{238}U 的同位素位移是 1.85 cm^{-1},^{235}U 的吸收比 ^{238}U 强 2 ~ 5 倍,温度越

低,它们的吸收截面的比值越大。激光的频率 $\nu_L = 3\nu_3$ 时,激发态 UF_6 分子的反应速率比未被激发的 UF_6 分子的反应速率要高出几千倍甚至几万倍。

最重要的浓缩参数是分离因子,它与激光的辐照时间有关,或产品的馏分有关。适当地选择工作参量,分离因子可接近于同位素对激光的吸收截面之比。

非激光作用的热反应速率如果很慢,即使用激光加速也没有经济效益;但如果热反应速率太快,同位素效应将被抑制。

12.3.4 其他分离方法

同位素分离还有很多其他的方法,这在有关同位素的材料中都有比较详细的叙述。这里仅简单介绍两种方法:电磁法和离子回旋共振法。

1. 电磁法

电磁法(Electromagnetic Separation Process)是利用在磁场中运动的质量不同的离子由于旋转半径不同而被分离的方法。最早大规模用电磁分离法分离的同位素是铀同位素。美国于20世纪40年代曾经用电磁分离法获得了高浓铀。电磁分离法以通用性极强为特点,它几乎可以分离所有的同位素。电磁分离法的问题在于生产率低,能耗大。然而至今仍然有相当部分的同位素由电磁分离法提供。

(1)分离原理

图 12.3.11 是电磁分离法的原理图(图中 $m_1 < m_2 < m_3$)。当被分离的介质在离子源中被电离后,带有电荷 e,通过电位差为 V 的两极板加速从离子源引出并聚焦进入分离室。分离室中存在强度为 B 的均匀磁场,其磁场强度的方向垂直于原理图方向由图上穿出图面往下。当离子进入分离区后受到洛伦兹力的作用而作圆周运动。对于不同质量的同位素,由于其速度不同,不同质量的同位素离子有不同的偏转半径而进入不同的收集器中,较轻的离子偏转半径较小。由此实现了不同质量同位素的分离。

如果质量为 m 的离子经过电场加速进入分离室的速度为 v,则有以下关系:

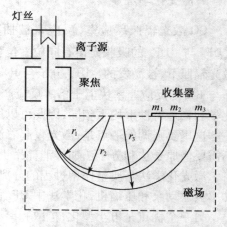

图 12.3.11 电磁分离器原理

$$\frac{1}{2}mv^2 = eV \tag{12.3.17}$$

离子进入分离室后,受到洛伦兹力的作用进行半径为 R_m 圆周运动,其洛伦兹力的大小为 eBv。圆周运动的离心力为 mv^2/R_m,而离心力的大小应该等于洛伦兹力的大小,因此可以得到

$$\frac{mv^2}{R_m} = eBv \tag{12.3.18}$$

利用式(12.3.17)和(12.3.18)消去速度 v,经过整理可得

$$R_m = \frac{\sqrt{2V}}{B}\sqrt{\frac{m}{e}} \tag{12.3.19}$$

从式(12.3.19)可以看到,当 B 和 V 给定时,离子在分离室中的偏转半径 R_m 取决于离子的质量和带电荷之比 m/e。m/e 愈小偏转半径 R_m 也愈小。

(2)电磁分离器的主要构成

①离子源 离子源是将被分离的工作介质进行电离并将离子束引入分离室的重要部件。对离子源的四项基本要求是:(a)高密度的单能离子;(b)高离子产额;(c)可以进行多种元素或化合物的电离;(d)可以长时期地稳定运行。由灯丝发射的电子在 100~300 V 的加速电压作用下通过磁场被引入电离室,并在那里轰击工作物质的蒸汽并使之电离。电离后离子经引出并聚焦进入分离室。

②分离室 为了增加电磁分离装置生产同位素的产量就要增加离子流。但是,离子流愈大,离子之间的相互排斥也愈大,离子束变宽,离子束的聚焦性能变坏,这就是空间电荷效应。为了减少空间电荷效应,从离子源流出的离子流不能太大。也正是这一点限制了电磁分离器的产量。分离室是在真空状态下工作的,为维持所需真空度,需要很大的真空泵。

③收集器 电磁分离法中收集器也是一个重要的部件,一般为带有两个或多个缝隙的腔体,由石墨或不锈钢或其他合适的材料制成。被电离的工作介质经过离子源的引出并聚焦,经过分离室后不同质量的离子经过 180° 的偏转在不同的位置再聚焦,通过对应的缝隙进入收集器被收集。

④电磁铁 磁铁用以在分离室中产生均匀磁场。有的电磁铁的磁极非常大,直径可达 2 m。分离室处于电磁铁的两极之间。

2. 离子回旋共振法

(1)分离原理

旋转等离子体方法(Ion Cyclotron Resonance Process,ICR)也是一种用电磁场来进行分离的方法,且电场以一定的频率变化。离子回旋共振分离装置示意图如图 12.3.12 所示。离子在左端由离子源产生需分离元素的离子,其中包括不同质量同位素的离子,自左向右运动。装置的工作区域存在与离子运动方向一致的磁场 B。由于磁场的作用,离子产生旋转,其旋转频率为 ω(也称 Lamor 频率),旋转运动的半径为 r_L(也称为 Lamor 半径):

$$\omega = \frac{eB}{m_i}, \quad r_L = \frac{m_i v_\perp}{eB}$$

其中,e 为离子所带电荷,B 为磁场强度,m_i 是第 i 种离子的分子量,$v_\perp$ 是第 i 种离子在与 B 垂直平面中的速度分量。由上式可以看出,离子作螺旋运动的 Lamor 频率和该离子的运动速度无关,只取决于离子的荷质比 e/m_i 和磁场强度 B。离子运动的 Lamor 半径除了和以上物理量

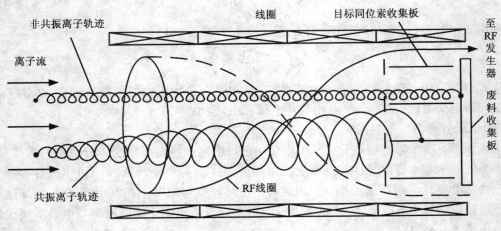

图 12.3.12 离子回旋共振分离原理图

有关外,还和离子的运动速度分量 $v_\perp$ 有关。在螺旋天线施加的一定频率的电场作用下,如频率合适,一定质量的离子就会产生共振获得能量,从而得到加速,其 Lamor 半径 r_L 将不断增大。其他质量的离子就不发生共振,其 Lamor 半径 r_L 不会变化。由此,得到共振的离子运动轨迹不同于其他离子而易于与浓缩板相碰而被收集起来。其他离子则易穿过浓缩板到达贫料板。这样,就实现了不同荷质比的离子的分离。

由于被分离物质是通过等离子体源引入,可以说对被分离元素没有什么限制,因此 ICR 方法有极强的通用性,这一点和电磁分离法相当。但是,它比电磁法消耗的能量要少,而且产量要大得多。ICR 的产率可以是电磁分离法的 100～200 倍,而能耗则降低几十倍。

(2)回旋共振分离器的主要构成

①电磁体 电磁体的作用是产生与离子运动方向一致的磁场,使离子以螺旋的方式向前运动。早期的电磁体用普通的螺旋线圈,而目前的大多数分离器都采用超导线圈。

②离子源 离子源是提供能够进行分离的离子。首先需把待分离元素变成蒸汽,这有两种方式:一种是溅射法,即用电子束轰击待分离元素制成的靶,在轰击处产生高温,从而把靶熔化蒸发;另外一种是热蒸发法,即用热源加热来蒸发,然后把蒸汽用微波方式,或者表面电离方式或电子束轰击方式电离产生离子。

③回旋加速机构 使离子加速产生共振的电场是由回旋加速机构来提供的。在有关离子回旋共振同位素分离法的第一个实验工作中使用了两种回旋加速方法:一种是感应法,它是用在均匀的恒磁场上叠加一个较弱的交变磁场的方式来实现的;另一种是静电场法,在这种方法中等离子体中的电势差是由接于交流电压源的端电极与等离子体的接触而产生的。事实上感应加速法已经是人们的优先选择。正确选择天线的结构及参数可以使分离装置生产潜力完全发挥出来。

④收集器　分离了的离子通过收集器收集。收集器有两部分:浓缩板和贫化板。浓缩板实际上是一组相互平行的电极,用以收集产生共振的离子,而其他非共振的离子由与浓缩板垂直的贫化板来收集。

12.4　反应堆的燃料循环

核燃料循环策略是影响核电经济性的重要因素之一,是核反应堆运行的总体方针。每个核电国家都必须根据自己拥有核资源的情况、核燃料加工与后处理的方法与技术水平,根据具体的核电厂的堆型决定本国核燃料的管理和循环策略。尽管不同国家可以采取各具特色的燃料循环策略,但就某一类反应堆而言,必须遵循其物理特性,所以同一类型反应堆的燃料循环均具有相同的特点。

12.4.1　常用动力堆的燃料循环

在核电厂中,辐照过的燃料元件从反应堆中卸出,在冷却池冷却一段时间后,经过后处理可以重新制成新的燃料元件装入反应堆内再次使用,或作为废料直接予以处置。在反应堆运行的过程中,反应堆内除了不断燃耗核燃料外,事实上还一直进行着核燃料的转换过程,即将可裂变核素转换成新的易裂变核素,这些易裂变核素经过提取和加工后又可以作为新的燃料在反应堆内使用,这样便形成了核燃料的循环过程。下面介绍几种常用动力反应堆的燃料循环过程。

1. 天然铀反应堆

因为天然铀中易裂变核^{235}U 的含量很低,经一定燃耗后已没有再回收的价值,因此使用天然铀作燃料的反应堆一般采用一次性通过燃料循环。一次性通过燃料循环是指核燃料经过反应堆燃耗后就直接作为核废料处理,不再进行回收使用。应用天然铀作燃料的代表性动力反应堆有石墨气冷反应堆和重水反应堆两种类型。

为了降低发电成本,总是不断地设法提高燃料的燃耗深度。目前对于普通的石墨气冷反应堆,燃耗深度可达 5 000 MW·d/tU 以上,重水反应堆的燃耗深度更高些。虽然在卸下的元件中,所生成的^{239}Pu 可以提取出来,以供快中子反应堆等使用,但是在这样的燃耗深度下,从石墨气冷堆卸下的每吨燃料中含^{239}Pu 仅为 1.8～2 kg。因此,一般对在天然铀动力反应堆中辐照后的燃料往往并不加以处理,而是把它们储存起来。这样,并不形成真正的燃料循环,所以称之为“一次性通过”(One-through),其过程如图 12.4.1 所示。

2. 轻水反应堆(LWR)

轻水反应堆是采用轻水作慢化剂和冷却剂的,轻水的热中子吸收比较强,所以在轻水反应

图 12.4.1　一次性通过循环方式

堆中,一般是采用低富集度铀(3.2% ~ 4.5%的^{235}U)作为燃料。轻水反应堆的燃耗深度比天然铀反应堆要深得多,一般在 40 000 MW·d/tU 左右。从芯部卸下来的燃料元件中大约还含有 0.8% 的^{235}U,^{239}Pu 的含量也大致与之相同。所以辐照过的燃料可以进行后处理,从中提取^{239}Pu。同时把回收的富集度约为 0.8% 的^{235}U 重新加以富集并制成新的燃料元件,返回到反应堆中使用,其循环过程的示意图见图 12.4.2。

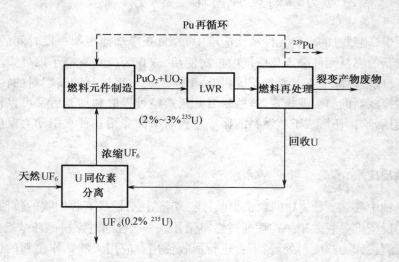

图 12.4.2　轻水反应堆的燃料循环

由于快中子反应堆的发展迟缓以及钚的积存量不断增大,因此也可以把从轻水堆用过的燃料中提取出来的^{239}Pu 和富集铀(或天然铀)混合制成钚铀混合氧化燃料(MOX)元件,再装入轻水堆中燃烧,这样就可以减少对^{235}U 的需要量,据估计这样做可以节约大约 33% 的^{235}U。图 12.4.2 中的虚线表示钚的再循环。

3. 液态金属冷却快中子增殖反应堆(LMFBR)

快中子增殖堆芯部采用的是^{239}Pu 易裂变核,增殖区采用的是 U – Pu 循环,其燃料循环与轻水堆燃料循环有很大不同。快中子增殖堆和轻水反应堆的一个重要差别是具有比较大的增殖比(其 BR 约为 1.2 ~ 1.3)。在反应堆运行的过程中,回收的燃料除供给反应堆本身的需要外,还会有剩余的易裂变同位素。液态金属冷却的快中子增殖堆的燃料循环如图 12.4.3 所示。

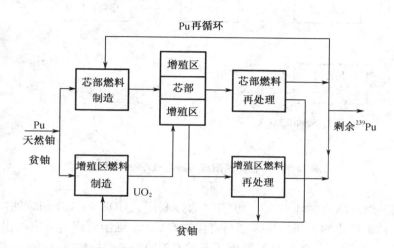

图 12.4.3　液态金属冷却的快堆燃料循环

4. 高温气冷反应堆(HTGR)

高温气冷堆第一次装入反应堆内的燃料是高富集度的碳化铀(约含 93% 的 ^{235}U)以及可转换材料(如氧化钍或碳化钍)。钍经受中子的辐照以后,转换为 ^{233}U,从而建立起 ^{232}Th – ^{233}U 燃料循环。高温气冷堆的转换比较高,约为 0.8,燃耗深度达 80 000 MW·d/tU。这种类型的高温气冷堆的燃料循环如图 12.4.4 所示。

12.4.2　核燃料联合循环

加拿大 CANDU 堆采用天然铀的初始原因是当时加拿大不具备富集铀技术,因而只能采用天然铀。其实 CANDU 堆的最佳富集度并非天然铀的富集度(0.720%),而应为 0.9% ~ 1.2%,因此随着许多国家提供富集铀的商业服务事业的兴起,设计者可以根据经济效益要求出发,寻求最优燃料循环。

如前所述,轻水堆采用的是富集度为 3.2% ~4.5% 的低浓铀,经过辐照后(假设平均燃耗为 33 000 MW·d/tU)卸出的 PWR 乏燃料中含有大约 0.95% 的铀 – 235 和 0.65% 的钚 – 239。这是可以经过后处理回收的核燃料,它的易裂变核素含量正是 CANDU 堆的最佳含量。因此 PWR 乏燃料经处理后,可直接为 CANDU 堆所应用。这种把一个反应堆的乏燃料用作另一个反应堆的燃料的循环策略称为反应堆燃料联合循环。

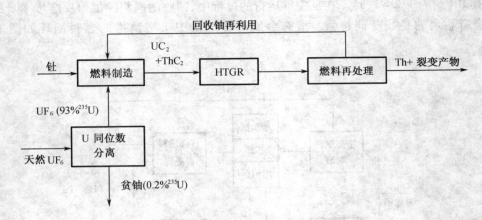

图 12.4.4　钍－铀循环的高温气冷堆的燃料循环

目前研究的燃料联合循环方式有 DUPIC(直接利用)、MOX 和 RU(回收铀)等。

DUPIC 是韩国提出的把压水堆乏燃料直接在 CANDU 堆中利用的方案。由于韩国不具备乏燃料后处理能力,因而研究开发了氧化还原的 OREOX 热－机械加工方法:首先把 PWR 的乏燃料去掉包壳,把芯块变成粉末,对裂变同位素不作任何分离,烧结压成"新"的 CANDU 芯块,并装进标准包壳内,直接供 CANDU 堆使用。不需要任何湿化学处理,只使用干法处理工艺,因此比较简单,而且可以避免湿法的大量废液的麻烦,所以它是很吸引人的一种方式。

但是它的重大缺陷是整个生产过程及运输过程都是高放射性的,必须在屏蔽装置内进行,难于接近,因此必须建立巨大的热室车间和远距离操纵加工装置,这给燃料制造和燃料管理以及反应堆运行中的换料带来许多困难,费用较高。当然,它提供高的抗核扩散能力,所以 IAEA 及美国对此表示支持,特别是对于不具有或不允许有乏燃料后处理能力的国家比较适合。

所谓 MOX 核燃料循环是指,将 PWR 乏燃料后处理后取得的 0.95% 铀－235 和大约 0.65% 钚－239 制成 MOX 型((U,Pu)O$_2$)燃料在 CANDU 堆中加以利用。应用 MOX 核燃料的优点在于铀钚同时加以利用,对应每吨重金属元素的燃耗可加深到 25000 兆瓦日,提高了铀资源的利用率。相对于 PWR 一次通过循环来说,可节约 40% 的铀需求量。应用 MOX 燃料的困难在于含钚燃料的制造加工和处理问题(因为钚是毒性极强的物质),我国目前 MOX 燃料的制备与 MOX 燃料元件的制造都还在研究中。当然,MOX 燃料也可在 PWR 和快堆(FBR)中加以利用。

所谓 RU(回收铀)就是把 PWR 的乏燃料后处理后分离出的铀－235(~0.95%)加以利用。其利用途径自然有两种选择:一是在 CANDU 中应用;另一种是对其再富集后在 LWR 中继续利用。但是由于放射性污染的原因,例如铀－232 的放射性衰变产物(主要是铊－208)在 RU 中的存在,特别是经过再富集后^{232}U 的富集度增加约 4 倍,放射性也随之增加了 4 倍,因而要求在铀富集及燃料制造厂增加屏蔽。同时由于吸收中子的同位素铀－236(吸收元素)的存在,需要提高铀-235 的丰度以补偿中子的损失(每增加 1% 的铀-236,就需额外增加 0.3% 的铀-235 的丰度)。这些都是造成 RU 再富集应用在经济上和技术上的不利因素。因此,目前许多国家和 PWR 业主并不主张在轻水堆中使用再富集的 RU。

相反,RU 正好具有 CANDU 堆的优选富集度,不需要再富集便可在 CANDU 堆中加以利用。初步评价显示,RU 的较低放射性水平(与再富集 RU 相比)对于 CANDU 堆燃料制造来说是可以接受的。因而现有的 CANDU 燃料元件制造厂不需要做重大改造。初步的经济分析表明,RU 在 CANDU 堆中利用的燃料费用要比再富集后在 PWR 中应用低 70%。

因而对于拥有 PWR 和 CANDU 两种堆型,并具有对 PWR 乏燃料进行后处理能力的国家或业主,无论从经济性和节约天然铀资源来讲,在 CANDU 堆使用 RU 的 PWR/CANDU 联合核燃料循环是非常有吸引力的。

12.5　乏燃料的后处理

12.5.1　乏燃料的特性

从反应堆卸下的乏燃料的化学和放射化学组成、裂变材料的含量、放射性水平等对于核燃料的再生工艺是至关重要的。核燃料的这些特性取决于反应堆的运行功率、燃料在反应堆中的燃耗深度、运行时间、次级裂变材料的增殖系数、燃料出堆后的冷却时间,以及反应堆的类型等。

由反应堆卸出的乏燃料只有经过一定冷却时间后才送去后处理。这是因为裂变产物中有大量短寿命放射性核素,这些核素的放射性在卸出的燃料中占很大份额。因此新卸出的燃料在后处理前要在专门储存库中放置足够时间,直到大部分短寿命放射性核素衰变掉为止。这可大大减轻生物防护,降低乏燃料后处理过程中的化学试剂和溶剂的辐解,并减少应从主要产物中除去的元素组。经 2~3 年冷却后,辐照燃料的放射性仅取决于长寿命裂变产物和放射性超铀元素。

12.5.2　乏燃料处理过程

1. 运输

核电厂乏燃料回收工厂往往要为分布在不同地方的几座核电厂服务。一般生产能力为 1000 t/a 的标准后处理厂可为总功率为 30~50 GW 的 10~15 座核电厂服务。有时还需要按照协议将乏燃料运送到其他国家进行处理。这些都需要长距离运输大量的乏燃料,涉及乏燃料的运输问题。

目前,有三种运输乏燃料的形式:汽车运输、铁路运输和水上运输。采用汽车运输或铁路运输,取决于国家的运输条件,取决于核电厂后处理厂或中间储存库是否有铁路专用线和相应的设备,取决于容器的大小和类型,以及经济上的考虑等。

海上运输主要受回收工厂和核电厂地理分布的制约。为防止发生重大事故,在这些船上须保证满足以下安全要求:安装了专门设备,主要用于固定容器和降低如船碰撞、搁浅、翻倒、火灾等运输事故的危险性。

乏燃料运输沿途要经过居民点,因此保证运输安全具有十分重要的意义。货包(指装乏燃料的容器、外套、盒等装置)的设计不仅应保证其在正常状态下的完好无损,而且还应保证其在可能发生事故的条件下完好无损。在计算货包强度时,最危险情况是容器从 9 m 高处掉到坚硬的路基上,还允许容器有可能从 1 m 高处掉到定位销上和在 800 ℃ 的火灾发生地逗留30 分钟以上。经验表明,容器从 9 m 高处掉到盖子上,以及平面朝下掉到实体上最危险。应该保证在周围空气温度为 −40 ℃ 到 +38 ℃ 范围内货包的必要强度。

货包结构应保证一定的散热性。考虑两种主要热源,即乏燃料组件上残余的热释放和太阳辐射。容器外表面的允许极限温度为 85 ℃。在充满水的容器中运输燃料元件时,必须估计到辐解生成的混合物($H_2 + O_2$)爆炸燃烧的可能性。容器应有足够的自由空间,以承受水加热时的膨胀。

容器外表面上任何一点的辐射水平都不应超过 2 J/kg,在 2 m 距离处不超过 0.1 J/kg。容器应保证足够的密封性,辐射安全可通过相应的生物防护来保证。

设计货包的结构时,应保证在任何可预见的运输条件下,都不会发生自发链式裂变反应。

2. 储存

不论对闭合燃料循环,还是对"开式"燃料循环,乏燃料的储存都是必需的步骤。事实上,全世界建有核电厂的所有国家都有乏燃料的储存库。

从核电厂反应堆卸出的乏燃料,都运到反应堆附近的储存库、地区和国家储存库及后处理厂的储存库进行暂时或永久储存。储存的期限与计划采用的处理方法有关。储存时间一般为0.5 年到 7 年不等,一般最佳冷却时间为 3 年。

储存的方法有湿法和干法两种,在储水池中可采用套管储存和格架储存两种方式。核电厂一般采用格架储存,处理厂一般采用套管储存。

3. 脱壳

乏燃料的脱壳是核燃料后处理的第一步,从技术上讲,脱壳也是回收过程中一个最复杂的任务。在放射性化学工艺中有许多脱壳方法,但到目前为止还没有一种方法能用简单的技术手段实现完全去壳而不给燃料带入污物成分,或者不使燃料中的重要组分受损失。

脱壳方法可以分为两大类:一类是包壳材料和燃料芯块分离的脱壳法;另一类是包壳材料与芯块不分离的脱壳法。脱壳方法的选择取决于燃料元件包壳材料的性质、燃料元件的结构和后处理工艺等。

包壳与芯块分离的脱壳法是在核燃料溶解前脱去燃料元件的包壳和除掉结构材料。一般可采用水化学法、热化学法、高温冶金法和机械脱壳法。

水化学法是在不与芯块材料发生作用的溶剂中溶解包壳材料,这种方法曾用于早期的以铝或镁及其合金为包壳的金属铀燃料元件,铝在碱中,镁在硫酸中都很容易溶解。然而,现代的动力堆都由耐腐蚀、难溶解的材料制成,最典型的有锆合金和不锈钢等。

虽然原则上可用选择性化学溶解法除去锆和不锈钢包壳,但会导致可观的铀和钚流失,所以在后处理流程中使用这种方法是不合适的。另外,化学脱壳法还有一个主要缺点就是会形成大量强烈盐渍化的放射性废液。特别是对轻水堆燃料元件处理时情况尤为严重,因为其锆和不锈钢的质量占燃料元件的40% ~ 50%,乏燃料中的废物量明显增加。

热化学法脱壳可以减少包壳破坏时产生的废物体积,并立即得到更便于长期储存的固体废物。常用的方法是,在350 ~ 800 ℃的Al_2O_3假液化层中用无水氯化氢除去锆包壳,在500 ~ 600 ℃的气态氟化氢和氧混合物作用下,使不锈钢发生分解氧化。

高温冶金法是旨在建立直接熔化包壳或在其他金属熔融物中溶解包壳的方法。这些方法是基于包壳和芯块熔点的差异或它们在其他熔融金属或熔盐中溶解度的差异。在这种情况下必须保持结构材料和燃料在高温条件下的共存性,即在结构材料与燃料之间不发生相互作用。

化学脱壳法和高温脱壳法都不能保证完全除去包壳。部分结构材料会留在芯块并进入主工艺溶液。因此可以采用不进行化学破坏的机械脱壳法。机械脱壳过程包括几个步骤。首先切掉燃料元件组件的末端部件,并将组件分成燃料元件束和单根燃料元件,然后用机械方法脱去每根燃料元件的包壳。

燃料元件的包壳材料不与芯块材料分离的脱壳方法有化学法、切断－浸出法等。

化学法同前面讲的一样,也包括水化学脱壳法和高温化学脱壳法。在这两种情况下都是同时破坏包壳和芯块,并将它们转入同一相,然后在该相中对裂变材料进行进一步化学处理。此时结构材料组分的去除与铀和钚对其他杂质和裂变碎片核素的净化同时进行。

在实施水化学法脱壳时,包壳和芯块溶于同一溶剂中,得到共溶液。当处理贵重组分(^{235}U 和^{239}Pu)含量高的燃料,或者在一个工厂处理不同类型燃料时,特别是当燃料元件的尺寸和形状不同时,采取一起溶解是合适的。此外,被处理的燃料元件的形状会给机械脱壳带来困难。

在高温化学法中,用气体试剂处理燃料元件,这些试剂不仅破坏包壳,而且也破坏燃料元件芯块。

所谓切断－浸出法是剥离去壳法和包壳与芯块共同破坏法的恰当替代方法,该法适于处理具有不溶于硝酸的包壳的燃料元件。将燃料元件组件或包壳中的单个燃料元件切成小块,裸露的燃料元件芯块与化学试剂作用并溶于硝酸中,洗净残留在不溶解的燃料元件包壳上的溶液并将包壳作为废料弃去。

燃料元件的切断浸出法与前面描述的方法相比,具有一定的优越性。产生的废物包壳残渣处于固态,既不像化学法溶解包壳时那样,产生放射性废液,也不像机械脱壳法那样,明显丢失贵重组分,因为包壳切块可以完全洗净。此外,送去处理的燃料溶液不像包壳与燃料元件芯块同时溶解时那样含有大量废渣。切断－浸出法作为处理锆包壳或不锈钢包壳的氧化物燃料元件最合理的脱壳法,得到了广泛的认可。因此,它成了动力堆燃料元件最典型的脱壳方法。

4. 溶解

核燃料转入溶液的方法,取决于燃料成分的化学形式和燃料的预准备方式,并有必要保证一定的生产能力。

燃料成分的化学形式决定溶剂的选择。例如,金属铀或铀和钍的氧化物燃料溶于硝酸。铀与锆或不锈钢的合金要求采用腐蚀性更强的介质,或者进行电化学溶解等。

如果在燃料后处理的预备步骤已经用化学法或机械法除去燃料元件包壳,则只须溶解燃料元件芯块。如果燃料元件与结构材料一起切割成块,则必须对燃料进行选择性浸取,在溶解过程中将燃料同包壳分开。如果在预备步骤不破坏燃料元件包壳,则将包壳和燃料一起溶解。

工厂或者装置的生产能力决定溶解设备的结构和尺寸,对溶解过程有以下要求:①应保证燃料成分完全溶解,以防裂变材料随不溶残渣丢失;②完全溶解不应导致形成大量稀溶液;③获得最大浓度的溶液不应造成发生链式核反应的条件,即溶解过程应保证核安全;④得到的溶液应该是稳定的,在溶液中不应发生化学反应;⑤溶解设备的材料应不被所用试剂腐蚀;⑥采用的试剂不应对下一步化学处理产生不利的影响。

无包壳燃料的溶解有两种方式:溶解芯块(如果燃料元件包壳已预先被除去),或者从燃料元件切块中浸取燃料。

对于金属铀燃料元件,一般用化学法和机械法脱壳,而处理氧化物燃料时,则将燃料元件切成小块。在这种情况下,芯块均在硝酸中进行进一步溶解,而不必加任何催化剂。

金属铀通常在 $8 \sim 11 \ mol/L \ HNO_3$ 中溶解,而二氧化铀则在 $80 \sim 100 \ ℃$ 下溶于 $6 \sim 8 \ mol/L \ HNO_3$。二氧化铀在热的硝酸中溶解得相当快,根据硝酸的浓度及二氧化铀量与硝酸量之比的不同,溶解时放出的二氧化氮和一氧化氮的量也不相同。在溶解金属铀或二氧化铀的同时,发生部分硝酸再生的反应。

溶解时燃料组成的破坏会释放出全部放射性裂变产物。在这种情况下气体裂变产物(碘、氚)进入被排入的废气体系。废气排入大气之前,先通过气体净化系统。大部分非气态裂变产物溶于硝酸并生成相应的硝酸盐。当燃料的燃烧程度很高,生成的裂变产物数量达到 kg/tU 时,部分难溶的裂变碎片核素不能全部转入溶液,而形成不溶性悬浮物,这些元素有钌和钼。此外,处于难溶状态的还有部分碳和硅,它们既可存在于芯块材料中,又可能存在于芯块表面和燃料元件包壳之间的润滑材料中。

在预处理阶段破坏燃料元件包壳,并不是对所有燃料元件的后处理都合适。例如,当燃料元件的形状很复杂时,或者芯块材料在硝酸中不溶解,以及在处理高富集燃料时(此时不希望在脱壳过程中哪怕有少量贵重成分损失)等,预先破坏燃料元件包壳是不合适的。在这些情况下最好同时溶解包壳和芯块。

5. 萃取与分离

核燃料溶解过程中得到的硝酸溶液不仅含有贵重的产物,还含有裂变产物、结构材料组分及杂质。该溶液被送去萃取处理,以净化和分离铀和钚。为了保证设备的连续运行,达到规定的铀和钚的净化系数与分离系数,必须预先清除溶液中的悬浮物,并按照萃取循环的工艺条件调节溶液的组成。

核燃料溶解过程中得到的产物总含有一些由难溶组分形成的沉淀、悬浮物及胶体。这些沉淀、悬浮物和胶体的组成,与燃料元件芯块及结构材料的化学成分、燃料在反应堆内的燃耗深度、核燃料的加工过程及其在反应堆中照射过程中的温度状态、脱壳方式及燃料溶解方式等许多因素有关。因此,悬浮物的组成不可能是固定不变的。

溶液中存在沉淀和悬浮物,对准备和进行铀和钚萃取纯化会产生各种干扰。在萃取过程中,悬浮物浓集在两相界面,并形成薄膜(或者形象地称为"水母体"),使乳化液滴稳定,并降低分相速度。当悬浮物在分相区大量积累时,可能生成大量沉淀,后者会使萃取设备的运行状态受到严重破坏,并降低萃取设备的生产能力、效率和不间断运行时间。放射性沉淀释放大量热量会引起局部过热,导致萃取剂明显损坏,并形成稳定的乳化物。此外,沉淀会从溶液中夹带大量贵重组分,导致贵重组分丢失。同样,有机相夹带薄膜也会降低净化系数。鉴于悬浮物的不良影响,在制备萃取溶液阶段,要对溶液的澄清给予特别注意。

在确定必要的溶液澄清程度时,所采用的萃取设备类型具有重要意义。例如,离心萃取器对溶液中存在悬浮物极为敏感。这类萃取器能保证溶液与萃取剂有最短的接触时间,最好用于处理高燃耗的燃料溶液。但在这些溶液中可能存在大量悬浮物,溶液必须有很高的澄清度。

澄清度还与萃取剂和稀释剂性质有关,因为在不同的萃取体系中出现相间生成物的趋势不同。

溶液的澄清不仅是为了去除其中的不溶悬浮颗粒,而且也是为了去除硅酸、锆、钼等元素,这些元素在萃取处理时(如水解)能形成沉淀并生成相间薄层。因此,最好在进入萃取前将这些物质从溶液中除去。

目前,在所有已建和正在设计的工厂中,萃取工艺是处理热中子动力堆辐照核燃料工艺流程的基础。根据多年的实践结果,制造了分离和净化低燃耗和中等燃耗的辐照燃料中主要成分的通用流程(如图 12.5.1)。但是,寻找处理不同类型燃料的最佳流程的工作远没有结束。因此,每个工厂都制定了自己的流程,特别是与分离和净化有用组分直接相关的流程部分。

萃取净化包括一整套标准操作:萃取、洗涤、反萃、蒸发。在不同的工作流程中,这些操作采用不同的组合。

应用最广的流程是用磷酸三丁酯的惰性稀释剂溶液从 $1 \sim 4 \ mol/L \ HNO_3$ 中萃取 U 和 Pu。在这种情况下,大部分裂变产物留在水溶液中。萃取物经洗涤后用稀硝酸在还原剂存在下选择反萃(还原反萃)Pu,将 U 和 Pu 分离。留在有机相中的铀用稀硝酸溶液反萃。进一步的净化分离,是在铀线和钚线利用重复萃取循环或吸附程序。

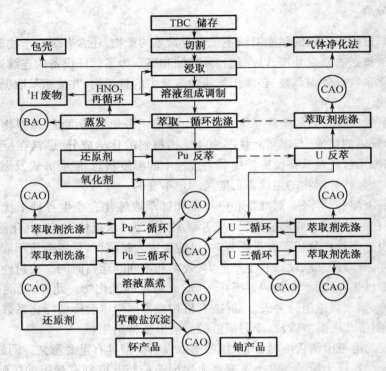

图 12.5.1　乏燃料后处理典型水溶液萃取流程示意图
（CAO—中放废物；BAO—高放废物）

尽管世界各国已有不同形式的萃取设备，但萃取过程所用装置形状的解决仍是个复杂的任务。放化生产的特殊条件不允许采用一般化学工艺所使用的萃取器，而要求建立新的装置。

为了比较各种萃取器的质量和评价它们在放化工艺中应用的可能性，例如可依据这样一些准则：密封的可靠性、保证核安全、能远距离操作、萃取器结构材料的耐腐蚀性能、萃取时两相间建立平衡的速度、两相分离时不互相夹带、中间维修周期等。

在现代放化生产中常采用三类萃取器：脉冲或机械搅拌的混合澄清槽，脉冲筛板柱或填料柱，单级或多级离心萃取器。此外，处于不同研制和使用阶段的还有电化学萃取器——混合澄清槽和脉冲柱，用以在反萃过程中进行电化学氧化－还原反应。还研制了其他类型的萃取器，例如振动柱。

萃取净化过程包括三个主要步骤：萃取、洗涤和反萃。这些工艺过程的进行和所达到的铀和钚的净化程度与许多因素有关。其中最重要的是各种组分的浓度，溶液在这些过程所有步骤的酸度和温度、水溶液和有机溶液的流比、两相的接触时间以及萃取级数等。

在处理乏燃料时，提取镎是非常必要的，这是因为 ^{237}Np 是制取可用于空间技术、小能源和医学的 ^{238}Pu 的原料。实际测量表明，一般镎的含量为 230～430 g/t。在氧化－还原过程中，镎的行为与铀和钚不同。在燃料料液中,镎以四价、五价和六价状态存在,在相同的氧化态时,稳定性有很大差异。

常用的镎提取方法有两种。第一种方法是在循环中与铀和钚一起萃取。在这个方案中,采用回流过程,即将镎再循环使其在萃取循环中积累与富集,最终将其提取。镎的最终反萃液可送去进行草酸盐沉淀和煅烧形成二氧化镎。第二种方法是在循环中使镎全部进入高放废液,然后用萃取法或离子交换法提取镎。为了使镎定量地进入这种或那种工艺液流中去,必须将镎稳定在指定价态。

在氧化和还原镎时,萃取工艺条件下应该采用快速化学反应和不破坏铀和钚分离与净化的试剂。最能满足这些条件的氧化还原试剂是亚硝酸。在采用亚硝酸时,镎的氧化态及其在萃取循环中的行为取决于两个因素: NO_2^-/NO_3^- 浓度比和溶液酸度。

为了实现镎提取的第一方案,向一循环萃取 – 洗涤柱加入亚硝酸,并使硝酸浓度提高到 $3 \sim 4$ mol/L,使镎转为能被 TBP 萃取的六价态。在硝酸浓度足够高时,亚硝酸是氧化 Np 的催化剂。

12.5.3　核废料的管理

放化工厂的废物是从辐照核燃料回收有用组分的过程中附带产生的,含有不同数量的裂片核素及超铀元素的水相和有机相溶液、气体和气溶胶、固体物质和粉尘。乏燃料中的裂变产物和锕系元素按不同的组成进入各类放射性废物。放化工厂必须防止这些放射性核素进入环境。

核燃料后处理过程中产生的放射性废物不仅物态不同,放射性水平及主要的放射性核素亦不相同。必须将废物分类,以便制订对各类废物的管理原则。通常,放射性废物根据物态分为气体、液体和固体,根据比放射性的水平分为高放、中放和低放废物。放射性废物的分类也可根据其他特性进行,例如液体废物分为水相和有机相废物、高盐含量废物和低盐含量废物、含氚废物等;气态废物分为气体废物和气溶胶;固体废物分为可燃废物和不可燃废物、可压缩废物等。被钚和(或)其他超铀元素所沾污的各种不同材料组成一大类固体废物,这类废物通常称为"超铀"或"α"废物。

各类废物采用不同的方法管理,管理方法包括处理和再处理方法,以及储存和埋藏的条件和方法。

区分这类或另一类废物所依据的比放水平不是绝对的,高放、中放和低放废物之间的界限在各个国家有所不同。

将放射性废物长期和可靠地与生物圈相隔离是一个重要问题,这个问题最终决定核能是否能够可持续发展。高放废物集中了乏燃料的 99% 以上的放射性,它对地球上的生命具有很大的危险性,因此高放废物管理受到了极大的关注。大部分裂片核素能生存几百年,而超铀核素及某些裂片核素,例如 ^{129}I, ^{14}C, ^{99}Tc 能持续数十万年。

近年来,人们已开始从全球性、区域性和地区性的规模慎重研究氚、^{14}C、^{129}I 等核素的生态危险。显然,这些能被人体重要器官摄入的放射性核素的危险不能只凭它们所产生的剂量负荷来判断。

选择废物管理方法的依据是国际辐射防护委员会的建议以及各国负责制定每个放射性核素对自然物体污染的极限允许水平的专门机构的文件。

历史上还没有一种工业像核能工业那样,在其发展的初期就提出了减少对环境危害的要求,从环境保护的角度看,处理核电厂辐照燃料的放化工厂应满足下列要求:

(1)最不利的气象条件下,排入大气的气态排出物所含放射性核素的量应不超过其在近地层大气中的最大允许含量;

(2)液态高放废物和中放废物应转化为适宜于投入地质构造中最终处置的形式物态,保证核素在自然衰变到完全无害之前可靠地与生物圈隔离。放射性溶液在专门容器中储存不能完全排除泄漏,因此只能作为临时措施;

(3)低放废水在排入水体之前应加以净化,使其中放射性核素的水平低于各放射性核素的最大允许浓度。

根据这些要求,人们研究了一些净化气体和液态废物的方法,某些方法已在实践中得到应用。但是,使放射性废物无害化的问题远未解决,例如从气态排出物中提取 ^{129}I、氚、^{85}Kr 和 ^{14}C,减少再处理过程中生成的液体废物的体积,制备机械性能、化学性能、热辐射性能稳定的高放和中放固化物的工业方法,以及研究固化物最终处置的方法。

至少可以考虑四种隔离废物的方法,它们可在不同程度上防止放射性核素对生物圈的污染:废物的地面储存、深地层地质构造处置、排入宇宙空间、核反应堆内燃烧使长寿命核素转变为短寿命核素(嬗变法)。

但是,目前实际上只采用了可控地面储存,这种地面储存库带有可靠的防扩、冷却、通风和监测控制手段,并具有多墙屏障,定期可靠的监测和系统的预防措施是为了保证储存库的密封性。现在储存的废物有液态废物、蒸发至干的废物、燃烧后的废物及其他形式的固化废物,以及未经后处理的乏燃料。这些废物可从储存库回取,以便进一步处理或按重新审定的解决办法送去最终处置。

人们打算利用高放废物中 ^{90}Sr,^{137}Cs 等同位素的衰变热。美国曾制订一个计划,拟用高放废物储存中的释热制取低压蒸汽,废物的初始释热指标定为 300 W/L。初步可行性研究表明,利用废物在容器中储存时的释热在经济上是合算的。

将高放废物排入宇宙空间最能保证废物与人类和环境的隔离,但是发射装置的可靠性尚未完全解决,带废物的密封舱由于事故而重返大气的可能性亦未完全排除。此外,将废物发射到宇宙空间的费用很高。这些因素在很大程度上减少了这种方法的实际价值。尽管如此,这种方法仍被认为是一种可能隔离半衰期长达数十万年的锕系放射性核素的方法,但实现这种方法需要预先将锕系元素从高放废物中分离出来。

用反应堆或加速器将长寿命锕系核素转变为短寿命放射性核素或稳定同位素可以认为是一种放射性废物无害化的迷人想法,通常称之为嬗变法。为了实现这种想法,必须找出从高放废物中提取锕系元素的方法,并建造高注量率反应堆或加速器。但是对嬗变法的评估表明,这种方法在原则上是可行的,但现代技术水平还不能使其顺利实现。在现存的反应堆中,裂变的同时进行着中子俘获,从而生成半衰期很长的重核素,嬗变不能完全实现。据估计,只有在中子注量率为 $10^{16} \sim 10^{17}$ n/(cm^2·s) 的反应堆或者在热核反应堆中嬗变才能顺利进行。但是,目前还没有这样的反应堆。

在现在的技术发展水平的条件下,从生物圈排出废物的现实方法是将放射性废物固化,再装入容器埋入稳定的深地层矿井。很多国家都在研究适于埋藏放射性废物的各种地质构造和岩层的特性。

图 12.5.2 概略地表示了放射性废物的管理进程,图中包括了乏燃料不进行后处理而作为高放废物的方案。在这种条件下,最终处置的废物体积增加,铀、钚不再循环,裂变产物和超钚元素不能利用。

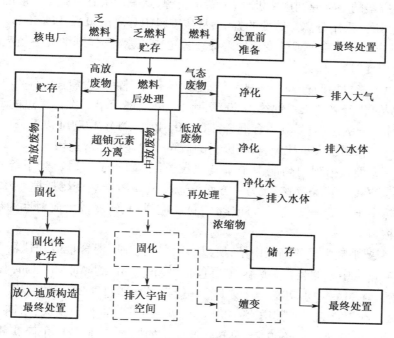

图 12.5.2　放射性废物管理

未经后处理的乏燃料最终处置只是在近 10 年中才在加拿大、美国、德国和瑞典相继开始研究。这些国家打算先将辐照核燃料采用干法或水下预储存一段时间(多至 50 年),然后将燃料组件装入保护套或容器中,埋入设置在 500 ~ 100 m 地质构造的专门储存库中。世界上第一个乏燃料储存库于 1985 年在瑞典投入使用。储存库建在森柏瓦尔布半岛上的 50 m 深的岩层中,乏燃料在库内储存 40 年。这个期间内将建造乏燃料最终处置库,预计处置库于 2020 年投入使用。

　　高放废物固化物亦如未经后处理的乏燃料一样,拟在地面储存 40~60 年,然后最终处置,其处置条件与乏燃料最终处置相近。因此,从现在到高放废物大规模处置开始还有几十年时间,在这段时间内应最终确定安全而可靠的处置废物的条件。

12.6　高放长寿命核废物的嬗变处置

　　在压水堆核废料中含有大量的次锕系元素(Minor Actinides,MAs)及裂变产物(Fission Products,FPs),常规压水堆核电厂每年约产生 20~30 kg 的 MAs,约占核废料的 3%。核废料中有些核素的半衰期特别长,有的达数百万年,已远远超出当前人类的管理范围。目前最终处理核废料的方法一般都是对核废料进行处理和冷却后采取多重屏蔽深埋地层的办法,这种方案较简单,但地质的长期稳定性难以保证,一旦放射性物质浸出,将对生物圈构成极大威胁。另一方面,这种方案的核资源利用率极低,浪费了资源,从长远来看也是不可取的。因此,目前许多国家都正在研究采用分离 - 嬗变的方法,从核废料中分离出 MAs,FPs 和 Pu 等,把 MAs 和 FPs 利用中子反应直接裂变掉或转变成短寿命或稳定同位素,这样既消灭了核废料,又充分利用了核资源,真正变"废"为宝。

　　根据国际原子能机构调查,截至 1995 年,全世界高放射性核废料按每年约 3 800 m^3 的速率增加。全世界可供开采的天然铀约为 500 万吨,如果全部用于一次性通过的 PWR 电厂,将会产生 100 万吨以上的乏燃料,其中含混合钚 8 700 t 以上,MAs 1 000 t 以上,FPs 3480 t 以上。考虑到世界上已经积累了大量核废料,核废料的最终处置显得非常迫切。

　　MAs 嬗变一方面是指利用高能中子或其他粒子源(如质子、氘核、光子等)与 MAs 发生 (n,γ)反应,将其转变成可裂变核素,另一方面指通过 MAs 直接裂变燃耗掉。FPs 嬗变是指利用热中子或超热中子与 FPs 发生(n,γ)或(n,2n)反应,将其转变成无放射性的稳定核素或短寿命的放射性核素。

　　嬗变 MAs 需要消耗大量的高能中子,所以一般采用快堆、混合堆或加速器驱动次临界装置(ADS)等具有富余中子的装置。MAs 主要包括 ^{237}Np,^{241}Am,^{243}Am 和 ^{244}Cm,其中 ^{237}Np 的毒性和放射性最强,在 MAs 中占 70% 以上。FPs 一般指半衰期超过 25 年的裂变产物,主要包括 ^{90}Sr,^{135}Cs,^{137}Cs,^{93}Zr,^{99}Tc 和 ^{129}I,其中 ^{90}Sr 和 ^{137}Cs 放射性最强,毒性也最大,这两个核素的半衰期约为 30 年,通过储存 500~1 000 年,可转化成稳定的核素,它们的中子俘获截面极小,所以无法嬗变,只能衰变。寿命特别长的是 ^{99}Tc 和 ^{129}I,它们的半衰期分别为 20 万年和 2000 万年,不过它们的中子俘获截面和共振吸收截面都比较大,在超热中子谱中可以有效嬗变。

　　由于核废料嬗变需要消耗大量的中子,所以核废料嬗变装置必须是"富中子"的。通常的裂变动力堆是"贫中子"的,用于嬗变的效率很低。相对而言快中子反应堆是比较"富中子"的,且中子能谱比较硬,可用于 MAs 的嬗变。不过在快堆中装载大量的 MAs 势必会降低其增殖核燃料的效率。所以,目前利用外中子源驱动装置嬗变核废料受到了广泛重视。

　　外源驱动装置主要有加速器驱动次临界系统(ADS)和聚变 - 裂变混合堆系统(FDS)。

1. ADS 系统

ADS 系统主要由加速器、散裂靶件、次临界裂变堆等组成。加速器将某一粒子加速到足够速度,然后轰击靶件,发生散裂反应放出中子,引发并维持次临界反应堆的链式裂变反应。由于该系统的反应堆是次临界的,所以是固有安全的,由于有散裂反应作为外中子源,所以富有高能中子,对核废料嬗变和燃料转换是十分合适的。

但 ADS 装置也存在许多困难:一方面高流强粒子加速器技术还有待发展,另一方面把足够多的粒子加速到 1 GeV 以上能量需要消耗大量的电能。

2. FDS 系统

FDS 系统类似于 ADS 系统,只不过外中子源换成了聚变堆芯。聚变能产生大量的高能中子,对核废料嬗变非常有效。从物理上讲,FDS 具备 ADS 同样的功能,但 FDS 系统的困难在于,对聚变包层需要很高的中子壁负载(>1 MW/m²)。由于材料问题,目前还很难达到。

（清华大学工程物理系　　曾　实　包成玉

西安交通大学核科学与技术学院　吴宏春）

思考练习题

1. 如分离膜的孔径为 10 nm,膜前压力大约最大不超过多少才有分离效应,如孔径为 1 μm 呢?

2. 讨论:如一种膜对 UF_6 有分离作用,是否对其他同位素气体也有分离作用? 在同样的压力条件下,分离系数是变大还是变小?

3. 级联每级的分离系数 α 为常数,求在要求精料端丰度为 C_P、贫料端丰度为 C_W 的情况下,级联所需的最小级数。

4. 用理想级联分离铀同位素,供料量为 100 kg UF_6/h,$^{235}UF_6$ 丰度为 0.7%,分离器分离系数为 1.003,贫料丰度为 0.2%,精料丰度为 30%。分析级联分离功率与贫料量的关系。

5. 年分离功率为 100 t 的级联,供料中 $^{235}UF_6$ 丰度为 0.7%,贫料丰度为 0.2%。每年能生产多少丰度为 20% 的 ^{235}U,如丰度为 90% 呢?

6. 离心机的工作参数由气体摩尔分子量 M,转子长度 Z,转子半径 r_a,转动角速度 Ω,转子壁处压力 p_w 和气体温度 T_0 表示,求:

①离心机中气体滞留量的表达式。

②对 UF_6,若各参数值为 $r_a = 0.07$ m,$Z = 2$ m,$\Omega = 1\,100 \cdot 2\,\pi$/s,$T_0 = 300$ K,求 $p_w = 20, 50, 100$ mmHg 时的 H 值。

7. 讨论离心机分离功率在如下几种情况下分离功率的近似表达式:

①弱分离情况 $\alpha' - 1 \ll 1, \alpha'' - 1 \ll 1$；

②对称分离情况 $\alpha' = \alpha''$。

8. 分别计算在转速 300 m/s，400 m/s，600 m/s 和 800 m/s 时的离心机径向分离系数。讨论按等温刚体旋转的压强分布，转子中压强与转子壁处压强比小于某给定值（如 10^{-3}）的那些部分不起分离作用，此时径向分离系数又是多少？

9. 列出描述离心机级联中质量守恒方程组并求解在理想级联条件下级联的流量和丰度分布。

10. 激光分离同位素有哪几种方法，它们各依据什么原理？

11. 什么是多步光电离，什么是多光子离解？

12. Cs 的电离电位为 3.9 eV，要使它一步光电离，可用下列哪种激光器：(1) 准分子激光器；(2) 铜蒸汽激光器；(3) YAG 激光器；(4) 染料激光器。说明理由。

13. 激光电离钠原子，当电子温度为 0.1 eV，离子密度为 10^{16} m^{-3} 时，计算温度受限的电流。用平行平板将离子引出，极板上加电压为 2 000 V，极板间距为 4 cm，计算空间受限的电流。

14. 什么叫一次性通过燃料循环，铀 – 钚循环，钍 – 铀循环？

15. 请问乏燃料的特性与哪些因素有关？

16. 请问乏燃料运输用的货包设计安全原则是什么？

17. 简述乏燃料的常用脱壳办法，并比较其特点。

18. 简述对乏燃料溶解过程的要求。

19. 在处理乏燃料时，为什么提取镎是非常必要的？

20. 从环境保护的角度看，处理核电厂辐照燃料的放化工厂应满足哪些要求？

21. 高放废物的主要来源是什么，嬗变处置高放废物的途径有哪些？

参 考 文 献

[1] Benedict M, Pigford T H, LEVI H W. Nuclear Chemical Engineering [M]. New York: McGraw – Hill Book Company, 1981.

[2] Marshall M. Nuclear Power Technology [M]. Oxford: Clarendon Press, 1983.

[3] The Economics of the Nuclear Fuel Cycle [R]. Nuclear Agency, OECD, 1994.

[4] Methods of Exploitation of Different Types of Uranium Deposits [R]. IAEA Technical Report IAEA – TECDOC – 1174, 2000.

[5] Betti M. Civil Uses of Depleted Uranium [J]. Environ. Radio, 2003, 64: 113 – 119.

[6] Price R R, Haire M J, Croff A G. Depleted-Uranium Uses R & D Program [R]. Manuscript managed by UT – Battelle, LLC, for the U.S. Department of Energy under contract DE – AC05 – 00OR22725, 2001.

[7] Ranek N R. Regulation of New Depleted Uranium Uses [R]. Report ANL/EAD/TM/02 – 5, Environmental Assessment Division, Argonne National Laboratory, 2002.

［8］ 王鉴. 中国铀矿开采［M］. 北京:原子能出版社,1997.

［9］ 吴华武. 核燃料化学工艺学［M］. 北京:原子能出版社,1989.

［10］ Cohen K. The Theory of Isotope Separation as Applied to the Large Scale Production of ^{235}U ［M］. New York:McGraw – Hill, 1951.

［11］ Massignon D. Gaseous Diffusion ［M］// VILLANI S. Uranium Enrichment. Berlin:Springer – Verlag, 1979:55 – 182.

［12］ Villani S. Isotope Separation［M］. An ANS Monograph. American Nuclear Society,1976.

［13］ 肖啸菴. 同位素分离［M］. 北京:原子能出版社,1996.

［14］ Bermel W, Coester E, RÄTZ E. Review Paper on Centrifuge Technology and Status of the URENCO Centrifuge Project［C］. Proceedings of the 2nd Workshop on Separation Phenomena in Liquids and Gases,1989.

［15］ Soubbarmayer. Centrifugation ［M］// VILLANI S. Uranium Enrichment. Berlin:Springer – Verlag, c1979:183 – 244.

［16］ 张存镇. 离心分离理论［M］. 北京:原子能出版社,1987.

［17］ Eerkens J W. Laser Isotope Separation-Science and Technology, SPIE Milestone Series［M］ Volume MS 113, Bellingham, Washington : SPIE Optical Engineering Press, 1995.

［18］ 王德武. 激光分离同位素理论及应用［M］. 北京:原子能出版社,1999..

［29］ 王立军. 同位素——性质、制取与应用［M］. 北京:清华大学出版社,2004.

［20］ 谢仲生,吴宏春,张少泓. 核反应堆物理分析［M］. 西安交通大学出版社,北京:原子能出版社,2004.

［21］ 谢仲生.压水堆核电厂堆芯燃料管理计算及优化［M］,北京:原子能出版社,2001.

［22］ 捷姆利亚努欣 B H,伊利延科 E H,康德拉季耶夫 LA H.核电站燃料后处理［M］. 黄昌泰,李光鸿,魏连生,译.2 版.北京:原子能出版社,1996.

第四部分
辐射防护

第四篇

临床病例

第13章 辐射防护与环境保护

核辐射和放射性核素的应用已有百余年历史。虽然它能给人类带来巨大的利益,但在使用不当时也会对人体健康造成一定程度的影响和危害。一百多年来,人们对辐射的安全不断给予重视,尤其是 20 世纪 60 年代以后,人们更是给予了特别关注。为了既保障人们的健康与安全,确保环境的安全,又使辐射的应用工作得以顺利开展,这就要了解辐射对人体的基本作用及所引发的效应,使人们对核辐射的危害有一个正确的了解,既要消除不必要的恐惧,又要引起十分重视;必须确立辐射防护的基本原则,并制定必要的辐射防护标准,积极做好辐射监测工作,采取有效措施,减少或避免不必要的照射。

13.1 人类生活环境中的辐射源及其水平

所有生物体都在无时无刻地受到自然界中始终存在的电离辐射的照射。人体受到照射的辐射源有两类,即天然辐射源和人工辐射源。在地球上生命体的形成和人类诞生及生活的整个历史各个阶段中,时时都受到宇宙射线和地球环境中原始存在的放射性物质发出射线的照射,这种天然放射性是客观存在,通常称为天然本底照射。天然本底照射是迄今人类受到照射的最主要来源。半个多世纪以来,由于医疗照射及核能与核技术的开发与应用,以及核动力生产、核试验等,产生了不少新的放射性物质和辐射照射,这类照射称为人工辐射源照射。

13.1.1 天然辐射

天然辐射源按其起因可分为三类:①宇宙辐射,即来自宇宙空间的高能粒子流,其中有质子、α粒子、其他重粒子、中子、电子、光子等;②宇生核素,主要是由宇宙射线与大气中的原子核相互作用产生的,如 ^{3}H、^{7}Be、^{14}C 等;③原生核素,存在于地壳中的天然放射性核素。天然辐射源照射世界平均辐射剂量值如表 13.1.1 所示,可见世界范围平均年有效剂量约为 2.4 mSv。个人剂量变化范围很大,在任何一个大的群体中,约 65% 的人预期年有效剂量在 1~3 mSv 之间,约 25% 的人预期年有效剂量小于 1 mSv,而其余 10% 的人年有效剂量大于 3 mSv。

世界上个别地区,由于地表放射性物质的含量较高,因此这些地区的本底辐射水平明显地高于正常本底地区,这类地区通常称为高本底地区。部分高本底地区的辐射水平见表13.1.2。从剂量学观点而言,最有名的高本底地区位于印度的喀拉拉邦和巴西的大西洋沿岸。

表 13.1.1　天然辐射源照射世界平均辐射剂量值

辐 射 源			年 有 效 剂 量/mSv	
			平 均 值	典型范围值
外照射	宇宙辐射	直接电离辐射光子	0.28(0.30)①	
		中子成分	0.10(0.08)	
		宇生核素	0.01(0.01)	
	宇宙射线与宇生核素　小　计		0.39	0.3~1.0②
	陆地外照射	室外	0.07(0.07)	
		室外	0.41(0.39)	
	陆地外照射　　　　　小　计		0.48	0.3~0.6③
	合　计		0.87	0.6~1.6
内照射	吸入内照射	铀、钍系列	0.006(0.01)	
		氡(^{222}Rn)	1.15(1.2)	
		氢(^{220}Rn)	0.10(0.07)	
	吸入内照射　　　　　小　计		1.26	0.2~10④
	食入内照射	^{40}K	0.17(0.17)	
		铀和钍系	0.12(0.06)	
			0.20	0.2~0.8
	食入内照射　　　　　小　计		1.55	0.4~1.8
	合　计			
总　　　　计			2.4	1~10

①括号内是联合国原子辐射效应科学委员会(UNSCEAR)1993 年给出的估计值;
②从海平面到高海拔地区的整个范围;
③与土壤和建材中放射性核素的组成有关;
④与氡气在室内的积累有关;
⑤与食品和饮水中放射性核素的组成有关。

表 13.1.2　天然辐射高本底地区

国家	地区	区域特征	近似人口	空气吸收剂量率①(nGy·h^{-1})
巴西	Guarapari Mineas Gerais and Goias	独居石砂,沿海地区	73 000	90~170(街道) 90~90 000(海滩)
中国	广东阳江	独居石微粒	80 000	平均 370
埃及	尼罗河三角洲	独居石砂		20 400
法国	中央区 西南	花岗岩、片磨岩、石砂 铀矿	7 000 000	20~400 10~10 000
印度	克拉拉和马德拉斯	独居石砂,沿海地区 200 km 长,0.5 km 宽	1 000 000	200~4 000 平均 1 800
伊朗	腊姆萨尔	泉水	2 000	70~17 000
意大利	拉齐奥	火山土壤	5 100 000	平均 180
	坎帕尼亚		5 600 000	平均 200
	奥维多城		21 000	平均 560
纽埃岛	太平洋	火山土壤	4 500	最大 1 100

①包括宇宙辐射和陆地辐射。

生活在高海拔地区或上述高本底地区的居民会受到较高的外照射剂量。居住在通风不良的室内居民也会受到较高的内照射剂量,这主要是氡的贡献。

所有食品都含有相当数量的天然放射性核素。由于空气、水、食品中都含有放射性物质,因此每人每天食入了一定量的放射性物质,人体内也就积累一定数量的放射性物质。天然本底照射的特点是它涉及到世界的全部居民,并以比较恒定的剂量率为人类所接受。故可将天然辐射源的照射水平作为基准,用以与各种人工辐射源的照射水平相比较。

13.1.2　人工辐射

一些人类活动、实践和涉及辐射源的事件已导致放射性物质向环境释放并使人们受到辐射照射。当今世界使人类受到照射的主要人工辐射源是医疗照射、核动力生产和核爆炸。

1. 医疗照射

当今,世界人口受到的人工辐射源的照射中,医疗照射居首位,因为一百多年来,电离辐射在医学领域的应用与日俱增,它已成为诊断和治疗的重要手段。医疗照射来源于 X 射线诊断检查、体内引入放射性核素的核医学诊断,以及放射治疗过程。

随着医疗保健事业的发展,接受医疗照射的人数愈来愈多。据统计,在发达国家接受 X 射线检查的频率每年每 1 000 居民约为 300~900 人次,在发展中国家接受 X 射线检查的频率约为发达国家的 10%。对病人诊断照射产生的剂量是相当低的,有效剂量为 0.1~10 mSv,其原则是只要达到取得所需足够诊断信息即可。相反,治疗采用很高的剂量,精确地照射肿瘤部位(处方的典型剂量为 20~60 Gy),以便消除疾病或者减缓症状。表 13.1.3 列出了全世界医用 X 射线情况。全世界由于医疗照射所致的年有效剂量约为天然辐射源产生的年有效剂量的 1/5,即年人均有效剂量约为 0.4 mSv。

表 13.1.3　全世界医用 X 射线检查的频率、有效剂量和集体剂量(1991—1996)

检查	每 1 000 人口检查次数	每次检查的有效剂量/mSv	年集体剂量/人·Sv
胸部 X 射线摄影	87	0.14	71 200
胸部 X 射线透视	37	1.1	234 700
上胃肠道	13	3.7	274 000
下胃肠道	3.4	6.4	127 000
CT	16	8.6	785 000
血管造影	2.1	12	143 000
介入程序	0.84	20	98 000
……	…	…	…
总　计	330		2 330 000

2. 核能生产

到 2007 年,全世界有 439 座反应堆在运行,总的净容量为 372.2 GW。在 2007 年底,全世界有 33 座核电厂在建,总的净容量为 27.2 GW。

用核反应堆生产电能是以核燃料循环为先决条件的。核燃料循环包括铀矿石的开采和水冶,转变成不同的化学形态;^{235}U 同位素含量的富集;燃料元件的制造;通过核反应产生能量;受照燃料的储存和后处理;乏燃料中易裂变和有用物质的循环利用和回收;核燃料循环不同阶段、不同设施之间放射性物质的运输;最后,还要对放射性废物进行处置。

虽然核动力生产中产生的所有人工放射性核素几乎都存留在受照过的核燃料中,但是上述循环的每一环节都有少量放射性物质被释放入环境。由于其中大多数放射性核素的半衰期较短,在环境中的迁移速率较低,因此释放到环境的放射性物质多半只在局部或本地区产生影响,当然也有一些半衰期很长或在环境中弥散较快的放射性核素可分布到全球从而在世界范围内使人类和环境受到照射和污染。核电生产所致的年集体有效剂量和人均有效剂量的值都不大。1980 年由于核电生产所致的人均当量剂量仅为天然辐射源照射水平的 0.005%,即使到 2500 年也不过是天然辐射源照射水平的 1%。

3. 核试验

大气层核试验是环境中人工辐射源对全球公众产生照射的最主要原因。核试验在大气中形成的人工放射性物质最初大多进入大气层的上部,然后从大气层上部缓慢地向下部转移,最终降落到地面,称之为落下灰。它可通过外照射和食入引起内照射。

核试验始于 1945 年,1954~1958 年及 1961~1962 年间曾在大气中进行过大量的核试验,最后一次在 1980 年 10 月,共进行 543 次大气层核试验,440 Mt 当量。地下核试验造成环境的污染较小,地下核试验共进行了 1 876 次,90 Mt 当量。

虽然核试验可以产生几百种放射性核素,但其中多数不是产量很少就是半衰期很短,对世界居民的有效剂量负担贡献大于 1% 的只有 7 种,按对人体照射水平的递减顺序,它们是 ^{14}C,^{137}Cs,^{95}Zr,^{90}Sr,^{106}Ru,^{144}Ce 和 ^3H。但从 1965 年起 ^{137}Cs 和 ^{90}Sr 是剩余累积沉积中主要的核素。落下灰对居民的照射水平,因居住地所处的纬度而异,一般南半球居民受到的照射要比北半球低。核试验对居民照射的主要途径是食入,其次是外照射。1980 年底前由大气核试验造成的集体有效剂量相当于当今世界人口额外受到大约 4 年的天然本底辐射的照射。就核试验引起的人均年剂量而言,1963 年最大,相当于天然辐射源所致平均年剂量的 7%,1966 年则下降为 2% 左右,目前则低于 1%。

表 13.1.4 给出了全球人口由于各种辐射源引起的照射剂量的比较,为了对辐射照射水平有一个完整了解,在此表中还列入了职业照射等非环境辐射所致的照射水平。

表 13.1.4　2000 年天然和人工源所致年均个人有效剂量

源	世界范围个人年均有效剂量/mSv	照射的范围和趋势
天然本底	2.4	典型范围为 1～10 mSv,这与具体地点的环境有关,也有相当多的人口所受剂量达到 10～20 mSv
医学检查	0.4	范围在 0.04 mSv(最低健康医疗水平)和 1.0 mSv(最高健康医疗水平)之间
大气核试验	0.005	已从最大的 1963 年的 0.15 mSv 逐渐降低,北半球较高,南半球较低
核能生产	0.000 2	随着核能计划的发展而增加,但又随着技术的完善而降低
职业照射	0.6	包括核燃料循环、辐射工业应用、国防活动、辐射医学应用、教育等的均值

　　人类除了受到上述三种主要人工辐射源的照射外,还受到由于工业技术发展造成的增加了的天然辐射源的照射(例如燃煤发电、磷肥生产造成的环境放射性污染,空中旅行、宇宙航行导致额外的宇宙射线照射等)以及各种消费品(例如夜光钟、表,含铀、钍的制品,某些电子、电气器件等)的人工辐射源的照射。随着生活水平的提高,有些因素可导致居室中氡浓度升高,如使用空调就可能导致居室中氡浓度明显增高。不过,由这些人工辐射源所致的世界居民的集体有效剂量负担与天然辐射源所致的相比,一般都很小,总计大约为天然辐射源的 1%左右。

13.2　辐射对人体的生物效应

　　各种辐射照射对人类的健康危害是在人类不断利用各种电离辐射源的过程中被认识的。人类应该在最大限度利用电离辐射源和核能的同时加强辐射防护,尽量避免和减少电离辐射可能引起的对人的健康危害。

13.2.1　辐射对人体健康的影响

　　辐射与人体相互作用会导致某些特有生物效应。效应的性质和程度主要决定于人体组织吸收的辐射能量。从生物体吸收辐射能量到生物效应的发生,乃至机体损伤或死亡,要经历许多性质不同的变化,过程十分复杂,其演变过程如图 13.2.1 所示。

　　一般认为损伤的发生、发展是按一定的阶梯顺序进行的,即经过照射,能量吸收,分子的电离和激发,分子结构的改变,生理、生化代谢改变,细胞、组织、器官损伤,机体死亡等过程。在这些过程中,也可能因某些原因使机体得到修复。放射损伤的阶梯式过程可以划分为原发作用和继发作用两个阶段,但两者之间没有确切的分界线。机体受到射线照射,吸收了射线的能

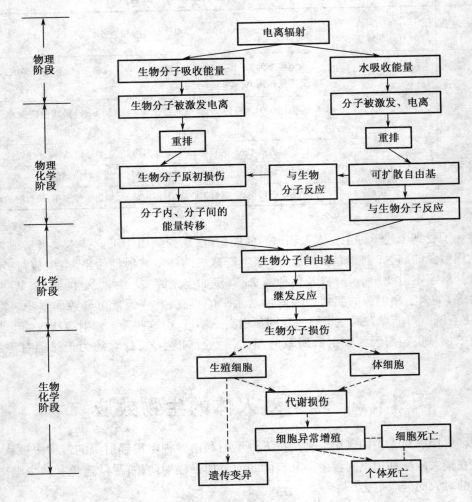

图 13.2.1　辐射生物效应的演变过程

量,其分子或原子(例如蛋白质、核酸等生物大分子及水等)发生电离和激发,生物基质的电离和激发引起了生物分子结构和性质的变化,由分子水平的损伤进一步造成了细胞水平、器官水平和整体水平的损伤,出现了相应的生化代谢紊乱,并由此产生一系列临床症状。所以,生物基质的电离和激发是辐射生物效应的基础。

　　原发作用包括直接作用和间接作用。射线的能量直接作用于生物分子,引起生物分子的电离和激发,破坏机体的蛋白质、核酸、酶等具有生命力的物质,这种直接由射线造成的生物分子损伤效应称为直接作用。间接作用是指射线首先直接作用于水,即引起水分子的电离和激发,而以电离作用为主要反应。水电离后产生许多自由基,通过自由基再作用于生物分子,造成正常结构的破坏。水占成年人体重的 70% 左右,射线作用于机体,水可以吸收大部分辐射能,产生固有数量自由基。因此,电离辐射通过自由基的间接作用造成的放射损伤,在放射损伤的发病机理上占有重要的地位。照射引起的细胞损伤是电离(直接作用)和自由基(间接作用)两种作用的结果。

机体受到电离辐射后,可以使很多生物活性物质特别是生物大分子受到损伤,辐射诱发细胞死亡、突变及恶性突变的部位是在细胞核内,其中最重要的是细胞核中的脱氧核糖核酸(DNA)。电离和激发主要通过对 DNA 分子的作用使细胞受到损伤。DNA 由两条螺旋状排列的核苷链组成,这些核甘酸含有脱氧核糖、磷酸和不同的碱基。在含有几百对碱基的 DNA 分子中,储存着无数遗传信息,使 DNA 成为遗传的物质基础。DNA 链上具有一定功能的一段核苷酸序列称为基因。不同基因所含核苷酸数量和顺序不同。DNA 分子结构的多样性和特殊性,决定了基因所控制的遗传性状的多样性和特殊性。细胞核中的 DNA 与蛋白质相结合,形成可在光学显微镜下看到的被碱性染料着色的物质称为染色质,当细胞进行有丝分裂时 DNA 分子经过螺旋折叠压缩,使染色质变成若干着色小体,称为染色体。染色体是生物遗传信息即基因的载体。遗传物质 DNA 发生可遗传的变异称为突变。能引起突变的物质称为诱变剂,与其他诱变剂一样,电离辐射引起的突变包括基因突变和染色体畸变,这两种突变几乎都是 DNA 断裂的结果。电离辐射与 DNA 相互作用生成多种不同类型的损伤,辐射径迹结构的研究表明,损伤的复杂性随传能线密度而增加,这种复杂性使辐射损伤有别于自发的和其他因素所致的改变。辐射引起 DNA 分子的变化可以导致细胞死亡。在大剂量照射时,处于分裂间期的细胞可因细胞遭到破坏而立即死亡。

13.2.2　影响辐射生物学作用的因素

影响辐射生物学作用的因素很多,基本上可归纳为两个方面:一是与辐射有关的,称为物理因素;二是与机体有关的,称为生物因素。

1. 物理因素

物理因素主要是指辐射类型、辐射能量、吸收剂量、剂量率以及照射方式等。这里仅讨论辐射类型、剂量率、照射部位和照射的几何条件等对辐射生物学作用的影响。

(1)辐射类型　不同类型辐射对机体引起的生物效应不同,这主要取决于辐射的电离密度和穿透能力。例如 α 射线的电离密度大,但穿透能力很弱,因此在外照射时 α 射线对机体的损伤作用很小,然而在内照射情况下,它对机体的损伤作用则很大。在其他条件相同的情况下,就引起的辐射危害程度来说,外照射时 $\gamma > \beta > \alpha$;内照射时则 $\alpha > \beta > \gamma$。

(2)剂量率及分次照射　通常在吸收剂量相同的情况下,剂量率越大,生物效应越显著。同时,生物效应还与给予剂量的分次情况有关。一次大剂量急性照射与相同剂量下分次慢性照射产生的生物效应是迥然不同的。分次越多,各次照射间隔时间越长,生物效应就越小。

（3）照射部位和面积　　辐射损伤与受照部位及面积密切相关,因为与各部位对应的器官对辐射的敏感性不同;不同器官受损伤后对整个人体带来的影响也不尽相同。例如全身受到 γ 射线照射 5 Gy 时可能发生重度骨髓型急性放射病;而若以同样剂量照射人体的某些局部部位,则可能不会出现明显的临床症状。照射剂量相同,受照面积愈大,产生的效应也愈严重。

（4）照射的几何条件　　外照射情况下,人体内的剂量分布受到入射辐射的角分布、空间分布以及辐射能谱的影响,并且还与人体受照时的姿势及其在辐射场内的取向有关。因此,不同的照射条件所造成的生物效应往往会有很大的差别。

除以上所述,内照射情况下的生物效应还取决于进入体内的放射性核素的种类、数量,它们的理化性质,在体内沉积的部位,以及在相关部位滞留的时间。

2. 生物因素

影响辐射效应严重程度的因素,来自机体方面的也很多,最核心的问题是不同种属、细胞、组织和器官对辐射有着不同的辐射敏感性。辐射生物学研究表明,当辐射照射的各种物理因素相同时,不同细胞、组织、器官或个体对辐射的敏感程度是不同的。这里,把在照射条件完全一致的情况下,细胞、组织、器官或个体对辐射作用反应的强弱或其迅速程度,称为辐射敏感性。在辐射生物学的研究中,辐射敏感性的判断指标多用研究对象的死亡率表示,有时也用所研究的生物对象在形态、功能或遗传学方面的改变程度来表示。

（1）不同生物种系的辐射敏感性　　表 13.2.1 列出了使受到 X,γ 射线照射不同种系的生物死亡 50% 所需的吸收剂量值,种系演化程度越高,机体结构越复杂,对辐射的敏感性越高。

表 13.2.1　　使不同种系的生物死亡 50% 所需的 X,γ 射线的吸收剂量值 LD_{50}

生物种系	人	猴	大鼠	鸡	龟	大肠杆菌	病毒
LD_{50}/Gy	4.0	6.0	7.0	7.15	15.00	56.00	2×10^4

（2）个体不同发育阶段的辐射敏感性　　一般而言,随着个体发育过程的推进,其对辐射的敏感性会逐渐降低。图 13.2.2 表示了人胚胎发育的不同阶段,个体对辐射敏感性的变化。同时由图可见,在胚胎发育的不同阶段,其辐射敏感性表现的特点也有所不同。个体出生后,幼年的辐射敏感性要比成年时高,但是老年时由于机体各种功能的衰退,其对辐射的耐受力则又明显低于成年期。

（3）不同细胞、组织或器官的辐射敏感性　　辐射对细胞的作用,根据受照剂量的大小和细胞增殖能力的有无,可以概括为两种作用:一是对细胞的杀伤作用;一是对细胞的诱变作用。一般人体内繁殖能力越强、代谢越活跃、分化程度越低的细胞对辐射越敏感。由于细胞具有不同的辐射敏感性,所以不同组织也具有不同的敏感性。若以照射后组织的形态变化作为敏感程度的指标,则人体的组成按辐射敏感性的高低大致可进行如下分类:

①高度敏感　　淋巴组织（淋巴细胞和幼稚淋巴细胞）、胸腺（胸腺细胞）、骨髓（幼稚红、粒

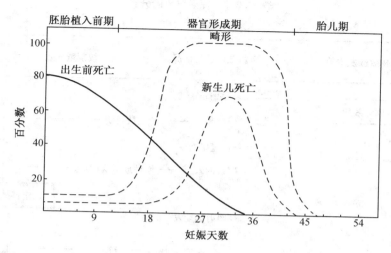

图 13.2.2　胚胎发育不同阶段, 2 Gy X 射线照射造成死畸和畸形的发生率

和巨核细胞）、胃肠上皮（特别是小肠隐窝上皮细胞）、性腺（睾丸和卵巢的生殖细胞）、胚胎组织。

②中度敏感　感觉器官（角膜、晶状体、结膜）、内皮细胞（主要是血管、血窦和淋巴管内皮细胞）、皮肤上皮（包括囊上皮细胞）、唾液腺、肾、肝、肺组织的上皮细胞。

③轻度敏感　中枢神经系统、内分泌腺（包括性腺的内分泌细胞）、心脏。

④不敏感　肌肉组织、软骨和骨组织、结缔组织。

如果放射性核素进入体内, 影响放射性核素在机体内作用的因素可以归纳为放射性核素本身和机体状态等几方面。

13.2.3　剂量与效应的关系

辐射效应的分类概括于表 13.2.2 中。

1. 随机性效应和确定性效应

根据辐射效应的发生与剂量之间的关系, 可以把辐射对人体的危害分为随机性效应和确定性效应两类。图 13.2.3 给出根据实践资料从安全角度出发对随机性效应和确定性效应的定性描述。

随机性效应是指效应的发生概率（而非其严重程度）与剂量大小有关的那些效应, 如图 13.2.3(a) 所示; 其后果的严重程度说不上与所受剂量有什么关系, 如图 13.2.3(b) 所示。图 13.2.3(a) 表示了对于低 LET 辐射、剂量低于几 Gy 范围内这类效应的剂量响应关系（低 LET 辐射是指在水中的线碰撞阻止本领小于 3.5 keV/μm 的辐射。一般指 X、γ 和 β 辐射等）。

表 13.2.2　辐射效应的分类

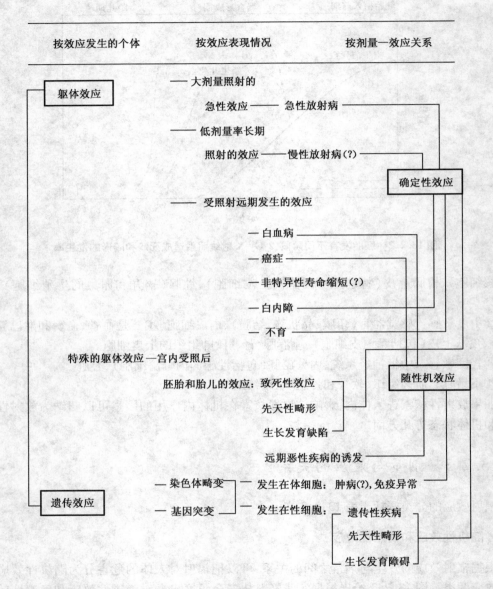

由于随机性效应极少发生,资料极其缺乏,所以到目前为止,在一般辐射防护所遇到的剂量水平下,随机性效应发生的概率与剂量之间究竟是什么关系,尚未完全肯定。效应发生的概率与剂量之间存在着线性无阈的关系。即为了慎重起见,就辐射防护剂量评价目的而言,在辐射防护通常遇到的照射条件下,可假定随机性效应的发生概率 P 与剂量 D 之间存在着线性无阈关系,即 $P = aD$,a 是根据观察和实验结果定出的常数。线性是指随机性效应的发生概率与

所受剂量之间成线性关系。这一假设是从大剂量和高剂量率情况下的结果外推得到的。已有资料表明这样假定对一般小剂量水平下的危险估计偏高,是偏安全的做法。无阈意味着任何微小的剂量都可能诱发随机性效应。这种假定下势必导致应尽可能降低剂量水平的结论。这是一种尽可能安全的慎重的做法。依据这个假定,就可把一个器官或组织受到的若干次照射的剂量简单地相加在一起,用以量度该器官或组织受到的总的辐射影响。

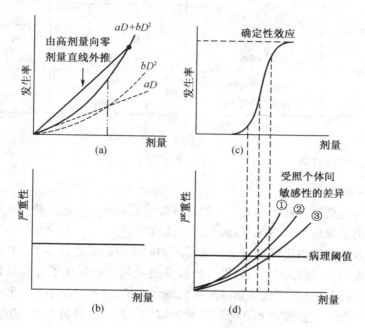

图 13.2.3　辐射的随机性效应和确定性效应发生的概率和严重性与剂量的关系

　　辐射的确定性效应是一种有"阈值"的效应,受到的剂量大于阈值,这种效应就会发生,而且其严重程度与所受的剂量大小有关,剂量越大后果越严重。换句话说,引起这种效应的概率在小剂量时为零,但在某一剂量水平(阈值)以上时则陡然上升到 1(100%),在阈值以上,效应的严重程度也将随剂量增加而变得严重。但是具体的阈值大小与每一个个体情况有关。

　　图 13.2.3(c)表示确定性效应的发生率与剂量的关系,在相当窄的剂量范围内,发生概率从 0 增加到 1。图 13.2.3(d)表示确定性效应严重性与剂量有关,但对不同个体严重程度有差别,曲线①表示阈值低的个别情况,在比较低的剂量水平下已达病理阈值;曲线②表示有 50%人员达到病理阈值的情况;曲线③则表示最不易发生这种确定性效应的个体情况。

　　表 13.2.3 给出了几个对辐射比较敏感的组织发生确定性效应阈值的估计值。值得注意,确定性效应的剂量阈值是相当大的,在正常情况下一般不可能达到这种水平,只有在重大的放射事故下才有可能发生。

表 13.2.3　确定性效应阈值的估计值

组织与效应		单次照射阈值/Sv	多次照射的累积 剂量的阈值/Sv
睾丸	精子减少	0.15	无意义
	永久性不育	3.5	无意义
卵巢	永久性绝育	2.5~6.0	6.0
眼晶体	混浊	0.5~2.0	5.0
	视力障碍	5.0	>8.0
骨髓	血细胞暂时减少	0.5	无意义
	致死性再生不良	1.5	无意义

2. 躯体效应和遗传效应

（1）急性躯体效应

由辐射引起的显现在受照者本人身上的有害效应叫做躯体效应。急性的躯体效应发生在短时间内受到大剂量照射事故情况下，属于确定性效应。

辐射能杀死人体组织内正常细胞。人体组织中的细胞能不断分裂生长出新细胞。辐射可以损伤细胞的分裂结构，使细胞不能分裂。当被直接杀死和被损坏了分裂机构的细胞不太多的情况下，其他正常细胞分裂生成的新细胞可以取代它们，这种情况表现为辐射的损伤轻缓而且能被完全修复。如果直接被杀死和分裂机构被破坏了的细胞数目太大，超过了某个阈值，损伤的机体无法用其他正常细胞分裂生成的新细胞来修复，整个机体组织就被破坏和严重损伤，产生足以观察到的损害，表现为急性的躯体效应。

（2）遗传效应和远期效应

在辐射防护通常遇到的剂量范围内，遗传效应是一种随机性效应，表现为受照者后代的身体缺陷。人体由细胞组成，成年人身体中约有 5×10^{12} 个细胞，都是由一个受精卵细胞分裂而成。细胞中有细胞核，外面是细胞质。细胞核内有 23 对染色体，每一条染色体由许多基因串联而成。细胞质中 70% 是水，其中有各种大分子——酶，这些酶的结构组成决定了细胞的生长和发育，而每一种酶的具体结构组成取决于基因。当细胞分裂时，细胞核内的染色体和染色体上的基因全部复制两份传给两个子细胞。细胞的分裂是有高度规则性和方向性的，所以一个人类的受精卵不至于发育为其他动物。细胞分裂的规则性和方向性也取决于染色体和基因，所以染色体和基因不论对细胞生长发育还是对细胞分裂的规则性和方向性都起着决定性作用。如因某种原因，基因的结构发生改变，必将在生物体上产生某种全新的特征，这就是突变。在自然环境下发生突变叫做自然突变，自然突变的存在是物种进化的根据。动物实验结果表明辐射也会引起细胞基因突变。如果这种突变发生在母体的生殖细胞上，而且刚好由这个发生了突变的生殖细胞形成了受精卵,那么就会在后代个体身上产生某种特殊变化,这就是辐射的遗传效应,所发生的遗传改变的种类与原初 DNA 损伤类型有关。

遗传效应可以被利用,例如辐射育种就是利用辐射引起的细胞基因突变,配合其他的育种手段可得到优良的品种。

人类在长期的发展过程中,经过自然选择,有益的适于生存的自然突变结果被保存下来了,逐渐淘汰了有害的突变结果。从慎重的观点出发,一般认为在已有的人体细胞中,基因的自然性的突变基本上是有害的,所以必须避免人工辐射引起的人体细胞内的基因突变。

使自然突变概率增加一倍的剂量叫做突变倍加剂量,大约为 0.1 ~ 1 Gy,代表值为 0.7 Gy。

辐射的远期效应是一种需要经过很长潜伏期才显现在受照者身上的效应,是一种随机性效应,主要表现为白血病和癌症。辐射能够诱发癌症和白血病已为实际调查材料证实,其具体机制不甚明了,一般看法是由于辐射使体细胞发生某种突变所致。

13.3　辐射防护和核安全基本原则

随着教育的普及与提高,以及科学技术的不断发展,人们对辐射的认识也在不断深化,只要我们思想重视、认真对待,利用高科技手段,采取适当措施,就一定能够减少或避免辐射的危害。

13.3.1　辐射防护和核安全的基本任务与目的

辐射防护和核安全的基本任务在于:既要保护从事放射工作者和后代以及广大公众乃至全人类的安全,保护好环境;又要允许进行那些可能会产生辐射的必要实践以造福于人类。

辐射防护和核安全的目的是防止有害的确定性效应,并限制随机性效应的发生概率,使它们达到被认为可以接受的水平。为了实现这个目的,就要充分理解并运用辐射效应中随机性效应与确定性效应的特点,杜绝发生使人们所受到的剂量超过确定性效应的阈值,努力实施下面将要介绍的辐射防护和核安全的基本原则,以最大限度地保证人们的辐射安全。

13.3.2　辐射防护的基本原则

核科学技术已应用于国民经济各个领域,成千上万人从事这项新技术工作。这种先进而复杂的科技正不断地体现出它的优点,所以做好辐射防护工作也就显得十分重要,而且成了一门与学科、技术密切相关的综合性技术。

辐射防护工作的基本原则,也是基本要求,它是一个完整的体系,所以也称为辐射防护体系,应全面贯彻执行,决不能片面强调其中一个方面。

1. 辐射实践的正当性

对于任何一项辐射实践,只有在综合考虑了社会、经济和其他有关因素之后,经过充分论证,权衡利弊,只有当该项辐射对受照个人或社会所带来的利益足以弥补其可能引起的辐射危害时,该辐射实践才是正当的。这里所说的利益是包括对于社会的总利益,不仅仅是某些团体或个人所得的利益;同样,辐射危害也是指由于引入该实践后带来的所有消极方面的总和,它不仅包括经济上的代价,而且还包括对人体健康及环境的任何损害,同时也包括在社会心理上带来的一切消极因素所付出的总代价。由于利益和代价在群体中的分布往往不相一致,付出代价的一方并不一定就是直接获得利益的一方,所以这种广泛的利益权衡只有保证每一个体所受的危害不超过可以接受的水平这一条件下才是合理的。

对与辐射有关的实践活动的可行性分析在防护标准中专门突出来确定为一条基本原则,反映人们对辐射实践是采取严肃慎重态度的。

2. 辐射防护与安全的最优化

在辐射实践中所使用的辐射源(包括辐射装置)所致个人剂量和潜在照射危险分别低于剂量约束和潜在照射危险约束的前提下,在充分考虑了经济和社会因素之后,个人受照剂量的大小、受照射的人数以及受照射的可能性均保持在可合理达到的尽量低的水平的原则,这个原则有时也称为 ALARA 原则(As Low As Reasonably Achievable)。

防护与安全最优化的过程,可以从直观的定性分析一直到使用辅助决策技术的定量分析,以便实现:相对于起决定作用所确定的最优化的防护与安全措施,确定这些措施时应考虑可供利用的防护与安全选择以及照射的性质、大小和可能性;根据最优化的结果制定相应的准则,据以采取预防事故和减轻事故后果的措施,从而限制照射的大小及受照的可能性。

在考虑辐射防护时,并不是要求剂量越低越好,而是根据社会和经济因素的条件,使辐射照射水平降低到可以合理达到的尽可能低的水平。

在实际工作中,辐射防护与安全的最优化主要在防护措施的选择、设备的设计和确定各种管理限值时使用。当然,最优化不是唯一的因素,但它是确定这些措施、设计和限值的重要因素。所以说,防护与安全的最优化在实际的辐射防护中占有重要地位。

3. 剂量限制和剂量约束

由于利益和代价在人类群体中分配的不一致性,虽然辐射实践满足了正当性要求,防护与安全亦达到了最优化,但还不一定能够对每个人提供足够的防护。因此,必须对个人受到的正常照射加以限制,以保证来自各项得到批准辐射实践的综合照射所致的个人总有效剂量和有关器官或组织的总当量剂量不超过国家标准中规定的相应剂量限值。

最优化的一个重要特点是选定剂量约束值,即选定与源相关的个人剂量值。对于职业照射,剂量约束是用于限制最优化过程所考虑备选方案的选择范围;对于公众照射,剂量约束是公众成员从任何受控源的计划运行中接受的年剂量上界。剂量约束所指的照射是任何关键人群组,在受控源的预期运行中经所有照射途径接受的年剂量之和。对每个源的剂量约束应保证使关键人群组所接受的来自所有受控源的剂量之和保持在剂量限值内。

对于辐射实践中所使用的辐射源,其剂量约束和潜在照射危险约束应不大于有关部门批准对该源规定的或认可的值,并不大可能导致超过剂量限值和潜在照射危险限值的数值;对于任何可能会向环境释放放射性物质的辐射源,剂量约束还应确保对该源历年来所释放的累积效应加以限制,使得在考虑了所有其他有关实践和源可能造成的释放累积照射之后,任何公众(包括其后代)在任何一年里所受到的有效剂量均不超过相应的剂量限值。

实际上在这里,对人们所受剂量及在辐射实践中所使用的辐射源都作了限制。当然在上述情况中有一种例外,那就是对医疗照射有专门的规定。

13.3.3　干预体系

国际放射防护委员会(ICRP)60 号建议书中首次提出一个新概念,即干预的辐射防护体系。也就是说辐射源与照射途径业已存在,还应采取其他干预行动满足辐射防护体系的要求。

所谓干预就是任何旨在减少或避免不属于受控实践的或因事故而失控的辐射源所致的照射或照射可能性的行动。

需要实施干预行动一般有两种情况:应急照射情况下的干预与持续照射情况下的干预。要求采取防护行动的应急照射情况是已执行应急计划或应急程序的事故情况与紧急情况,即需要立即采取某些超出正常工作程序的行动以避免事故发生或减轻事故后果的状态,有时也称为紧急状态;同时,也泛指立即采取超出正常工作程序的行动。持续照射是指没有任何不间断人类活动予以维持而长期持续存在的非正常公众照射,这种照射的剂量率基本上是恒定的或者下降缓慢的。要求采取补救行动的持续照射情况包括天然源照射,如建筑物和工作场所内氡的照射;以往事件所造成的放射性残存物的照射,以及未受通知与批准制度控制的以往的实践和辐射源的利用所造成的放射性残存物的照射。

1. 干预的正当性

只有根据对健康保护和社会、经济等因素的综合考虑,预计干预的利大于弊时,干预才是正当的。在干预情况下,为减少或避免照射,只要采取防护行动或补救行动是正当的,则应采取这类行动。所谓防护行动是指为避免或减少公众成员在持续照射或应急照射情况下的受照剂量而进行的一种干预。而补救行动是指在涉及持续照射的干预情况下,当超过规定的行动水平时所采取的行动,以减少可能受到的照射剂量。

在应急照射情况下,如果任何个人所受的预期剂量(而不是可防止的剂量,所谓可防止的剂量是指采取防护行动所减少的剂量,即不采取防护行动的情况下预期会受到的剂量与在采取防护行动的情况下预期会受到的剂量之差。)或剂量率接近或预计会接近可能导致严重损伤的阈值,则采取防护行动总是正当的。

在持续照射情况下,如果剂量水平接近或预计会接近国家标准规定的值时,则无论在什么情况下采取防护行动或补救行动总是正当的。只有当放射性污染和剂量水平很低,不值得花费代价去采取补救行动,或是放射性污染非常严重和广泛,采取补救行动花费的代价太大,在此两种情况时,采取补救行动不具有正当性。

2. 干预的最优化

为减少或避免照射而要采取防护行动或补救行动的形式、规模和持续时间均应是最优化的,即在通常的社会和经济情况下,从总体上考虑,能获得最大的净利益,也就是说,最优化过程决定干预行动的方法、规模及时间长短以谋取最大的利益。简单地讲,弊与利之间的差额用同样的量表示,例如代价,包括"忧虑"的社会代价在内,对每一项所采取的防护行动应为正值,而且在计划这项行动的细节中应使其达到最大值。干预的代价不仅是用金钱表示的代价,有些防护或补救措施可能带来非放射学危险或严重社会影响。例如,居民短期离家未必花费很多钱,但可能使家庭成员暂时分离而造成"焦虑";长期撤离或永久移居既费钱,有时也会带来精神创伤。在考虑进行干预的许多情况中有一些是长期存在的,不要求紧急行动。其他由事故引起的情况,如果不采取即时措施就可能造成严重照射,作出在应急情况下的干预计划应作为正常运行手续中的不可缺少的一部分。

3. 干预的剂量约束

前述干预有两种情况,因此干预的剂量约束也对其分别作了规定。在应急照射情况时:①急性照射的剂量行动水平,器官或组织受到急性照射,在任何情况下预期都应进行干预的剂量行动水平,例如全身(骨髓)受到急性照射,2 天内预期吸收剂量 1 Gy,对其他器官或组织的剂量行动水平都作了详细规定;②应急照射情况下的通用优化干预水平和行动水平,通用优化干预水平用可防止的剂量表示,即当可防止的剂量大于相应的干预水平时,则表明需要采取这种防护行动。在确定可防止的剂量时,应适当考虑采取防护行动时可能发生的延误和可能干扰行动的执行或降低行动效能的其他因素。

应在应急计划中根据标准所规定的准则给出不同的干预水平需相应采取的紧急防护行动(包括隐蔽、撤离、碘防护、临时避迁和永久再定居)。

在持续照射情况时:①器官或组织受持续照射,任何情况下预期都应进行干预的剂量率行动水平,例如性腺受到持续照射吸收剂量率为 0.2 Gy/a,对其他器官也作了相应规定。②在大多数情况下,住宅中氡持续照射的优化行动水平应在年平均活度浓度为 200 Bq ^{222}Rn/m^3 ~400 Bq ^{222}Rn/m^3 范围内。其上限值用于已建住宅氡持续照射的干预,其下限值用于待建住宅氡持续照射的控制。工作场所中氡持续照射情况下补救行动的行动水平是在年平均活度浓度为 500 Bq ^{222}Rn/m^3 ~1 000 Bq ^{222}Rn/m^3 范围内。达到 500 Bq ^{222}Rn/m^3 时宜考虑采取补救行动,达到 1 000 Bq ^{222}Rn/m^3 时应采取补救行动。

13.3.4　潜在照射防护及核安全基本原则

1. 潜在照射防护

潜在照射是指有一定把握预期不会受到但可能会因辐射源的事故或某种具有偶然性质的事件或事件序列(包括设备故障和操作错误)所引起的照射。也就是说,把这种意外的但却可能发生的照射称为"潜在照射"。如果发生了这种意外情况,则潜在照射会成为实际照射,例如由于设备故障、设计或操作错误,或诸如放射性废物处置场的环境条件发生了不可预测的变化等。如果这类事件的发生是可以预测的,则它们发生的概率和导致的辐射照射是可以估计的。

应对个人所受到的潜在照射危险加以限制,使来自各项得到批准实践的所有潜在照射所致的个人危险与正常照射剂量限值所相应的健康危险处于同一个数量级水平。

在 13.3.2 节辐射防护与安全的最优化中介绍了最优化的两个前提条件,其中一条是:这种最优化应以该辐射源所致潜在照射危险应低于潜在照射危险约束为前提。对于一项辐射实践中的任一辐射源,其潜在照射危险约束应不大于审管部门对这类辐射源规定或认可的值,并不大于可能导致超过潜在照射危险限值的值。这些限值在国家标准中都已作了规定。

控制正常照射的方法是限制所产生的剂量。控制潜在照射的主要方法是很好地设计装置、设备和操作程序;使用这种方法意在限制可能导致非计划照射事件发生的概率,以及如果真的发生了这类事件,则限制可能产生的剂量大小。

2. 核安全基本原则

核安全是个非常重要的问题,从广义上来说核安全涉及到整个核科学技术的各领域,从狭义上来说,一般是指核设施的安全。在参考资料中,安全方面考虑了国际核安全咨询组(INSAG)建议的原则。也就是说,这个标准所依据的辐射防护与安全的原则是由 ICRP 和 INSAG 制定的。这些原则的详细阐述可参见它们的出版物以及其编制的《核动力厂的基本安全原则》(安全丛书 No75 – INSAG –3)等专门的规定。所以本标准的辐射防护与安全基本原则也是核安全中所应遵循的基本原则,同时又必须遵循各类核设施的专门安全规则。

13.4　辐射防护标准及其安全评价

13.4.1　辐射防护中常用的辐射量

辐射效应的严重程度或发生概率,在很大程度上取决于辐射能量在物质中沉积的数量与分布。"剂量"正是作为将物理测量和辐射生物效应联系起来的一个物理量而被引入的。现为了定量地描述辐射对人体作用的生物效应,在辐射剂量与辐射防护领域中引入若干物理量。将来的发展可能需要使用以一个小体积物质中的事件的统计分布为根据的物理量,这些小体积对应于诸如细胞核或 DNA 分子等生物单元的大小,即以微剂量学来研究这些微观的能量沉积,但目前仍然使用宏观量。本节仅介绍最常用的几个量。

1. 与个体相关的量

(1)吸收剂量 D

吸收剂量 D 在剂量学的实际应用中是一个非常重要的基本的剂量学量。

①吸收剂量

吸收剂量是单位质量受照物质中所吸收的平均辐射能量,即 $d\bar{\varepsilon}$ 除以 dm 所得的商

$$D = d\bar{\varepsilon}/dm \tag{13.4.1}$$

式中,$d\bar{\varepsilon}$ 是电离辐射授予质量为 dm 物质的平均能量。

吸收剂量 D 的单位是 $J \cdot kg^{-1}$,专门名称是戈[瑞](Gray),符号 Gy。$1\ Gy = 1\ J \cdot kg^{-1}$。

吸收剂量适用于任何类型的辐射和任何受照物质,并且是与无限小的体积相联系的辐射量,即受照物质中的每一点都有特定的吸收剂量数值。因此,在给出吸收剂量数值时,必须同时指明辐射类型、介质种类和所在的位置。

②器官剂量 D_T

为了辐射防护目的,而且平时所研究的器官或组织并不是一个无限小体积的介质,都具有一定的体积和质量,因此定义一个器官或组织的平均吸收剂量。D_T 是很有用的量,D_T 的定义为

$$D_T = \varepsilon_T/m_T \tag{13.4.2}$$

式中,ε_T 是授予某一器官或组织的总能量;m_T 是该器官或组织的质量。例如 m_T 的范围可以从不到 10 g(卵巢)到大于 70 kg(全身)。

(2)当量剂量 H_T

相同的吸收剂量未必产生同等程度的生物效应,因为生物效应受到辐射类型与能量、剂量与剂量率大小、照射条件及个体差异等因素的影响。为了用同一尺度表示不同类型和能量的辐射照射对人体造成的生物效应的严重程度或发生概率的大小,辐射防护中采用了当量剂量这个辐射量。辐射 R 在器官或组织 T 中的当量剂量定义为

$$H_{T,R} = W_R \cdot D_{T,R} \tag{13.4.3}$$

式中,W_R 为辐射权重因子,是与辐射品质相对应的加权因子,无量纲;$D_{T,R}$ 是辐射 R 在器官或组织 T 内产生的平均吸收剂量。

当辐射场由具有不同 W_R 值的辐射和(或)不同能量的辐射所构成时,当量剂量 H_T 为

$$H_T = \sum_R W_R \cdot D_{T,R} \tag{13.4.4}$$

由于 W_R 是无量纲的,因此当量剂量与吸收剂量的量纲都是 $J \cdot kg^{-1}$。为了同吸收剂量单位的专门名称相区别,给予当量剂量单位一个专门名称为希[沃特](Sievert),符号为 Sv。

顺便指出,历史上曾用过拉德 rad 作为吸收剂量的专用单位,1 rad 表示质量为 1 g 的受照射物质吸收 100 erg 的辐射能。1 rad = 0.01 Gy。历史上也曾用过雷姆 rem 作为当量剂量的专用单位。1 rem 表示质量为 1 g 的受照射物质吸收 100 erg 的辐射能,1 rem = 0.01 Sv。辐射权重因子 W_R 是根据射到身体上(或当源在体内时由源发射)的辐射种类与能量来选定的,具体数值见表 13.4.1。

表 13.4.1　辐射权重因子 W_R [①]

辐射的类型及能量范围	辐射权重因子 W_R
光子,所有能量	1
电子及 μ 子,所有能量 [②]	1
中子:能量 <10 keV 10 keV ~ 100 keV >100 keV ~ 2 MeV >2 MeV ~ 20 MeV >20 MeV	5 10 20 10 5
质子(不包括反冲质子),能量 >2 MeV	5
α 粒子、裂变碎片、重核	20

[①]所有数值均与射到身体上的辐射有关,或就内照射源而言,与该源发出的辐射有关。

[②]不包括由原子核向 DNA 发射的俄歇电子,此种情况下需考虑进行专门的微剂量测定。

(3)有效剂量 E

随机性效应发生概率与当量剂量之间的关系还随受照器官或组织的不同而变化;人体受到的任何照射,几乎总是不只涉及一个器官或组织。为了计算受到照射的有关器官和组织带来总的危险,相对随机性效应而言,在辐射防护中引进了有效剂量的概念,其定义为

$$E = \sum_T W_T \cdot H_T \tag{13.4.5}$$

式中,H_T 是器官或组织 T 的当量剂量;W_T 是器官或组织 T 的组织权重因子。由于 W_T 无量纲,因此有效剂量与当量剂量的单位、名称、符号都相同。

组织权重因子 W_T 是器官或组织 T 受照射所产生的危险度与全身均匀受照射所产生的总危险度的比值,也就是说,它反映了在全身均匀受照下各器官或组织对总危害的相对贡献。换句话说,也就是不同器官或组织对发生辐射随机性效应的不同敏感性,即

$$W_T = \frac{T \text{ 器官或组织接受 1 Sv 照射时的危险度}}{\text{全身接受 1 Sv 均匀照射时的总危险度}}$$

全身各器官或组织的 W_T 值总和为 1,W_T 的数值见表 13.4.2。

表 13.4.2　组织权重因子 W_T

组织或器官	组织权重因子 W_T	组织或器官	组织权重因子 W_T
性腺	0.20	肝	0.05
（红）骨髓	0.12	食道	0.05
结肠[①]	0.12	甲状腺	0.05
肺	0.12	皮肤	0.01
胃	0.12	骨表面	0.01
膀胱	0.05	其余组织或器官[②]	0.05
乳腺	0.05		

①结肠的权重因子适用于在大肠上部和下部肠壁中当量剂量的质量平均。

②为进行计算用，表中其余组织或器官包括肾上腺、脑、外胸区域、小肠、肾、肌肉、胰、脾、胸腺和子宫。在上述其余组织或器官中有一单个组织或器官受到超过 12 个规定了权重因子的器官的最高当量剂量的例外情况下，该组织或器官应取权重因子 0.025，而余下的上列其余组织或器官所受的平均当量剂量亦应取权重因子 0.025。

　　有效剂量表示了在非均匀照射下随机性效应发生率与均匀照射下发生率相同时所对应的全身均匀照射的当量剂量。有效剂量也可以表示为身体各器官或组织的双叠加权的吸收剂量之和，将(13.4.4)式代入(13.4.5)式，可得

$$E = \sum_T \sum_R W_T \cdot W_R \cdot D_{T,R} \tag{13.4.6}$$

　　辐射权重因子与辐射种类和能量有关，但与器官和组织无关；同样，组织权重因子则与器官和组织有关，而与辐射的种类和能量无关。这种简化仅仅是对真实的生物学情况的近似。W_R 与 W_T 的数值来自我们当前的放射生物学知识，以后还会不断变化。

　　当量剂量与有效剂量是供辐射防护用的，包括粗略地评价危险之用，它们只能在远低于确定性效应阈值的吸收剂量下提供估计随机性效应概率的依据。

　　(4)待积当量剂量与待积有效剂量

　　在内照射情况下，为了定量计算放射性核素进入体内所造成的危害，辐射防护中引进一个叫做待积剂量的辐射量。

　　①待积当量剂量 $H_T(\tau)$

　　放射性物质进入人体后，一方面由于衰变和排泄而减少，同时会浓集于某些器官和组织。进入体内的放射性核素对器官和组织的照射在时间上是分散开的，能量沉积随放射性核素的衰变而逐渐给出。能量沉积在时间上的分布随放射性核素的理化形态及其后的生物动力学行为而变化。为了计及这种时间分布，引入待积当量剂量，它是个人在单次摄入放射性物质之后，某一特定器官或组织中接受当量剂量率在时间 τ 内的积分，其定义为

$$H_T(\tau) = \int_{t_0}^{t_0+\tau} \dot{H}_T(t)\,dt \tag{13.4.7}$$

式中，t_0 是摄入放射性物质的起始时刻；$\dot{H}(t)$ 是在 t 时刻器官或组织受到的当量剂量率；τ 是

摄入放射性物质之后经过的时间,当没有给出积分的时间期限 τ 时,对于成年人隐含 50 年时间期限,即表示成 $H_T(50)$,而对儿童隐含 70 年时间期限。积分时间 50 年是与职业放射工作人员的终身工作时间相应的,可见,待积当量剂量 $H_T(50)$ 是单次摄入的放射性物质在其后的 50 年内对所关心的器官和组织造成的总剂量。

②待积有效剂量 $E(\tau)$

受到辐射危害的各器官或组织的待积当量剂量 $H_T(\tau)$ 经 W_T 加权处理后的总和称为待积有效剂量,即

$$E(\tau) = \sum_T W_T \cdot H_T(\tau) \tag{13.4.8}$$

式中,W_T 是器官或组织 T 的组织权重因子;$H_T(\tau)$ 是积分到 τ 时间时器官或组织 T 的待积当量积量。在确定 $E(\tau)$ 时,进行积分的时间 τ 以年为单位。

待积有效剂量可用来预计个人因摄入放射性核素后将发生随机性效应的平均概率。

$H_T(\tau)$ 与 $E(\tau)$ 的单位、名称与符号都和 H,E 相同。

2. 与群体相关的量

以上的剂量学量均指个人照射。一次大的放射性实践或放射事故,会涉及许多人。因此,采用集体剂量来定量地表示这一次放射性实践对该群体总的危害。

(1)集体当量剂量 S_T

集体当量剂量表示一组人某指定的器官或组织所受的总辐射照射的量,定义为

$$S_T = \sum_i \bar{H}_{T,i} \cdot N_i \tag{13.4.9}$$

式中,$\bar{H}_{T,i}$ 是所考虑的群体中,第 i 组的人群中每个人的 T 器官或组织平均所受到的当量剂量;N_i 是第 i 人群组的人数。

(2)集体有效剂量 S

如果要量度某一人群所受的辐射照射,则可以计算其集体所受的总有效剂量,其定义为

$$S = \sum_i \bar{E}_i \cdot N_i \tag{13.4.10}$$

式中,$\bar{E}_i$ 是第 i 组人群接受的平均有效剂量。

集体当量剂量与集体有效剂量的单位、名称都是人·希,记为人·Sv。

不论是集体当量剂量,还是集体有效剂量的定义都没有明确规定给出剂量所经历的时间,因此应当指明集体当量剂量和集体有效剂量求和的时间间隔和什么样的人群。

3. 外照射监测中使用的剂量当量

在外照射情况下,为了将个人监测和环境监测中得到的结果,与人体的有效剂量及皮肤当量剂量联系起来,国际辐射单位与测量委员会(ICRU)定义四个运用量是很有用的,即周围剂量当量、定向剂量当量、深部个人剂量当量和浅表个人剂量当量。这些量都是基于 ICRU 球中某点处的剂量当量概念而不是以当量剂量的概念为依据[见式(13.4.3)所定义的当量剂量]。

ICRU 建议用一个密度为 1 g·cm^{-3}、直径为 30 cm 的组织等效球(称 ICRU 球)作为人体驱干的模型。所以 ICRU 球可用来模拟人体对辐射量最敏感的躯干部的受照情况,被规定为确定外部辐射源产生剂量的受体。为了环境和场所监测的目的,引入两个概念把外部辐射场与有效剂量和皮肤当量剂量联系起来。第一个概念是适用于强贯穿辐射的周围剂量当量 $H^*(d)$;第二个概念是适用于弱贯穿辐射的定向剂量当量 $H'(d)$。这些用于监测的剂量当量均属于实用量,它们具有可测性。

(1)周围剂量当量 $H^*(d)$

周围剂量当量也称环境剂量当量,它是用于环境监测的一个量。辐射场中某点处的周围剂量当量 $H^*(d)$ 定义为相应的齐向扩展场在 ICRU 球体内、逆齐向场方向的半径上深度 d 处所产生的剂量当量。对于强贯穿辐射 $d=10$ mm,此时可记作 $H^*(10)$。

实际的辐射场往往是错综复杂的。如果已知辐射场中某参考点的注量及其能谱和角分布(它可能与其周围的不同),设想将该点的辐射场参数扩展到某一感兴趣的区域或体积中,使该范围内的辐射场,即在其中的整个有关体积内,注量及其角分布和能量分布处处与参考点的相同,这个辐射场就称作相应于参考点的扩展场。如果将扩展场中辐射粒子的方向加以梳理,使感兴趣区域中的注量是单向的,这样经梳理过的辐射场称作参考点的齐向扩展场。

在环境监测中用周围剂量当量就可用它把外部辐射场与处于辐射场中的人体有效剂量联系起来。周围剂量当量与参考点的注量及其能谱分布有关,而与注量的角分布无关,这正是"周围"一词的含义。将 ICRU 球放在辐射场中之后,辐射场的分布将发生变化。对于强贯穿辐射,ICRU 球的反散射作用对 $H^*(d)$ 值有一定的影响。在设计测量仪器时,要考虑到反散射因素。

(2)定向剂量当量 $H'(d)$

辐射场中某点处的定向剂量当量 $H'(d,\Omega)$ 定义为相应的扩展场在 ICRU 球体内、沿指定方向 Ω 的半径上深度 d 处产生的剂量当量。对弱贯穿辐射,推荐 $d=0.07$ mm,此时可记作 $H'(0.07)$。d 值取 0.07 mm,这相当于皮肤基底层的深度。处于弱贯穿辐射场中的人体小块皮肤一般可以接受从 2π 立体角入射的辐射。当弱贯穿辐射倾斜入射到小块皮肤上时,射线在到达皮肤基底层以前在表皮中要经受较大的衰减。因此,弱贯穿辐射在皮肤基底层的能量沉积将表现出很强的方向性,这与周围剂量当量 $H^*(d)$ 响应与入射角无关的情况形成了对照。$H^*(d)$ 对不同方向辐射的响应满足叠加的原理,适合于表征辐射场中人体所受的有效剂量 E,而 $H'(d)$ 则是对指定方向定义的,适合于表征局部皮肤的当量剂量 H_{T}。

当人体处于弱贯穿辐射场中时,避免皮肤受过量的辐射照射而产生确定性效应,定向剂量当量就是用来表征弱贯穿辐射对皮肤照射的一个剂量学量,也就是一个用于环境监测的剂量当量。该量的取值与 ICRU 球指定半径相对辐射场的取向有关,这就是定向剂量当量名称的由来。

（3）个人剂量当量 $H_P(d)$ 和 $H_S(d)$

深部个人剂量当量 $H_P(d)$ 和浅表个人剂量当量 $H_S(d)$ 统称个人剂量当量。这是两个用于个人监测的剂量当量，它们是在人体上预定佩带剂量计的部位深度 d 处定义的。

深部个人剂量当量 $H_P(d)$ 也称作贯穿性个人剂量当量，是人体表面某一指定点下面深度处的软组织内的剂量当量，它适用于强贯穿辐射。推荐 $d=10$ mm，可记作 $H_P(10)$。

浅表个人剂量当量 $H_P(d)$，是人体表面某一指定点下面深度 d 处的软组织内的剂量当量，它适用于弱贯穿辐射。推荐 $d=0.07$ mm，可记作 $H_S(0.07)$。

个人剂量当量是在人体组织中定义的，因而既不能直接测量，也不可能从一种普遍的刻度方法推导出来。但是，佩带在身体表面的探测器覆盖以适当厚度的组织等效材料，可以用于个人剂量当量的测量。

13.4.2 基本限值

我国现行的 GB 18871—2002《电离辐射防护与辐射源安全基本标准》与 ICRP60(1990)建议书以及由联合国粮食及农业组织等六个国际组织共同倡议的由国际原子能机构发布的安全丛书 No.115《国际电离辐射防护和辐射源安全的基本安全标准》是相一致的。

辐射防护标准一般可分为：基本标准、导出标准、管理限值和参考水平四个级别。标准中将人员照射分为职业照射、医疗照射、公众照射三大类。本书主要介绍职业照射，对公众照射仅作简要介绍，对医疗照射则不作介绍。

1. 当量剂量与有效剂量限值

基本限值是辐射防护标准的基本标准，它包括当量剂量与有效剂量的限值，以及次级限值两种，剂量限值见表13.4.3。在表中规定的 5 年时间由审管部门批准指定期间，一定要注意不能作任何超出原定期限的追溯性的平均。

表 13.4.3 剂量限值[①]

照射类别		职 业	公 众
年有效剂量		20 mSv（在规定的 5 年内平均[②]）	1 mSv[③]
年当量剂量	眼晶体	150 mSv	15 mSv
	皮肤[④]	500 mSv	50 mSv
	手和足	500 mSv	—

①限值用于规定期间有关的外照剂量与该期间摄入量的 50 年（对儿童算到 70 岁）的待积剂量之和；

②另有在任一年内有效剂量不得超过 50 mSv 的附加条件，对孕妇职业照射施加进一步限制；

③在特殊情况下，假如每 5 年内平均不超过 1 $mSv\cdot a^{-1}$，在单独一年内有效剂量可允许大一些；

④对有效剂量的限制是以防止皮肤的随机性效应，对局部照射需设附加限值以防止确定性效应。

上述规定的剂量限值不包括医疗照射及天然本底照射。

2. 附加限制

（1）年龄小于16周岁者不得接受职业照射；年龄为16～18岁接受涉及辐射照射就业培训的徒工或在学习过程中需要使用放射源的学生，应控制其照射使之不超过这些限值：年有效剂量6 mSv；眼晶体的年当量剂量50 mSv；四肢（手和足）或皮肤的年当量剂量150 mSv。

（2）孕妇和授乳妇应避免受到内照射。对孕妇应施加补充的剂量限制，对腹部表面（下驱干）不超过2 mSv，并限制放射性核素摄入量<（1/20）ALI；不要担任对事故性大剂量与摄入量具有较大概率的工作。用人单位有责任改善孕妇的工作条件，以保证为胚胎和胎儿提供与公众成员相同的防护水平。

3. 次级限值

次级限值分为用于外照射和用于内照射两种。

（1）用于外照射的次级限值　　用于外照射的次级限值有浅表剂量当量限值和深部剂量当量限值。浅表剂量当量限值为每年500 mSv，用以防止皮肤的确定性效应的发生；深部剂量当量限值为每年20 mSv，用以限制随机性效应的发生率，使其达到可以接受的水平。

（2）用于内照射的次级限值　　用于内照射的次级限值是年摄入量限值（ALI）。摄入与ALI相应活度的放射性核素后，工作人员受到的待积剂量将等于为职业性所规定的年待积剂量的相应限值。它是满足下面两式的年摄入量中的最小值：

$$I \cdot \sum_T W_T \cdot h_{50,T} \leqslant 20 \text{ mSv} \tag{13.4.11}$$

$$I \cdot h_{50,T} \leqslant 500 \text{ mSv} \tag{13.4.12}$$

国家对各种放射性核素年摄入量限值都已作了规定。因此，发生内照射时，人员只要监测体内的该核素的放射性活度就可算得该人员所受的剂量。为便于应用，实际上给出了一组表，分别对职业照射和公众照射给出了食入和吸入单位摄入量所致的待积有效剂量。

4. 内外混合照射

在表13.4.3中已说明了这个限值用于规定期间有关的外照射剂量与该期间摄入量的50年（对儿童算到70岁）的待积剂量之和。因此，在内外混合照射的情况下，剂量限制需同时满足下列两个条件：

$$\frac{E}{E_L} + \sum_i \frac{I_i}{(\text{ALI})_i} \leqslant 1 \tag{13.4.13}$$

$$\frac{H_S}{H_{S,L}} \leqslant 1 \tag{13.4.14}$$

式中，E是年有效剂量；E_L是年有效剂量限值，20 mSv·a^{-1}；I_i是放射性核素i的年摄入量；（ALI）$_i$是放射性核素i的年摄入量限值；H_S是年浅表个人剂量当量，它是身体上指定点下面深度0.07

mm 处的软组织的剂量当量,它适用于弱贯穿辐射;$H_{S,L}$ 是对皮肤的年当量剂量限值,500 mSv。

13.4.3 导出限值

在辐射防护监测中,有许多测量结果很难能用当量剂量来直接表示。但是,可以根据基本限值,通过一定模式推导出一个供辐射防护监测结果比较用的限值,这种限值称为导出限值。在实际工作中,可以针对辐射监测中测量的任一个量(如工作场所的当量剂量率、空气放射性浓度、表面污染和环境污染等)推导出相应的导出限值。

13.4.4 管理限值

审管机构用指令性限值作为管理约束值的一种形式,要求运行管理部门根据最优化原则进一步降低指令性限值。指令性限值不一定只用于剂量,也可用于其他可由运行管理部门直接控制的特性,管理限值只用于特定场合,例如放射性流出物排放的管理限值,在设置指令性限值时就应明确其目的。不管怎样说,它们不能替代防护最优化的过程。

管理限值应低于基本限值或相应的导出限值,而且在导出限值和管理限值并存情况下,优先使用管理限值,即管理限值要求更严,以保证基本限值得以实施。为便于实施,又制定了参考水平、记录水平、行动水平、调查水平、干预水平等不同数值,进行相应管理。

13.4.5 剂量限值的安全评价

没有危险的社会是空想,所有人类活动都伴有某种危险,尽管很多危险可以被保持在很低的水平。虽然一些危险并未被减少到"合理达到的最低值",某些活动却可以被大多数人所接受,然而相应的危险,例如交通危险,并不是非接受不可的,但是人们愈益认为只要能够合理做到,无须接受的危险就应予以减少。在辐射防护领域,危险的主要分量为以下的随机量:致死癌的概率、非致死癌的概率、严重遗传效应的概率以及如果发生伤害所损失的寿命。关于随机性效应概率与剂量学量之间的关系,可用概率系数,例如死亡概率系数为有效剂量增量引起的死亡数与该有效剂量增量大小之商。这种系数必然是指特定的人群。

每单位有效剂量引起的致死癌症的概率称为标称致死概率系数。它适用于所有剂量率下的小剂量与低剂量率下的大剂量。

对于职业人员与公众的随机性效应的标称概率系数值列于表 13.4.4 中。

表 13.4.4 随机性效应的标称概率系数

危害/$(10^{-2}\ Sv^{-1})$[①]			
受照人群	致死癌[②]	非致死癌	严重遗传效应	总计
成年工人	4.0	0.8	0.8	5.6
全人口	5.0	1.0	1.3	7.3

①修约后的值;②对致死癌,危害系数等于概率系数。

1. 职业照射的剂量限值的安全评价

据统计,放射工作人员接受的年平均有效剂量不超过年限值的 1/10。这是因为年有效剂量的分布通常遵从对数正态函数分布,即大多数工作人员受照剂量是很低的,接近或超过限值的人数很少,其算术平均值为 2 mSv。与此相应的职业照射时致死癌的平均死亡率为

$$2 \times 10^{-3}(Sv) \times 4 \times 10^{-2}(Sv^{-1}) = 80 \times 10^{-6}$$

即每百万人平均死亡 80 人。卫生部卫生法制与监督司统计 2000 年全国放射工作人员 19.4 万多人,其中接受剂量监督的 9.4 万人,人均年有效剂量为 1.1 mSv。为判断辐射工作所致危险度的可接受水平,一种正确的分析方法是把这种危险度同其他职业危险度相比较。表 13.4.5[GB 4792—84 放射卫生防护基本标准]列出了人类在各种情况下的危险度。由表可见,安全性较高的职业(如公务员、服务行业等)的平均死亡率(一般指平均每年因职业危害造成的死亡率)不超过 100×10^{-6}。事实上,在多数非辐射职业中,除事故死亡外,还有为数远不止此的职业伤残。而职业性放射工作人员,如果所受照射限制在剂量限值以下,很少会引起其他类型的损伤或疾病。尤其是当前放射工作人员每年所受实际有效剂量远低于 20 mSv。所以,可以相信放射工作的安全程度,无论如何不会低于安全程度较高的那些职业。

表 13.4.5　　各种类型危险度的比较[GB 4792]

自然性		疾病性		交通事故		我国(1980)	
类别	危险度	类别	危险度	类别	危险度	类别	危险度
天然辐射	10^{-5}	癌死亡率(我国)	5×10^{-4}	大城市车祸	10^{-5}	农业	10^{-5}
洪水	2×10^{-6}	癌死亡率(世界)	10^{-3}	(我国)		商业	10^{-5}
旋风	10^{-5}	自然死亡率	10^{-3}	路面事故	10^{-3}	纺织	2×10^{-5}
地震	10^{-5}	(英国 20~50 岁)		(重大伤害)		机械	3×10^{-5}
雷击	10^{-6}	流感死亡率	10^{-4}	航远事故	10^{-3}	林业	5×10^{-5}
						水利	10^{-4}
						建材	2×10^{-4}
						冶金	3×10^{-4}
						电力	3×10^{-4}
						化工	3×10^{-4}
						石油	5×10^{-4}
						煤炭	10^{-3}

2. 公众的剂量限值的安全评价

公众中的个人在日常生活中总会受到各种环境危害。国家安全生产局通报,2002 年全国共发生各类事故 107.3 万起,死亡 13.94 万人。其中工矿企业发生伤亡事故 13 960 起,死亡 14 924 人;火灾事故(不含森林、草原等火灾)258 315 起,死亡 2 393 人;道路交通事故 773 137

起,死亡 109 381 人;水上交通事故 735 起,死亡和失踪 463 人;铁路路外伤亡事故 11 922 起,死亡 8 217 人;民航系统发生 3 起飞行事故,死亡 134 人。辐射危险只占其中极小的一部分。ICRP 认为每年死亡率不超过 10^{-5} 的危险度大概可被公众所接受,即表 13.4.5 中天然辐射水平的危险度。表 13.4.3 中公众剂量限值为 1 mSv·a^{-1},公众中个人实际受到的平均照射水平约为 0.1 mSv,根据表 13.4.4 全人口的致死癌的危害为 5.0×10^{-2} Sv^{-1},因此公众中个人的危险度相当于 5×10^{-6}。所以,公众的剂量限值的安全程度也是很高的。

13.5　辐射防护的基本方法

随着核科学与核技术的不断发展、核电厂的建造、高活度辐照源的应用、产生放射性的物质和设施已遍及生产、科研、卫生、教育和生活各个领域,为人类带来了福音。正如水能载舟亦能覆舟,辐射对人类也有可能产生危害。因此,人们日益关注对辐射的防护问题。

辐射防护是一门研究防止电离辐射对人体危害的综合性边缘学科。

辐射对人体的照射方式有外照射和内照射两种。外照射是辐射源在人体外部释放出粒子、光子作用于人体的照射;而内照射是放射性核素进入人体内,在体内衰变释放出粒子、光子作用于机体的照射。针对这两种照射方式,就有两种很不相同的防护措施与方法,因为这两种照射的防护的基本思路是根本不同的。表 13.5.1 概括了内、外照射的不同特点。

表 13.5.1　内、外照射的不同特点

照射方式	辐射源类型	危害方式	常见致电离粒子	照射特点
内照射	多见开放源	电离、化学毒性	α,β	持续
外照射	多见封闭源	电离	高能 β、电子、γ、X、n	间断

13.5.1　外照射防护

1. 外照射防护的基本原则

根据外照射的特点,外照射防护的基本原则是尽量减少或避免射线从外部对人体的照射,使所受照射不超过国家标准所规定的剂量限值。

2. 外照射防护的一般方法

外照射防护可以归纳为三个基本手段,有时也称三个基本方法,即可以采用以下三种办法中的一种或它们的综合:尽量缩短受照射的时间、尽量增大与放射源的距离、在人和辐射源之间设置屏蔽物。有时把这三种基本方法俗称为时间防护、距离防护和屏蔽防护。时间、距离、屏蔽一般也称为外照射防护三要素。

(1)减少受照射的时间 在剂量率一定的情况下,人体接受的剂量与受照时间成正比,受照射时间愈长,所受累积剂量也愈大。所以在从事放射工作时,应尽量减少受照时间,这是花钱不多、简便而且效果显著的办法。

(2)增大与辐射源的距离 受照剂量随距辐射源距离的增大而减少。对发射 X,γ 射线的点源来说,当空气和周围的物质对于射线的吸收、散射可以忽略时,某一点上的剂量与该点到辐射源之间的距离平方成反比。

(3)设置屏蔽 在反应堆、加速器及高活度辐射源的应用中,单靠缩短操作时间和增大距离远远达不到安全防护的要求,此时必须采取适当的屏蔽措施。

辐射通过物质时会被减弱,所以在辐射源外面加上足够厚度的屏蔽体,使之在某一指定点上由辐射源所产生的剂量降低到有关标准所规定的限值以下,在辐射防护中把这种方法称之为屏蔽防护。在进行屏蔽防护时,应考虑屏蔽设计、屏蔽方式及屏蔽材料等问题。

①屏蔽设计 外照射防护三要素中屏蔽防护是最主要的一种方法。在各种核设施及强源应用中,屏蔽设计是必不可少的步骤。屏蔽设计内容广泛,一般包括:根据源项特性进行剂量计算,选择合适的剂量限值或约束值进行屏蔽计算,根据用途、工艺及操作需要设计屏蔽体结构和选择屏蔽材料,并须要处理好门、窗、各种穿过防护墙管道等的泄漏与散射问题。

②屏蔽方式 根据防护要求和操作要求的不同,屏蔽体可以是固定式的,也可以是移动式的。固定式的如防护墙、防护门、观察窗、水井以及地板、天花板等;移动式的如防护屏、铅砖、铁砖、各种结构的手套箱以及包装、运输容器等。

③屏蔽材料的选择 在选择屏蔽材料时,必须充分注意各种辐射与物质相互作用的差别。如果材料选择不当,不仅经济上造成浪费,更重要的是还在屏蔽效果上适得其反。例如对 β 辐射选择屏蔽材料时,必须先用低 Z 材料置于近 β 辐射源的一侧,然后视情况,在其后附加高 Z 材料;如果次序颠倒,由于 β 射线在高 Z 材料中比低 Z 材料中能产生更强的轫致辐射,结果形成一个相当强的新的 X 射线源。又如利用电子直线加速器建成一个强 X 射线装置源,那就要选用高 Z 材料作靶子,既可屏蔽电子束,又能形成一个较强的 X 射线源。

屏蔽材料是多种多样的,但在选择屏蔽材料时,要考虑防护要求、工艺要求、材料获取的难易程度、价格的高低以及材料稳定性等。

此外,应注意任何辐射与空气相互作用,会产生臭氧、氮氧化物等有害气体;高能带电粒子束、光子束或中子束照到物质上,可能会产生感生放射性。所以在应用外照射的辐射源时,除外照射防护外,还需注意采取相应的措施,防止内照射、有害气体等对人体的危害。

13.5.2 内照射防护

因工作内容及条件不同,工作人员所受照射可能仅有外照射或内照射,也可能两者皆有。同一数量的放射性物质进入人体后引起的危害,大于其在体外作为外照射源时所造成的危害;

这是因为进入人体后组织将受到连续照射,直至该放射性核素衰变完了或全部排出体外为止;同时也是 α 射线、低能 β 射线等辐射的所有能量均将耗尽在组织或器官内的缘故。

1. 内照射防护的基本原则

内照射防护的基本原则是制定各种规章制度,采取各种有效措施,阻断放射性物质进入人体的各种途径,在最优化原则的范围内,使摄入量减少到尽可能低的水平。

2. 放射性物质进入人体内的途经

放射性物质进入人体内的途径有三种,即放射性核素经由食入、吸入、皮肤(完好的或伤口)进入体内,从而造成放射性核素的体内污染。图 13.5.1 概括了放射性核素的摄入、转移和排泄途径。

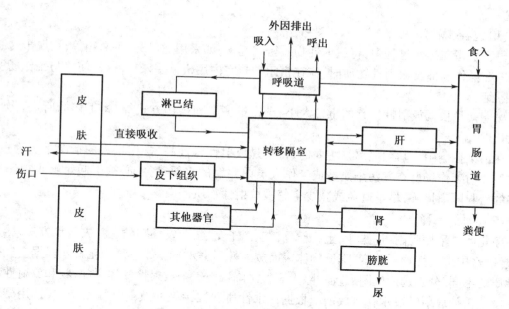

图 13.5.1　核素的摄入、转移和排泄途径

(1)食入　放射性物质经口进入体内,主要是衣物、器具、水源被污染,在通常情况下,食品被放射性物质污染较为少见;工作人员可能经被污染的手接触食品而将放射性物质转移到体内。当环境介质受到放射性物质污染时,则有可能通过食物、饮用水等导致居民和工作人员长时间摄入放射性物质。某些水生植物和鱼类能浓集某些放射性核素,经食用而造成人体内放射性核素的沉积。要密切关注放射事故是否造成对环境的污染。

(2)吸入　放射性气体、气溶胶逸入空间,会使空气受到不同程度的污染,有时还很严重,工作人员或公众通过呼吸将这些放射性物质吸入体内。空气被污染是造成放射性物质经呼吸道进入体内的主要途径。

（3）通过皮肤吸收　完好的皮肤提供了一个有效防止大部分放射性物质进入体内的天然屏障。但是，有些放射性蒸气或液体（如氧化氚蒸气、碘及其化合物溶液）能通过完好的皮肤而被吸收。当皮肤破裂时，放射性物质可以通过皮下组织而被吸收进入体液。

3. 内照射防护的一般方法

没有包壳、并有可能向周围环境扩散的放射性物质，称为开放型或非密封放射性物质。从事开放型放射性物质的操作，称为开放型放射工作。进行开放型放射工作时，仍应考虑缩短操作时间、增大与辐射源距离和设置防护屏障，以防止射线对人体过量的外照射，还应考虑防止放射性物质进入人体所造成的内照射危害。

内照射防护的一般方法是"包容、隔离"和"净化、稀释"，以及"遵守规章制度、做好个人防护"。

（1）包容、隔离

包容是指在操作过程中，将放射性物质密闭起来，如采用通风橱、手套箱等，均属于这一类措施。在操作高活度放射性物质时，应在密闭的热室内用机械手操作，这样使之与工作场所的空气隔绝。

隔离就是根据放射性核素的毒性大小、操作量多少和操作方式等，将工作场所进行分级、分区管理。

在污染控制中，包容、隔离是主要的，特别是放射性毒性高、操作量大的情况下更为重要。开放型放射工作场所空气污染是造成工作人员内照射的主要途径，必须引起足够重视。采取良好的密封隔离措施，尽量避免或减少空气被放射性物质污染。

（2）净化、稀释

净化就是采用吸附、过滤、除尘、凝聚沉淀、离子交换、蒸发、储存衰变、去污等方法，尽量降低空气、水中放射性物质浓度、降低物体表面放射性污染水平。如空气净化就是根据空气被污染性质的不同，分别选用吸附、过滤、除尘等方法降低空气中放射性气体、气溶胶和放射性粉尘的浓度。再如放射性废水在排放前应根据污水性质和被污染的放射性核素特点，选用凝聚沉淀、离子交换、储存衰变等方法进行净化处理，以降低水中放射性物质的浓度。

稀释就是在合理控制下利用干净的空气或水使空气或水中的放射性浓度降低到控制水平以下。

在进行净化与稀释时，首先要净化，将放射性物质充分浓集，然后将剩余的水平较低的含放射性物质的空气或水进行稀释排放。

在开放型放射操作中，"包容、隔离"和"净化、稀释"往往联合使用。如在高毒性放射操作中，要在密闭手套箱中进行，把放射性物质包容在一定范围内，以限制可能被污染的体积和表面。同时要在操作的场所进行通风，把工作场所中可能被污染的空气通过过滤净化经烟囱排放到大气中得到稀释，从而使工作场所空气中放射性浓度控制在一定水平以下。这两种方法配合使用,可以得到良好的效果。

(3)遵守操作规程、做好个人防护措施

工作人员操作放射性物质,必须遵守相关的规章制度。制定切实可行而又符合安全标准的规章制度,并付诸严格执行,是减少事故发生,及时发现事故和控制事故蔓延扩大的重要措施之一。

正确使用个人防护用具也是非常重要的防护手段。供从事放射工作使用的防护用具,不但应满足一般劳动卫生要求,而且必须满足辐射防护的特殊要求。

放射工作人员的个人防护措施主要有:①在操作放射性物质之前必须做好准备工作,在采用新的操作步骤前须做空白(或称冷)实验;②进入放射性实验室必须正确使用外防护用品,佩带个人剂量计。禁止在放射性工作场所内吸烟、饮水和进食;③保持室内清洁,经常用吸尘器吸去地面上的灰尘,用湿拖布进行拖擦;④尽量减少、以致杜绝因放射性物质弥散造成的污染,固体放射性废物应存放在专用的污物桶内,并定期处理;⑤防止玻璃仪器划破皮肤而造成伤口污染,万一有伤口时,必须妥善包扎后带上手套再工作,若伤口较大时则需停止放射工作;⑥离开工作场所前应检查手及其他可能被污染的部位,若有污染则应清洗到表面污染的控制水平以下;⑦对放射工作人员必须进行定期健康检查,发现有不适应者,应作妥善安排;⑧放射工作人员必须参加就业前和就业期间的安全思想与安全技术教育及训练,这是使防护工作做到预防为主,减少事故发生的一项重要措施。

13.5.3 开放型放射工作场所的分级、分区及主要防护要求

开放型放射工作潜在危险的大小与操作放射性物质活度、相对毒性、操作方式等因素有关。因此,根据这些因素,可以把放射工作场所进行分区和分级,以便对一定级别的工作场所提出相应的防护需求,采取不同的防护措施,并根据规定和标准进行设计与建造,从物质条件上采取措施来确保工作人员的安全以尽量减少对环境的影响。

一般应考虑下列几个问题,具体要求应符合规定。

1. 放射性核素的毒性分组

为了便于确定工作场所应装备的设备、装置和防护措施,以及提供制定放射工作下限,在开放型放射性物质操作中,常把放射性核素分为四组。它们的划分是根据操作该放射性核素时可能造成的空气污染和对操作人员的危害程度,用核素在工作场所中的导出空气浓度来确定的。国家标准中将 846 种核素都作了分组。

2. 开放型放射工作场所的分级

在相同防护条件下,操作放射性核素时对人体造成的危害取决于所操作的放射性物质的活度、该放射性核素的毒性以及操作方式与放射源状态。

为了便于防护管理,根据开放型放射工作场所用放射性核素的日等效最大操作量,将开放型放射工作场所分为三级,见表13.5.2。

表13.5.2　非密封源工作场所的分级

级别	日等效最大操作量/Bq
甲	$> 4 \times 10^9$
乙	$2 \times 10^7 \sim 4 \times 10^9$
丙	豁免活度值以上 $\sim 2 \times 10^7$

3.开放型放射工作场所的分区

为了便于控制污染,通常采取对开放型放射工作场所按有可能产生污染危险程度的大小实行分区布置和管理的原则。由于放射工作场所已按操作内容、工作性质、操作量的不同等进行了分级与分区,它们都有不同的要求,当然也有共同的方面。

13.6　辐射防护监测

辐射防护监测是指估算和控制工作人员和公众所受辐射剂量而进行的测量。它是辐射防护的重要组成部分。在辐射防护计划中,监测必然起着主要的作用。监测的含义不等于测量,更不等于物理测量和化学分析方法。监测包括纲要的制定、测量和结果的解释及评价。

13.6.1　辐射防护监测的主要内容

辐射防护的目的是保证公众和工作人员生活在安全的环境中。因此,辐射防护监测的对象就是人与环境两大部分。具体监测有四个领域:个人剂量监测、工作场所监测、流出物监测与环境监测。监测可分为常规监测、操作监测和特殊监测。

1.个人剂量监测

个人剂量监测是直接对人进行的监测,包括外照射、内照射、皮肤污染与放射事故。

(1)外照射个人剂量监测

外照射个人剂量监测是实现辐射防护目的的重要环节之一。它是指用工作人员佩带的剂量计进行测量以及对这些测量结果作出解释与评价。这种监测的主要目的是对明显受到照射的器官或组织所接受的平均当量剂量或有效剂量作出估算,进而限制工作人员所接受的剂量,并且证明工作人员所接受的剂量是否符合有关标准,并可提供工作人员所受剂量的趋势和工作场所的条件,以及在事故照射情况下的有关资料。此外,外照射个人剂量监测结果经过必要的修正,对于低剂量受照人群的辐射流行病学调查也是有用的。

常规监测用于连续性作业,目的在于证明工作环境和工作条件的安全得到保证,并证明没有发生需要重新评价操作程序的任何变化。操作监测是当某一项特定操作开始时进行的监测,这种监测特别适用于短期操作程序的管理。特殊监测是在异常情况发生或怀疑其发生时进行的监测。应当根据监测的目的和作用来制定监测计划。

目前在外照射个人剂量监测中,用于监测 X,γ,β 辐射最常用的个人剂量计有胶片剂量计、辐射光致荧光玻璃剂量计和热释光剂量计,作为外照射个人剂量监测辅助手段的有袖珍剂量计和报警剂量计。中子个人剂量监测方法除对热中子外还不是令人满意的,目前在用的有核乳胶快中子个人剂量计与固体径迹中子个人剂量计。

(2)内照射个人剂量监测

根据工作性质、现场条件,应定期对有可能吸入放射性物质的工作人员测出真正吸入的量,但在有任何可疑情况下,还要及时进行针对性的监测。

检验方法分为生物检验与体外直接测量两类。吸入的放射性物质将按一定规律由体内排出,主要是通过粪便排出,尿的测量可以说明已进入血液循环的放射性核素的情况。只要知道代谢参数(或排除规律)就能由排泄物中放射性核素的活度计算出摄入量。生物检验方法对各种辐射的放射性核素均可适用,而且不受体表污染的影响。对于发射 γ 或 X 射线的核素可以在体外用较灵敏的仪器直接测量,经过探测效率的修正,可以得出体内现存核素含量。

体外直接测量仪有全身计数器、肺部计数器、甲状腺计数器(器官计数器)、伤口探测器等。

(3)工作人员皮肤污染监测

工作人员的体表污染也是一项重要的监测项目,在较大的放射性控制区出口,设有全身表面污染仪,以有效地防止工作人员带出放射性物质,污染了非控制区。皮肤的厚度随身体部位不同而有较大的变化,表皮的基底细胞层是受到危险最大的皮肤组织,深度为 50 ~ 100 μm,平均为 70 μm。所谓皮肤剂量就是指皮肤基底层所受到的剂量,其剂量限值根据确定性效应而定,目前规定为每年 500 mSv。

皮肤本身污染一般是不均匀的,体表某些部位,特别是手部更易受到污染,但污染不会持续数星期之久,而且不一定重新发生在完全相同的部位,作为常规监测应当以此为依据来进行评价,并将 100 cm² 上的皮肤剂量的平均值与皮肤剂量的控制值相对照。

2. 工作场所监测

工作场所辐射防护监测的目的在于保证工作场所的辐射水平及放射性污染水平低于预定要求,以确保工作人员处于合乎防护要求的环境,同时还要能及时发觉偏离上述要求的情况,以利及时纠正或采取补救的防护措施,从而防止或及时发现超剂量照射事件的发生。

(1)工作场所外照射的监测

应该制定一个监测方案,首先必须研究监测对象,确定危害因素或可能的危害因素,明确为什么要监测和测量何种辐射量在防护上才有意义;其次,选择适当的监测方法;再次,确定监测周期;最后,确立明确的监测质量保证制度。

当一个新的装置投入使用或对一个已有的装置做了一些实质性的改变或可能已发生了这样的改变时,要进行全面的监测。

总之,在制定外照射监测计划时,首先要根据工艺或操作的特点,分析辐射的来源和性质及其可能的变化,然后选择能以此辐射防护要求的精确度测出而又易于解释和评价的辐射量进行测量。一般有下列监测需予以考虑:①工作场所 γ、X 外照射的监测;②工作场所 β 外照射的监测;③工作场所中子辐射的监测;④工作场所报警系统的建立。

(2)工作场所空气污染的监测

在开放型放射工作场所,空气有可能受到放射性物质的污染,在空气中形成放射性气溶胶。当工作人员吸入放射性气溶胶时,其中部分放射性核素将滞留于体内,形成内照射危害。所以工作场所空气污染的监测,对保障工作人员的安全具有重要意义。

监测工作场所气溶胶污染的目的:①确定工作人员可能吸入放射性物质的摄入量上限,以估计安全程度;②及时发现异常或事故情况下的污染,以便及早报警,并对异常或事故进行分析,采取相应的对策;③为制定内照射个人监测计划提供必要的参考资料,提出特殊的个人内照射监测要求;④在某些产品投产初期,鉴定工艺设计、工艺设备的性能或操作程序是否符合安全生产的要求。

工作场所空气的污染通常是用采样测量法进行监测,常用的方法有过滤法、冲击法、向心分离法等。

(3)工作场所放射性表面污染的监测

在开放型放射性操作中,有时会发生放射性物质的泄漏、逸出,引起人体、工作服、台面、地面或设备等表面污染。这些放射性物质可能经口或通过皮肤渗透转移到体内,也可能再悬浮到空气中,经呼吸道进入体内,形成内照射危害。某些核素的污染还可能对人体造成外照射危害。此外,在放射性区域被污染的设备或其他物品,若转移到非放射性区域,还有可能造成环境污染。

监测工作场所污染的目的:①及时发现污染状况,以便决定是否需要采取去污或其他防护措施,使表面污染控制在限值以内,有助于防止污染蔓延;②及时发现包封容器的失效和违反安全操作程序事件的发生,也就是可作为某种工艺监测或操作监测的补充,避免重大事故的发生;③把表面污染水平限制在一定水平,把皮肤的受照剂量控制在限值以下;④为制定个人监测计划和空气监测计划及规定操作程序提供资料。

表面污染的监测方法可分为直接监测法和间接监测法。直接监测法是指把监测仪表的探头置于待测表面之上,根据仪表的读数直接确定表面污染水平;间接监测法就是把被测表面上的污染转移到样品上,然后对样品进行放射性活度的测量,从而估计出表面污染的水平。

3. 流出物监测

流出物监测已成为环境监测和现场监测等平行的独立监测项目,它是环境监测和场所监测的交接部。流出物监测的目的是:①检验核设施放射性气态和液态流出物是否符合国家标准、管理标准和运行限值;②为环境评价提供源项;③提供证明核企业运行和流出物处理与控制系统是按计划进行的信息;④迅速探测和鉴别任何非计划排放的性质和大小,在需要时能触发警报和应急系统;⑤提供用于迅速评价对公众可能产生危害的信息,并据此来确定应采取何种防护措施或特殊环境调查。

流出物监测的一般原则:①对任何可能存在放射性污染的流出物,在其最终排放点上,应进行常规监测;②流出物监测必须独立于工艺监测,并能提供用于上述监测目的的所有信息;③流出物的监测方案与核设施的性质有关;④监测点的选择应使得监测结果能代表真实排放情况;⑤取样和测量的频率决定于流出物排放率的可变性;⑥在流出物中存在的放射性核素的种类与浓度可能变化很大时,应仔细研究流出物中可能存在的放射性核素的情况;⑦除惰性气体以外,仅仅测量总放射性(总 α 和 β、γ 放射性)通常是不满足要求的。但是在下述情况下可能是合适的:流出物中放射性核素的组成已经完全清楚并保持不变或者排放的放射量极小,以至很难或不必要分析放射性核素;⑧当存在低能 β 放射性核素如 ^3H,^{14}C,^{35}S 或低能 γ 放射性如 ^{55}Fe 时,对其监测问题,应作专门考虑。

流出物的监测一般有气载流出物的监测及液态流出物的监测两大种类。

4. 环境监测

环境监测的目的是为了检验环境介质及该环境的生物是否和国家的或地方的有关规定相符合,并用于评价人为活动(如核材料循环、核技术和同位素应用等)引起的环境辐射的长期变化趋势等。在正常情况下,环境监测的主要目的是:①检验其环境介质是否符合环境标准和其他运行限值;②评价控制放射性物质向环境中释放的设施的效能;③估算环境中辐射和放射性物质对人的真实的和可能产生的照射,验证环境评价模式;④探测放射工作单位运行过程中引起的任何可能的长期变化或趋势。

应制定一个环境监测方案。环境监测方案与被监测设施规模的大小和性质有关。不是每一个操作放射性物质或处置放射性废物的设施都必须有环境监测计划,对于排放量很小的设施,不必制定环境监测计划,但在开工前仍有必要提出环境评价报告。环境监测计划可分为运行前的、运行时的和事故应急的。

环境监测方法按其取样方式可分为就地监测和实验室监测。就地监测时不改变欲测样品在环境中的状态。实验室监测是取样到实验室进行分析和测量。在大多数情况下,实验室监测方法是环境监测的主要方法,它能更精确地分析和测定放射性核素的浓度,描述其空间分布;也能提供放射性核素的化学和物理形态,其缺点是取样和分析工作量大,测量结果的解释较为困难。就地监测按测量射线的种类可以分为 γ、β 和 α 以及中子的监测,其中以 γ 为主。γ 射线监测又可分为 γ 辐射照射量或剂量监测和 γ 放射性浓度的监测。实验室监测方法包括样品的收集和制备以及物理测量。环境样品测量方法与其他放射性样品的测量方法在原则上并无差异,但也有其特点,这些特点主要是放射性浓度很低和欲测介质的种类多、成分复杂,因此,需要考虑影响测量准确度的因素。

13.6.2　辐射防护监测中对仪表的基本要求

综上所述,可以看到,辐射防护监测的内容繁多,监测的对象十分复杂,因此所采用的监测方法和使用的仪表也很多,各有特点。只能根据具体情况确定监测的目的、项目、内容、方法、评价等。这里仅将在监测过程中对仪表的基本要求,即具有共性部分归纳如下。这里需要注意的一个问题是同一个名词在不同仪表或探测器会有不同的定义或解释。

1. 灵敏度

对于一个探测器、剂量计或测量装置都有灵敏度的要求。以测量装置灵敏度为例,它表示对于一个给定的被测量的数值来讲,被测量观测值的变化除以相应的被测量的变化所得的商。

在使用荧光玻璃剂量计测量中子时,荧光玻璃的中子灵敏度取决于它们的成分、尺寸以及过滤包装方法。荧光玻璃对快中子的灵敏度相当低,一般只相当于 γ 射线灵敏度的 1% ,最高仅达到 γ 灵敏度的 1/10 左右。

在使用荧光玻璃剂量计或热释光剂量计时,应注意灵敏度的变化,还应检查灵敏度的分散性与稳定性,把灵敏度相近的作为一组,分组使用是必要的。

2. 能量响应

能量响应也称能量依赖性。它表征辐射探测器的灵敏度与入射辐射能量的依赖关系。对于给定类型的辐射,仪表读数与辐射能量有关,尤其是测量剂量时,剂量计的响应 R 与吸收剂量 D_m 的比值将随辐射能量而变化,这就是剂量计的能量响应。同一类型辐射的传能线密度 LET 值将随辐射粒子的能量而变化,这时能量响应和 LET 量有依赖性。希望有一个比较宽的能量范围,但往往难以满足。一般要求在 50 keV ~ 3 MeV 能量范围内仪器对 X,γ 的辐射响应,与对 ^{137}Cs γ 参考源辐射响应的差别不得超过 ±30% 。

3. 重复性和准确性

剂量计读数的重复性,又叫精密度,它是单个剂量计在短时间内相同条件下相继受到同样照射时读数的一致性。重复性决定于辐射场和测量装置的统计涨落性质。热释光剂量计和辐射光致发光剂量计等固体剂量计必须经过退火处理后才能重复测量,其重复性还依赖于退火处理后剂量计性能的再现程度。

4. 探测限和测定限

探测限是在辐射监测中,用于评价探测能力的一种统计量的值。探测限是剂量计能可靠地探测到的剂量下限,也就是剂量计的读数明显地不同于零的最小剂量值。这里所谓可靠地探测到是指漏测的概率很小。探测限与测得量的可靠性相关联,它不涉及测量值的准确度。

测定限,或剂量读数下限是剂量计能够以指定的准确度测得的剂量下限。一般都希望有较低的测量下限。

5. 量程和线性

量程是剂量计可以测量的剂量或剂量率范围。量程下限决定于本底读数的涨落;测量上限决定于剂量计自身的饱和(如乳胶中所有银颗粒形成了显影中心)效应和辐射损伤,也受到外部仪表或器件的限制。仪表读数在量程范围内的一致性称作线性。良好的线性对简化刻度方法和方便测量是很必要的。

6. 辐射响应

仪器的响应值 R 等于仪器的测量值与同样测量条件下给出的约定真值之比。有时也表达成定值剂量除以空气吸收剂量约定真值的商。这个比值或商,对同一个探测器或同一个剂量计在测量不同的辐射时是很不相同的,这就是辐射响应。因此在实际监测中必须根据不同的辐射场或混合场,按需测的量选用不同的剂量计。

7. 角响应

角响应是指仪器的响应与入射辐射的方向之间的关系。在恒定的照射量或照射量率下,仪器的响应是指探测器对辐射源之间取向的关系。对 ^{60}Co 或 ^{137}Cs 发射的 γ 射线,在所有方向的平均响应与特定方向的响应的差值不大于 15%。

在实际监测中,中子入射方向往往是变化的,因此要求中子剂量计的角响应尽可能小。

8. 潜象衰退

胶片及核乳胶片,它们受到辐射照射时形成的潜象是不稳定的,它会随着辐射照射与暗室处理之间的间隔时间延长而逐渐地消失,这种现象称为潜象衰退。衰退的影响因素很多,例如乳胶成分、颗粒大小和储存条件等。由于衰退和环境条件有密切相关,潜象衰退随周围环境温度和湿度增加而加快,而且在实际监测中难于修正。

9. 环境条件

要使剂量计给出准确值往往与使用和储存的环境条件密切相关。例如,热释光片在 50℃ 时储存 30 天,读数变化小于 20%。荧光玻璃有避光的要求,室内光线或灯对荧光中心的影响可以忽略,但紫外光和直射日光照射 1 小时会引起 7% 的衰退,因此保存和佩带玻璃剂量计时,都应避免直射日光。

在实际监测时,必须考虑到实际情况。例如监测中子剂量,混合辐射场、内照射剂量、事故剂量以及生物剂量计的使用时,它们都各有其特殊性。

以上各条不可能在一种监测仪表中都能满足,例如用 G－M 计数器构成的照射量仪时具有简单、稳定和环境适应性好等优点,但其灵敏度较差,自身本底较高。因此在选用监督仪表时必须综合考虑,突出重点,兼顾一般。

辐射防护是一门研究防止电离辐射对人体危害的综合性边缘学科。运用自然辩证法来分析核能与核技术这把双刃剑,以求真务实的态度来对待它。应用现代的辐射防护技术,采取有效的防护措施,严格遵守安全规程,可以使人体只受到很微弱的照射,而免于辐射伤害的危险。总之,辐射是可认识、可预防的,所以放射工作的安全是得到保障的,放射工作的安全程度是优良的。

(清华大学工程物理系　桂立明)

思考练习题

1. 何谓吸收剂量 D、当量剂量 H 与有效剂量 E?(包括它们的定义、物理意义、单位、适用条件及相互联系。)

2. 为什么要引入待积当量剂量 $H_{50,T}$、待积有效剂量 $H_{50,E}$、集体当量剂量 S_H 与集体有效剂量 S?

3. 试述影响辐射损伤的因素及其与辐射防护的关系。

4. 辐射防护的目的是什么?随机性效应与确定性效应各有何特点,它们和躯体效应与遗传效应有什么联系?

5. 何谓辐射权重因子与组织权重因子?

6. 天然本底的主要来源有哪些?正常地区天然本底的水平是多少?日常生活中人工辐射源的主项是什么,平均每年对每个人造成多大的照射?

7. 辐射防护体系(剂量限制体系)主要内容是什么,为什么说它们是个完整的、综合的体系?

8. 辐射防护标准中的限值有哪几类,其中的基本标准是如何规定的(包括职业照射与公众照射)?

9. 判断下列几种说法是否全面,并加以解释:

① "辐射对人体有害,所以不应该进行任何与辐射有关的工作"。

② "在从事放射工作时,应该使剂量愈低愈好,最好是本底水平"。

③ 我们只要采取适当措施,把剂量水平降低到使工作人员所受剂量低于限值,就能保证绝对安全"。

10. 叙述外照射防护的基本原则与基本方法。

11. 内照射防护的基本原则与基本方法是什么?

12. 辐射防护监测的主要内容有哪些?

13. 为什么说放射工作的安全程度是良好的?

14. 一位放射工作人员在非均匀照射条件下工作,在一年中肺部受到 50 mSv·a^{-1} 的照射,乳腺也受到 50 mSv·a^{-1} 的照射,问在这一年中,该工作人员所受的有效剂量是多少?

参 考 文 献

[1] 联合国原子辐射效应科学委员会(UNSCEAR). 电离辐射源与效应(2000 年向联合国大会提交的报告及科学附件)[R]. 太原:山西科学技术出版社,2002.

[2] 方杰. 辐射防护导论[M]. 北京:原子能出版社,1991.

[3] 李德平. 辐射防护手册 [K]. 北京:原子能出版社,1987.

[4] 朱寺彭,李章. 放射毒理学[M]. 北京:原子能出版社,1992.

[5] 国际放射防护委员会(ICRP). 第 60 号出版物,一九九〇年建议书[M]. 北京:原子能出版社,1993.

[6] 国际原子能机构(IAEA). 安全丛书 No.115,国际电离辐射防护和辐射源安全的基本安全标准,ISBN 92 - 0 - 50196 - 9[S],维也纳. 1997.

[7] 中华人民共和国国家标准. 电离辐射防护与辐射源安全基本标准[S]. 北京:中国标准出版社,2003.

[8] 田志恒. 辐射剂量学[M]. 北京:原子能出版社,1992.

[9] ICRP. Individual Monitoring for Internal Exposure of Workers, ICRP Publication 78[M]. [S. l.]:Pergamon Press,1997.